Encyclopédie agricole

G. ANDRÉ

CHIMIE AGRICOLE

CHIMIE VÉGÉTALE

PARIS

J. B. BAILLIÈRE & FILS

Librairie J.-B. BAILLIÈRE et FILS, 19, rue Hautefeuille, Paris

AGENDA
AIDE-MÉMOIRE
VITICOLE
ET VINICOLE

Par G. WERY
SOUS-DIRECTEUR DE L'INSTITUT NATIONAL AGRONOMIQUE

Broché { *Sans Almanach* (324 pages) . . . . **1 fr. 50**
{ *Avec Almanach* (468 pages) . . . . **2 fr.**

Relié *avec Almanach* en portefeuille, avec crayon et pochette. **3 fr.**

Encouragé par le succès qui a accueilli son *Agenda Aide-mémoire agricole*, M. WERY, à la sollicitation des professeurs d'agriculture des régions viticoles, publie cette année sur le même modèle un nouvel *Agenda Aide-mémoire Viticole et Vinicole* spécialement destiné aux agriculteurs du Midi.

On y trouvera tout d'abord des tableaux des *principaux cépages français*, tant pour les vignes à raisins noirs et à raisins blancs de cuve que pour les vignes à raisins de table. Vient ensuite la *reconstitution des vignobles* avec des tableaux pour les *principaux producteurs directs*, leur choix suivant les terrains ; puis les *principaux porte-greffes*, avec leurs caractères, leur résistance au phylloxera, leur adaptation au sol, leur affinité pour le greffon, leur facilité de reprise au bouturage et au greffage.

L'application des engrais aux vignes est exposée en détail, on y trouvera l'indication des matières fertilisantes absorbées par hectare de vigne suivant les régions. Les *travaux de culture*, défoncements, plantation, labourage sont exposés, puis les *maladies de la vigne* donnent lieu, au contraire, à de nombreux tableaux avec l'indication pour chaque maladie de ses causes, de ses caractères et de son traitement, tant préventif que curatif. Pour les *insectes nuisibles*, on trouvera pour chacun d'eux leurs caractères, l'état et l'époque dans lesquels ils sont nuisibles, les procédés de préservation et de destruction. Les *fongicides et insecticides* donnent lieu à l'indication de nombreuses recettes et formules pratiques.

L'Œnologie est ensuite passée en revue. On y trouvera des tableaux de *composition des raisins* des principaux cépages, la *transformation du moût* sous l'action des levures, des tableaux de correction du moût suivant la température, des procédés de travail et d'amélioration du moût, puis la *fabrication des vins rouges et blancs*, *l'amélioration et les soins à donner aux vins*, les *maladies des vins* avec leurs causes, leurs caractères et leur traitement, *l'analyse* des vins et alcools.

Un exposé très complet de la *législation viticole et vinicole* termine cette partie.

LIBRAIRIE J.-B. BAILLIÈRE ET FILS, 19, RUE HAUTEFEUILLE, A PARIS

Agenda Viticole et Vinicole

TABLE DES MATIÈRES

L'AGENDA WÉRY est le plus nouveau.

L'AGENDA WÉRY est le plus complet : 468 pages

L'AGENDA WÉRY est le plus pratique.

ENCYCLOPÉDIE AGRICOLE

Publiée sous la direction de G. WERY

GUSTAVE ANDRÉ

CHIMIE AGRICOLE

*

CHIMIE VÉGÉTALE

Encyclopédie Agricole

40 volumes in-18 de chacun 400 à 500 pages, illustrés de nombreuses figures.
Chaque volume : broché, 5 fr. ; cartonné, 6 fr.

CHIMIE AGRICOLE

*

CHIMIE VÉGÉTALE

PAR

Gustave ANDRÉ

PROFESSEUR A L'INSTITUT AGRONOMIQUE
AGRÉGÉ DE LA FACULTÉ DE MÉDECINE

Introduction par le Dr P. REGNARD
DIRECTEUR DE L'INSTITUT NATIONAL AGRONOMIQUE
MEMBRE DE LA SOCIÉTÉ N[le] D'AGRICULTURE DE FRANCE

PARIS

LIBRAIRIE J.-B. BAILLIÈRE ET FILS
19, rue Hautefeuille, près du boulevard Saint-Germain

1909

INTRODUCTION

Si les choses se passaient en toute justice, ce n'est pas moi qui devrais signer cette préface.

L'honneur en reviendrait bien plus naturellement à l'un de mes deux éminents prédécesseurs :

A Eugène Tisserand, que nous devons considérer comme le véritable créateur en France de l'enseignement supérieur de l'agriculture : n'est-ce pas lui qui, pendant de longues années, a pesé de toute sa valeur scientifique sur nos gouvernements et obtenu qu'il fût créé à Paris un Institut agronomique comparable à ceux dont nos voisins se montraient fiers depuis déjà longtemps ?

Eugène Risler, lui aussi, aurait dû, plutôt que moi, présenter au public agricole ses anciens élèves devenus des maîtres. Près de douze cents ingénieurs agronomes, répandus sur le territoire français, ont été façonnés par lui : il est aujourd'hui notre vénéré doyen, et je me souviens toujours avec une douce reconnaissance du jour où j'ai débuté sous ses ordres et de celui, proche encore, où il m'a désigné pour être son successeur (1).

Mais, puisque les éditeurs de cette collection ont voulu que ce fût le directeur en exercice de l'Institut agronomique qui présentât aux lecteurs la nouvelle *Encyclopédie*, je vais tâcher de dire brièvement dans quel esprit elle a été conçue.

Des Ingénieurs agronomes, presque tous professeurs d'agriculture, tous anciens élèves de l'Institut national agronomique, se sont donné la mission de résumer, dans une série de volumes, les connaissances pratiques absolument nécessaires aujourd'hui pour la culture rationnelle du sol. Ils ont choisi pour distribuer, régler et diriger la besogne de chacun, Georges Wery, que j'ai le plaisir et la chance d'avoir pour collaborateur et pour ami.

L'idée directrice de l'œuvre commune a été celle-ci : extraire de notre enseignement supérieur la partie immédiatement utilisable par l'exploitant du domaine rural et faire connaître du même coup à celui-ci les données scientifiques définitivement acquises sur lesquelles la pratique actuelle est basée.

Ce ne sont donc pas de simples Manuels, des Formulaires irraisonnés que nous offrons aux cultivateurs; ce sont de brefs Traités, dans lesquels les résultats incontestables sont mis en évidence, à côté des bases scientifiques qui ont permis de les assurer.

Je voudrais qu'on puisse dire qu'ils représentent le véritable esprit de notre Institut, avec cette restriction qu'ils ne doivent ni ne peuvent contenir les discus-

(1) Depuis que ces lignes ont été écrites, nous avons eu la douleur de perdre notre éminent maître, M. Risler, décédé, le 8 août 1905, à Calèves (Suisse). Nous tenons à exprimer ici les regrets profonds que nous cause cette perte. M. Eugène Risler laisse dans la science agronomique une œuvre impérissable.

sions, les erreurs de route, les rectifications qui ont fini par établir la vérité telle qu'elle est, toutes choses que l'on développe longuement dans notre enseignement, puisque nous ne devons pas seulement faire des praticiens, mais former aussi des intelligences élevées, capables de faire avancer la science au laboratoire et sur le domaine.

Je conseille donc la lecture de ces petits volumes à nos anciens élèves, qui y retrouveront la trace de leur première éducation agricole.

Je la conseille aussi à leurs jeunes camarades actuels, qui trouveront là, condensées en un court espace, bien des notions qui pourront leur servir dans leurs études.

J'imagine que les élèves de nos Écoles nationales d'agriculture pourront y trouver quelque profit, et que ceux des Écoles pratiques devront aussi les consulter utilement.

Enfin, c'est au grand public agricole, aux cultivateurs, que je les offre avec confiance. Ils nous diront, après les avoir parcourus, si, comme on l'a quelquefois prétendu, l'enseignement supérieur agronomique est exclusif de tout esprit pratique. Cette critique, usée, disparaîtra définitivement, je l'espère. Elle n'a d'ailleurs jamais été accueillie par nos rivaux d'Allemagne et d'Angleterre, qui ont si magnifiquement développé chez eux l'enseignement supérieur de l'agriculture.

Successivement, nous mettons sous les yeux du lecteur des volumes qui traitent du sol et des façons qu'il doit subir, de sa nature chimique, de la manière de la corriger ou de la compléter, des plantes comestibles ou industrielles qu'on peut lui faire produire, des animaux qu'il peut nourrir, de ceux qui lui nuisent.

Nous étudions les manipulations et les transformations que subissent, par notre industrie, les produits de la terre : la vinification, la distillerie, la panification, la fabrication des sucres, des beurres, des fromages.

Nous terminons en nous occupant des lois sociales qui régissent la possession et l'exploitation de la propriété rurale.

Nous avons le ferme espoir que les agriculteurs feront un bon accueil à l'œuvre que nous leur offrons.

Dr PAUL REGNARD,

Membre de la Société nationale
d'Agriculture de France,

Directeur de l'Institut national
agronomique.

PRÉFACE

De toutes les parties de la science chimique, il n'en est pas une qui présente de plus grand intérêt que la chimie agricole. On pourrait la définir ainsi : la connaissance des phénomènes d'ordre chimique qui régissent l'évolution d'une plante depuis les débuts de sa germination jusqu'au terme de son existence, caractérisé par la maturation de ses fruits ou de ses organes de réserve.

Cette étude touche non seulement aux questions les plus essentielles de la nutrition et de la production animales, mais elle intéresse encore d'une façon particulière un nombre considérable d'industries ; notamment celles du sucre, de l'amidon, de l'alcool, des matières grasses.

A un point de vue plus élevé, elle aborde un problème de très haute portée ; celui de la vie elle-même. A mesure que les études de physiologie générale se développent, on est frappé davantage des analogies remarquables que présentent, sous le rapport de leur nutrition et de leur évolution, la cellule animale et la cellule végétale.

Le végétal qui se développe doit rencontrer dans le milieu qui l'entoure les éléments indispensables à la construction de ses organes ; aussi l'étude de la chimie agricole comprend-elle forcément celle du sol et celle de l'atmosphère gazeuse dans lesquels ce végétal puise certaines matières indispensables à son accroissement.

La chimie de la plante est donc inséparable de la chimie du sol et de celle de l'atmosppère.

Lorsqu'il s'agit soit d'améliorer le rendement de telle plante, soit d'installer sur une pièce de terre telle culture, nous nous efforçons de modifier la nature des éléments que le végétal rencontre dans le sol, ou de mettre à sa disposition certains de ces éléments indispensables que le sol ne contient pas ou qu'il ne renferme qu'en trop faibles quantités. Mais cela exige la connaissance approfondie du sol au point de vue de ses qualités physiques et chimiques et, comme conséquence, la détermination aussi exacte que possible de la *forme* des éléments sur lesquels nous pouvons compter.

La chimie agricole comprend donc en fait deux études parallèles: celle de la plante et celle du *réservoir* auquel elle soustrait les substances qui doivent composer ses tissus.

Nos *Éléments de chimie agricole* se composeront de deux parties. Dans le présent volume, il ne sera question que de la chimie de la plante ; un second volume, en préparation, comprendra l'étude physique et chimique du sol, ainsi que celle de l'atmosphère.

Voici l'ordre que nous avons cru devoir adopter :

Après avoir, dans un premier chapitre, défini très sommairement la nature et l'étendue des problèmes que soulève l'étude chimique des végétaux, — ce qui nous permet de prendre contact avec les idées nouvelles relatives aux phénomènes osmotiques et diastasiques, — nous présentons un exposé analytique des grands phénomènes de la végétation, en commençant par celui qui distingue essentiellement l'animal du végétal : l'assimilation chlorophyllienne.

Cette assimilation est caractérisée par la fixation, dans la plante, du carbone et des éléments de l'eau, avec formation de matières ternaires.

Dans le chapitre suivant, nous faisons une histoire succincte de ces matières ternaires, afin de connaître l'infinie variété des principes immédiats qui dérivent plus ou moins directement de l'assimilation du carbone.

Ces substances une fois définies, nous procédons à l'étude de la production des principes azotés, c'est-à-dire quaternaires, dont la synthèse accompagne toujours celle des matières ternaires, et nous passons rapidement en revue quelquesuns de ces principes, communs dans le végétal, capables de jouer un rôle physiologique ou économique important,

La *charpente organique* de la plante étant ainsi connue, nous abordons, dans un nouveau chapitre, l'étude de la germination, phénomène du plus haut intérêt, tant au point de vue théorique que pratique, puisque, des conditions de sa réussite, dépend en grande partie l'avenir de la plante.

La respiration, phénomène commun aux végétaux et aux animaux, fait l'objet d'un chapitre spécial et complète l'ensemble de ce que l'on pourrait appeler la connaissance intime du fonctionnement de la trame organique d'une plante.

Mais celle-ci comporte encore d'autres éléments ; elle renferme toujours, en effet, des matières *fixes*, qu'elle prend au sol par ses racines, tandis que ses organes aériens travaillent à la synthèse des matières ternaires et quaternaires.

Dans deux chapitres spéciaux, nous examinons la nature des substances salines que renferme la plante, leur répartition dans les divers organes, leur mode de combinaison et leur signification physiologique. L'élaboration de la matière minérale marche de pair avec la production de la matière organique, et les relations qui existent entre la formation des éléments combustibles et l'ascension dans le végétal des éléments minéraux sont tellement intimes qu'il est impossible de concevoir comment une plante pourrait se développer si l'un des deux systèmes venait à lui manquer.

L'eau joue dans le monde organisé un rôle prépondérant ; aussi, dans un chapitre intitulé *Du rôle de l'eau dans le végétal*, nous examinons la répartition de cet élément aux différentes périodes de la végétation, la façon dont se fait la montée de ce liquide dans la plante et son départ sous forme gazeuse, c'est-à-dire la *transpiration*. Ce phénomène, capital dans l'évolution de la plante, est le régulateur par excellence de tous les actes biologiques qui portent sur la synthèse organique et la nutrition minérale.

Enfin, dans un dernier chapitre, qui est, en quelque sorte, le résumé des notions acquises antérieurement, nous faisons un tableau des phénomènes d'accroissement et de maturation : autrement dit, nous étudions par quel mécanisme les phénomènes synthétiques de nutrition contribuent à la croissance

du végétal, à la formation de ses graines et de ses organes
de réserve, qui sont la raison d'être de son existence.

Cet ouvrage, essentiellement élémentaire, pourra rendre
quelque service à tous ceux qui ne se contentent pas de notions superficielles, mais cherchent à pénétrer plus avant
dans la connaissance des processus intimes de la nutrition
végétale. Nous avons tenu, chaque fois que la chose était
possible, mais sans nous livrer cependant à des considérations
exclusivement théoriques, à donner les explications les plus
plausibles qui se rattachent aux phénomènes particuliers de
synthèse dont la plante est le théâtre et à faire ressortir
quelques relations générales relatives à l'évolution végétale.
Malheureusement, si quelques-unes de ces explications
peuvent être formulées d'une façon à peu près catégorique,
beaucoup d'autres exigent que l'on fasse à leur égard des
réserves formelles ; car, il faut bien l'avouer, nos connaissances
sur la nutrition cellulaire sont encore extrêmement imparfaites.

Nous nous excusons par avance des omissions — et probablement aussi des inexactitudes involontaires — que renferment les pages qui suivent, et nous serons reconnaissant à
ceux qui voudront bien les lire de nous signaler les erreurs
ou les lacunes qu'elles renferment.

Qu'il nous soit permis, en terminant ce court exposé, de
remercier bien vivement notre collaborateur et ami E. Demoussy de nous avoir maintes fois fourni de précieuses indications et d'avoir pris la peine d'examiner avec le plus grand
soin les épreuves de ce petit livre.

GUSTAVE ANDRÉ.

2 Septembre 1908.

CHIMIE VÉGÉTALE

CHAPITRE PREMIER

ÉLÉMENTS CONSTITUTIFS DE LA MATIÈRE VÉGÉTALE

Origine des substances dont se compose le végétal. — Nutrition
végétale en général. — Conditions générales de la nutrition végétale.
— Substances cristalloïdes, substances colloïdes. — Osmose,
pression osmotique. — Phénomènes diastasiques.

I

QUELS SONT LES ÉLÉMENTS DE LA MATIÈRE VÉGÉTALE ?

Si nous enlevons du sol un végétal en pleine croissance
(un pied de blé, de maïs, etc.), et si, après avoir débarrassé
ses racines de la terre qui y adhère, nous le pesons et nous
l'abandonnons à lui-même, nous constatons qu'il perd peu à peu
sa rigidité et qu'il se dessèche. Si, au bout d'un certain temps,
nous reportons ce végétal sur le plateau de la balance, nous
observons qu'il a diminué de poids : la substance que la plante
a perdue n'est autre que de l'eau. Transportons maintenant
ce même végétal dans une étuve chauffée à 100° et, après
quelques heures, pesons-le de nouveau : nous trouverons que
son poids a encore diminué. A l'aide d'un dispositif convenable, nous pouvons recueillir la matière qui s'échappe de la
plante ainsi portée à 100° ; nous lui trouverons tous les caractères de l'eau. Quel que soit l'organe ainsi traité, racine, tige,
feuille, fruit, graine, l'expérience précédente fournit toujours
le même résultat *qualitatif*. Mais la *quantité* d'eau perdue

varie énormément avec la nature de l'organe, son âge, les conditions dans lesquelles il se trouve. Ainsi certaines graines perdent seulement 6 à 7 p. 100 de leur poids initial lorsqu'on les a chauffées à 100°; une plante grasse (*Mesembrianthemum*) perdra 95 à 96 p. 100 de son poids dans les mêmes conditions.

L'eau apparaît donc comme une substance étroitement liée à la vie végétale, bien qu'elle existe dans la plante en proportions très variables. Prenons maintenant cette plante que nous avons séchée à l'étuve, pesons-la et, après l'avoir divisée en menus fragments, mettons-la dans un vase métallique que nous pourrons chauffer fortement. Sous l'action de la chaleur, ses tissus noircissent d'abord ; des gaz se dégagent qui prennent feu ; finalement il ne reste plus dans notre vase qu'un petit amas de matière blanchâtre : ce sont les *cendres*. Suivant la nature de la plante ainsi traitée, suivant l'organe soumis à l'action de la chaleur, il disparaît ainsi, au moins dans la plupart des cas, de 85 à 95 p. 100 de la matière sèche.

Quelle que soit la plante que nous soumettions à une température élevée et quel que soit l'organe, il existe *toujours* une certaine quantité de matière qui ne disparaît pas sous l'action de la chaleur. Cette matière fixe est composée d'*éléments minéraux*, qui, au point de vue qualitatif, sont variables. Mais *certains d'entre eux se rencontrent toujours*, bien que leurs proportions diffèrent d'une plante à l'autre, d'un organe à l'autre et, chez le même organe, d'un moment de son développement à un autre.

La présence constante des cendres n'impliquerait pas, *a priori*, leur nécessité vis-à-vis du développement d'une plante. Nous verrons cependant plus loin que certaines substances minérales — toujours les mêmes — sont indispensables à l'accroissement du végétal.

Nous avons dit tout à l'heure que l'action d'une température élevée appliquée à la matière végétale détruisait celle-ci avec formation de gaz. De quelles substances *cette partie combustible* du végétal est-elle formée? De carbone, d'hydrogène, d'oxygène et d'azote. Les gaz qui se dégagent pendant l'incinération sont composés principalement d'acide carbonique, de vapeur d'eau, d'azote, d'ammoniaque.

Ainsi le végétal contient, à côté d'une forte proportion d'eau, des éléments que l'application de la chaleur fait disparaître par combustion et des éléments *fixes* minéraux. Si nous supposons que le végétal que nous avons soumis à l'examen qui précède renferme 10 p. 100 de matière sèche (matière obtenue en desséchant la plante à 100°) et que celle-ci renferme à son tour 10 p. 100 de *matière fixe* ou *cendres*, nous voyons que ces cendres représentent seulement la centième partie du végétal frais.

II

ORIGINE DES SUBSTANCES DONT SE COMPOSE LE VÉGÉTAL

Après avoir reconnu dans une plante l'existence de trois sortes d'éléments fondamentaux, eau, matière combustible, matière minérale, cherchons qu'elle est l'*origine* de ces éléments. La plante emprunte l'eau dont ses tissus sont imprégnés principalement au sol dans lequel elle enfonce ses racines. Il est d'observation vulgaire que, lorsque le sol est trop sec, la plante se fane, s'incline vers la terre et que ses tissus perdent leur rigidité habituelle. Si on humecte suffisamment le sol, la plante reprend son port normal ; elle a donc absorbé une partie de l'eau mise au contact de ses racines. La plante emprunte également de l'eau, sous forme de vapeur, à l'atmosphère qui l'entoure.

La matière *combustible* de la plante, celle qui disparaît par l'application de la chaleur, comme nous l'avons dit plus haut, provient en grande partie, sinon en totalité, de l'air ambiant. Expliquons-nous à cet égard. Lorsque la germination de la graine est terminée, la plantule, issue de cette graine, se dresse au-dessus du sol et étale dans l'atmosphère ses feuilles vertes. Toute plante possédant cette couleur verte, qui semble être l'apanage presque exclusif des êtres appartenant au règne végétal, est capable, quand elle est éclairée par la lumière solaire, de décomposer le gaz carbonique que contient toujours l'atmosphère terrestre et d'en retenir le carbone. Avec ce carbone, uni aux éléments de l'eau, elle procède dans l'intimité de ses tissus à la synthèse des matières sucrées, de l'amidon, de la cellulose. Ces substances sont dites *ternaires* ; elles renferment en effet trois corps simples : le *carbone*, l'*hydrogène* et l'*oxygène*. Quelques végétaux seulement (légumineuses, algues vertes) sont, en outre, capables de prendre à l'air ambiant de l'azote gazeux, lequel, au contact des matières ternaires dont il vient d'être question, les change en *matières quaternaires* (albumines, caséine végétale, gluten, etc.). Ainsi, matières ternaires et quaternaires forment la partie *combustible* du végétal, et ce sont certains gaz de l'air, acide carbonique et azote, qui en sont la source.

Il en est tout autrement des végétaux qui ne sont pas colorés en vert (champignons, plantes parasites, moisissures, etc.). Ceux-ci ne peuvent utiliser les gaz de l'atmosphère pour leur nutrition : ils ne se développent qu'aux dépens de certaines substances organiques avec lesquelles ils sont en contact.

La matière *fixe* qui fait partie du corps de la plante (cendres) provient uniquement du sol. Sa composition *qualitative* est presque toujours la même. On y rencontre, par ordre d'importance, du *phosphore* (à l'état de phosphates), du *potassium*, du *calcium*, du *magnésium*, du *fer*, du *sodium*, du *manganèse*, du *silicium*. L'action de la chaleur, nécessaire pour incinérer la matière végétale, change complétement la nature des combinaisons salines qui préexistent dans la plante. Nous trouvons par exemple, dans les cendres, des carbonates de potassium, de calcium, de magnésium ; mais, dans la plante, ces métaux n'étaient pas unis à l'acide carbonique (sauf une partie du calcium). On les y rencontre à l'état d'oxalates, de citrates, de malates fournissant, sous l'influence de la température élevée nécessaire à la destruction de la matière organique, les carbonates des métaux précités.

L'analyse des cendres nous renseigne donc sur la *qualité* des corps simples métalliques que renferme le végétal, mais elle ne nous indique pas la *nature des combinaisons* dans lesquelles entrent ces corps simples.

Il est un élément, l'azote, qui provient le plus souvent du

sol et que l'on ne retrouve cependant pas dans les cendres à cause de la température élevée à laquelle le végétal a été porté pendant l'incinération. Tous les végétaux qui ne peuvent vivre aux dépens de l'azote gazeux seul, et c'est le plus grand nombre, rencontrent et absorbent dans le sol de l'azote engagé sous forme de *nitrates*, parfois de *sels ammoniacaux*, parfois sous la forme très complexe et mal définie d'*azote organique*, tel que celui-ci existe dans la matière humique. La source de l'azote, un des éléments fondamentaux des tissus de la plante, doit donc être cherchée dans le sol pour la plupart des végétaux.

Ainsi, un petit nombre de corps simples semblent indispensables à la vie végétale ; les uns sont pris à l'atmosphère, les autres au sol. La composition centésimale des cendres présente des variations parfois considérables suivant l'espèce végétale envisagée ; mais les corps simples que nous avons énumérés plus haut s'y rencontrent toujours.

III

NUTRITION VÉGÉTALE EN GÉNÉRAL
PHÉNOMÈNES DE SYNTHÈSE

La plante verte nous apparaît, d'après ce qui précède, comme un être capable de vivre et de se développer aux dépens d'un gaz qui est un déchet de l'organisme animal, le gaz carbonique. Celui-ci, en effet, est le terme ultime de toutes les combustions : que ces combustions soient produites à haute température, comme dans nos foyers, ou à température beaucoup plus basse, ainsi qu'il arrive dans les phénomènes de respiration, de fermentation ou de putréfaction. La plante est donc un appareil puissant de *synthèse*, puisque, sous l'influence de la lumière solaire, sa matière verte absorbe des rayons d'une certaine réfrangibilité et que l'énergie lumineuse, une fois absorbée, reparaît sous forme d'énergie chimique : celle-ci donne naissance aux matières ternaires dont nous avons parlé plus haut. Il s'agit ici d'*un phénomène endothermique*, c'est-à-dire *accompli avec absorption de chaleur*, lequel répond à la séparation du carbone d'avec l'oxygène dans le gaz carbonique.

Mais, ainsi que le fait remarquer Berthelot, l'énergie lumineuse absorbée pendant une réaction chimique n'est pas consommée en totalité par le travail chimique : il se produit habituellement un échauffement simultané. En outre, une portion de la lumière reparaît souvent sous la forme de rayons d'une réfrangibilité différente. L'énergie lumineuse éprouve à la fois plusieurs transformations distinctes et ne se transforme pas simplement en énergie chimique.

Les diverses radiations que présente le spectre solaire produisent chacune un effet chimique déterminé : la décomposition du gaz carbonique par les parties vertes des végétaux est provoquée par la partie la moins réfrangible du spectre, alors que la décomposition chimique du chlorure d'argent est sous la dépendance des rayons les plus réfrangibles.

A la vérité, la plante verte n'est pas seule à posséder le pouvoir de séparer les éléments du gaz carbonique ; certaines bactéries, étudiées dans ces dernières années, jouissent de la même propriété, bien qu'elles ne contiennent pas de matière verte. Mais l'action de ces bactéries est négligeable quand on la compare à l'action autrement puissante des innombrables surfaces vertes qui sont répandues sur notre globe. La plante épure donc continuellement l'atmosphère dans laquelle le gaz carbonique tendrait à s'accumuler par suite des phénomènes incessants des combustions les plus variées. La houille, formée à une époque ancienne par des débris de végétaux aux dimensions gigantesques, n'est que le résultat de cette décomposition, par la matière verte, du gaz carbonique, alors que ce gaz existait vraisemblablement dans l'atmosphère en quantités beaucoup plus grandes qu'à l'époque actuelle. Il semble donc que l'on puisse opposer la vie végétale, procédant de la synthèse, à la vie animale, qui, pour se maintenir, détruit par combustion les aliments accumulés chez la plante, grâce à la faculté que celle-ci possède de fabriquer de toutes pièces des matières ternaires et quaternaires. Sans doute cette antithèse est réelle si l'on considère que les animaux sont des destructeurs de matière organique et que cette destruction est chez eux la source de la chaleur et de l'énergie.

Phénomènes de désassimilation chez la plante. — Synthèses chez les animaux. — Le rôle essentiel de la plante verte consiste donc à puiser dans le milieu ambiant des éléments tombés dans l'indifférence chimique : eau, acide carbonique, sels minéraux ; éléments qui ne sont, vis-à-vis des animaux, que des produits de déchet ou de désassimila-

tion. Et cependant, ainsi que l'a dit Cl. Bernard (1), « la
physiologie générale, qui ne considère la vie que dans ses phénomènes essentiels et généraux, ne nous permet pas d'admettre
une dualité des animaux et des végétaux, une physiologie
animale et une physiologie végétale distinctes. Il n'y a qu'une
seule manière de vivre, qu'une seule physiologie pour tous les
êtres vivants : c'est la physiologie générale, qui conclut à
l'unité vitale dans les deux règnes ».

C'est qu'en effet, à côté des phénomènes de synthèse que
nous montre la plante verte, il est facile d'observer des phénomènes de destruction et de combustion.

Tout végétal, même s'il est pourvu de matière verte, respire, ce
qu'il est particulièrement facile de démontrer chez une plante exposée à l'obscurité. Cette plante perd donc une partie de son poids.
Des graines mises en tas dégagent de grandes quantités de gaz
carbonique, surtout si elles sont humides, et un thermomètre plongé
au sein de la masse indique un certain dégagement de chaleur. Lorsque
la graine germe, elle fournit une partie de ses réserves à l'embryon
afin de pourvoir au développement de celui-ci ; une autre partie
disparaît par combustion respiratoire, et le poids total de la graine
initiale *diminue* tant que l'embryon n'est pas muni de feuilles vertes.
La betterave à sucre, pendant la première année de sa végétation,
accumule dans sa racine le sucre que ses feuilles ont fabriqué de
toutes pièces aux dépens du gaz carbonique aérien. Mais, pendant
la seconde année, elle consomme ce sucre pour fleurir et fructifier.
Ces quelques exemples suffisent à démontrer que les phénomènes
de destruction et de combustion existent chez la plante à côté des
phénomènes de synthèse proprement dite.

D'autre part, lorsque l'herbivore absorbe dans son alimentation
les matières ternaires, dites *hydrates de carbone* (sucre, amidon, cellulose) que lui offre en abondance le règne végétal, il en détruit sans
doute une certaine quantité par combustion respiratoire. C'est là
une des origines de la chaleur animale. Mais il en transforme aussi
une importante fraction en *graisse*. La transformation du sucre en
graisse constitue un *phénomène de synthèse*. Lorsque l'animal absorbe
une matière grasse quelconque (suif, huile), celle-ci peut s'emmagasiner dans son organisme à l'état de graisse ; mais elle subit presque
toujours des changements profonds, d'où résulte le dépôt, non pas
de la graisse initiale telle qu'elle a été absorbée, mais d'une nouvelle
matière grasse propre à l'espèce animale considérée. Ici encore, il
s'agit d'un phénomène de synthèse.

(1) Cl. Bernard, *Leçons sur les phénomènes de la vie communs
aux végétaux et aux animaux*, t. I, p. 158, Paris, 1878.

On peut suivre de même le chemin parcouru par une matière quaternaire d'origine végétale pénétrant dans l'appareil digestif d'un herbivore. Les sucs gastrique et pancréatique solubilisent cette matière quaternaire, et ce sont les produits de cette solubilisation qui, circulant dans l'organisme, se déposent à telle ou telle place, en régénérant, non pas la matière quaternaire initiale ayant servi d'aliment, mais une matière quaternaire nouvelle. Ici, également, on peut affirmer qu'il y a véritablement synthèse.

L'hémoglobine nous en fournit un nouvel exemple. Cette matière colorante du sang, destinée à la fixation de l'oxygène, renferme cinq corps simples ; c'est une substance quaternaire combinée au fer. On ne la rencontre jamais dans le règne végétal : l'organisme animal la produit de toutes pièces.

Il existe donc, en résumé, des phénomènes synthétiques chez les animaux comme chez les plantes, et l'opinion de Cl. Bernard, citée plus haut, se trouve amplement justifiée.

Mode de nutrition de certains végétaux inférieurs. — Il est d'ailleurs possible que certains végétaux inférieurs, comme les Mucédinées, soient capables de se nourrir directement aux dépens de composés carbonés très simples, tels que les aldéhydes (aldéhyde éthylique, par exemple). Une mucédinée microscopique, l'*Eurotyopsis Gayoni*, est dans ce cas. Elle dédouble au moyen de ses diastases (Voy. plus loin la signification de ce mot) le sucre qu'on lui offre comme aliment et l'amène à la forme aldéhydique, tout comme la cellule chlorophyllienne transforme le carbone du gaz carbonique en aldéhyde méthylique.

Le point de départ de la nutrition serait donc le même chez les plantes vertes et chez certaines plantes dépourvues de chlorophylle. C'est là une notion nouvelle mise en évidence par Duclaux.

Il en résulte que les végétaux inférieurs dont nous venons de parler seraient, d'après cette conception, des agents de synthèse comme la chlorophylle elle-même. Il n'existerait donc pas, à cet égard, de ligne de démarcation absolument tranchée entre les végétaux possédant de la chlorophylle et ceux qui n'en renferment pas.

IV

CONDITIONS GÉNÉRALES DE LA NUTRITION VÉGÉTALE

La *cellule* est la base de l'organisation végétale. Elle apparaît sous le microscope comme une surface polyédrique formée d'une membrane extérieure composée d'un corps ternaire, la *cellulose*. A l'intérieur de cette membrane se trouve la véritable matière vivante, le *protoplasma*, de consistance gélatineuse, non élastique. Dans la composition du protoplasma entrent quatre corps simples : le carbone, l'hydrogène, l'oxygène et l'azote ; on y rencontre aussi toujours un peu de soufre. Dans la cellule qui a cessé de s'accroître, le protoplasma forme un revêtement qui s'applique contre la membrane cellulosique et dont la pellicule extérieure porte le nom de *membrane albuminoïde* du protoplasma. Cette membrane a une extrême importance ; c'est grâce à sa perméabilité plus ou moins grande que les liquides venant de l'extérieur pénètrent ou non dans la cellule. Le protoplasma est souvent creusé de *vacuoles* contenant le *suc cellulaire*, liquide à réaction acide, renfermant, soit en dissolution, soit en suspension, un grand nombre de substances : sels minéraux, sucres, etc. Enfin, en un point quelconque du protoplasma, se trouve un corpuscule arrondi, plus réfringent que le protoplasma, le *noyau*, lequel est capable d'absorber énergiquement certaines matières colorantes. Le protoplasma et le noyau sont les éléments vivants essentiels de la cellule.

Le protoplasma peut être un *créateur de substances*, ce qui a lieu lorsqu'il contient des granulations vertes de chlorophylle. Celle-ci décompose le gaz carbonique atmosphérique, et le protoplasma s'enrichit en sucre ou en amidon. Les autres éléments de sa substance, il les tire du sol (nitrates, phosphates, etc.), puis il les transforme et, par un mécanisme très complexe, il les fait passer de l'*état minéral initial* où ils ont pénétré sa substance à l'*état organique*. C'est ainsi que se réalise, au moyen de l'azote des nitrates et des corps ternaires produits par la matière verte, la synthèse des matières quaternaires ou azotées. De même, le phosphore des phosphates entre en réaction pour donner naissance à des principes complexes (nucléines, lécithines) répartis dans les cellules en voie de développement.

Lorsque le protoplasma ne renferme pas de matière verte (chez les champignons par exemple), les substances ternaires qu'il ne peut fabriquer doivent lui venir du dehors, de même que les substances azotées et minérales.

A côté des phénomènes de l'assimilation, se placent les phénomènes opposés de la *désassimilation*. L'oxygène de l'air intervient pour brûler une partie des matières emmagasinées, et de l'acide carbonique sort de la cellule. L'intervention de l'oxygène libre n'est cependant pas absolument nécessaire pour qu'il y ait production de cette dernière substance de déchet : certaines matières, en se dédoublant, peuvent, en effet, donner naissance à ce gaz, ainsi qu'à d'autres produits ; c'est ce que l'on observe dans la respiration *intramoléculaire* (p. 371).

Alors que chez l'animal les produits de désassimilation sont rejetés au dehors (urée, phosphates et sulfates dans l'urine ; acides biliaires dans les matières fécales), il n'en est plus de même chez le végétal. Le seul produit d'excrétion, commun avec les animaux, est l'acide carbonique. Les excrétions solides sont conservées par la plante : tel est le cas de l'*oxalate de calcium*, sel cristallisé, très commun dans un grand nombre de tissus. Tel est encore le cas des *résines* en général. Certaines matières, telles que l'asparagine, corps quaternaire provenant de la décomposition des substances azotées dites *albuminoïdes*, s'emmagasinent pendant un certain temps, puis sont reprises par la plante et utilisées à la formation de nouveaux albuminoïdes. L'asparagine s'accumule chez la graine germée à l'obscurité et semble être alors momentanément un produit excrémentitiel ; elle rentre de nouveau dans le cycle vital lorsque la jeune plante est exposée à la lumière. L'asparagine n'a donc qu'*une existence temporaire*, issue de circonstances défavorables à son utilisation.

Absorption par la cellule. — Une cellule doit pouvoir *se nourrir*, c'est-à-dire absorber des éléments venus du dehors : eau, matières organiques et minérales. Elle doit pouvoir, inversement, se débarrasser de certaines matières gazeuses ou dissoutes : d'où un double courant de l'extérieur à l'intérieur et réciproquement. Toutes les cellules n'ont pas les mêmes besoins ; celles qui ne renferment pas de matière verte peuvent se passer de la présence du gaz carbonique, mais, en revanche, il leur faut recevoir de l'extérieur des substances spéciales qu'elles sont incapables de créer de toutes pièces. De plus, la cellule exerce un *choix* parmi les matières qui lui sont offertes et, alors même que celles-ci existeraient en proportions égales dans le milieu ambiant, la cellule s'empare de préférence de telle ou telle de ces matières et refuse d'absorber les autres en tout ou en partie. Toutefois les matières indispensables à la nutrition ne sont pas les seules qui pénètrent dans la cellule ; d'autres, dont l'utilité est nulle ou mal connue, peuvent également s'y introduire.

L'eau, plus ou moins chargée des gaz de l'atmosphère, étant le dissolvant presque universel des substances utiles à la plante : il convient d'examiner ce qu'on appelle *dissolutions* ainsi que la façon dont celles-ci entrent dans la cellule.

Lorsqu'on jette une certaine quantité de sucre ou de sel marin dans l'eau, ces corps solides disparaissent au bout de quelques minutes : le milieu redevient homogène : on dit que le corps solide s'est *dissous*.

Une dissolution doit être considérée comme *un mélange physique homogène* de deux substances : le *solvant* étant la substance dont la proportion dans le mélange est la plus grande, l'autre étant le *corps dissous*.

Le mot de *dissolution* doit s'étendre au cas où, deux liquides étant mis en contact, on observe une homogénéité parfaite de la masse (eau et alcool). Il en est de même si on dirige un courant de gaz ammoniac dans l'eau ; le gaz disparaît, le milieu est homogène ; on peut même dire qu'un mélange de deux ou plusieurs gaz est une dissolution : c'est un mélange physique homogène.

On admet depuis longtemps que, chez un gaz ou un mélange de gaz renfermés dans un ballon, les molécules gazeuses sont en mouvement continuel, se repoussent, frappent les parois du vase, rebondissent et tendent à occuper un volume plus grand que celui qui leur est offert : telle serait l'origine de la notion de *pression d'un gaz*. De même, dans une dissolution proprement dite, c'est-à-dire dans un milieu composé d'un solvant (eau, par exemple) et d'une substance dissoute (sucre, sel), les molécules du corps dissous se comporteraient comme des molécules gazeuses ; elles seraient, comme celles-ci, douées de mouvement et creeraient sur les parois du vase une *pression* analogue à celle que produisent les corps gazeux. Cette idée nouvelle et féconde de pression exercée par des molécules dissoutes, dont nous sommes redevables à Van t'Hoff, nous permettra bientôt d'expliquer certains faits de pénétration de la matière dans la cellule.

V

SUBSTANCES CRISTALLOÏDES. — SUBSTANCES COLLOÏDES

Si nous versons au fond d'un vase d'une certaine hauteur une solution de sel, de sucre, de sulfate de cuivre et si, en prenant quelques précautions, nous superposons à cette solution une certaine quantité d'eau pure, la solution qui occupe momentanément la partie inférieure du vase, et dont la densité est plus grande que celle de l'eau, se répandra peu à peu dans le liquide qui la surmonte, malgré l'effet contraire de la pesanteur. Au bout d'un temps variable, le liquide total du vase aura une composition *homogène*, c'est-à-dire que des volumes égaux de liqueur, pris à n'importe quelle hauteur, contiendront la même quantité de substance solide dissoute. A ce phénomène on donne le nom de *diffusion*. On peut apprécier à l'œil nu la vitesse avec laquelle la solution primitive, située au bas du vase, monte dans l'eau, en se servant d'une solution colorée de sulfate de cuivre, de permanganate de potassium, etc. Pour toutes les substances capables de *cristalliser*, la vitesse de diffusion est essentiellement variable d'un corps à l'autre. Cette vitesse croît avec la température et la concentration.

Si au fond de notre vase nous avions placé deux sels, du chlorure de sodium et du sulfate de sodium par exemple, nous aurions trouvé, en cherchant au bout d'un certain nombre de jours quelle est la composition du liquide pris à une hauteur quelconque, que celui-ci renferme plus de sel marin que de sulfate de sodium.

Faisons la même expérience en mettant au fond du vase une substance ne pouvant pas cristalliser : solution de gomme arabique, d'albumine du blanc d'œuf, de caramel, etc., nous trouverons que l'ascension de cette solution au travers de l'eau pure est infiniment plus lente que dans le cas précédent (plusieurs centaines de fois). Il existe donc des substances qui se diffusent facilement dans l'eau, qui se mélangent aisément à ce liquide, malgré l'effet contraire de la pesanteur, alors que d'autres s'y meuvent difficilement. Les premières sont dites *substances cristalloïdes*, les secondes *substances colloïdes*. Cette distinction est due à Graham (1861). Une pareille différence est-elle aussi tranchée entre les cristalloïdes et les colloïdes, comme on les appelle par abréviation ? Non, il n'y a pas de limite absolument fixe. Et, d'ailleurs, il n'existe pas de *corps colloïdal* considéré isolément, il existe *des solutions colloïdales* : tout dépend de la nature du dissolvant.

Il semble que la diffusion des cristalloïdes soit due aux mouvements moléculaires de ceux-ci ; la diffusion des colloïdes doit être rapportée aux *mouvements browniens* dont sont animées leurs particules, sur l'existence desquelles nous dirons plus loin quelques mots.

On ne doit considérer comme constituant de *véritables dissolutions* que celles qui contiennent des substances *à diffusion rapide*. Les autres forment des solutions d'une nature particulière ; elles doivent être distinguées par un mot particulier : on appelle leurs dissolutions des *pseudo-solutions*.

Pour montrer l'influence du dissolvant sur la nature de la dissolution, il suffit de rappeler que le tannin, par exemple, forme avec l'acide acétique une solution vraie, avec l'eau une pseudo-solution. La solution d'un colloïde dans l'eau n'est donc pas une vraie solution. Celle-ci est d'ailleurs toujours plus ou moins trouble, une partie de la lumière qui traverse le liquide étant diffusée à droite et à gauche. En réalité, ainsi que des recherches récentes l'ont montré, les pseudo-solutions renferment des *particules solides* extrêmement fines ; les solutions vraies n'en renferment pas. Dans celles-ci, on ne peut distinguer ni la substance dissoute, ni son dissolvant ; dans celles-là, il faut, à cause du défaut d'homogénéité, tenir compte et du dissolvant et des particules solides qui nagent dans sa masse. Ces particules ont une extrême petitesse ; les calculs faits à cet égard montrent que certaines substances en suspension colloïdale ont un diamètre moyen voisin du cent-millième de millimètre. On conçoit donc que la surface qu'elles occupent au sein du liquide soit considérable.

Les substances colloïdales vis-à-vis de l'eau sont très nombreuses dans la nature : tous les sucs extraits des végétaux en contiennent. On a pu artificiellement en préparer un grand nombre appartenant aux fonctions chimiques les plus variées : métaux colloïdaux, oxydes, sulfures, etc.

Un colloïde en suspension dans l'eau présente cette propriété remarquable, qui le distingue immédiatement d'un cristalloïde, c'est de pouvoir se séparer d'une façon à peu près complète de l'eau lorsqu'on ajoute à la pseudo-solution *certaines substances salines*, dont la quantité varie avec la nature du sel.

En tout cas, celui-ci agit sous des poids très faibles et qui ne sont nullement en rapport avec la quantité du colloïde qui se précipite, le poids du colloïde pouvant être plusieurs centaines de fois plus grand que le poids du sel qui a déterminé sa précipitation. A ce phénomène remarquable, qui peut être également provoqué par des substances non salines, telles que les acides, on donne le nom de *coagulation*.

La précipitation des solutions colloïdales dépend essentiellement de la réaction du milieu.

Examiné à l'aide des procédés nouveaux de l'ultra-microscope, un *coagulum* montre les flocons dont il est composé formés des particules du colloïde primitif qui se sont rapprochées.

Remarquons que le colloïde qui se coagule contient toujours une faible quantité de l'agent, salin ou autre, qui a servi à le précipiter.

D'ailleurs, une substance colloïdale n'est stable au sein du liquide qui la tient en suspension que lorsqu'elle se trouve en présence de certains cristalloïdes dissous dans ce liquide : on en conclut que liquide et colloïde ne sont pas indépendants l'un de l'autre. Si on précipite un colloïde au moyen d'une substance saline et qu'on lave, avec de l'eau par exemple, le coagulum ainsi formé, le sel ayant servi à la précipitation ne pourra jamais être entièrement séparé. Une certaine quantité de celui-ci a été absorbée par les particules du colloïde de façon irréversible. A cette absorption de nature particulière, van Bemmelen a donné le nom d'*adsorption*. On désigne encore sous ce nom l'action qu'exercent les solides sur les solutions dont la concentration se trouve modifiée au contact immédiat des surfaces de ces solides.

Le phénomène de la coagulation permet de distinguer, comme nous l'avons dit plus haut, les substances colloïdes d'avec les substances cristalloïdes. Celles-ci, en effet, comme chacun le sait, ne sont précipitées de leurs dissolutions que dans des cas parfaitement définis par les lois de Berthollet. Une solution de chlorure de baryum, par exemple, est précipitée en blanc par l'addition d'une solution de sulfate de sodium ; mais la précipitation n'est *complète* que si l'on emploie, pour 1 molécule de chlorure de baryum, 1 molécule de sulfate de sodium. Le nitrate de potassium et bien d'autres sels ne produiraient pas la précipitation du chlorure de baryum.

Les pseudo-solutions, au contraire, ne possèdent pas les caractères des solutions véritables. Elles ne conduisent pas l'électricité. On sait que, lorsqu'on dissout un sel quelconque dans l'eau, le point de congélation de cette eau est toujours abaissé, de même que le point d'ébullition de cette solution est supérieur à celui de l'eau pure. Les pseudo-solutions ne présentent rien de semblable ; leur point de congélation est sensiblement le même que celui du liquide pur ; leur point d'ébullition est le même également que celui du liquide pur.

On emploie souvent encore, pour désigner les solutions colloïdales, des termes préconisés d'abord par Graham : ainsi on dit un *hydrosol*, quand il s'agit de la pseudo-solution aqueuse (exemple : hydrosol d'acide silicique) et un *hydrogel* quand il s'agit du corps qui vient d'être précipité. On dirait de même *alcosol* et *alcogel* dans le cas où le liquide initial serait l'alcool.

Il existe dans la terre végétale où s'enfoncent les racines des plantes des solutions colloïdales ; il est peu probable que ces solutions s'introduisent telles quelles dans le végétal ; mais celui-ci est capable d'en former de toutes pièces, et les phénomènes de coagulation qui se passent à l'intérieur de la cellule ont pour cause possible soit l'action des *enzymes* ou *ferments solubles* dont nous parlerons plus loin, soit la présence de substances salines qui produisent les effets que nous avons déjà signalés. D'ailleurs les enzymes eux-mêmes ne sont que des mélanges de substances colloïdales.

Nous avons vu plus haut que les substances cristalloïdes et colloïdes placées à la partie inférieure d'un long vase plein d'eau montaient à l'intérieur de ce liquide avec des vitesses très inégales : les premières s'élevant avec une rapidité beaucoup plus grande que les secondes. On pourrait donc, à la rigueur, *séparer par décantation* les cristalloïdes des colloïdes, puisque ceux-ci demeurent plus longtemps à la partie inférieure du vase. Ce procédé ne serait pas d'un emploi commode. Graham a montré que cette séparation était rendue infiniment plus facile en introduisant le mélange de matières cristalloïdes et colloïdes dans un vase large dont le fond est remplacé par une *membrane* végétale ou animale (papier parchemin, vessie, etc.), puis plongeant ce vase dans un cristallisoir plein d'eau pure, de façon que le niveau des deux liquides, intérieur et extérieur, soit sur le même plan. Le vase à membrane se nomme *dialyseur* et la séparation ainsi pratiquée s'appelle *dialyse*. La *nature* de la membrane joue un rôle très important dans la dialyse. Dans le cas actuel, les cristalloïdes dissous dans l'eau passent seuls, ou à peu près, dans l'eau du cristallisoir : ce qui permet une séparation mécanique très facile et souvent très parfaite entre les corps qui cristallisent et ceux qui ne cristallisent pas.

Nature des dissolutions proprement dites. — Examinons maintenant la nature des dissolutions proprement dites. Celles-ci ont une importance capitale pour la nutrition de la plante qui les rencontre dans le sol sous forme de nitrates, de phosphates, de chlorures, de sulfates, etc.

Certaines substances en solution *vraie* conduisent bien l'électricité : les sels, les acides, les bases sont, d'après l'expression consacrée, des *électrolytes*. D'autres substances, au contraire, opposent une résistance très grande ou infinie au passage du courant, comme le ferait l'eau pure elle-même : ce sont des *non-électrolytes* (sucre, urée). Si on soumet à l'action d'un courant électrique un électrolyte, celui-ci est décomposé et cette décomposition se nomme *électrolyse*. On appelle *électrodes* les surfaces métalliques qui, plongées dans le liquide électrolytique, sont en relation avec le circuit de la pile. Certains éléments du sel décomposé se déposent sur l'anode (ou électrode positive), ce sont les *anions* ; les autres se portent à la cathode (ou électrode négative), ce sont les *cathions*. Mais, lorsqu'il s'agit des liquides colloïdaux, il faut remarquer que les particules de ceux-ci subissent de la part du courant électrique une action particulière. Parmi ces liquides, il en est dont les particules se dirigent vers l'anode : ce sont les *liquides négatifs* ; d'autres se transportent vers le cathode : ce sont les *liquides positifs*. Certains colloïdes organiques sont électriquement neutres. La *grandeur* des granules qui se dirigent ainsi vers tel ou tel pôle diffère suivant la réaction du milieu : l'addition de traces d'alcalis à une suspension ultra-microscopique augmente la grandeur de ces granules si la solution est positive et la diminue si la solution est négative ; l'addition de traces d'acides produit des effets inverses.

Revenons maintenant aux sels proprement dits.

Faraday pensait que les éléments du sel dissous, qui se séparent sous l'influence du courant, transportaient l'électricité et il appelait *ions* ces produits de la dissociation issus du passage même de l'électricité. Ces ions se rendent, suivant leur nature, à l'électrode négative (hydrogène, métaux) ou à l'électrode positive (chlore, brome, etc.).

D'après une théorie récente due à Arrhénius (1887), ces ions sont *préformés* dans la solution elle-même. Une solution de sel marin NaCl contient, suivant sa concentration, trois espèces de corps en quelque sorte : des *molécules intactes* de NaCl, des ions *chlore* pourvus d'une charge négative, des ions *sodium* pourvus d'une charge positive. De même, une solution d'acide azotique NO^3H contient des molécules NO^3H indécomposées, des ions NO^3 négatifs, des ions H positifs. Le nombre des ions augmenterait avec la dilution : plus celle-ci serait grande et plus les molécules encore intactes de NaCl ou de NO^3H se sépareraient en leurs ions. De telle sorte que, pour une dilution infinie, les solutions d'électrolytes seraient complètement séparées en leurs ions.

Antérieurement à tout passage du courant, les solutions d'électrolytes ne possèdent pas de propriétés électriques, car la charge des ions négatifs neutralise exactement celle des ions positifs.

En résumé, le passage d'un courant électrique au travers d'un électrolyte n'aurait d'autre effet que de *diriger* les ions préformés dans la solution : les uns vers l'anode, les autres vers la cathode. La décomposition d'un sel en solution concentrée est totale au bout d'un certain temps, car, à mesure que les ions se déposent sur leurs électrodes respectives, une nouvelle quantité du sel dissous se dissocie en ses ions, lesquels se dirigent vers l'anode ou la cathode et ainsi de suite.

L'objection que l'on fera de suite à cette façon d'envisager la nature d'une solution saline est la suivante : s'il existait véritablement du chlore et du sodium *libres* dans une solution aqueuse de sel marin, ces deux corps devraient manifester immédiatement leur présence soit par l'odeur spéciale au chlore, soit par le dégagement d'hydrogène que produirait le sodium libre au contact de l'eau. Or il n'en est rien. Mais remarquons que l'*ion chlore* et l'*ion sodium* sont des entités très différentes du chlore et du sodium tels que nous les connaissons. Ceux-ci n'existent qu'à l'*état de molécules*, c'est-à-dire à l'état de combinaison d'atome à atome : Cl-Cl, Na-Na, état sous lequel ces corps possèdent les propriétés que chacun connaît. L'ion, au contraire, peut être regardé *comme l'atome lui-même*, incapable d'exister en dehors du liquide où se meuvent les molécules de sel marin. L'ion possède une charge électrique, positive ou négative ; la molécule n'en possède pas. Cette explication n'est, sans doute, sanctionnée par aucune expérience *directe*. Mais les anomalies que présentent les solutions d'électrolytes au point de vue de la pression osmotique dont il va être parlé, ainsi que celles qui ont été mises en évidence par les recherches cryoscopiques et tonométriques — dont il ne peut être question ici — reçoivent actuellement des faits qui précèdent une explication très satisfaisante.

Ces données nouvelles sur la constitution des solutions ont trouvé des applications nombreuses en physiologie : les ions semblent être la *partie véritablement active d'une solution*.

Ce transport des éléments sous l'influence du courant électrique n'a plus lieu de la même manière quand il s'agit des solutions colloïdales. Ici encore, se manifeste une différence profonde entre les solutions salines vraies et les pseudo-solutions. Celles-ci, soumises à un courant de forte tension, montrent un transport en masse du colloïde vers un des pôles seulement, positif ou négatif. Le même colloïde se transporte toujours vers le même pôle.

VI

OSMOSE. — PRESSION OSMOTIQUE

Maintenant que nous connaissons la constitution des solutions, cherchons comment se fait leur pénétration dans la cellule végétale. Pour pénétrer de l'extérieur dans l'intérieur de la cellule, la solution rencontre un obstacle, *c'est la paroi cellulaire*. Or l'expérience montre que les parois, ou les membranes en général, ont des degrés de *porosité* très différents. Jetons sur un papier à filtre soutenu par un entonnoir une dissolution de sel marin ou de sucre : celle-ci traversera le filtre sans changer de composition. Employons une solution de gomme, il en sera de même à la rapidité près. La paroi solide, ici le papier à filtre, est donc *également perméable* au dissolvant (eau) et au corps dissous (sel marin, sucre, gomme). Disposons maintenant l'appareil suivant. Prenons un tube de verre de 1 centimètre de diamètre, évasé à une de ses extrémités, et ficelons solidement sur la partie évasée une membrane de papier parchemin ou un fragment de vessie de porc. Remplissons le tube ainsi préparé avec une solution de sucre ou de sel jusqu'à une certaine hauteur, et plongeons-le aussitôt dans un vase contenant de l'eau distillée, de façon que les deux niveaux liquides soient dans le même plan. On constatera, au bout de quelque temps, qu'une certaine quantité de liquide a monté dans le tube : il se fait donc un courant de l'extérieur vers l'intérieur. Mais, simultanément, il se produit un courant inverse, et la substance dissoute dans l'eau contenue dans le tube passe dans le vase extérieur ; il y a donc *double courant* ; l'ascension dans le tube de verre indique seulement le résultat de l'action des deux courants inverses. Le phénomène que nous venons de constater s'appelle *osmose* ; le courant principal, celui qui est le plus énergique, s'appelle *endosmose*, le courant le plus faible *exosmose* ou *diosmose*. On dit souvent, d'une façon plus simple, qu'il y a *dialyse*, sans indiquer autrement le sens du courant. Au bout d'un certain temps, le mouvement d'ascension dans le tube finit par se ralentir ; puis il s'arrête et le liquide redescend lentement. Au moment où le liquide a atteint son point le plus élevé, il existe un équilibre entre la force qui fait pénétrer l'eau extérieure dans le tube et la pesanteur, dont l'action inverse tend à empêcher le liquide de pénétrer. L'appareil qui vient d'être décrit permet donc de mesurer, pour la solution d'un corps donné à une concentration (poids de substance dissoute dans l'unité de volume) donnée, la *force* ou la *pression osmotique* de la substance dissoute. Lorsque le liquide contenu dans le tube de notre appareil (appelé *endosmomètre*) aura repris son niveau initial, il aura la même composition que le liquide extérieur, qui n'était primitivement que de l'eau pure ; autrement dit, volumes égaux du liquide contenu dans l'endosmomètre et dans le vase extérieur contiendront mêmes quantités de sel marin ou de sucre. Il s'agit donc bien encore ici d'une *diffusion*, comme dans l'expérience citée plus haut; mais la présence d'une membrane interposée entre la solution saline et l'eau a momentanément troublé l'allure du phénomène.

Le rôle que joue la membrane est capital; celle-ci, suivant sa nature, laissera passer plus ou moins facilement la substance dissoute dans l'endosmomètre. Nous allons y revenir.

Nous aurions pu disposer l'expérience d'une autre façon : introduire de l'eau pure dans l'osmomètre et la solution salée dans le vase extérieur. Comme le courant qui va de l'eau vers la solution est le plus fort, on observe alors que le niveau de l'eau contenue dans le tube s'abaisse. Dans le cas de deux solutions de même concentration, l'une étant placée dans l'osmomètre et l'autre dans le vase extérieur, il ne s'établit pas de courant. Si on prend deux solutions de concentrations inégales, que l'on mette celle de plus forte concentration dans l'osmomètre et l'autre dans le vase extérieur, le courant s'établira du vase extérieur vers l'osmomètre, et le liquide montera dans le tube. La vitesse avec laquelle se fait l'ascension du liquide dépend de la différence des concentrations.

Les phénomènes d'osmose ont été découverts et étudiés d'abord par Dutrochet.

Sur quelques particularités que présentent les phénomènes osmotiques. — La différence de température entre deux liquides homogènes de même nature peut créer un courant osmotique. Ainsi, lorsque deux masses d'eau pure, l'une chaude, l'autre froide, sont séparées par une membrane poreuse, il y a endosmose de l'eau froide vers l'eau chaude (Lippmann). C'est là une remarque importante qui trouve souvent son application dans l'observation de certains phénomènes naturels.

Il ne peut exister de mouvement osmotique que si les liquides sont capables de se mélanger, et il est nécessaire que l'un des liquides au moins mouille la membrane. Quand cela a lieu, le mouvement d'endosmose va de ce liquide vers l'autre. Ainsi de l'alcool et de l'eau étant séparés par une membrane de caoutchouc, c'est l'alcool qui passe dans l'eau. Si ces deux liquides étaient séparés par une membrane animale, le contraire aurait lieu. La nature de la membrane joue donc un rôle capital ; l'*état* de cette membrane est également important à considérer, c'est-à-dire son degré d'humidité ou de dessiccation, ainsi que les traitements qu'elle a subis antérieurement.

Nous avons examiné jusqu'à présent le mode de passage de l'eau vers une solution aqueuse de sel marin, de sucre, etc., autrement dit, le cas où le dissolvant du corps solide était de l'eau. Les phénomènes osmotiques ont une intensité qui n'est plus la même si on oppose l'une à l'autre deux solutions différentes. Signalons seulement le fait suivant : lorsqu'on introduit dans l'endosmomètre — ou plus simplement dans un vase large dont le fond est muni d'une membrane de parchemin (dialyseur) — une solution aqueuse d'albumine et que l'on fait flotter ce dialyseur sur de l'eau pure, l'albumine passe à l'extérieur avec une excessive lenteur. En remplaçant l'eau pure du vase extérieur par une solution saline, on constate que l'albumine passe plus aisément.

MEMBRANES SEMI-PERMÉABLES.

A. — Membranes cellulaires. — Toutes les membranes dont nous avons parlé jusqu'ici se laissent traverser plus ou moins facilement par l'eau et par les substances que celle-ci tient en dissolution. Seul, leur degré de perméabilité varie ; il est très faible vis-à-vis des liquides colloïdaux, ainsi que nous l'avons dit.

On peut concevoir l'existence de membranes qui ne laisseraient passer que *l'eau seule* dans les deux sens, mais s'opposeraient d'une façon plus ou moins absolue au passage des substances salines dissoutes dans cette eau. Or ces membranes idéales existent : toutes les cellules végétales sont dans ce cas, au moins à l'égard de certaines substances solubles. Mais elles ne jouissent de cette propriété que lorsqu'elles sont vivantes : la cellule morte se laissant traverser comme les membranes examinées jusqu'ici.

De plus, on a pu construire artificiellement des cellules ou des endosmomètres, *perméables à l'eau seule*, imperméables aux substances dissoutes dans l'eau. Ces membranes spéciales ont reçu le nom de *semi* ou *hémi-perméables*. La découverte de l'hémi-perméabilité des membranes cellulaires est due à de Vries, celle de l'hémi-perméabilité de certaines membranes artificielles est due à Traube et à Pfeffer. Les études faites sur de semblables membranes depuis plus de trente ans ont étendu nos connaissances relativement aux lois de l'osmose ; elles ont eu une influence considérable sur le développement des idées qui touchent à la nutrition et à l'imbibition des cellules en général. C'est grâce aux expériences effectuées sur les membranes en question que l'on a pu définir la raison pour laquelle il y a une *poussée* de l'eau extérieure vers le liquide intérieur de l'osmomètre, poussée que l'on a nommée *pression osmotique*. Enfin cette pression osmotique exercée par une dissolution a pu être identifiée par Van t'Hoff avec la pression qu'une substance gazeuse exerce sur les parois du vase qui la renferme.

Commençons par examiner le *cas de la cellule végétale*. Sur la coupe mince d'un tissu végétal normal (feuille, par exemple), on remarque que la couche du protoplasma cellulaire est fortement appliquée contre la paroi de la cellule. Si la plante sur laquelle on a pratiqué la coupe est fanée, les cellules peuvent reprendre leur rigidité primitive lorsqu'on plonge la plante dans l'eau. La cellule est donc perméable à l'eau, et l'on appelle *turgescence* l'état particulier de tension que présente la cellule ainsi remplie du liquide et dans laquelle la couche protoplasmique est, comme nous venons de le dire, appliquée contre la membrane cellulosique. Cet état de tension peut'être mis en évidence par une expérience très simple qui consiste à prendre un tube de verre court et un peu large, à en fermer une des extrémités par un fragment de vessie, à remplir le tube d'une solution quelconque (sucre, sel), à fermer ensuite l'autre extrémité par un fragment de vessie et à plonger ce petit appareil dans un vase rempli d'eau pure. On voit alors les deux membranes, repoussées vers l'eau pure, faire une saillie représentant une calotte sphérique ; ce qui indique qu'une certaine quantité d'eau pure a pénétré de l'extérieur à l'intérieur du tube. C'est là l'image de la turgescence.

Or la cellule végétale résiste d'une façon presque absolue à la pénétration des colloïdes et *même des cristalloïdes* ; seul le mouvement de l'eau peut avoir lieu du dehors au dedans et inversement. Si on plonge une coupe fraîche de racine de betterave, de maïs, etc., dans une solution saline quelconque, trois cas peuvent se présenter. Ou bien l'aspect des cellules reste le même, et il y a *équilibre* entre les pressions exercées par les deux liquides, celui qui est à l'extérieur de la cellule et celui qui est à l'intérieur ; ou bien la pression du liquide extérieur est inférieure à celle du liquide intérieur ; la cellule se gonfle en absorbant de l'eau et peut se déchirer ; ou bien enfin c'est le contraire qui a lieu ; le pouvoir osmotique de la solution saline est supérieur à celui du liquide cellulaire ; la turgescence diminue parce qu'une partie du liquide de la cellule passe à l'extérieur. On voit alors la membrane protoplasmique se détacher du sac cellulosique et se rider en quelque sorte en se rétractant.

Une solution extérieure qui ne provoque aucun changement dans l'aspect de la cellule est dite en équilibre de pression ou *isotonique* avec le suc cellulaire. Cette solution est *hypotonique* lorsque la cellule se gonfle, *hypertonique* quand la membrane protoplasmique se rétracte. Lorsque la turgescence cesse chez le corps protoplasmique, on dit qu'il y a *plasmolyse* ou que la cellule est *plasmolysée* (fig. 1).

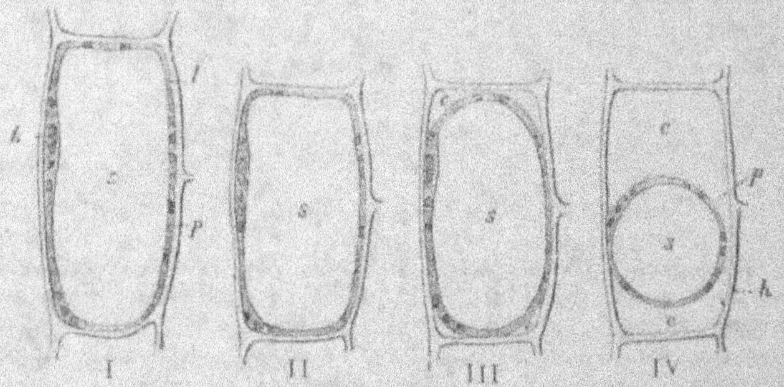

Fig. 1. — Cellules plasmolysées, d'après de Vries : I, dans l'eau ; II, dans une solution de nitrate de potassium à 4 p. 100 ; III, dans une solution à 6 p. 100 ; IV, dans une solution à 10 p. 100.

Le pouvoir plasmolytique des différentes substances solubles dans l'eau est loin d'être le même. A concentration égale, celui du saccharose est sept fois et demie moindre que celui du sel marin. Pour provoquer la plasmolyse, les concentrations des liquides devront être d'autant plus grandes que leur pouvoir osmotique est plus faible. La turgescence de la cellule augmente avec la concentration des liquides que celle-ci contient ; elle varie avec la nature du tissu considéré et avec son âge. La turgescence augmente, par exemple, lorsque, dans telle cellule, par le fait de la fonction d'assimilation, le glucose s'y accumule à la suite de la décomposition du gaz carbonique ambiant. Une certaine quantité d'eau est alors absorbée qui détermine une augmentation de la turgescence.

La perméabilité du protoplasma pour l'eau est d'autant plus grande que le liquide est plus chaud, et cette perméabilité est proportionnelle à la température ; elle existe encore à la température de 0°. Les variations de la perméabilité du protoplasma pour les substances dissoutes ont lieu dans le même sens que lorsqu'il s'agit de l'eau pure. Enfin, une cellule dont le suc cellulaire est *isotonique* avec une solution donnée, à une certaine température, demeure isotonique vis-à-vis de la même solution à toute autre température, pourvu qu'aucun changement ne survienne qui modifie la composition du suc (Van Rysselberghe).

L'hémi-perméabilité de la cellule végétale est-elle absolue, celle-ci n'emprunte-t-elle aux liquides extérieurs qui la baignent que de l'eau et ne donne-t-elle passage qu'à de l'eau seulement lorsqu'elle se plasmolyse? Nullement. Il est probable que telle solution qui, sous une concentration donnée, déterminera un commencement de plasmolyse, devra — si le tissu considéré est d'âge différent — posséder un autre degré de concentration pour que la plasmolyse se produise. Il faut, d'ailleurs, forcément admettre que, pour se nourrir, la cellule reçoive de l'extérieur tels ou tels matériaux indispensables à son accroissement. Toutefois il suffit que ces matériaux soient amenés *au contact* de la masse protoplasmique pour que, de proche en proche, les actions chimiques et biologiques aient lieu : le suc cellulaire lui-même provient de l'élaboration du protoplasma ; il n'est pas apporté de l'extérieur par un simple phénomène de filtration.

En réalité, l'eau d'une dissolution n'est pas seule à pénétrer pour régler la turgescence de la cellule, et les substances cristalloïdes ne s'arrêtent pas au niveau de la membrane protoplasmique.

De plus, il ne faut pas oublier que la cellule peut modifier la composition du suc qu'elle renferme, fabriquer des substances osmotiques nouvelles et, conséquemment, transformer les substances actuelles en d'autres substances plus osmotiques ; on a proposé de donner à ce phénomène le nom d'*anatonose* (Errera, Van Rysselberghe). Cette variation de la turgescence, imputable à des métamorphoses d'ordre chimique, a été soutenue par Pfeffer.

La métamorphose de certains corps dissous dans le suc cellulaire en d'autres moins osmotiques (acide malique se transformant en susbtances sucrées, d'après A. Mayer) est une des causes possibles de la diminution du pouvoir osmotique cellulaire. Suivant de Vries, la pression intracellulaire devrait être principalement mise sur le compte des acides végétaux ; la présence des substances sucrées ne pourrait, à elle seule, expliquer les phénomènes de turgescence. Les sucres possèdent, en effet, un coefficient isotonique faible et un poids moléculaire élevé ; s'ils étaient la cause unique des pressions constatées, on devrait les rencontrer dans l'intérieur de la cellule en quantités beaucoup plus fortes que celles que l'on trouve en réalité.

Cette opinion paraît être trop absolue : il y a des cas, tel que celui de la betterave, où la présence de quantités considérables de sucre permet d'expliquer le rôle prépondérant que joue cette substance dans les phénomènes de pression osmotique.

En ce qui concerne la perméabilité de la membrane protoplasmique, de Vries, puis Van Rysselberghe, ont montré que le protoplasma est perméable vis-à-vis d'un grand nombre de substances salines et, très probablement, pour le saccharose et le glucose. La perméabilité est d'autant plus prononcée que le milieu extérieur est plus concentré. Si l'on dilue peu à peu les solutions initiales dont on s'est servi pour constater le passage des substances salines à l'intérieur de la cellule, on ne peut, en aucun cas, mettre en évidence l'existence d'un mouvement inverse de sortie, hors du protoplasma, de ces substances, auxquelles celui-ci avait livré passage lors de l'augmentation du pouvoir osmotique.

Signalons enfin l'existence d'une *semi-perméabilité relative* de l'enveloppe des grains d'orge, de blé, de seigle, de chanvre. D'après A.-J. Brown, cette enveloppe constitue une membrane semi-perméable : elle laisse passer à l'intérieur du grain l'eau et l'iode en dissolution, mais elle s'oppose à la pénétration des acides (sulfurique et chlorhydrique) et des sels métalliques.

B. **Membranes artificielles**. — C'est à l'aide des membranes semi-perméables artificielles que l'on a déterminé les lois de l'osmose et de la pression osmotique. L'observation est plus facile et plus rigoureuse dans ce cas que lorsqu'on a affaire à des membranes cellulaires. On construit une paroi semi-perméable de la façon suivante. On prend un vase de pile poreux que l'on imbibe d'eau pour en chasser les gaz, on le remplit ensuite d'une solution de cyanure jaune de potassium, et on l'immerge dans un vase contenant une dissolution de sulfate de cuivre. Ces deux dissolutions cheminent en sens inverse dans l'épaisseur de la paroi du vase de pile, où elles se rencontrent et produisent un précipité de ferro-cyanure de cuivre, en couche continue si la substance du vase est bien homogène. Cette membrane de ferro-cyanure de cuivre est *hémi-perméable*. Le vase de pile est ensuite lavé à l'eau plusieurs fois.

Mettons dans ce vase une solution de sucre, fermons-le avec un bon bouchon traversé par un tube qui servira de manomètre, puis plongeons ce vase A dans un vase B plein d'eau, en ayant soin que le niveau des liquides soit le même dans le vase B et dans le tube C. Au bout d'un certain temps, le liquide monte dans le tube C, comme dans l'expérience faite avec l'endosmomètre ; mais la différence essentielle consiste en ce que le liquide, une fois monté, ne redescend plus (fig. 2).

Le sucre reste *intégralement* dans le vase A et ne se mêle pas au liquide contenu dans B. La pression n'est donc pas la même dans A et dans B ; en A, elle est plus forte. Cette pression, qui force le liquide à monter dans le tube C et qui l'y maintient, a reçu le nom de *pression osmotique*.

La hauteur à laquelle monte le liquide dans le tube C varie, pour une température fixe, avec la concentration initiale de la solution sucrée. Si cette concentration augmente, l'astension sera plus grande et inversement. La pression osmotique est *mesurée* par la hauteur de la colonne liquide comptée à partir du niveau de l'eau dans le vase B.

S'il est exact que l'on puisse comparer les mouvements des molécules d'un corps dissous à ceux des molécules d'un gaz et prétendre que, dans les deux cas, les molécules exercent une pression sur les parois des vases qui les contiennent, on expliquera de la façon suivante la cause elle-même de la pression osmotique.

En effet, la pression qu'exerce une solution sur une paroi solide est la somme des pressions exercées : 1° par les molécules dissoutes du corps solide; 2° par les molécules du dissolvant lui-même. Lorsque cette solution est séparée de l'eau pure par une membrane semi-perméable, comme dans le vase de Pfeffer, les pressions de cette eau pure d'une part, de la solution d'autre part, sont égales entre elles et égales à la pression atmosphérique H. Mais, à l'intérieur du vase, la pression du dissolvant est inférieure à H, ainsi que celle de la substance dissoute ; ce n'est que la *somme* de ces deux pressions partielles qui est égale à H. Pour qu'il y ait équilibre, l'eau extérieure pénètre alors dans le vase semi-perméable jusqu'à ce que la pression de l'eau dans ce vase devienne égale à H, *le corps dissous possédant toujours sa pression propre.*

Fig. 2. — Vase de Pfeffer.

C'est cette dernière pression qui se traduit par une élévation du liquide dans le tube C *et qui mesure la pression osmotique du corps dissous* à la température de l'expérience et pour la concentration actuelle.

En somme, *la pression osmotique est due à l'attraction qu'exerce le corps dissous sur le dissolvant.*

A la même température, les pressions osmotiques exercées par une solution de sucre sont proportionnelles à la *concentration*, c'est-à-dire à la quantité de substance dissoute dans 100 centimètres cubes d'eau, par exemple.

On trouve ainsi expérimentalement pour le sucre :

Concentration K.	Pression P en centimètres de mercure.	Rapport $\frac{P}{K}$.
1 p. 100.	53,5	53,5
2 —	101,6	50,8
4 —	208,2	52,1
6 —	307,5	51,3

La pression osmotique étant proportionnelle à la concentration est en raison inverse du volume de la solution ; on peut donc écrire :

$$\frac{P}{K} = \frac{P'}{K'} = \frac{P''}{K''}\ldots \quad \text{ou bien} \quad PV = P'V' = P''V'', \ldots$$

ce qui n'est autre chose que la *loi de Mariotte appliquée aux solutions.* En effet, pour les gaz, la pression est inversement proportionnelle au volume ou bien directement proportionnelle à la quantité de substance contenue dans l'unité de volume (Van t'Hoff).

Toutes choses égales d'ailleurs, la pression osmotique *croît avec la température* et dans le même rapport pour toutes les matières dissoutes. La valeur de ce rapport est la même à peu près que le *coefficient de dilatation des gaz*, soit $\frac{1}{273}$: c'est-à-dire que la pression osmotique exercée par un certain poids d'une substance donnée dissoute dans une quantité d'eau fixe augmente de $\frac{1}{273}$ de sa valeur pour une élévation de température de 1°. Les expériences ont porté sur des solutions de sucre et de tartrate de sodium. La loi de Gay-Lussac, relative aux gaz, est donc vraie pour les solutions : *la pression osmotique varie proportionnellement au binome de dilatation* $(1 + \alpha t)$. Le nombre α est le même pour les gaz que pour les dissolutions.

On peut pousser plus loin l'assimilation qui existe entre un gaz et une solution. La *loi de Gay-Lussac* dit que : *pour une même masse de gaz prise sous un volume constant, la pression croît proportionnellement avec la température absolue* (c'est-à-dire la température comptée à partir de — 273°). Si on combine cette loi avec celle de Mariotte, on a, comme formule des gaz parfaits :

$$PV = RT,$$

P désignant la pression, V le volume, T la température absolue, R une constante.

Donc : $\dfrac{PV}{T} = R$. R *est la constante caractéristique d'un gaz parfait.*

Sa valeur est la suivante. Si on prend pour P la pression produite par une colonne de 76 centimètres de mercure à 0° sur 1 centimètre carré de surface, cette pression est égale à 1033 grammes ; si on prend pour V le volume à 0° de la molécule-gramme qui est constante pour tous les gaz et égale à 22 320 centimètres cubes, on a :

$$\frac{1033 \times 22320}{273} = 84456 = \text{constante R}.$$

Appliquons cette même formule $PV = RT$ à une solution, et voyons quelle est, dans ce cas, la valeur de la constante R. Une solution de sucre à 1 p. 100 étant placée dans le vase semi-perméable, fournit, d'après Pfeffer, à la température de 6°,8, une colonne liquide équivalant à 50cent,5 de mercure. Cette pression, évaluée en grammes par centimètre carré, sera égale à :

$$P = 50,5 \times 13,6 = 686,8.$$

D'autre part, le volume V occupé par la molécule-gramme de sucre (soit 342) sera égal à 34 200 centimètres cubes, puisqu'il s'agit d'une solution à 1 p. 100. Enfin T = 273 + 6,8. Donc :

$$R = \frac{686,8 \times 34200}{273 + 6,8} = 83947.$$

Cette constante est, à très peu de chose près, la même que celle des gaz.

Ainsi, non seulement les lois de Mariotte et de Gay-Lussac sont vraies pour les solutions diluées, mais, de plus, on trouve pour R, dans les deux cas, la même valeur. Appliquée aux solutions, l'équation $PV = RT$ peut se traduire ainsi : *le volume de la solution restant constant, la pression osmotique est proportionnelle à la température absolue.*

Van t'Hoff a déduit de ce qui précède une loi des plus remarquables, analogue à la loi d'Avogadro pour les gaz. Cette dernière nous dit que : *volumes égaux des différents gaz pris à la même tempé-*

rature et à la même pression renferment le même nombre de molécules.
Nous dirons : *la pression osmotique d'un corps en solution étendue a
la même valeur que la pression que ce corps exercerait s'il occupait, à
l'état de gaz, le volume occupé par la solution.* On peut exprimer la
chose sous une forme plus nette de la façon suivante : *volumes
égaux de solutions isotoniques diverses renferment le même nombre
de molécules.*

**Quelques restrictions relatives à la théorie des disso-
lutions** — Nous avons comparé, dans les lignes précédentes, les
mouvements des molécules d'un corps dissous à celles d'un gaz, et
nous avons montré que, dans les deux cas, les molécules exercent
une pression sur les parois des vases qui les contiennent : nous
avons ainsi tenté d'expliquer les causes de la pression osmotique. Il
n'est pas inutile de reproduire ici quelques restrictions importantes relativement aux idées précédentes sur lesquelles a insisté
Kahlenberg.

Si on dissout un sel dans l'eau, il semble bien que ce sel se diffuse
dans le liquide comme un gaz dans le vide. Cependant il faut alors
faire abstraction du liquide par la pensée. En effet, si le sel se répand
dans le liquide, ce n'est pas en vertu de sa force élastique, mais bien
par suite d'un certain degré d'*affinité* qui se traduit précisément
par les phénomènes osmotiques en particulier.

La solubilité d'un sel et l'expansion d'un gaz dans le vide ou dans
un autre gaz présentent encore une différence capitale : tous les gaz
se mélangent indifféremment entre eux, alors que les solides ne
se dissolvent pas de la même manière dans tous les liquides.

Isotonie des solutions équimoléculaires. — Les
solutions équimoléculaires ont même pression osmotique. Il y
a en effet *isotonie* entre des solutions qui, dans 10 litres,
renferment les poids suivants de matière :

Sucre de canne	$C^{12}H^{22}O^{11} = 342$ grammes.
Glucose	$C^{6}H^{12}O^{6} = 180$	—
Acide malique	$C^{4}H^{6}O^{5} = 134$	—
— citrique	$C^{6}H^{8}O^{7} = 192$	—
— tartrique	$C^{4}H^{6}O^{6} = 150$	—
— oxalique	$C^{2}H^{2}O^{4} = 90$	—
Glycérine	$C^{3}H^{8}O^{3} = 92$	—

La pression osmotique exercée par ces différents poids de
matière dissous dans 10 litres est égale à 179^{cent},1 de mercure
ou 2^{atm},35. Toutes ces substances sont des substances organiques ; un petit nombre de sels alcalino-terreux se conduisent
de même.

La pression osmotique est indépendante de la nature de la membrane et de son épaisseur ; elle est indépendante de la nature du corps dissous et du dissolvant ; elle dépend uniquement du nombre des molécules.

Les lois de la pression osmotique ne sont vraies que *pour les solutions étendues* : dans les solutions concentrées, les molécules du corps dissous ne se meuvent plus avec la même facilité.

Ce que nous venons de dire ne s'applique qu'aux solutions des *corps non électrolytes*, c'est-à-dire ne conduisant pas l'électricité. La plupart des solutions salines qui conduisent l'électricité (électrolytes) présentent certaines anomalies telles que leur pression osmotique est supérieure à ce qu'elle devrait être. La pression ne répond pas, dans ce cas, au nombre de molécules existant véritablement en solution, mais à des nombres plus grands. De Vries a établi des *coefficients isotoniques* propres à chaque série de sels. Lorsqu'on multiplie par ces coefficients la pression osmotique de 179^{cent}, 1, qui est celle qu'exerce la molécule des corps cités plus haut dissous dans 10 litres d'eau, on trouve la pression osmotique exercée *en réalité* par la substance saline soumise à l'expérience, dissoute dans le même volume d'eau.

Ces anomalies sont vraisemblablement explicables par suite de la formation, dans les solutions étendues d'électrolytes, d'une certaine quantité d'*ions*. Le nombre des individus chimiques n'est pas le même dans telle solution, chez laquelle le corps dissous n'est pas dissocié et ne contient que des molécules intactes, que dans telle autre, où, suivant le degré plus ou moins grand de dilution, une quantité plus ou moins grande de molécules est dissociée en ses *ions*. Nous avons déjà développé ces idées plus haut.

Les solutions étendues sont caractérisées, non seulement par une pression osmotique qui répond à leur concentration moléculaire, mais aussi par certaines données physiques, telles que l'abaissement de leur point de congélation, l'abaissement de leur tension de vapeur et l'élévation de leur point d'ébullition comparés à ceux du dissolvant pur. On démontre d'une façon très simple que deux solutions *isotoniques* ont même point de congélation, même point d'ébullition, même tension de vapeur.

Raoult a établi cette loi fondamentale de la *cryoscopie* : « Si on dissout 1 molécule (ou une quantité proportionnelle au poids moléculaire) d'une substance quelconque dans une quantité constante d'un dissolvant déterminé, *on abaisse toujours le point de congélation de ce dissolvant de la même quantité*, quelle que soit la nature de la substance dissoute. » Cette loi ne s'applique qu'aux solutions étendues. Or les solutions aqueuses d'électrolytes, qui présentent, comme nous venons de le voir, des anomalies au point de vue de la pression osmotique, présentent les mêmes anomalies au point de vue de l'abaissement de leur point de congélation : celui-ci est trop fort en général. L'hypothèse de la dissociation en *ions* explique la plupart des anomalies observées dans les deux cas.

On observe également les mêmes anomalies, et toujours dans le même sens, dans l'étude des diminutions de tension de vapeur ou d'élévation du point d'ébullition des solutions comparées à celles du dissolvant.

L'affinité du dissolvant pour le corps dissous se manifeste donc d'une façon remarquable dans l'étude de la pression osmotique, dans celle de l'abaissement du point de congélation des solutions, dans celle de la diminution de tension de vapeur ou de l'élévation du point d'ébullition des solutions. Entre ces divers phénomènes, il doit y avoir *a priori* une relation théorique. En fait, il existe des formules qui permettent, étant donné l'abaissement du point de congélation d'une dissolution, de calculer sa pression osmotique. Or la détermination du point de congélation d'une dissolution est une opération incomparablement plus facile à exécuter que celle de la pression osmotique, laquelle exige la construction de vases semi-perméables assez difficile à réaliser.

Van t'Hoff a donné d'ailleurs une formule qui permet de calculer la pression osmotique en atmosphères lorsqu'on connaît simplement la *température absolue*, c'est-à-dire la température indiquée par un thermomètre centigrade augmentée de 273°, et la *concentration*, c'est-à-dire le nombre de molécules-grammes contenues dans 1 litre. Cette formule très simple est la suivante :

$$P = 0,08 \; C. \; T.$$

Vérification des phénomènes de pression osmotique sur les cellules végétales. — De Vries, en remplaçant les vases semi-perméables par des cellules végétales, avait également observé que les solutions isotoniques renferment des quantités de sels proportionnelles à leur poids moléculaire. Pour vérifier la chose, on pratique une série de coupes minces sur la nervure moyenne de la face inférieure d'une feuille de *Tradescantia discolor*, laquelle se prête très bien à ce genre d'observation ; on immerge ces coupes dans des solutions salines variées, et on les examine au microscope. On pourra d'abord n'apercevoir aucun changement dans la turgescence des cellules ; la membrane protoplasmique restera appliquée contre la paroi cellulaire. Mais, si on prend des solutions d'un même sel de plus en plus concentrées, on verra, à un moment donné, la membrane protoplasmique commencer à se détacher de la paroi cellulaire. À ce moment précis, la solution employée enlève de l'eau au protoplasma : il y a *plasmolyse*, et la pression osmotique de la solution est égale ou légèrement supérieure à celle du suc cellulaire. Si on opère de même avec d'autres solutions, en notant le titre pour lequel, vis-à-vis des cellules d'une même plante, il y a commencement de plasmolyse, on vérifie avec assez d'exactitude ce fait que *toutes ces solutions isotoniques renferment des quantités de sels proportionnelles à leur poids moléculaire*. Partant de là, de Vries a même pu, par des expériences de plasmolyse, déterminer le poids moléculaire, jusque-là inconnu, d'un sucre particulier, le *raffinose* (Voy. p. 144).

Importance des considérations tirées de l'étude de la pression osmotique. — Les calculs effectués d'après les expériences portant sur le vase de Pfeffer montrent que la pression osmotique est très variable chez la cellule, mais souvent assez élevée ; elle peut varier de 3 à 25 atmosphères et même bien au delà.

D'après Pfeffer, certaines Mucédinées (*Penicillium glaucum, Aspergillus niger*) sont capables de prospérer dans des solutions concentrées : leur suc cellulaire peut être isotonique d'une solution à 38 p. 100 de nitrate de sodium et présenter ainsi une pression de 157 atmosphères. Si on transporte dans l'eau pure des végétaux accommodés à une solution saline un peu concentrée, leurs cellules se déchirent par suite d'une augmentation de pression qui, chez l'*Aspergillus*, atteindrait 160 atmosphères.

Pour résumer le rôle que l'on doit attribuer à la pression osmotique envisagée comme cause de la pénétration dans la cellule de substances venues du dehors, nous dirons que la cellule végétale est, le plus souvent, hémi-perméable et que, seuls, les échanges d'eau peuvent avoir lieu au travers de sa membrane. Mais, il faut bien le rappeler encore, cette hémi-perméabilité *n'est pas absolue* et n'existe vraisemblablement qu'à certaines époques de la vie de la cellule. Il est d'ailleurs possible que telle membrane soit perméable pour telle substance dissoute, minérale ou organique et imperméable pour telle autre : il s'agirait donc ici d'une *sélection* qu'exercerait la membrane. Or cette façon de voir n'est nullement hypothétique : les différentes plantes qui vivent sur une même terre se chargeant de quantités très inégales de matières salines, aussi bien au point de vue quantitatif qu'au point de vue qualitatif.

On a pu dire que la *concentration moléculaire des liquides de l'économie animale oscille autour d'un axe représenté par la concentration du sérum sanguin* (Winter). Cet équilibre osmotique doit se retrouver chez le végétal ; or c'est avec le secours des lois tirées de l'étude de la pression osmotique que l'on peut expliquer pour le mieux des phénomènes tels que l'ascension de l'eau dans les végétaux de grande hauteur, l'accumulation de certaines substances solubles de réserve, telles que le sucre, dans beaucoup de racines, et cela en proportions souvent considérables.

VII

PHÉNOMÈNES DIASTASIQUES

Nous avons examiné dans ce qui précède la façon dont pénètre une solution à l'intérieur d'une cellule, ainsi que les lois qui régissent cette pénétration. Mais la cellule ne conserve que rarement, sans les transformer, les substances qui lui viennent de l'extérieur ou qu'elle a créées de toutes pièces, par le jeu de l'assimilation chlorophyllienne par exemple. Le plus souvent, elle fait subir à ces substances une série de métamorphoses *qui sont la conséquence même de l'activité de son protoplasma*. C'est ainsi que l'on voit les matières ternaires solubles, telles que le glucose, se condenser en amidon ; celui-ci, réciproquement, se solubiliser et donner naissance à du glucose, à du maltose, à du saccharose. Ce dernier, emmagasiné en grandes quantités dans certains organes, peut fixer une molécule d'eau et se dédoubler en molécules égales de glucose et de lévulose. Les graisses enfin, par fixation d'eau, se dédoublent, dans certaines conditions, en glycérine et acides gras (saponification).

Toutes ces actions chimiques — et bien d'autres encore dont la cellule est le théâtre, telles que celles, par exemple, qui s'exercent vis-à-vis des substances azotées — se produisent sous l'influence de corps particuliers, secrétés par le protoplasma lui-même. Ceux-ci ont reçu tour à tour les noms de *diastases, ferments solubles, ferments chimiques, enzymes*. Cette dernière expression est actuellement la plus communément employée.

La cellule porte en elle-même l'agent des transformations variées que nous venons de citer. Il est donc indispensable d'esquisser ici rapidement ce que l'on sait du mécanisme qui préside à l'action des enzymes.

Rôle des enzymes. — Les enzymes sont nombreux dans les tissus végétaux ; à chacun d'eux est dévolu un rôle bien déterminé, et la même cellule peut en renfermer plusieurs. Une méthode qui permettrait leur isolement à l'état de pureté est encore à découvrir, car l'altérabilité de certains d'entre eux paraît être très grande lorsqu'ils sont extraits de la cellule ; aussi leurs propriétés actives ne peuvent-elles se manifester qu'à l'intérieur de celle-ci. Mais, en règle générale, ces matières particulières sont solubles dans l'eau et précipitables par addition d'alcool. Il suffit de sécher dans le vide sec le coagulum ainsi formé pour obtenir une matière amorphe, capable de produire quelques-unes des transformations signalées plus haut.

Il est évident, — en raison même du procédé qui a servi à les obtenir, — que les ferments solubles constituent forcément un mélange complexe et les curieuses propriétés qu'ils possèdent ne doivent être certainement mises sur le compte que d'une fraction, peut-être très faible, de leur poids.

Et d'abord, ce qui frappe lorsqu'on examine de près l'action des enzymes, c'est la *disproportion énorme* qui existe entre le poids de la matière active et celui de la substance sur laquelle agit cet enzyme. Une infusion de grains d'orge germés, par exemple, faite avec quelques individus seulement, peut liquéfier et transformer en matières sucrées solubles un poids considérable d'empois d'amidon.

L'expression de *ferment soluble, ferment chimique*, sert à distinguer ces matières actives des *ferments figurés* ou *vivants*.

Nous avons dit que les enzymes proviennent de l'activité de la cellule végétale ; mais eux-mêmes ne vivent pas, ils ne se reproduisent pas comme le font les cellules des ferments figurés. L'enzyme spécial qui, dans l'exemple précédent, liquéfie l'empois d'amidon, semble donc être un *intermédiaire* entre l'amidon insoluble initial et la matière sucrée soluble : un agent capable de fixer les éléments de l'eau sur l'amidon, sans entrer lui-même en réaction. Peut-être subit-il une destruction momentanée ou, tout au moins, une modification profonde. Mais il est immédiatement régénéré avec ses propriétés et son activité primitives.

Alors que les fermentations produites sous l'action des ferments figurés (levures, moisissures, etc.) se ralentissent ou cessent en présence d'une certaine dose d'un anesthésique (chloroforme, éther), l'action des ferments solubles n'est pas entravée dans ces conditions, si, toutefois, la dose d'anesthésique employée n'est pas trop considérable.

En somme, chaque cellule végétale est capable de sécréter une ou plusieurs substances particulières, susceptibles de produire sur les sucs qu'elle renferme des actions chimiques profondes de condensation, d'hydratation, voire même d'oxydation (enzymes oxydants, oxydases) ou de réduction (réductases).

Ces sécrétions remarquables peuvent manquer parfois totalement ; elles apparaissent à un certain moment de l'évolution cellulaire, puis s'évanouissent. Toute cause extérieure qui retarde le développement d'un végétal peut être une cause d'absence, de disparition ou de ralentissement dans la sécrétion d'un enzyme.

Il faut remarquer que la plupart des ferments figurés, isolés à l'état de pureté relative, se comportent d'ailleurs, au point de vue du résultat final obtenu, comme la cellule végétale elle-même. Ces ferments, en effet, n'agissent sur telle ou telle matière *que par leurs sécrétions*, tout comme la cellule végétale n'agit que par la production de ses enzymes : témoin l'action du suc de levure sur le glucose avec production d'alcool et de gaz carbonique (Büchner), de l'invertine sécrétée par cette même levure sur le sucre de canne, dont elle provoque le dédoublement en glucose et lévulose.

On peut donc dire que, si l'enzyme émanant de la cellule végétale ou du ferment organisé est la *matière vraiment active* dans la série des transformations qui amènent successivement l'amidon, par exemple, de l'état insoluble et très condensé à l'état de matière sucrée soluble, infiniment moins condensée, cette cellule végétale ou ce ferment organisé n'en demeurent pas moins *les agents initiaux* de production des substances solubles actives.

Nature des enzymes. — Quelle est la nature intime des enzymes ? Ce sont probablement des substances quaternaires (composées de carbone, d'hydrogène, d'oxygène, d'azote). Peut-être contiennent-elles, en outre, un peu de soufre et de phosphore. Cependant, d'après des recherches récentes, elles ne renfermeraient uniquement que du carbone, de l'hydrogène et de l'oxygène. Elles laissent, quand on les chauffe fortement, *une petite quantité de cendres* ; ce point est capital, et nous allons y revenir. On doit ranger les enzymes dans la catégorie des *substances colloïdales*, définies comme nous l'avons fait plus haut. Ils existent dans les liquides qui les baignent à l'état de suspension très fine, occupant ainsi une très large surface. Il semble même que la partie organique, c'est-à-dire combustible, de l'enzyme n'intervienne que pour disséminer la substance minérale que celui-ci renferme. Cette substance minérale, chose remarquable, quelle que soit la faiblesse de son poids, est probablement *seule à jouer un rôle actif* dans les phénomènes où intervient la présence des enzymes. La substance organique à laquelle elle est associée ne lui sert que de support. La disparition, tout au moins relative, de la matière minérale dans le fait de purifier un enzyme entraîne un ralentissement dans l'activité de celui-ci ; l'addition de certains sels renforce au contraire cette activité.

Aussi a-t-on pu avec raison donner à l'élément minéral de l'enzyme le qualificatif de *coferment* (G. Bertrand), pour rappeler le rôle prépondérant qu'il convient de lui attribuer dans les phénomènes qui nous occupent ici. Nous aurons l'occasion, à propos des oxydases, de nous souvenir de ces notions.

Il est indispensable, en terminant ce court aperçu sur l'histoire des enzymes, de dire que, d'après plusieurs auteurs, les propriétés diastasiques ne seraient pas inhérentes à telle ou telle molécule chimique, mais proviendraient d'un état particulier d'un composé ou d'un ensemble de composés chimiques. L'histoire sommaire des diastases sera traitée après l'étude de la fonction d'assimilation.

Interprétation des phénomènes diastasiques : actions catalytiques ou de présence. — L'enzyme qui produit un dédoublement ou une hydratation n'entre pas lui-même en réaction : il agit donc par *simple contact*. Aussi a-t-on rapproché les actions diastasiques des *actions de présence ou catalytiques*, bien connues depuis longtemps en chimie.

Kirchhoff avait observé, dès 1811, l'action catalytique qu'exercent les acides sur l'amidon ; mais c'est Berzélius qui, dans le domaine de la chimie minérale, a fourni à cet égard les premiers renseignements.

On sait, par exemple, qu'une faible quantité de mousse de platine peut déterminer, par sa seule présence, l'explosion d'un mélange de gaz hydrogène et oxygène; que cette même mousse peut décomposer l'eau oxygénée en eau et oxygène. On sait également que l'hydrogène se fixe à basse température sur certains carbures gazeux, en présence de nickel réduit ; que le chlorate de potassium, chauffé avec de l'oxyde de cuivre ou même avec du sable, se décompose à une température beaucoup plus basse que s'il était chauffé seul, etc. Toutes ces réactions sont fortement exothermiques, et l'*agent de contact* n'est là que pour effectuer un certain travail préliminaire qui détermine la réaction. « Le travail préliminaire applicable à la réaction de l'ensemble se trouve être une fraction très petite, et souvent même infinitésimale, de la chaleur totale que dégage la masse en combustion » (Berthelot). Ni le platine, ni le nickel, ni le sable ne semblent entrer en réaction ; on les retrouve à la fin de l'expérience dans le même état qu'au début de celle-ci : or c'est ce que nous constatons également dans l'action des enzymes. Le rapprochement peut donc être admis et, si nous appelons *catalyseurs* les corps tels que le platine, le nickel ou le sable, nous devons reconnaître que *tous les enzymes sont des catalyseurs*.

Cependant, ainsi que la chose a pu être démontrée dans un certain nombre de cas, il se forme un *composé intermédiaire*, qui, détruit presque aussitôt, est sans cesse régénéré.

Remarquons que certaines transformations qui se réalisent en présence d'un enzyme, c'est-à-dire d'une substance issue de l'activité protoplasmique, peuvent également se réaliser en présence d'un *catalyseur minéral* en fournissant les mêmes produits : telle est la saccharification de l'amidon ou l'inversion du sucre de canne sous l'influence des acides étendus (sulfurique, chlorhydrique, etc.). Ces acides ne participent pas à la réaction ; ils agissent sous un poids très faible, et on les retrouve inaltérés à la fin de l'expérience. Toutefois, l'intervention d'un facteur nouveau est ici nécessaire ; il faut élever la température.

On a pu donner du catalyseur la formule suivante : c'est une substance qui, sans apparaître dans le produit final d'une réaction, en modifie la vitesse (Ostwald). On peut comparer le catalyseur à un corps lubrifiant, introduit dans les rouages d'une machine et destiné à diminuer les résistances dues au frottement.

Remarquons cependant que tous les catalyseurs ne sont pas *positifs*, c'est-à-dire n'accélèrent pas toujours une réaction dans un sens déterminé ; il existe des catalyseurs *négatifs* (anticatalyseurs, catalyseurs poisons), qui entravent au contraire ou retardent certaines réactions.

L'analogie entre les enzymes et les catalyseurs minéraux peut être poussée plus loin. L'expérience montre qu'un enzyme *s'use* à la longue, qu'il vieillit. Il en est de même du catalyseur minéral. L'amiante platinée, catalyseur qui sert à fixer l'oxygène sur le gaz sulfureux avec production d'acide sulfurique, s'altère peu à peu sans qu'il soit possible actuellement de trouver une raison plausible à cette altération.

Tels sont les faits : leur explication a été et est encore le sujet de très nombreuses hypothèses que nous ne pouvons résumer sans sortir du cadre que nous nous sommes tracé.

Retenons simplement de ce qui précède les notions suivantes. Les sucs cellulaires, tant que dure l'activité spécifique du protoplasma, sont en transformation continuelle. Les substances venues de l'extérieur ou celles qui prennent naissance dans la cellule n'y demeurent pas sous leur forme primitive. Le protoplasma, au moins à certains moments, sécrète des corps particuliers (enzymes) capables, par leur présence seule, de modifier profondément le contenu cellulaire sans entrer eux-mêmes en réaction. On voit alors telle matière insoluble se solubiliser, ou réciproquement ; il s'agit donc ici d'une fixation d'eau dans le premier cas (hydratation, hydrolyse) et, dans le second cas, d'un départ d'eau (déshydratation). Les produits d'hydratation sont souvent très variés lorsqu'il s'agit, par exemple, de l'action de certains enzymes sur les *glucosides*, corps bien définis que l'on rencontre dans une foule de végétaux. Tel autre enzyme peut être un agent de saponification (hydratation d'un corps gras), tel autre un agent de simplification des matières azotées complexes, connues sous le nom *d'albuminoïdes* et contenues dans tous les végétaux ; tel autre enfin fixe l'oxygène de l'air sur certains principes.

Ces notions indispensables étant acquises, nous pouvons aborder l'examen des phénomènes généraux de la nutrition de la plante. Nous commencerons par l'étude de la fonction d'assimilation chez la plante verte : c'est grâce à la synthèse carbonée que la vie peut se maintenir à la surface du globe.

Mais, auparavant, nous résumerons très succinctement, dans le chapitre suivant, l'histoire des progrès de la chimie agricole.

CHAPITRE II

EXPOSÉ SOMMAIRE DES DOCTRINES AGRICOLES (1)

On peut dire que l'étude rationnelle de la nutrition des plantes et la recherche des causes de la fertilité des sols sont intimement liées aux progrès de la chimie. Avant les travaux de Lavoisier, les agronomes ignoraient totalement les véritables besoins du végétal. L'immortel chimiste avait cependant fourni à cet égard des notions d'une absolue précision lorsqu'il disait : *Les végétaux puisent dans l'air qui les environne, dans l'eau et, en général, dans le règne minéral, les matériaux nécessaires à leur organisation. Les animaux se nourrissent ou de végétaux ou d'autres animaux qui ont été eux-mêmes nourris de végétaux, en sorte que les matières qui les forment sont toujours en dernier résultat tirées de l'air et du règne minéral. Enfin la fermentation, la putréfaction et la combustion rendent perpétuellement à l'air de l'atmosphère et au règne minéral les principes que les végétaux et les animaux en ont empruntés...* Ces idées de Lavoisier sur la statique des êtres vivants ne furent connues que plus de soixante ans après sa mort. En effet, ce n'est qu'en 1847 que J.-B. Dumas, chargé par une commission de l'Académie des sciences de dépouiller un certain nombre de papiers inédits ayant appartenu à Lavoisier, trouva parmi ceux-ci une pièce entièrement écrite de sa main, ne portant pas de date, mais composée vraisemblablement à la fin de l'année 1792 ou au commencement de la suivante. Au début de ce travail, se trouvent les lignes que nous venons de citer. Dumas en fit part au monde savant dans une leçon professée devant la Société chimique de Paris, en 1860.

Aussi ne faut-il pas s'étonner que les notions les plus erronées sur la nutrition végétale aient continué à avoir cours, jusqu'en 1840, époque de l'apparition du livre de Liebig.

Toutefois il est juste de dire que, deux cent cinquante ans avant Lavoisier, Bernard Palissy avait, dès l'année 1563, émis des idées d'une justesse remarquable sur la véritable cause des propriétés

(1) Le lecteur, désireux de connaître avec quelques détails l'histoire des doctrines agricoles, trouvera un exposé très intéressant de cette question dans l'ouvrage de L. GRANDEAU : *Chimie et physiologie appliquées à l'agriculture et à la sylviculture*, Paris, 1879, p. 30 et suivantes.

fertilisantes des fumiers. A l'époque où vivait ce dernier — et la même opinion n'a cessé d'être admise par presque tous jusqu'à Liebig — on n'accordait de valeur fertilisante qu'au fumier *en tant que matière organique* et qu'aux débris végétaux que renferme le sol. Ceux-ci, issus de la vie de la plante, devaient, croyait-on, par le jeu des forces végétatives, rentrer dans les plantes. Les vues de Bernard Palissy ne furent pas plus comprises de ses contemporains qu'elles ne le furent par ses successeurs pendant près de trois cents ans. L'idée de *restituer* au sol, non pas de la matière organique, puisque celle-ci vient de l'air, mais la *matière minérale* que les récoltes exportent continuellement, a été formulée de façon précise par Bernard Palissy. Le fumier, disait-il, ne sert que par le *sel* que laissent la paille et le foin en pourrissant.

Par ce mot de *sel*, d'une acception très vague, il faut entendre, à n'en pas douter, ce *résidu fixe* que fournissent toutes les parties végétales, soit lorsqu'on les abandonne à la putréfaction complète, soit lorsqu'on les brûle. Les semences tirent le sel de la terre et sont pour celle-ci une cause d'appauvrissement. La pratique qui consiste à brûler du bois sur le sol et à entasser les cendres n'a d'autre but que de restituer au sol le sel que les arbres en ont extrait. L'idée de *restitution* domine donc dans la pensée de Bernard Palissy ; mais, encore une fois, ces notions restèrent lettre morte pendant près de trois siècles.

A la fin du XVIIIe siècle, les méthodes précises de la chimie commençaient à pénétrer dans l'esprit des hommes de science. L'usage de la balance que Lavoisier avait introduit dans le travail du laboratoire se généralisait, et des découvertes capitales n'allaient pas tarder à se faire jour, portant surtout sur les lois pondérales de la chimie : la loi des proportions définies, celle des proportions multiples, en germe dans les travaux de Lavoisier, étaient la conséquence de l'emploi de méthodes rigoureuses dans l'analyse des phénomènes naturels.

Et cependant rien de ces découvertes capitales ne profite d'abord à la connaissance de la façon véritable dont la plante tire sa nourriture du milieu ambiant, du sol en particulier.

Tous les agronomes étaient imbus de cette idée que l'*humus* seul, c'est-à-dire le produit de la décomposition des végétaux morts, devait servir à nourrir d'autres végétaux et qu'une terre était d'autant plus féconde qu'elle en renfermait une plus grande proportion. La théorie de l'humus trouvait un défenseur ardent dans la personne de Th. de Saussure. Celui-ci, auquel nous sommes redevables de travaux remarquables sur la respiration, sur le rôle de l'eau dans les plantes et sur l'absorption par celles-ci des dissolutions salines, accordait sans doute à la présence des matières minérales une certaine importance ; mais il ne formula pas de façon précise la nécessité de la restitution au sol de ces matières. Dans la préface de ses *Recherches chimiques sur la végétation* (Paris, 1804), il dit : *Mes* recherches me conduisent à montrer comment l'eau et l'air contribuent plus à la formation de la substance sèche des plantes qui croissent sur un sol fertile que la matière même du terreau qu'elles absorbent en dissolution dans l'eau par leurs racines. Le savant genevois avait reconnu que le terreau forme avec la matière minérale une combinaison d'un ordre particulier; il pensait que l'*extrait de terreau*, c'est-à-dire la matière qui se dissout quand on traite le terreau par l'eau, contribuait à la nutrition de la plante, bien que celle-ci n'y puisât qu'une faible partie de sa propre substance. Ayant cultivé un certain nombre de végétaux dans des dissolutions aqueuses purement minérales, il reconnut que le végétal *n'absorbe pas en même proportion toutes les substances contenues à la fois dans une même dissolution* et que cette absorption se fait, en général, en plus grande quantité pour les substances dont les solutions séparées sont moins *visqueuses*. Une des conclusions principales à laquelle arrivait de Saussure était celle-ci : « *Lorsque l'on compare le poids de l'extrait que peut fournir le sol le plus fertile au poids de la plante sèche qui s'y est développée, on trouve qu'elle n'a pu y puiser qu'une très petite partie de sa propre substance* ». Cependant le faible poids sous lequel la matière minérale entre dans la composition de la plante n'est pas forcément un indice de son inutilité.

Tous les contemporains de De Saussure, que ce fussent des hommes de science ou des praticiens, n'accordèrent qu'une importance d'ordre secondaire aux sels minéraux. Ils regardaient ceux-ci comme des *stimulants* propres à favoriser l'action des engrais (fumier); parfois aussi les sels étaient considérés comme indifférents ou même nuisibles. De pareilles opinions se retrouvent dans les écrits de Thaer, de Mathieu de Dombasle, de H. Davy et, un peu plus tard, de Payen.

Puisqu'ils accordaient un rôle indispensable à l'humus, les agronomes de cette époque auraient dû rechercher l'origine elle-même de cet humus.

A. Brongniart la formula en 1828 dans un mémoire lu à une des séances publiques de l'Académie des sciences; mais les vues émises par ce savant ne frappèrent point les esprits; Liebig lui-même les a sans doute ignorées.

Il paraît impossible, dit Brongniart, de supposer que les végétaux aient puisé ailleurs que dans l'atmosphère, et à l'état de gaz carbonique, le carbone qui se trouve dans tous les végétaux et dans tous les animaux, ainsi que celui qui s'est déposé sous forme de houille au sein de la terre. Les animaux ne puisent leur carbone ni dans l'atmosphère, ni dans le sol, mais seulement dans leur nourriture; les végétaux seuls ont dû prendre dans une *substance inorganique* le carbone nécessaire à leur accroissement, lequel a servi ensuite de nourriture aux animaux. *Nous ne concevons pas, si le carbone avait été à l'état solide, comment les végétaux auraient pu se l'assimiler; et, d'ailleurs, dans les terrains plus anciens que ceux qui renferment les premiers débris des végétaux, on connaît à peine quelques traces de charbon.* Donc, l'atmosphère devait être, aux époques primitives, beaucoup plus riche en gaz carbonique qu'à l'époque actuelle, et cette richesse a exercé une influence capitale sur la végétation luxuriante des premiers âges. Mais, en revanche, la décomposition des débris des végétaux morts et leur transformation en terreau devait être fort difficile, puisque l'oxygène, qui est l'agent exclusif de cette décomposition, existait alors dans l'atmosphère en quantité relativement faible. Ce sont donc les végétaux qui ont épuré l'atmosphère et l'ont débarrassée de l'excès du gaz carbonique qu'elle contenait : le carbone s'est immobilisé sous forme de houille. L'existence de l'humus n'a donc pas été antérieure à celle des végétaux ; elle est une conséquence naturelle de la décomposition de la matière végétale. Les plantes ont emprunté leur carbone à une substance purement minérale : le gaz carbonique.

Liebig arrive aux mêmes conclusions dans son ouvrage fameux, publié en 1840 : *Chimie organique appliquée à l'agriculture et à la physiologie :* « *C'est la nature inorganique exclusivement qui offre aux végétaux leur première source d'alimentation.* » Partant de ce principe, Liebig fonde sa *théorie minérale* de la nutrition des végétaux. Alors que ses devanciers n'attribuaient à la composition chimique et géologique du sol qu'une importance secondaire, l'illustre agronome, appliquant l'analyse chimique à l'étude du sol et de toutes les parties de la plante, montre que le végétal prend au sol certaines matières minérales et les mêmes dans des sols différents. Aussi ne doit-on pas regarder les substances qui constituent les cendres comme fortuites : ces substances ne sont absorbées que parce qu'elles sont indispensables au développement même du végétal. Le fumier qui, d'après les anciennes idées, était le seul aliment dont la plante était capable de profiter, ne sert en réalité que par les substances minérales qu'il contient. Son emploi exclusif sur tel ou tel sol ne conduit pas toujours à un résultat parfait ; car la *restitution* à l'aide du fumier des éléments enlevés à ce sol par la culture n'est, le plus souvent, que fort incomplète. Le sol, en effet, est privé des matières minérales définitivement exportées par les grains, les fourrages, le lait, la chair musculaire. Donc, si on veut maintenir la fécondité d'une terre toujours au même niveau, il faut lui restituer la *totalité* des éléments qui lui ont été soustraits. Seul, le fumier ne suffit pas ; il faut lui adjoindre les éléments salins que l'on trouve dans cette partie des récoltes qui a été enlevée ou qui s'est immobilisée dans le lait et la chair musculaire.

Ces données nouvelles ont une importance capitale : elles ont été le point de départ d'une révolution agricole aussi complète que celle qui est due aux travaux de Lavoisier dans le domaine de la chimie générale.

Les éléments présents dans le sol ou dans l'atmosphère utiles aux plantes sont exclusivement des *éléments minéraux* : gaz carbonique, ammoniaque, acide azotique, eau, acide phosphorique, chaux, potasse, magnésie, fer, acide sulfurique. Ils sont liés entre eux par des relations très étroites. L'un d'eux vient-il à manquer, le développement de la plante est nul. La matière organique que renferme le sol n'a pas d'influence directe sur la production végétale ; sa décomposition engendre des produits simples, minéraux, tels que le gaz carbonique et l'ammoniaque, qui sont les véritables aliments du végétal. On peut donc remplacer les fumiers par les éléments salins que ceux-ci contiennent. L'*humus*, c'est-à-dire cette matière brune ou noire, débris des végétations antérieures, n'est donc pas absorbé directement : toutefois son rôle dans le sol n'est pas inutile, car, ainsi qu'on vient de le dire, le produit principal de son oxydation, le gaz carbonique, possède, grâce à la présence de l'eau, un pouvoir dissolvant, très lent sans doute, mais constant, sur les éléments minéraux des roches si variées qui font partie de l'écorce terrestre.

Telles sont, dans leurs grandes lignes, les idées de Liebig sur la nutrition végétale.

La pratique fort ancienne de la *jachère* et celle des *assolements* recevait de ces vues nouvelles une explication rationnelle. Un sol en jachère est soumis à un travail mécanique destiné à mettre au contact de l'air de nouvelles couches de terre ; celles-ci, à la suite d'un émiettement sans cesse renouvelé, subissent, quant à la matière organique qu'elles contiennent, l'influence de l'oxygène atmosphérique. Le gaz carbonique résultant de cette action solubilise au contact de l'eau de nouveaux éléments minéraux. Or, plus ce gaz est abondant, plus rapides et plus profondes seront les transformations chimiques à l'intérieur du sol.

La pratique des assolements, qui consiste dans une alternance raisonnée des différentes cultures sur le même sol, s'explique d'une façon satisfaisante par ce fait que, d'après Liebig, les plantes de la grande culture doivent être divisées en un certain nombre de catégories. Chacune d'elles est caractérisée par la *prédominance* dans ses cendres d'une substance minérale particulière : telle plante réclame surtout de la chaux, telle autre de la potasse, telle autre de la silice (élément auquel Liebig attribuait une importance exagérée). Le but des assolements doit donc être d'*alterner* les cultures de telle sorte qu'à une plante réclamant de fortes quantités d'une matière minérale donnée succède une autre plante dont les besoins minéraux seront différents : la restitution de la totalité des matières minérales exportées restant toujours la base de la culture rationnelle. En effet, si tel végétal exige de fortes quantités de potasse (plantes-racines, plantes à tubercules), il n'en est pas moins vrai qu'il réclame également, en moindre abondance sans doute, les autres éléments minéraux indispensables à son développement : chaux, acide phosphorique, magnésie, etc.

La théorie minérale de Liebig ne lui faisait admettre, comme substances indispensables, que celles qui font partie des *cendres* de la plante. L'importance de l'azote était d'ordre secondaire, car, aux yeux de Liebig, comme il existait presque toujours un approvisionnement considérable de cet élément dans tous les sols, il n'y avait pas lieu de s'occuper de sa restitution. En supposant, en effet, une richesse moyenne de 1/1 000, la surface de 1 hectare de terre sous une épaisseur de 40 centimètres, pesant par conséquent 4000 tonnes, contiendrait 4 000 kilogrammes d'azote. L'apport d'azote par l'emploi des fumiers semble donc insignifiant, quand on compare le taux de cet apport à celui qui existe normalement dans le sol. Boussingault combattit aisément cette façon de voir en montrant la supériorité du rendement obtenu, pour une récolte donnée, par l'apport d'une certaine quantité de fumier comparé à l'apport des matières minérales seules (cendres) contenues dans la même masse de fumier.

On ne peut d'ailleurs pas conclure, le plus souvent, à l'inutilité de telle ou telle matière minérale d'après les chiffres bruts fournis par l'analyse du sol. En effet, si on généralisait le raisonnement précité relatif à l'azote, il faudrait raisonner de même vis-à-vis de toutes les matières minérales : les sols à 1/1 000 d'acide phosphorique ne sont pas rares, donc l'apport de cette substance est inutile ; les sols à 5/1 000 de potasse se rencontrent assez communément ; donc l'addition de potasse est inutile. Et la théorie de la restitution serait, par cela même, fortement ébranlée, sinon anéantie.

Mais remarquons — et ce point est fondamental — que c'est beaucoup moins la quantité que la *qualité* d'un élément minéral qu'il faut considérer en agriculture. De l'approvisionnement énorme d'azote ou d'acide phosphorique que renferme un sol, une fraction seulement, et parfois assez faible, est utilisable *actuellement* par tel végétal. Le reste, c'est-à-dire la majeure partie, ne devient assimilable qu'à la longue, soit par l'emploi de certains agents physiques (labours) facilitant le travail chimique de dissolution qu'exerce le gaz carbonique, soit par suite de la lenteur avec laquelle s'exercent les phénomènes microbiens : tel est le cas de la modification de la matière azotée.

Quoi qu'il en soit, la théorie minérale de Liebig a jeté les bases de la chimie agricole rationnelle et montré quels étaient les véritables aliments du végétal. Elle a reçu immédiatement la sanction d'expériences synthétiques nombreuses. Une graine peut se développer à l'état de végétal parfait si, plantée dans un milieu inerte solide, tel que la silice, ou simplement dans l'eau, elle reçoit les éléments indispensables à sa nutrition *sous forme exclusivement minérale*, de sels, par exemple. Il n'est pas besoin de lui offrir de matières carbonées ; le gaz carbonique de l'atmosphère lui suffit. Telle est la conclusion formelle des travaux de Liebig.

Nous verrons ultérieurement qu'il est, sans doute, possible de faire absorber à une plante supérieure des matières organiques ternaires et même quaternaires qui servent à l'édification de ses tissus et qui, par conséquent, concourent à l'augmentation du poids de sa matière sèche. Certains végétaux pourvus de chlorophylle, parasites ou symbiotes, peuvent vraisemblablement absorber l'humus, sinon tel quel, du moins dans quelques-uns de ses constituants. Mais ces faits d'un haut intérêt ne sauraient contredire la théorie minérale telle que l'a conçue Liebig, puisque, dans l'immense majorité des cas, la plante ne profite pas directement des matières organiques mises à sa portée et peut fleurir et fructifier lorsqu'on met ses racines au contact des cendres d'une plante similaire.

Ainsi il apparaît qu'un petit nombre seulement d'éléments minéraux sont indispensables à la nutrition de la plante.

Cependant l'analyse chimique approfondie montre que, parfois, les cendres de certains végétaux contiennent des corps tels que le rubidium, le cœsium, le manganèse, le zinc, le cuivre, le titane, l'iode, le bore, etc. Ces éléments, à l'état de traces, sont-ils fortuits ou bien jouent-ils un rôle dans l'économie de la plante? Pour certains d'entre eux, cette dernière conception n'est pas douteuse ; tel est le cas du manganèse. Des recherches ultérieures montreront ce qu'il faut penser de l'utilité des autres corps simples que nous avons cités.

La chimie agricole n'a cessé de faire d'immenses progrès depuis les travaux de Liebig. Mais il est un nom qu'il est indispensable d'associer à celui du savant allemand dans l'histoire du développement de cette science : c'est le nom de J.-B. Boussingault. Il suffit de rappeler ses magistrales études sur l'alimentation des animaux, sur les phénomènes chimiques de la végétation, sur la composition des sols, sur l'emploi des engrais.

Il serait injuste de ne pas citer également dans cette trop courte nomenclature les noms des deux illustres agronomes anglais, Lawes et Gilbert, dont l'immense labeur, poursuivi pendant un demi-siècle, a doté la science des renseignements pratiques les plus précieux.

Une ère de découvertes nouvelles et d'un intérêt de premier ordre s'ouvre pour la chimie agricole à la suite des recherches de Pasteur. Beaucoup de phénomènes naturels ont reçu une explication définitive le jour où il a été démontré que ces phénomènes étaient sous la dépendance de la vie microbienne. Citons, parmi les faits les plus saillants : la découverte de l'agent vivant de la nitrification par Schlœsing et Müntz (1878), découverte complétée quelques années plus tard (1891) par les remarquables travaux de Winogradsky ; la découverte du phénomène inverse de dénitrification à laquelle participent sans aucun doute plusieurs espèces microbiennes ; cette étude, abordée par de nombreux physiologistes, est loin d'être achevée; la découverte de la fixation microbienne de l'azote gazeux par le sol due à Berthelot (1885) ; celle de la fixation de l'azote gazeux par les Légumineuses par Hellriegel et Wilfarth (1886). Cette dernière a non seulement fourni l'explication cherchée depuis si longtemps de l'enrichissement spontané du sol en azote à la suite de la culture de certaines Légumineuses, mais elle a fourni un exemple nouveau de ces curieux phénomènes de *symbiose*, c'est-à-dire de *vie commune*, dans lesquels on voit un champignon, vivant sur les racines de la plante hospitalière, apporter à celle-ci l'élément azoté pris d'abord à l'atmosphère sous forme gazeuse.

3.

Les recherches faites dans ces derniers temps sur l'association symbiotique d'un grand nombre d'algues, habitant à la surface de la terre arable, avec certaines bactéries du sol — association qui a pour conséquence la fixation de l'azote gazeux sur la terre végétale — ont complété d'une manière fort heureuse les résultats de la découverte de Hellriegel et Wilfarth.

Telles sont les principales conquêtes faites au cours de ces trente dernières années dans le domaine de la science agricole. Mais son domaine est immense. Il est certains problèmes sur lesquels nous ne possédons que des données fort incertaines, celui, par exemple, de l'assimilation chlorophyllienne, phénomène capital dans l'étude du cycle de la vie à la surface du globe. Ainsi que nous allons le voir dans le chapitre suivant, nous sommes actuellement réduits à des conjectures plus ou moins vagues lorsqu'il s'agit d'expliquer le mécanisme de l'influence lumineuse dans la décomposition du gaz carbonique.

En présence du développement si rapide de toutes les branches de la science auquel nous assistons, ce n'est pas trop des efforts combinés de toute une phalange de spécialistes, s'unissant dans une véritable *symbiose scientifique* — physiologistes, chimistes, physiciens, botanistes — lorsqu'il s'agit de pénétrer les secrets qui touchent à la nutrition et à l'organisation des êtres vivants.

CHAPITRE III

FONCTION CHLOROPHYLLIENNE
ASSIMILATION DU CARBONE

Lois du phénomène ; nature et proportions des gaz échangés. — Voies par lesquelles se produisent les échanges gazeux. — Fonction chlorophyllienne séparée de la respiration. — Théorie de l'assimilation chlorophyllienne. — Hypothèses sur la décomposition de l'eau dans le phénomène chlorophyllien. — Influence des agents extérieurs sur le phénomène assimilateur ; action de la lumière, action de la chaleur. — Mesure quantitative de l'assimilation chlorophyllienne. — Nutrition des plantes vertes aux dépens du carbone organique.

I

VUE D'ENSEMBLE
SUR LE PHÉNOMÈNE CHLOROPHYLLIEN

La caractéristique des végétaux pourvus de la matière verte nommée *chlorophylle*, c'est de tirer le carbone constitutif de leurs tissus du gaz carbonique contenu dans l'atmosphère. C'est là un phénomène synthétique capital ; il ne pourrait exister de vie animale à la surface du globe si les végétaux verts n'étaient capables de mettre en circulation le gaz carbonique, produit de déchet de toutes les combustions.

L'intensité de l'assimilation carbonée est colossale. Un calcul approché montre que, par an et par hectare, les plantes forestières et celles qui végètent spontanément dans les prairies enlèvent de 2 500 à 5 000 kilogrammes de carbone à l'atmosphère. Un hectare de plantes cultivées, à rendement élevé, peut extraire de l'atmosphère une quantité de carbone trois fois plus forte. Or, dans l'air que nous respirons, la dose de gaz carbonique est minime : elle s'élève en moyenne à $\frac{3}{10\,000}$, c'est-à-dire que, dans 10 000 mètres cubes d'air, il y a 3 mètres cubes ou 5 880 grammes de gaz carbonique renfermant 1 603 grammes de carbone. Mais, grâce à l'incessant renouvellement des couches d'air au-dessus du sol par suite de l'action des vents, les végétaux peuvent disposer d'une quantité, illimitée pour ainsi dire, d'air et, par conséquent, de gaz carbonique. Mais, si celui-ci est continuellement détruit par les feuilles vertes, il se reforme d'autre part d'une manière ininterrompue par le jeu des phénomènes de combustion de toute nature qui ont lieu à la surface de la terre.

Disons de suite que, de tous les gaz carbonés connus, l'acide carbonique est le seul qui soit décomposé par la matière verte des feuilles. L'oxyde de carbone a été regardé pendant très longtemps comme indécomposable par les végétaux : des expériences récentes semblent faire croire que, dans certaines conditions, ce gaz serait assimilé au même titre que l'acide carbonique. Mais, avant d'adopter cette manière de voir, de nouvelles expériences confirmatives sont indispensables.

Les parties vertes seules de la plante sont capables de décomposer le gaz carbonique ; celui-ci cède son carbone au végétal, et l'oxygène, mis en liberté, s'échappe dans l'atmosphère. S'il n'existait pas de phénomènes de combustion, l'atmosphère terrestre se dépouillerait donc peu à peu de tout le gaz carbonique qu'elle renferme et s'enrichirait en oxygène. La matière verte des végétaux joue le rôle de *régulateur* de la pureté de l'atmosphère : elle sépare les éléments du gaz carbonique, impropre à la vie animale, et régénère l'oxygène.

Quelles sont les conditions nécessaires à la production du phénomène assimilateur ? Si les parties vertes sont les seules qui soient aptes à accomplir ce travail de séparation des éléments du gaz carbonique, le concours de *certains agents extérieurs* est néanmoins indispensable. Parmi ces agents, celui qui tient la plus grande place est la *lumière solaire*. Un éclairage plus ou moins direct de la partie verte par les rayons du soleil est absolument nécessaire à l'accomplissement de la fonction chlorophyllienne. A l'obscurité, celle-ci cesse immédiatement.

On sait que la lumière blanche que nous envoie le soleil

n'est pas une lumière simple, mais qu'elle est formée d'un certain nombre de lumières colorées, d'inégale réfrangibilité, lesquelles peuvent être recueillies sur un écran lorsque le rayon lumineux a été décomposé par un prisme. De toutes ces lumières d'inégale réfrangibilité, les unes sont capables au plus haut point de produire le phénomène chlorophyllien ; les autres ne le peuvent qu'à un degré bien moindre. Toute-fois, on peut avancer que tout le spectre visible, et même une partie du spectre invisible (rayons ultra-violets), est apte, avec une intensité qui varie beaucoup avec chaque région, à décomposer, au contact de la matière verte des végétaux, le gaz carbonique.

Un autre agent extérieur intervient aussi dans le phénomène chlorophyllien : cet agent, c'est la *chaleur*. A quelques degrés au-dessous de 0°, l'assimilation cesse pour la plupart des plantes vertes; à une température maxima de 50° au-dessus de 0°, l'assimilation cesse également. On peut dire que chaque végétal possède une *température optima* d'assimilation.

Il résulte de ce qui précède que l'assimilation chlorophyl-lienne consiste essentiellement en un *échange gazeux* : ab-sorption de gaz carbonique et rejet consécutif d'oxygène, avec le concours de la lumière et d'une élévation déterminée de température. Remarquons que tout être vivant *respire*, c'est-à-dire brûle dans ses tissus certains principes carbonés et que cette *combustion*, qui caractérise la vie, est une source de chaleur et, par conséquent, d'énergie. Les plantes vertes, si elles sont éminemment aptes à décomposer le gaz carbonique, respirent cependant et détruisent une partie de la matière carbonée qu'elles ont emmagasinée. Ce phénomène antagoniste de la respiration a lieu même lorsque la plante est éclairée par les rayons solaires. Mais la combustion du carbone et sa disparition à l'état de gaz carbonique qui s'échappe dans l'atmosphère font perdre à la plante une partie de son poids incomparablement plus faible que le gain qui résulte pour elle de l'exercice de la fonction d'assimilation : d'où aug-mentation du poids de la plante.

Une ancienne expression vicieuse, celle de *respiration diurne*, qualifiait de ce nom l'assimilation chlorophyllienne, par opposition à la *respiration nocturne*, laquelle a lieu aussi bien chez les plantes vertes que chez celles qui ne possèdent pas de chlorophylle. L'assimilation chlorophyllienne, sans doute, consiste essentiellement en un échange de gaz, mais c'est avant tout un phénomène *d'assimilation*, *d'accroissement* ; une cause, en un mot, d'augmentation de poids de la plante. La respiration, au contraire, est un phénomène absolument inverse : il se traduit par une perte de poids. Le mot *respiration*, qu'il s'agisse de végétaux ou d'animaux, a donc un sens parfaitement déterminé, et ce mot ne saurait être employé lorsqu'il est question d'un phénomène d'accroissement.

Importance du phénomène chlorophyllien. — Quel bénéfice la plante verte tire-t-elle de la décomposition du gaz carbonique ? Le carbone de celui-ci, au contact des éléments de l'eau, engendre, avec une rapidité surprenante, ces corps fondamentaux que l'on nomme *hydrates de carbone*, parce qu'ils sont formés, semble-t-il, de la combinaison du carbone avec l'eau. Tels sont le glucose $C^6H^{12}O^6$, le lévulose $C^6H^{12}O^6$, le sucre de canne ou saccharose, $C^{12}H^{22}O^{11}$, le maltose $C^{12}H^{22}O^{11}$, l'amidon $(C^6H^{10}O^5)^n$, etc. L'origine de ces hydrates de carbone doit être cherchée uniquement dans la synthèse chlorophyllienne, et l'on sait le rôle capital, en tant que générateurs de chaleur, que jouent ces substances dans l'économie animale.

Nous sommes donc redevables à la lumière solaire seule de la synthèse des corps ternaires. Mais l'organisme végétal comprend encore des matières quaternaires dans lesquelles le nouvel élément est l'azote. Ces matières quaternaires, aussi indispensables à l'organisme animal qu'à l'organisme végétal, prennent également naissance dans l'exercice du phénomène chlorophyllien : sous son influence, la molécule organique entre en combinaison avec l'*azote minéral* des nitrates ou des sels ammoniacaux que la plante a pris au sol. A l'obscurité, la plante verte n'assimile pas l'azote, soit que celui-ci provienne de l'atmosphère à l'état de gaz simple, soit qu'il ait été emprunté au sol sous forme nitrique ou ammoniacale.

On voit donc, par ce court aperçu, tout l'intérêt qui s'attache à la connaissance du phénomène chlorophyllien. Nous l'étudierons dans l'ordre suivant : *lois du phénomène, nature et proportions des gaz échangés ; séparation de la fonction chlorophyllienne d'avec la respiration ; théorie de la fonction chlorophyllienne ; influence des agents extérieurs sur cette fonction* (lumière, chaleur). Nous parlerons ensuite très sommairement de la nutrition des plantes dépourvues de chlorophylle, et nous montrerons que certains végétaux verts peuvent, dans des conditions particulières, se nourrir aux dépens de matières ternaires mises à leur disposition.

Historique. — Il existe dans les écrits de Malpighi (1671) et dans ceux de Hales (1748) des passages non douteux qui prouvent que ces deux savants ont entrevu le rôle des feuilles dans la nutrition du végétal. Mais c'est à Bonnet, de Genève (1754), que l'on doit cette observation fondamentale, à savoir que, plongées dans l'eau ordinaire, les feuilles vertes dégagent un gaz à la lumière solaire, alors que, plongées dans une eau soumise au préalable à l'ébullition, elles ne dégagent plus rien, même par un soleil ardent.

Priestley, le premier, a reconnu la nature du gaz qui s'échappe ainsi des feuilles dans l'expérience de Bonnet, dont il paraît avoir, du reste, méconnu les travaux. Après avoir étudié les modifications que subit l'air ambiant par suite du séjour des animaux dans une atmosphère confinée, il se demanda si les plantes avaient une action quelconque sur l'atmosphère (1771). Dans l'opinion de Priestley, *l'air commun* devant être aussi nécessaire à la vie végétale qu'à la vie animale, les plantes et les animaux doivent l'affecter de la même façon ; aussi remarqua-t-il avec étonnement qu'un végétal, à la suite d'un séjour prolongé dans une atmosphère où avait vécu un animal, était capable de régénérer celle-ci et que le nouveau gaz entretenait la respiration animale. La conclusion de Priestley fut qu'il existait un *antagonisme respiratoire* chez les deux règnes vivants et que la plante était capable de contre-balancer les effets funestes que produisent les animaux sur l'air qui les entoure. Toutefois, certaines expériences faites dans la suite ébranlèrent les convictions de Priestley ; souvent, en effet, plantes et animaux se comportaient de même et viciaient l'air d'une façon identique.

Quelques années plus tard, Ingenhousz (1779) explique les anomalies observées par Priestley : les plantes ne changent l'air atmosphérique en air *déphlogistiqué* (oxygène) *que sous la seule influence de la lumière solaire*. À l'obscurité, elles ne dégagent, comme les animaux, *que de l'air impur* (acide carbonique). D'ailleurs, les racines, les fleurs, les fruits ne produisent jamais d'oxygène, mais uniquement de l'air impur, à la lumière aussi bien qu'à l'obscurité. Enfin, peu après, Sennebier mit nettement en évidence la nature du phénomène en montrant que l'oxygène dégagé des parties vertes ne provient pas des tissus eux-mêmes de la plante, mais bien de l'oxygène du gaz carbonique aérien que ces parties vertes absorbent. L'oxygène dégagé par la plante insolée est le résultat de l'activité elle-même de la feuille et ne provient pas uniquement de la surface, ainsi que le croyait Bonnet.

Il faut arriver aux travaux de Théodore de Saussure (*Recherches chimiques sur la végétation*, Paris, 1804) pour avoir une idée nette de l'importance du gaz carbonique aérien. Des plantes en bon état de végétation, exposées à la lumière sous une cloche dans laquelle se trouve un peu de chaux éteinte, ne tardent pas à jaunir et à périr, alors que, si on les fait végéter dans des atmosphères artificiellement pourvues de gaz carbonique, elles se développent avec vigueur. La chaux, dans le premier cas, ayant absorbé tout le gaz carbonique, la plante n'a pas pu continuer à se développer. De Saussure remarque également que toutes les espèces de feuilles n'ont pas, au même degré, le pouvoir de décomposer le gaz carbonique, celles des plantes grasses (*Cactus*) n'en décomposent que le cinquième ou le dixième de ce que peuvent décomposer les feuilles ordinaires.

Il nous est impossible d'insister davantage sur l'historique de cette question. Mais on peut dire que les expériences, si remarquables et si précises pour l'époque, exécutées par de Saussure, n'entraînèrent pas chez tous les physiologistes la conviction que le gaz carbonique pouvait suffire à lui seul à la nutrition carbonée d'une plante verte. La théorie de l'humus, que nous avons rappelée précédemment, était trop enracinée dans les esprits pour que l'on n'accordât pas au sol lui-même une part active dans les phénomènes de nutrition organique du végétal. Ce n'est guère qu'à la suite des travaux de Liebig et des expériences faites à son instigation sur le développement des plantes dans des *solutions purement minérales* que la doctrine de l'humus fut complètement abandonnée et que l'atmosphère terrestre fut définitivement regardée comme la source exclusive dans laquelle les plantes vertes puisent le carbone dont elles ont besoin.

II

LOIS DU PHÉNOMÈNE, NATURE
ET PROPORTIONS DES GAZ ÉCHANGÉS

Les premières expériences exécutées sur le phénomène chlorophyllien furent forcément des expériences *qualitatives*. Les expérimentateurs cherchaient quelle était la *nature* des gaz émis et, faute de méthodes précises dans l'analyse des mélanges gazeux, certains d'entre eux avaient conclu au dégagement simultané d'oxygène, d'azote et même de gaz combustibles. Nous allons voir comment Boussingault (1859-1861) opéra pour préciser, aussi exactement que possible, la nature des gaz qui s'échappent dans l'exercice de la fonction chlorophyllienne d'une part, et, d'autre part, le rapport qui existe entre le volume du gaz carbonique absorbé et celui de l'oxygène exhalé. L'idée directrice de l'expérience de Boussingault est celle-ci : il importe de connaître la nature et la composition exacte non seulement des gaz qui sont au contact de la feuille, mais aussi de ceux qui sont renfermés dans le parenchyme de cette feuille. Cette façon d'opérer est seule correcte ; elle permettra de savoir si le dégagement d'oxygène s'accompagne ou non du dégagement d'un autre gaz.

Il est très difficile d'éliminer complètement l'air inclus dans le parenchyme d'une feuille ; Cloëz et Gratiolet, en 1851, avaient fait l'essai suivant. Dans une certaine quantité d'eau privée d'air par l'ébullition et contenant en dissolution un peu de gaz carbonique, ces auteurs introduisirent huit tiges de *Potamogeton perfoliatus*. L'appareil étant exposé à la lumière, ils recueillirent chaque jour les gaz dégagés. Le premier jour, 100 volumes de gaz donnèrent 84,3 d'oxygène et 15,7 d'azote; le second jour, 86,21 d'oxygène et 13,79 d'azote, enfin le huitième jour, 97,1 d'oxygène et 2,90 d'azote. Ceci semble prouver que le gaz oxygène s'épure peu à peu en chassant graduellement l'azote enfermé dans la feuille.

Quelques expériences préliminaires faites dans le même sens avaient montré à Boussingault la difficulté à laquelle on se heurte lorsqu'on veut expulser de la feuille les dernières traces d'azote. Aussi résolut-il de ne pas tenter cette élimination des gaz, mais de doser la *totalité* de ceux-ci.

Trois ballons de verre sont remplis d'un volume connu d'eau distillée ; cette eau contient le cinquième de son volume d'une eau saturée de gaz carbonique. De l'appareil n° 1 on extrait par l'ébullition la totalité des gaz dissous dans l'eau ; de l'appareil n° 2, on extrait immédiatement l'atmosphère de l'eau, ainsi que celle qui est confinée dans un certain nombre de feuilles plongées dans cette eau. L'appareil n° 3 contient de l'eau chargée de gaz carbonique, comme les appareils 1 et 2, ainsi que des feuilles dont la surface est sensiblement égale à celles de l'appareil n° 2. Cet appareil n° 3 est exposé au soleil pendant un certain temps. Pour mettre fin à l'expérience, on extrait les gaz de l'eau et ceux qui sont contenus dans les feuilles, comme dans l'expérience n° 2. On connaît donc rigoureusement la nature et la quantité des gaz initiaux ; le troisième appareil donne le résultat de l'exercice de la fonction chlorophyllienne. 41 expériences furent effectuées avec les feuilles les plus variées. 15 d'entre elles ont fourni un volume d'oxygène un peu plus grand que celui du gaz carbonique absorbé ; le contraire a eu lieu dans 13 autres ; dans 13 cas, il y a eu égalité de volume. En considérant l'ensemble des résultats comme fournis par une expérience unique, on trouve qu'il y a eu disparition de $1\,339^{cc},38$ de gaz carbonique et dégagement de $1\,322^{cc},21$ d'oxygène: ce qui peut se traduire par le rapport $\dfrac{CO^2}{O^2} = \dfrac{100}{98,75}$

Il n'y a eu ni absorption ni émission d'azote gazeux.

Le rapport que nous venons de signaler exprime-t-il véritablement la *loi* du phénomène chlorophyllien? Il est certain que non, car le phénomène d'échange gazeux observé par Boussingault n'est que la *résultante* du phénomène assimilateur, d'une part, et du phénomène respiratoire, d'autre part. La plante, en effet, même soumise à l'influence solaire, a continué à respirer, et le gaz carbonique qu'elle a décomposé provient de deux sources : celui qu'elle trouve dans l'atmosphère ambiante et celui qu'elle a produit par sa respiration. Nous reviendrons plus loin sur ce point. Contentons-nous, pour le moment, de regarder le rapport $\dfrac{CO^2}{O^2}$ comme égal sensiblement à l'unité.

Remarquons d'ailleurs que, lorsqu'on compare le volume du gaz carbonique décomposé au volume du gaz oxygène émis, on compare, en réalité, le volume de l'oxygène entrant sous forme de gaz carbonique au volume de l'oxygène sortant à l'état de liberté, débarrassé du carbone auquel il était combiné. Nous rappelons que le gaz carbonique renferme son propre volume d'oxygène.

Il n'est pas nécessaire, pour que la feuille décompose le gaz carbonique, qu'il y ait au préalable de l'oxygène dans l'atmosphère où se trouve cette feuille. D'après Boussingault, une feuille insolée décompose le gaz carbonique lorsque celui-ci est mélangé d'un gaz quelconque : azote, hydrogène, gaz des marais. Il semble cependant que la présence d'un gaz autre que le gaz carbonique soit nécessaire pour *écarter* en quelque sorte les molécules de ce dernier, autrement dit pour en abaisser la pression. En effet, Boussingault avait remarqué que, si l'on expose au même éclairage, et pendant le même temps, deux appareils semblables renfermant, l'un une feuille plongée dans du gaz carbonique pur, l'autre une feuille dans de l'air contenant seulement une faible quantité de ce gaz, la décomposition est plus rapide dans le second cas que dans le premier.

Le gaz carbonique doit se trouver au contact de la feuille, afin que sa décomposition ait lieu. — Si on suppose une plante complètement séparée de l'air ambiant, dressant ses feuilles dans une atmosphère absolument dépourvue de gaz carbonique et plongeant ses racines dans un sol très riche en humus, et par conséquent en gaz carbonique, l'assimilation chlorophyllienne n'aura pas lieu, même à la lumière solaire. C'est ce qui résulte des expériences de De Saussure, de Boussingault, de Cailletet.

On doit à Mohl (1877) une démonstration de ce fait. Il enfermait dans des récipients bien clos et transparents une ou plusieurs feuilles d'une plante dont le reste du système foliacé restait au contact de l'air ambiant. Les feuilles ainsi soustraites au contact de l'air ne produisaient pas d'amidon, ou bien la production de celui-ci restait stationnaire, alors que les autres feuilles, laissées dans les conditions normales, continuaient à fabriquer de l'amidon.

Toutefois, étant donné que les vaisseaux de la tige imbibés de liquide dissolvent le gaz carbonique issu de la respiration des racines, il est possible, ainsi que la chose a été constatée, que les feuilles privées du contact de l'atmosphère dans l'expérience de Mohl assimilent un peu de ce gaz et donnent naissance à une petite quantité d'amidon. La proportion de cet hydrate de carbone est moins considérable dans ce dernier cas que lorsque les feuilles s'étalent librement dans l'air.

Mais, par contre, les parties d'une plante soumise à l'action lumineuse peuvent nourrir d'autres parties de cette plante placées à l'obscurité : celles-ci peuvent y fleurir et y fructifier. C'est là un fait mis en évidence par Sachs, lequel a pu ainsi obtenir des fruits de *Cucurbita* dans un espace clos absolument obscur.

III

VOIES PAR LESQUELLES SE PRODUISENT LES ÉCHANGES GAZEUX

On trouve entre les cellules épidermiques de la tige et de la feuille de petites ouvertures consistant en deux cellules qui laissent entre elles un orifice étroit. Ces ouvertures portent le nom de *stomates* : leur rôle consiste à assurer les échanges gazeux entre la plante et l'atmosphère (gaz carbonique, oxygène, vapeur d'eau). Ces stomates sont nombreux chez les plantes arborescentes ; on peut en compter plusieurs centaines dans 1 millimètre carré de surface. Ils manquent au niveau des nervures. Suivant les plantes, ils sont localisés sur une des faces de la feuille seulement (face inférieure dans les arbres à feuilles résistantes). Parfois les deux faces en possèdent, la face inférieure étant plus riche cependant à cet égard (plantes herbacées) ; parfois ils sont en nombre presque égal sur les deux faces. Il n'existe pas de stomates (ou du moins très peu) sur les feuilles des plantes submergées ; chez les feuilles nageantes, dont la face supérieure seule est en contact avec l'atmosphère (nénuphar), cette dernière seule porte des stomates.

Les stomates ont une importance très grande dans l'absorption du gaz carbonique ; mais ce rôle n'est pas exclusif. La cuticule qui recouvre l'épiderme de la feuille intervient également et joue même seule un rôle actif lorsque les stomates manquent.

Les stomates ont été regardés longtemps comme des ouvertures servant surtout au passage de la vapeur d'eau dans la transpiration. Sennebier, cependant, considérait ces organes comme des portes d'entrée du gaz carbonique. En fait, c'est ce que démontre un nombre considérable d'observations.

Parmi les nombreuses recherches faites sur cette question, il faut mentionner celles de Boussingault. Celui-ci étudie l'action comparée de la lumière sur les faces opposées d'une feuille placée dans un mélange d'air et de gaz carbonique. A cet effet, il colle une feuille de papier noir sur la face dont il veut annuler l'influence. Voici le résumé de ses observations.

La face supérieure d'une feuille de *laurier-cerise* fournit une décomposition du gaz carbonique plus intense que la face inférieure. Au soleil, la plus grande différence a été dans le rapport de 4 à 1, la plus faible dans le rapport de 1,5 à 1 ; le rapport moyen est égal à : $\dfrac{102}{44}$. A l'ombre, la différence est moindre ; elle n'a pas dépassé le rapport de 2 à 1. Les feuilles à parenchyme très mince, mais dont l'endroit et l'envers ont des nuances tellement tranchées que l'on peut dire que le limbe n'est coloré en vert qu'à la face supérieure, ont offert des résultats analogues à ceux qu'ont fournis les feuilles plus épaisses.

Il résulterait donc des expériences de Boussingault que, sous l'influence de la lumière, la face supérieure des feuilles agirait sur le gaz carbonique avec beaucoup plus d'énergie que la face inférieure. Comme la face supérieure des feuilles étudiées (*laurier-rose*, *laurier-cerise*, *marronnier*) est à peu près dépourvue de stomates, on peut être surpris de cette décomposition ; mais, ainsi que le dit Boussingault, la chose s'explique si l'on songe que les plantes aquatiques, les *Cactus*, l'épiderme des fruits verts et charnus, bien que dépourvus de stomates, réduisent cependant le gaz carbonique. Nous allons revenir sur ces anomalies, en contradiction avec les expériences plus anciennes de Garreau (1850) sur le rôle des stomates. Il faut d'ailleurs remarquer que, chaque fois que l'on apporte une entrave à la pénétration et, par conséquent, à la sortie du gaz de la feuille, soit en collant sur une des faces de celle-ci une feuille de papier, soit en l'enduisant d'un corps gras ou

de vaseline, ainsi que la chose a été fréquemment pratiquée dans
ce genre de recherches, on se met en dehors des conditions
physiologiques et le résultat observé est d'une interprétation
difficile. D'après Griffon (1902), la feuille de papier noirci des
expériences de Boussingault non seulement empêche l'accès
de la lumière, mais elle s'oppose aux échanges gazeux et,
comme ceux-ci ne sont pas les mêmes au travers des deux
épidermes, il en résulte que le travail interne de décomposition du gaz carbonique se trouve inégalement entravé quand
on rend imperméable la face supérieure d'une feuille ou sa
face inférieure. Il est bon d'employer à cet usage des éprouvettes aplaties, dont une face est noircie de façon à éclairer
à volonté l'endroit ou l'envers de la feuille, sans supprimer le
passage des gaz au travers de celle-ci.

L'opinion de Boussingault fut confirmée par les recherches
de Barthélemy (1874). Celui-ci montra que les feuilles sont
traversées par les gaz de l'atmosphère avec des vitesses comparables à celles que Graham avait indiquées pour le caoutchouc ; il semble donc que les stomates ne jouent qu'un rôle
secondaire dans les phénomènes d'échanges gazeux et que
ces échanges se fassent surtout par osmose au travers de la
cuticule.

Mangin, pour rendre plus résistants les fragments de cuticule
sur lesquels il opérait, les recouvrait d'une solution chaude
de gélatine glycérinée, substance qui, selon lui, ne présente pas
de résistance appréciable au passage des gaz et possède l'avantage de boucher les stomates. Mangin obtient par cette méthode des résultats analogues à ceux de Barthélemy ; mais il
remarque que les quantités de gaz qui peuvent ainsi traverser
la cuticule sont insuffisantes pour subvenir aux besoins de
la respiration et de l'assimilation ; les stomates doivent donc
être des voies importantes de passage des gaz, surtout pendant l'assimilation.

C'est à Blackmann (1895) que l'on doit l'explication des anomalies présentées par les expériences de Boussingault et par celles de
tous les expérimentateurs qui ont fait jouer à l'absorption par la
cuticule le rôle prépondérant, alors que ce sont, dans les conditions
normales, les stomates qui constituent la seule voie importante pour
l'entrée et la sortie des gaz.

L'appareil, quelque peu compliqué, employé par Blackmann permet d'étudier l'absorption ou le dégagement du gaz carbonique par une feuille entière, par une seule de ses faces ou par les deux faces séparément, mais au même moment. Pour étudier la nature et la proportion des gaz résultant du phénomène respiratoire, on envoie dans l'appareil de l'air privé de gaz carbonique ; pour étudier l'assimilation, on envoie de l'air normal ou chargé d'une proportion connue de gaz carbonique.

Les expériences de Blackmann montrent nettement que le passage des gaz au travers de la feuille est *en relation étroite avec la présence et le nombre des stomates qui siègent sur les faces*. Les feuilles dont la face supérieure ne portent pas de stomates dégagent une quantité insignifiante de gaz ; le dégagement gazeux n'a lieu que par les stomates nombreux de la face inférieure. Lorsque le nombre des stomates est le même sur les deux faces, le dégagement gazeux est sensiblement le même sur ces deux faces. L'accord entre la distribution des stomates et les quantités de gaz émis est aussi satisfaisant que possible. Les stomates constituent donc les seuls passages pour la sortie des gaz, quel que soit l'âge des feuilles et quelle que soit leur épaisseur.

Si l'on voulait admettre encore que le passage des gaz puisse s'effectuer au travers de la cuticule qui recouvre l'épiderme, et non par les stomates eux-mêmes, il faudrait admettre, dans le cas des feuilles chez lesquelles les échanges gazeux sont notablement plus intenses par la face inférieure que par la face supérieure, que la cuticule de cette face inférieure fût incomparablement plus perméable aux gaz que la face supérieure. Or, s'il existe une plus grande perméabilité de la cuticule de la face inférieure de beaucoup de feuilles comparée à celle de la face supérieure, l'écart est cependant trop faible pour expliquer ce fait constant d'un dégagement gazeux cinquante et même cent fois plus considérable par la face inférieure d'une feuille portant des stomates, lorsque la face supérieure de cette même feuille en est dépourvue.

Il reste à expliquer les contradictions qui existent entre les résultats obtenus par Blackmann et ceux de Boussingault. Ce dernier, ainsi que nous l'avons vu plus haut, avait observé que la face supérieure de la feuille du laurier-rose, par exemple, décomposait, malgré son manque de stomates, une quantité de gaz carbonique plus forte que la face inférieure, pourvue de stomates. Blackmann estime que les résultats obtenus par Boussingault doivent être mis sur le compte des fortes proportions de gaz carbonique (30 p. 100 dans le mélange gazeux), dont celui-ci faisait usage et qui devaient retarder l'assimilation. L'optimum de concentration du gaz est, en général, situé aux environs de 8 p. 100. Dans les conditions d'une feuille à stomates bouchés artificiellement par un corps gras, ou dans le cas de la face d'une feuille dépourvue de stomates, un mélange gazeux riche en acide carbonique pénétrerait lentement ; le gaz à décomposer ne se trouverait jamais en notable excès, et l'assimilation se ferait dans des circonstances plus favorables.

Lorsqu'une atmosphère déterminée contient un grand excès de gaz carbonique, les stomates laissent pénétrer une telle proportion de ce gaz que les cellules à chlorophylle sont, en quelque sorte, asphyxiées et ne le décomposent plus ou, du moins, ne le décomposent que très imparfaitement.

Les choses semblent bien, en effet, se passer ainsi. Si l'on place séparément dans des tubes renfermant de l'air à 26 p. 100 de gaz carbonique deux feuilles bien semblables, l'une normale, l'autre dont la face supérieure (dépourvue de stomates) est enduite de vaseline, on trouve que l'assimilation est la même dans les deux cas ; ce qui montre que la face dépourvue de stomates ne joue aucun rôle dans l'assimilation. De plus, dans une série d'expériences, Blackmann, faisant usage de mélanges gazeux renfermant de 6 à 97 p. 100 de gaz carbonique, compare deux feuilles semblables, l'une normale, l'autre dont les stomates de la face inférieure sont bouchés par de la vaseline. De cette comparaison, il ressort d'une façon très nette que, tant qu'il y a dans le mélange gazeux une proportion d'acide carbonique relativement faible (n'excédant pas 15 p. 100), la feuille à stomates libres assimile mieux que la feuille à stomates bouchés. Au delà, c'est le contraire qui a lieu : lorsque l'atmosphère est plus riche en gaz carbonique, on se retrouve dans le cas des expériences de Boussingault, et la feuille à stomates bouchés assimile mieux que l'autre.

Les résultats obtenus par Boussingault tiennent également à ce fait que ce savant faisait entrer en ligne de compte l'*éclairement* de l'une ou l'autre face de la feuille. Ainsi que nous l'avons dit plus haut, toutes choses égales d'ailleurs, l'assimilation se fait mieux lorsque c'est la face supérieure qui est éclairée, car cette face absorbe, en général, mieux la lumière que la face inférieure.

En résumé, les stomates constituent les seules voies de passage des gaz dans les conditions normales ; si les stomates sont bouchés, le gaz carbonique pénètre par osmose au travers de la cuticule lorsque, toutefois, la tension de ce gaz est suffisante. Mais, comme cette tension est extrêmement faible dans l'atmosphère que nous respirons, l'osmose est peu appréciable, et la feuille dont les stomates sont fermés ne peut assimiler (au moins chez les plantes aériennes).

IV

FONCTION CHLOROPHYLLIENNE
SÉPARÉE DE LA RESPIRATION

L'assimilation chlorophyllienne se traduit par une augmentation du poids sec de l'organe et, ainsi que nous l'avons vu, par un dégagement d'oxygène. Le rapport du gaz carbonique absorbé à celui de l'oxygène émis $\dfrac{CO^2}{O^2}$ est voisin de l'unité, d'après les expériences de Boussingault. Mais, alors même qu'elle est éclairée vivement par les rayons solaires, la plante verte ne cesse de *respirer*, c'est-à-dire de brûler une certaine quantité des matériaux hydrocarbonés qu'elle a accumulés dans l'assimilation. Cette respiration s'accompagne d'un dégagement de gaz carbonique. De sorte que le phénomène observé à la lumière solaire n'est qu'une *résultante* de deux phénomènes contraires : l'un dans lequel il y a destruction du gaz carbonique avec production d'oxygène, l'autre, superposé au premier, dans lequel l'oxygène extérieur, pénétrant les tissus du végétal, consomme des hydrates de carbone et sort finalement à l'état de gaz carbonique. A la lumière solaire, on constate que la fonction assimilatrice l'emporte sur la fonction de combustion, mais on ne sait dans quelle mesure. Il s'agit donc d'essayer de faire la part qui revient à la seule fonction d'assimilation.

Méthode des anesthésiques. — Claude Bernard eut, le premier, l'idée de séparer l'assimilation de la respiration, en faisant usage des anesthésiques. Voici comment. Soient deux cloches semblables, tubulées à leur partie supérieure et munies d'un robinet. Ces deux cloches sont remplies d'eau contenant en dissolution du gaz carbonique et immergées dans un grand bocal plein d'eau ; on dispose dans chacune d'elles des feuilles d'une plante aquatique (*Potamogeton*). A côté des feuilles contenues dans une des cloches, on introduit une petite éponge imbibée de chloroforme, puis on expose le tout au soleil. Lorsqu'on voudra récolter les gaz qui se seront rassemblés à la partie supérieure des cloches, on fera en sorte que les robinets soient bien noyés dans l'eau du grand bocal, et on coiffera les deux extrémités des robinets avec une éprouvette remplie elle-même d'eau. Il suffira ensuite d'ouvrir les robinets pour recueillir le gaz dans chacune des éprouvettes. Voici ce que l'on observe. Les gaz de la première cloche, ne contenant pas de chloroforme, consistent surtout en oxygène avec un peu d'azote, ce dernier provenant de l'air dissous dans l'eau ; le volume de cet oxygène est assez considérable si l'insolation a été suffisamment prolongée. Dans la seconde cloche (avec chloroforme), il ne s'est produit que peu de gaz. L'analyse de ceux-ci montre qu'ils sont dépourvus d'oxygène et qu'ils consistent en un mélange d'azote et d'acide carbonique. Si on sort de la cloche à chloroforme les feuilles qui y étaient enfermées, si on les lave à grande eau pour les bien débarrasser de l'anesthésique et qu'on les replace au soleil sous une cloche sans chloroforme, on constate que ces feuilles reprennent la faculté de dégager de l'oxygène. Il en résulte que, pour une certaine dose d'anesthésique, la fonction d'assimilation a été momentanément suspendue et qu'elle a reparu dès que la plante a été replacée dans les conditions normales. Les feuilles, sous l'influence du chloroforme, ont cessé d'assimiler ; elles ont seulement *respiré*, puisqu'il s'est produit un dégagement de gaz carbonique. Cette expérience, fort intéressante, n'est que *qualitative*, car elle ne nous dit pas si la respiration s'est exercée *normalement*, cette dernière fonction ayant pu subir une altération ou une atténuation du fait de la présence de l'anesthésique.

Cette méthode des anesthésiques a été étudiée de nouveau par Bonnier et Mangin. Deux vases de même capacité, maintenus tous deux à l'obscurité, contiennent des fragments égaux et de même poids de plantes en apparence semblables en présence de volumes connus d'air. Dans un des récipients on introduit quelques gouttes d'éther ; l'autre ne renferme que de l'air ordinaire. Au bout d'un certain temps, on extrait une fraction de l'atmosphère de chaque récipient ; on absorbe les vapeurs d'éther par l'acide sulfurique et on procède à l'analyse des gaz. On trouve alors que le rapport $\dfrac{CO_2}{O_2}$ du gaz carbonique émis à l'oxygène absorbé est le même dans les deux appareils. Non seulement la *nature* du phénomène respiratoire n'a pas changé, mais son *intensité* est demeurée la même. En effet, l'une des expériences, effectuée avec 1^{gr},7 de tiges de genêt dans 10 centimètres cubes d'air à l'obscurité pendant deux heures, a fourni les chiffres suivants :

$$\begin{array}{ccc}
 & \text{Sans éther.} & \text{En présence d'éther.} \\
CO_2 \text{ dégagé} = & 5,71 & 5,58 \\
O_2 \text{ absorbé} = & 6,42 & 6,39 \\
\dfrac{CO_2}{O_2} = & 0,88 & \dfrac{CO_2}{O_2} = 0,87
\end{array}$$

Donc, pour une certaine dose d'un anesthésique déterminé, le phénomène respiratoire n'est ni atténué, ni modifié.

Pour séparer, par ce procédé, les fonctions assimilatrice et respiratoire, on dispose les deux appareils comme il vient d'être dit. On laisse d'abord séjourner les plantes à l'obscurité pendant le même temps, et on analyse une partie des gaz : ceci a pour but de constater l'identité du rapport $\dfrac{CO_2}{O_2}$ dans les deux systèmes et de vérifier que la dose d'anesthésique employée n'a pas été nuisible. On expose ensuite au soleil les deux plantes dans l'atmosphère desquelles existe une certaine proportion de gaz carbonique, que la fonction chlorophyllienne va utiliser. Au bout d'un temps suffisant, on fait de nouveau l'analyse des gaz.

Après l'exposition à la lumière de la cloche sans éther, le phénomène assimilateur s'étant manifesté, on trouve une diminution du volume du gaz carbonique et une augmentation du volume de l'oxygène, alors que, dans la cloche à éther, le phénomène assimilateur n'a pas eu lieu et que, seule, la respiration s'est manifestée : aussi observe-t-on une apparition de gaz carbonique et une diminution d'oxygène. Puisque le phénomène respiratoire est demeuré le même chez les deux plantes, il suffit de comparer les atmosphères de chaque récipient après l'exposition à la lumière. La différence D entre les quantités de gaz carbonique contenues dans les deux cloches représente le gaz carbonique absorbé et la différence d entre les quantités d'oxygène représente l'oxygène dégagé. Le rapport des échanges gazeux dans l'action chlorophyllienne *seule* est donc égal à $\dfrac{D}{d}$.

Il est bien évident que la dose d'anesthésique à employer dans cette expérience varie avec la nature du végétal considéré et qu'il est de toute nécessité de faire d'abord respirer celui-ci à l'obscurité en comparant la quantité des gaz émis avec celle que fournit un même poids de plante dans une éprouvette ne contenant que de l'air normal. En effet, par une certaine dose d'anesthésique, la plante choisie peut mourir asphyxiée.

Les rapports $\dfrac{CO_2}{O_2}$ obtenus par Bonnier et Mangin à l'aide de cette méthode sont sensiblement les mêmes que ceux qu'ils ont obtenus par un second procédé que nous allons analyser sommairement. L'expérience est donc valable.

Méthode de l'exposition successive à l'obscurité et à la lumière. — Lorsqu'on étudie la respiration des plantes dépourvues de chlorophylle, on constate que la *nature* du phénomène respiratoire n'est pas influencée par l'éclairement, car le rapport des gaz échangés reste le même. Mais l'*intensité* de ce phénomène est toujours affaiblie d'une façon plus ou moins considérable lorsque la plante passe de l'obscurité à la lumière. Bonnier et Mangin supposent que l'influence de l'éclairement est la même chez toutes les plantes, que celles-ci soient ou non pourvues de chlorophylle. Il suffira donc de retrancher de la totalité des volumes gazeux émis et absorbés par les plantes exposées à la lumière les volumes qu'elles auraient dû émettre par la respiration seule à la même lumière. A cet effet, les plantes, disposées dans un récipient convenable, séjournent d'abord pendant un certain temps à l'obscurité : on analyse les gaz après cette première épreuve. On expose ensuite les plantes à la lumière pendant le même temps et à la même température. La quantité véritable du gaz ayant participé à l'assimilation peut être ainsi calculée. Soit p le volume du gaz carbonique dégagé et q le volume de l'oxygène absorbé à l'obscurité. Dans la seconde partie de l'expérience, faite à la lumière, soit p' le volume du gaz carbonique disparu et q' celui de l'oxygène dégagé : les feuilles ont d'abord décomposé x de CO_2 produit par la respiration à la lumière $+ p'$, elles ont dégagé y d'oxygène absorbé par la respiration $+ q'$. Le rapport des gaz absorbés et émis dans l'action chlorophyllienne aura pour expression :

$$\frac{x+p'}{y+q'} = \frac{CO_2}{O_2}.$$

x et y sont, comme nous l'avons dit plus haut, des fractions de p et de q ; ils peuvent être calculés en admettant que l'intensité du phénomène respiratoire soit diminuée sous l'influence de la lumière dans des proportions que des expériences antérieures ont fait connaître.

Cette méthode de l'exposition successive à l'obscurité et à la lumière fournit, avec les plantes observées, des rapports $\dfrac{CO^2}{O^2}$ très voisins de ceux qui ont été obtenus au moyen de la méthode des anesthésiques.

Le résultat général de ces recherches conduit à cette conclusion que le volume total de l'oxygène dégagé dans l'assimilation chlorophyllienne est, chez les plantes examinées, supérieur au volume du gaz carbonique absorbé. L'assimilation chlorophyllienne *seule* donne toujours $\dfrac{O^2}{CO^2} > 1$.

Ce dernier rapport est égal, pour les feuilles du *houx*, à 1,25 (la méthode aux anesthésiques donnait 1,28) ; pour le *genêt*, le rapport est égal à 1,15 (1,14 dans le cas de la méthode aux anesthésiques).

Échanges gazeux des plantes entières. — On objectera aux expériences précédentes que celles-ci ne portent que sur des fragments de végétaux et que l'assimilation chlorophyllienne a été étudiée pendant un petit nombre d'heures seulement. De plus, les travaux de Boussingault s'appliquent à des plantes qui, vivant d'habitude dans l'air, se trouvent momentanément immergées dans l'eau. Schlœsing fils (1892, 1893, 1900) a réussi à cultiver sous cloche, dans des atmosphères de composition rigoureusement connue, une série de végétaux (*lin, houque laineuse, capucine, cresson, algues diverses*, etc.), et cela pendant plusieurs semaines. Les appareils dont il s'est servi permettent d'introduire à volonté du gaz carbonique en quantité mesurée et, réciproquement, d'éliminer une partie des gaz de la cloche (oxygène) lorsque ceux-ci deviennent trop abondants. Afin de n'avoir pas à tenir compte des dégagements gazeux du sol lui-même lorsqu'on emploie de la terre végétale, l'auteur a fait usage, comme support des plantes, de sable quartzeux calciné au préalable. Celui-ci était mouillé des solutions salines (phosphates, sulfates, sels de fer, etc.) indispensables à la nutrition minérale des plantes, dont les graines avaient été stérilisées tout d'abord. A la fin de l'expérience, on trouve que les plantes entières ont dégagé en volume *plus d'oxygène qu'elles n'ont décomposé de gaz carbonique*, c'est-à-dire *qu'elles ont dégagé plus d'oxygène à l'état libre que n'en contenait le gaz carbonique absorbé par elles.* Ce fait semble être absolument général.

L'excès d'oxygène dégagé tient en particulier à la *réduction des sels minéraux* venant du sol. Schlœsing fils a cultivé parallèlement des plantes (*sarrasin, capucine*), dans des solutions contenant soit des nitrates, soit des sels ammoniacaux, ceux-ci ne pouvant nitrifier en raison des précautions prises (nous verrons ultérieurement que l'azote ammoniacal constitue un aliment azoté aussi parfait que l'azote nitrique). Or, quand on remplace l'azote nitrique par l'azote ammoniacal, on doit s'attendre à voir diminuer l'excès de l'oxygène sur le gaz carbonique : c'est ce qui a lieu effectivement ; cet excès d'oxygène peut même alors être très faible.

Il en résulte que les échanges gazeux qui accompagnent la formation de la matière végétale *sont dans un étroit rapport avec la composition minérale des dissolutions contenues dans le sol* auxquelles la plante emprunte ses éléments fixes, c'est-à-dire les éléments qui constitueront les cendres après combustion. La plante est donc essentiellement un *appareil de réduction*. L'excès d'oxygène que l'on constate dans le rapport $\dfrac{CO^2}{O^2}$ provient surtout de l'oxygène des nitrates et aussi de celui des autres sels oxygénés, tels que phosphates et sulfates, indispensables à la vie normale du végétal.

Ces notions sont très importantes : elles nous montrent, par la simple analyse des gaz échangés, que le soufre et le phosphore, s'ils existent en petite quantité dans les tissus végétaux sous forme de sulfates et de phosphates, doivent surtout y figurer sous forme de composés sulfurés ou phosphorés organiques : ce que vérifie d'ailleurs l'expérience. Nous en reparlerons plus tard.

Assimilation chlorophyllienne en présence d'un excès de gaz carbonique. — De Saussure avait remarqué que, si l'on enrichit artificiellement de gaz carbonique l'atmosphère dans laquelle est placée une plante au soleil, cette plante dégage une quantité plus considérable d'oxygène. Cependant, au delà d'une certaine proportion, le gaz carbonique est nuisible à l'assimilation. Nous avons signalé précédemment les entraves qu'apportait un excès d'acide carbonique à la pénétration de ce gaz par les stomates. La proportion de $\frac{1}{12}$ CO^2 dans une atmosphère artificielle parut à de Saussure réaliser l'optimum de concentration. Parmi les causes de ralentissement de la fonction chlorophyllienne dues à la présence d'un excès de gaz carbonique, il faut incriminer le retard apporté à la formation elle-même de la chlorophylle (Boehm). Ajoutons que toutes les plantes ne se comportent pas de même à cet égard et que, si l'optimum de concentration est de 10 p. 100 pour certaines d'entre elles, pour d'autres, au contraire, il peut être situé plus bas ou, parfois même, plus haut. Sous l'influence de fortes doses de gaz carbonique, la transpiration est diminuée. Il est certain que les plantes peuvent assimiler plus activement lorsque le taux de ce gaz est supérieur à celui que l'on rencontre dans l'air normal; mais, alors même que cet excès ne paraît pas nuire à la plante, il n'y a pas, en général, de proportionnalité entre la quantité du gaz présente dans l'atmosphère artificielle et la valeur de l'assimilation, surtout dans le cas où la proportion du gaz carbonique atteint un chiffre assez élevé, non comparable avec la dose habituelle que la plante en rencontre dans l'air normal.

C'est ce que démontrent les expériences de Kreusler exécutées sur des feuilles de charme, à une température de 25° et sous un éclairage constant. Si on regarde comme étant égale à 100 la valeur de l'assimilation dans l'air ordinaire (ne renfermant que $\frac{3}{10\,000}$ de gaz carbonique), cette valeur devient égale à 209 pour une teneur en gaz carbonique de 0,5 p. 100, elle atteint 237 pour une teneur de 1 p. 100 et 2,66 pour une teneur de 14,5, soit environ 450 fois plus de gaz carbonique qu'il n'en existe dans l'air normal. Donc, pour une teneur de 1 p. 100, le maximum d'assimilation est déjà presque atteint.

Cependant, d'après Brown et Escombe, la proportionnalité dont nous venons de parler semble exister lorsque les teneurs de l'atmosphère artificielle en gaz carbonique sont peu supérieures à la teneur normale, mais, en tout cas, très inférieures à 1 p. 100.

Déhérain et Maquenne ont montré que, parmi les phénomènes anormaux que l'on constate lorsque certaines plantes vivent dans une atmosphère riche en gaz carbonique, le plus remarquable se traduit par une accumulation de l'amidon, accumulation qui n'est d'aucune utilité pour la plante, puisque cet amidon reste en place et n'émigre pas. Il est facile, en opérant dans de pareilles conditions sur le tabac, de séparer cet hydrate de carbone par un simple lavage des feuilles de la plante, comme on le fait lorsqu'on veut extraire la fécule des pommes de terre. Cette abondance extrême de l'amidon avait été mise d'abord sur le compte de la vapeur d'eau qui sature constamment l'atmosphère de la cloche dans laquelle végète la plante. Or, lorsqu'on pratique l'expérience en faisant passer dans l'appareil, non pas de l'air enrichi artificiellement en gaz carbonique, mais simplement de l'air ordinaire, l'accumulation d'amidon ne se produit plus, bien que l'atmosphère soit toujours saturée de vapeur d'eau.

On ne peut, dans les conditions naturelles, enrichir à volonté l'air ambiant en gaz carbonique. Il est cependant des cas où cet enrichissement a lieu spontanément. C'est ce qui se passe sous un châssis de couche garni de fumier. Le volume de l'atmosphère ainsi confinée contient toujours plus de gaz carbonique que l'air extérieur, et les plantes en profitent très bien. Ce n'est pas l'ammoniaque gazeuse, dégagée en faibles proportions, qui agit alors pour communiquer à la végétation une plus grande vigueur, c'est uniquement le gaz carbonique, comme on a pu le constater en arrêtant les vapeurs ammoniacales de la terre et ne laissant échapper que l'acide carbonique (Demoussy).

Une grande partie des insuccès constatés antérieurement chez les plantes que l'on faisait végéter dans des atmosphères riches en acide carbonique provient de ce que ce gaz, dégagé du marbre par l'action de l'acide chlorhydrique, renferme probablement à l'*état vésiculaire* des traces de gaz chlorhydrique, impossibles à arrêter par un simple passage dans l'eau des flacons laveurs. Souvent, en effet, les feuilles sont maculées de petits points jaunes, preuve de la mortification des tissus en ces endroits (Demoussy).

Mais, si on emploie du gaz carbonique pur, tel que celui que dégage le bicarbonate de sodium quand on le chauffe, les plantes profitent de ce gaz comme elles profitent de celui que dégage sous châssis la fermentation du fumier.

Influence de la pression sur l'assimilation. — Nous venons de voir que certains végétaux assimilaient plus activement lorsque la proportion de gaz carbonique dans l'atmosphère où on les place était supérieure à celle que l'on rencontre dans l'air ordinaire. D'après Godlewski, dans l'air confiné à la pression normale, l'intensité de l'assimilation serait maxima pour une teneur de 10 p. 100 de gaz carbonique ; cette intensité dépendrait de la pression relative de ce gaz. J. Friedel a examiné ce qui se passe chez les feuilles séparées de la tige dans le cas où l'atmosphère dans laquelle ces feuilles sont plongées, enrichie de 10 p. 100 de gaz carbonique, serait à une pression inférieure à la pression normale. Il a trouvé que l'abaissement de la pression totale, même jusqu'à un quart d'atmosphère, ne modifie pas la *nature* du phénomène assim-lateur, car le quotient $\dfrac{CO^2}{O^2}$ ne change pas. Mais l'*intensité* de l'assimilation diminue avec la pression suivant une loi assez régulière. Si A représente la valeur absolue du phénomène résultant pour une feuille maintenue à la pression normale, B la valeur relative à la feuille exposée dans l'atmosphère raréfiée, le rapport $\dfrac{B}{A}$ donnera la mesure de l'action de la pression sur les échanges gazeux de la feuille. On trouve des nombres du même ordre de grandeur chez les divers végétaux étudiés, dont la structure et l'activité chlorophyllienne présentent cependant de grandes variations. Dans la seconde colonne du tableau ci-dessous, A représente l'assimilation à la pression normale et est supposé égal à l'unité :

	Pressions :	$\dfrac{B}{A}$:
Ligustrum japonicum	1 atm.	1,00
—	$\dfrac{3}{4}$ —	0,94
—	$\dfrac{2}{3}$ —	0,81
—	$\dfrac{1}{2}$ —	0,74

	Pressions :		$\frac{A}{B}$:
Ligustrum vulgare..........	$\frac{1}{2}$	—	0,78
Evonymus japonicus........	$\frac{1}{2}$	—	0,73
Robinia pseudo-acacia........	$\frac{1}{2}$	—	0,73
Ruscus aculeatus...........	$\frac{1}{2}$	—	0,69

Assimilation chlorophyllienne chez les plantes grasses. — Les plantes à feuilles épaisses, dites *plantes grasses* (*Cactées, Mésembrianthémées, Crassulacées*, etc.), possèdent un nombre de stomates très restreint ; ces plantes transpirent peu, et de Saussure avait remarqué que l'assimilation chlorophyllienne était chez elles beaucoup moins intense, à surface égale, que chez les plantes à feuilles minces. Il nota également ce fait remarquable à savoir : qu'une plante grasse qui avait séjourné quelque temps à l'obscurité était capable de dégager plusieurs fois son volume d'oxygène lorsqu'on l'exposait au soleil sous une cloche *dont l'atmosphère était complétement privée de gaz carbonique*. Ces particularités fort intéressantes que présentent les feuilles à parenchyme épais se rattachent à l'étude de la respiration ; aussi les laisserons-nous provisoirement de côté. Nous en parlerons, avec les détails nécessaires, lorsque nous nous occuperons des phénomènes d'oxydation chez les végétaux.

Disons seulement que le dégagement d'oxygène dans les conditions sus-mentionnées est dû à la présence des *acides organiques* emmagasinés à l'obscurité et à basse température par les plantes grasses. Ces acides constituent un produit d'*oxydation incomplète* des hydrates de carbone. À une température plus élevée et au contact des rayons solaires, l'oxygène oxyde complétement les acides organiques avec formation de gaz carbonique. Mais celui-ci, au lieu de se dégager, est réduit par la chlorophylle avec dégagement d'oxygène. D'où l'explication de cette anomalie apparente, signalée par de Saussure, d'un dégagement d'oxygène par une plante vivant dans une atmosphère dépouillée de gaz carbonique (Voy. p. 387).

Assimilation chlorophyllienne chez les plantes aquatiques. — Lorsque les feuilles de ces plantes sont submergées, les stomates manquent ; parfois ces ouvertures existent, mais en nombre très restreint. Le gaz carbonique étant assez soluble dans l'eau, les plantes qui vivent dans ce milieu en rencontrent toujours une quantité suffisante. Si l'eau de pluie est, en moyenne, peu riche en gaz carbonique, il n'en est pas de même des eaux de rivière ou de celles de la mer, qui s'enrichissent de ce gaz par suite des fermentations nombreuses dont les matières organiques qu'elles contiennent sont le siège. Lorsque les eaux sont calcaires, elles contiennent en dissolution du bicarbonate de calcium. Or certaines plantes aquatiques d'eau douce (algues du genre *Chara* ; *Elodea, Ceratophyllum,* etc.), ou d'eau de mer (algues du genre *Corallina*) sont recouvertes d'un enduit de carbonate de calcium qui donne à cette dernière plante, en particulier, un assez grand degré de rigidité : c'est l'assimilation chlorophyllienne qui, dissociant le bicarbonate de calcium, produit un dépôt de carbonate neutre à la surface du végétal. Une plante aquatique peut d'ailleurs décomposer également une solution étendue de bicarbonate de sodium, sel beaucoup plus stable que le sel correspondant de calcium.

L'introduction du gaz carbonique dans le parenchyme de la feuille a lieu ici par simple *diffusion* au travers de l'épiderme, puisque les stomates manquent. Cette diffusion gazeuse, plus grande pour l'oxygène que pour l'azote, est encore plus grande pour le gaz carbonique. Pendant l'assimilation chlorophyllienne d'une feuille submergée, l'oxygène qui prend naissance, moins diffusible que le gaz carbonique, s'accumule dans les nombreuses lacunes que présente le parenchyme de la feuille, et la pression augmente peu à peu.

Lorsque la concentration du gaz carbonique augmente dans le milieu liquide, la méthode de *numération des bulles gazeuses* échappées permet de constater que celles-ci sont plus nombreuses et que leur nombre croît à peu près proportionnellement avec la concentration du gaz carbonique. La concentration optima de ce gaz croît avec l'intensité lumineuse.

V

THÉORIE
DE L'ASSIMILATION CHLOROPHYLLIENNE

Il faut distinguer, dans ce qui va suivre, l'observation des faits réels et les hypothèses plus ou moins vraisemblables qui servent à interpréter ces faits.

Nous savons, d'une part, que le *résultat brut* de l'assimilation chlorphyllienne est le suivant : 2 volumes de gaz carbonique fournissent 2 volumes de gaz oxygène et le carbone demeure, par cela même, fixé dans la plante. L'observation microscopique montre, en outre, que le granule chlorophyllien, par suite de cette décomposition du gaz carbonique, donne naissance presque toujours à de l'amidon, hydrate de carbone de formule $(C^6H^{10}O^5)^n$, bleuissable au contact de l'iode. Nous savons, d'autre part, que, lorsqu'on tient compte dans les échanges gazeux de la plante du *phénomène chlorophyllien seul,* c'est-à-dire séparé de l'acte respiratoire, le volume de de l'oxygène dégagé est *toujours légèrement supérieur* au volume du gaz carbonique absorbé.

Cet excès d'oxygène provient, comme nous l'avons vu, de l'oxygène des nitrates, sulfates, phosphates pris au sol par les racines, et nous en avons comme preuve que, lorsqu'on ne donne à la plante, en fait de nourriture azotée, que des sels ammoniacaux, l'excès d'oxygène est beaucoup moindre, et le rapport $\dfrac{CO_2}{O_2}$ se rapproche sensiblement de l'unité.

Nous pouvons donc, pour plus de simplicité, raisonner comme si le rapport $\dfrac{CO_2}{O_2}$ était toujours égal à 1.

Boussingault avait supposé que le gaz carbonique se scindait en $CO + O$. En effet, l'oxyde de carbone n'est pas décomposé par la cellule verte. Mais, dans cette hypothèse, deux volumes de gaz carbonique ne donnent naissance qu'à un seul volume d'oxygène : il est donc nécessaire d'admettre que, pendant la décomposition du gaz carbonique, il y a décomposition concomitante de l'eau. 2 volumes de vapeur d'eau fourniraient 2 volumes d'hydrogène et 1 volume d'oxygène : $H_2O = H_2 + O$. En résumé, la fonction d'assimilation pourrait se traduire par les deux expressions :

$$CO_2 = CO + O,$$
$$H_2O = H_2 + O,$$

ou bien, en faisant intervenir l'*hydrate carbonique* comme produit initial :

$$CO_3H_2 = COH_2 + O_2.$$

La plante fixe donc le corps COH_2, c'est-à-dire l'*aldéhyde méthylique* ou *formol* $H — CHO$. Baeyer, en 1870, a, le premier, émis cette idée que cet aldéhyde était le produit initial de la synthèse photochimique et que, de sa polymérisation avec ou sans départ d'eau, étaient issus tous les hydrates de carbone dont on constate la présence dans la feuille insolée :

$$(COH_2)^6 = C_6H_{12}O_6 \text{ (glucose, lévulose)},$$
$$(COH_2)^6 = C_6H_{10}O_5 \text{ (formule simple de l'amidon)} — H_2O.$$

Cette façon d'envisager le phénomène chlorophyllien est très séduisante ; elle permet de concevoir que, avant la formation des hydrates de carbone de poids moléculaire élevé tels que le glucose ($C^6H^{12}O^6 = 180$), le saccharose ($C^{12}H^{22}O^{11} = 342$), l'amidon ($C^6H^{10}O^5$)^n (n étant peut-être supérieur à 10), il se produit d'abord, comme terme intermédiaire, un corps tel que COH^2, de poids moléculaire peu élevé ($= 30$). Il ne faut cependant pas oublier que les procédés synthétiques nombreux dont se sert le végétal pour construire la trame de ses tissus ne sauraient être comparés à ceux que nous utilisons dans le laboratoire. Nous pouvons actuellement, en partant de l'aldéhyde méthylique et par polymérisations successives, réaliser la synthèse de matières sucrées telles que le glucose et le lévulose, ainsi qu'il résulte principalement des beaux travaux de E. Fischer. Mais il ne s'ensuit pas que nous puissions affirmer que la cellule verte donne naissance forcément à de l'aldéhyde méthylique d'abord, à ses produits de condensation ensuite. Cette manière d'envisager le phénomène chlorophyllien est une *façon commode* d'expliquer les choses : rien ne prouve absolument qu'elle réponde à la réalité des faits.

Les premières constatations relatives à la présence dans les feuilles d'une substance volatile, de nature aldéhydique, ont été faites de la façon suivante. Lorsqu'on distille avec de l'eau des feuilles fraîches, les premières gouttes du liquide qui passent à la distillation présentent souvent un caractère nettement réducteur. Elles noircissent le nitrate d'argent ammoniacal ou donnent un précipité d'oxydule de cuivre quand on les chauffe avec la liqueur cupro-potassique. Cette réduction caractérise la présence d'un corps de nature aldéhydique.

En outre, beaucoup d'expérimentateurs se sont efforcés, depuis plus de trente ans, de démontrer la réalité de l'hypothèse qui fait de l'aldéhyde méthylique le premier degré de la synthèse des matières hydrocarbonées en s'appuyant sur des essais nombreux de nutrition conçus dans le sens suivant. On sait qu'une feuille, ou mieux encore, certaines algues vertes, exposées à l'obscurité pendant quelque temps, se dépouillent peu à peu de l'amidon qu'elles contenaient primitivement. En plongeant ces végétaux ainsi désamidonnés dans de l'eau contenant une petite quantité d'aldéhyde méthylique, on pouvait s'attendre à voir apparaître de l'amidon dans les tissus par suite de la polymérisation de cet aldéhyde, tout comme on voit l'amidon se former chez les feuilles désamidonnées immergées dans une solution de diverses matières sucrées (p. 82). Mais les premiers essais dirigés dans cette voie n'ont pas été satisfaisants, l'aldéhyde méthylique étant, même à faible dose, un corps très toxique. Cependant certaines algues, voire même des végétaux supérieurs, se développent à un éclairage insuffisant en présence de traces d'aldéhyde méthylique pur, ainsi qu'il résulte des recherches récentes de Bouilhac et Giustiniani.

L'expérience réussit mieux lorsqu'on s'adresse à des substances dérivées de l'aldéhyde méthylique, moins toxique que lui [méthylal $CH^2(OCH^3)^2$, méthanolsulfonate de sodium $CH^2OH(SO^3Na)$, etc.]. Des algues, désamidonnées à l'obscurité, régénèrent de l'amidon à l'obscurité, lorsqu'elles sont en contact avec des solutions étendues de ces diverses substances (Lœw, Bokorny).

Il ne faut toutefois pas perdre de vue que, si la présence de l'aldéhyde méthylique est à ce point difficile à constater dans les plantes, cela tient à la facilité extrême avec laquelle cet aldéhyde éprouve des transformations multiples. En voici un exemple : on sait que l'eau seule, agissant à haute température sur l'aldéhyde, donne lieu à la production d'acide formique, d'alcool méthylique et de gaz carbonique :

$$2CH^2O + H^2O = CH^2O^2 + CH^4O$$
$$3CH^2O + H^2O = CO^2 + 2CH^4O.$$

Sans vouloir assimiler d'une façon absolue ces réactions, effectuées à une température élevée, avec celles qui se passent dans la cellule verte, on peut cependant expliquer par les deux équations précédentes la présence presque universelle de l'alcool méthylique dans les feuilles vertes, d'après Maquenne et celle de l'acide formique libre dans beaucoup de végétaux (Delépine).

Il est également possible que la réduction du gaz carbonique en présence de l'eau ait lieu en deux phases : dans la première, il y aurait production d'acide formique et d'un atome d'oxygène ; dans la seconde, un nouvel atome d'oxygène se séparerait avec formation d'aldéhyde formique :

$$CO_2 + H_2O = CH_2O_2 + O = CH_2O + O_2.$$

En effet, le magnésium métallique peut, dans certaines conditions, réduire l'acide carbonique en présence de l'eau, en donnant naissance à l'aldéhyde formique. Dans les mêmes conditions, l'acide formique est rapidement réduit à l'état d'aldéhyde formique : l'acide formique serait donc un produit intermédiaire de la réduction du gaz carbonique (Fenton).

Cette manière d'envisager la réduction du gaz carbonique rendrait compte de la présence de l'acide formique et de l'alcool méthylique dans un grand nombre de végétaux; nous retrouvons donc, sous une autre forme, l'hypothèse émise par Delépine signalée quelques lignes plus haut.

En résumé, il est logique de penser que l'aldéhyde méthylique COH_2 est le premier terme de la fonction chlorophyllienne; mais il est impossible d'affirmer de façon positive que la chose ait véritablement lieu. L'hypothèse de l'aldéhyde est donc une hypothèse commode, qui n'est pas en contradiction flagrante avec les faits, mais rien de plus.

D'ailleurs, l'aldéhyde méthylique est un produit très toxique; son existence ne doit être que de courte durée et sa concentration très faible. Admettons donc, avec les restrictions précédentes, que tout se passe comme si l'aldéhyde méthylique se polymérisait avec une extrême rapidité (quelques minutes) pour donner naissance à de l'amidon, le *premier produit d'assimilation visible*, d'après l'expression de Sachs.

Cette origine *aldéhydique* de l'amidon, si elle est vraie dans la plupart des cas, n'est certes pas absolument générale. Nous verrons, en effet, à propos de la respiration et des phénomènes d'acidification chez les végétaux, que les plantes grasses peuvent donner naissance à des hydrates de carbone dans une atmosphère exempte de gaz carbonique : c'est alors aux dépens des acides que se produisent ceux-ci.

On a voulu aller plus loin pour affirmer que le point de départ des hydrates de carbone était forcément l'aldéhyde méthylique. En effet, la plante renferme non seulement des hydrates en C_6, ou des polymères, mais aussi des hydrates en C_5 (pentosanes, pentoses) et en C_7 (heptoses) : ces corps sont, en somme, des polymères de l'aldéhyde méthylique. Mais il faut remarquer que l'origine des heptoses est totalement inconnue et que ceux-ci n'ont encore été rencontrés que chez un petit nombre de végétaux. Quant aux pentoses (arabinose, xylose, $C^5H^{10}O^5$), ils ne semblent pas provenir directement de la fonction assimilatrice ; il faut plutôt les regarder comme des produits d'oxydation des hexoses avec élimination d'une molécule d'eau. Nous reviendrons sur ce point plus tard.

Origine albuminoïde de l'amidon. — Belzung a développé une autre manière de voir relativement à la synthèse de l'amidon par le végétal. Cet auteur remarque qu'il est assez fréquent d'observer que les grains d'amidon, en s'accroissant, se substituent plus ou moins complètement aux corps chlorophylliens qui leur ont donné naissance. L'amidon ne semblerait donc pas provenir de l'union directe du carbone avec les éléments de l'eau, mais il résulterait d'une sorte de *sécrétion* des corps chlorophylliens. Le gaz carbonique étant en premier lieu incorporé à la matière colorante verte, entrerait en réaction avec les autres principes apportés par la sève, surtout les nitrates. Le produit de ce travail synthétique serait d'abord une matière quaternaire, albuminoïde et l'amidon ne constituerait qu'un produit de décomposition ou de régression de celle-ci. Dans cette hypothèse, on voit que, conformément d'ailleurs à l'observation, la genèse de l'amidon doit cesser, non seulement en l'absence du gaz carbonique, mais aussi en l'absence des éléments minéraux indispensables à la production de la chlorophylle, le phosphore entre autres. Toutefois, ce mécanisme producteur d'amidon ne serait pas le seul capable d'engendrer cet hydrate de carbone.

Une objection, d'ordre chimique seulement, s'oppose à l'adoption de cette manière de voir. Parmi les produits de décomposition des matières quaternaires, il n'a pas été possible, jusqu'à présent, d'isoler un hydrate de carbone proprement dit.

VI

HYPOTHÉSES SUR LA DÉCOMPOSITION DE L'EAU DANS LE PHÉNOMÉNE CHLOROPHYLLIEN.

Ainsi que nous l'avons dit plus haut, Boussingault supposait que, dans l'assimilation chlorophyllienne, non seulement le gaz carbonique, mais aussi l'eau elle-même étaient décomposés. De Saussure avait remarqué, longtemps auparavant, *que les plantes qui végètent à l'aide de l'eau seule, en vase clos, dans de l'air atmosphérique dépouillé du gaz carbonique, n'y augmentent presque point le poids de leur substance végétale dans l'état sec et que, si elles l'augmentent, c'est d'une quantité très petite, très limitée, ou, en d'autres termes, qui ne peut pas être augmentée par une végétation plus longtemps continuée.* Il ne peut y avoir assimilation de l'eau et augmentation de matière sèche que s'il y a décomposition concomitante de gaz carbonique; aussi de Saussure conclut-il de ses nombreuses expériences que les plantes ne décomposent jamais l'eau en s'assimilant l'hydrogène de celle-ci et éliminant l'oxygène à l'état gazeux.

Mais, d'après Boussingault, la preuve de la séparation des éléments de l'eau ressortirait de l'analyse des végétaux que l'on fait croître dans un milieu *absolument dépourvu de matières organiques* capables de leur fournir des éléments hydrogénés. Si, en effet, on fait végéter une plante dans un milieu purement minéral pourvu des matières salines nécessaires et ne contenant, en fait de substances volatiles, que du gaz carbonique et de l'eau et si cette plante, après une durée suffisante de la végétation, accuse à l'analyse un excès d'hydrogène, c'est-à-dire contient cet élément dans une proportion plus forte que celle qui serait nécessaire pour transformer son oxygène en eau, il faudra conclure que les éléments de l'eau ont été désunis. Voici, à cet égard, quatre expériences dues à Boussingault :

	Oxygène assimilé.	Hydrogène assimilé.	Hydrogène formant de l'eau avec l'oxygène.	Excès d'hydrogène.
	gr.	gr.	gr.	gr.
Trèfle........	1,226	0,176	0,153	0,023
Trèfle........	0,444	0,097	0,055	0,042
Pois.........	1,237	0,215	0,155	0,060
Froment.....	0,608	0,078	0,076	0,002

A ne regarder que ces chiffres bruts, il semblerait donc que l'eau a été décomposée et qu'une partie de son hydrogène a été fixée par le végétal. Remarquons de suite que toutes les analyses de plantes montrent qu'il y a *toujours* excès d'hydrogène par rapport aux éléments de l'eau.

Or, cette décomposition de l'eau n'a jamais été prouvée d'une façon directe, et il est inutile d'en invoquer l'existence très problématique pour concevoir pourquoi l'analyse centésimale d'une plante accuse constamment un excès d'hydrogène.

Pour comprendre cette particularité, il faut faire appel, par anticipation, à l'étude des phénomènes respiratoires et à celle des processus de dédoublement des matières hydrocarbonées qui s'accomplissent normalement chez le végétal.

Admettons que, par suite du phénomène assimilateur, il ne se forme dans le végétal que des hydrates de carbone, c'est-à-dire des corps tels que $(CH^2O)^n$, dans lesquels l'hydrogène et l'oxygène n'entrent que dans les proportions de l'eau : ceci, ainsi que nous l'avons admis antérieurement, semble conforme aux faits, puisque le rapport $\dfrac{CO^2}{O^2}$ du gaz carbonique assimilé au gaz oxygène dégagé est égal, ou à peu près, à l'unité. D'après cela, l'analyse centésimale d'une plante devrait toujours indiquer que la quantité d'oxygène qui entre dans sa composition sature exactement la dose d'hydrogène fournie par l'analyse.

Mais la plante, pendant toute la durée de sa végétation, *respire*, c'est-à-dire prend de l'oxygène à l'atmosphère et dégage du gaz carbonique. Supposons que le *quotient respiratoire* $\dfrac{CO^2}{O^2}$, autrement dit le rapport entre l'oxygène absorbé et l'oxygène exhalé sous forme de gaz carbonique, soit toujours égal à l'unité : il est évident alors que le rapport entre l'hydrogène et l'oxygène contenus dans la plante restera *constant*, puisque nous avons admis, par hypothèse, que cette plante ne renferme que des hydrates de carbone. Le *carbone seul brûlera* dans l'acte respiratoire, et les éléments de l'eau, préformés dans ces hydrates de carbone, demeureront avec leur rapport invariable. Mais les choses ne se passent pas le plus souvent ainsi pendant la respiration : le quotient respiratoire, s'il est parfois égal à 1, peut être, ou bien supérieur, ou bien inférieur à l'unité.

1° *Il est supérieur à l'unité* ; autrement dit, le végétal

perd un volume de gaz carbonique supérieur à celui de l'oxygène qu'il absorbe, ou, en d'autres termes, il perd plus d'oxygène sous la forme de gaz carbonique qu'il n'en prend à l'état libre dans l'atmosphère. On peut expliquer les réactions, qui se passent alors de deux façons :

α. Un hydrate de carbone, en dehors de toute absorption d'oxygène, se scinde par dédoublement en un corps plus riche que lui en hydrogène. C'est ce que traduit l'expression *schématique* suivante :

$$C^6H^{12}O^6 = CO^2 + C^5H^{12}O^4.$$

Or, *en fait*, un pareil dédoublement est observable dans le cas de la *fermentation alcoolique* que provoquent la plupart des cellules végétales au contact des matières sucrées (Voy. plus loin, p. 371). Ce *dédoublement* s'exprime par l'équation :

$$(1) \qquad C^6H^{12}O^6 = 2CO^2 + 2C^2H^6O,$$
$$\text{Alcool.}$$

Cet alcool qui, *dans les conditions normales*, apparaît rarement en nature dans le végétal, y subit en effet des phénomènes d'éthérification donnant naissance à des *éthers* dont la présence, assez constante dans beaucoup de plantes, indique qu'il y a eu formation, à un moment donné, d'alcool dans leurs tissus.

β. La combustion *incomplète* d'un hydrate de carbone peut également engendrer un corps carboné volatil, exempt d'hydrogène, et laisser une substance plus riche en hydrogène que l'hydrate de carbone primitif. Une semblable réaction doit se produire dans la genèse des *corps gras*, si communs dans tous les végétaux. La *glycérine*, noyau de tous les corps gras, prendra naissance suivant la formule :

$$(2) \quad C^6H^{12}O^6 + O^5 = C^3H^8O^3 + 3CO^2 + 3H^2O \qquad \frac{CO^2}{O^2} = \frac{6\ \text{vol.}}{5\ \text{vol.}}$$
$$\text{Glycérine.}$$

D'autre part, *les acides gras à poids moléculaire élevé*, tels que *l'acide oléique* que l'on rencontre en combinaison avec la glycérine sous forme de *trioléine*, pourront se former d'après une expression analogue à la précédente :

$$(3) \quad 6\,C^6H^{12}O^6 + O^{21} = C^{18}H^{35}O^2 + 18\,CO^2 + 19\,H^2O \qquad \frac{CO^2}{O^2} = \frac{36\ \text{vol.}}{21\ \text{vol.}}$$

Ac. oléique.

Nous voyons donc que, d'après, la première équation, il apparaît un certain volume de gaz carbonique qui ne provient pas d'une combustion directe, puisqu'il n'y a pas absorption d'oxygène. Cet acide carbonique, s'ajoutant à celui que fournit la respiration normale, augmentera la valeur du quotient respiratoire, lequel dépassera l'unité.

D'après la seconde, ainsi que d'après la troisième équation, il résulte des quotients $\dfrac{CO^2}{O^2}$ supérieurs à l'unité; la plante s'est *désoxydée* par suite du départ d'un gaz volatil, riche en oxygène, le gaz carbonique. Elle contient alors un corps plus riche en hydrogène (glycérine, acide oléique) que le corps initial, c'est-à-dire l'hydrate de carbone ; elle renferme donc une substance qui contient *un excès d'hydrogène par rapport aux éléments de l'eau.*

Donc, chaque fois qu'il se formera dans la plante un éther ou un corps gras, nous verrons apparaître un corps qui contient un excès d'hydrogène par rapport aux éléments de l'eau.

Si maintenant nous envisageons par anticipation la formation des substances quaternaires, telles que les amides et les albuminoïdes, dans la composition de la molécule desquelles entre toujours un excès d'hydrogène sur la quantité susceptible de changer tout l'oxygène en eau, nous allons voir qu'il est encore facile d'expliquer leur genèse sans être dans l'obligation d'invoquer la décomposition directe de l'eau.

Prenons, par exemple, le cas de l'*asparagine*, amide dont on observe la présence courante soit dans la décomposition, soit dans la reconstruction des albuminoïdes, ainsi qu'il sera dit à propos de la germination. Pour expliquer le mécanisme très probable de la formation de cet amide en partant des hydrates de carbone et de l'acide azotique des azotates que la plante prend au sol, nous pouvons nous servir d'une réaction telle que celle-ci :

$$2\,C^6H^{12}O^6 + 6\,NO^3H = 3\,C^4H^8N^2O^3 + 3\,H^2O + 9\,O^2,$$

Asparagine.

réaction d'autant plus conforme à la réalité qu'elle met en liberté une certaine dose d'oxygène. Or, nous avons vu (p. 65) que Schlœsing fils avait toujours observé dans les échanges gazeux des plantes entières un phénomène de réduction des sels minéraux oxygénés se traduisant par le dégagement d'un volume d'oxygène supérieur à celui du gaz carbonique absorbé ; l'excès d'oxygène est très faible lorsqu'on met à la disposition de la plante non plus un azotate, mais un sel ammoniacal.

Tous les faits qui précèdent concourent donc à démontrer qu'il est inutile d'invoquer la décomposition de l'eau pour expliquer l'excès d'hydrogène observé dans l'analyse du végétal.

2° *Le quotient respiratoire* $\dfrac{CO^2}{O^2}$ *est inférieur à l'unité.* La plante dégage alors, sous forme de gaz carbonique, un volume d'oxygène plus petit que celui qu'elle absorbe à l'état de liberté ; elle *s'oxyde* de façon continue, parfois même elle s'oxyde sans dégager trace d'acide carbonique. Ainsi que nous le verrons en traitant de la respiration, cette fixation de l'oxygène se fait sur les hydrates de carbone, et elle aboutit à la formation de substances plus riches en oxygène que l'hydrate de carbone initial, mais moins riches en oxygène que le gaz carbonique lui-même. Ces substances ne sont autres que certains acides organiques (oxalique, tartrique, malique, citrique). Il est facile de se rendre compte de la formation de l'acide oxalique, par exemple, au moyen de l'expression suivante :

$$C^6H^{12}O^6 + O^9 = 3C^2H^2O^4 + 3H^2O.$$

Mais l'existence de ces acides est très souvent temporaire ; ils disparaissent à leur tour par suite de phénomènes d'oxydation totale dont nous examinerons ultérieurement le mécanisme, et cette disparition peut être formulée :

$$C^2H^2O^4 + O = 2CO^2 + H^2O.$$

Ici encore, on observe que le quotient de destruction des acides, $\dfrac{CO^2}{O} = \dfrac{4}{1}$, est très supérieur à l'unité. Nous rentrons donc dans le cas examiné précédemment.

5.

En résumé, l'explication de l'excès d'hydrogène contenu dans la plante doit être cherchée seulement *dans la variation du quotient respiratoire*, lequel, la plupart du temps, est supérieur à l'unité.

Synthèse de l'amidon au moyen des matières sucrées. — Si nous ignorons la nature du premier produit qui se forme dans la décomposition du gaz carbonique par la cellule verte, nous pouvons supposer néanmoins que ce premier terme de la synthèse est un hydrate de carbone à poids moléculaire peu élevé. L'aldéhyde méthylique hypothétique fournirait d'abord du glucose, puis du saccharose, du maltose, enfin des dextrines et de l'amidon. Ce qui montre que le glucose est un des premiers produits de la synthèse chlorophyllienne, c'est la présence constante de ce sucre chez beaucoup de Liliacées, dans les tissus desquelles il n'existe pas d'amidon.

On a pu démontrer expérimentalement que la feuille était capable de condenser en quelque sorte plusieurs molécules de glucose ou de corps analogues et d'emmagasiner de l'amidon. Les essais suivants, dus à Bœhm et à A. Mayer, sont significatifs à cet égard.

Il faut d'abord se procurer des feuilles exemptes d'amidon. Or celui-ci disparaît lorsque la plante ou la feuille sont exposées un certain temps à l'obscurité. On doit s'assurer par l'observation microscopique de l'absence absolue d'amidon, afin que l'expérience qui va suivre ait une valeur. Supposons que nous soyons en possession de feuilles désamidonnées ; celles-ci sont coupées en fragments de 4 à 6 centimètres carrés de surface, puis exposées, la face supérieure en dessous, sur des solutions aqueuses de différentes matières sucrées : glucose, lévulose, galactose, saccharose. L'expérience doit être faite à l'obscurité.

En recherchant, au bout d'un certain nombre de jours, la présence de l'amidon, on reconnaît que certaines feuilles ont été capables de transformer les sucres solubles sus-mentionnés en amidon. Le galactose semble être le corps le moins approprié à ce but. Les feuilles de betterave, de saponaire, de silène, se prêtent à la régénération de l'amidon lorsqu'elles ont été au contact des matières sucrées précédentes.

La feuille semble surtout former de l'amidon avec le sucre spécial que ses tissus renferment de façon normale. C'est ainsi que la plupart des Composées renferment dans leurs racines et leurs tiges de l'*inuline*, hydrate de carbone présentant beaucoup d'analogie avec l'amidon, mais qui fournit du lévulose par inversion. Or les feuilles de Composées emmagasinent de l'amidon lorsqu'on les fait flotter sur des solutions de lévulose; elles donnent un résultat négatif avec des solutions de glucose ou de galactose (feuilles de *Sylphium*, d'*Helianthus*).

Au contact de solutions de saccharose, toutes les feuilles fournissent de l'amidon. Le sucre de canne est-il absorbé tel quel; se scinde-t-il d'abord en un mélange équi-moléculaire de glucose et de lévulose? Les feuilles semblent absorber ce sucre en nature, car, si on dose de jour en jour les sucres réducteurs formés dans la solution et si on les compare à la quantité d'amidon apparue, on trouve que la proportion de glucose produite par inversion est trop faible pour provoquer la formation d'une quantité d'amidon aussi considérable.

Parmi les autres matières sucrées essayées, nous signalerons les faits suivants. La lactose ou sucre de lait, dédoublable en glucose et galactose, ne fournit pas d'amidon ; le maltose, dédoublable en 2 molécules de glucose, fournit de petites quantités d'amidon avec les feuilles de betterave et davantage avec celles de *dahlia*.

Certains alcools polyatomiques, tels que la mannite et son isomère la dulcite, dont la formule $C^6H^{14}O^6$ ne diffère de celle du glucose que par 2 atomes d'hydrogène en plus, sont capables également de fournir de l'amidon. Si on emploie des solutions de mannite de 10 à 20 p. 100, on constate que les feuilles de la plupart des plantes de la famille des *Oléacées* régénèrent de l'amidon au contact de cette substance. Or la mannite se rencontre normalement dans le suc de beaucoup d'Oléacées. La dulcite, que l'on rencontre dans plusieurs végétaux de la famille des *Scrofulariacées* et dans les feuilles du *fusain d'Europe*, ne provoque la formation de l'amidon que chez les feuilles de cette dernière plante.

Citons encore ce fait que l'érythrite, $C^4H^{10}O^4$, alcool tétratomique, donne des résultats négatifs, tandis que la glycérine

$C^3H^8O^3$, alcool triatomique, donne des résultats positifs avec les feuilles du *dahlia* et celles de la betterave.

En principe, la solution sucrée sur laquelle on fait flotter les fragments de feuilles doit avoir une concentration minima, variable avec l'espèce végétale soumise à l'expérience et au-dessous de laquelle il ne se forme pas d'amidon dans la feuille. La métamorphose des hydrates de carbone solubles en hydrates insolubles (amidon), avec augmentation du poids moléculaire, dépend donc de la concentration des hydrates de carbone dissous dans le suc cellulaire (Sapoznikow).

Il est donc permis de conclure, avec quelque vraisemblance, que l'amidon ne se forme pas immédiatement dans la fonction chlorophyllienne, mais que son apparition est précédée de celle de matières sucrées plus simples, dont cet amidon repré-sente le dernier terme de condensation.

Quant à la disparition de l'amidon sous l'influence de l'obscurité, nous en parlerons à propos des phénomènes de migration.

Limite de l'accumulation des hydrates de carbone. — L'énergie avec laquelle la feuille assimile est d'autant moindre que la quantité d'hydrates de carbone qu'elle contient déjà est plus grande. Au delà d'une certaine teneur de la feuille en hydrates de carbone, l'assimilation s'arrête.

De plus, une autre question intervient ici. La plupart des phy-siologistes pensent que la totalité du gaz carbonique que décompose un organe vert est uniquement employée à la production des hydrates de carbone. Cependant, d'après ses expériences et les calculs qu'il a effectués sur la quantité du gaz carbonique décomposé, Sapoz-nikow admet que la décomposition du gaz carbonique fournirait concurremment une certaine dose d'albuminoïdes, sans qu'on puisse savoir si l'hydrate de carbone et l'albumine prennent naissance en même temps et indépendamment l'un de l'autre, ou si l'une de ces deux substances précède l'autre dans son apparition pour se transformer partiellement dans la suite en celle-ci.

Quantité maxima d'amidon que peut accumuler une feuille. — Sapoznikow a déterminé la quantité maxima d'amidon que peuvent accumuler certaines feuilles et au-dessus de laquelle l'assimilation doit nécessairement cesser, jusqu'à ce que l'émigration de cette matière permette un nouvel emmagasinement : *Vitis vinifera* (feuilles coupées), 16 grammes à $16^{gr},686$ (par mètre carré de surface) ; *Vitis labrusca*, maximum variant de 11 à 19 grammes ; *Rubus cæsius*, 14^{gr},6 à 15^{gr},7 ; *Rubus fructicosus*, 13 à 14 grammes.

VII

INFLUENCE DES AGENTS EXTÉRIEURS SUR LE PHÉNOMÈNE ASSIMILATEUR

A. Action de la lumière. — L'action de la lumière solaire ou celle de certaines lumières artificielles est indispensable à la manifestation du phénomène chlorophyllien. Tout organe vert, c'est-à-dire pourvu de chlorophylle, exige, pour décomposer le gaz carbonique, un minimum d'éclairement. De plus, les radiations d'inégale réfrangibilité qui composent la lumière blanche ne sont pas également efficaces pour déterminer le phénomène assimilateur.

Chez la plupart des végétaux, la chlorophylle n'apparaît que lorsque la lumière a frappé le végétal plus ou moins directement. Celui-ci reste coloré en jaune tant qu'il demeure à l'obscurité. On a prétendu que *le premier produit de l'assimilation était la chlorophylle elle-même*, étant donné que celle-ci ne se manifestait avec sa couleur verte caractéristique qu'au moment même où le végétal reçoit pour la première fois l'impression lumineuse. Le fait n'est pas exact. En effet, la chlorophylle est préformée chez certaines plantes, où on la rencontre indépendamment de toute action de la lumière ; les embryons de Conifères sont, par exemple, presque toujours pourvus de chlorophylle, même à l'obscurité. Il est des algues qui, nourries artificiellement, sont vertes à l'obscurité absolue. Mais, dans aucun de ces derniers cas, la chlorophylle n'est capable de décomposer le gaz carbonique tant que la lumière solaire ne vient pas l'éclairer.

Étudions maintenant l'action de la lumière sur la plante verte.

Si on fait passer un faisceau lumineux au travers d'une fente étroite, que l'on reçoive ce faisceau sur une lentille convergente assez éloignée pour fournir une image réelle de la fente éclairée et que l'on fasse tomber le faisceau émergeant sur l'une des faces d'un prisme de verre, on apercevra sur un écran placé à quelque distance du prisme une série de lumières colorées, plus ou moins déviées de la direction primitive. Les couleurs se succèdent dans l'ordre suivant, en partant de la couleur la moins déviée : rouge, orangé, jaune, vert, bleu, indigo, violet. Ceci prouve que la lumière naturelle, ou lumière blanche, n'est pas une lumière simple et qu'elle est composée de lumières colorées d'inégale réfrangibilité. La coloration de ces lumières varie d'une manière progressive.

Quelle est l'action de ces différentes lumières colorées dans l'assimilation? Parmi les très nombreux travaux publiés sur la question, nous en mentionnerons deux principalement.

Méthode du spectre. — Timiriazeff (1877) isole les faisceaux lumineux au moyen d'un prisme, et il étudie chacun de ces faisceaux au point de vue de son action sur une plante verte ou un fragment de celle-ci. Pour obtenir des résultats précis, il faut employer un spectre bien pur : ce qui a lieu quand la fente éclairée ne dépasse pas une certaine largeur. Mais un spectre perdant en intensité ce qu'il gagne en netteté, il faut opérer sur un spectre de petites dimensions pour disposer d'une lumière suffisamment intense. Il en résulte que les parties vertes exposées dans les différentes portions du spectre devront ne présenter qu'une faible surface. Par conséquent, les quantités de gaz carbonique décomposé seront minimes et leur dosage, par les méthodes ordinaires, sera impossible. Aussi Timiriazeff a-t-il recours à une méthode gazométrique nouvelle (méthode de Boyère modifiée), qui lui permet de n'employer que des cloches de 2 à 3 millimètres de diamètre et de mesurer avec précision des centièmes et même des millièmes de centimètres cubes de gaz. Nous ne nous arrêterons pas à la description de l'appareil ni à celle du mode opératoire, ayant en vue uniquement le résultat physiologique obtenu.

Des feuilles de bambou, découpées en fragments dont on connaît la surface, sont introduites dans de très petites cloches, contenant un volume de gaz rigoureusement connu (air enrichi d'un peu de gaz carbonique). Ces petites cloches sont ensuite exposées dans les différentes parties du spectre. L'exposition à la lumière doit durer environ six heures : on retire ensuite rapidement les cloches, et on analyse leur contenu.

Disons par anticipation que, lorsque la lumière solaire traverse une feuille verte ou une solution alcoolique de chlorophylle avant de tomber sur un prisme, on remarque sur l'écran sur lequel se projette le spectre la disparition d'une partie des couleurs de celui-ci. A leur place, se trouvent des *bandes noires*, dont la position est caractéristique pour la chlorophylle. Or une solution moyennement concentrée de ce pigment fournit *quatre bandes d'absorption* noires, dont l'une, très étendue, située un peu en deçà de la raie F du spectre solaire, se poursuit jusque dans l'ultra-violet. Mais la bande que l'on peut qualifier de *caractéristique* est située *entre les raies* B *et* C *du spectre solaire*, c'est-à-dire dans la région orangée et dans le commencement de celle du jaune. Cette bande s'observe, en effet, même avec des solutions extrêmement diluées. Or, si on compare la courbe de décomposition du gaz carbonique obtenue par l'analyse du contenu des diverses éprouvettes de l'expérience précédente avec le spectre d'absorption de la chlorophylle, on arrive à cette conclusion que les rayons efficaces pour déterminer dans la partie gauche du spectre la décomposition du gaz carbonique *sont bien les rayons absorbés par la chlorophylle*.

La réduction du gaz carbonique dépend donc de la présence de certains rayons spécifiques, précisément de ceux qui sont absorbés par la chlorophylle ; le maximum de fixation du carbone est situé entre les raies B et C du spectre solaire, et le *pouvoir chimique de la chlorophylle* est en rapport direct avec ses propriétés optiques. La lumière rouge n'agit pas sur la décomposition du gaz carbonique ; mais cette décomposition, si elle est maxima entre les raies B et C, existe encore, bien qu'à un faible degré, dans toutes les régions du spectre situées au delà de la raie C et même dans l'ultra-violet. Langley a fixé la position du *maximum d'énergie*, dans le spectre normal, dans la région orangée et précisément dans cette partie du spectre qui correspond à la bande caractéristique de la chlorophylle. On peut donc admettre comme démontrée l'existence d'une relation entre l'énergie du rayonnement et l'intensité du phénomène chimique. On arrive donc à ce curieux résultat que la chlorophylle peut être envisagée comme un absorbant spécialement adapté à l'absorption des rayons solaires possédant le maximum d'énergie. En exa-

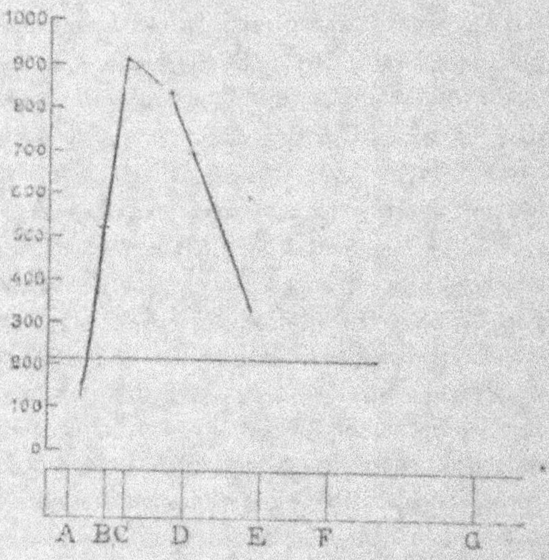

Fig. 3. — Courbe de la décomposition de l'acide carbonique dans le spectre. — A, B, C, D, etc., raies du spectre solaire.

minant le rapport quantitatif qui existe entre la quantité d'énergie solaire absorbée par la chlorophylle d'une feuille et celle qui est emmagasinée par suite du travail chimique produit, la plante étant dans les conditions les plus favorables pour la production du phénomène, on trouve que 40 p. 100 de l'énergie solaire correspondant au faisceau de lumière absorbée par la bande caractéristique de la chlorophylle se trouvent être transformés en travail chimique (Timiriazeff). Le travail chlorophyllien s'étend très loin dans la partie la plus réfrangible du spectre : dans cette partie, sans doute, il n'est plus producteur ; mais son existence peut néanmoins être constatée, comme l'ont fait voir Bonnier et Mangin.

Méthode du microspectre. — Pour déterminer avec quelle intensité se produit l'assimilation dans les différentes régions du spectre, on peut utiliser une méthode fort élégante, décrite par Engelmann (1882). On projette un spectre microscopique sur le porte-objet du microscope. A cet effet, un faisceau de lumière blanche réfléchie par un miroir passe au travers d'une fente étroite, puis d'un prisme. Un filament d'algue, baigné dans une goutte d'eau chargée de gaz carbonique, est étalé dans le sens de l'image spectrale. Dans ces conditions, il est évident qu'il est impossible d'effectuer des mesures gazométriques. L'auteur, pour déceler la présence de l'oxygène, fait usage d'un réactif d'une sensibilité extrême : c'est la bactérie ordinaire de la putréfaction, *Bacterium termo*. Les bactéries de cette espèce sont aérobies ; elles ont besoin de la présence de l'oxygène pour vivre. On introduit donc sous la lamelle qui recouvre l'algue filamenteuse une goutte d'un liquide dans lequel pullulent ces bactéries. Dans les régions du spectre où aura lieu le dégagement de l'oxygène, issu de la décomposition du gaz carbonique de la goutte de liquide qui baigne la préparation, les bactéries se mettront en mouvement, et ce mouvement sera d'autant plus intense que le dégagement gazeux sera lui-même plus grand. On observe que ce mouvement des bactéries commence dans le rouge ; entre les raies B et C, il est très accentué ; il se ralentit au delà et, entre les raies D et E, c'est-à-dire dans la partie verte du spectre, il est faible. Mais il reprend une nouvelle activité dans la région bleue, au voisinage de la raie F, et présente ainsi un second maximum ; puis ce mouvement se ralentit et cesse dans la région violette.

Lorsque l'intensité de l'éclairage est suffisante, le mouvement des bactéries s'étend peu à peu des deux côtés de la préparation, et, si le liquide qui humecte celle-ci est chargé d'une quantité suffisante de microorganismes, on obtient une sorte de *représentation graphique* du phénomène assimilateur.

Ainsi le commencement de l'ultra-rouge n'a pas d'action sur l'assimilation, le dégagement d'oxygène cesse à la limite des rayons rouges visibles, et il existe deux maxima de dégagement gazeux, l'un entre B et C, l'autre au voisinage de F.

Il résulte de ce qui vient d'être dit que la méthode du micro-spectre fournit un résultat assez différent de la méthode du spectre ordinaire, dans lequel un seul maximum est observable entre les raies B et C. Cette anomalie pourrait s'expliquer d'après ce fait que la plante verte renferme toujours, à côté

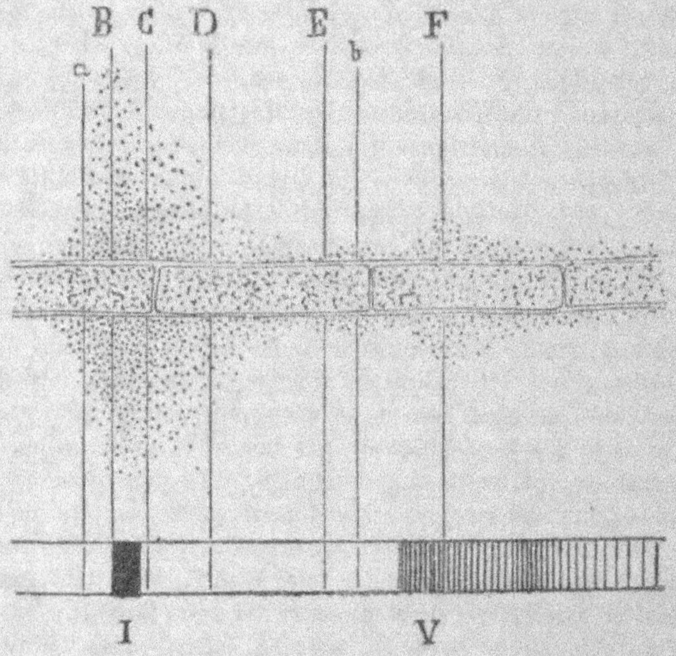

Fig. 4. — En haut filament de conferve soumis, dans une goutte d'eau où pullulent des bactéries aérobies, au microspectre de la lumière solaire, d'après Engelmann. Les bactéries se rassemblent autour des deux principales bandes d'absorption de la chlorophylle. En bas, ces deux bandes d'absorption I et V.

de la chlorophylle, une certaine quantité d'une matière colorante rouge, la *carotine*, laquelle absorbe les rayons bleus. Or la carotine joue peut-être un rôle dans l'assimilation, ce qui expliquerait le second maximum du dégagement de l'oxygène observé en F (fig. 5).

Engelmann fait aussi remarquer que, dans la plupart des expériences exécutées sur le spectre, on a fait usage d'objets *macroscopiques* (feuilles entières le plus souvent), chez lesquels la lumière agit sur plusieurs assises chlorophylliennes superposées ; l'assise superficielle seule reçoit la lumière blanche ; les autres doivent se contenter de la lumière dépouillée de certains rayons par les tissus verts qu'elle a traversés.

Toutefois, il est à présumer que le second maximum observé n'est pas dû à la fonction chlorophyllienne. On sait que la lumière bleue accélère le mouvement des zoospores, et il est probable que celle-ci exerce le même effet sur les bactéries.

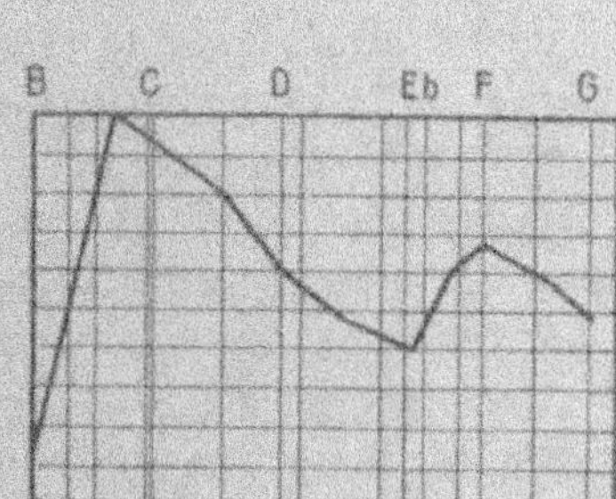

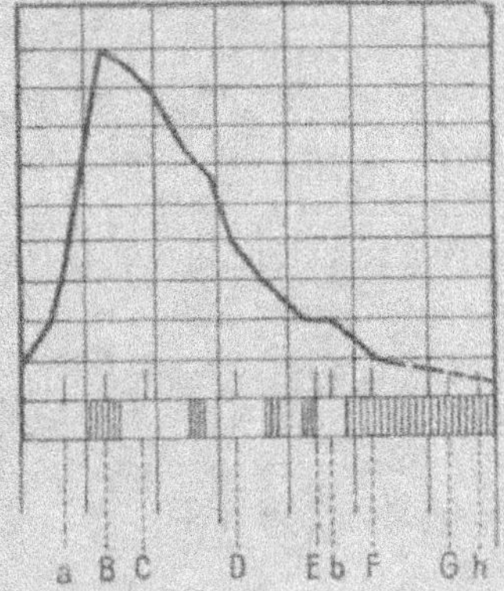

Fig. 5. — Courbe d'assimilation, d'après Engelmann.

Fig. 6. — Courbe d'assimilation, d'après Reinke.

Ce qui tend à faire croire que la fonction assimilatrice possède sa plus grande énergie uniquement entre les raies B et C, comme le montrent les expériences de Timiriazeff, c'est que l'on obtient le même résultat par l'emploi d'une méthode dite des *tiges sectionnées*.

Cette méthode, mise en usage par Reinke, consiste à étudier l'influence des différentes parties du spectre sur le dégagement de l'oxygène en faisant tomber chaque couleur sur la tige sectionnée d'une plante aquatique et comptant le nombre de bulles gazeuses dégagées sous l'eau. On obtient ainsi des résultats qui concordent absolument avec ceux de Timiriazeff (fig. 6). Mais on ne trouve pas le second maximum de l'expérience d'Engelmann.

La numération des bulles gazeuses donne les chiffres suivants, si l'on désigne par 100 le dégagement maximum qui aurait lieu dans le jaune, d'après Pfeffer :

Rouge.......	25,4	Vert...........	37,2	Indigo........	13,5
Orangé......	63,0	Bleu...........	22,4	Violet........	7,1
Jaune.......	100,0				

Une dernière méthode peut enfin être employée pour déterminer quelle est la portion du spectre qui agit le plus énergiquement sur l'assimilation, c'est la méthode des *écrans colorés*. Dans une cloche de verre à doubles parois, on verse une solution rouge de bichromate de potassium ; dans une autre, une solution bleue de sulfate de cuivre ammoniacal. La première solution laisse passer toute la partie gauche du spectre jusqu'aux environs de la raie E située dans le vert ; la seconde, au contraire, laisse passer toute la partie droite, la plus réfrangible du spectre, jusqu'au bleu inclusivement. Ces deux solutions, convenablement diluées, divisent donc le spectre en deux parties. En plaçant une plante verte aquatique dans un vase plein d'eau sous la première cloche, on observe un dégagement de bulles gazeuses environ cinq fois plus grand que lorsque la plante est disposée sous la seconde cloche.

Influence de l'intensité lumineuse sur l'assimilation. — La décomposition du gaz carbonique augmente avec l'intensité de la lumière ; il existe cependant un degré d'éclairement au delà duquel la décomposition de ce gaz n'augmente plus ; l'énergie assimilatrice peut même alors diminuer. Cet optimum d'éclairement varie suivant les végétaux ; il est étroitement lié aux changements de place et de forme des grains de chlorophylle. Ceux-ci sont altérés lorsque l'éclairage est trop intense.

Tant que la lumière solaire possède une faible intensité, il y a proportionnalité entre la quantité de lumière reçue et la quantité de gaz carbonique décomposé. Le maximum de décomposition est toujours atteint bien avant que la feuille ne soit directement éclairée par les rayons solaires (Timiriazeff).

Les radiations lumineuses et les *radiations calorifiques obscures* exercent sur les végétaux une action très différente.

C'est ce qui résulte des expériences suivantes de Dehérain et Maquenne. Si on place des feuilles vertes dans des tubes et que l'on immerge ceux-ci dans un vase plein d'eau situé à une faible distance d'une source lumineuse, ces feuilles décomposeront le gaz carbonique de l'atmosphère qui les entoure lorsque la source lumineuse est constituée par la *lumière Drummond* (gaz oxhydrique projeté sur un morceau de craie). Cette décomposition a encore lieu, mais plus faiblement, lorsque la source lumineuse consiste en une *lampe Bourbouze* (fil de platine porté à l'incandescence). Mais si, au lieu d'entourer les feuilles d'une couche d'eau, on les entoure d'une couche de benzine, liquide beaucoup plus diathermane, la décomposition du gaz carbonique, encore sensible avec la lumière Drummond, n'a plus lieu avec la lampe Bourbouze ; on observe même le phénomène inverse, c'est-à-dire la production de gaz carbonique par la respiration. En remplaçant la benzine par du chloroforme, plus diathermane encore, la lumière Drummond ne donne plus lieu qu'à une faible décomposition du gaz carbonique ; avec la lampe Bourbouze, la respiration l'emporte de beaucoup sur l'assimilation. Il en résulte que, lorsque les radiations obscures que laissent passer les corps très diathermanes prennent le dessus, les feuilles décomposent très faiblement le gaz carbonique et même ne le décomposent plus, comme il arrive avec la lampe Bourbouze.

Influence des radiations colorées sur l'assimilation. — Paul Bert, frappé de ce fait que les plantes vertes sont rares ou même parfois absentes sous le couvert des forêts épaisses, suppose que l'arrêt de la végétation est dû à ce que les feuilles vertes des grands arbres, qui nous paraissent avoir cette couleur parce qu'elles rejettent la lumière verte, ne fournissent aux petits végétaux que cette seule lumière verte. Or cette lumière doit leur être inutile, puisqu'ils la rejettent aussi ; ils se conduisent donc comme s'ils étaient plongés dans l'obscurité. Voici, à ce sujet, une expérience faite avec la *sensitive*, destinée à montrer l'influence des diverses couleurs du spectre sur la marche de la végétation de cette plante. Le 12 octobre 1869, P. Bert place dans des lanternes à verres colorés cinq sensitives provenant du même semis et sensiblement de même taille. L'expérience est disposée dans une serre chaude. Après quelques heures, les plantes ne présentent plus toutes le même aspect ; les vertes, jaunes et rouges (c'est-à-dire celles qui sont situées sous les lanternes colorées de cette façon) ont leurs pétioles dressés et leurs folioles relevées ; les bleues et les violettes ont leurs pétioles presque horizontaux et leurs folioles étalées. Le 19, les sensitives placées à l'obscurité sont peu sensibles ; le 24, elles sont mortes. Le 24, les vertes sont insensibles ; le 28, elles sont mortes. A ce moment, les plantes des autres lanternes sont bien vivantes et sensibles, mais il y a entre elles de grandes différences de développement. Les blanches ont beaucoup poussé, les rouges moins, les jaunes moins encore ; les violettes et les bleues ne semblent pas s'être accrues. Le 28, on transporte dans la lanterne verte les sensitives vigoureuses de la lanterne blanche ; le 5 novembre, leur sensibilité a beaucoup diminué ; le 9, cette sensibilité a disparu ; le 14, les plantes sont mortes. Les autres sensitives, violette, bleu, jaune, rouge, sont toujours très sensibles. Au commencement de janvier, toutes ces plantes sont encore vivantes ; les jaunes et les rouges ont plus du double de la taille des violettes et des bleues, qui n'ont presque plus grandi. Le 14 janvier, les violettes meurent. Les sensitives placées dans la lanterne verte sont donc celles qui ont perdu leur sensibilité et sont mortes les premières ; la lumière verte agit donc presque comme l'obscurité. La sensitive, ainsi que le remarque P. Bert, ne fait que manifester, avec une rapidité et une intensité particulières, une propriété qui appartient à toutes les plantes colorées en vert.

L'étude spectroscopique de la chlorophylle que nous ferons plus loin montre que, dans la partie rouge orangée du spectre, se trouve la bande d'absorption que nous avons appelée *caractéristique*, et nous avons vu que la plante verte utilise précisément la radiation rouge pour l'exercice du phénomène assimilateur. Sous un couvert d'arbres, les feuilles supérieures absorbent cette bande rouge, et les radiations utiles ne peuvent pas parvenir aux végétaux placés en dessous. Ceux-ci dépérissent et meurent. Donc les végétaux meurent derrière les verres verts ou derrière les plantes vertes à cause de l'absorption par ces écrans, artificiels ou naturels, des rayons rouges indispensables à l'assimilation.

Ainsi se trouve démontré le rôle indispensable que joue la lumière rouge ou, plus exactement, la lumière située entre les raies B et C du spectre solaire. La conséquence que l'on en peut tirer est celle-ci : une plante éclairée uniquement par cette portion du spectre doit pouvoir se développer normalement. La solution d'iode dans le sulfure de carbone répond à ce desideratum. Elle arrête tous les rayons lumineux, sauf le rouge et sauf la partie même du rouge qui correspond à la première bande d'absorption de la chlorophylle. Un végétal (*cresson alénois*) se développe derrière cet écran coloré presque aussi bien que s'il était éclairé par la lumière blanche (Regnard).

Cependant il est indispensable de noter que la *totalité* des couleurs du spectre est nécessaire au bon fonctionnement de l'organisme végétal. Les rayons les plus réfrangibles interviennent en effet dans la synthèse des albuminoïdes ; parfois la suppression de cette partie du spectre empêche la floraison. D'ailleurs, dans beaucoup d'expé-

riences exécutées avec des verres colorés, les auteurs ne se sont pas
suffisamment assurés que les écrans par eux employés étaient rigoureusement monochromatiques. De plus, lorsqu'on s'adresse à une
feuille verte ou à un organe vert un peu épais, seules les assises superficielles de l'organe considéré reçoivent de la lumière blanche ; les
parties les plus profondes ne reçoivent qu'un éclairement plus ou
moins modifié.

**Relations entre l'assimilation et la couleur des végé-
taux**. — Les feuilles de certains végétaux, bien que pourvues de chlorophylle, présentent, soit pendant toute leur existence, soit pendant
leur jeune âge, une couleur rouge plus ou moins foncée (*hêtre sanguin*, *Coléus*, etc.). Cette coloration est due à une matière rouge simplement dissoute. D'après Engelmann, les rayons verts sont les
plus affaiblis lorsqu'ils traversent ce suc rouge ; la lumière colorée
la plus active au point de vue de la décomposition du gaz carbonique,
serait *complémentaire* de la couleur des feuilles. La lumière rouge
est la plus active dans le cas des feuilles vertes ; la lumière verte,
inversement, est la plus active dans le cas des feuilles rouges.

Assimilation au travers d'une couche d'eau épaisse. —
Si on étudie la nature des radiations qui traversent une couche
d'eau de plus en plus épaisse (eau de la mer, par exemple), on remarque
une extinction progressive des rayons les moins réfrangibles. Le
vert persiste plus longtemps que le rouge. Aussi les algues rouges
sont-elles plus abondantes quand la profondeur augmente. Mais,
chose plus difficile à expliquer, il existe également des algues vertes
à de grandes profondeurs.

**B. Influence de la température sur le phéno-
mène chlorophyllien**. — La décomposition du gaz carbonique commence, suivant les divers végétaux, à des températures très variables. Chez les plantes capables de résister
humides aux froids intenses, la décomposition du gaz carbonique peut persister à de très basses températures, alors que
la respiration est depuis longtemps suspendue. Des Conifères,
telles que l'*épicéa* et le *genévrier*, et un lichen l'*Evernia
Prunastri* peuvent, à la lumière, assimiler le carbone du
gaz carbonique dans une atmosphère où la température s'est
abaissée à — 35° et même à — 40° (Jumelle).

Il existe de nombreuses algues qui assimilent pendant toute
leur existence à une température inférieure à 0°. Beaucoup
de plantes tropicales, par contre, n'assimilent plus au-dessous
de 5°. Dans nos climats, la plupart des végétaux montrent
un dégagement d'oxygène au voisinage de 0°.

Il semble qu'en général le minimum de température est situé plus bas pour l'assimilation que pour la respiration chez la même plante.

Lorsqu'on étudie les variations de l'assimilation avec la température, on trouve que l'élévation de celle-ci favorise le phénomène chlorophyllien. A partir d'une certaine température, variable d'ailleurs avec la plante considérée, l'assimilation reste stationnaire pendant un certain intervalle. La température s'élevant davantage, l'assimilation est ralentie et cesse avec la mort du végétal. Cette courbe de l'assimilation est donc très différente de celle de la respiration, comme nous le verrons à propos de cette dernière fonction. La courbe respiratoire, en effet, n'a pas de maximum : à la température la plus élevée, compatible avec la vie, correspond le dégagement le plus actif du gaz carbonique.

Voici, pour fixer les idées, comment se comporte l'assimilation chez les feuilles de *ronce*, examinées par Kreusler. Si on pose la grandeur de l'assimilation = 1 à la plus basse température observée, on a les chiffres suivants :

Température.	Intensité de l'assimilation.	Température.	Intensité de l'assimilation.
2°,3	1,0	29°,3	2,4
7°,5	1,6	33°,0	2,4
11°,3	2,4	37°,3	2,3
15°,8	2,8	41°,7	2,0
20°,6	2,6	46°,6	1,3
25°,0	2,9		

L'atmosphère dans laquelle se trouvaient les feuilles contenait 0,3 p. 100 de gaz carbonique ; celles-ci étaient éclairées par une lumière électrique équivalant à peu près à la lumière diffuse d'un jour clair (fig. 7).

Des organes d'âges différents ne sont pas influencés de la même manière par une différence déterminée de température, ce qui tient vraisemblablement à l'inégale teneur en eau de ces organes.

Les variations de l'assimilation chlorophyllienne *avec la lumière et la température* se traduisent pas les faits suivants observés par Lubimenko. Cet auteur a examiné la marche de l'assimilation chez les plantes ombrophiles et ombrophobes exposées au même éclairement, mais à des températures différentes. Les feuilles étant toujours exposées directement aux rayons solaires, on fait tomber ceux-ci parallèlement à la surface de la feuille, puis sous un angle de 45°, puis sous un angle de 90°, pendant quinze minutes dans chaque expérience. Les températures d'observation ont été successivement 20°, 25°, 30°, 35°, 38°. L'action des rayons parallèles à la surface (intensité lumineuse la plus

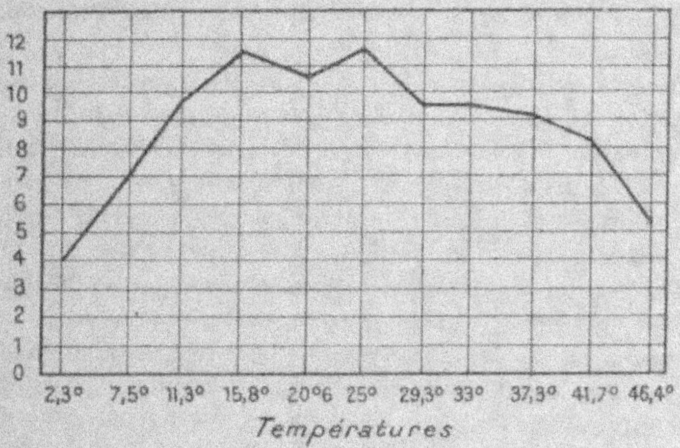

Fig. 7. — Courbe de l'assimilation en fonction de la température, d'après Kreusler.

faible) fournit une énergie d'assimilation qui croît avec la température jusqu'à 38°, aussi bien chez les plantes ombrophiles (*Tilia*) que chez les plantes ombrophobes (*Robinia, Betula*). L'action des rayons inclinés à 45° (intensité lumineuse moyenne) fournit une énergie assimilatrice qui, chez toutes les espèces en général, s'accroît avec la température jusqu'à une valeur maxima, puis s'affaiblit à partir d'une certaine température, différente pour les diverses espèces. La courbe s'abaisse beaucoup plus rapidement pour les espèces ombrophiles (*Abies, Picea, Taxus, Tilia*) que pour les espèces ombrophobes (*Pinus, Robinia, Betula*).

A la plus forte intensité lumineuse (éclairement à 90°), les mêmes variations, mais plus nettement accusées, s'observent encore. Il en résulte que la lumière et la chaleur agissent, en général, dans le même sens sur l'énergie assimilatrice. Pour la lumière comme pour la chaleur, il existe une intensité optima au-dessus de laquelle l'énergie assimilatrice s'affaiblit.

Les différentes espèces, dans des conditions identiques d'éclairement et de température, assimilent donc avec une énergie très inégale. Cette inégalité doit être mise sur le compte de la concentration plus ou moins forte du pigment vert dans les grains de chlorophylle de ces différentes espèces (Lubimenko).

Lorsqu'une plante subit des variations considérables de température dans l'intervalle de vingt-quatre heures, on observe des phénomènes curieux relativement à l'assimilation. On peut provoquer artificiellement chez des végétaux, maintenus en plaine, les caractères que présentent les végétaux vivant dans la région alpine en leur faisant subir une alternance journalière de température comparable à celle qui se produit dans les régions élevées des montagnes. Il suffit pour cela de mettre ces végétaux dans une glacière pendant la nuit. On constate alors que ceux-ci assimilent davantage par unité de surface que les végétaux de même espèce dans les conditions normales (Bonnier).

Influence de la teneur en eau de la plante sur l'assimilation. — L'intensité de l'assimilation est corrélative de la quantité d'eau que renferme l'organe vert. Dans l'air sec, l'assimilation est plus faible que dans l'air humide. Lorsque l'apport de l'eau venant du sol est insuffisant, la plante, surtout pendant les chaudes journées de l'été, se fane : les stomates se ferment, l'assimilation se ralentit ; elle peut même être provisoirement suspendue jusqu'au moment où la plante aura retrouvé sa turgescence première. Nous examinerons d'ailleurs ces faits lorsque nous parlerons de la transpiration.

La perte de la fonction chlorophyllienne est absolue chez les feuilles complètement desséchées, bien que souvent la couleur verte persiste avec son intensité primitive. A cet égard, certaines mousses et certai s lichens résistent très bien à la dessiccation, même prolongée ; l'assimilation reprend son intensité première lorsque le végétal est remis au contact de l'eau.

Le gaz carbonique est absorbé par les feuilles avec une énergie qui compense sa rareté dans l'atmosphère normale (Dehérain et Maquenne). La quantité absorbée varie avec l'espèce considérée ; mais elle est dans un rapport étroit avec la proportion d'eau que renferme la feuille.

Coefficient d'absorption de l'acide carbonique pour 1 gramme de feuilles.

Tempéra- ture.	Fusain vieux.	Lilas.	Fusain jeune.	Laurier.	Trèfle.
0°	1,08	1,23	1,29	1,35	1,40
5°	0,95	1,13	1,13	1,16	1,23
10°	0,81	0,98	0,98	1,01	1,07
15°	0,70	0,87	0,89	0,88	0,94
20°	0,61	0,75	0,75	0,77	0,82
Eau dans 100 parties de feuilles.	66,3	74,4	75,4	76,4	77,7

D'après Dehérain et Maquenne, l'absorption du gaz carbonique par les feuilles est extrêmement rapide ; on s'explique ainsi comment celles-ci peuvent absorber les faibles quantités de ce gaz contenues dans l'air. Chose remarquable, le coefficient d'absorption du gaz carbonique par l'eau des feuilles est, dans les limites ordinaires de température, supérieur au coefficient de solubilité du même gaz dans l'eau pure.

Influence de la teneur en sels du milieu sur l'assimilation. — Il y a lieu d'examiner, chez les plantes aquatiques, comment se comporte l'assimilation en présence de dissolutions salines. Nous avons vu, au début de cet ouvrage, ce qu'il fallait entendre par *plasmolyse*. Lorsque la concentration d'une solution saline est telle que, mise au contact d'une cellule végétale, elle en fait cesser la turgescence, on dit qu'il y a plasmolyse. L'assimilation peut avoir lieu même quand il y a plasmolyse, mais elle est plus ou moins ralentie : c'est ce que l'on constate chez des plantes d'eau douce immergées dans certaines dissolutions. Des solutions de nitrate de potassium à 0,5 p. 100, de chlorure de sodium à 0,29 p. 100 et de chlorure de potassium à 0,37 p. 100, qui sont isotoniques, ralentissent l'assimilation chlorophyllienne chez l'*Elodoea* (Jacobi).

Des plantes terrestres, comme le *cresson alénois*, arrosées d'eau salée de plus en plus concentrée on d'eau de mer, perdent la faculté de produire de l'amidon : d'ailleurs une forte salure est accompagnée d'une diminution de la chlorophylle (Lesage). L'amidon manque également dans la tige et la racine lorsque la salure est trop forte : cependant l'inverse a été constaté chez le maïs (Stahl).

VIII

MESURE QUANTITATIVE DE L'ASSIMILATION CHLOROPHYLLIENNE

Nous résumerons ici très brièvement les calculs que l'on peut faire relativement à la quantité de matière végétale formée pendant l'assimilation chlorophyllienne.

Les feuilles de ronce éclairées par une lumière électrique située à 31 centimètres et équivalant à la lumière diffuse d'un jour clair fixent 1^{gr},54 d'amidon par heure pour 1 mètre carré de surface (teneur, de l'atmosphère en CO^2 = 0,3 p. 100).

En une heure, et pour 1 mètre carré de surface, les feuilles d'*Helianthus* produiraient 1^{gr},8 de matière sèche, celles de *Cucurbita* 1^{gr},5, pour les proportions dans lesquelles on rencontre le gaz carbonique dans l'air (Sachs). On peut calculer, d'après cela, qu'une plante dont les feuilles présenteraient une surface de 1 mètre carré assimilerait en trois mois, avec un éclairage de douze heures par jour en moyenne, une quantité de matière sèche d'environ 2 kilogrammes. Or, la surface des feuilles que portent les arbres qui couvrent une forêt est beaucoup plus considérable que la surface du sol dans lequel ces arbres enfoncent leurs racines : on peut ainsi imaginer quelle énorme quantité de matière végétale est élaborée pendant la période de végétation active des plantes en général.

Il ne faut pas oublier qu'il y a de très grandes variations dans la production de la matière végétale : ces variations sont dues à la nature de la plante, au climat, à la dose d'engrais mise à sa disposition, à la dose d'humidité dont elle peut profiter. Une des plus fortes productions végétales que l'on puisse citer en France est celle du *maïs-fourrage*. 1 hectare de cette plante peut fournir, dans de bonnes conditions, 80 000 kilogrammes de matière verte, soit 10 000 de matière sèche.

Il ne faut pas confondre le poids de la *matière sèche totale* élaborée avec celui des hydrates de carbone seulement.

D'après Sapoznikow, il se formerait dans les feuilles la quantité suivante d'*hydrates de carbone* par mètre carré et par heure :

Helianthus.	(ciel sans nuages)...............	$0^{gr},729$
	(ciel clair, avec quelques nuages).	$0^{gr},594$
	(nuages nombreux)................	$0^{gr},379$
	(ciel couvert)..................	$0^{gr},140$
Cucurbita.	(ciel sans nuages)..............	$0^{gr},403$
	(ciel couvert).................	$0^{gr},298$

Sachs, comme nous l'avons vu, avait donné $1^{gr},8$ pour l'*Helianthus* et $1^{gr},5$ pour le *Cucurbita*. Ce désaccord provient de ce que Sachs aurait déterminé non la quantité d'hydrates de carbone formés, mais l'*accroissement total de la matière sèche.*

Il n'y a jamais qu'une petite portion de l'énergie des radiations solaires utilisée dans la décomposition du gaz carbonique. Pour produire avec une très bonne assimilation sur 1 mètre carré de surface de feuilles de *laurier-rose* $0^{gr},000535$ d'amidon en une seconde ($1^{gr},926$ par heure), il faut une dépense d'énergie de $2^{cal},2$ (la chaleur de combustion de 1 gramme d'amidon est égale à 4 217 calories par gramme). Ce chiffre est inférieur à la centième partie de l'énergie totale de la lumière solaire, qui représente, d'après Pouillet, 333 calories pour 1 mètre carré de surface et pendant 1 seconde par un beau jour d'été. D'après Detlefsen, le travail de la décomposition du gaz carbonique absorbe de 0,3 à 1,1 p. 100 de l'énergie totale des radiations lumineuses (Pfeffer).

Citons encore le calcul suivant, dû à Brown :

Une feuille d'*Helianthus*, exposée au soleil par une belle journée du mois d'août, recevrait une quantité d'énergie voisine de 600 000 calories par mètre carré et par heure. Pendant la durée de l'expérience (cinq heures), la transpiration s'est élevée à 275 grammes d'eau par mètre carré et par heure et la formation des hydrates de carbone à $0^{gr},8$ pour les mêmes unités. La vaporisation de 275 grammes d'eau exige 166 800 calories, et la production de $0^{gr},8$ d'hydrates de carbone en exige 3 200 (en prenant 4 000 calories en chiffres ronds pour chaleur de combustion moyenne de 1 gramme d'hydrates de carbone). On voit donc que la feuille a absorbé et transformé en travail interne environ 28 p. 100 de l'énergie totale qu'elle a reçue : 27,5 p. 100 servant à la vaporisation de l'eau et 0,5 p. 100 seulement étant utilisé à l'assimilation.

A une lumière diffuse intense, la feuille possède un coefficient économique bien meilleur.

Dans un semblable cas, où l'énergie totale reçue par la feuille pouvait être évaluée à 60 000 calories par mètre carré et par heure, Brown a trouvé une quantité d'eau évaporée égale à 96 centimètres cubes, tandis qu'il se produisait $0^{gr},41$ d'hydrates de carbone.

Les 95 centièmes de l'énergie incidente ont donc été utilisés et

2,7 p. 100 de cette énergie ont été employés dans l'assimilation, au lieu de 0,5 p. 100 dans l'exemple précédent.

Si on opère avec des atmosphères enrichies artificiellement de gaz carbonique, on accroît le rendement de la feuille en ce qui concerne l'énergie permanente qu'elle accumule sous forme d'hydrates de carbone. Avec de l'air contenant cinq fois et demie autant de gaz carbonique que l'air normal, une feuille directement insolée fournirait des chiffres qui conduisent au coefficient de 2 p. 100, au lieu de 0,5 que donne l'air ordinaire.

IX

LE CARBONE PEUT-IL SERVIR A LA NUTRITION DES PLANTES VERTES SOUS UNE AUTRE FORME QUE CELLE QU'IL POSSÈDE DANS LE GAZ CARBONIQUE ?

Dans l'immense majorité des cas, l'intervention de la chlorophylle est indispensable pour qu'une plante puisse décomposer le gaz carbonique et en séparer le carbone. Il existe cependant certaines bactéries incolores qui se comportent comme la chlorophylle : les mieux étudiés de ces microorganismes sont la bactérie qui change l'azote ammoniacal en azote nitreux et celle qui change l'azote nitreux en azote nitrique (Winogradsky).

Une autre question se pose à nous maintenant. Dans les conditions naturelles où vivent les plantes vertes, qui enfoncent leurs racines dans un milieu contenant du carbone organique, débris des végétations antérieures, il se pourrait que ces plantes puisent dans le sol non seulement les éléments minéraux qui leur sont indispensables, mais aussi une certaine quantité de matière organique. Ce mot de *matière organique du sol* traduit un assemblage extrêmement complexe des corps les plus divers. Or l'expérience montre que, si on met de la terre arable sur la membrane d'un dialyseur et que l'on plonge celui-ci dans l'eau distillée, cette dernière se colore en jaune ambré. Si on évapore ensuite ce liquide coloré, il laisse un résidu composé surtout de matières salines, mais qui contient en plus une substance carbonée, laquelle noircit lorsqu'on chauffe le résidu en question.

Puisque la matière organique diffuse au travers de la membrane d'un dialyseur, cette matière peut pénétrer, dans quelques cas du moins, au travers des tissus de la racine et n'être pas sans profit pour la nutrition de la plante qui l'a ainsi absorbée.

Ces vues sont, sans doute, contraires aux idées de Liebig, qui n'admettait, comme devant être qualifiées d'aliments, que les seules matières minérales. Mais des observations déjà anciennes, appuyées par des expériences récentes, ne semblent pas être toujours favorables aux idées de Liebig. Aussi convient-il d'examiner avec soin si les plantes vertes ne puisent pas parfois leur carbone à une source autre que le gaz carbonique.

Absorption de la matière organique par les végétaux pourvus de chlorophylle. — Lorsqu'un végétal ne possède pas de chlorophylle (champignons, levures, moisissures), il est obligé de tirer le carbone dont il a besoin d'une autre source que le gaz carbonique. Les levures, les moisissures tirent ce carbone d'un aliment hydrocarboné sur lequel elles se développent. L'élaboration de la matière sèche de ces végétaux inférieurs se fait aux dépens des mêmes aliments que ceux que réclament les végétaux supérieurs. Ces deux sortes de végétaux ont besoin des mêmes matières minérales fixes : potassium, calcium, fer, manganèse, phosphore, magnésium, azote (sous forme de nitrates ou de sels ammoniacaux) ; ils ne diffèrent que par la façon dont ils prennent au milieu ambiant leur carbone. Chez les champignons de nos bois, il est bien évident que l'aliment carboné se trouve dans le sol sur lequel ils se développent ou dans les débris de plantes mortes dont l'ensemble constitue ce qu'on appelle l'*humus*. Le végétal pourvu de chlorophylle vit et se développe d'une façon complètement indépendante des combinaisons carbonées toutes formées que l'on peut mettre à sa disposition. Le végétal dépourvu de chlorophylle est sous la dépendance absolue du carbone *combiné*.

Existe-t-il en réalité deux classes aussi tranchées de végétaux : la plante qui possède de la chlorophylle — et qui, conformément à l'expérience directe, n'emprunte jamais sa nourriture qu'aux milieux minéraux — n'est-elle pas capable d'absorber dans un milieu naturel, tel que la terre arable, certains éléments carbonés ? Nous allons voir que la chose a réellement lieu ainsi.

Végétaux saprophytes, végétaux parasites. — *A priori*, il semble que certains végétaux verts doivent prendre au sol une partie au moins de leurs aliments carbonés. Il est, en effet, des plantes chez lesquelles la distribution de la chlorophylle est irrégulière, d'autres dont la coloration, au lieu d'être verte, est d'un vert pâle ou violacé. Le microscope y révèle la présence de grains de chlorophylle, mais en quantité souvent assez faible quand on compare, pour une surface donnée, la diffusion de ce pigment chez ces plantes et chez d'autres à coloration nettement verte.

On donne le nom de *mixotrophes* aux végétaux qui empruntent une partie de leur carbone au substratum sur lequel ils se développent, celui d'*autotrophes* aux végétaux qui peuvent se nourrir exclusivement aux dépens du gaz carbonique de l'atmosphère, et celui d'*hétérotrophes* aux végétaux qui empruntent la totalité de leur carbone à des composés carbonés tout formés. Or beaucoup de plantes autotrophes sont, dans certaines conditions, mixotrophes. On peut même avancer que toutes les plantes autotrophes sont, au début de leur existence, hétérotrophes, pendant le phénomène de la germination.

Une plante est dite *saprophyte* lorsqu'elle est capable de tirer sa nourriture des matières végétales ou animales en voie de décomposition. A cet égard, tous les végétaux dénués de pigment vert — (Cryptogames ou Phanérogames) tels que champignons, *Monotropa*, *Lathræa*, etc., ou ne possédant que très peu de chlorophylle (*Neottia nidus-avis*) — qui vivent dans un sol riche en humus (sol des forêts), sont *saprophytes*.

La plante est *parasite* lorsqu'elle vit aux dépens d'une autre plante en lui empruntant tout ou partie de ses aliments et ne lui donnant rien en échange. Le parasitisme peut être total (bactéries) ou partiel (*gui*, *Rhinanthées*). C'est de ce parasitisme partiel dont nous nous occuperons seulement. La plante hospitalière fournit, dans ce dernier cas, de l'eau et des sels minéraux : la fonction chlorophyllienne s'exerce intégralement : tel est le cas du *gui*. Parfois le parasitisme est plus complet ; la plante, bien que possédant de la chlorophylle, n'assimile le gaz carbonique que très imparfaitement, cette assimilation n'étant productive que si l'éclairage est intense et la température peu élevée (*Rhinanthus crista-galli*). Il est des cas où le parasitisme est moins complet (*Thesium*, *Pedicularis*). Ces dernières plantes ont une fonction chlorophyllienne dont l'activité, à surfaces égales, varie entre le tiers et le cinquième de celle des plantes autotrophes proprement dites (Bonnier). Cet auteur estime avec raison qu'il existe donc chez les plantes parasites à chlorophylle, au point de vue de leurs échanges gazeux, tous les intermédiaires entre celles qui soustraient à leur hôte presque tous les éléments dont elles ont besoin et celles qui ne lui prennent que de l'eau et des substances salines.

Symbiose. — Mycorhizes. — Lorsque deux ou plusieurs plantes s'associent entre elles, soit par simple contact, soit en se pénétrant, et, sans se nuire réciproquement, échangent certains produits nutritifs indispensables, on dit qu'il y a *symbiose*. La symbiose est donc profitable à l'ensemble de l'association. Citons entre autres exemples de symbiose les plus connus : les *lichens*, formés par l'association d'un champignon dénué de chlorophylle et d'une algue verte ; l'association du bacille radicicole qui vit sur les racines des Légumineuses et fournit à celles-ci l'azote dont elles ont besoin, tandis qu'il reçoit de la Légumineuse des éléments hydrocarbonés ; l'association de certains éléments mycéliens avec les racines de beaucoup d'arbres et d'arbustes (*mycorhizes*).

Cet envahissement normal de certaines racines par des champignons n'est pas le fait du parasitisme. Si ces champignons reçoivent de la plante à chlorophylle, sur les racines de laquelle ils vivent, des aliments hydrocarbonés, ils fournissent par contre à celle-ci de l'eau et des substances minérales qu'ils élaborent après les avoir extraites du sol et, surtout, des matières azotées de forme inconnue et de composition variable, qu'ils empruntent directement à l'humus du sol.

Ces mycorhizes peuvent envelopper simplement d'un réseau de filaments les racines avec lesquelles elles sont en contact (châtaignier, chêne, aulne) et, pénétrant parfois dans l'écorce, produire des nodosités radicales semblables à celles que l'on constate sur les racines de Légumineuses (aulnes, *Myrica*). Dans d'autres cas, les champignons pénètrent dans l'intérieur même des cellules corticales (mycorhizes d'Orchidées, d'Éricacées).

Le rôle des mycorhizes, entrevu par Pfeffer, a été surtout étudié par Frank.

Si les mycorhizes sont indispensables à la plante dépourvue de chlorophylle, elles peuvent être aussi d'un grand secours pour certaines plantes vertes.

Diffusion des mycorhizes. — Cette association de certains champignons avec les racines des plantes est surtout commune dans les sols riches en humus ; elle diminue de fréquence et tend même à disparaître lorsque la teneur en humus du sol s'abaisse.

D'après Stahl, la symbiose des mycorhizes avec les racines tendant à disparaître dans les sols bien pourvus de matières nutritives directement absorbables par les plantes, il est probable que l'existence de cette symbiose est liée intimement avec la difficulté que les végétaux éprouvent à s'emparer des matières alimentaires que contient le sol.

Il existe des plantes qui sont *mycotrophes facultatives* (certaines Légumineuses, Rosacées, Renonculacées, Composées) ; d'autres sont *mycotrophes obligatoires* (végétaux dépourvus ou mal pourvus de chlorophylle, Conifères, hêtre, charme, chêne, etc.).

L'humus renferme une quantité innombrable de filaments mycéliens. Ceux-ci absorbent la partie la plus riche des matières salines du substratum sur lequel les plantes se développent. Il s'établit une sorte de lutte pour les matières salines entre les champignons et les plantes vertes dans les sols humifères. Or les plantes non adaptées à ces milieux abondamment pourvus de matières humiques peuvent souffrir de la présence des champignons qui y sont répandus. Une plante autotrophe (lin, moutarde), mise dans un milieu humifère, se développe beaucoup mieux quand le milieu a été stérilisé que s'il ne l'a pas été. Une pareille plante ne peut, en effet, lutter en vue de sa nutrition minérale avec les champignons. Les mycotrophes sont moins riches en matières salines que les autotrophes ; chez les plantes à mycorhizes, la réaction des nitrates est toujours négative, alors que les autotrophes absorbent très bien ces sels (Stahl).

En somme, les plantes mycotrophes reçoivent, par le fait de la symbiose, des sels minéraux, mais aussi des composés organiques.

Assimilation chez certaines Orchidées. — Il est des Orchidées indigènes, telles que le *Goodyera repens*, nettement saprophyte, lesquelles décomposent le gaz carbonique à la lumière aussi énergiquement que les autres Orchidées qui ne vivent pas dans l'humus. D'autres, telles que le *Neottia nidus-avis*, plante non verte, doivent évidemment vivre aux dépens des mycorhizes qui garnissent leurs racines ; car, à la lumière, l'assimilation chlorophyllienne de cette dernière plante est négligeable. Si donc cette Orchidée vit en symbiose forcée, il est difficile de dire si le *Goodyera* profite de la symbiose, car il assimile à la lumière comme toutes les plantes vertes. Griffon a trouvé dans le *Limodorum aborticum*, belle orchidée de 60 à 80 centimètres de hauteur, une plante intermédiaire entre les deux orchidées précédentes. Le *Limodorum* possède une teinte violacée sur sa tige et ses feuilles ; il ne contracte pas d'adhérence avec les racines des arbres, il n'est pas parasite, mais seulement saprophyte comme le *Neottia*. Or cette plante, malgré sa couleur violette, possède de la chlorophylle. Toutefois elle ne dégage pas d'oxygène à la lumière ; elle assimile peut-être, mais l'assimilation est masquée par la respiration.

Observations démontrant que les plantes de la grande culture peuvent absorber directement la matière organique du sol. — Dehérain a insisté sur ce fait, c'est que la matière carbonée joue dans le sol un rôle important, puisque, si l'on restitue à un sol épuisé par la culture et momentanément infécond, non seulement les sels minéraux qu'il a perdus par l'exportation des récoltes, mais aussi l'élément carboné, lequel a disparu peu à peu par oxydation, ce sol retrouvera sa fécondité première. Ce n'est pas l'élément salin qui manque à certains sols, c'est l'élément carboné.

Ceci est particulièrement net pour les cultures de chanvre et de ray-grass ; ces plantes ne donnent le maximum de rendement que lorsqu'on additionne le sol épuisé, non seulement des sels minéraux manquants, mais lorsqu'on joint à ces sels de la matière organique (humus du terreau). Il est toutefois des plantes qui semblent pouvoir se passer de l'addition de matière carbonée et auxquelles une restitution minérale faite au sol suffit ; tel est le cas de l'avoine, d'après Dehérain.

De nombreux essais de culture exécutés par Bréal, à l'aide de l'humate de potasse dissous dans l'eau, montrent que l'élément organique de ce sel pénètre dans le végétal en même temps que l'élément minéral et profite à la plante.

Il semble donc que, dans certains cas du moins, la matière carbonée complexe du sol soit absorbée par les racines puis élaborée par la plante et qu'elle augmente le poids sec de la matière végétale.

Nutrition de la plante verte à l'aide de composés carbonés solubles. — Les expériences qui précèdent, exécutées dans un milieu complexe comme la terre arable ou à l'aide de solutions mal définies comme celles qui renferment des matières humiques, laissent un doute dans l'esprit relativement à la possibilité de la nutrition des plantes supérieures aux dépens des composés carbonés préformés.

Aussi est-il préférable de tenter ces essais de nutrition en mettant en œuvre des substances hydrocarbonées bien définies : les sucres, tels que le glucose, le saccharose, semblent bien indiqués pour cet objet. Nous allons faire connaître les faits importants obtenus dans ce sens.

J. Laurent (1897) cultive des graines de maïs dans une solution nutritive exclusivement minérale. La plante se développe normalement jusqu'à floraison. On opère de même, mais en ajoutant en plus aux solutions minérales un poids déterminé de glucose dans des vases de culture placés sous une cloche stérilisée pourvue de tubulures bouchées avec de l'ouate, afin de ne pas entraver la circulation de l'air.

A la fin de l'expérience, celle-ci restant toujours dans des conditions de stérilité microbienne absolue, on trouve que le poids de sucre absorbé est en rapport avec le poids sec de la plante. Le maïs peut même se développer dans une atmosphère dépourvue de gaz carbonique et augmenter le poids de sa matière sèche : il est probable alors que l'assimilation chlorophyllienne n'est pas absolument suspendue, mais qu'elle a lieu aux dépens du gaz carbonique fourni par la plante elle-même ; de telle sorte que les seules sources de carbone sont les réserves de la graine et le glucose que l'on fournit aux racines. Et, même à l'obscurité, il peut y avoir accroissement de la plante, bien que dans une faible mesure.

Bouilhac (1898) est parvenu à nourrir une algue verte, le *Nostoc punctiforme*, dans une solution purement minérale, exempte même d'azote, car cette algue, comme nous le verrons plus tard, absorbe l'azote atmosphérique directement. A la solution minérale, on ajoute du glucose (en quantité inférieure à 1 p. 100). Lorsque la plante est bien éclairée, le poids de la matière sèche peut être le quadruple de celui que fournit la solution minérale seule. Si l'éclairage est insuffisant, les *Nostocs* qui vivent dans une solution minérale pure n'augmentent plus de poids. Ceux qui se développent dans une solution glucosée assimilent au contraire le carbone de la matière sucrée et augmentent de poids. De plus, leur couleur verte est comparable à celle des *Nostocs* bien éclairés. Si, enfin, on fait développer des *Nostocs* sur une solution glucosée dans l'obscurité absolue, la teinte de ces algues est d'un vert plus pâle, mais le glucose est encore assimilé, et le poids de la matière sèche augmente. On peut, dans le cas d'un éclairage insuffisant, remplacer le glucose par le saccharose, le maltose ou l'amidon.

Une autre algue verte, le *Cystococcus humicola*, étudiée par Charpentier (1903), se conduit de même. Elle absorbe le glucose à la lumière diffuse ; les rayons solaires directs lui sont défavorables. Cultivée dans un courant d'air dépouillé de gaz carbonique et à la lumière diffuse, cette algue reste verte. Au bout de quelques jours, le poids de matière sèche s'élève à 400 milligrammes pour 642 milligrammes de glucose disparu. A l'obscurité, le développement de l'algue a encore lieu, mais il est plus lent. D'ailleurs la fonction chlorophyllienne s'exerce bien chez ce végétal. Celui-ci possède en quelque sorte une double assimilation : il prend du carbone au glucose, comme le ferait une Mucédinée non verte et du gaz carbonique à l'air ambiant.

Le calcul de la nutrition chez cette algue montre qu'elle utilise 65 p. 100 du carbone qui lui est offert, alors que les Mucédinées n'en utilisent que 40 p. 100 et les plantes supérieures environ 100 p. 100.

Le lévulose peut remplacer le glucose ; le saccharose convient moins bien.

Voici enfin l'exposé d'expériences récentes dues à Mazé et Périer (1904), dans lesquelles on voit une plante supérieure, alimentée avec du sucre, fournir des poids de matière égaux et même plus grands que ceux que donnent les mêmes plantes quand elles se développent dans un sol très fertile. Ces expériences ont porté sur le maïs ; elles ont été exécutées dans des milieux stérilisés, avec des graines débarrassées de germes microbiens. Ces graines, après stérilisation, sont disposées dans des tubes à essai stérilisés, où elles reposent sur des tampons de coton humide. Dès que les tiges ont atteint de 15 à 20 centimètres de longueur, on les place dans des flacons à col étranglé, munis d'un fort tampon de coton, d'une contenance de 2 à 3 litres, remplis d'une solution nutritive stérilisée. Ces flacons portent une tubulure latérale permettant l'introduction du liquide. On laisse la plante se développer à la lumière, à l'air libre et non sous cloche, car, avec ce dernier dispositif, si on atténue ou supprime la fonction chlorophyllienne, la plante végète néanmoins dans une atmosphère saturée de vapeur d'eau ; mais rien ne prouve que le gaz carbonique qu'elle produit par sa respiration soit intégralement soustrait à la synthèse chlorophyllienne, même en présence de solutions alcalines placées sous la cloche. L'expérience présente a simplement pour but de constater une assimilation active de substances hydrocarbonées mises à la disposition des racines d'un végétal et de voir dans quelle mesure le poids sec de la plante l'emporte sur celui de plantes similaires végétant dans un sol de très bonne qualité.

La solution minérale employée est du type des solutions complètes;

les hydrates de carbone surajoutés étaient, dans une série, le sucre de canne (32 grammes) ; dans l'autre, le glucose (35 grammes). Au bout de vingt-quatre à trente jours, on pèse les plantes après les avoir desséchées, et on dose la quantité de matières sucrées demeurées en solution.

L'expérience permet de conclure que le maïs végétant dans une solution minérale complète, additionnée de sucre ou de glucose, absorbe et assimile très activement ces substances. Étant donnée la part plus ou moins considérable prise par la fonction chlorophyllienne dans ces essais, puisque la plante étale ses feuilles à l'air libre, on constate qu'il n'y a aucune corrélation entre le poids de l'hydrate de carbone assimilé et celui du poids sec du végétal. Les flacons ayant reçu du saccharose contiennent, après expérience, de grandes quantités de sucre interverti ; la *sucrase*, enzyme qui détermine l'inversion, s'est donc diffusée dans le liquide nutritif.

Les plantes qui ont végété dans les conditions ci-dessus se développent plus vite que les témoins auxquels on n'a offert que des solutions purement minérales et qui n'ont emprunté leur carbone qu'au gaz carbonique de l'atmosphère. Ceux-ci devancent, de leur côté, les plantes qui poussent en pleine terre dans un sol très fertile.

Il est donc bien démontré par ces dernières expériences ainsi que, par celles de Laurent, Bouilhac et Charpentier, que la plante verte peut tirer parti du carbone contenu dans un composé complexe : sucre, glucose, lévulose, etc. Mais il serait téméraire d'affirmer que le fumier ou la matière humique du sol servent aussi directement à la nutrition carbonée de la plante qu'une matière sucrée à poids moléculaire relativement peu élevé. La chose est vraisemblable ; *elle n'a pas encore été démontrée*. D'ailleurs il est probable que, si la matière noire du sol a quelque utilité, elle doit subir une élaboration profonde de la part du végétal, au niveau de ses racines, avant de pouvoir servir à la construction des tissus végétaux. En effet, lorsqu'on cherche à saccharifier l'humus, on trouve que celui-ci ne fournit qu'une très faible quantité de matières sucrées.

Résumé de la fonction chlorophyllienne. — 1º Tout végétal qui possède de la chlorophylle est capable de décomposer le gaz carbonique contenu dans l'atmosphère et d'en assimiler le carbone ;

2º A l'absorption d'un volume de gaz carbonique correspond à peu près le dégagement d'un volume d'oxygène égal ;

3º Le carbone s'unit, dans le végétal, aux éléments de l'eau pour former des hydrates de carbone $(CH^2O)^n$. Le premier terme de l'assimilation semble être l'aldéhyde méthylique : celui-ci se polymérise très rapidement et engendre le glucose, le saccharose puis, finalement, l'amidon ;

4° La chlorophylle ne décompose le gaz carbonique qu'avec le concours de certains agents extérieurs. La lumière solaire est indispensable à l'exercice de ce phénomène ; le maximum d'action réside dans les rayons jaune orangé du spectre situés entre les raies B et C. Un certain degré de température est nécessaire à l'accomplissement du phénomène assimilateur ; il existe, pour toute plante, un minimum et un maximum de température en deçà et au delà desquels l'assimilation n'a plus lieu ;

5° Beaucoup de plantes vertes sont capables d'absorber certaines matières carbonées mises à la disposition de leurs racines et d'augmenter ainsi le poids de leur matière sèche.

CHAPITRE IV

FORMATION DES PRINCIPES IMMÉDIATS TERNAIRES

Rôle des diastases dans l'organisme végétal ; classification des diastases. — Étude des hydrates de carbone ; groupe des glucoses, groupe des alcools, groupe des polyglucoses. — Principes immédiats ne possédant pas la composition des hydrates de carbone ; matières grasses ; essences ; gommes-résines ; tannins ; glucosides.

I

PRINCIPES IMMÉDIATS TERNAIRES CONTENUS DANS LES VÉGÉTAUX

La synthèse chlorophyllienne fournit, ainsi que nous l'avons vu, des hydrates de carbone. Le premier représentant de cette importante classe de composés est vraisemblablement le glucose. Celui-ci subit une série de condensations qui l'amènent, à l'état de saccharose d'abord, puis d'amidon. De plus, la condensation des hydrates de carbone primitifs, de formule simple, aboutit à la formation de cellulose. Celle-ci, extrêmement abondante dans le règne végétal, ne constitue probablement pas une substance unique, et il convient, comme nous le verrons plus loin, de parler plutôt des *celluloses* que de la cellulose.

Les végétaux renferment, en outre, de nombreux principes qui ne sont pas des hydrates de carbone : on y rencontre des matières grasses, des acides, des résines, des essences, des tannins, etc. Toutes ces substances dérivent *indirectement* de la fonction d'assimilation ; aussi est-il indispensable de présenter maintenant une étude sommaire des composés ternaires que renferme la plante et d'essayer d'interpréter leur présence au point de vue physiologique.

Nous examinerons rapidement quelques-unes des pro-

priétés de ces différents corps en renvoyant le lecteur aux
ouvrages spéciaux pour leur description détaillée (Voy. notamment : *Les sucres et leurs principaux dérivés*, par L. MAQUENNE,
Paris, 1900).

Nous rappelons que Chevreul a nommé *principes immédiats : les composés dont on ne peut séparer plusieurs sortes de
matières sans en altérer évidemment la nature.*

Avant d'arriver à l'étude des principes immédiats, il est
nécessaire de fournir quelques notions très succinctes relatives aux propriétés générales des diastases. Ainsi que nous
le verrons dans la suite, ces agents, issus de l'organisme
vivant, interviennent continuellement dans les métamorphoses multiples que subissent les matériaux constitutifs
du végétal.

II

ROLE DES DIASTASES DANS L'ORGANISME VÉGÉTAL

A la page 32 de notre premier chapitre, nous avons envi-
sagé, au point de vue général, les phénomènes diastasiques
et la nature des diastases. Dans la majorité des cas, chaque
diastase sécrétée par la cellule possède une *individualité
propre* et n'est capable d'agir que sur une seule substance et
dans un sens déterminé (1). Il serait hors de propos de faire
ici la nomenclature de toutes les diastases et d'étudier en
détail leurs propriétés. Cependant, étant donnée l'importance
de premier ordre que l'on doit attribuer à ces matières, nous
décrirons très rapidement le mode d'action des plus répandues d'entre celles qui prennent part au développement de
la plante.

Les diastases jouent un rôle considérable dans les phénomènes de digestion cellulaire et d'assimilation. C'est grâce
à leur action continuelle que tels dépôts de substances, immo-

---

(1) D'après les recherches récentes de Marino et Sericano, un seul
et même enzyme serait capable de produire différentes actions hydro-
lytiques, actions que l'on impute actuellement à la présence de
plusieurs enzymes.

bilisés pour un certain temps dans telles ou telles cellules, entrent en solution, deviennent diffusibles et peuvent ainsi cheminer dans le végétal. Il suffit, à cet égard, de citer le phénomène bien connu de la germination des graines et celui de la germination spontanée des tubercules, bulbes, oignons.

Il conviendrait peut-être mieux de ne parler des diastases, dans la constitution desquelles entre assez souvent l'azote, qu'après avoir exposé l'histoire des composés azotés que renferme la plante. Mais l'importance des phénomènes diastasiques, comme transformateurs des matières hydrocarbonées, est telle qu'il est préférable de tracer dès maintenant, et immédiatement après l'étude de la fonction chlorophyllienne, le rôle que jouent les principaux enzymes dans les métamorphoses nombreuses qui se produisent pendant la vie du végétal.

Propriétés générales des diastases. — Celles-ci sont des substances créées par l'activité cellulaire. Elles n'existent pas dans le suc de la cellule à l'état de véritable solution, mais à l'état d'émulsion ou de suspension, comme les colloïdes.

L'intensité de l'action diastasique ne peut s'expliquer que par l'existence des diastases sous l'*état colloïdal* qui leur permet, en raison de la forme particulière qu'elles affectent, d'occuper une surface considérable sous un faible volume. On trouve encore un argument en faveur de cette hypothèse dans ce fait que l'activité diastasique d'un liquide s'affaiblit toujours par des filtrations répétées.

L'*extraction des diastases* peut être pratiquée de plusieurs façons. Duclaux fait remarquer que le meilleur mode d'obtention d'une diastase consiste à choisir des cellules qui fabriquent abondamment ces substances et les laissent exsuder pendant la vie, en dehors de tout phénomène de macération proprement dite. Que l'on prenne un mycélium vigoureux d'*Aspergillus niger*, bien développé sur liquide Raulin, qu'on lave ce mycélium deux ou trois fois en le faisant flotter sur de l'eau distillée, puis qu'on le maintienne finalement pendant quelques heures sur le même liquide sans le disloquer; la plante épuisera ses réserves et laissera exosmoser dans le liquide qui l'entoure ses diastases actives, mélangées seulement d'un peu de matière organique et de traces de sels minéraux.

Une macération prolongée entraîne forcément dans le liquide extérieur le passage de matières étrangères, parfois fort abondantes et fort complexes, au milieu desquelles la diastase est, en quelque sorte, noyée. Ceci se présente, *a fortiori*, lorsqu'on se propose d'isoler une diastase en broyant la totalité des tissus végétaux qui la contiennent : les éléments cellulaires les plus variés sont ainsi mélangés au principe actif, lequel ne peut être isolé qu'avec beaucoup de difficultés de ce milieu peu homogène, bien qu'il possède souvent une grande activité.

Un des premiers procédés employés à l'extraction des diastases du milieu qui les renferment, procédé très souvent utilisé depuis, consiste à précipiter le liquide originel par de l'alcool. Le coagulum qui se forme contient, outre les diastases, des matières minérales, des hydrates de carbone, des matières albuminoïdes. Ce précipité, isolé et repris par l'eau, s'y dissout, et l'on peut recommencer une nouvelle précipitation par l'alcool pour purifier peu à peu les diastases. Le second précipité obtenu est moins impur que le premier; il est plus actif. Mais, si on renouvelle plusieurs fois cette opération, on n'obtient que des précipités, de moins en moins volumineux sans doute, mais aussi de moins en moins riches en diastases. Il ne faut d'ailleurs pas laisser trop longtemps ce précipité au contact de l'alcool. Une fois le liquide filtré, on sèche le précipité dans le vide. On le redissoudra ensuite dans l'eau pour l'usage.

Relativement à leur solubilité dans l'eau, les diastases présentent de grandes différences : les unes se dissolvent facilement et rapidement, d'autres demandent un temps plus ou moins long.

Les diastases présentent, en outre, cette propriété de pouvoir *se fixer* sur un grand nombre de matières, soit minérales, soit organiques : ce qui pourrait expliquer la vitesse plus ou moins considérable avec laquelle elles se dissolvent dans l'eau. Cet *entraînement* des diastases par certaines substances est souvent mis à contribution pour les précipiter de leur solution aqueuse. Il suffit, en effet, d'ajouter à celle-ci une dissolution très étendue de phosphate de sodium, puis une dissolution d'un sel de calcium ; le précipité de phosphate de calcium insoluble qui se produit entraîne la diastase. Si on retient celui-ci sur un filtre et qu'on verse ensuite un peu d'eau sur ce filtre, la diastase se redissout en conservant toutes ses propriétés actives. Les corps minéraux précipitants doivent, bien entendu, être inoffensifs vis-à-vis de la diastase.

En général, l'action diastasique n'est paralysée ni par la présence des anesthésiques, ni par celle des antiseptiques ; quelques diastases cependant sont très sensibles à l'égard de ces agents. Une même cellule peut sécréter deux diastases : l'une d'elles peut devenir inactive en présence d'un anesthésique, tel que le chloroforme, alors que l'autre conserve ses propriétés intactes. Tel est le cas de la levure de bière. Cette levure sécrète deux diastases, l'une qui intervertit le sucre de canne et l'autre qui change le sucre ainsi interverti en alcool. La première résiste au chloroforme ; les fonctions de la seconde sont abolies au contact de l'anesthésique. Chaque diastase possède une température d'action *optima*. Aux environs de 0°, les diastases n'agissent guère ; vers 40°, l'action se manifeste très bien ; mais c'est entre 40 et 50° que l'activité est maxima. Au delà de cette dernière température, un ralentissement se manifeste et, vers 90°, toute action cesse ; la diastase est définitivement détruite.

Composition chimique des diastases. — Cette composition est assez variable. La cause de cette variabilité peut tenir : 1° à une différence réelle entre les diastases, puisque celles-ci provoquent des phénomènes qui varient énormément d'une diastase à l'autre ; 2° à une dose d'impuretés dont il est presque impossible de débarrasser les substances actives. Ces impuretés sont attribuables au milieu dans lequel la diastase a pris naissance ainsi qu'au mode de précipitation employé.

Le carbone varie de 43 à 47 p. 100 de la matière desséchée, l'hydrogène de 6,5 à 7,8. L'azote est encore plus variable : certaines diastases sont peu riches en cet élément (4 à 6 p. 100), d'autres (trypsine, pepsine) en contiennent autant que les matières albuminoïdes proprement dites (16 à 17 p. 100).

Réactions qui permettent de reconnaître la présence d'une diastase. — Lorsqu'on met une diastase en présence d'eau oxygénée, celle-ci est décomposée. Il est important d'opérer avec de l'eau oxygénée *à peu près neutre* ; celle que vend le commerce est presque toujours fortement acide. Cela étant, on se sert, pour effectuer la réaction, d'une solution alcoolique de résine de gaïac, *faite au moment même*, par trituration de résine pulvérisée avec de l'alcool : à 2 ou 3 centimètres cubes de cette liqueur, on ajoute quelques gouttes d'eau oxygénée puis, goutte à goutte, le liquide dans lequel on recherche la présence d'une diastase. Si la coloration jaune du début fait place à une coloration bleue intense, on peut conclure à la présence d'un principe actif. L'acide acétique ne détruit pas cette coloration. Une infusion de diastase chauffée ne donne pas de coloration bleue.

Quelques caractéristiques des actions diastasiques. — Nous avons déjà fait remarquer (p. 36) que l'action diastasique pouvait être remplacée par celle de certaines substances chimiques. Si l'invertine change le sucre de canne, non réducteur, en sucres réducteurs, si l'amylase transforme l'amidon en hydrates de carbone solubles, ces mêmes transformations peuvent s'effectuer au contact des acides minéraux plus ou moins étendus et chauds. Or ces acides se retrouvent inaltérés à la fin de la réaction. Ils jouent le rôle de *catalyseur* (p. 36), ils agissent sous des poids incomparablement plus faibles que ceux de la matière dont ils provoquent la métamorphose.

Le même fait se retrouve avec les enzymes : une partie en poids d'amylase peut, en quelques minutes, liquéfier plus de 2 000 parties d'empois d'amidon. Une fois cette liquéfaction achevée, il faut un temps beaucoup plus long pour atteindre la saccharification totale.

Malgré cela, une quantité de diastase très faible produit de grandes quantités de maltose : c'est là un fait dominant dans l'histoire des diastases. De plus, la plupart des diastases restent *inaltérées* pendant que s'accomplissent les diverses transformations auxquelles elles président. Toutes ces réactions sont exothermiques.

Toutefois, et ceci se présente également dans le cas des fermentations microbiennes, l'action diastasique, dont les débuts sont rapides, se ralentit peu à peu par suite de l'accumulation des produits de la réaction. Si ceux-ci sont éloignés d'une manière ou d'une autre, le phénomène reprend son cours avec la même rapidité qu'au début.

Il existe une *proportionnalité* entre la quantité de diastase mise en œuvre et la quantité de substance transformée à son contact. Cette proportionnalité n'est exacte qu'au début de ce contact et dans le cas où une très petite quantité de diastase agit sur une grande quantité de substance à métamorphoser.

Réversibilité des actions diastasiques. — Certaines diastases possèdent des propriétés réversibles. Tel est le cas de la maltase. Cet enzyme transforme le maltose en glucose. Or, quand on fait agir la maltase sur une solution de glucose, il se produit un mélange d'autant plus riche en maltose que la solution sucrée est plus concentrée (Hill).

Voici donc un exemple de condensation due à l'action d'une diastase. La cellule végétale est le siège d'une foule de phénomènes de ce genre. Il semble, d'après cela, que l'on puisse imputer à la présence de *diastases condensantes* toutes les actions de condensation, telles que celles qui changent le glucose en maltose et celui-ci en amidon.

Relations entre la structure des corps et l'action des diastases. — La structure chimique du corps sur lequel agit la diastase possède une importance capitale. D'après E. Fischer, l'action ou l'inaction d'un enzyme dépend à la fois de la *composition* de la substance sur laquelle il exerce son activité et de sa *configuration*, c'est-à-dire de la position de ses atomes dans l'espace.

Tel enzyme qui dédoublera facilement un éther artificiel sera sans action sur son isomère stéréo-chimique. Les deux corps sur lesquels agit l'enzyme sont absolument identiques quant à leur composition et à leurs propriétés générales : ils ne diffèrent que par l'arrangement de certains groupes de molécules. D'après cela, un enzyme et la substance sur laquelle il agit doivent avoir certains rapports de structure, sinon une structure géométrique semblable. On peut donc supposer, avec Effront, qu'une cellule nourrie d'amidon sécrétera une substance active ayant la structure stéréo-chimique de l'amidon, alors que la cellule nourrie avec du sucre de canne fournira une diastase qui aura la constitution géométrique du sucre de canne.

Classification des diastases. — Il convient, d'après la plupart des auteurs, de classer les diastases en tenant compte du travail chimique qu'elles accomplissent.

A. **Diastases hydratantes ou hydrolysantes**. — 1. INVERTINE OU SUCRASE. — Cette diastase hydrolyse le sucre de canne et change celui-ci en *sucre interverti*, mélange équimoléculaire de glucose et de lévulose. C'est Berthelot qui l'a le premier isolée en précipitant par l'alcool l'eau de levure. Les végétaux ne peuvent assimiler directement le sucre de canne : ils doivent d'abord le transformer, ainsi que le font les animaux. Le sucre de canne, si abondamment déposé dans la racine de betterave, subit une pareille métamorphose pour être utilisé par la plante pendant la seconde année de sa végétation. C'est alors que l'invertine apparaît : ce sont les produits de dédoublement du sucre, glucose et lévulose, qui sont utilisés par la plante pour la production des feuilles, puis de la tige portant les fleurs. L'invertine est très répandue dans les cellules de presque tous les organes : racines, tiges, feuilles, bourgeons, pétales.

Le jus de tous les raisins contient de l'invertine en quantité suffisante pour transformer tout le saccharose qui peut s'y trouver, sans que les acides organiques aient à intervenir (Martinand).

Les diverses espèces de levures qui provoquent la fermentation alcoolique du sucre sécrètent de l'invertine. De nombreuses Mucédinées : *Mucor, Penicillium, Aspergillus*, fournissent également cette diastase. Une légère acidité favorise l'action de celle-ci. L'invertine agit d'après la formule suivante :

$$C^{12}H^{22}O^{11} + H^2O = C^6H^{12}O^6 + C^6H^{12}O^6.$$
$$\text{Saccharose,} \qquad \text{Glucose.} \qquad \text{Lévulose.}$$

2. AMYLASE OU DIASTASE. — L'amylase, nommée pendant très longtemps *diastase*, a été découverte par Kirchoff (1814), qui l'avait crue identique au gluten. C'est à Dubrunfaut, puis à Payen et Persoz, que l'on doit l'étude de ce ferment soluble. Son action consiste à hydrater l'amidon et à le transformer en dextrines et en maltose. On le trouve dans les graines de toutes les céréales, où il est peu actif. Son activité ne se manifeste de façon notable que dans le cours de la germination.

L'amylase est très commune dans les feuilles, les bourgeons. Les tubercules de pomme de terre germés en renferment, ainsi qu'un grand nombre de graines. Lorsque l'amidon s'est déposé dans le granule chlorophyllien par suite de l'assimilation du carbone, il ne tarde pas à émigrer et, parmi ses localisations, il faut citer la racine, la graine, le bois chez les plantes vivaces. Son agent de dissolution est l'amylase. Toutefois d'autres enzymes peuvent également solubiliser l'amidon.

De même que la sucrase, l'amylase existe chez les Mucédinées.

Cette diastase agit avec une vitesse très inégale sur les différents amidons ; ell e saccharifie très rapidement les uns, les autres avec une extrême lenteur.

Brown et Morris ont montré que cette diastase n'était pas unique, et ils ont distingué, dans la germination des graines de céréales, deux amylases : l'une dite *de sécrétion*, qui agit par corrosion sur les grains d'amidon ; l'autre dite de *déplacement*, qui agit par dissolution directe.

L'action de l'amylase est favorisée par une légère réaction acide du milieu. L'empois d'amidon gélatineux, additionné d'amylase, se désagrège et se dissout. La masse, colorable en bleu par l'eau iodée au début, prend une teinte violacée, puis violet rouge, puis jaune ; finalement la couleur disparaît. A ce moment, l'amidon est transformé en un mélange de maltose et de dextrines, celles-ci étant inattaquables par l'amylase. Cette action de l'amylase est utilisée en grand dans la fabrication de la bière.

L'action de l'amylase est limitée par la présence des produits du dédoublement de l'amidon, surtout par le maltose.

L'amylase agit sur l'amidon suivant l'expression :

$$4C^6H^{10}O^5 + H^2O = C^{12}H^{22}O^{11} + 2C^6H^{10}O^5.$$

Amidon.   Maltose.   Dextrine.

Cette formule brute ne traduit ni la grandeur moléculaire de l'amidon, ni celle de la dextrine, qui sont inconnues.

3. GLUCASE OU MALTASE. — Ce ferment soluble agit sur l'amidon, les dextrines et le maltose. Celui-ci, dont la formule est identique à celle du sucre de canne, se forme dans la digestion de toute matière amylacée et, de même que le sucre de canne, il doit être dédoublé avant d'être assimilé. Ce dédoublement fournit deux molécules de glucose. Toutes les céréales, et le maïs en particulier, contiennent de la maltase ; on l'a signalée dans la betterave et dans beaucoup de moisissures, ainsi que dans la levure. Une légère acidité favorise l'action de cet enzyme.

4. INULASE. — L'inuline, hydrate de carbone voisin de l'amidon, remplace celui-ci dans un certain nombre d'organes de réserve. Il est commun chez les plantes de la famille des Composées (tubercules de *dahlia* et de topinambour notamment).

L'inulase, découverte par Green, transforme l'inuline en lévulose, comme l'amylase transforme l'amidon en glucose. L'inulase existe dans les tubercules de topinambour en germination, ainsi que dans ceux de dahlia. Plusieurs Mucédinées en renferment et, probablement, beaucoup de végétaux supérieurs. L'action de l'inulase sur l'inuline est un phénomène aussi complexe que celle de l'amylase sur l'amidon. Pendant le cours de l'hydratation, il se forme des produits dérivés analogues aux dextrines. D'après certains auteurs, cette transformation de l'inuline en lévulose ne donnerait naissance à aucun composé intermédiaire.

L'inulase est très sensible à l'action des acides ; une dose de 2 millièmes paralyse son action.

5. CYTASE. — FERMENTS CYTO-HYDROLYTIQUES. — On donne ce nom aux ferments qui s'attaquent à la cellulose. Celle-ci constitue fréquemment une véritable *matière de réserve* qui peut être assimilée, comme l'amidon lui-même, à la condition d'être dissoute et simplifiée. Ce ferment n'a pu être isolé par les méthodes usuelles. Brown et Morris ont

signalé la présence de cytase dans le malt séché à l'air ; l'enveloppe cellulosique des grains d'amidon serait attaquée et dissoute par cet enzyme. Étant donné que cette dernière action doit se produire très fréquemment, il est probable que la cytase est assez répandue chez les graines. Les moisissures secréteraient aussi de la cytase ; ce serait là, en effet, l'une des causes de destruction des tissus végétaux envahis par elles.

La cytase s'attaquant à la cellulose de réserve doit s'attaquer également aux hémicelluloses (Voy. ce mot plus loin). En effet, pendant la germination des semences du *dattier*, l'albumen à cellules épaissies, riche en hémicelluloses, disparaît graduellement.

La cytase transforme la cellulose en matières sucrées.

6. PECTASE. — Sous le nom de *pectose*, Frémy a désigné une substance insoluble dans l'eau, l'alcool et l'éther, laquelle accompagne toujours les corps cellulosiques dans les végétaux. La pulpe des fruits verts et celle de certaines racines, carotte, betterave, etc., est particulièrement riche en cette matière. Sous l'influence simultanée des acides et de la chaleur, le pectose se change en *pectine*, substance soluble dans l'eau, dont la solution est visqueuse. Cette même transformation a lieu pendant la maturation des fruits, grâce à la présence dans ceux-ci des acides malique et citrique. Le jus des fruits verts, soumis à l'ébullition, fournit de la pectine ; le liquide prend cette viscosité particulière qui caractérise le jus de presque tous les fruits cuits. La transformation, pendant la maturation d'un fruit vert, du pectose en pectine, est l'œuvre d'un ferment soluble non encore isolé.

Tous les tissus qui renferment de la pectine renferment aussi, d'après Frémy, un ferment soluble, la *pectase* : celle-ci transforme la pectine, soluble, en un corps insoluble, l'*acide pectique*.

Quand on fait agir la pectase sur la pectine dissoute, le liquide se gélifie. Or G. Bertrand et Mallèvre ont montré que cette réaction n'a lieu qu'*en présence de certains sels* ; car une solution de pectine pure, additionnée de pectase bien privée de sels de calcium, ne se prend jamais en gelée,

Les sels de baryum et de strontium peuvent remplacer ceux de calcium. Si au mélange de pectine et de pectase, exempt de calcium, au ajoute un peu de chlorure de calcium, la gélification ne tarde pas à se produire. Nous reparlerons de ces faits à propos des composés pectiques.

La pectase s'obtient en réduisant en pulpe la partie centrale de carottes en pleine végétation. On presse cette pulpe, on filtre le liquide et on en précipite la chaux par l'oxalate d'ammonium. Il suffit ensuite de filtrer et de conserver au frais dans des flacons bien bouchés.

Les feuilles des plantes à croissance rapide renferment également beaucoup de pectase.

B. **Diastases saponifiantes.** — En réalité, les diastases saponifiantes pourraient être considérées comme constituant une *sous-classe* des diastases hydratantes, puisqu'elles ont pour caractère essentiel de fixer de l'eau sur les corps gras.

Les corps gras, si communs dans une foule de graines, sont des éthers de la glycérine. Leur dédoublement en glycérine et acides gras fut réalisé en 1823 par Chevreul ; leur synthèse, c'est-à-dire la réaction inverse à partir de la glycérine et des acides gras, a été effectuée par Berthelot (1854).

Le ferment qui produit la saponification (hydrolyse ou hydratation) des corps gras est très répandu dans les végétaux. C'est à Pelouze (1855) que l'on doit nos premières connaissances à cet égard ; mais ce savant n'est pas parvenu à isoler le principe actif capable de dédoubler les graisses.

Les ferments saponifiants ou *lipolytiques* existent dans le règne animal. Hanriot a découvert dans le sang un de ces ferments (sérolipase), probablement différent de la lipase du suc pancréatique de Cl. Bernard. Quelques Mucédinées sécrètent une lipase.

Une des premières tentatives d'extraction régulière de ce ferment, très commun chez les graines, est due à Green (1890).

Cet auteur l'a retiré des graines de ricin par macération dans une solution à 5 p. 100 de sel marin. Le liquide est ensuite dialysé et la partie demeurée sur le dialyseur, mélangée avec une émulsion d'huile de ricin, saponifie celle-ci assez rapidement. Or les essais de Green n'ont pas été faits en milieu stérilisé et, comme le fait remarquer Nicloux, le fait seul de mesurer l'acidité du milieu n'est pas suffisant pour conclure au dédoublement.

L'extraction de la substance *active* de la graine de ricin a été, tout récemment, l'objet de recherches très soignées de la part de Nicloux. A cause des particularités remarquables que présente ce principe actif, nous entrerons ici dans quelques détails.

Des graines de ricin, dont on a constaté au préalable le pouvoir saponifiant (en traitant de l'huile par une petite quantité de graine en présence d'eau acidulée), sont dégraissées à l'éther. Le tourteau ainsi obtenu, remis en suspension dans de l'huile, possède à très peu près le même pouvoir saponifiant que la graine primitive. Or, si on épuise ce tourteau par de l'eau pure ou de l'eau salée, on constate que le liquide filtré, aussi bien que le résidu de l'épuisement, sont dénués d'activité. Il est donc certain que la diastase, si elle existe, jouit de propriétés très différentes de celles connues jusqu'ici, puisqu'elle ne se dissout pas dans l'eau et qu'elle perd même ses propriétés au contact de ce liquide : il ne peut donc être question d'un ferment *soluble* ordinaire.

La graine décortiquée est broyée et mélangée à de l'huile de ricin ou de coton (plus fluide) et le mélange, rendu homogène, est filtré sur une toile. Sur celle-ci se trouve réunie la plus grande partie des téguments, des parois cellulaires, des grains d'aleurone, ainsi qu'une certaine quantité d'un des éléments cellulaires de la graine : le *cytoplasma*. On centrifuge la portion du liquide qui a passé au travers de la toile, et on obtient dans le tube du centrifugeur deux couches bien distinctes : la couche inférieure, blanchâtre, contient des grains d'aleurone et quelques débris de membranes cellulaires ; la couche supérieure, grisâtre, n'en renferme à peu près pas. Elle est constituée presque exclusivement par le cytoplasma, quelques noyaux fort petits et quelques grains d'aleurone. On débarrasse le cytoplasma de l'huile au moyen d'un solvant, et on l'obtient à l'état sec en le soumettant de nouveau à la centrifugation.

En faisant agir *séparément* une quantité pesée de grains d'aleurone secs et de cytoplasme sec, en présence d'une faible quantité d'acide acétique, sur un poids déterminé d'huile à une température constante, on constate ce fait important que l'activité de la graine est due à l'activité de l'un de ses éléments cellulaires, le cytoplasma, à l'exclusion des autres éléments, des grains d'aleurone en particulier. Seul le cytoplasma est capable de saponifier l'huile.

Si on traite ce cytoplasma, préparé comme il est dit plus haut, par un peu d'eau, on reconnaît de suite que le liquide filtré est *inactif*, ainsi que le résidu demeuré sur le filtre. Il en est de même si on emploie l'eau acidulée d'acide acétique ou l'eau salée. Cette action spéciale de l'eau est mise en évidence par l'expérience suivante : on pèse des quantités égales de cytoplasma sec, d'huile, d'acide acétique étendu (décinormal) et, dans deux petits mortiers, on fait le mélange dans l'ordre suivant : 1º cytoplasma, huile, eau acidulée ; 2º cytoplasma, eau acidulée, huile. Le premier mélange se saponifie régulièrement, le second ne présente pas trace de saponification. On en conclut donc que l'action de l'eau enlève *instantanément* son pouvoir saponifiant au cytoplasma *dès que celui-ci n'est plus protégé par l'huile*. L'agent saponificateur n'est donc pas un ferment soluble dans l'eau, analogue à ceux que nous avons déjà examinés. Nicloux appelle ce nouvel agent : *lipaséidine*. Bien que celui-ci ne soit pas un ferment soluble proprement dit, l'étude de l'action saponifiante par le cytoplasma montre que, en ce qui concerne la température, l'action des produits de la réaction, la proportionnalité entre la quantité de cytoplasma et la quantité d'huile saponifiée, la loi qui exprime la vitesse de la saponification, il y a parallélisme complet entre l'action du cytoplasma et les actions diastasiques en général.

Ce ferment présente donc tous les caractères des ferments solubles, *sauf la solubilité* ; c'est un *ferment soluble insoluble* (Nicloux).

Le cytoplasma agit non seulement sur les huiles qu'il saponifie, mais il peut également intervertir le sucre et hydrolyser l'amidon (Urbain et Saugon).

Aux données précédentes, ajoutons la remarque suivante :

Si on abandonne à elles-mêmes pendant quelques jours des semences de ricin écrasées avec de l'eau, on observe, au bout d'un temps plus ou moins long, une saponification intense. Celle-ci ne se produit qu'au moment où la masse est devenue suffisamment acide. Dans cette masse, l'acide qui domine est l'acide lactique, qui prend naissance par suite de la présence d'une diastase soluble dans l'eau, différente, par conséquent, de la diastase lipolytique, laquelle est insoluble (Hoyer).

C. Ferments solubles oxydants. — Jusqu'à présent, nous avons trouvé des ferments solubles qui fixaient les éléments de l'eau soit sur les hydrates de carbone, soit sur les corps gras : ces ferments étaient *hydratants* ou *hydrolysants*. Il existe des ferments solubles *capables de fixer l'oxygène* sur certains principes végétaux, les jus de fruits en particulier. La cause de cette oxydation, au lieu d'être rapportée, comme on l'avait fait jusque-là, soit à une simple oxydation d'ordre chimique (Reinke), soit à une action vitale impossible à définir, fut mise sur le compte d'une diastase particulière par Yoshida (1883), dans une étude sur l'oxydation du *later de l'arbre à laque de la Chine*. Cette diastase oxydante, ou plutôt ces diastases sont très répandues dans le monde des végétaux (Phanérogames et Cryptogames), ainsi que dans certaines cellules animales.

C'est à une oxydase qu'est due la *casse des vins* : la matière colorante s'oxyde et se précipite : le liquide prend une teinte jaune (œnoxydase). Cette diastase a été étudiée par Gairaud, Martinand et Cazeneuve. C'est également à une oxydase qu'est dû le brunissement du jus des pommes (Lindet).

Les *diastases oxydantes* ou *oxydases* sont très instables ; une température de 60° anéantit leur action ; les antiseptiques la retardent. L'alcool n'agit guère sur elles, même à la dose de 50 p. 100. Elles ne semblent pas contenir d'azote. Une propriété remarquable des oxydases consiste dans le bleuissement énergique qu'elles produisent au contact de la *teinture de gayac* non additionnée d'eau oxygénée : il se forme alors de l'*acide gaïaconique* aux dépens de l'oxygène de l'air. La quantité d'oxygène absorbé par suite de l'action des oxydases peut servir de mesure à l'intensité de l'oxydation.

Alors que les ferments solubles étudiés plus haut possèdent

des propriétés spécifiques et ne portent leur action que sur une catégorie déterminée de substances, les oxydases et la *laccase* en particulier, que nous allons étudier plus loin, ne semblent pas posséder d'action spécifique. En effet, cette diastase oxyde aussi bien l'hydroquinone que le pyrogallol. Toutefois, les phénols sur lesquels agit la laccase doivent posséder une certaine *configuration* : leurs isomères ne sont que peu ou pas oxydables.

Nous allons fournir quelques détails relatifs à l'histoire de la *laccase*, type des oxydases, particulièrement bien étudiée par G. Bertrand.

LACCASE. — Le latex de l'arbre à laque du Tonkin (*Rhus succedanea*, Anacardiacées) sert en Chine à recouvrir les meubles d'un vernis appelé *laque*. Ce latex se présente sous forme d'une crème épaisse, blond clair, presque inodore. Dans des flacons pleins et bien bouchés, il se conserve sans altération, mais, au contact de l'air, il se recouvre d'une pellicule résistante, d'un noir intense, insoluble dans tous les solvants.

Pour mettre en évidence l'intervention d'une diastase dans cette coloration, il faut séparer les éléments du latex. A cet effet, on mélange celui-ci avec quatre à cinq fois son poids d'alcool ; ce liquide insolubilise la diastase, tout en dissolvant le principe générateur de la laque. On jette sur une toile, on lave à l'alcool le précipité volumineux, de couleur grise, qui reste. On le dissout dans l'eau froide, et on verse celle-ci dans un excès d'alcool : le précipité se reforme ; on le sèche après dessiccation. Cette dernière substance renferme le ferment soluble, la laccase. D'autre part, le liquide alcoolique d'où on a séparé la laccase est évaporé dans le vide, et le résidu est agité avec de l'eau et de l'éther. L'eau dissout les sucres et les sels minéraux ; l'éther s'empare d'une matière nouvelle, le *laccol*. Ce corps est très oxydable, il se transforme rapidement en une résine, principalement en présence des bases, comme le ferait un phénol polyatomique tel que le pyrogallol. D'ailleurs, le laccol se rapproche beaucoup par ses propriétés de certains phénols ; cette observation sera mise à profit plus loin. Le laccol est d'un maniement pénible et même dangereux.

Les propriétés spécifiques oxydantes de la laccase sont maintenant faciles à mettre en évidence. Si on précipite une solution alcoolique de laccol, d'une part par l'eau, d'autre part par une solution aqueuse faite à froid de laccase, on remarque que l'émulsion préparée avec l'eau seule demeure inaltérée, tandis que celle où l'on a introduit la laccase brunit presque aussitôt par agitation au contact de l'air. La solution *bouillie* de laccase ne produit aucun effet. Ces expériences faites en vase clos, en présence d'un volume mesuré d'oxygène, donnent lieu à l'absorption d'une partie de ce gaz, plus rapide et plus considérable en présence de laccase.

Le laccol, avons-nous dit plus haut, ressemble à certains phénols polyatomiques. On peut donc faire usage de ceux-ci au lieu de s'adresser au laccol lui-même, dangereux à manier et, de plus, insoluble dans l'eau.

C'est ainsi qu'en présence de laccase l'*hydroquinone* s'oxyde pour donner la quinone, le *pyrogallol* pour donner la purpurogalline. Dans ce dernier cas, il y a dégagement de gaz carbonique, premier exemple d'une action diastasique accompagnée d'un dégagement gazeux. L'acide gallique et le tannin s'oxydent de même :

$$4\,C^6H^6O^3 + O^9 = C^{20}H^{16}O^9 + 4\,CO^2 + 4\,H^2O.$$

Pyrogallol.   Purpurogalline.

La laccase existe chez beaucoup de végétaux ; une foule de champignons en renferment (Bourquelot et Bertrand). On peut s'assurer de sa présence en utilisant l'action qu'elle exerce sur le laccol, ou mieux, sur l'hydroquinone ou le pyrogallol. Il est préférable à cet égard d'utiliser une réaction très sensible : la coloration bleue que prend la teinture de résine de gaïac en s'oxydant sous l'influence de l'air et de la laccase. Une émulsion d'un suc végétal, même très pauvre en laccase, additionnée de quelques gouttes de teinture de gaïac, se colore rapidement en bleu, puis en vert et finalement en jaune, si la laccase est abondante. Cette coloration bleue s'obtient facilement en portant une goutte de teinture de gaïac sur des sections fraîches de tubercules de *dahlia*, de pommes de terre, des racines de betterave, de navet, etc.

Les organes en voie de développement rapide sont surtout riches en laccase ; dans beaucoup de fruits arrivés à maturité, ce ferment n'existe plus.

Seuls, jusqu'ici, les composés appartenant à la *série aromatique* sont susceptibles de s'oxyder sous l'influence de la laccase et, parmi ceux-ci, seuls les polyphénols dont les oxhydriles phénoliques sont situés dans la position *ortho* (1-2) ou *para* (1-4). Ceux qui présentent la position *méta* (1-3) sont peu oxydables :

Pyrocatéchine 1-2.   Résorcine 1-3.   Hydroquinone 1-4.

La *phloroglucine*, triphénol 1-3-5, ne s'oxyde pas ; le *pyrogallol*, triphénol 1-2-3, s'oxyde :

Phloroglucine. 1-3-5.   Pyrogallol. 1-2-3.

Une partie, ou même la totalité des oxhydriles phénoliques, peut être remplacée par le radical amidogène NH^2 sans que rien soit changé.

On observe alors cette curieuse particularité, à savoir qu'il existe une relation *entre l'oxydation et le pouvoir développateur de l'image photographique*. Ainsi le paramidophénol, bon développateur, s'oxyde rapidement au contact de l'air et de la laccase ; le métamidophénol, non développateur, s'oxyde peu dans ces conditions.

Il résulte d'expériences récentes qu'un très grand nombre d'acides paralysent l'action de la laccase, alors même qu'ils sont présents en quantité infinitésimale. C'est ainsi que l'acide sulfurique agit encore très nettement à la dose de un cent-millionième sur une solution de laccase de l'arbre à laque au dix-millième (G. Bertrand).

Tyrosinase. — Un autre ferment oxydant, la *tyrosinase*, se rencontre chez beaucoup de végétaux. Celle-ci est différente de la laccase. Le suc de racines de betteraves, de dahlia, de pommes de terre, se colore en rouge, puis en noir au contact de l'air. Il en est de même du suc de certains champignons, d'après Bourquelot. Le son de froment renferme également une tyrosinase, très résistante à la chaleur (G. Bertrand et Muttermilch). Une pareille coloration est due à l'oxydation de la tyrosine sous l'influence d'un ferment soluble (G. Bertrand). Cette oxydation ne peut être mise sur le compte de la laccase, car la tyrosine résiste absolument à l'action de l'oxygène gazeux, même en présence de beaucoup de laccase.

D'ailleurs, la tyrosine, ou *acide paroxyphénylaminopropionique*, ne renferme qu'un seul oxhydrile phénolique : $OH.C^6H^4.CH^2.CH(NH^2)CO^2H$.

Certains champignons (*russules*) contiennent un suc très riche en tyrosinase.

Voici comment on établit l'individualité de ce nouveau ferment. Si on verse un peu de macération aqueuse de *russule*, faite à froid, dans une solution de tyrosine, le mélange se colore en rouge, puis en noir : il fournit finalement un précipité noir, en même temps qu'il y a absorption d'oxygène. Une macération *bouillie* de *russule* est sans effet. Or la laccase seule est sans action sur la tyrosine ; il en est de même si elle est additionnée de suc bouilli de *russule* (G. Bertrand).

Lorsqu'on prépare, soit à l'aide de méthodes synthétiques, soit par destruction systématique, toute la série des produits de simplification bien définis de la tyrosine et lorsqu'on fait agir sur ceux-ci la tyrosine extraite du son de froment, on remarque que les seuls corps oxydables de cette série renferment un *oxhydrile phénolique* : c'est sur ce point de la molécule que doit vraisemblablement porter l'oxydation diastasique. Ainsi, « loin d'être limitée à la tyrosine, l'action oxydante de la tyrosinase s'étend, comme celle de la laccase, ou comme l'action hydrolysante de la maltase, de l'émulsine

et de la lipase, à tout un groupe de composés définis »
(G. Bertrand).

**Intervention du manganèse dans les phénomènes
dus aux oxydases**. — Les cendres de la laccase contiennent une dose élevée de manganèse (G. Bertrand).

On peut apprécier la quantité de ce métal en combinant
l'emploi du colorimètre avec la réaction bien connue, due à
Hoppe-Seyler, qui consiste à transformer le manganèse en
acide permanganique en l'oxydant par un mélange
de bioxyde de plomb et d'acide azotique. Si, à l'aide de ce
procédé, on compare, au point de vue de leur activité, certains échantillons de laccase, on remarque que *l'activité
oxydante est proportionnelle à la teneur en manganèse*. Renonçant
à enlever le manganèse aux différents échantillons de laccase,
à cause de la grande difficulté de l'opération, G. Bertrand
isole de plantes variées différentes espèces de laccase et
prépare ainsi certains produits, pauvres en manganèse et,
par conséquent, très peu actifs. Si on ajoute à ceux-ci une
minime quantité d'un sel manganeux, on exalte leur activité.
La luzerne est dans ce cas ; elle est peu riche en manganèse, et la laccase qu'elle renferme ne possède quelque activité
qu'après addition d'un sel manganeux. Les sels de fer ne
jouissent d'aucune propriété qui les rapproche, dans le cas
présent, des sels manganeux.

Étant donné que la pectase ne transforme la pectine qu'en
présence des sels de calcium, que la laccase n'oxyde les polyphénols qu'en présence des sels manganeux, il convient
désormais, dans l'étude des ferments solubles, de tenir compte
non seulement de la substance organique très altérable à
laquelle on attache actuellement toute l'idée de ferment
soluble, mais encore de ces substances que G. Bertrand
nomme *co-ferments*, soit minérales, soit organiques, et dont
l'association avec la première constitue le système *véritablement actif*.

Tous les sels manganeux ont cette propriété de fixer l'oxygène libre sur l'hydroquinone, le pyrogallol, le paramidophénol, la résine de gaïac. Le sel manganeux est une sorte *d'agent catalytique* destiné à porter l'oxygène de l'air sur la matière organique. La quantité d'oxygène fixé varie beaucoup avec la *nature* de l'acide du sel manganeux : les sels d'acides organiques donnent lieu à la plus forte absorption. On peut expliquer ainsi la marche de l'oxydation. Les sels manganeux sont partiellement hydrolysés en solution aqueuse :

$$R''Mn + H^2O = R''H^2 + MnO \quad (R = \text{radical acide}).$$

L'oxyde manganeux MnO s'oxyde spontanément au contact de l'air. Au cours de cette oxydation, la molécule libre d'oxygène O^2 se scinde en 2 atomes plus actifs ; l'un d'eux se portant sur MnO donne :

$$MnO + O^2 = MnO^2 + O;$$

l'autre atome se fixera indifféremment sur une nouvelle molécule d'oxyde manganeux ou sur un corps oxydable tel que l'hydroquinone ou le pyrogallol, substances qui résisteraient à l'oxydation en présence de l'oxygène moléculaire O^2.

L'expérience montre, en effet, que, si l'on met de l'oxyde manganeux en suspension dans une solution d'hydroquinone, on obtient à la fois du bioxyde de manganèse MnO^2 et de la *quinone*, produit d'oxydation de l'hydroquinone. C'est cette réaction qui a d'abord lieu lorsqu'on ajoute un sel manganeux à une solution d'hydroquinone ; on trouve alors en présence : de l'acide libre, du bioxyde de manganèse et un excès du corps oxydable. L'acide réagit sur le bioxyde :

$$R''H^2 + MnO^2 = R''Mn + H^2O + O,$$

et l'atome d'oxygène se fixe sur une nouvelle quantité d'hydroquinone pendant que le sel primitif est régénéré.

D'après cela, un poids *limité* de sel manganeux peut oxyder une quantité *illimitée* d'un corps oxydable, tel que l'hydroquinone.

La conclusion de ce qui précède peut être ainsi formulée : les oxydases sont des combinaisons spéciales du manganèse ; le radical acide est probablement de nature protéique et variable suivant le ferment considéré ; il aurait juste l'affinité nécessaire pour maintenir le métal en dissolution. L'élément actif de l'oxydase serait le manganèse.

Remarquons en terminant que la propriété de fixer l'oxygène libre sur l'hydroquinone n'appartient pas exclusivement au manganèse. L'*acétate de cérium* possède à cet égard une activité égale à celle de l'acétate manganeux (Job). Or le cérium n'est pas un métal aussi rare qu'on pourrait le penser ; il a été rencontré dans beaucoup de sols.

Certains métaux colloïdaux possèdent des propriétés diastasiques. — La mousse de platine et les solutions colloïdales de platine présentent beaucoup d'analogies, au point de vue des propriétés oxydantes, avec les oxydases dont il vient d'être question. Le platine colloïdal, en effet, accélère l'oxydation du pyrogallol, tout comme la laccase. La décoloration de l'indigo par l'eau oxygénée est accélérée, aussi bien par le contact du sang et celui de certaines diastases, que par le platine colloïdal et la mousse de platine (Schönbein). Les poisons des diastases et du sang sont aussi ceux du platine colloïdal : acide cyanhydrique à $\dfrac{1}{40\,000\,000}$, hydrogènes sulfuré et arsénié, oxyde de carbone.

D. **Ferments dédoublant la molécule**. — La *diastase alcoolique*, *alcoolase* ou *zymase*, découverte par Büchner en 1897, existe dans les cellules de levure, d'où on peut l'extraire à l'aide d'une pression très énergique. Le suc qui s'écoule possède la propriété, *en l'absence de toute cellule*, de dédoubler le saccharose, le glucose, le lévulose, le maltose en gaz carbonique et alcool. Les propriétés actives du suc persistent après qu'il a traversé une bougie de porcelaine, telle que le filtre Chamberland. Toutefois le pouvoir *ferment* est ralenti après ce passage. On peut dessécher à 30-35° l'extrait de levure : le produit blanc, dur, qui en résulte est capable de conservation pendant plusieurs mois ; remis au contact de l'eau, il reprend ses propriétés fermentatives.

Les cellules de levure, comme l'extrait lui-même, dédoublent le glucose, par exemple, suivant l'équation approchée :

$$C^6H^{12}O^6 = 2CO^2 + 2C^2H^6O.$$

L'extrait de levure jouit de cette propriété remarquable de dédoubler les sucres en présence de doses d'antiseptiques telles qu'elles anéantiraient l'activité des cellules elles-mêmes de levure. L'activité du suc de levure diminue assez rapidement.

La zymase est probablement très répandue dans le règne végétal : c'est évidemment à son action qu'est due la transformation, dans certains fruits, du sucre en alcool et gaz carbonique, lorsque ces fruits sont plongés dans le gaz carbonique ou dans l'azote (*fermentation intracellulaire*).

La zymase alcoolique renferme, en fait, deux diastases. La première, la *zymase proprement dite*, simplifie la molécule sucrée et l'amène à l'état d'acide lactique :

$$C^6H^{12}O^6 = 2\,C^3H^6O^3 ;$$

la seconde, ou *lactacidase*, transforme l'acide lactique en alcool et gaz carbonique.

E. Ferments dédoublant les glucosides. — Il sera question de ces ferments à propos de l'étude des glucosides eux-mêmes.

F. Ferments solubles qui transforment les matières albuminoïdes. — Nous parlerons de ceux-ci lorsque nous aurons étudié l'absorption et l'assimilation de l'azote par la plante. Ces deux dernières catégories de diastases peuvent rentrer dans la classe des diastases hydratantes.

III

ÉTUDE DES HYDRATES DE CARBONE

L'aldéhyde méthylique CH^2O, dont nous avons admis la polymérisation dans les phénomènes de la synthèse chlorophyllienne, fournit des matières sucrées ou des hydrates de carbone de l'ordre des *hexoses*, c'est-à-dire des corps renfermant 6 atomes de carbone ou un multiple de 6. Or tous les végétaux renferment également des hydrates de carbone à 5 atomes de carbone : on donne le nom de *pentosanes* à ces substances et celui de *pentoses* aux matières sucrées qui en dérivent par hydratation.

Mais les hydrates de carbone en C^5 et C^6, qui figurent des degrés d'une polymérisation déjà assez avancée de l'aldéhyde méthylique, sont évidemment précédés dans leur formation par des termes plus simples. Parmi ceux-ci, il est bon de signaler une substance, la *glycérine* $C^3H^8O^3$, deux fois alcool primaire, une fois alcool secondaire [$CH^2(OH).CH(OH).CH^2(OH)$], dont l'importance physiologique est capitale, puisqu'elle représente le noyau alcoolique fondamental de tous les corps gras rencontrés dans le végétal. La glycérine n'existe à l'état de liberté dans aucun des tissus de la plante : du moins ne l'y a-t-on pas encore rencontrée. Nous verrons, à propos de la germination, que, lorsque les graisses se saponifient, la glycérine disparaît très rapidement, soit par combustion totale, soit plus vraisemblablement par transformation en hydrates de carbone par perte de 2 atomes d'hydrogène. Si l'on admet qu'il se forme dans ce dernier cas de l'*aldéhyde glycérique* $C^3H^8O^3 - H^2 = C^3H^6O^3$, il est possible de voir dans cet aldéhyde le premier échelon de la production des hydrates de carbone en C^6. Ce sont les dérivés de la glycérine qui ont permis à E. Fischer de construire de toutes pièces les nombreux isomères du glucose et le glucose lui-même.

Quelques mots seulement sur les substances en C^4 que l'on rencontre dans les végétaux. L'*érythrite* $C^4H^{10}O^4$ (deux fois alcool primaire, deux fois alcool secondaire) se rencontre dans plusieurs espèces de lichens (*Roccella tinctoria*, *R. Montagnei*), à l'état d'éther diorsellique ou *érythrine*. L'érythrite que l'on retire de cet éther par saponification est une substance à saveur sucrée, bien cristallisée, inactive sur la lumière polarisée.

Pentosanes. — Pentoses. — On distingue les pentosanes en *arabanes* et *xylanes* d'après la nature des dérivés qui prennent naissance lorsqu'on hydrolyse ces deux matières. Il y a longtemps que l'on connaît un sucre, extrait de différentes gommes et de la gomme arabique en particulier, l'*arabinose*. A ce corps on avait d'abord attribué la formule $C^6H^{12}O^6$, identique à celle du glucose. Mais, par l'étude de ses produits de dédoublement, Kiliani a montré que l'arabinose devait s'écrire $C^5H^{10}O^5$, formule vérifiée depuis par la cryoscopie. Sa composition centésimale est la même que celle du glucose. L'arabinose se forme évidemment par l'hydratation d'une substance mère contenue dans la gomme primitive, l'*arabane*, ayant comme formule probable $(C^5H^8O^4)^n$, tout comme le glucose dérive par hydrolyse de l'amidon $(C^6H^{10}O^5)^n$. Les gommes, d'ailleurs, renferment, comme nous le verrons plus loin (p. 156), non seulement des pentosanes, mais des hexoses plus ou moins condensés, car on obtient toujours, dans l'hydrolyse de ces gommes, à côté de l'arabinose, des sucres tels que le glucose et le galactose.

Dans tous les tissus lignifiés des végétaux, il existe une substance soluble dans les alcalis étendus, précipitable de sa solution alcaline par un mélange d'alcool et d'acide chlorhydrique ou acétique sous forme de flocons. Ceux-ci, recueillis sur filtre et chauffés avec de l'acide sulfurique étendu, fournissent un sucre cristallisé, le *xylose*, isomère de l'arabinose. La substance mère du xylose se nomme *xylane* ou *gomme de bois*. Certains bois en fournissent beaucoup (16 p. 100 dans le bois de peuplier); la paille en contient de 11 à 15 p. 100.

Ni la xylane, ni l'arabane n'ont été obtenues à l'état de pureté : leur hydrolyse fournit toujours, à côté de sucres en C^5, des sucres en C^6. La gomme de bois semble exister dans les végétaux sous deux formes au moins : s'il est des xylanes qui se dissolvent facilement dans les acides étendus, il en est, au contraire, qui résistent à ces agents et même à l'action du réactif de Schulze (mélange à froid de chlorate de potassium et d'acide nitrique).

La gomme de bois, à peu près insoluble dans l'eau froide, est assez soluble dans l'eau chaude.

Les végétaux contiennent donc des substances qui, par hydratation, fournissent des sucres pentosiques. Ces substances sont fortement condensées ; elles se rapprochent quelque peu de la cellulose, dont nous parlerons plus tard ;

mais, en général, elles résistent beaucoup moins que celle-ci à l'action des acides étendus. A ces sortes de celluloses, moins résistantes et qui donnent à l'hydrolyse des mélanges de sucres pentosiques et hexosiques, Schulze a proposé de donner le nom d'*hémicelluloses* (Voy. plus loin p. 154).

L'arabinose et le xylose n'existent pas à l'état libre dans le végétal ; ces sucres sont incapables de fermenter ; tous deux sont dextrogyres.

Origine des pentosanes. — Cette origine doit être vraisemblablement cherchée dans l'oxydation de l'amidon ou de la cellulose. L'un des atomes de carbone se séparerait de la molécule des hexoses sous l'influence de l'oxygène de l'air et de ferments spécifiques (Tollens) :

$$C^6H^{12}O^6 + O^2 = C^5H^{10}O^5 + CO^2 + H^2O.$$

De Chalmot a montré que les feuilles contiennent d'autant plus de pentosanes qu'elles sont plus âgées. La teneur de l'orge en pentosanes augmente à mesure des progrès de la végétation. Quand on supprime l'assimilation chlorophyllienne en mettant la plante à l'obscurité, les pentosanes augmentent. Ceux-ci ne semblent donc pas provenir, comme les hexoses, de la fonction d'assimilation. De plus, il a été prouvé qu'à la fin du jour le taux des pentosanes n'était pas toujours plus élevé que le matin.

En somme, la formation des pentosanes s'étend sur toute la période de la végétation, et leur augmentation paraît se faire parallèlement avec celle de la cellulose. D'après quelques auteurs, lorsque la plante est maintenue longtemps à l'obscurité, les pentosanes se comporteraient comme une matière de réserve et, de même que les hexoses, ils seraient consommés.

Dans l'organisme animal, une partie des pentosanes peut être digérée, une autre est rejetée dans les excréments. La formation de l'acide hippurique semble être en relation avec la présence des pentosanes facilement digestibles. Il existe des microorganismes qui attaquent les pentosanes ; ceux-ci se rencontrent toujours dans la matière humique des sols, ainsi que dans la tourbe.

Caractères des corps pentosiques. — Toutes les substances pentosiques possèdent la propriété de donner, quand on les chauffe avec un acide minéral étendu, un corps de nature aldéhydique, le *furfurol* $C^5H^4O^2$. On peut même doser approximativement de cette façon la quantité de pentoses contenus dans un poids déterminé d'un tissu végétal quelconque. Le furfurol qui distille est recueilli et traité par une solution titrée d'acétate de phénylhydrazine. Le furfurol se reconnaît à son odeur caractéristique et à la coloration rouge-carmin qu'il communique à une solution d'acétate d'aniline.

A côté des pentosanes, il existe dans les végétaux certaines substances telles que les *oxy-celluloses* et les *matières pectiques*, contenant des groupes *furfurogènes* et capables de fournir du furfurol dans les conditions où les pentosanes eux-mêmes en donnent. Presque toutes les celluloses contenues dans les fibres brutes renferment des substances furfurogènes.

Les pentosanes et les pentoses, chauffés avec de l'acide chlorhydrique concentré, fournissent une abondante matière noire, mais ne donnent ni acide lévulique, ni acide formique, comme le font les hexoses.

On peut, d'après G. Bertrand, différencier les pentoses des hexoses de la façon suivante. Si on chauffe doucement avec de l'acide chlorhydrique concentré et une trace d'*orcine* une petite quantité de sucre ou d'un hydrate de carbone en C^6, la liqueur devient rouge orangé. Elle se colore en violet-bleu si l'on a affaire à un hydrate de carbone en C^5.

L'amylase n'attaque pas les pentosanes. Si donc on veut saccharifier de l'amidon contenant des pentosanes, on fera d'abord agir l'amylase, qui solubilisera cet amidon et n'agira pas sur les pentosanes.

Heptoses. — A côté des pentoses, on rencontre dans certains végétaux des matières sucrées contenant 7 atomes de carbone. Tel est le cas de la *perséite*, qui existe dans les graines de l'*avocatier* (*Laurus Persea*). Ce sucre est une *mannoheptite* dextrogyre. On a d'abord confondu cette matière avec un alcool isomère de la mannite $C^6H^{14}O^6$. Maquenne a démontré, en 1888, que la perséite avait pour formule $C^7H^{16}O^7$; on en dérive, par réduction, un hydrocarbure C^7H^{12}.

La *volémite*, extraite du *Lactarius volemus*, est un isomère de la perséite.

Hexoses. — On peut diviser les hexoses en trois groupes : 1° celui des *glucoses*, corps réducteurs, doués de pouvoir rotatoire, répondant à la formule brute $C^6H^{12}O^6$; 2° le groupe des *alcools*, d'où dérivent les corps précédents, qui en représentent les aldéhydes ou les cétones, tels que la *mannite*, la *dulcite*, la *sorbite*; leur formule est $C^6H^{14}O^6$; 3° le groupe des *polyglucoses*; celui-ci comprend deux subdivisions : α. corps qui dérivent de 2 molécules $C^6H^{12}O^6$ avec élimination de 1 molécule d'eau : *sucre de canne, maltose, lactose* $C^{12}H^{22}O^{11}$; β. corps qui résultent de la condensation d'une ou plusieurs molécules $C^6H^{12}O^6$ avec départ de 1 molécule d'eau : *dextrines, amidons, celluloses* $(C^6H^{10}O^5)^n$.

A ces trois classes, il convient d'ajouter l'*inosite*, dont la formule est celle des glucoses, mais qui n'est pas un glucose proprement dit, car elle n'est pas réductrice. Ses produits de réduction sont des composés aromatiques ; l'inosite est un *cyclo-hexanehexol*.

Ce fait que les produits de réduction de l'inosite sont des composés appartenant à la série aromatique est d'une très grande importance. Il prouve que l'origine des composés de cette série, que l'on trouve si fréquemment dans le végétal, doit avoir comme point de départ l'inosite. L'*inosite* est inactive par nature.

On retire principalement l'inosite des feuilles de noyer, mais elle est très répandue dans le règne végétal ; elle n'a parfois qu'une existence transitoire.

La *pinite*, qui existe dans les exsudations de certains pins, est une méthylinosite d'où on retire par déméthylation une *inosite dextrogyre* (Maquenne). Une autre méthylinosite, la *québrachite*, extraite de l'écorce de *Quebracho*, fournit par déméthylation une *inosite lévogyre* (Tanret). La combinaison de ces deux dernières inosites actives donne une *inosite inactive par compensation ou racémique* (Maquenne et Tanret). Il existe donc quatre inosites, comme il existe quatre acides tartriques. L'inosite racémique a été rencontrée dans les baies du *gui* par G. Tanret : c'est le premier exemple d'un sucre racémique existant dans un organisme vivant.

A

GROUPE DES GLUCOSES

Glucose $C^6H^{12}O^6$. — Le glucose prend naissance dans la fonction chlorophyllienne. Il se forme fréquemment dans la plante par dédoublement du saccharose. On le trouve assez rarement à l'état de pureté dans les sucs végétaux, où il est accompagné de son isomère le *lévulose* et de sucre de canne. Les fruits renferment des quantités considérables de glucose. Celui-ci se forme dans l'hydrolyse de la plupart des polyglucoses, soit au contact de diastases appropriées, soit sous l'influence des acides minéraux étendus et bouillants. Il se produit, dans ces conditions, à côté du glucose, une proportion variable de lévulose et de galactose, suivant la nature du polyglucose initial.

Une comparaison attentive des pouvoirs rotatoires, des pouvoirs réducteurs et des poids spécifiques des différents glucoses obtenus ainsi permet d'affirmer l'identité absolue de tous ces produits.

Les gommes donnent, par hydratation, principalement des pentoses et du galactose. Le glucose se forme aussi par hydrolyse de la matière muqueuse des laminaires et des coings. L'action de certaines diastases ou celle des acides étendus sur les glucosides (Voy. plus loin) fournit du glucose. Le glucose est dextrogyre.

Lévulose ou fructose. — Ce sucre, lévogyre, accompagne le glucose dans les sucs végétaux où il est très répandu. Ces deux corps existent à poids égaux dans le *sucre interverti*. Le sucre réducteur des feuilles de betterave est du sucre interverti.

Il est probable que la fonction chlorophyllienne engendre à la fois du glucose et du lévulose ; d'ailleurs, chaque fois que le saccharose se dédouble dans la plante, on voit apparaître en même temps ces deux matières sucrées.

Il résulte d'expériences effectuées par Lobry de Bruyn et van Ekenstein que des bases fortes, telles que la potasse, et même des bases faibles (oxyde de plomb), transforment avant 100°, quelquefois dès la température ordinaire, le glucose en lévulose et en mannose. Parfois le glucose ne fournit que du mannose. Une semblable transposition moléculaire pourrait avoir lieu dans le végétal et les hémicelluloses dénommées *mannanes* auraient le glucose comme origine première.

Dans certains sucs végétaux, le lévulose l'emporte sur le glucose; c'est ce que l'on observe chez beaucoup de fruits tels que les tomates, les poires et les pommes à cidre. Le glucose est plus abondant que le lévulose dans le raisin avant sa maturité. Au moment où celle-ci est achevée, les deux sucres existent à peu près en proportions égales.

Ces deux sucres réducteurs se rencontrent dans toutes les parties du végétal, souvent en faible quantité : seuls, les fruits en contiennent presque toujours d'abondantes réserves. Cependant, la plupart du temps, les véritables réserves hydrocarbonées consistent en amidon ou en saccharose, c'est-à-dire en polymères, avec déshydratation, des sucres réducteurs.

Un grand nombre de *Liliacées* ne contiennent que peu d'amidon ; les plantes de cette famille sont surtout chargées de sucres réducteurs.

Pendant la germination des tubercules riches en amidon, l'amylase et la maltase transforment cet hydrate de carbone en glucose. L'inulase transforme en lévulose l'inuline des tubercules de topinambour et de dahlia.

Le rôle physiologique du glucose et du lévulose ne semble d'ailleurs pas être le même, comme nous le verrons plus tard : le premier de ces sucres serait surtout un aliment respiratoire : le second, un producteur de cellulose.

Galactose. — Cet isomère du glucose et du lévulose n'existe pas dans les végétaux, mais ses produits de condensation : *galactanes, galacto-arabanes, galacto-glucosanes*, se rencontrent chez presque toutes les plantes.

Müntz appelle *galactine* $(C^6H^{10}O^5)^{n14}$ (α *galactane*) une substance qu'il a rencontrée dans la farine des graines de certaines Légumineuses ne renfermant pas d'amidon (luzerne, trèfle, mélilot, acacia, etc.). Son aspect est gommeux, elle ne se dissout dans l'eau que lentement et après gonflement. Par hydrolyse, la galactine donne du galactose. La β *galactane* existe dans les graines de lupin ; elle est très soluble dans l'eau. Les acides minéraux étendus la transforment en un mélange de glucose et de galactose. L'hydrolyse des gommes et celle des matières mucilagineuses fournit beaucoup de galactose.

Mannose. — Cette matière sucrée, isomère des précédentes, a été rencontrée parfois à l'état libre dans les végétaux. On l'appelle souvent *séminose*. En revanche, les *mannanes*, qui semblent être un produit de condensation du *mannose*, sont abondantes chez les végétaux (graines de palmiers, de Liliacées, etc.). La *cellulose de réserve* de certaines graines, ou *séminine*, donne du mannose par hydrolyse.

B

GROUPE DES ALCOOLS

Ce groupe, qui comprend la *mannite*, la *dulcite*, la *sorbite*, diffère du précédent par 2 atomes d'hydrogène en plus. La formule brute des corps de ce groupe est $C^6H^{14}O^6$. Ces *hexites* prennent naissance par suite de phénomènes de réduction constants chez les végétaux.

Mannite. — Substance très répandue chez les végétaux inférieurs et supérieurs. Découverte dans la *manne* du frêne, on la rencontre dans beaucoup de racines (chiendent, aconit), dans l'écorce de frêne et de cannelle blanche, dans les fruits du caféier, les olives, etc. Le sucre des champignons est de la mannite.

Dulcite. — Substance que l'on rencontre surtout dans les plantes de la famille des *Célastracées* et dans celle des *Scrofulariacées*. On la nomme quelquefois *mélampyrite* et *évonymite*. Nous savons que certaines feuilles, désamidonnées à l'obscurité, peuvent reformer de l'amidon lorsqu'on les fait flotter sur des solutions de mannite et de dulcite.

C

GROUPE DES POLYGLUCOSES

z. COMPOSÉS DE FORMULE $C^{12}H^{22}O^{11}$.

Saccharose ou sucre de canne. — Le saccharose se rencontre dans une foule de végétaux. Il constitue une réserve hydrocarbonée des plus importantes dans les tiges et les racines de certaines plantes (canne à sucre, betterave). Lorsqu'il est utilisé par le végétal, il se dédouble sous l'influence de l'invertine en *sucre interverti*, mélange à molécules égales de glucose et de lévulose. Réciproquement, il est possible que ce sucre ne soit pas un produit direct de l'assimilation chlorophyllienne, mais qu'il provienne, par un mécanisme inverse du précédent, de la condensation, avec perte de 1 molécule d'eau, de 1 molécule de glucose et de 1 molécule de lévulose. Cette condensation s'effectuerait dans certaines cellules où le sucre de canne demeurerait à l'état de réserve, celle-ci pouvant être utilisée plus tard.

Il semble bien, d'après Icery, que la formation du sucre de canne est précédée de celle des sucres réducteurs. En effet, si on analyse la partie supérieure de la canne à sucre à une époque où elle porte encore un bouquet de feuilles et la partie moyenne de la canne dont les feuilles sont tombées, on trouve que le haut de la tige, avoisinant les feuilles, contient une quantité notable de sucres réducteurs, alors que la partie moyenne de cette tige renferme surtout du saccharose. Celui-ci atteint le maximum de son poids et les sucres réducteurs leur minimum au moment de l'arrêt de la végétation. Ainsi, là où les organes chlorophylliens sont encore en activité, les sucres réducteurs dominent : ce qui semble prouver que ces sucres sont bien le premier produit de l'assimilation. Leur condensation en saccharose ne s'effectue que postérieurement.

Le saccharose est dextrogyre et ne réduit pas la liqueur cupro-potassique.

Le glucose seul, par condensation, pourrait former du saccharose : des embryons d'orge, maintenus pendant quelques jours sur une solution étendue de glucose, renferment du saccharose. Le maltose, isomère du saccharose, peut se changer en celui-ci. En effet, si on fournit une solution de maltose à des embryons d'orge, ces embryons renferment du saccharose.

La plupart des fruits contiennent du saccharose (oranges, fraises, abricots, etc.); il prend naissance dans les pommes pendant leur maturation, tandis que la matière amylacée disparaît peu à peu (Lindet).

Lorsque les plantes ont un suc cellulaire notablement

acide, elles ne renferment que peu de saccharose : il semble que la condensation des sucres réducteurs soit alors contrebalancée par l'action hydrolysante inverse qu'exercent les acides sur le saccharose.

Pour rechercher le sucre de canne dans les végétaux, alors que ce sucre y est parfois peu abondant ou douteux, Bourquelot se sert d'une solution d'invertine. On fait un extrait alcoolique de la partie de la plante chez laquelle on veut rechercher le sucre ; on exprime et on évapore au bain-marie après addition de carbonate de calcium. On reprend ensuite le résidu par un peu d'eau saturée de thymol (afin d'éviter la présence des microorganismes), puis on fait agir sur ce liquide la solution d'invertine. On défèque ensuite au sous-acétate de plomb ; on soumet enfin le liquide à l'examen polarimétrique et à l'action de la liqueur de Fehling.

Le saccharose accompagne presque toujours, sinon toujours, les réserves alimentaires des végétaux phanérogames, quelles qu'elles soient. Ce principe est, en quelque sorte, nécessaire aux échanges nutritifs (Bourquelot).

Maltose. — Cet hydrate de carbone, isomère du précédent, ne fournit par hydrolyse ou par l'action des diastases que 2 molécules de glucose. On ne le rencontre souvent dans les végétaux qu'en petite quantité (feuilles). Le maltose est dextrogyre et réduit directement la liqueur de Fehling.

Il prend naissance dans l'action de l'amylase sur l'empois d'amidon ; à cet égard, il ne doit avoir, dans le végétal, qu'une existence temporaire.

Lactose. — Le lactose ou *sucre de lait*, isomère du saccharose, dextrogyre, réducteur, donne par hydrolyse 1 molécule de glucose et 1 molécule de galactose. On le rencontre dans le lait des mammifères (3 à 6 p. 100 suivant l'espèce). Bouchardat à montré que ce sucre existe dans le suc d'un arbre appartenant à la famille des Sapotacées, le *Sapotilier (Sapota Achras)* : il est donc très peu répandu dans le monde végétal. Par contre, les plantes renferment des complexes tels que les *galactanes, galacto-arabanes*, qui, par dédoublement hydrolytique, fournissent du galactose ; il en est de même des matières pectiques, si répandues chez les végétaux. Le lactose contenu dans le lait doit donc vraisemblablement son origine au galactose des complexes ci-dessus (Müntz).

β. COMPOSÉS DE FORMULE $C^{18}H^{32}O^{16}$.

Raffinose ou mélitriose. — Ce sucre, dont la formule est $C^{18}H^{32}O^{16}+5H^2O$, résulte de l'union de 1 molécule de lévulose, de 1 molécule de glucose et de 1 molécule de galactose, avec élimination de 2 molécules d'eau. Trouvé pour la première fois dans la *manne d'Australie*, il a été rencontré également dans les germes de blé, dans l'orge, dans les graines de coton et surtout dans les mélasses de raffinerie.

Nous rappellerons, à propos du raffinose, une application remarquable que de Vries a tirée des propriétés plasmolytiques de la cellule pour l'établissement des poids moléculaires. On avait, en effet, longtemps regardé le raffinose comme un isomère du saccharose. Or, si on compare ces deux substances au point de vue de leur énergie plasmolysante, il est nécessaire, pour obtenir des liquides isotoniques, d'employer environ 3 parties de raffinose pour 2 de saccharose. On en conclut que, si la molécule de ce dernier renferme 12 atomes de carbone, celle du raffinose doit en contenir 18 : ce fait a été appuyé par des considérations d'ordre chimique.

Mélézitose. — Isomère du précédent, il résulte de la condensation de 3 molécules de glucose ; on le rencontre dans la manne du *Pinus larix* et dans quelques autres mannes. La *miellée* du tilleul en renferme jusqu'à 40 p. 100 (Maquenne).

Certains polysaccharides ne se dédoublent que sous l'influence de deux enzymes différents. Chaque diastase possède un effet limité : ainsi le *gentianose*, triose de formule $C^{18}H^{32}O^{16}$, est formé par la condensation de 2 molécules de glucose et de 1 molécule de lévulose, avec élimination de 2 molécules d'eau. Soumis à l'action de l'invertine, le gentianose cède 1 molécule de lévulose ; les 2 molécules de glucose restent sous forme d'un hexobiose, le *gentiobiose*. Pour hydrolyser celui-ci, un second ferment soluble est nécessaire, c'est la *gentiobiase*. Aussi Bourquelot a-t-il donné la formule suivante de l'action diastasique. Pour obtenir l'hydrolyse intégrale d'un polysaccharide, il faut autant de ferments, moins un, que le polysaccharide renferme de molécules d'hexoses. Dans l'hydrolyse d'un polysaccharide, les ferments doivent agir successivement dans un ordre déterminé.

γ. COMPOSÉS DE FORMULE $(C^6H^{10}O^5)^n$

Dextrines. — On désigne sous ce nom des substances fortement dextrogyres, incristallisables, solubles dans l'eau, insolubles dans l'alcool, non réductrices. On peut les considérer comme un terme intermédiaire entre l'amidon et les substances sucrées. L'amidon, hydrolysé par les acides étendus ou soumis à l'action de l'amylase, fournit des dextrines. Celles-ci se rencontrent dans les graines de céréales avant leur maturité.

Il existe deux groupes de dextrines : les *amylo-dextrines*, qui, de même que l'amidon, se colorent en bleu par l'iode et constituent le premier terme de la transformation de l'amidon soumis à l'action de l'amylase ; les *achroo-dextrines*, qui ne se colorent pas par l'iode.

La dextrine est souvent considérée, non comme une substance de réserve, mais seulement comme un composé transitoire formé par l'action des diastases sur l'amidon. Cependant la dextrine fonctionne parfois comme matière de réserve. Ainsi, dans un bulbe de jacinthe, pris à un moment quelconque de son développement, il existe toujours une certaine quantité de dextrine à côté de l'amidon. Du mois de janvier au mois de mars, le bulbe est en voie de formation ; au mois de mai, il entre en vie ralentie et, au mois de novembre, la consommation des réserves est déjà commencée. Voici le tableau des taux de dextrine et d'amidon pendant l'évolution du bulbe :

	Dextrine. p. 100.	Amidon. p. 100.
18 Janvier.................................	18	5
27 Mars...................................	22	16
27 Mai....................................	26	29
11 Novembre..............................	21	26
10 Février................................	15	4

L'amidon passe par un maximum au début de la vie ralentie (27 mai) : cet hydrate de carbone se conduit donc comme une substance de réserve. Pendant la formation du bulbe, le taux de dextrine l'emporte sur celui de l'amidon ; la dextrine semble donc servir à la formation de l'amidon qui s'emmagasine. De même, pendant que le bulbe est consommé (novembre à février), la dextrine que celui-ci renferme provient de la digestion de l'amidon. Cependant, au mois de mai, lorsque le bulbe entre dans l'état de repos, on devrait observer la disparition de la dextrine, ou, du moins, constater l'existence d'un minimum. Puisque c'est l'inverse qui se produit, on en conclut que cette substance est une matière de réserve au même titre que l'amidon.

La dextrine joue donc plusieurs rôles différents :

1° C'est une substance qui sert à former l'amidon dans les organes de réserve en voie de formation ; 2° c'est un produit de la décomposition de l'amidon pendant la digestion des réserves ; 3° c'est une réserve proprement dite, indépendante de l'amidon, pendant la période de vie ralentie (Leclerc du Sablon).

Amidon. — On reconnaît la présence de l'amidon à la coloration bleue que prend cet hydrate de carbone au contact de l'eau iodée ou mieux d'une solution d'iode dans l'iodure de potassium. La présence d'une trace d'acide iodhydrique ou d'un iodure alcalin semble indispensable pour que la coloration apparaisse. L'amidon est extrêmement répandu dans le règne végétal et dans toutes les parties de la plante. Dans certaines d'entre elles, il n'a qu'une existence transitoire (feuilles). Il s'emmagasine de préférence dans les racines, dans certaines tiges et, surtout, dans les graines. Celles-ci, sauf quelques graines oléagineuses et quelques graines de légumineuses très riches en azote, en renferment toujours. L'origine de l'amidon doit être placée, comme nous le savons, dans la fonction chlorophyllienne ou, plutôt, dans la condensation très rapide que subissent les sucres réducteurs en saccharose d'abord, puis en amidon.

L'abondance et même la seule présence de l'amidon ne sont pas du tout en rapport avec l'intensité de l'assimilation.

La plupart des chloroplastes des Liliacées ne renferment jamais d'amidon ; chez les plantes dicotylédones, le fait est beaucoup plus rare. D'autres hydrates de carbone remplacent alors l'amidon.

Parmi les faits les plus curieux relatifs à l'absence de l'amidon, il faut citer le cas des feuilles de blé, où cet hydrate de carbone n'a pas encore été rencontré, et l'on sait cependant à quel point le grain de blé est riche en amidon.

La présence d'*amylase*, constante dans la plupart des organes végétaux, explique pourquoi l'amidon se fluidifie si facilement et peut passer de l'endroit même de sa production dans une autre partie de la plante. Réciproquement, l'amidon, déposé à titre définitif dans tel organe comme le tubercule de la pomme de terre par exemple, subira, au moment de la germination, l'action de diastases qui le feront repasser à l'état de sucre soluble destiné à alimenter les nouvelles pousses.

L'*aspect microscopique* que présentent les grains d'amidon

est très variable suivant la plante considérée. La grosseur de ces grains varie de $\frac{1}{1000}$ à $\frac{1}{20}$ de millimètre de diamètre.

Les grains d'amidon montrent au microscope des stries concentriques, parfois des stries radiaires.

L'amidon est insoluble dans l'eau. Broyé avec un peu d'eau, il fournit un liquide colorable en bleu par l'iode, probablement à cause de la présence dans ce liquide d'une petite quantité d'*amylodextrine*; cette dernière substance est le premier produit de transformation que les acides étendus font subir à l'amidon. On l'appelle aussi *amidon soluble*; sa formation précède celle des dextrines.

Délayé dans l'eau, l'amidon fournit une liqueur opaline; celle-ci, chauffée à 100°, s'éclaircit, mais ne tarde pas à devenir visqueuse par suite du gonflement des grains. Ce liquide visqueux constitue ce qu'on appelle l'*empois d'amidon*. Si on continue à chauffer, une partie de l'amidon devient soluble. On peut hâter cette transformation en chauffant de l'amidon avec de l'eau sous pression à 150°. L'*amidon soluble* ainsi obtenu est blanc, amorphe et soluble dans l'eau.

Au-dessus de 150°, l'amidon se change en dextrine.

La dissolution, ou plutôt l'attaque des grains d'amidon par la diastase, ne se produit pas toujours de la même façon. Dans certains cas (pomme de terre), cette dissolution est progressive; le grain disparaît peu à peu tout en conservant sa forme primitive. Dans d'autres cas (Graminées), la diastase exerce des corrosions locales, comme s'il existait des parties de moindre résistance. Le grain se divise jusqu'à disparition complète.

L'amylase transforme d'abord l'amidon en *amylodextrine*; celle-ci donne ensuite naissance aux dextrines proprement dites, solubles dans l'eau et de poids moléculaire moins élevé. Enfin, à la suite d'un mécanisme qui a été longuement étudié par plusieurs savants, les dextrines donnent du *maltose*. Celui-ci, qui n'existe dans la plante qu'en faible quantité, y subit évidemment l'action d'un nouvel enzyme, la *maltase*, qui le change en glucose.

Alors que l'action de l'amylase conduit en dernier lieu au

maltose, l'action des acides étendus (minéraux et organiques) à 100°, ne donne jamais de maltose mais, successivement, de l'amidon soluble, de l'*érythrodextrine* (colorable en rouge par l'iode), de l'*achroodextrine* (non colorable par l'iode) et, finalement, du glucose.

La structure chimique de l'amidon de pomme de terre (et probablement de tous les amidons) a été récemment étudiée de nouveau d'une façon très complète par Maquenne et par Maquenne et Eug. Roux. Ces nouvelles recherches infirment beaucoup d'assertions anciennes relatives à la saccharification diastasique de cette matière : nous allons donner quelques détails à cet égard.

L'amidon a été regardé comme formé de deux substances, l'une soluble (amylose, granulose), l'autre insoluble (amylocellulose), qui ne représenterait, d'après une opinion courante, que 3 à 4 p. 100 du poids de l'amidon total. La première de ces substances peut être séparée de la seconde par l'action de l'eau ou celle du malt.

En réalité, lorsqu'on abandonne à lui-même de l'empois d'amidon *transparent*, il se produit peu à peu dans la masse une substance amorphe : ce phénomène a reçu de Maquenne le nom de *rétrogradation*. Celle-ci consiste dans le retour à l'état insoluble d'une matière qui était dissoute au moment de la préparation de l'empois. Les grumeaux qui se forment, se contractent, deviennent opaques et tombent au fond de la masse limpide. Si on recueille sur filtre cette substance coagulée, on constate qu'elle est à peine soluble dans l'eau bouillante et que l'amylase du malt ne l'attaque que partiellement : il reste un résidu que l'iode ne colore pas. Ces propriétés étaient celles que les anciens auteurs avaient attribuées à l'amylocellulose ; mais, tandis que ceux-ci n'en trouvaient que 3 à 4 p. 100 dans l'amidon, on en obtient, en fait, près du tiers de la masse. Cette substance n'est donc pas une impureté ; elle joue un rôle important dans la constitution de l'amidon. Cette rétrogradation spontanée augmente par l'action du froid, du temps, de l'addition ménagée des acides ; les alcalis étendus, ajoutés à dose croissante, favorisent d'abord la rétrogradation, puis la retardent et l'empêchent ; l'amylocellulose est, en effet, soluble dans les alcalis. Un enzyme spécial, l'*amylocoagulase* (Wolff et Fernbach), que l'on rencontre dans le malt vert et dans un grand nombre de végétaux, favorise beaucoup la rétrogradatoin.

Cette amylocellulose acquiert peu à peu au contact de l'air humide la propriété de se colorer en bleu par l'iode ; elle se dissout dans l'eau sous pression à 150° en un liquide presque limpide, colorable en bleu par l'iode. Par refroidissement, ce liquide abandonne une poudre blanche, en tout semblable aux amidons fins naturels (comme celui du riz), colorable par l'iode en bleu. Cet *amidon artificiel* est intégralement soluble dans la potasse et ne se gélifie pas au contact de l'eau bouillante, comme l'amidon naturel. Il représente donc de l'amylocellulose pure, de l'*amylose* comme Maquenne propose de l'appeler désormais. Cette amylose forme environ 80 p. 100 du poids de l'amidon.

Dans l'amidon naturel, l'amylose est associée à une substance qui communique à l'empois sa viscosité bien connue et l'empêche de se dissoudre intégralement dans les alcalis ; à cette substance Maquenne réserve le nom d'*amylopectine*. Cette matière a été isolée récemment, ainsi que nous le disons plus loin.

On peut donc se représenter la rétrogradation de la façon suivante. En faisant bouillir de l'amidon avec de l'eau, l'amylose se dissout probablement en totalité : l'amylopectine se gonfle. Par refroidissement, l'amylose, peu soluble, se dépose en formant les grumeaux caractéristiques de l'empois rétrogradé, sorte de cristallisation confuse. Cette amylose solidifiée n'est plus attaquable par la diastase, alors que l'amylopectine l'est encore. Une saccharification de la masse la laissera seule au milieu des autres produits atteints par l'action de la diastase.

Ainsi s'explique cette action incomplète de l'amylase sur l'empois vieilli, observée il y a longtemps et mise sur le compte de la présence dans l'amidon d'une substance cellulosique résistante.

L'amylose de l'amidon naturel se dissout intégralement dans l'eau bouillante, puisque l'empois *frais* est saccharifié en totalité par l'amylase. Maquenne explique ainsi pourquoi l'*amidon artificiel* ne se dissout que sous pression vers 150°. Dans ce dernier cas, en effet, par suite du mode même de préparation de l'amidon artificiel signalé plus haut, il ne s'agit plus que d'*amyloses très condensées*, peu solubles, alors que, dans le premier cas, les amyloses sont accompagnées de leurs homologues inférieurs beaucoup plus solubles et jouant, à leur égard, le rôle de dissolvant.

L'amylose ne fournit jamais d'empois : elle n'est attaquée par l'amylase que lorsqu'elle a été préalablement dissoute. Chose remarquable, elle donne avec l'iode une coloration bleue plus intense que l'amidon primitif d'où elle provient et dont elle possède tous les caractères microscopiques.

L'amylopectine est un corps gélatineux, insoluble dans l'eau et la potasse, rapidement liquéfiable au contact de l'amylase.

En résumé, l'amylocellulose ou, actuellement *amylose*, est identique à la granulose des anciens auteurs : elle existe toute formée dans le grain d'amidon naturel dans la proportion de 80 p. 100 environ. On doit comprendre sous le nom d'*amyloses* tous les termes de la famille de corps qui bleuissent par l'iode, se dissolvent entièrement dans la potasse ou l'eau surchauffée et se saccharifient sans production de dextrines résiduelles. A côté de l'amylose, l'amidon renferme 15 à 20 p. 100 d'un principe mucilagineux, l'*amylopectine*. Celle-ci se gonfle sans se dissoudre sensiblement dans l'eau bouillante ou les alcalis; elle est saccharifiée par l'amylase. L'empois d'amidon est constitué par une solution parfaite d'amylose épaissie par l'amylopectine (Maquenne et Eug. Roux).

L'amylose et l'amylopectine ont été tout récemment séparées l'une de l'autre de la façon suivante : Mme Gatin-Gruzewska a montré que l'amylopectine forme *l'enveloppe* du grain d'amidon. Si on fait agir sur de la fécule de pomme de terre crue une certaine quantité d'une solution alcaline en présence de beaucoup d'eau, l'enveloppe du grain se gonfle puis éclate ; la substance intérieure se solubilise et se déverse au dehors. En neutralisant l'alcali, l'enveloppe se contracte, ce qui contribue à la séparation des deux substances. Les enveloppes vides, constituées par l'amylopectine, se déposent, et le liquide surnageant contient l'amylose dissoute. Celle-ci se colore par l'iode en bleu franc, alors que les enveloppes se colorent en bleu violacé. On extrait ainsi de l'empois entre 40 et 45 p. 100 d'amylopectine.

Chaque enveloppe du grain d'amidon est composée d'*une série de sacs emboîtés les uns dans les autres*, insolubles dans l'eau froide, se gonflant dans l'eau chaude en formant des empois gélatineux qui ne rétrogradent pas et se liquéfient dans l'eau surchauffée, mais sans rétrogradation.

L'amylose obtenue par le procédé ci-dessus se présente, après dessiccation, sous forme d'une poudre blanche, fine, soluble en partie dans l'eau froide, en totalité dans l'eau à 100-120°. Ses solutions sont opalescentes. Cette amylose (amidon soluble pur) est formée d'un ensemble de substances semblables, dans des états différents de condensation et, peut-être, d'hydratation ; les moins condensées sont solubles dans l'eau froide.

Maquenne fait remarquer, à propos de cette séparation des deux constituants du grain d'amidon, qu'il n'existe peut-être pas de transition brusque entre le groupe des amyloses peu solubles, occupant le bas de la série et celui des amylopectines les moins résistantes. En réalité, un amidon naturel doit contenir des corps qui présentent à la fois les propriétés plus ou moins nettes ou atténuées de l'amylose et de l'amylopectine. La séparation de corps aussi voisins est donc très difficile, et on s'explique ainsi pourquoi l'examen colorimétrique exécuté en présence de l'iode n'indique guère que 20 p. 100 d'amylopectine, alors que, d'après le mode de séparation indiqué par Mme Gatin-Gruzewska, on en trouve plus du double, comme il a été dit plus haut.

Ce que nous venons d'exposer relativement à la constitution du grain d'amidon indique, de façon évidente, que cet hydrate de carbone est un produit essentiellement complexe, renfermant des groupements de substances sous des états de condensation très différents et, par conséquent, dont les poids moléculaires sont variables.

Inuline. — Cet hydrate de carbone, qui n'est peut-être pas toujours identique à lui-même suivant les différentes plantes d'où on le retire, remplit vis-à-vis des végétaux qui le renferment le même rôle que l'amidon. On le rencontre surtout dans les racines et tubercules de beaucoup de Composées

(dahlia, topinambour, aunée, chicorée, salsifis, etc.). On
le trouve aussi dans les tiges de ces plantes.

L'inuline est constituée par des granules ou *sphéro-cristaux*,
non organisés comme ceux de l'amidon. Elle se gonfle dans
l'eau froide sans s'y dissoudre ; elle est très soluble dans l'eau
bouillante. Elle est lévogyre, ne bleuit pas l'iode et ne réduit
pas la liqueur de Fehling. Elle est saccharifiée par l'*inulase*,
les acides étendus et même l'eau bouillante, avec production
de lévulose.

L'inuline se forme *sur place* dans le végétal. C'est ce qui
résulte des expériences suivantes dues à Vöchting. On coupe
la tige d'un grand soleil (*Helianthus annuus*) et on greffe
sur cette tige coupée un rameau de topinambour (*Helianthus
tuberosus*) ; celui-ci se développe facilement. Lorsqu'on examine ultérieurement la composition de la sève de la partie
supérieure de cette *plante mixte* jusqu'au niveau de la greffe,
on la trouve chargée d'inuline ; la partie inférieure n'en contient pas trace ; elle ne renferme que de l'amidon, et la racine
ne porte pas de tubercules. Si on fait l'essai inverse, c'est-à-
dire si on greffe sur une tige coupée de topinambour un rameau
de grand soleil, la partie supérieure de la plante mixte ne
renferme pas d'inuline ; les tubercules de la partie inférieure
sont riches en inuline.

Dans ces deux expériences, les feuilles du topinambour
dans le premier cas, du grand soleil dans le second cas, produisent également du glucose par le jeu de l'assimilation
chlorophyllienne ; mais ce glucose, lorsqu'il émigre dans la
racine, se change en inuline quand cette racine est celle du
topinambour et en amidon si la racine appartient au grand
soleil.

Lévosine $(C^6H^{10}O^5)^i$. — Ce corps a été rencontré par Tanret dans
les graines de certaines Céréales (orge, blé, seigle). Il est très soluble
dans l'eau, inattaquable par l'amylase et saccharifiable par les acides
étendus en donnant surtout du lévulose.

Lévuline $(C^6H^{10}O^5)^n$. — Nommé quelquefois *synanthrose*, ce corps
se rencontre dans le suc du topinambour ; on le trouve aussi dans
le grain de seigle avant maturité (Müntz). Cette substance ne con-

stitue pas un principe défini. Tanret a montré que ce n'était qu'un mélange de saccharose et de différentes lévulosanes.

Une autre lévuline (β) ou *sécalose* a été rencontrée dans les tiges du seigle avant la maturation.

Celluloses. — La cellulose constitue la partie fondamentale et comme le squelette de toutes les plantes. Le degré de condensation de sa molécule est inconnu. Son analyse répond à la formule $(C^6H^{10}O^5)^n$. Il serait préférable de dire les *celluloses* au lieu de la *cellulose*, car rien ne prouve que la cellulose soit une espèce unique. D'après Cross, Bevan et Beadle, il existerait trois sortes de celluloses.

La cellulose offre les caractères suivants. Elle bleuit au contact de l'iode lorsqu'elle a été préalablement traitée par l'acide sulfurique ou l'acide phosphorique concentrés, ou par le chlorure de zinc. Ces réactifs, ajoutés à l'iode, ont pour effet de transformer partiellement la cellulose en amylodextrine ou en *hydrocellulose*. La cellulose est insoluble dans tous les réactifs, neutres, acides, alcalins; elle se dissout dans une solution ammoniacale d'oxyde de cuivre (liqueur de Schweitzer), d'où les acides la reprécipitent. Elle est également soluble dans le sulfure de carbone en présence d'un alcali, ainsi que dans un mélange d'une partie d'acide chlorhydrique concentré et d'une partie de chlorure de zinc. Elle présente une remarquable affinité pour les colorants acides. La cellulose est, dans le végétal, mélangée ou imprégnée de diverses substances, insolubles dans l'eau et, principalement, d'*hémicelluloses* plus ou moins facilement saccharifiables par les acides étendus et chauds, de *lignine*, de *vasculose* et de *matières minérales*. L'acide sulfurique concentré et froid dissout la cellulose après l'avoir durcie (papier parchemin). Si on étend d'eau cette liqueur et si on la porte longtemps à l'ébullition, on obtient du glucose. Les acides étendus ne l'attaquent que très faiblement. La cellulose et l'amidon dérivent de la condensation de la même matière initiale, le glucose. Mais, tandis que l'amidon fournit par hydrolyse du maltose, la cellulose fournit, dans certaines conditions, un isomère de celui-ci, le *cellose*, corps dextrogyre, soluble dans l'eau, dédoublable lui-même par hydratation en 2 molécules de glucose. On n'observe que la seule formation de glucose quand on traite directement la cellulose par l'acide sulfurique concentré avec addition ultérieure d'eau et ébullition du liquide, comme il a été dit un peu plus haut.

Le cellose n'a pas encore été rencontré dans les végétaux (Skraup).

La cellulose, avons-nous dit, est soluble dans l'oxyde de cuivre ammoniacal : la liqueur obtenue est lévogyre. A. Girard pense que, pour cette raison, la cellulose des tubercules de pomme de terre doit dériver de la condensation du lévulose. Le *Bacterium xylinum* possède la propriété de transformer la dextrine et le lévulose en cellulose.

Il existerait, d'après certains auteurs, un produit végétal mal défini, l'*oxycellulose*, capable de fournir, comme les pentosanes, du furfurol quand on le chauffe avec des acides étendus. On peut obtenir artificiellement cette oxycellulose par oxydation de la cellulose, et même de l'amidon, au moyen de l'acide nitrique ou de l'acide chromique.

L'*hydrocellulose* est un corps insoluble, friable, qui prend naissance, d'après A. Girard, lorsqu'on traite la cellulose par une petite quantité d'un acide minéral quelconque.

En résumé, il convient de réserver le nom de *cellulose* au corps qui reste lorsqu'on a épuisé sur une substance végétale l'action de l'éther, pour enlever les corps gras et les cires, celle de l'eau, des alcalis, des acides étendus et chauds. On traitera le résidu insoluble par l'oxyde de cuivre ammoniacal, et on précipitera la liqueur limpide par un acide. Les flocons formés, recueillis sur filtre, lavés à l'eau bouillante et à l'alcool, puis séchés, représentent de la cellulose à peu près pure.

On isole parfois la cellulose des tissus végétaux en utilisant la propriété que celle-ci possède de résister à l'action des alcalis en fusion (méthode de Lange).

La plupart des champignons contiennent une cellulose particulière, très différente de celle des plantes phanérogames. Cette cellulose qui renferme de l'azote semble très voisine, sinon identique, à la *chitine*, que l'on retire de l'enveloppe d'un grand nombre d'insectes et de crustacés. La chitine se comporte comme un véritable glucoside azoté.

Callose. — Mangin désigne sous ce nom un constituant de la membrane cellulaire, surtout répandu chez les champignons, lequel est uni à la cellulose ou à des principes pectiques. La callose est insoluble dans le réactif de Schweitzer.

Hémicelluloses. — Les hémicelluloses accompagnent toujours la cellulose proprement dite dans tous les tissus végétaux. Nous en avons déjà dit quelques mots à propos des pentosanes (p. 136). Les hémicelluloses se dissolvent dans la lessive de soude, plus ou moins facilement suivant leur nature. Pour certains auteurs, la cellulose se présenterait sous plusieurs modifications physiques résistant de façon variable à l'action de la soude étendue. La plupart des hémicelluloses sont attaquées par les acides étendus à chaud avec production, par hydrolyse, de xylose, d'arabinose, de galactose, de mannose : d'où les noms d'*arabanes*, de *xylanes*, de *galacto-arabanes*, de *mannanes*, donnés aux hémicelluloses suivant la nature du sucre pentosique ou hexosique formé dans l'hydrolyse. Ces substances correspondent aux *matières incrustantes* des anciens auteurs. (Disons, en passant, que le terme d'*hémicelluloses* n'est pas très heureux, car ces substances n'ont rien de commun avec la cellulose proprement dite.)

Les hémicelluloses qui renferment de la xylane ou de l'arabane donnent également naissance à du furfurol quand on les traite par des acides étendus et chauds. Il existe des procédés de dosage du furfurol qui permettent d'estimer, d'après la quantité de furfurol produite, la proportion de xylose ou d'arabinose contenue dans la matière initiale.

Les semences de presque toutes les graines renferment des hémicelluloses. Schulze a rencontré, dans les graines du lupin jaune et de beaucoup de Légumineuses, une substance, insoluble dans l'eau, qui, chauffée avec de l'acide sulfurique étendu, fournit du galactose et qui, oxydée par l'acide nitrique, donne de l'acide mucique. A cette substance, il a donné le nom de *paragalactane*. Ce dernier corps contient également une certaine quantité d'un sucre pentosique (arabinose). Pendant la germination, la paragalactane est utilisée comme matière de réserve.

Les *mannanes* existent dans les graines de beaucoup de

Légumineuses ; elles sont facilement hydrolysables par les acides étendus, alors que les mannanes extraites des graines de palmiers le sont difficilement. Le *salep*, substance hydrocarbonée contenue dans les tubercules d'Orchidées, renferme une mannane. Les noix du *Phytelephas macrocarpa* (corrozo) sont employées à la préparation du mannose.

En résumé, les hémicelluloses résistent beaucoup moins bien que la cellulose proprement dite à l'action des acides étendus et chauds. Les produits d'hydrolyse sont variables avec l'hémicellulose considérée. Elles se dissolvent dans l'oxyde de cuivre ammoniacal après action des acides étendus froids. Les hémicelluloses sont donc des *anhydrides* condensés soit des hexoses $(C^6H^{10}O^5)^n$, soit des pentoses $(C^5H^8O^4)^n$ ou, le plus souvent, des combinaisons de ces deux sortes d'anhydrides. D'ailleurs ces anhydrides condensés des hexoses peuvent fournir à l'hydrolyse, ainsi que nous l'avons déjà dit, soit du glucose et du mannose, soit du glucose et du galactose, soit du galactose seul. Toutes les hémicelluloses ne sont pas des substances de réserve.

Remarques sur la présence de certaines hémicelluloses dans les végétaux. — Schulze désigne sous le nom de *manno-cellulose* une substance analogue à la cellulose, contenue dans le café, les noix de coco, les tourteaux de sésame et qui fournit, par hydrolyse, du mannose. Cette matière résiste aux acides minéraux étendus et chauds ; on doit donc la considérer comme différente de l'anhydride du mannose (mannane), laquelle se dissout facilement dans les acides étendus et que l'on rencontre chez beaucoup de végétaux. On peut penser qu'il existe plusieurs anhydrides du mannose dans les membranes cellulaires et que ceux-ci offrent des degrés de résistance variable vis-à-vis des acides.

G. Bertrand a montré que, chez les *Gymnospermes*, l'hémicellulose nommée *xylane* manque à peu près complètement et qu'elle est remplacée par un hydrate de carbone tout différent : la *manno-cellulose* dont nous venons de parler. Les Cycadées et les Conifères en renferment beaucoup, mais la troisième famille des Gymnospermes, les *Gnétacées*, ne fournit qu'un petit rendement comparé à celui des deux autres. Le fait est d'autant plus digne de remarque que les Gnétacées ne sont pas considérées en général comme de véritables Gymnospermes, mais bien plutôt comme un terme de passage entre les deux grands groupes de Phanérogames.

Amyloïde. — On désigne sous ce nom une partie constitutive des parois cellulaires, qui, de même que l'amidon, se colore en bleu par l'iode directement. On rencontre l'amyloïde dans les parois cellulaires de beaucoup de végétaux. Il fonctionne dans les graines comme une matière de réserve.

Winterstein l'a isolé des semences de capucine : précipité de sa solution aqueuse par l'alcool, l'amyloïde forme une gelée volumineuse, incolore et transparente. Les acides étendus et chauds l'hydrolysent avec production de galactose et de xylose. L'amyloïde est donc une sorte d'hémicellulose dont la composition répond à la formule $C^{17}H^{30}O^{15}$.

Gommes. — Ce sont des substances complexes, voisines des hydrates de carbone et des composés pectiques. Les unes sont solubles dans l'eau et communiquent à ce liquide un assez grand degré de viscosité (gomme arabique); d'autres se gonflent au contact de l'eau et n'abandonnent à celle-ci qu'une faible quantité de matière soluble (gomme adragante). Les gommes sont insolubles dans l'alcool et l'éther. Soumises à l'action de l'acide sulfurique étendu et chaud, elles se transforment, mais non intégralement, en sucres pentosiques et hexosiques : à cet égard, elles peuvent être rapprochées des hémicelluloses. On peut dire que, en général, elles sont composées surtout d'*un mélange d'arabane et de galactane*. Elles renferment, d'après Frémy, un acide particulier, l'*acide gummique* uni à la chaux, ainsi que des matières incristallisables, du tannin, des matières colorantes et quelques substances azotées. La gomme arabique, qui exsude des plantes du genre *Acacia*, fournit à l'hydrolyse un mélange d'arabinose et de galactose; ce dernier sucre est le plus abondant. Par oxydation nitrique, elle donne de l'acide mucique en proportion d'autant plus considérable qu'elle est moins riche en arabinose. Les gommes de cerisier et de pêcher fournissent, au contraire, beaucoup d'arabinose.

Chauffées avec de l'acide chlorhydrique étendu, ces gommes donnent du furfurol par suite de la présence de l'arabane.

On peut isoler les matières gommeuses proprement dites en dialysant leurs solutions filtrées et acidulées d'acide acétique. On exécute ensuite des précipitations fractionnées avec de l'alcool acidulé d'acide acétique sur la partie qui reste sur le dialyseur. La gomme adragante qui exsude de certains *Astragalus* abandonne à l'eau une faible quantité de matière (arabane) ; la partie insoluble a reçu le nom de *bassorine*.

Cette dernière substance existe aussi dans la gomme de pays (gommes de cerisier, de pêcher).

Citons encore, parmi les substances gommeuses, la *gomme de bois* ou *xylane*, que l'on rencontre abondamment dans les tissus lignifiés de tous les végétaux, d'où on peut l'extraire par l'action d'une solution de soude étendue, que l'on précipite ensuite par l'alcool. Presque insoluble dans l'eau froide, la xylane se dissout dans l'eau chaude. Elle fournit du xylose à l'hydrolyse sulfurique et du furfurol quand on la chauffe avec de l'acide chlorhydrique étendu.

Les gommes prennent naissance par métamorphose chimique de tous les tissus. Les éléments cellulaires qui vont se transformer en gomme épaississent d'abord leurs membranes aux dépens du contenu cellulaire. La gomme adragante possède la structure des tissus d'où elle provient ; ses parois cellulaires sont fortement gonflées, et on voit à leur intérieur de nombreux grains d'amidon non encore transformés. La cellulose de la membrane semble être la substance génératrice de la gomme. D'après Wiesner, toutes les gommes renferment une diastase spécifique, qui est la cause immédiate de la transformation de la cellulose en gomme.

Mucilages. — Ce sont des mélanges de principes pectiques, renfermant parfois de la cellulose, capables de se gonfler dans l'eau et de communiquer à celle-ci une consistance gélatineuse. Ils se forment à la face interne de la membrane cellulosique, comme dans le cas de la graine de lin ; parfois ils prennent naissance à la surface libre de la plante, autour de la membrane cellulosique elle-même (algues). La *gélose*, si employée dans la pratique bactériologique comme substratum de culture, est un mucilage extrait d'une algue de la classe des *floridées*.

Principes pectiques. — Le suc de la plupart des fruits, ainsi que celui des tiges, des feuilles et de beaucoup de racines, renferme, à côté des corps cellulosiques, une matière insoluble dans l'eau, l'alcool et l'éther, impossible à séparer de la cellulose. Cette substance, nommée *pectose*, dont nous avons déjà dit un mot en parlant de la pectase (p. 121), présente cette propriété caractéristique de fournir, sous l'influence simultanée des acides et de la chaleur, un corps soluble dans l'eau, à laquelle il communique un certain degré de viscosité. Ce corps a été appelé *pectine*. Nous avons vu que la transformation du pectose en pectine, pendant la maturation d'un fruit vert, était probablement due à la présence d'un ferment soluble, non encore isolé. La pectine, de même que les gommes et les mucilages, donne avec l'eau des solutions visqueuses; elle fournit, quand on l'oxyde par l'acide nitrique, de l'acide mucique, mais elle se différencie des gommes et des mucilages par la propriété qu'elle possède de se coaguler par addition d'eau de baryte ou de chaux.

On extrait la pectine du suc des fruits mûrs. On filtre le suc et on le prive de chaux par l'acide oxalique ; on enlève ensuite les matières albumineuses par le tannin, et on ajoute de l'alcool dans la liqueur claire. De longs filaments gélatineux de pectine se forment qu'on lave à l'alcool, que l'on dissout dans l'eau et que l'on reprécipite de nouveau par l'alcool (Frémy). Ces dernières opérations doivent être renouvelées trois ou quatre fois.

A côté de la pectine se rencontre toujours un ferment soluble que nous avons déjà étudié : la *pectase*. Sous l'influence de ce ferment, la pectine se transformerait en un corps insoluble, gélatineux, l'*acide pectique*.

Frémy pensait que la pectase existait sous deux formes, l'une soluble, dans le suc de carottes par exemple, l'autre insoluble, dans le jus de pomme. G. Bertrand et Mallèvre, en faisant agir du suc filtré de carottes (riche en pectase) sur une solution de pectine, ont montré qu'il se précipitait, non pas de l'acide pectique, mais du *pectate de calcium*. Ce précipité est, en effet, insoluble dans les liqueurs alcalines faibles et ne s'y dissout que si on l'a fait macérer dans l'acide chlorhydrique étendu : ce dernier acide renferme alors de la chaux. La chaux intervient donc dans la fermentation pectique.

Voici quelques détails importants à ce sujet.

Pour faire la démonstration du rôle de la chaux dans le phénomène précédent, on prépare avec des carottes, et ainsi qu'il a été dit antérieurement, de la pectase exempte de chaux. On utilise, pour préparer la pectine, le marc de carottes d'où on a retiré la pectase. A cet effet, on délaye ce marc dans l'alcool, on fait bouillir un quart d'heure et on filtre à chaud. Le résidu, décoloré, est macéré dans de l'eau additionnée d'un peu d'acide chlorhydrique. Au bout de vingt-quatre heures, on exprime, on filtre et on précipite c : liquide par l'alcool. Les flocons déposés sont recueillis sur une toile, puis privés de chaux par épuisement à froid avec de l'alcool à 50° renfermant 2 p. 100 d'acide chlorhydrique. On termine la purification par une série de dissolutions dans l'eau et de reprécipitations par l'alcool. Pour l'usage, on emploie une solution de pectine à 2 p. 100, en présence d'eau saturée de chloroforme (afin d'éviter la présence des microorganismes).

On constate alors qu'une solution aqueuse de pectine demeure indéfiniment liquide quand on lui ajoute du suc *décalcifié* de carottes (pectase) : la moindre addition d'un sel de calcium soluble détermine, au bout de quelque temps, la formation d'un précipité de *pectate de calcium*.

On ajoute à du suc décalcifié de carottes un peu de chlorure de calcium; on divise en deux parties la solution, et on chauffe un des échantillons à 100° pour détruire l'action de la pectase. Les deux échantillons sont ensuite additionnés d'une solution de pectine. Le mélange contenant la pectase chauffée reste liquide ; l'autre fournit un précipité de pectate de calcium. Celui-ci se forme d'autant plus vite que la proportion de sel de calcium employée est plus forte. Donc l'action simultanée de la chaux et de la pectase est nécessaire pour déterminer la fermentation pectique. La baryte, la strontiane et même la magnésie, quoique à un degré moindre, agissent comme la chaux.

De plus, le milieu dans lequel a lieu cette fermentation doit être sensiblement *neutre*. En effet, le retard à la coagulation est d'autant plus grand qu'on aura ajouté artificiellement plus d'acide : c'est ce que l'on constate en additionnant le mélange *pectase, pectine, sel de calcium*, de doses croissantes d'acide chlorhydrique. Ainsi, même en présence d'un sel de calcium, l'action de la pectase est retardée, voire même anéantie, si le milieu est acide. Cette influence de l'acide peut être contre-balancée par l'emploi d'une plus forte proportion de sel de calcium ou de ferment. On s'explique ainsi comment certains sucs végétaux fortement acides (cerises, groseilles) produisent néanmoins la coagulation pectique : d'où nécessité d'un certain équilibre entre les quantités de ferment, de sels calciques et d'acide. Cette influence des acides sur la fermentation pectique avait échappé à Frémy, lequel avait nié l'existence de la pectase dans le suc des fruits acides. Il admettait l'existence d'une *pectase insoluble* accompagnant la partie soluble des pulpes et pensait expliquer ainsi pourquoi le suc des fruits acides (pommes vertes) n'agit pas sur la pectine, tandis que la pulpe même du fruit gélifie la solution de pectine au bout de quelque temps.

D'après Bertrand et Mallèvre, on peut expliquer tout autrement l'action différente du suc et de la pulpe des fruits acides sur la solution de pectine, sans recourir à l'hypothèse d'une pectase insoluble, en se rappelant que les diastases se fixent énergiquement sur les corps insolubles. La pectase existe dans le suc des fruits acides : il suffit de saturer ceux-ci, au moins en partie, par une base étendue, pour qu'ils déterminent la coagulation de la pectine. Si donc la pulpe de ces fruits acides agit sur la pectine, c'est que la petite quantité de pectase qu'elle retient n'est plus gênée par la présence des acides, lesquels ont disparu en majeure partie avec le suc cellulaire, quand on a soumis les fruits pulpés à la pression.

La pectine n'est pas une substance unique. Il existe certainement plusieurs pectines que l'on peut distinguer entre elles par la valeur de leur pouvoir rotatoire. Il est possible que, dans le même végétal, on puisse rencontrer différentes pectines dans des organes différents (Bourquelot).

De plus, étant donnée la présence si fréquente des pectines dans les tissus végétaux et leur disparition dans certains cas, il y a lieu de rechercher s'il n'existe pas un ferment soluble capable de les hydrolyser. L'orge germée renferme un tel ferment. Celui-ci ne se trouvant ni dans la salive, ni dans le liquide de culture de l'*Aspergillus niger*, il est naturel de penser qu'il s'agit d'un ferment nouveau, accompagnant l'amylase dans l'orge germée. Bourquelot désigne ce ferment sous le nom de *pectinase*. Lorsqu'on ajoute de la pectinase (sous forme de macération de malt) à une solution aqueuse de pectine et qu'on laisse en contact un temps suffisant, la solution ne se coagule plus sous l'influence de la *pectase* : il se produit alors une certaine quantité de sucre réducteur. Si, d'autre part, on coagule d'abord la solution de pectine par la pectase et si on traite ensuite le coagulum par la pectinase, ce coagulum disparaît peu à peu et, comme dans le cas précédent, il se produit un sucre réducteur.

Enfin on peut ajouter à la solution de pectine à la fois de la pectinase et de la pectase. Lorsque le second ferment est en plus forte proportion que le premier, il y aura d'abord coagulation, puis liquéfaction. Si c'est l'inverse, on n'observera pas de coagulation.

Constituants des matières pectiques. — Les corps pectiques semblent être voisins des hydrates de carbone; toutefois leur analyse indiquerait, d'après les anciens auteurs, un excès d'oxygène sur l'hydrogène par rapport aux éléments de l'eau. Des analyses plus récentes tendent à faire admettre que ces corps ont à très peu près la composition des hydrates de carbone. Ce qui paraît confirmer la chose, c'est que, par hydrolyse au moyen des acides étendus et chauds, les corps pectiques se résolvent en *sucres réducteurs*. Ils contiennent des *hémicelluloses* (arabane, galactane); ils donnent à l'oxydation nitrique de l'acide mucique. Les sucres réducteurs obtenus par hydrolyse sont l'*arabinose*, parfois le *xylose*, très souvent le *galactose*.

Toutefois, on ne peut affirmer que les corps pectiques soient *uniquement* formés d'hémicelluloses, car ils semblent posséder les propriétés d'acides faibles.

IV

PRINCIPES IMMÉDIATS NE POSSÉDANT PAS LA COMPOSITION DES HYDRATES DE CARBONE.

Matières grasses. — La glycérine, alcool triatomique, peut, en s'éthérifiant, fournir un très grand nombre d'éthers composés. Si une seule molécule d'acide monobasique est éthérifiée, on obtient un monoéther, tel que la *monostéarine* par exemple :

$$C^3H^5(OH)^3 + C^{18}H^{36}O^2 = C^3H^5(OH)^2(O.C^{18}H^{35}O) + H^2O.$$

Si 2 molécules d'acide sont éthérifiées, on obtient la *distéarine* $C^3H^5(OH)(O.C^{18}H^{35}O)^2$; si 3 molécules d'acide sont éthérifiées, on obtient la *tristéarine* $C^3H^5(O.C^{18}H^{35}O)^3$. Deux ou trois acides différents peuvent être éthérifiés dans la même molécule, et on obtient alors des éthers complexes tels que l'*oléomargarostéarine*.

Les corps gras contenus dans les végétaux sont des *mélanges d'éthers de la glycérine*. Les acides éthérifiés dans ces conditions sont fort nombreux; citons, parmi les acides saturés, les acides propionique, butyrique, isovalérique, caprylique, caproïque, laurique, myristique, palmitique, stéarique, arachique ; parmi les acides non saturés, les acides tiglique, hypogéique, oléique, érucique, et enfin l'acide ricinoléique.

Les corps gras du règne végétal sont liquides (huiles) ou solides (beurres). Ceux-là se congèlent à 0° ou au-dessous ; ceux-ci sont plus ou moins durs et ne fondent pas avant 30°. Dans leur ensemble, les corps gras constituent des combinaisons riches surtout en carbone. Très peu solubles dans l'alcool froid (sauf les huiles de ricin, de croton, d'olive), solubles dans l'alcool chaud qui les dépose par refroidissement, ils se dissolvent aisément dans l'éther, la benzine, le sulfure de carbone. Ils sont plus légers que l'eau.

Les corps gras sont abondamment répandus dans le règne végétal; ils représentent des réserves nutritives, qui seront utilisées plus tard (germination des graines oléagineuses) au même titre que l'amidon. On les rencontre rarement dans les organes souterrains (souche de *Cyperus esculentus*). On les trouve en petite quantité dans les tissus des Phanérogames et des Cryptogames ; ils abondent dans une foule de graines et dans certains fruits. Les végétaux des tropiques renferment beaucoup plus de graisse que ceux qui vivent dans les climats tempérés.

Les corps gras prennent naissance dans la substance même du réseau protoplasmique ; dans certains cas, il semble que la matière grasse soit élaborée par des corpuscules de matière albuminoïde : la genèse de la matière grasse devrait donc être cherchée dans le dédoublement des albuminoïdes.

Ordinairement, les corps gras résident dans l'intérieur de la cellule ; on les rencontre plus rarement dans la paroi cellulaire elle-même. Parfois ils sortent du lieu même où ils ont pris naissance et couvrent certains organes d'une couche plus ou moins épaisse : tel est le cas des *semences* de *Stillingia sebifera* (arbre à suif de la Chine, Euphorbiacées). Ces semences, outre l'huile fixe qu'elles contiennent, sont couvertes d'une matière blanche sébacée.

Les corps gras sont accompagnés dans la cellule par des grains d'amidon, d'aleurone, de chlorophylle, de résine et par des matières colorantes. Ils sont souvent mélangés d'acides gras, visibles au microscope sous forme de cristaux ; ce ne sont donc pas des glycérides purs. Beaucoup de corps gras renferment de la *cholestérine* (huile d'olive), d'autres de la *lécithine* (corps gras des Légumineuses).

Plusieurs graisses ont une odeur agréable : beurre de muscade, beurre de cacao, huile de palme. Leur goût est douceâtre, quelquefois amer ; leur coloration est variable, jaunâtre, verdâtre ; plusieurs sont incolores ou blanchâtres.

Quelle est l'origine des corps gras ? Il semble bien démontré qu'ils ne proviennent pas directement de la fonction d'assimilation. Au moment de la maturation des graines oléagineuses, on voit les sucres diminuer au fur et à mesure que s'accumule la matière grasse, et réciproquement ; pendant la germination, les corps gras disparaissent en même temps qu'apparaissent les hydrates de carbone. Ce double mécanisme de formation et de destruction des corps gras est fort obscur : nous y reviendrons à propos de la germination et de la maturation des graines.

Les graisses, d'ailleurs, ne sont utilisées comme matière de réserve qu'après avoir subi une saponification qui est l'œuvre d'enzymes particuliers, ainsi que nous l'avons vu antérieurement.

Cires. — On donne le nom de *cires végétales* à des substances qui, par leur aspect extérieur et leur consistance, se rapprochent de la cire d'abeilles. Les cires se rencontrent ordinairement sous forme d'enduits sur les feuilles, les tiges, les fruits : la membrane épidermique en est incrustée. Visible au microscope, la couche cireuse est parfois directement perçue à l'œil nu (*Klopstockia cerifera, Ceroxylon andicola* ; famille des Palmiers). Parfois la cire se trouve à l'intérieur des cellules comme les corps gras eux-mêmes (semences des plantes du genre *Rhus*, fruits du *Myristica ocuba*, suc de *Ficus ceriflua*). Les cires sont des *éthers composés d'un acide gras et d'alcools à poids moléculaire élevé* (alcool mélissique $C^{30}H^{62}O$, alcool cétylique $C^{16}H^{34}O$). Les acides gras que l'on rencontre le plus souvent sont les acides palmitique, cérotique, myristique, oléique. Parfois il existe, mélangée aux matières cireuses, une certaine quantité de ces acides à l'état libre ou unis à la glycérine.

Essences. — On donne le nom d'*essences* ou d'*huiles essentielles* à des produits d'excrétion volatils, doués le plus souvent d'une odeur agréable, insolubles dans l'eau, solubles dans l'alcool, l'éther, le sulfure de carbone, que l'on rencontre dans les feuilles, les fruits, les fleurs d'un grand nombre de végétaux. L'extraction des essences se fait par distillation avec l'eau ou par l'emploi d'un solvant approprié.

Les essences sont des *mélanges de carbures d'hydrogène* (terpènes ou camphènes $C^{10}H^{16}$) avec des *aldéhydes* (citral ou géranial $C^{10}H^{16}O$, citronnellal $C^{16}H^{18}O$), des *acétones* (pulégone $C^{10}H^{16}O$, menthone $C^{10}H^{18}O$). Ces corps sont accompagnés des alcools (menthol, citronellols,

fenchols, géraniol, linalol) qui leur correspondent. Ceux-ci peuvent être
éthérifiés partiellement par l'acide acétique, l'acide benzoïque, l'acide
cinnamique. Parfois les essences sont constituées surtout par des aldéhydes ou des acétones aromatiques (aldéhydes salicylique, cuminique,
cinnamique, anisique), ou par des phénols (chavicol, thymol, carva-
crol).

A côté des essences peuvent être placées les *résines*, qui sont des
produits d'oxydation de celles-là. Ces substances sont amorphes,
insolubles dans l'eau, solubles dans l'alcool et l'éther. Le type des résines est la *térébenthine*, qui exsude de l'écorce d'un grand nombre de
végétaux de la famille des Conifères. La térébenthine se solidifie peu
à peu. Elle porte dans le commerce le nom de *galipot*. Cette résine est
un mélange renfermant un carbure (liquide), le *térébenthène* $C^{10}H^{16}$,
divers acides, des matières gommeuses, des sucres, de l'amidon.
Lorsqu'on distille la térébenthine dans un courant de vapeur d'eau, elle
abandonne un résidu solide : *arcanson* ou *colophane*. A cause de leur
consistance, les résines sont parfois nommées *oléo-résines*.

Les *baumes* sont des substances liquides ou solides contenant de l'acide benzoïque ou de l'acide cinnamique libres,
parfois les deux ensemble. Les baumes renferment une certaine quantité d'essences. Ils se résinifient à l'air libre.

Les *gommes-résines*, produites principalement par certaines
Ombellifères, Légumineuses, Térébinthacées, sont constituées
par des mélanges de résine et de gommes.

Les *camphres* existent dans beaucoup d'essences naturelles.
On doit les regarder comme les acétones des *camphols* (bornéol ou alcool campholique $C^{10}H^{18}O$). Leur formule est
$C^{10}H^{16}O$. Le camphre du *Laurus camphora* (Lauracées) s'extrait des branches et des racines de l'arbre par sublimation ;
il est dextrogyre. Le camphre de *matricaire* est lévogyre.

Le *caoutchouc* est un mélange de carbures d'hydrogène ;
il constitue un suc laiteux en émulsion que l'on rencontre dans
le latex de certains végétaux des pays équatoriaux. Il est
surtout fourni par le *Castilloa elastica* (Euphorbiacées),
l'*Hevea guianensis*, ainsi que par diverses espèces du genre
Landolphia (Apocynées). Le caoutchouc brut renferme comme
impuretés des corps gras, des corps azotés, de l'amidon,
des sucres. Les carbures dont il est composé sont des mélanges de carbures camphéniques $(C^{10}H^{16})^n$ à poids moléculaire élevé.

La *gutta-percha* est une substance qui se rapproche par son origine du caoutchouc. Elle est fournie par l'*Isonandra gutta* (Sapotacées). Elle renferme un carbure $(C^{10}H^{16})^n$, une substance oxygénée résineuse (*albane*) et une résine jaunâtre (*fluavile*).

On rencontre les essences dans la cellule végétale sous l'apparence de gouttelettes, subsistant parfois dans les cellules où elles se sont formées (poils sécréteurs des Labiées, pétales floraux). Parfois aussi elles sortent des cellules et s'amassent dans des canaux spéciaux, *canaux sécréteurs* (Conifères) ou dans des poches dites *sécrétrices* (citron).

La genèse de l'essence est due à une résorption d'éléments cellulaires (citron, rue), ou, comme dans le cas de certaines essences florales, à la décomposition de la chlorophylle pendant que la fleur se développe.

D'après Charabot, qui s'est livré à de longues études sur la genèse des composés terpéniques dans les végétaux, l'examen de la composition des huiles essentielles montre que les mêmes combinaisons terpéniques oxygénées sont généralement accompagnées des mêmes hydrocarbures. L'un des principes oxygénés étant un alcool, tel que le linalol $C^{10}H^{18}O$, celui-ci diffère par les éléments de l'eau de l'un des hydrocarbures qui l'accompagnent, tel le limonène $C^{10}H^{16}$; et, de même, bornéol $C^{10}H^{18}O$ et camphène $C^{10}H^{16}$. L'un des constituants terpéniques oxygénés étant un aldéhyde ou une acétone, on rencontre à côté de lui un hydrocarbure qui n'en diffère que par 1 atome d'oxygène : citral $C^{10}H^{16}O$ et limonène $C^{10}H^{16}$. La formule d'un principe oxygéné peut, enfin, se déduire de celle d'un hydrocarbure qui l'accompagne constamment dans les essences par la substitution de 1 atome d'oxygène à 2 atomes d'hydrogène : carvone $C^{10}H^{14}O$ et limonène $C^{10}H^{16}$. Ainsi le même végétal renferme un ensemble de composés dérivant facilement les uns des autres.

Au contact des parties vertes de la plante, le linalol (alcool terpénique) fournit, avec les acides libres, des éthers composés et, d'autre part, il se déshydrate pour former des terpènes. C'est ce qui se passe pendant la maturation des fruits du *Citrus bergamia* et du *C. bigaradia*.

De plus, dans les organes qui respirent activement (fleurs, fruits) et chez lesquels cette fonction l'emporte sur la fonction d'assimilation, les alcools et leurs éthers s'oxydent et fournissent les aldéhydes ou les acétones correspondants : le linalol donne ainsi naissance à un aldéhyde, le *citral*.

D'après Charabot et Hébert, les déshydratations qui sont caractéristiques des milieux assimilateurs sont favorisées par les causes qui activent la transpiration, c'est-à-dire par celles qui tendent à réduire la proportion de l'eau contenue dans la plante. Ces auteurs considèrent la formation des éthers comme résultant de l'action directe des acides sur les alcools, action favorisée par la présence d'un agent particulier de déshydratation possédant les caractères d'une diastase.

La formation de l'essence est active jusqu'au moment de la floraison. Lorsque la fleur accomplit ses fonctions, il disparaît une partie importante de l'essence ; cette matière est consommée pendant que s'effectue le travail de la fécondation. On peut donc dire que les huiles essentielles sont des substances qui participent à la dépense engagée par l'organisme végétal pour assurer la reproduction de l'espèce (Charabot et Laloue). Parfois les essences n'existent pas *à l'état libre* dans la plante ; elles s'y rencontrent alors sous forme de combinaisons complexes avec d'autres substances, combinaisons dédoublables au contact de diastases spéciales ; tel est le cas de l'essence d'amandes amères (Voy. plus loin : *Glucosides*).

Vasculose. — Lignine. — Frémy nommait *vasculose* une substance très répandue dans tout l'organisme végétal, accompagnant la cellulose et constituant la plus grande partie des vaisseaux et des trachées. Cette substance est surtout abondante dans les éléments végétaux qui présentent de la résistance et de la dureté. La vasculose n'est pas un hydrate de carbone. Sa teneur en carbone varie de 59 à 60 p. 100. Frémy extrait cette substance de la moelle de sureau : celle-ci est épuisée par les solvants neutres, les alcalis étendus, puis bouillie avec de l'acide chlorhydrique étendu et finalement traitée par le réactif de Schweitzer à plusieurs reprises. La matière qui demeure après tous ces traitements est la vasculose. Celle-ci n'est altérée ni par les acides chauds et étendus, ni par les alcalis ; l'acide sulfurique concentré la colore en la déshydratant.

La paille renferme de la vasculose, mais cette vasculose est plus attaquable que celle du bois ; elle se dissout en effet dans les lessives alcalines à 100°.

La vasculose ne représente probablement pas une espèce chimique définie. Peut-être est-elle identique ou au moins voisine de la *lignine* de Lange, substance hydrocarbonée renfermant 61 p. 100 de carbone.

G. Bertrand a proposé d'isoler et de doser les divers produits contenus dans les tissus lignifiés de la manière suivante. On

prend de la paille, par exemple, que l'on épuise par l'eau et
l'alcool et on la fait macérer pendant deux jours dans une
solution étendue de soude à 2 p. 100 à l'abri de l'air. On filtre
cette liqueur alcaline sur une toile, et on l'additionne de son
volume d'alcool : le précipité que l'on obtient est de la *gomme
de bois* (xylane), d'où l'on retire par hydrolyse du xylose.
La solution alcaline, privée de xylane, doit sa coloration
jaune à une substance que l'on isole en neutralisant la solution alcaline alcoolique par de l'acide sulfurique. On évapore,
on reprend par l'eau pour enlever le sulfate de sodium, et on
traite le résidu par l'alcool. On filtre et on précipite par l'eau
cette liqueur alcoolique : il se dépose une poudre jaune, la
lignine. Le résidu, qui ne s'est pas dissous dans la soude à froid,
est composé d'un mélange de cellulose et de vasculose.

On peut encore opérer, comme contrôle, de la façon suivante.
On traite la paille finement divisée par le réactif de Schweizer,
puis on filtre après quelques jours de contact sur du coton de
verre qui retient la vasculose insoluble. Le liquide filtré, additionné d'un acide, fournit un précipité, mélange de cellulose
et de lignine. Il reste une solution d'où la xylane se précipite
par addition d'alcool. Le mélange de cellulose et de lignine est
repris par l'eau ammoniacale : seule la lignine est dissoute ;
on la reprécipite par un acide. Ce procédé d'analyse est applicable aux tissus d'un grand nombre de plantes.

Tannins. — Les tannins sont extrêmement répandus dans
le règne végétal ; on les rencontre principalement dans les
écorces et les feuilles. Leurs propriétés générales sont les
suivantes. Ce sont des substances amorphes, solubles dans
l'eau, de réaction légèrement acide, astringentes, s'unissant
au tissu dermique de la peau, qu'elles rendent imputrescible.
Elles donnent avec la gélatine, les alcaloïdes, l'émétique, des
composés peu solubles ; elles se colorent en noir, violet, bleu
ou vert par les sels ferriques ; elles s'oxydent très facilement
au contact de l'air en présence des bases avec lesquelles elles
s'unissent faiblement (A. Gautier). En réalité, le groupe des
tannins est très hétérogène.

Le rôle physiologique des tannins est obscur, parce que cette dénomination de *tannin* comprend une foule de substances. Rien ne montre mieux la complication que présente leur étude que les noms très variés qui ont été donnés à ces corps suivant la plante d'où on les a extraits : *acide gallotannique*, *quercitannique*, *pinitannique*, *morintannique*, etc., etc.

Le tannin de la noix de galle est un anhydride de l'acide gallique. On peut supposer qu'il provient de l'union d'un trioxyphénol (tel que la phloroglucine) avec l'acide carbonique :

$$C^6H^6O^3 + CO^2 = C^7H^6O^5 \qquad 2C^7H^6O^5 - H^2O = C^{14}H^{10}O^9.$$

Phloroglucine.   Ac. gallique.   Tannin.

D'après Maquenne, l'inosite de la feuille de noyer (p. 138) fournit aisément par oxydation des dérivés aromatiques. On peut supposer que cette inosite, prenant naissance dans la fonction chlorophyllienne, subirait une déshydratation :

$$C^6H^{12}O^6 = C^6H^6O^3 + 3H^2O$$

et donnerait ainsi naissance à un trioxyphénol.

Les données relatives au rôle du tannin dans la plante sont assez contradictoires. La plupart des auteurs admettent que cette substance est un *déchet* de l'organisme végétal.

Dans les fruits charnus sucrés, le tannin se transformerait en sucre, d'après Buignet ; d'après Chatin et Gerber, ce corps se détruirait par oxydation complète sans donner naissance à des hydrates de carbone. A la chute des feuilles, le tannin n'est pas résorbé, au moins complètement ; les glands de chêne en germination le conservent et ne l'utilisent pas à la formation d'organes nouveaux : ce n'est donc pas, du moins ici, une substance de réserve.

D'après Oser, le tannin du chêne, ou les substances réductrices dosées comme telles, augmente pendant la période d'activité physiologique de la plante et diminue pendant l'hiver ; le tannin servirait donc d'*aliment respiratoire*, comme l'huile ou l'amidon.

Il existerait également une relation entre la présence du tannin et celle des hydrates de carbone ; le tannin aurait une certaine importance dans la migration de ceux-ci. Cette migration aurait lieu sous forme d'un glucoside tannique (Möller).

Le tannin, au moins chez la plupart des plantes, ne semble servir à la construction d'organes nouveaux que lorsque l'huile ou l'amidon font plus ou moins complètement défaut. Les tiges de certains arbres (*Paulownia, Ribes, Pinus*) renferment en hiver une grande quantité de tannin, lequel disparaît au printemps. Le tannin peut procéder de la cellulose ou de l'amidon, car, dans les bourgeons et les très jeunes feuilles de mélèze, le tannin apparaît lorsque la cellulose s'altère. Inversement, le tannin pourrait se transformer en amidon, car, à l'arrière-saison, au moment de l'arrêt de la végétation, on voit, chez l'érable, le saule, le bouleau, le tannin diminuer et l'amidon remplir les tissus (Schell).

Quelques auteurs (Kraus, Westermaier) semblent admettre que la lumière possède une influence sur la formation du tannin : l'augmentation de l'éclairage étant suivie de l'augmentation du tannin, aussi bien dans les cellules à chlorophylle que dans celles qui n'en possèdent pas. Signalons enfin l'opinion d'après laquelle les résines et les essences proviendraient d'une modification des tannins.

Le tannin est une excellente nourriture pour beaucoup de moisissures dont certaines le dédoublent avec formation d'acide gallique (Voy. plus loin).

Au point de vue chimique, on peut regarder les tannins comme des *dérivés carboxyliques des carbures benzéniques*. L'hydrolyse de tous les tannins fournit, en effet, soit des phénols (phloroglucine), accompagnés d'acides aromatiques (acide protocatéchique, acide gallique), soit des acides aromatiques seuls : tel est le cas du tannin de la noix de galle, qui, par fixation de 1 molécule d'eau, donne 2 molécules d'acide gallique. Quelques tannins (tannin de café, acide cafétannique ; tannin du quercitron ou écorce du *Quercus nigra digitata*) donnent, par hydratation, des hydrates de carbone ou des alcools dérivés de ceux-ci. Ainsi :

$$C^{21}H^{22}O^{12} + H^2O = C^{15}H^{10}O^7 + C^6H^{14}O^6$$

Quercitron.　　　　　Quercétine.　Isodulcite.

$$C^{18}H^{18}O^8 + 2H^2O = C^9H^8O^4 + C^6H^{14}O^6$$

Acide cafétannique.　　　Acide caféique.　Mannite.

Le tannin de la noix de galle se transforme en acide gallique, non seulement par ébullition avec de l'eau acidulée, mais aussi sous l'action de certaines Mucédinées (*Aspergillus niger, Penicillium glau-*

cum), qui produisent à la température ordinaire une hydrolyse lente (Van Tieghem). Ces Mucédinées sécrètent une diastase spéciale, la *tannase*, à laquelle est due l'hydrolyse du tannin. Cette tannase semble être assez répandue ; elle a été rencontrée dans les feuilles du *Sumac* (Fernbach, Pottevin).

Le tannin de la noix de galle et les tannins purs à l'*éther* que vend le commerce fournissent toujours à l'hydrolyse par la tannase, outre de l'acide gallique, une matière sucrée qui est du glucose. On considérait autrefois tous les tannins comme des *glucosides*, parce que la plupart d'entre eux donnaient, par dédoublement, du glucose à côté de produits dérivés de la série aromatique. On sait aujourd'hui que le plus grand nombre de ces corps n'appartiennent pas à la famille des glucosides.

Localisés parfois dans des cellules spéciales, les tannins se rencontrent le plus souvent dans presque toutes les cellules du parenchyme. Grâce à la présence des acides dans le suc cellulaire, le tannin reste dissous à côté des matières albuminoïdes qu'il ne précipite pas, ou des alcaloïdes sur lesquels il n'agit pas davantage.

Glucosides. — On donne ce nom à des principes immédiats, très communs dans une foule de familles végétales, qui, par dédoublement, sous l'action de l'eau à 100°, ou sous l'action de diastases spéciales, fournissent une *matière sucrée* (fréquemment le glucose), à côté d'*autres substances appartenant le plus souvent à la série aromatique*. Il existe des glucosides ternaires ; il existe également des glucosides azotés et des glucosides azotés et sulfurés.

Le rôle physiologique des glucosides est peu connu, ainsi que le mécanisme de leur formation. On a voulu expliquer la présence de certains d'entre eux par une polymérisation de l'aldéhyde méthylique. Mais il n'y a là probablement qu'une coïncidence de formules.

Les glucosides jouent-ils le rôle de matière de réserve? Dans les organes végétaux où ils se rencontrent, on trouve presque toujours des enzymes spéciaux capables de provoquer leur dédoublement avec production d'une matière sucrée et d'une substance aromatique, souvent toxique et inutilisable par la plante.

Les matières sucrées provenant de ce dédoublement avaient reçu autrefois des noms particuliers. Il a été reconnu que ces matières étaient, ou bien des corps impurs, ou qu'elles étaient constituées par des mélanges de sucres.

Le glucose est le sucre que l'on rencontre le plus souvent dans le dédoublement des glucosides ; on y trouve aussi le *rhamnose* ou *isodulcite*, qui est un méthylpentose $CH^3(CHOH)^4CHO$, le *xylose* accompagné de glucose, plus rarement le galactose ou le mannose, parfois un anhydride du glucose, le *lévoglucosane* $C^6H^{10}O^5$. Aussi a-t-on distingué les glucosides en *glucosides proprement dits, rhamnosides, galactosides*, etc.

Le dédoublement de certains glucosides (amygdaline) fournit 2 molécules de glucose. On peut donc regarder ce glucoside comme renfermant du maltose.

Émulsine ou synaptase. — Liebig et Wöhler montrèrent, en 1837, que l'*amygdaline*, substance particulière contenue dans les amandes amères et isolée peu auparavant par Robiquet et Boutron, se décompose en présence de l'eau en fournissant de l'essence d'amandes amères (aldéhyde benzoïque), du glucose et de l'acide cyanhydrique, mais que cette décomposition n'avait lieu qu'en présence d'un ferment spécial, l'*émulsine*. Celle-ci se rencontre aussi dans les amandes douces, lesquelles ne renferment pas d'amygdaline ; on la trouve également dans les feuilles de laurier-cerise, dans plusieurs champignons parasites des arbres (Bourquelot) et dans certaines moisissures. L'émulsine dédouble un grand nombre de glucosides.

Cette décomposition de l'amygdaline ne se produit pas dans la plante vivante ; on en conclut que ferment et glucoside sont contenus dans des cellules distinctes et ne peuvent réagir l'un sur l'autre, à moins que, par suite d'une action mécanique ou dissolvante, ils ne soient mis en contact. Guignard a établi ces deux localisations. L'émulsine est soluble dans l'eau et peut se conserver longtemps à l'état sec. D'après Bourquelot, l'émulsine peut facilement servir à la recherche des glucosides dans un végétal ou dans une partie de végétal, par suite du dédoublement, avec formation de glucose, que cet enzyme fait subir au glucoside. Ce procédé a permis de constater que les glucosides sont plus fréquents dans le règne végétal qu'on ne le croit généralement.

Le dédoublement de l'amygdaline a lieu suivant l'équation :

$$C^{20}H^{27}NO^{11} + 2 H^2O = 2 C^6H^{12}O^6 + C^7H^6O + CNH.$$

A côté de l'émulsine, il faut placer l'étude d'un autre ferment des glucosides : la *myrosine.*

Myrosine. — Quand on délaye de la farine de moutarde noire dans de l'eau froide ou tiède, il se développe une odeur très vive d'essence de moutarde. Celle-ci ne préexiste pas dans les graines ; elle se forme par suite de l'action d'un ferment soluble, la *myrosine,* découvert par Bussy, sur une substance cristallisable, le *myronate de potassium,* quelquefois encore désigné sous le nom de *sinigrine.* Le dédoublement se fait suivant l'équation :

$$C^{10}H^{16}NS^2O^9K^2 + H^2O = C^6H^{12}O^6 + C^3H^5N:C:S + SO^4KH.$$

Myronate de potassium.		Glucose.	Isosulfocyanate d'allyle.	Bisulfate de potassium.

On rencontre la myrosine dans presque toutes les Crucifères, chez beaucoup de Capparidées, de Tropœolées et de Résédacées. Guignard a montré que, chez les Crucifères, la myrosine était localisée dans des cellules spéciales qui se distinguent avant tout des cellules voisines par la nature de leur contenu privé d'amidon, de chlorophylle, d'huile, d'aleurone, même dans les tissus qui sont abondamment pourvus de ces matières. La réaction la plus caractéristique de ces cellules consiste dans la coloration violette, qui est communiquée à leur contenu par l'acide chlorhydrique sous l'influence d'une légère élévation de température. Ces cellules existent dans tous les organes, mais surtout dans la graine. Comme chez les amandes amères, le glucoside est contenu dans des cellules différentes de celles qui renferment l'enzyme. La myrosine se rencontre aussi dans la graine de moutarde blanche, laquelle renferme un glucoside, la *sinalbine,* dédoublable suivant l'équation :

$$C^{30}H^{42}N^2S^2O^{15} + H^2O = C^6H^{12}O^6 + HO.C^6H^4.CH^2.N.C.S$$

Sinalbine.	Glucose.	Isosulfocyanate d'ortho-oxybenzyle.

$$+ C^{16}H^{24}NO^5.SO^3H.$$

Sulfate de sinapine.

La myrosine possède encore la propriété de dédoubler d'autres glucosides, car on la rencontre dans des végétaux ne renfermant ni sinigrine, ni sinalbine. Quand on triture ces végétaux à l'état frais avec de l'eau, il se développe, sous l'influence de l'enzyme, des essences différentes de celle de la moutarde.

Nous signalerons très brièvement ici quelques glucosides, ainsi que leurs produits de dédoublement. On connaît actuellement plus d'une centaine de glucosides.

Amygdaline et congénères. — A côté de l'amygdaline, dont nous venons de parler, se placent un certain nombre d'autres glucosides provenant de végétaux de familles diverses et dédoublables, comme l'amygdaline, en glucose, aldéhyde benzoïque et acide cyanhydrique. Cependant, au lieu de fournir de l'aldéhyde benzoïque par dédoublement, certains de ces glucosides donnent de l'aldéhyde paroxybenzoïque (*dhurrine*, extraite du *Sorghum vulgare*) ; d'autres, telle la *phaseolunatine* (extraite du *Phaseolus lunatus* ou haricot de Java), fournissent de l'acétone, du glucose et de l'acide cyanhydrique. La *laurocérasine* (extraite de l'écorce du *Prunus padus*), la *prulaurasine* (extraite des feuilles du laurier-cerise), la *sambunigrine* (extraite du *Sambucus nigra*) sont des glucosides qui fournissent les mêmes produits de dédoublement que l'amygdaline. En fait, il existe beaucoup de glucosides à acide cyanhydrique. La facilité avec laquelle se produit cette substance toxique est à prendre en sérieuse considération, et l'on sait que l'ingestion du *haricot de Java* a donné lieu à de nombreux cas d'empoisonnement.

Arbutine $C^{12}H^{16}O^7$. Se rencontre dans les feuilles d'*Arbutus uva-ursi* et de *Vaccinium myrtillus* ; hydrolysée par les acides étendus ou par l'émulsine, elle se dédouble en glucose et *hydroquinone*, phénol diatomique.

Coniférine $C^{16}H^{22}O^8$. Elle existe chez plusieurs Conifères. Dédoublable en glucose et alcool *coniférylique*, corps appartenant à la série aromatique, à la fois alcool primaire, phénol et éther phénolique.

Digitaline. Extraite des feuilles et semences de la digitale, la digitaline cristallisée $C^{31}H^{30}O^{18}$ fournit par hydrolyse un corps à fonction phénolique la *digitoxigénine* et un sucre spécial, le *digitorose*.

Esculine. Ce glucoside $C^{15}H^{16}O^9$, contenu dans l'écorce du marronnier d'Inde, se dédouble sous l'influence des acides étendus ou de 'émulsine en glucose et *esculétine* $C^9H^6O^4$ (lactone d'un acide trioxycinnamique).

Hespéridine $C^{50}H^{60}O^{27}$. Glucoside rencontré dans les feuilles et fruits des plantes du genre *Citrus* ; fournit par hydrolyse du glucose, du rhammose et de l'*hespérétine* $C^{16}H^{14}O^6$. Ce dernier corps fixe de l'eau au contact de la potasse à l'ébullition en donnant de la *phloroglucine* (phénol triatomique) et de l'*acide isoférulique* (acide oxyméthoxycinnamique).

Phlorizine $C^{21}H^{24}O^{10}$. Glucoside rencontré dans l'écorce et la racine de plusieurs arbres de la famille des Rosacées. Non hydrolysée par l'émulsine, la phlorizine se dédouble au contact des acides étendus et chauds en glucose et *phlorétine* $C^{15}H^{14}O^{5}$ (éther phlorétique de la phloroglucine ; l'acide phlorétique est l'acide parahydroxy-atropique).

Salicine $C^{13}H^{18}O^{7}$. Ce corps, appelé aussi *glucoside saligénique*, se rencontre dans les feuilles et surtout l'écorce de divers peupliers et saules ; dédoublable par les acides étendus et par l'émulsine en glucose et *saligénine*, alcool-phénol $C^{6}H^{4}(OH)CH^{2}OH$.

Parmi les *glucosides azotés*, il faut citer l'amygdaline, dont il a été question plus haut, et la *solanine*.

Solanine $C^{52}H^{93}NO^{18}$ ou, suivant quelques auteurs, $C^{28}H^{47}NO^{10}$. On la rencontre dans un grand nombre de Solanées ; on l'extrait, le plus souvent, des jeunes pousses de pomme de terre. C'est un corps cristallisé en fines aiguilles soyeuses, presque insoluble dans l'eau, dédoublable au contact des acides étendus et chauds en un mélange de sucres (glucose et probablement rhamnose) et en un principe azoté cristallisable, la *solanidine* $C^{40}H^{61}NO^{2}$.

Saponines. — Elles existent dans une foule de végétaux et ne sont pas toujours identiques à elles-mêmes. La première saponine qui a été découverte est celle que contient la racine de *Saponaire* (*Saponaria officinalis*, Caryophyllées).

Le caractère commun que présentent toutes les saponines est celui de donner avec l'eau des émulsions moussant énergiquement. Les saponines ont été quelquefois classées d'après le nombre d'atomes de carbone qu'elles contiennent.

La saponine de l'écorce de Panama (*Quillaja saponaria*, Rosacées), la mieux étudiée, de formule $C^{19}H^{30}O^{10}$, est dédoublable par les acides étendus en une matière sucrée et en *sapogénine* $C^{14}H^{22}O^{2}$, principe cristallisé. D'après Kobert, l'écorce de *Quillaja* contiendrait deux saponines : l'*acide quillajique* et la *sapotoxine*.

Signalons enfin, parmi les substances ternaires végétales, la présence des corps suivants :

Phytostérine. — Il existe chez les animaux une substance qui ne semble constituer qu'un produit d'excrétion, c'est la *cholestérine* : on la rencontre dans les calculs biliaires, le cerveau, le jaune d'œuf, le pus ; elle accompagne fréquemment les lécithines.

Dans l'organisme végétal, on trouve des matières de même composition, auxquelles on a donné le nom de *phytostérines*. Celles-ci sont assez abondantes dans les graines ; leur formule varie suivant les auteurs. On leur a d'abord attribué la suivante : $C^{26}H^{44}O + H^2O$; des recherches ultérieures tendent à leur assigner comme formule $C^{27}H^{44}O$. Elles sont généralement lévogyres et possèdent les propriétés d'un alcool monovalent. La teneur des graines en phytostérine augmente avec les progrès de la maturation. On a d'ailleurs retrouvé la phytostérine dans d'autres organes que les graines (racines, écorces).

La phytostérine est remplacée dans les champignons par des corps de composition voisine, fournissant quelques-unes de ses réactions colorées, mais qui s'en éloignent cependant par plusieurs propriétés. La première de ces substances a été caractérisée comme espèce différente des autres phytostérines par Tanret, qui, l'ayant rencontrée dans le seigle ergoté, l'a nommée *ergostérine*. Plus tard, Gérard, ayant retrouvé dans nombre de champignons un corps donnant les mêmes réactions, a généralisé cette notion des ergostérines et caractérisé ces substances comme remplaçant dans les champignons la phytostérine des plantes supérieures.

Acides végétaux. — La plupart du temps, ces acides prennent naissance à la suite de phénomènes de respiration incomplète : aussi parlerons-nous de ces corps à propos de la respiration.

CHAPITRE V

ASSIMILATION ET ÉLABORATION DE L'AZOTE PAR LES VÉGÉTAUX

Fixation de l'azote gazeux. — Nature des tubercules radicaux des Légumineuses et leur rôle physiologique. — Assimilation de l'azote gazeux par certaines algues. — Nitragine, alinite. — Nutrition azotée des végétaux aux dépens de l'ammoniaque gazeuse. — Nutrition azotée des végétaux aux dépens de l'azote nitrique et de l'azote ammoniacal contenus dans le sol. — Élaboration de l'azote minéral : transformation de cet azote en azote albuminoïde. — Nutrition azotée aux dépens de substances organiques azotées. — Corps azotés d'origine végétale ; albuminoïdes, acides aminés, alcaloïdes.

I

GÉNÉRALITÉS SUR L'ASSIMILATION DE L'AZOTE

L'azote est indispensable à la plante au même titre que le carbone. Il entre dans la constitution du végétal sous forme de matières quaternaires, dites *albuminoïdes*, ainsi nommées parce qu'elles se rapprochent par leurs propriétés générales et par leur composition de l'albumine du blanc d'œuf. Les matières albuminoïdes de la plante sont nombreuses, et leur structure moléculaire a été longtemps ignorée. Les travaux de Schützenberger, d'une part et ceux plus récents de E. Fischer et de ses élèves, d'autre part, ont jeté quelque lumière sur leur constitution, et l'on entrevoit le moment où la synthèse des plus simples d'entre elles pourra être réalisée.

De même qu'elle prend le carbone dont elle a besoin à un élément minéral très simple, le gaz carbonique, la plante verte prend son azote à des combinaisons azotées de formule peu compliquée : aux nitrates et aux sels ammoniacaux qu'elle rencontre dans le sol, aux vapeurs de carbonate d'ammonium qu'elle trouve en très faible quantité dans l'atmosphère ; parfois, elle s'adresse à l'azote gazeux lui-même.

Nous avons vu que la matière humique des sols pouvait vraisemblablement servir dans certains cas de nourriture carbonée aux végétaux verts ; de même l'azote *organique* du sol, en association intime avec la matière humique, *sous forme d'amides complexes*, peut servir de source d'azote à certains végétaux verts, bien que la démonstration de ce mode de nutrition n'ait pas encore été faite d'une manière décisive.

Nous allons, dans ce qui va suivre, étudier la nutrition azotée de la plante verte : 1° *aux dépens de l'azote gazeux de l'air* ; 2° *aux dépens de l'azote nitrique et de l'azote ammoniacal* qui se trouvent dans le sol ; 3° *aux dépens de certains composés complexes* (amides), que l'on peut mettre à sa disposition ou qu'elle rencontre dans le sol sous forme de matière humique.

L'intérêt qui s'attache à la question de la nutrition azotée s'est accru le jour où il a été démontré par Berthelot (1885) que l'azote gazeux, réputé jusque-là inerte, était capable de se fixer par l'intermédiaire de certains microorganismes sur la matière carbonée du sol, et où Hellriegel et Wilfarth, par une série d'expériences remarquables, ont fait voir que les Légumineuses, plantes connues depuis très longtemps sous le nom d'*améliorantes*, absorbaient cet azote gazeux. Cette absorption est liée à la présence, sur les racines, de nodosités particulières habitées par des bactéries spécifiques.

Historique. — Quelques mots d'historique sur la nutrition azotée sont ici indispensables.

Dès que la composition de l'air fut connue, on se demanda que rôle jouait l'azote vis-à-vis des végétaux. Priestley, puis Ingenhousz, conclurent de leurs recherches que l'azote gazeux était absorbé *directement* par la plante et servait à sa nutrition. Cependant, de Saussure, répétant les essais de Priestley, reconnut que jamais les plantes ne condensent l'azote gazeux et qu'elles n'empruntent l'azote dont elles ont besoin qu'à l'ammoniaque atmosphérique : l'azote de l'air n'interviendrait pas directement et n'aurait d'autre rôle que celui de tempérer les affinités trop vives de l'oxygène.

Il faut arriver aux travaux de Boussingault (1838) pour trouver l'emploi d'une méthode rigoureuse d'investigation. Les expériences antérieures avaient été pratiquées en exposant les plantes sous des cloches et, de la différence entre les compositions initiale et finale du gaz inclus, on concluait à l'absorption ou à la non-absorption du gaz azote. Or de semblables essais présentaient, surtout à l'époque où ils furent exécutés, de trop grandes incertitudes pour qu'il fût possible de se prononcer nettement dans un sens ou dans l'autre : il aurait fallu pouvoir compter sur des changements de volume assez considérables, ce qui n'avait pas lieu.

Boussingault emploie le procédé suivant. Il compare la composition de la semence à celle de la récolte obtenue aux dépens seuls de l'air et de l'eau. Ce procédé rigoureux a d'ailleurs été le seul dont on ait fait usage dans la suite pour l'étude de cette question. On dosera donc l'azote initial contenu dans les graines mises en expérience, dans le sol et même dans les vases contenant ce sol et, d'autre part, on fera les mêmes dosages à la fin de l'expérience. À ces données, il convient de joindre le dosage de l'azote contenu dans l'eau d'arrosage et celui de l'azote apporté par l'eau de pluie, si on opère à l'air libre. On tiendra aussi compte de l'azote ammoniacal de l'air. Le sol auquel on confie les graines est un sable siliceux, chauffé au préalable au rouge pour détruire toute trace de matière organique.

La première série des expériences de Boussingault fournit à l'illustre agronome des résultats contradictoires. Parfois l'absorption de l'azote gazeux était évidente (trèfle, pois), parfois elle était douteuse ou nulle. Douze ans après ces premiers essais, Boussingault reprit la question en opérant sur des graines germant dans un milieu stérile et abritées par une cloche, c'est-à-dire dans une *atmosphère confinée* : aucune des plantes ne fixa d'azote dans ces conditions. Aussi, malgré les résultats contraires obtenus vers la même époque (1849-1850) par Georges Ville, l'immense majorité des physiologistes se rangea-t-elle à l'opinion de Boussingault : les plantes n'absorbent pas l'azote gazeux de l'atmosphère.

Phénomènes naturels qui parlent en faveur de l'absorption de l'azote gazeux. — Pertes d'azote combiné. — L'exploitation régulière des forêts enlève, à chaque coupe, une quantité notable d'azote, qui n'est jamais rendue au sol, et cependant celui-ci demeure indéfiniment fertile. L'herbe qui croît sur les prairies des hautes montagnes nourrit pendant la moitié de l'année des troupeaux qui exportent l'azote sous forme de lait et de chair musculaire ; or cet azote n'est restitué à la prairie sous aucune forme. Toutefois, depuis que l'on connaît le rôle fixateur d'azote que possèdent les Légumineuses, il faut admettre qu'un sol qui porte ces végétaux s'enrichit progressivement et peut lutter contre les causes de déperdition dues à l'exportation animale.

D'autre part, les eaux météoriques apportent des doses variables d'ammoniaque et d'acide azotique, doses toujours très faibles, au moins sous notre climat (14 kilogrammes environ par an et par hectare), mais qui peuvent être notables dans les pays tropicaux.

Boussingault a montré que si, d'une part, on détermine la teneur en azote des engrais fournis à une terre soumise à un assolement régulier et, d'autre part, l'azote des récoltes obtenues sur cette terre, on remarque toujours qu'il y a plus d'azote dans les récoltes que dans l'engrais distribué. Si l'assolement ne comprend pas de Légumineuses, l'excédant est faible ; s'il comprend une Légumineuse, il est beaucoup plus fort. Une culture continue de luzerne pendant cinq années consécutives avait exporté 1 035 kilogrammes d'azote, alors qu'il n'en avait été fourni au sol sous aucune forme.

Parmi les causes productrices d'azote combiné, il faut citer les expériences de Berthelot (1876), sur la fixation de l'azote libre sous l'influence de l'*effluve électrique* (fixation de l'azote sur les vapeurs de benzine, sur l'essence de térébenthine, sur le gaz des marais, sur l'acétylène, sur la cellulose). Des phénomènes analogues doivent se produire dans la nature, en temps d'orage principalement : ils seront particulièrement intenses sur les montagnes et les pics isolés, où la tension électrique est parfois considérable.

Cette fixation de l'azote gazeux a lieu également sous l'influence de tensions électriques incomparablement plus faibles (différences de potentiel de quelques dizaines de volts) ; Berthelot l'a réalisée sur la dextrine et la cellulose. Il est donc probable que c'est là une cause non douteuse de synthèse de l'azote combiné que renferment les végétaux. Mais la grandeur de cette fixation est actuellement inconnue.

A côté de ces phénomènes de *restitution naturelle* se placent des pertes continuelles d'azote combiné, imputables aux phénomènes de putréfaction des matières azotées ainsi qu'aux

combustions vives. Dans quelle mesure se fait l'équilibre?
Certains auteurs, par un calcul approché, ont émis l'opinion
que les causes de restitution de l'azote combiné par apport
atmosphérique l'emportaient sur les causes de disparition.
Mais il est bien difficile d'établir un bilan exact à cet égard,
surtout dans le second cas.

Occupons-nous maintenant de la forme sous laquelle les
végétaux prennent au milieu ambiant l'azote dont il sont
besoin. Nous ferons d'abord l'étude de la fixation du gaz azote
libre sur certains végétaux. Ce mode particulier de nutrition azotée est le dernier qui ait été découvert en date, mais
il présente un intérêt de premier ordre.

11

FIXATION DIRECTE DE L'AZOTE GAZEUX PAR LES VÉGÉTAUX VERTS

Nous commencerons par étudier la fixation de l'azote gazeux
par les *Légumineuses*. C'est, en effet, chez cette catégorie
de végétaux que fut reconnue pour la première fois, *avec une
absolue certitude*, cette remarquable propriété. Les Légumineuses étaient réputées *plantes améliorantes* depuis très longtemps; on savait que le sol, après leur culture, non seulement
n'était pas appauvri en azote, malgré l'exportation souvent
considérable de cet élément par la récolte, mais que ce sol
s'était même enrichi. L'explication de ce phénomène, en
contradiction avec l'opinion de Boussingault, variait suivant
les observateurs : les uns mettaient cet enrichissement sur
le compte du grand développement du système radiculaire
de ces plantes, lesquelles pouvaient ainsi puiser dans les
profondeurs du sol, et même du sous-sol, des aliments azotés
inaccessibles aux autres racines plus superficielles ; d'autres
pensaient que, grâce à leur puissant feuillage, les Légumineuses
absorbaient dans l'atmosphère les moindres traces de composés azotés. Enfin l'opinion défendue par quelques-uns se
résumait en ceci : la combinaison de l'azote libre avec les

Légumineuses est facilitée par l'électricité atmosphérique, et il faut voir là une extension des expériences de Berthelot sur l'influence de l'effluve électrique. Telle était, notamment la conclusion des recherches d'Atwater (1884), sur la façon dont les Légumineuses absorbaient l'azote.

Ainsi, à côté des dénégations de ceux qui adoptaient l'opinion de Boussingault, se dressait l'affirmation de ceux qui, témoins d'une fixation d'azote observée dans des conditions de sincérité absolue, établissaient les faits tels qu'ils les avaient remarqués, mais dont les explications étaient souvent dénuées de base scientifique.

Un agronome allemand, Hellriegel, qui depuis plus de vingt ans étudiait le problème de la nutrition azotée des végétaux, annonça, au mois d'août 1886, à la cinquante-neuvième réunion des naturalistes allemands assemblés à Berlin, le fait suivant :

Les sources d'azote offertes par l'atmosphère suffisent à produire chez les Légumineuses un développement normal et même luxuriant : c'est l'azote libre qui entre ici en jeu. Les tubercules que les Légumineuses portent sur leurs racines sont en relation directe avec cette assimilation. On peut provoquer à volonté l'éclosion des tubercules radicaux et le développement des Légumineuses dans des sols dépourvus d'azote, si on ajoute à ceux-ci une petite quantité d'une délayure d'une terre cultivée.

Continuant ses recherches dans l'année 1887, Hellriegel fit connaître, en 1888, dans un mémoire très étendu, publié en collaboration avec Wilfarth, tous les détails de ses expériences.

Ce mémoire, fort intéressant, renferme la démonstration la plus nette de la nutrition azotée des Légumineuses au moyen de l'azote libre de l'atmosphère ; il met, de plus, en évidence le rôle que jouent dans le sol certains microorganismes capables de vivre en *symbiose* avec les racines d'une plante. Nous avons déjà fait allusion antérieurement aux phénomènes symbiotiques et montré la différence entre la symbiose et le parasitisme.

Les travaux antérieurs de Berthelot sur la fixation de

l'azote gazeux sur la terre arable par l'intermédiaire des microorganismes, et ceux d'un assez bon nombre de savants sur le *contenu* des tubercules radicaux des Légumineuses ne furent pas d'ailleurs étrangers à l'interprétation que Hellriegel et Wilfarth donnèrent de leurs expériences.

Occupons-nous d'abord de la façon dont fut établi expérimentalement le fait de la fixation de l'azote gazeux. Nous étudierons ensuite la nature des tubercules radicaux.

Exposé des recherches de Hellriegel et Wilfarth. — Depuis de longues années, Hellriegel avait entrepris de déterminer l'effet nutritif de chaque élément fourni à une plante. Tel composé, indispensable à l'existence de celle-ci, doit avoir un effet proportionnel à sa quantité. Mais, relativement à l'azote, il y eut discordance manifeste. Entre la croissance et la quantité d'azote assimilable contenu dans le sol, existait une relation étroite, dans le cas des Céréales en particulier : la quantité d'azote alimentaire venant à diminuer, il y avait abaissement correspondant de la récolte ; à la suppression de l'azote correspondait une récolte misérable. Au contraire, dès les années 1862 et 1863, Hellriegel remarqua que des Légumineuses papilionacées (trèfle, pois), cultivées dans du sable dépourvu d'azote, pouvaient prospérer et donner naissance à des fleurs et à des fruits. Cependant les végétaux cultivés ainsi présentaient parfois de curieuses anomalies : à côté d'un pied bien venant, on en trouvait un autre dont le développement était chétif. Parfois même tous les pieds mouraient à la fois d'inanition. Ces expériences, reprises en l'année 1883, fournirent des résultats identiques aux précédents : les Légumineuses pouvaient se développer normalement en l'absence d'azote combiné, bien que, dans certains cas, ce développement, sans cause apparente de maladie, échouât de façon complète.

Au cours de ses recherches sur la croissance des *pois* cultivés en milieu non azoté, Hellriegel observa une particularité très intéressante. Ceux-ci, après avoir vidé leurs cotylédons, paraissaient souffrir du manque d'azote ; l'allure de la végétation change, la plante jaunit ; c'est à cette période de transition que l'auteur a donné le nom de *faim d'azote*. Certains de ces végétaux finissent par triompher de ce moment critique et, reprenant un aspect normal, continuent à se développer jusqu'à floraison et fructification. D'autres ne peuvent évoluer et se comportent comme les Graminées, auxquelles on aurait refusé toute alimentation azotée.

Hellriegel remarqua également que, dans la culture des Légumineuses, il n'y avait pas proportionnalité entre le poids de la récolte et celui des nitrates que l'on met à la disposition de ces végétaux, alors que, dans le cas des Graminées, cette proportionnalité était toujours la règle.

Toutes les hypothèses émises antérieurement pour expliquer l'accumulation de l'azote par les Légumineuses, hypothèses rappelées un peu plus haut, sont impuissantes à rendre compte, entre autres choses, des irrégularités maintes fois constatées dans le développement des pois en sol dépourvu d'azote : plantes à végétation normale croissant à côté de plantes à aspect misérable.

Il était donc à présumer que la cause fixatrice d'azote était indépendante des conditions où l'on s'était placé jusqu'ici et que la source de cet azote ne pouvait être cherchée que dans l'*azote libre* de l'atmosphère, étant donnés les gains énormes acquis par certaines Légumineuses au cours de leur développement complet.

C'est ici qu'apparaît le rôle des microorganismes. En s'appuyant, d'une part, sur les expériences de Berthelot relatives à la fixation de l'azote gazeux par le sol et, d'autre part, sur ce fait que les racines des Légumineuses sont envahies par des tubercules remplis de bactéries ou de tissus mycoïques, on pouvait penser que des *germes* venus du dehors n'étaient pas étrangers à cette faculté que possèdent les Légumineuses expérimentées de s'emparer de l'azote gazeux. Ces germes, dont l'ubiquité est évidente, pouvaient, en effet, se déposer suivant les caprices du hasard dans tel endroit et non dans tel autre.

Il était donc formellement indiqué, dans les expériences futures, d'introduire *volontairement* quelques-uns de ces germes puisés dans le sol en arrosant un milieu de culture, stérilisé au préalable, avec une petite quantité de délayure d'une terre ayant porté des Légumineuses.

Les nouvelles expériences furent disposées de la façon suivante : on prit quarante-deux vases identiques, contenant du sable quartzeux calciné et même solution nutritive, dépourvue d'azote ; trente d'entre eux furent abandonnés à eux-mêmes, dix reçurent chacun 25 centimètres cubes d'une infusion de terre, deux furent recouverts d'ouate stérilisée. Dans chaque vase on planta deux graines de pois. Peu de jours après la germination, il n'y avait aucune différence entre les plantules ; puis toutes commencèrent à jaunir par suite de l'épuisement des réserves contenues dans leurs cotylédons. Un mois environ après l'ensemencement, les plantes qui avaient reçu l'infusion de terre montrèrent une coloration plus verte que celles de la première série, et cette différence s'accusa de jour en jour. Mais, pendant ce temps, quelques-unes des plantes de cette première série se mirent à verdir, alors que d'autres restèrent jaunes et chétives. Dans le troisième série (vases couverts à l'ouate), la végétation fut misérable. L'expérience dura trois mois et demi ; toutes les plantes de la seconde série et une partie de celles de la première qui avaient triomphé de la période d'inanition, comme il vient d'être dit, se développèrent normalement, et l'analyse montra qu'elles étaient plus riches en azote que la graine initiale d'où elles étaient sorties.

La conclusion ne peut être que celle-ci : dans la première série, l'irrégularité de la végétation doit être la règle, comme dans les expériences antérieures, puisque l'ensemencement, dans ces vases ouverts à l'air libre, est abandonné au hasard. Dans la seconde série, l'ensemencement ayant été régulièrement fait, le développement a dû être normal chez tous les sujets. Dans la troisième série, les vases ayant été soustraits aux influences extérieures, la stérilité a été absolue.

Des Graminées cultivées dans les mêmes conditions ont donné un résultat absolument négatif : l'infusion de terre s'est montrée sans effet.

Hellriegel et Wilfarth, en présence de ces résultats, furent amenés à penser que la fixation de l'azote gazeux par les Légumineuses doit reposer sur un phénomène de *symbiose* entre la plante et certains microorganismes et qu'à chaque Légumineuse doit correspondre un microbe spécial.

La présence des microorganismes fixateurs dans l'infusion de terre est prouvée de façon irréfutable par les faits suivants : 1° effets produits par cette infusion ajoutée à doses même très minimes ; 2° lorsque les Légumineuses croissent dans un milieu dépourvu d'azote et commencent à périr d'inanition dès que leurs cotylédons sont vidés, elles renaissent subitement à la vie, alors que le milieu a reçu de l'infusion de terre ; 3° cette infusion est sans action lorsqu'elle a été portée à une température de 70° ; 4° les infusions de terre de diverses provenances n'ont pas la même influence sur toutes les Légumineuses : ici intervient une question de *spécificité*, dont nous dirons quelques mots plus loin ; 5° les Légumineuses peuvent se développer normalement dans un sol stérilisé et sans addition d'infusion terreuse, si on n'empêche pas soigneusement l'accès des germes apportés par l'air.

Période d'inanition. — Faim d'azote. — Lorsque les graines ont vidé leurs cotylédons, la période d'inanition apparaît par suite du manque d'azote. Or l'extrait de terre était toujours incorporé au milieu de culture en même temps que la solution nutritive exempte d'azote, c'est-à-dire dès le début de l'expérience ; mais, aux débuts de la végétation, son influence était nulle. Cette influence ne se manifeste que pendant la période d'inanition. On voit alors la couleur verte, qui a momentanément disparu, reprendre sa teinte normale, et la plante entre dans la période d'assimilation proprement dite. L'apparition des tubercules sur les racines se produit pendant la période d'inanition : elle précède donc la période d'assimilation et de croissance.

L'azote fixé par les Légumineuses est l'azote de l'air. — Les expériences ci-dessus (avec délayure de terre) furent disposées dans une grande cage vitrée traversée par un courant d'air enrichi de gaz carbonique, mais privé d'azote combiné : les résultats furent les mêmes qu'à l'air libre ; c'est-à-dire que les plantes fixèrent l'azote gazeux. Un résultat plus probant encore a été obtenu par Helleriegel et Wilfarth. Une graine de pois fut ensemencée dans un sol artificiel formé de 4 kilogrammes de sable quartzeux calciné, additionné des sels minéraux nécessaires et de délayure de terre. Le sable était contenu dans une grande bonbonne de verre de 44 litres, dont on n'ouvrit le goulot que pour l'introduction, à certains moments, de gaz carbonique. Dans ce cas encore, il y eut fixation d'azote gazeux par la plante. Cette dernière expérience prouve de façon irréfutable que c'est bien l'azote gazeux seul de l'atmosphère qui entre ici en jeu.

Une élégante expérience de contrôle, exécutée en 1890 par Schlœsing fils et Laurent, met cette fixation hors de doute. Ces auteurs introduisent au contact de Légumineuses cultivées en *vase clos* dans du sable calciné pourvu des sels indispensables et de délayure de terre, un volume *d'azote pur* rigoureusement connu et, pendant la durée de la végétation, ils font pénétrer le gaz carbonique nécessaire à l'exercice de la fonction chlorophyllienne. À la fin de l'expérience, on extrait au moyen du vide les gaz qui restent dans la cloche : de la comparaison des deux volumes d'azote, initial et final, on devra conclure à l'absorption ou à la non-absorption de l'azote gazeux. Comme contrôle, on a dosé, après le démontage de l'appareil, l'azote que contient le sol et celui que renferme la plante. Dans le cas où il y a fixation, le chiffre fourni par le dernier dosage est nécessairement supérieur à la teneur initiale des graines en azote, et l'excédant trouvé doit correspondre à l'azote gazeux disparu, mesuré directement.

Or la concordance observée est très satisfaisante. La seconde méthode de dosage montre qu'il y a eu fixation d'azote au cours de la végétation, et la première (méthode en volume) montre que le gain provient de l'azote gazeux.

Voici quelques chiffres à cet égard. La culture de trois pois, dans les conditions ci-dessus, a fourni : azote gazeux fixé = 29cc,1 = 0gr,0365 ; azote du sol et des graines avant l'expérience = 0gr,0326 ; azote du sol et des plantes après expérience = 0^{gr},0732 ; gain d'azote = 0^{gr},0732 — 0^{gr},0326 = 0^{gr},0406 ; la méthode en volumes donne 0^{gr},0365.

Une seconde expérience a donné : azote gazeux disparu = 0^{gr},0324 ; azote retrouvé dans le sol et les graines = 0^{gr},0341.

Nous verrons plus loin que cette méthode en volumes a permis également de démontrer la fixation de l'azote gazeux par certains végétaux inférieurs.

Enrichissement du sol en azote. — Hellriegel et Wilfarth ont analysé, après expérience, non seulement les plantes au point de vue de leur teneur en azote, mais aussi le sol. Celui-ci s'est constamment enrichi en azote lorsque la végétation est active, et l'azote accumulé se trouve dans le sable sous forme de combinaison organique. Schloesing fils et Laurent ont également constaté cet enrichissement : le sol de leur première expérience renfermait à l'état initial 0^{gr},0043 d'azote et 0^{gr},0151 à l'état final ; le sol de leur deuxième expérience donnait respectivement 0^{gr},0043 et 0^{gr},0175 d'azote.

Autres travaux relatifs à l'absorption de l'azote par les Légumineuses. — Parmi les nombreuses expériences de vérification auxquelles a donné lieu le magistral travail de Hellriegel et Wilfarth, il faut citer les recherches de Berthelot (1888). Celles-ci ont porté sur six espèces de Légumineuses cultivées dans une terre dont le taux d'azote était rigoureusement connu. Trois dispositifs furent adoptés : 1° *sous une cloche*, dont l'atmosphère était additionnée tous les jours de quelques centièmes de gaz carbonique ; le gain d'azote eut lieu par la terre (plantes examinées : lupin et vesce). Le développement des végétaux fut incomplet : ce qui peut s'expliquer par la saturation de l'atmosphère par la vapeur d'eau, l'émission possible de produits toxiques volatils, le surchauffage des parois du vase par la concentration solaire, le potentiel électrique nul ; — 2° *à l'air libre et sous abri transparent* ; les six espèces de Légumineuses ont constamment donné lieu à un gain d'azote. Ce gain, sauf pour le lupin, surpasse de beaucoup les gains observés en vase clos, soit avec les plantes, soit avec la terre seule ; — 3° *à l'air libre et sans abri* ; il y a eu à la fois fixation par la terre et les plantes.

L'influence de l'*électricité* sur la végétation a été examinée à ce propos par Berthelot (1889). La terre seule ou plantée a été placée dans un champ électrique en maintenant, au moyen d'une pile ouverte, une différence de potentiel constante entre la terre et la surface extérieure du champ électrique limitée par des feuilles métalliques. Le vase ou l'assiette contenant la terre étaient posés sur un gâteau de résine ; fixées sur le rebord du vase et à distances égales, trois lames de platine plongeaient dans le sol du vase, communiquant d'une part entre elles et, d'autre part, avec un des pôles de la pile. L'autre pôle était en relation avec un disque de toile métallique en cuivre rouge aussi rapproché que possible de la surface de la terre que contenait le vase. Le potentiel a été pris tantôt égal à 33 volts, tantôt à 132. Chaque expérience a été faite simultanément à l'air libre sous abri et sous cloche.

Les expériences entreprises avec les Légumineuses ont montré que, dans cinq cas sur six, le vase électrisé avait fixé plus d'azote qu'un vase témoin non électrisé. Il est donc vraisemblable qu'une action propre de l'électricité s'exerce dans le phénomène de la fixation de l'azote.

Les travaux de Hellriegel et Wilfarth ont également reçu une confirmation absolue des expériences de Lawes et Gilbert (1890) et de celles de Petermann (1894).

Nous allons maintenant étudier la cause de cette fixation de l'azote, laquelle est corrélative du développement sur les racines des Légumineuses de tubercules ou nodosités spéciaux.

III

NATURE DES TUBERCULES RADICAUX

La présence de renflements plus ou moins volumineux sur les racines des Légumineuses a été observée, il y a déjà très longtemps. On rencontre ces *nodosités* sur les racines de presque toutes les plantes de cette famille, tant indigènes qu'exotiques. Elles sont très communes dans les genres *Trifolium, Pisum, Lupinus, Vicia*; elles ne sont pas toujours également abondantes dans la même espèce. Leur forme diffère parfois beaucoup dans des espèces voisines : tantôt elles sont sphériques, parfois elliptiques, coniques, plus ou moins groupées entre elles. Dans certains cas, la racine elle-même est dilatée.

On trouve des productions semblables sur quelques racines de plantes appartenant à d'autres familles (*Alnus, Eleagnus*).

La *coloration* de ces nodosités est la même que celle des racines, du moins dans la plupart des cas.

Une observation ancienne de Kühn et Rautenberg sur la fève a conduit ces auteurs à admettre que, dans l'eau comme dans la terre, la production des tubercules est inversement proportionnelle à la richesse du milieu en azote. En cultivant du trèfle rouge dans des sols très riches en matière azotée,

H. de Vries obtint des plantes qui, parvenues au terme
normal de la végétation, ne portaient pas de tubercules radicaux, alors que des individus chétifs, végétant au sein d'un
milieu pauvre en principes azotés, en présentaient de nombreux. Bien que cette concordance entre la pauvreté du milieu
en azote et l'apparition de tubercules radicaux ne soit pas
absolue, on peut admettre qu'elle a lieu le plus souvent.

Une curieuse observation, faite presqu'en même temps
par Prillieux et Frank (1879), signale que le développement
des tubercules radicaux peut être provoqué *artificiellement*
si on introduit dans le milieu de culture des racines pourvues
d'organes semblables. Cette *inoculation expérimentale*, pratiquée depuis avec succès, sera examinée ultérieurement.

La *nature* des tubercules a donné lieu aux opinions les plus
variées avant la découverte de Hellriegel et Wilfarth, c'est-à-
dire avant l'époque où fut démontrée la relation qui existe
entre leur apparition et le développement de la plante.

Ces tubercules ont été regardés comme des galles d'abord,
puis comme des excroissances produites par des anguillules,
ou comme de simples excroissances des tissus de la racine,
ou comme une forme particulière de racines, voire même comme
des radicelles. Quelques-uns les dénommaient *tubercules
spongiolaires*, parce qu'ils pensaient que ces nodosités
n'étaient autre chose que des extrémités de racines.

Étudiée par de nombreux expérimentateurs, la *structure*
des nodosités a été l'objet de recherches approfondies de la
part de Vuillemin et de Laurent. Un tubercule adulte est
toujours composé de deux catégories de cellules bien distinctes ; les unes, relativement grandes, remplies d'un contenu dense et fortement granuleux, occupent la partie centrale.
Elles sont entourées d'une couche de cellules plus ou moins
épaisses, comme d'une écorce, à éléments plus petits et hya-
lins. Au milieu de cette écorce, on trouve des faisceaux
libéro-ligneux en relation avec ceux de la racine.

Les nodosités jeunes portent des poils absorbants, qui disparaissent plus tard.

11.

Contenu des tubercules radicaux.—Lorsqu'on écrase sous l'eau un tubercule, celui-ci laisse échapper des corpuscules bactériformes ou *bactéroïdes*, se mouvant rapidement et que, dès 1861, Woronine rapprochait des bactéries. Cet auteur pensait que leur reproduction avait lieu par scissiparité et par bourgeonnement. Ces éléments sont souvent ramifiés. De plus, les cellules les plus jeunes du parenchyme du tubercule renferment des filaments protoplasmiques non cloisonnés, irréguliers, traversant les membranes cellulaires et renflés çà et là en masses ovoïdes ou sphériques (Prillieux, Frank). Les bactéroïdes seraient de nature fongique et vivraient en symbiose sur les racines. Cette notion de *symbiose* a été développée par de nombreux savants, entre autres par Prazmowski et Beyerinck.

D'après Mazé, les filaments ne constitueraient pas un mycélium de nature fongique ; ils résulteraient d'une simple accumulation de mucosités autour des bactéries, ne seraient pas des organismes vivants générateurs des bactéries et ne devraient être considérés que comme un produit accessoire du développement de celles-ci.

Le *rôle physiologique* des tubercules a été méconnu jusqu'aux recherches de Hellriegel et Wilfarth. Beaucoup d'auteurs regardaient les tubercules comme des formations pathologiques ; d'autres, comme des créations normales intimement liées à l'économie de la plante. Les uns considèrent ces tubérosités comme des greniers d'abondance dans lesquels la plante accumule des réserves azotées ; les autres en font des organes d'assimilation. Les premiers, Hellriegel et Wilfarth ont découvert les relations existant entre l'assimilation de l'azote et la présence des tubercules sur les racines des Légumineuses. Celles-ci, cultivées en milieu stérile dans un sable dépourvu d'azote, ne portent pas de tubercules radicaux et n'assimilent pas d'azote gazeux. Dans un sol non stérilisé, mais privé d'azote, la production de tubérosités nombreuses sur les racines de Légumineuses est chose normale; la végétation est alors active avec gain d'azote. Si les plantes se développent dans un milieu stérilisé pourvu de nitrates, leurs racines ne portent pas de nodosités, et la plante n'emprunte son azote qu'aux seuls nitrates. On peut donc adopter la manière de voir de Vuillemin et conclure, jusqu'à nouvel ordre, que les tubercules radicaux sont des *mycorhizes*, c'est-à-dire des racines unies à un champignon vivant en symbiose avec elles.

Ces tubercules ne sont donc pas de *simples réservoirs*, comme on l'admettait antérieurement. Nous savons, en effet, que Hellriegel et Wilfarth, cultivant des pois sur un sol pauvre en azote, ont constaté deux périodes bien distinctes dans leur végétation. Tant que dure la germination, la plante s'accroît régulièrement, et sa couleur est normale. Mais, sitôt qu'elle a vidé ses cotylédons, une phase d'inanition succède à cette période : à ce moment, les tubercules grossissent et se remplissent de matières albuminoïdes. Ces tubercules ne peuvent donc être des réservoirs ; on ne concevrait pas, en effet, que la plante leur cédât les matériaux assimilables dont elle a elle-même un si grand besoin. On doit simplement en conclure que les substances accumulées dans les tubercules radicaux sont employées à nourrir la plante et que cet approvisionnement d'albuminoïdes s'y effectue après que les organes assimilateurs, feuilles et racines, ont acquis un certain développement réalisé aux dépens des réserves de la graine. Les tubercules radicaux sont des lieux de formation de matières azotées.

Culture du microbe des nodosités radicales. — Il était important d'essayer de cultiver en milieu artificiel le microbe des nodosités radicales pour connaître d'abord les propriétés biologiques de ce microbe et pour voir ensuite si, en culture artificielle, il était capable de fixer l'azote gazeux. Ces tentatives ont été faites dès l'année 1890 par plusieurs expérimentateurs.

Le microbe des nodosités radicales a reçu le nom de *Bacillus radicicola* ou celui de *Rhizobium leguminosarum*.

Ne pouvant suivre ici la question dans tous ses développements, nous renverrons le lecteur à l'ouvrage de L. Lutz : *Les microorganismes fixateurs d'azote*, Paris, 1904. Nous parlerons seulement des expériences dans lesquelles la fixation d'azote gazeux, restée jusque-là douteuse dans les cultures artificielles, a été montrée de façon positive à la suite des travaux de Mazé (1897-1898).

Cet auteur est parvenu à cultiver le microbe des nodosités en lui donnant, dès le début, une matière albuminoïde comme aliment et le mettant ainsi en état de pouvoir se développer normalement. Si ce microbe est un fixateur d'azote, il doit, corrélativement, détruire de la matière carbonée. On lui offrira du saccharose comme aliment hydrocarboné, et les cultures seront faites au contact de l'air. Comme milieu azoté de culture, Mazé fait usage du bouillon de haricots, contenant $\frac{5}{10\,000}$ d'azote. On additionne celui-ci de 2 p. 100 de saccharose et de 1 p. 100 de chlorure de sodium avec traces de bicarbonate de sodium. On solidifie ce bouillon avec 15 p. 100 de gélose, et on répartit en surface très mince dans des vases à fond plat, au-dessus desquels circule un courant d'air dépourvu d'azote combiné. Dans ces conditions, le microbe fixe l'azote gazeux en détruisant corrélativement une certaine quantité de sucre. La symbiose avec un végétal n'est plus nécessaire pour expliquer la fixation de cet azote.

Mazé suppose, d'après ses analyses et les comparaisons qu'il a tirées d'autres végétaux, que la plante devra fournir au bacille 100 grammes d'amidon pour recevoir en échange 1 gramme d'azote. Le rapport qui existe entre l'azote combiné et le sucre fourni au microbe influe sur le résultat final : celui qui donne le meilleur rendement est de $\frac{1}{200}$.

Dès le début de ses expériences, Mazé a constaté la présence d'une abondante mucosité qui se forme dans le vase de culture. Celle-ci ne résulte pas d'une transformation isomérique du sucre. Il y a une étroite relation entre la quantité d'azote fixé et l'abondance de cette substance dans les cultures. Cette matière est soluble dans l'eau ; elle passe à travers les membranes et n'existe pas dans les nodosités. L'auteur la considère comme une matière azotée provenant de la fixation de l'azote libre et servant de trait d'union entre la plante et son hôte.

Le microbe des nodosités radicales fournit une grande variété de formes sur les milieux artificiels. Quand on examine le contenu de tubercules épuisés, on ne trouve plus que des formes bacillaires ou des formes rondes, qui n'offrent aucun lien de parenté apparente avec les formes ramifiées des jeunes tubercules. Leurs fonctions changent avec la disparition du liquide nourricier et, de fixateurs d'azote, ils deviennent consommateurs d'azote (Mazé).

Des cultures analogues aux précédentes, placées dans une atmosphère d'azote absolument pur, ne donnent pas de développement : les bactéries restent néanmoins vivantes. On en conclut que le microbe fixateur est essentiellement *aérobie*.

Inoculations artificielles des racines de Légumineuses. — On doit les premières expériences d'inoculations à

Bréal (1888). Ces expériences ont fourni des résultats intéressants bien que non pratiquées avec des cultures pures, inconnues à l'époque de ces recherches. Celles-ci complètent fort heureusement les remarquables travaux de Hellriegel et Wilfarth.

D'après Bréal, de toutes les parties d'une Légumineuse, les tubercules sont les plus riches en azote. Ainsi, pour 100 parties de matière sèche, les tubercules du *Robinia* contiennent 3,25 p. 100 d'azote, ceux du *pois* 2,68, ceux du *lupin* 3,30, ceux du *haricot*, après floraison, 4,60, ceux de la *lentille* 7,0. Seuls, les graines et les champignons renferment une aussi forte proportion d'azote.

On fait germer des pois dans un liquide nourricier exempt d'azote, et on écrase dans le liquide un tubercule de luzerne : peu de temps après cette opération, les racines du pois se couvrent de tubercules ; le végétal atteint une hauteur de 70 centimètres après avoir fleuri. La dose d'azote qu'il contient à l'état adulte est très supérieure à celle de sa graine. Les bactéries de la luzerne se sont donc multipliées et ont infecté les racines du pois. Deux graines de lupin germent en même temps ; on pique la racine de l'un d'eux avec une aiguille trempée d'abord dans un tubercule de luzerne, et les deux plantules sont enracinées côte à côte dans du gravier. La plante inoculée se développe normalement ; elle porte des fleurs et des fruits ; l'autre reste chétive et ne fixe pas d'azote. La première, au contraire, contient deux fois et demie plus d'azote que sa graine.

De plus, dans ces diverses expériences, les Légumineuses ont exercé une action manifeste sur la fixation de l'azote sur le sol.

Beyerinck montra, peu après, que des fèves, disposées dans du sable stérilisé additionné des substances minérales nécessaires (moins l'azote), pouvaient être inoculées avec succès par l'organisme isolé par lui des tubercules de fèves. Les racines de plantes témoins non inoculées ne portaient pas de tubercules.

Le même auteur a fait voir que les tubercules apparaissent dix jours environ après que l'on a piqué une racine avec une aiguille trempée au préalable dans un tubercule radical.

L'inoculation demande de deux à quatre jours de plus si on ne blesse pas la racine, en se contentant de mélanger la semence au liquide de culture. Il faut un temps plus long encore lorsqu'on mélange de la délayure de terre à ce dernier liquide : le microbe, à l'état de repos dans le sol, devant évoluer avant d'infecter les racines.

L'inoculation ainsi pratiquée ne réussit pas toujours ; la semence doit être prise sur des nodosités appartenant à des plantes dont la végétation n'est pas trop avancée (avant floraison en général).

Le microbe des nodosités peut se propager très longtemps : on prendra la semence dans des nodosités jeunes, et on l'inoculera à des radicelles jeunes.

Expériences diverses d'inoculation. — Spécificité des différentes espèces de microbes. — On doit des expériences pratiques d'inoculation intéressant au plus haut point l'agriculture à Nobbe et à ses élèves. Ceux-ci ont essayé de résoudre la question suivante : une seule et même bactérie produit-elle toujours des nodosités ; cette propriété appartient-elle à plusieurs espèces ? Six espèces de Légumineuses ont été mises en œuvre. Le sol consistait en un mélange de sable quartzeux avec 5 p. 100 de tourbe pulvérisée additionnée de carbonate de calcium. La solution minérale nutritive contenait du chlorure de potassium, du phosphate de potassium et du sulfate de magnésium. Sol, graines, eau d'arrosage étaient stérilisés au préalable. La terre employée pour l'inoculation était une terre ayant porté depuis plusieurs années des plantes semblables à celles sur lesquelles on voulait pratiquer l'inoculation.

Toutes les plantes inoculées avec succès portent des tubercules radicaux en grand nombre ; ceux-ci se rencontrent presque exclusivement dans les parties supérieures du sol. Le pois, par exemple, donne le maximum de récolte et de fixation d'azote *lorsqu'il est inoculé avec une culture pure de bactéries du pois*. Une culture pure de bactéries du lupin n'a fourni, après inoculation au pois, que la moitié des chiffres qu'avait donnés la culture pure de bactéries du pois.

Il résulte également de ces expériences que les délayures des différentes terres ont une influence très inégale sur les diverses Légumineuses étudiées. On conçoit que les inoculations faites avec de semblables infusions fournissent souvent des résultats incertains.

Les nodosités radicales, avons-nous dit, se rencontrent dans les couches supérieures du sol et sur le tiers supérieur environ du corps libre de la racine ; les racines profondes n'en possèdent pas. Aussi une inoculation tardive est-elle, le plus souvent, suivie d'insuccès ; car les jeunes racines, faciles à infecter, se développent alors à une plus grande profondeur dans le sol. On peut supposer que les bactéries résistent à l'entraînement par l'eau et qu'elles adhèrent fortement aux particules terreuses. D'ailleurs, il est possible d'inoculer les racines profondes en faisant pénétrer à un niveau convenable le liquide chargé de bactéries. Tant qu'elles sont munies de poils radicaux, les jeunes racines peuvent être infectées. Lorsqu'on observe la répartition des tubercules radicaux sur la racine d'une plante inoculée, on peut reconnaître de quel côté du vase a été versé le liquide chargé de bactéries (Beyerinck).

Ce qui précède démontre également ce fait qu'une Légumineuse donnée peut être inoculée avec les bactéries d'autres Légumineuses. Le pois, par exemple, est inoculable avec les bactéries du pois, de la fève, des gesses, des acacias, des *Lotus*, des trèfles (Beyerinck). Cependant beaucoup de Légumineuses ne sont inoculables que par un petit nombre de plantes congénères appartenant à des genres seulement très voisins des leurs. Toutefois, la *nature* du sol joue souvent un rôle important à cet égard : nous y reviendrons.

Différences que présentent entre eux les microbes des nodosités radicales. — La dimension et le nombre des tubercules radicaux varient suivant les diverses Légumineuses. Les microbes eux-mêmes qui habitent les nodosités présentent des différences dans leur grosseur et leur forme, qui peut être simple ou ramifiée. Chez une même espèce, les caractères demeurent d'une façon assez constante. Lorsqu'on observe des exceptions dans la nature, il faut penser que telle espèce de microbes ayant habité telle plante déterminée conserve ses caractères spéciaux lorsqu'elle infecte telle autre plante, au moins pendant un certain temps. D'après Laurent, ces différences sont cependant peu tranchées, et il n'existerait qu'un type spécifique.

L'existence de *races* microbiennes distinctes semble cependant résulter de certaines observations telles que celle-ci : dans un jardin botanique, les racines de *Soja hispida* ne présentaient pas de tubercules, bien que, dans leur voisinage, de nombreuses Légumineuses en fussent pourvues. L'absence de la variété microbienne propre au *Soja* était vraisemblablement la cause de cette anomalie. Une terre du Japon qui portait des *Sojas* fut alors répandue sur le sol porteur des plantes exemptes de tubercules : les nouveaux *Sojas* cultivés présentèrent alors sur leurs racines de nombreux tubercules (Kirchner). Certaines Légumineuses, qui portent abondamment des tubercules dans leur pays d'origine, se développent souvent normalement dans un autre pays, et leurs racines sont complètement exemptes de nodosités.

Les organismes qui demeurent dans le sol conservent d'une année à l'autre leurs propriétés et continuent à vivre sur la même Légumineuse.

La spécificité des bactéries radicales est-elle absolue ?

Nous croyons qu'il faut se garder actuellement d'une exagération dans ce sens. De même, et malgré l'intérêt que présente la remarque suivante, il ne faudrait pas se hâter de conclure qu'il n'existe que *deux groupes* de bactéries : celui des terrains acides et celui des terrains calcaires. Voici l'opinion de Mazé à laquelle nous faisons allusion. Les caractères de races peuvent s'éteindre progressivement dans le sol ; étant donnée une bactérie qui vit normalement en symbiose sur les racines de telle Légumineuse, on peut produire la dégradation de cette espèce à tel point qu'on lui fera perdre, par des passages réitérés sur des milieux nutritifs, jusqu'au pouvoir de donner des nodosités sur l'espèce végétale elle-même qui l'hébergeait normalement. L'influence du *milieu* est ici considérable. Les bactéries qui vivent en sol *calcaire* sont capables d'envahir toutes les plantes calcicoles indigènes et, réciproquement, celles qui vivent dans les terrains acides peuvent infecter les Légumineuses des terrains acides (ajonc, genêt, lupin). Il n'existerait donc pas de races adaptées étroitement à une espèce végétale déterminée : on ne se trouverait en face que de formes physiologiques, à propriétés variables, sur lesquelles l'influence du milieu est prépondérante. Les bactéries des Légumineuses devraient être classées en deux grands groupes : celles des terrains acides et celles des terres calcaires.

Citons l'expérience suivante sur laquelle Mazé s'appuie pour justifier la distinction qu'il a faite : ayant cultivé pendant huit mois, sur des milieux d'acidité croissante, une bactérie isolée sur une plante calcicole, l'auteur l'a ensuite inoculée au lupin ; cette bactérie a provoqué la formation de nodosités sur les racines de cette plante. Ainsi une bactérie de plante calcicole peut infecter les racines d'une plante calcifuge.

Malgré l'originalité de ces vues, on peut affirmer que bien des observations les contredisent tous les jours (Voy. plus loin, p. 206, les faits signalés à cet égard par Dehérain et Demoussy).

Le microbe des Légumineuses vis-à-vis d'autres végétaux. — Schneider a tenté d'inoculer le microbe des Légumineuses aux Graminées. Cet auteur est parvenu à faire développer les bactéries d'un tubercule de *Melilotus alba* sur du bouillon de maïs. Ce bouillon a été versé dans des vases où se développaient de jeunes pieds de maïs et d'avoine. Les racines de ces deux plantes ne portaient pas de nodosités au bout d'un mois ; cependant les racines du maïs étaient envahies par le microorganisme ; celles de l'avoine étaient indemnes.

Mécanisme de la fixation de l'azote gazeux. — A cet égard, nous sommes réduits aux conjectures. Les bactéroïdes qui remplissent le tissu du tubercule affectent une disposition réticulaire, comme l'ont montré Prazmowski, Franck, Nobbe et Hiltner. Il est donc possible, dans la fixation de l'azote par l'intermédiaire des tubercules radicaux, qu'il se passe un phénomène analogue à celui de la respiration animale et surtout de la respiration branchiale. Les bactéroïdes, en vertu de leur disposition spéciale et de leur mode particulier de groupement, offrent, au milieu contenant l'azote gazeux, une surface considérable. L'hypothèse suivante, qui demanderait une sanction expérimentale, a été émise. L'eau absorbée par les plantes et dégagée par l'évaporation abandonne à ces plantes l'azote qu'elle a dissous. On sait qu'il se forme des tubercules sur les racines des Légumineuses élevées dans une solution aqueuse privée d'azote combiné ; mais l'efficacité de ces tubercules, sous le rapport de l'accroissement des plantes, est bien moins marquée que lorsque la plante vit en milieu solide. Dans les cultures en milieu liquide, en effet, la circulation de l'azote se produit avec une rapidité moindre que dans les espaces capillaires du sol.

La région des poils absorbants exerce une attraction manifeste sur le microbe des nodosités : c'est ce qui résulte des expériences de Mazé exécutées en introduisant dans des cultures pures de ces microbes des racines pourvues ou non de poils absorbants. Cette attraction paraît due à la présence, dans la région des poils, de certains hydrates de carbone. Quelques-uns de ceux-ci exercent, en effet, une action *chimiotaxique* très vive sur les bactéries radicales. Mazé estime que, si la Légumineuse rencontre dans le sol une quantité suffisante d'azote sous la forme de nitrates pour transformer en susbtances quaternaires les hydrates de carbone que la fonction chlorophyllienne a créés, l'accumulation de ceux-ci cesse de se produire dans les poils absorbants, et le microbe fixateur d'azote ne trouvant plus de cause d'attraction ne formera pas de nodosités sur les racines.

Cette explication rendrait compte du fait suivant, souvent noté : lorsqu'une Légumineuse se développe dans un terrain riche en nitrates, elle absorbe ceux-ci, comme le ferait un végétal ordinaire, et les transforme en albuminoïdes. Dans ce cas, les racines ne portent pas de nodosités, et la proportion de l'azote assimilé par la plante est en rapport avec la richesse du sol en azote nitrique. La symbiose bactérienne n'aurait lieu, conformément aux anciennes observations, que dans les sols pauvres en composés azotés ou qui en seraient virtuellement dépourvus.

Influence des sels minéraux sur l'apparition des tubercules. — La présence des nitrates contrarie la production des nodosités. Cette action antisymbiotique n'est nullement spécifique ; elle s'étend à tous les sels nutritifs solubles du sol dont le pouvoir osmotique incommode sans doute le microbe fixateur et entrave son évolution. Les nitrates alcalins empêchent, à la dose de $\frac{1}{10\,000}$ en culture aqueuse, la formation des nodosités chez le *pois* ; les sels ammoniacaux exercent une action analogue à la dose de $\frac{1}{2\,000}$, ceux de potassium à la dose de $\frac{1}{200}$, ceux de sodium à la dose de $\frac{1}{300}$. Les sels de calcium et de magnésium favorisent nettement la production des nodosités (Em. Marchal, 1901).

Les concentrations salines dont il vient d'être question sont généralement très supérieures à celles que l'on trouve normalement dans le sol arable. La présence des phosphates accélère la production des nodosités radicales (Laurent). D'après ce dernier auteur, la présence des engrais azotés favoriserait l'éclosion des tubercules radicaux chez la *fève*, alors que ces mêmes engrais paralyseraient cette formation chez les autres Légumineuses.

Des *pois* qui, depuis cinq ans, se développaient sur un sol ayant reçu des doses excessives d'engrais azotés (sulfate d'ammonium, nitrates), ne présentaient plus trace de symbiose microbienne.

Bien que les racines de ces végétaux ne portent plus de nodosités, la-terre dans laquelle ils plongent leurs racines renferme encore le microbe fixateur d'azote : il suffit, en effet, d'ajouter un peu de cette terre, prise à 0^m,25 de la surface, à des pois cultivés en sol stérile, pour provoquer sur leurs racines l'apparition des nodosités (Laurent).

Si on cultive du *trèfle* dans trois sols : l'un dépourvu de calcaire, le second pauvre en cette substance, le troisième en renfermant une quantité notable, on constate que le gain d'azote n'a lieu que chez les plantes cultivées en terre riche en calcaire (Passerini).

Tubercules radicaux rencontrés chez les plantes autres que les Légumineuses. — Plusieurs végétaux du genre *Alnus* (*Alnus glutinosa* principalement) possèdent sur leurs racines des tubercules. Ceux-ci contiennent un champignon symbiote. Nobbe et Hiltner considèrent que cet *Alnus* peut fixer l'azote gazeux. D'après ces mêmes savants, les tubercules radicaux des *Eleagnus*, dans l'intérieur desquels il a été trouvé un champignon voisin de celui qui habite les *Alnus*, peuvent assimiler l'azote libre. Il en serait de même des tubercules du *Podocarpus chinensis*. Toutefois cette opinion a été combattue récemment, et les mycorhizes du *Podocarpus* ne serviraient qu'à l'absorption des matières humiques.

IV

ASSIMILATION DE L'AZOTE GAZEUX PAR CERTAINES ALGUES

Il existe des algues, communes sur beaucoup de sols, qui sont capables, avec le concours de certaines bactéries, d'assimiler l'azote libre de l'atmosphère.

Cette assimilation avait été soupçonnée il y a déjà fort longtemps. Frank a de nouveau attiré l'attention sur ce fait, vers 1888, sans en donner toutefois une démonstration correcte. Gautier et Drouin, à la même époque, pensèrent que l'on pouvait expliquer la fixation de l'azote gazeux sur la terre végétale, et même sur des sols complètement dépourvus de matière organique, par l'intervention de certains organismes unicellulaires aérobies et particulièrement de certaines algues.

Cette fixation, mise hors de doute par des recherches ultérieures, comme nous allons le dire, est très intéressante à connaître. Elle permet d'expliquer d'une façon satisfaisante les résultats contradictoires obtenus par beaucoup d'expérimentateurs relativement à la fixation de l'azote gazeux par un sol non planté. Alors que la plupart niaient, conformément à l'opinion de Boussingault, la possibilité de cette fixation directe, d'autres, en présence d'analyses très correctes, constataient l'évidence de cette fixation. Il est très probable que, dans ce dernier cas, des algues, plus ou moins visibles à l'œil nu, intervenaient et que la fixation de l'azote sur le sol avait lieu par leur intermédiaire.

Voici l'exposé des recherches les plus importantes faites à ce sujet.

Frank, en 1891, dispose dans des matras du sable blanc calciné qu'il a additionné d'une solution nutritive exempte d'azote et y ensemence des algues vertes unicellulaires. Celles-ci couvrent bientôt la surface du sable, lequel fixe une certaine quantité d'azote. A la même époque, Schlœsing fils et Laurent se servent du procédé de culture sous cloche utilisé par eux dans leurs recherches sur la fixation de l'azote par les Légumineuses, afin de décider, par des mesures gazométriques rigoureuses, si d'autres plantes ne seraient pas capables de puiser également leur azote dans l'atmosphère. Le sol, ici, n'est plus du sable calciné, mais une terre naturelle, peu riche en azote, pourvue des divers organismes vivants que l'on rencontre dans les bonnes terres.

Dans une première série d'essais, on mit en expérience le *topinambour*, l'*avoine*, le *tabac*, le *pois*, ainsi que trois sols témoins non ensemencés. Or, dans toutes ces expériences, sauf pour les deux derniers sols témoins, il y a eu disparition sous les cloches d'une certaine quantité d'azote gazeux, plus ou moins considérable, mais supérieure aux erreurs analytiques. Or la surface de tous ces sols s'était recouverte peu à peu de plantes vertes inférieures, mélange de mousses et de certaines algues. L'un des trois sols témoins s'est recouvert de cette végétation cryptogamique et s'est notablement enrichi en azote. Seul, il n'aurait accusé aucun gain, ainsi que le prouvent les analyses des deux témoins non couverts de végétation.

On a isolé, chez le premier témoin recouvert d'une couche

verte, la partie superficielle épaisse de quelques millimètres ainsi que la couche sous-jacente : celle-ci n'avait pas gagné d'azote ; l'azote ne s'était fixé que sur la partie superficielle habitée par les végétaux verts.

Si on élimine l'influence des plantes vertes inférieures en recouvrant la surface des vases d'expérience d'une couche de sable quartzeux calciné, aucune trace de matière verte ne se montre et, sauf dans le vase où se trouvent les *pois*, on ne constate plus d'absorption d'azote gazeux. Les plantes soumises à l'expérience étaient l'*avoine*, la *moutarde*, le *cresson*, la *spergule*.

Les sols nus, c'est-à-dire ne portant pas de végétation apparente, ne fixent donc pas l'azote gazeux, bien que pourvus des êtres microscopiques que l'on trouve dans les bonnes terres.

Peu après, Schlœsing fils et Laurent remarquèrent qu'un sol, pourvu d'algues du genre *Nostoc* principalement, fixait des doses d'azote notables. Au contraire, un sol porteur d'une culture à peu près pure de *Microcoleus vaginatus* n'avait pas fixé d'azote. Peut-être, ainsi que le font remarquer les auteurs, cette pureté est-elle défavorable à une fixation, si celle-ci n'a lieu qu'avec le concours de plusieurs êtres. Au point de vue pratique, ces expériences sont très importantes.

Les algues agissent-elles seules ? C'est ce que nous allons examiner. Dans tous les cas, l'entrée en combinaison de l'azote libre ainsi absorbé a pu trouver dans l'action chlorophyllienne l'énergie qui lui est nécessaire.

Des algues non vertes (*Alternaria tenuis, Gymnoascus*), cultivées sur kaolin additionné de sucre et d'une certaine quantité de liqueur de Cohn exempte d'azote, donnent également lieu à une importante fixation d'azote (Berthelot).

Non-fixation d'azote par des cultures pures d'algues; nécessité d'une symbiose. — Dans ce qui précède, nous avons montré la réalité de la fixation de l'azote par des organismes inférieurs. Kossowitsch (1894) s'est attaché à employer pour cette démonstration des espèces pures. Or ces nouvelles expériences mettent en évidence ce fait curieux de la non-fixation de l'azote *chaque fois que l'algue n'est pas en symbiose avec les bactéries du sol.*

Le substratum employé est la silice gélatinisée; l'addition de sucre au liquide minéral nutritif, exempt d'azote, est parfois indispensable. En l'absence de nitrates, les genres *Chlorella, Cystococcus, Stichococcus,* cultivés à l'état de pureté, ne se développent pas. Sitôt qu'à ces cultures on ajoute quelques centimètres cubes d'une solution nitratée, la couche d'algues se colore en vert. Le *Microcoleus vaginatus* se comporte de même. On peut donc déjà conclure que, *à l'état de pureté,* beaucoup d'algues ne peuvent fixer directement l'azote gazeux.

Il n'en est plus de même lorsqu'à ces cultures pures on ajoute une trace de terre végétale : les algues qui, tout à l'heure, étaient incapables de fixer l'azote gazeux et ne tiraient cet élément que de celui contenu dans les nitrates, s'enrichissent alors en azote, sans qu'il soit possible d'attribuer à un organisme particulier cette propriété fixatrice.

Cependant, d'après Kossowitsch, il y aurait une relation entre la présence des algues et la fixation de l'azote, en ce sens que celles-ci seraient capables, mais seulement à la lumière, de fournir aux bactéries fixatrices les hydrates de carbone qu'elles ont élaborés par la fonction chlorophyllienne. Il existerait donc, entre les algues et certaines bactéries, une symbiose : celles-ci, fixatrices d'azote, tireraient leur nourriture hydrocarbonée des produits d'assimilation des algues. Cette opinion est d'autant plus acceptable que l'on sait depuis longtemps que les Légumineuses pourvues de nodosités radicales ne fixent pas d'azote à l'obscurité.

Quoique la fonction chlorophyllienne intervienne de façon active, la présence du sucre, c'est-à-dire d'un hydrate de carbone dans les liquides de culture où se développe l'algue associée aux bactéries, exalte cette fixation.

L'opinion de Kossowitsch sur la symbiose des algues et des bactéries a été confirmée par Krüger et Schneidewind (1900) : les algues des genres *Stichococcus, Chorella, Chlorothecium,* en culture pure, ne fixent pas d'azote. Ces algues prennent leur nourriture azotée soit à l'azote minéral, soit à l'azote organique mis à leur disposition.

Le *Cystococcus humicola* se comporte de même (Charpentier).

Toutefois, deux algues, *Schizothrix lardacea*, *Ulothrix flaccida*, ne peuvent croître en solutions nutritives exemptes d'azote, *même en présence des bactéries du sol*. Le *Nostoc punctiforme*, au contraire, associé aux bactéries de la terre arable et cultivé comme les deux algues précédentes, se développe très bien et fixe une dose d'azote comparable à celle que fixent les Légumineuses (3,1 à 3,3 p. 100) (Bouilhac).

Conséquences pratiques de la fixation de l'azote par les algues en symbiose avec les bactéries du sol. — Bouilhac et Giustiniani (1903) ont tenté de démontrer, que la symbiose de certaines algues avec les bactéries du sol pouvait, dans une certaine mesure, remplacer les engrais azotés. Le sol sur lequel portait l'expérience était du sable de Fontainebleau additionné de sels minéraux sans azote et de carbonate de calcium. Quatre vases, dont deux seulement reçurent un mélange de *Nostoc punctiforme* et d'*Anabæna* recouverts de bactéries, furent mis en observation. Au bout de six semaines, on dosa l'azote de chacun de ces vases. Ceux sur lesquels les algues avaient été ensemencées contenaient, en moyenne, 0gr,037 d'azote; les deux témoins n'en renfermaient que 0gr,004.

Pour reconnaître dans quelle mesure l'azote ainsi fixé peut contribuer au développement d'une plante supérieure, on prit trois grands vases que l'on remplit avec 10 kilogrammes du sable précédent additionné des mêmes sels minéraux, et on les ensemença avec du *sarrasin*. Le vase n° 1 fut choisi comme témoin ; les vases 2 et 3 reçurent une petite quantité d'algues et de bactéries et un peu de délayure de terre. Au bout de six semaines, les vases ayant été placés en plein air et arrosés régulièrement, on remarqua que les algues s'étaient bien développées et que, dans les vases 2 et 3, le sarrasin atteignait une hauteur variant de 30 à 42 centimètres, alors que le sarrasin du vase n° 1 ne dépassait pas 10 centimètres. Le résultat de l'analyse fut le suivant :

	Matière sèche.	Azote des récoltes.
	gr.	gr.
N° 1 (témoin)...............	1,10	0,02924
N° 2.......................	3,75	0,07155
N° 3.......................	7,10	0,12727

Ainsi, l'enrichissement du sol en azote, grâce à la présence des algues et des bactéries, a immédiatement profité au sarrasin.

D'autres végétaux : *maïs, moutarde blanche, cresson alénois,* donnent des résultats du même ordre.

La matière azotée produite par la symbiose algues-bactéries semble facilement diffusible, ce qui explique le développement rapide des végétaux cultivés dans les conditions ci-dessus énoncées.

V

ESSAIS D'INOCULATION DU SOL PAR L'EMPLOI DE CULTURES PURES DU MICROBE DES LÉGUMINEUSES. — NITRAGINE.

Si beaucoup de sols contiennent des bactéries fixatrices d'azote, il en est, par contre, qui n'en renferment pas. A la suite des travaux de Hellriegel et Wilfarth, on eut l'idée de répandre sur certains sols destinés à la culture des Légumineuses une petite quantité d'une terre ayant porté depuis de longues années ces mêmes plantes. On pensait que cet épandage devait introduire une quantité suffisante de bactéries fixatrices d'azote. Mais, si cette inoculation de sol à sol réussit parfois et si l'on voit les racines des Légumineuses se couvrir de nodosités, il arrive le plus souvent que cet ensemencement échoue complètement.

A partir de l'époque où Nobbe et ses élèves eurent introduit dans la science la notion de spécificité des microbes fixateurs, on pensa que la *culture artificielle* de bactéries pures, adaptées strictement à une Légumineuse donnée, pourrait rendre de grands services. Ces cultures, préparées industriellement, sont connues sous le nom de *nitragine*. On les trouve sous forme de gelées qu'il suffit de délayer dans l'eau pour l'usage. On asperge les graines à inoculer avec cette dissolution, ou bien on arrose directement le sol auquel on confiera la graine. La plupart des essais tentés avec la nitragine ont donné des résultats incertains, voire même nuls.

Lorsque la nitragine s'est montrée favorable, les cultures employées étaient récentes. En effet, au bout de cinq mois, les cultures artificielles ne conduisent qu'à des insuccès. Une première statistique de Nobbe indique 27 succès sur 100 inoculations ; une autre statistique de Frank, faite quelques années après, indique 33 succès sur 100 inoculations. Seules les terres nouvellement soumises à la culture donnent des résultats favorables.

Des expériences récentes faites aux États-Unis indiqueraient une proportion de succès plus sérieuse, soit 51 p. 100. D'après Hiltner, les cultures de *lupin* et de *serradelle* donnent les résultats les plus satisfaisants après l'inoculation.

L'insuccès dû à l'emploi de la nitragine peut être mis sur le compte du mode même de culture employé dans l'industrie. En effet, la vitalité des bactéries apportées par les cultures artificielles faites sur gélatine, milieu très différent de celui de la terre arable, est fort inférieure à celle des bactéries qui vivent normalement dans le sol. On a, il est vrai, remplacé ultérieurement la gélatine par la silice gélatineuse.

Nobbe et Hiltner ont recommandé de diluer la culture de nitragine commerciale non avec de l'eau seule, mais avec une eau contenant certaines substances salines. L'eau distillée peut tuer complètement les bactéries radicales ; l'eau de source, elle-même, peut être nuisible. Les substances salines les plus favorables à employer consistent en un mélange de sulfate de magnésium, de phosphate de potassium et de phosphate d'ammonium.

Le plus souvent, avons-nous dit, l'effet de la nitragine est problématique. La plupart des sols, additionnés ou non de cette substance, portent des Légumineuses possédant des nodosités radicales : le rendement est le même dans les deux cas.

En résumé, dans les terres très pauvres en azote et, par conséquent, en matière organique, la nitragine offre parfois certains avantages. Toutefois il est indispensable que le sol renferme en proportions suffisantes les éléments salins que réclament toutes les plantes et les Légumineuses en particulier, c'est-à-dire une bonne proportion de chaux et de potasse. Dans les sols acides, l'inoculation échoue, ainsi que très souvent dans les sols trop riches en calcaire. La diffusion des bactéries fixatrices par l'air et l'eau doit être la règle. Presque tous les sols doivent donc en contenir. Si leur action bienfaisante ne se fait pas sentir, c'est que la *réaction du milieu* ne leur est pas favorable. Dans les terres acides, par exemple, si les bactéries fixatrices sont rares ou peu efficaces, on peut réveiller leur vitalité par addition de calcaire, comme l'ont fait voir Dehérain et Demoussy, et l'on retombe ainsi sur les conclusions qu'avait formulées Mazé et que nous avons citées plus haut : il n'existerait pas de bactéries strictement adaptées à une espèce végétale déterminée; il n'existerait qu'une série de formes physiologiques douées de propriétés variables acquises sous l'influence du milieu où elles se développent. Des expériences nouvelles peuvent seules montrer si tel est le dernier mot de la question.

Il y aurait donc lieu, si l'on adoptait ces idées, de cultiver sur des milieux artificiels *différents quant à leur réaction* les bactéries des terres acides et celles des terres alcalines.

Tout ce que l'on peut affirmer, c'est qu'il serait téméraire, à l'heure actuelle, de condamner sans appel l'emploi de la nitragine ou de considérer cet emploi comme une panacée dans la culture des Légumineuses.

Alinite. — Un agronome allemand, Caron (d'Ellenbach) annonça, en 1895, qu'il avait isolé du sol un microbe fixateur d'azote sur les céréales. Ce microbe, inoculé à des semences de céréales et même à de la moutarde, provoquait un excédent considérable de récolte. L'auteur lui donna d'abord le nom de *Bacillus Ellenbachensis*. Les cultures artificielles de ce microbe, préparées en grand par l'industrie, reçurent le nom d'*alinite*.

Ce microbe, regardé comme voisin du *Bacillus mycoides* ou du *Bacillus megaterium*, a été identifié avec ce dernier par Stoklasa. D'après cet expérimentateur, ce microbe serait un fixateur d'azote, mais son rôle spécial serait surtout de solubiliser au plus haut point l'azote organique contenu dans le sol, principalement celui de la tourbe. Étudié de nouveau par plusieurs savants, le *B. megaterium* s'est montré dénitrifiant, mais incapable de fixer l'azote gazeux. Toutefois il décomposerait activement l'azote organique, qu'il transformerait en amines et ammoniaque. Son action bienfaisante ne se ferait sentir que dans les sols chargés d'humus : elle serait peu appréciable dans une terre arable ordinaire et nulle dans les sols siliceux dépourvus de matière organique (Malpeaux).

En somme, l'action du *B. megaterium* se bornerait à détruire l'azote albuminoïde et à mettre à la portée des plantes une forme d'azote moins complexe que cette forme primitive. D'ailleurs, beaucoup d'autres bactéries habitant le sol semblent jouir de la même propriété. En réalité, l'emploi de l'alinite n'a fourni que des résultats négatifs dans la plupart des cas.

Utilisation de l'azote atmosphérique, d'après Th. Jamieson. — Nous mentionnerons ici d'une manière sommaire quelques idées nouvelles émises tout récemment (1905) par un agronome anglais

Th. Jamieson sur la fixation de l'azote gazeux par les végétaux. Malheureusement, l'auteur qui s'appuie sur des observations, sans doute intéressantes, n'a pas fourni de chiffres comparatifs, ce qui rend toute discussion très difficile. D'après Jamieson, l'enrichissement en azote des Légumineuses demeure inexpliqué : il n'y aurait pas, dans les tubercules radicaux, de bactéries proprement dites, et ce qui tendrait à le prouver c'est l'insuccès habituel de l'emploi de la nitragine. Les nodosités radicales ne seraient que des productions anormales, et les réserves nutritives qu'elles contiennent se formeraient par accident, à la suite de l'attaque de la racine par un champignon. Ce ne serait pas ce champignon qui fixerait l'azote, ce serait la Légumineuse elle-même qui fabriquerait des matières albumineuses et les amasserait pour guérir la partie attaquée.

D'après Jamieson, les plantes à feuilles larges et molles absorberaient *directement* l'azote de l'air (Légumineuses, Caryophyllées, Crucifères) ; les Céréales et les plantes fourragères, à feuilles étroites et dures, ne fixeraient pas ce gaz.

Le mécanisme de cette fixation serait le suivant : sur certaines tiges et certaines feuilles on trouve des poils de structure remarquable, divisés en plusieurs sections et dont la section extrême est seule colorée en vert jaunâtre. C'est à cette extrémité du poil, contenant de la chlorophylle, que se ferait la synthèse de l'albumine par absorption directe de l'azote. Les poils segmentés sont en relation intime avec les vaisseaux internes dans lesquels s'écoulerait l'albumine après sa production dans l'extrémité du poil.

Quoiqu'il en soit, nous arrivons, à la fin de cette étude sur l'absorption de l'azote gazeux, à cette conclusion que certains végétaux verts prennent *directement* l'azote élémentaire à l'atmosphère et qu'au contact des principes ternaires, élaborés par la fonction chlorophyllienne, ils transforment, par un mécanisme inconnu, cet azote en substances quaternaires complexes à poids moléculaire très élevé. Il ne se produit, dans ce phénomène synthétique, ni ammoniaque, ni acide azotique : les termes primordiaux de cette union de l'azote avec les hydrates de carbone nous échappent complètement.

Nous verrons, à propos de la nutrition azotée des végétaux au moyen des nitrates, comment on peut essayer d'expliquer l'entrée de l'azote minéral dans une combinaison organique.

VI

NUTRITION AZOTÉE DES VÉGÉTAUX
AUX DÉPENS DE L'AMMONIAQUE GAZEUSE

L'air renferme toujours des traces d'ammoniaque. Schlœsing a trouvé, en moyenne, que 100 mètres cubes d'air renfermaient $0^{gr},0023$ d'ammoniaque (expérience exécutée à Paris du mois de juin 1875 au mois de juillet 1876). L'ammoniaque est d'ailleurs très diffusible, et on l'a rencontrée dans des stations élevées.

Pendant fort longtemps, on a fait jouer à ce gaz un rôle important dans la nutrition azotée des végétaux. Il est certain que le sol peut absorber l'ammoniaque atmosphérique, mais il est non moins certain que le sol peut aussi dégager de l'ammoniaque par suite des phénomènes de décomposition de la matière azotée dus aux actions microbiennes.

Admettons que le sol absorbe de l'ammoniaque ; celle-ci, si les conditions de la nitrification sont réalisées, se changera en acide azotique, c'est-à-dire en azotate de calcium, au contact du calcaire que contient toute terre susceptible de nitrifier. Les végétaux s'empareront de l'azotate de calcium : ce mode de nutrition azotée sera examiné dans un instant.

Mais l'ammoniaque qui circule dans l'atmosphère peut aussi arriver au contact des parties aériennes des plantes, et l'on doit se demander si les feuilles, en particulier, ne sont pas capables d'absorber et d'utiliser cette forme de l'azote pour la synthèse des nombreux composés azotés qu'elles renferment.

Absorption de l'ammoniaque par les feuilles. — La présence du gaz ammoniac dans l'air fut reconnue d'abord par Th. de Saussure, qui lui assigna un rôle dans la dissolution de l'humus et des matières organiques contenus dans le sol. C'est à Stöckhardt (1859) que l'on doit les premières recherches sur l'action directe et favorable qu'exerce ce gaz vis-à-vis des végétaux, bien que H. Davy, cinquante ans auparavant, eût déjà pressenti cette action. Peu après,

Sachs eut l'idée de séparer la partie aérienne de la plante de la partie souterraine en enfermant celle-là dans une cloche, destinée à l'isoler de l'air et du sol, afin de voir si les résultats favorables obtenus par Stöckhardt étaient imputables à l'absorption de l'ammoniaque par la partie aérienne du végétal.

Deux expériences comparatives furent installées en prenant le haricot comme plante d'essai. L'atmosphère d'une des cloches recevait chaque jour de l'air enrichi de 4 à 5 p. 100 de gaz carbonique ; l'autre cloche recevait en plus une petite quantité de carbonate d'ammonium en vapeurs. Sachs arrive à cette conclusion que l'ammoniaque est assimilée par les feuilles ; il y a augmentation du poids de la matière sèche de la plante, du taux de ses cendres et de l'azote.

Schlœsing (1874) cultive deux plantes de même espèce (tabac) dans des conditions identiques, avec cette seule différence que l'une développait son feuillage dans une atmosphère pourvue de vapeurs ammoniacales, l'autre dans une atmosphère privée de ces vapeurs. La partie aérienne des plantes était séparée complètement du sol. On couvrait le fond d'un des bassins situés sur le sol, supportant la cloche dans laquelle se trouvait la plante, d'une solution de sesqui-carbonate d'ammonium, renouvelée tous les jours. Au bout d'un mois et demi, on trouva que la première récolte (cloche à ammoniaque) pesait 146^{gr},9, la seconde 139 grammes. La première contenait 2,22 p. 100 d'azote, la seconde 1,77. L'ammoniaque a donc été absorbée. Elle a servi à la production d'albuminoïdes, car on ne la retrouve dans la plante ni sous son état primitif, ni à l'état d'acide azotique. Le taux de la nicotine ne semble pas avoir été influencé. L'absorption de l'ammoniaque a profité à tout le végétal, ainsi que le prouvent les dosages de l'azote dans les différentes parties de la plante.

A la même époque, A. Mayer effectuait des essais au moyen de la méthode de culture dans des solutions artificielles pourvues de tous les sels minéraux indispensables, moins l'azote. Mayer a expérimenté dans les cinq conditions suivantes : 1° à l'air libre ; 2° dans de l'air contenant des vapeurs ammoniacales ; 3° dans une atmosphère dépourvue d'ammoniaque ; 4° en humectant avec de l'eau pure les feuilles des plantes ; 5° en humectant les feuilles avec une solution très étendue de carbonate d'ammonium. Des essais pratiqués par lui (chou, pois, blé), Mayer conclut que les organes verts des végétaux supérieurs ont la faculté d'assimiler le carbonate d'ammonium gazeux ou dissous dans l'eau. Cette absorption n'est pas un phénomène purement mécanique, car l'ammoniaque se transforme en azote organique. Si toute autre alimentation azotée faisait défaut à une plante, ce mode de nutrition assurerait une augmentation de la masse de la substance organique du végétal. Les plantes vertes sont impressionnées d'une façon très différente par les vapeurs de carbonate d'ammonium, lesquelles peuvent parfois causer la mort des organes qui sont à leur contact.

Relativement à l'absorption de l'ammoniaque atmosphérique par des plantes ayant végété dans des sols stériles, Mayer montre que, théoriquement, cette absorption est possible. Toutefois ce phénomène n'a qu'une faible importance pratique, car la dose d'ammoniaque contenue dans l'atmosphère est minime.

Mayer ajoutait que les Légumineuses ne semblent pas offrir de différences notables sous ce rapport avec les autres familles de végétaux.

Bref, on peut conclure de ce qui précède, que l'ammoniaque gazeuse très diluée est absorbée et utilisée par les plantes pour la production de matières albuminoïdes.

VII

NUTRITION AZOTÉE DES VÉGÉTAUX AUX DÉPENS DE L'AZOTE NITRIQUE ET DE L'AZOTE AMMONIACAL CONTENUS DANS LE SOL.

A. Aux dépens de l'azote nitrique. — L'action favorable du salpêtre sur les plantes était connue au XVIII° siècle. Cependant, à l'époque où Boussingault commença à s'occuper du rôle de l'azote dans la nutrition végétale, ces anciennes données étaient tombées dans l'oubli, et on accordait aux sels ammoniacaux seuls une influence positive sur le développement de la plante.

Boussingault et G. Ville, en 1865, montrèrent simultanément le rôle remarquable que jouent les nitrates dans la production de la matière azotée. Le poids de la matière sèche d'une plante est en raison directe de la quantité d'azote nitrique ajouté. Si, de plus, on donne à la plante non seulement des nitrates, mais tous les sels indispensables à son développement complet, on obtient des résultats tout à fait décisifs. C'est ce qui ressort de l'expérience suivante de Boussingault, exécutée sur des *Helianthus*, dont la végétation a duré quatre-vingt-six jours.

	Carbone acquis. gr.	Azote acquis. gr.
Sol stérile..............................	0,140	0,0023
Sol avec matières minérales sans azote..	0,156	0,0027
Sol avec matières minérales + NO^3K..	8,446	0,1666

Telles sont également les conclusions formulées plus tard par Hellriegel et Wilfarth relativement au mode de nutrition azotée des graminées (orge) au moyen des nitrates. Une graine évoluant dans un milieu contenant des sels minéraux sans azote donne naissance à une plantule dont la végétation dure à peu près aussi longtemps que celle des plantes normalement nourries; elle peut fleurir et même fructifier, *mais sous une forme naine*, car, ne produisant pas de matières nouvelle, chaque nouvel organe s'accroît aux dépens de la feuille la plus âgée qui se vide et se dessèche. Le dessèchement des feuilles n'apparaît que plus tard lorsque la dose d'azote nitrique ajouté est insuffisante; s'il y a quantité suffisante ou excès de nitrates, la plante se développe normalement.

Présence des azotates dans les végétaux. — Cette présence a été reconnue il y a déjà fort longtemps. On peut dire qu'elle est presque universelle et qu'elle doit être recherchée surtout dans la tige des végétaux et, de préférence, dans les plantes jeunes. Les plantes terrestres et aquatiques renferment des nitrates, qu'elles soient annuelles ou vivaces. On peut même faire cette constatation chez beaucoup d'arbres, à la condition d'opérer sur les pousses de l'année.

Le procédé le meilleur de dosage de l'acide nitrique consiste à faire un extrait hydro-alcoolique de la partie de la plante examinée et, après avoir évaporé l'alcool, à reprendre l'extrait par une petite quantité d'eau. On introduit alors le liquide au moyen d'un entonnoir à robinet dans un petit ballon dans lequel on a porté à l'ébullition un mélange d'acide chlorhydrique et de chlorure ferreux. Le ballon est muni d'un tube à dégagement qui permet de recueillir les gaz sur le mercure. L'acide nitrique change le chlorure ferreux en chlorure ferrique et passe lui-même à l'état d'oxyde azotique NO. La réaction est quantitative ; une molécule d'acide nitrique fournit une molécule d'oxyde azotique. Il faut opérer dans un milieu exempt d'oxygène.

Azotates aux différentes périodes de la végétation. — Pour bien suivre les variations des azotates dans une plante, il faut s'adresser à un végétal qui en emmagasine normalement des quantités notables. Tel est le cas de la *bourrache*. Voici ce qu'a fourni cette plante:

	NO^3K dans 100 p. de plante sèche.	Rapport centésimal de l'azote de l'azotate au poids de l'azote albuminoïde.
26 avril 1883. Plantule............	0,5	2,5
29 mai 1883. Plante en plein développement....	2,5	9,5
12 juin 1883. Débuts de la floraison	4,2	14,1
7 sept. 1883. Fructification	0,02	0,4
Plante séchée sur pied............	0,7	12,8

La proportion tant relative qu'absolue du nitrate de potassium croît, à mesure que le végétal se développe, jusqu'aux débuts de la floraison : elle présente alors un maximum. Elle diminue lorsque la fonction de reproduction apparaît, car, à ce moment, l'azote de l'azotate se change en azote albuminoïde, et cette disparition se fait dans une proportion plus forte que l'absorption de ce sel par la plante. Mais, à la fin de la fructification, cette cause de transformation de l'azote minéral en azote organique venant à diminuer et même à s'annuler, on trouve que l'azotate reparaît dans la plante et que son poids absolu est parfois supérieur à tous les précédents.

Si on examine le rapport qui existe entre le poids du nitrate de potassium et celui des principes solubles de l'extrait aqueux total de la plante, on trouve que le nitrate représente le trentième de l'extrait au début, le cinquième au moment du maximum (floraison), le millième au moment de la fructification (minimum) et, de nouveau, le trentième vers la fin de la végétation.

Si on enlève systématiquement leurs inflorescences à un certain nombre de pieds de bourrache, les parties vertes prennent un développement excessif, et les nitrates disparaissent par suite de la transformation intégrale de leur azote en azote albuminoïde.

Citons encore les résultats obtenus avec une plante riche en nitrate de potassium : l'*Amarantus caudatus* :

	NO_3K dans 100 parties de plante sèche.	Rapport centésimal de l'azote de l'azotate au poids de l'azote albuminoïde.	Rapport centésimal du poids de l'azotate au poids de l'extrait total.
26 avril 1883. Plantule...........	1,6	61,0	21,0
29 mai 1883. Plante en plein développement.....	4,4	24,0	20,0
30 juin 1883. Débuts de la floraison.............	5,7	17,0	26,5
11 sept. 1883. Floraison...........	1,0	3,0	1,9
19 oct. 1883. Fructification et dessiccation commençante...........	3,1	11,6	7,7

Les phénomènes observés sont donc à peu près du même ordre que ceux que nous avons analysés chez la bourrache (Berthelot et G. André).

Azotates dans les différentes parties de la plante. — La répartition du nitrate de potassium dans les différents organes de la bourrache montre que, aux débuts de la végétation (29 mai), les azotates sont surtout concentrés dans la tige, laquelle en contient le maximum relatif aussi bien qu'absolu ; la racine est moins riche. Dans la feuille, les azotates tendent à disparaître par suite de leur transformation en albuminoïdes.

Les tiges renferment, à l'époque précitée, 7,6 de nitrate de potassium pour 100 parties de matière sèche, les feuilles 0,5 seulement.

Au début de la floraison (12 juin), les nitrates prédominent encore dans la tige et la racine et, dans celle-là, encore d'une façon absolue et relative ; les fleurs n'en contiennent pas, les feuilles très peu, alors qu'elles renferment seize fois plus d'albuminoïdes.

Au moment de la fructification, les feuilles et les inflorescences ne contiennent plus traces d'azotates.

La feuille apparaît donc nettement comme le lieu de la transformation de l'azote minéral en azote organique. Pagnoul a montré, il y a plus de vingt ans, que, dans les feuilles insolées de betteraves, les nitrates disparaissent rapidement, mais qu'ils y demeurent, au contraire, à l'obscurité. D'anciennes expériences de Sachs (1862) parlaient déjà dans le même sens. Nous examinerons bientôt le mécanisme de cette transformation.

Accumulation des nitrates dans certains végétaux. — Beaucoup de plantes accumulent, sans aucun profit pour elles et principalement dans leurs tiges, des quantités énormes de nitrates. Les amarantes, la bourrache, la tétragone, cultivées dans des sols bien fumés, fournissent des sujets ayant souvent de grandes dimensions. Leurs tiges, soumises à l'incinération après avoir été séchées à l'étuve, produisent une véritable déflagration.

Parmi les plantes de la grande culture, le maïs et la betterave peuvent être cités comme contenant des doses très notables de nitrate de potassium. Certaines betteraves, en particulier de l'espèce fourragère, contiennent souvent des quantités telles d'azotate de potassium que leur ingestion par les animaux provoque parfois chez ceux-ci des troubles graves, notamment du côté des reins.

Barral a trouvé des betteraves renfermant 7 grammes et même $8^{gr},9$ de nitre par kilogramme. Les doses moyennes ne dépassent pas $0^{gr},8$ à $0^{gr},9$ par kilogramme de racines. Dans une récolte de betteraves étudiée par Pagnoul, les racines de cette plante, cultivée sur la surface d'un hectare, renfermaient 145 kilogrammes de nitre. Paturel a trouvé, pour deux variétés de betteraves fourragères, 58 et 341 kilogrammes de nitre dans les racines.

Conséquences de la nitrification dans les sols. — Pertes de nitrates. — La plupart des végétaux qui se développent dans des sols suffisamment calcaires absorbent donc les nitrates qu'ils y rencontrent et transforment cet azote nitrique en azote protéique. Nous venons de voir également que beaucoup de plantes emmagasinaient de fortes proportions de nitrates qui demeurent tels quels dans leurs tissus. Cet emmagasinement est d'autant plus notable que le sol nitrifie plus activement et, par conséquent, a reçu des fumures azotées plus copieuses. Lorsqu'un pareil sol est privé, après récolte, de toute végétation, il perd les nitrates qu'il contenait par suite du lavage qu'il subit de la part de l'eau de pluie. C'est là une circonstance très défavorable, car le sol se dépouille ainsi d'une quantité souvent considérable d'azote éminemment assimilable. Mais il est possible de remédier, au moins partiellement, à un semblable état de choses, précisément en utilisant la propriété que possèdent les plantes d'absorber l'azote nitrique et de l'immobiliser en quelque sorte sous la forme d'azote albuminoïde, ou même en nature. A cet effet, sur le sol privé de végétation à la suite de l'enlèvement d'une récolte, on installe la culture d'une plante à développement rapide (moutarde, par exemple), qui, entre la fin d'août et le milieu de novembre, absorbera d'autant plus de nitrates que l'évaporation produite par ses feuilles sera plus intense. On emmagasine donc d'une façon directe l'acide

nitrique qui allait être perdu dans les eaux de drainage.
L'azote de cet acide nitrique, transformé en azote protéique,
pourra servir de nourriture aux bestiaux. Souvent on se
contente d'enfouir cette plante sur place à la fin de novembre ;
pendant l'hiver et surtout au printemps suivant, son azote
protéique subira dans le sol des métamorphoses profondes qui
l'amèneront peu à peu, à la forme amidée d'abord, puis à la
forme ammoniacale et enfin à la forme nitrique. Si donc,
à l'endroit même où cette plante a été enterrée à la fin de
l'automne, on sème au mois d'avril de l'année suivante une
autre plante, celle-ci profitera de l'azote que la première a
emmagasiné sous forme protéique, c'est-à-dire sous une
forme insoluble, mais que les agents microbiens du sol ont
simplifiée à tel point pendant l'hiver que cet azote se trouve
finalement sous forme ammoniacale et même nitrique, directement assimilable par la nouvelle plante qui va évoluer.

A ces cultures destinées à empêcher la déperdition des
nitrates à la suite des pluies de l'automne et de l'hiver, on
donne le nom de *cultures dérobées* ou *intercalaires*.

Nous reparlerons de l'absorption de l'azote nitrique à
propos des cultures artificielles faites dans des milieux de
composition connue (p. 425).

B. **Aux dépens de l'azote ammoniacal**. — La
plante est également capable d'absorber dans le sol
l'azote sous forme ammoniacale et de transformer celui-ci
en azote albuminoïde. C'est à Müntz que l'on doit à cet égard
les premières expériences concluantes. Celles-ci présentent
certaines difficultés d'exécution ; car, lorsqu'on ajoute au sol
un sel ammoniacal (sulfate d'ammonium ou chlorure), ce sel
ne tarde pas à nitrifier dans les conditions habituelles, c'est-
à-dire quand le sol contient du calcaire, une certaine dose
d'humidité et d'oxygène et quand la température est suffisamment élevée. Or, à cause précisément de l'intervention
du ferment nitrique, on ne peut savoir, dans le cas où le sol
a reçu des sels ammoniacaux, si la plante absorbe ceux-ci
en nature ou bien si elle absorbe les nitrates qui proviennent
de leur oxydation.

Il faut donc, pour estimer le rôle de l'ammoniaque, se placer en dehors des conditions de la nitrification.

A cet effet, on prend de la terre végétale, que l'on prive par un lavage à l'eau des nitrates qu'elle renferme, et on l'additionne de sulfate d'ammonium, puis on la place dans de grands vases que l'on introduit dans une étuve à 100°. Cette terre est donc exempte de nitrates et d'organismes nitrifiants.

Pour éviter ultérieurement tout ensemencement fortuit, on fait usage de grandes cages dont plusieurs des parois sont vitrées, tandis que les autres sont formées par des toiles filtrantes destinées à laisser pénétrer l'air après l'avoir dépouillé de germes. Les parois de cette cage sont enduites de glycérine.

Avant d'être semées, les graines subissent une courte immersion dans l'eau chaude, de manière à tuer les germes qui sont à leur surface. On introduit les vases dans la cage, et on porte celle-ci sous un hangar ouvert.

L'arrosage s'effectue à l'aide d'eau stérilisée. La végétation se produit donc dans un milieu exempt de nitrates et stérilisé au point de vue de la nitrification. Comparativement, d'autres cages, préparées de façon identique, reçoivent des vases dont la terre est ensemencée de quelques parcelles de terreau destinées à y introduire le ferment nitrique. La différence entre ces deux sortes de vases est la suivante : dans le premier cas, l'ammoniaque persiste ; dans le second, elle nitrifie. Poursuivies pendant trois ans, les expériences ont fourni des résultats identiques. L'examen des terres stérilisées et non ensemencées de terreau a montré l'absence de nitrates, même au bout de plusieurs mois ; les plantes qu'elles portaient n'avaient pu emprunter leur azote qu'au sulfate d'ammonium.

Voici les quantités d'azote nitrique qui s'étaient formées à la fin des expériences :

	Terres non ensemencées de ferment nitrique.		Terres ensemencées de ferment nitrique.	
	Début.	Fin.	Début.	Fin.
1°	0	0	0	$0^{gr},0912$
2°	0	0	0	$0^{gr},4200$

La végétation s'est, en général, développée d'une manière satisfaisante. En déterminant la quantité d'azote contenu dans la plante et en en retranchant celui de la graine, on remarque que la plante a utilisé l'azote ammoniacal :

	Azote emprunté à NH_3.
Expériences ayant porté sur :	gr.
Fève	0,2150
Féverole	0,0890
Maïs	0,2080
Orge	0,0493
Chanvre	0,1145

Il résulte donc de ces expériences que les végétaux supérieurs peuvent absorber directement par leurs racines l'azote ammoniacal et que la nitrification de l'ammoniaque n'est pas une condition indispensable de son utilisation.

Toutefois, les cas où l'ammoniaque n'est pas susceptible de nitrifier constituent l'exception, car cette nitrification est très rapide, surtout au printemps, lorsque la température s'élève. Il n'y a donc pas lieu, le plus souvent, dans la pratique, d'établir de distinction fondamentale entre l'emploi de l'azote nitrique et celui de l'azote ammoniacal.

Quelques années après les travaux dont nous venons de parler, Mazé exécuta le même genre de recherches, mais en élevant les plantes (maïs) dans des solutions aqueuses nutritives stérilisées, pourvues de sulfate d'ammonium. Après la végétation, il retira les plantes des flacons et conserva ceux-ci pendant quelques semaines pour voir si l'ammoniaque ne se transformerait pas en acide nitrique : le résultat fut négatif ; ce qui confirme les travaux de Müntz.

Ayant cultivé dans les mêmes conditions du maïs dans des solutions renfermant un nitrate, Mazé a remarqué que le développement des plantes suit une marche parallèle à celle observée par lui avec le sulfate d'ammonium ; le poids de matière sèche élaboré dans le même temps est à peu près le même, à la condition que la concentration du sulfate d'ammonium ne dépasse pas 0,5 p. 1 000.

L'infériorité, souvent constatée, des sels ammoniacaux vis-à-vis des nitrates dans la grande culture doit être mise sur le compte de l'influence nocive des sels ammoniacaux employés à une dose supérieure à celle qui précède, alors que les nitrates ne produisent rien de semblable dans les limites assignées par les exigences des cultures en azote (Mazé).

Considérations générales sur la nutrition azotée. — Il est remarquable de voir qu'une plante peut indifféremment utiliser l'azote contenu soit dans un nitrate, soit dans un sel ammoniacal. Cependant, bien qu'il soit superflu d'insister sur la différence de structure qui existe entre l'acide nitrique et l'ammoniaque, il faut admettre que, puisque la plante fabrique les mêmes composés complexes avec ces deux formes de l'azote, celles-ci, à un moment donné, doivent se trouver sous le même état. Or nous savons par les expériences de Schlœsing fils (p. 65) que les sels oxygénés pris au sol (sulfates, phosphates, nitrates) se réduisent dans les tissus végétaux, car, principalement lorsqu'on emploie les nitrates, les plantes entières, pendant le cours de leur végétation, dégagent en volume plus d'oxygène qu'elles ne décomposent de gaz carbonique. Donc, la forme initiale de l'azote *utilisable* doit être une forme non oxygénée ; peut-être est-ce l'ammoniaque elle-même. D'ailleurs, la réduction des nitrates exige un certain temps. Nous avons vu, en effet, que ces sels s'accumulaient très fréquemment en nature dans les feuilles et surtout dans les tiges, tandis que les sels ammoniacaux ne s'y accumulent jamais. Le végétal ne renferme que de très minimes quantités de ceux-ci, alors même qu'il se développe dans un sol ou dans un milieu artificiel qui en sont pourvus d'une certaine quantité, compatible toutefois avec l'existence de la plante.

Si l'on examine de plus près la question, il est évident que le mécanisme de la transformation, des nitrates d'une part, des sels ammoniacaux de l'autre, en azote albuminoïde, se complique de la séparation d'un corps basique dans le premier cas (potasse ou chaux) et de celle d'un corps acide dans le second (acide chlorhydrique ou sulfurique).

Cette dernière séparation est très nette chez une Mucédinée, l'*Aspergillus niger* ; elle a été observée par Tanret dans les circonstances suivantes. On nourrit l'*Aspergillus* à l'aide du liquide de Raulin, après avoir introduit dans celui-ci une quantité de nitrate d'ammonium double de celle que l'on emploie d'ordinaire ($0^{gr},50$ au lieu de $0^{gr},25$). Au bout de vingt-quatre heures, on enlève ce liquide et on le remplace par du liquide neuf surnitraté ($0^{gr},75$). En recommençant pendant plusieurs jours de suite cette manipulation, on observe que la Mucédinée ne vit qu'à l'état de mycélium *blanc* sans sporuler. Cette propriété d'empêcher ou de retarder la sporulation n'est pas propre au nitrate d'ammonium ; le sulfate et le chlorure la possèdent en doses correspondantes. Cette vie mycélienne de l'*Aspergillus* est accompagnée d'une réaction très curieuse : l'*acide du sel ammoniacal appa-*

raît à l'état de liberté dans le liquide de culture, en même temps que de l'amidon se forme dans le tissu du champignon. Le liquide dans lequel on cultive celui-ci à la manière ordinaire renferme fréquemment de l'acide oxalique ; mais, si on force l'*Aspergillus* à se développer à l'état de mycélium sur un liquide surnitraté, on ne rencontre jamais d'acide oxalique. Les acides *libres* que l'on trouve alors en solution sont les acides nitrique, sulfurique ou chlorhydrique, correspondant aux sels ammoniacaux employés.

VIII

ÉLABORATION DE L'AZOTE MINÉRAL. TRANSFORMATION DE CET AZOTE EN AZOTE ALBUMINOÏDE

La conclusion à laquelle nous amènent les faits précédemment énoncés est celle-ci : l'azote nitrique ou l'azote ammoniacal absorbés par les végétaux sous forme *minérale* se métamorphosent, dans la feuille principalement, en une forme nouvelle, celle d'*azote protéique ou albuminoïde*.

Les propriétés des substances albuminoïdes varient avec le lieu de l'organisme où on les rencontre; mais elles présentent ce caractère commun de renfermer du carbone, de l'hydrogène, de l'oxygène, de l'azote et, presque toujours, du soufre et parfois du phosphore.

Leur poids moléculaire est très élevé ; il est inconnu actuellement, comme celui de l'amidon ou de la cellulose. Elles forment un groupement naturel. Leur isolement à l'état de pureté présente le plus souvent de nombreuses difficultés, et c'est à grand'peine qu'on les obtient exemptes de matières minérales. Elles sont amorphes; cependant certaines d'entre elles ont pu être amenées à cristallisation ; quelques-unes semblent se dissoudre dans l'eau (pseudo-solutions, solutions colloïdales); d'autres se gonflent simplement sous l'action de ce liquide.

Nous reviendrons plus loin sur leur structure chimique. Disons seulement que, lorsqu'elles subissent des transformations par hydratation (action artificielle des alcalis, des acides étendus, de certains enzymes), elles engendrent des composés de formules relativement simples, cristallisables, appartenant à des fonctions chimiques nettement définies, parmi lesquelles se trouvent les acides aminés et les amides.

Inversement, nous devons forcément admettre, bien que la chose soit le plus souvent d'une observation difficile, que l'azote minéral, au contact de certaines substances ternaires de l'organisme végétal, avant de donner naissance à un albuminoïde, passera par une série d'états de condensation d'abord simples (acides aminés, amides). Par polymérisation et déshydratation, ces amides engendreront finalement la matière albuminoïde définitive. Celle-ci est caractéristique de toute cellule vivante, aussi bien animale que végétale.

Le lieu de production des albuminoïdes, avons-nous dit plus haut, est, avant tout, la feuille : grâce à l'activité du phénomène chlorophyllien dans cet organe, on conçoit que les hydrates de carbone nouvellement formés soient particulièrement aptes à entrer en combinaison avec l'azote minéral.

L'influence de la lumière solaire doit être, le plus souvent, mise hors de doute en ce qui regarde la synthèse de la matière azotée. Elle paraît remplir, d'après Pagnoul, dans la décomposition des nitrates et dans la formation subséquente des principes azotés, un rôle analogue à celui qu'elle joue dans l'assimilation chlorophyllienne elle-même.

Mécanisme de la formation des albuminoïdes. — Il résulte de ce qui précède que l'acide azotique des azotates, avant d'entrer en réaction avec les matières ternaires, subit une série de désoxydations qui l'amène à l'état d'ammoniaque. Ce qui semble bien démontré, c'est l'influence prépondérante que possède *la partie la plus réfrangible des rayons du spectre solaire* dans le phénomène de synthèse des matières protéiques.

L'intervention de la chlorophylle ne paraît pas toujours nécessaire, car, d'après Laurent, Marchal et Carpiaux, les feuilles blanches d'*Acer negundo*, mises au contact d'une solution de sulfate d'ammonium, assimilent mieux l'azote ammoniacal que les feuille vertes.

A la lumière comme à l'obscurité, de jeunes plantes de blé, cultivées dans une liqueur salpêtrée, accumulent dans leurs tissus des nitrates dont la transformation en matière protéique est irréalisable en l'absence de la lumière.

Dans ce dernier cas, il ne se produit que des composés amidés ; ceux-ci persistent tant que la plante est à l'obscurité : ils se métamorphosent en matières protéiques à la lumière seulement (Godlewski).

Remarquons cependant que la présence d'une quantité abondante de matières sucrées pourrait provoquer, même à l'obscurité, la synthèse des albuminoïdes.

Hansteen cultive des *lentilles d'eau* (*Lemna minor*) sur de l'eau stérilisée et maintient la culture pendant quelques jours à l'obscurité pour priver les plantes de leur amidon. Il fait ensuite baigner celles-ci dans des solutions de glucose ou de sucre de canne contenant une petite quantité des amides suivants : asparagine, urée, glycocolle. Les essais ont lieu à l'obscurité. Dans ces circonstances, il se forme des albuminoïdes aux dépens de la matière sucrée et de l'amide ajoutés. Il est des végétaux qui, dans les conditions ci-dessus énoncées, produisent de l'albumine aux dépens du glucose et de sels ammoniacaux.

Cette transformation, *à l'obscurité*, de l'azote nitrique en azote albuminoïde en présence d'hydrates de carbone a été soutenue par de nombreux expérimentateurs (Zaleski, Susuki).

Toutefois, il faut admettre que, normalement, l'action lumineuse (rayons les plus réfrangibles du spectre) joue un rôle prépondérant dans la synthèse des matières protéiques. Pendant la nuit, la feuille élaborerait, aux dépens de l'azote minéral, des composés amidés ; ceux-ci, à la lumière solaire, se transformeraient en composés protéiques. A l'obscurité, les nitrates ne donneraient naissance qu'à des amides, dont le plus important est l'*asparagine* $C^4H^8N^2O^3$. Or c'est précisément cet amide qui se forme de préférence lorsqu'une graine germe à l'obscurité ou lorsqu'on soustrait à la radiation solaire une plante préalablement insolée. L'asparagine apparaît donc comme un terme intermédiaire important, soit dans la synthèse des albuminoïdes en partant de l'azote minéral, soit dans leur décomposition provoquée en l'absence de la lumière du soleil.

Théorie de la formation des albuminoïdes. — Il a été émis un grand nombre d'hypothèses relativement à la synthèse des albuminoïdes dans les végétaux. Nos connaissances à cet égard sont encore très insuffisantes.

Emmerling pense que, étant donnée la présence de l'acide oxalique dans la plupart des végétaux, celui-ci agirait sur le nitrate de potassium et mettrait l'acide nitrique, à l'état de très grande dilution, en liberté. Si donc, dans certaines plantes, la formation de la matière albuminoïde est liée normalement à la décomposition des nitrates, le développement du végétal doit, dans une certaine mesure, dépendre de la faculté que possède la plante de former de l'acide oxalique.

Il semble, en effet, qu'il existe une corrélation entre la présence dans le végétal de certains acides, tels que l'acide oxalique et l'accumulation des albuminoïdes. D'après Berthelot et G. André, la formation de l'acide oxalique a lieu dans la feuille de préférence aux tiges et aux racines. Une pareille formation ne semble pas ici attribuable à un phénomène d'oxydation (1), puisque les feuilles sont des organes de réduction. L'acide oxalique pourrait provenir d'une réaction qui se passerait entre l'aldéhyde méthylique et l'eau :

$$2\,CH^2O + 2\,H^2O = C^2H^2O^4 + H^6,$$

avec formation d'un principe complémentaire plus hydrogéné que les hydrates de carbone. Or cet excès d'hydrogène, absolument constant dans l'analyse des végétaux (p. 77), répond certainement aux albuminoïdes que ceux-ci contiennent toujours.

Les nitrates subissant vraisemblablement une réduction préalable qui les transforme d'abord en ammoniaque, Lœw admet que l'asparagine prend naissance par l'union de l'ammoniaque et de l'aldéhyde méthylique engendré par la fonction chlorophyllienne ; l'asparagine serait le premier terme des acides aminés, aux dépens desquels se formerait ultérieurement la matière albuminoïde.

La théorie de la formation des albuminoïdes proposée par A. Gautier diffère un peu de celles qui précèdent. L'acide nitrique libre, et à l'état d'extrême dilution dans les sucs végétaux, rencontrerait l'aldéhyde méthylique, et il se formerait de l'*acide cyanhydrique* :

$$2\,NO^3H + 5\,CH^2O = 2\,CNH + 3\,CO^2 + 5\,H^2O.$$

(1) C'est cependant le cas général : les acides, du moins chez les plantes grasses à transpiration très peu active, ne sont que les produits d'une respiration, c'est-à-dire d'une oxydation incomplète. Nous reviendrons sur ce point en traitant de la respiration.

Libre ou sous forme de cyanhydrine, l'acide cyanhydrique apparaît dans une foule de végétaux. Cet acide, en s'unissant à l'aldéhyde méthylique lui-même, donnerait naissance aux albuminoïdes, au moins chez quelques végétaux. C'est, en effet, le premier produit reconnaissable de l'élaboration de l'azote minéral.

Cette manière de voir est également celle de Treub : l'acide cyanhydrique serait l'un des termes de passage entre l'azote minéral et l'azote organique.

On pourrait également formuler la genèse de l'acide cyanhydrique de la façon suivante, en partant d'un hydrate de carbone et du nitrate de potassium :

$$2\,C^6H^{12}O^6 + 6\,NO^3K = 6\,CNH + 3\,C^2K^2O^4 + 9\,H^2O + O^2.$$

Oxalate
de potassium.

Cette formule tient compte de ce fait que la présence des acides organiques est constante chez les végétaux auxquels on fournit comme aliment azoté des nitrates et de cet autre fait, signalé par Schlœsing fils (p. 65), du dégagement d'un excès d'oxygène pendant le cours de la végétation des plantes qui empruntent leur azote à des nitrates.

Bach pense que les termes successifs de la réduction de l'acide nitrique sont l'*acide nitreux* NO^2H, l'*acide hyponitreux* NOH, puis le *radical* $NH =$. Celui-ci, par fixation de 2 molécules d'eau, se transforme en *hydroxylamine* NH^2OH, laquelle, en présence de l'aldéhyde formique, donnerait la *formaldoxime* CH^2NOH, puis son isomère le *formiamide* $CHO.NH^2$, premier terme de synthèse d'un corps amidé et, ultérieurement, d'un albuminoïde.

Toutefois il faut croire que l'existence de l'hydroxylamine est de très courte durée, car cette substance n'a aucune valeur alimentaire vis-à-vis des végétaux. Lutz a, en effet, montré que le chlorhydrate de cette base ne peut servir d'aliment azoté ni aux Phanérogames, ni aux Algues, ni aux Mucédinées. Si l'on admet, d'après les idées de Bach, que le radical NH″ soit le terme ultime de la réduction des nitrates, il est possible de formuler de la façon suivante la synthèse de l'asparagine — point de départ de celle des albuminoïdes — en supposant que l'aldéhyde méthylique entre en réaction avec ce radical :

$$4\,CH^2O + HN = NH = C^4H^8N^2O^3 + H^2O.$$

Asparagine.

Cette manière de voir est appuyée sur le fait suivant indiqué par Serno : de jeunes plantes privées de leurs cotylédons et cultivées sur des solutions salpêtrées emmagasinent des nitrates et forment de l'asparagine.

Toutes ces hypothèses présentent un certain degré de vraisemblance ; mais s'il est possible d'expliquer, et même de réaliser la synthèse d'un amide par l'une de ces différentes voies, il reste encore à trouver le

mode de condensation des amides entre eux jusqu'à la production de
la matière définitive, c'est-à-dire l'albuminoïde.

Réduction des nitrates par les végétaux. — On
doit à Laurent la connaissance des faits suivants, qui
montrent que le végétal est capable de réduire l'azote nitrique
et de le changer en azote nitreux.

Des graines stérilisées au bichlorure de mercure sont mises
en contact avec une solution de nitrate de potassium
au centième. On les a d'abord fait germer dans de l'eau distillée et stérilisée. Au bout de quarante-huit heures, le liquide
qui les baigne fournit la réaction des nitrites. Cette réduction
des nitrates est plus active quand la surface des liquides en
contact avec l'air est faible. Le pouvoir réducteur vis-à-vis
de l'azote nitrique n'existe pas chez les graines au repos ;
il ne se développe que dans les premiers temps de la germination.

L'oxygène en dissolution dans le liquide est rapidement
absorbé par les plantules, et c'est à partir de ce moment
que commence la réduction. Par contre, si le liquide offre un
large contact avec l'air, il n'y a pas de réduction. Celle-ci
n'a lieu que si l'on fait l'expérience dans des tubes à essais
étroits. Dans le vide, cette réduction est rapide : elle est donc
liée *à la vie sans air*.

Des tranches de pomme de terre ou de navet, des bulbes,
des tiges, beaucoup de fruits se conduisent comme les graines ;
il en est de même des algues, des champignons et des bactéries.

La réduction des nitrates par les végétaux est, comme la
fermentation alcoolique, une conséquence de la vie qui se
continue dans un milieu privé d'oxygène libre.

Cette réduction des nitrates éclaire d'un jour nouveau le
phénomène de la synthèse des corps amidés : nous voyons,
en effet, la nécessité de la désoxydation de l'acide nitrique
dans la série des transformations qui amènent l'azote minéral
à l'état d'azote organique.

IX

NUTRITION AZOTÉE
AUX DÉPENS DES SUBSTANCES ORGANIQUES :
AMINES, AMIDES, NITRILES

La possibilité de nourrir des végétaux à l'aide d'ammoniaques composées (chlorhydrates de méthylamine ou d'éthylamine) a été mise en évidence pour la première fois par G. Ville. Mais comme les microorganismes envahissaient forcément les cultures et qu'il n'avait pas été pris de précautions spéciales à cet égard, on ne peut savoir, d'après ces premières recherches, si c'est l'azote complexe qui a été absorbé ou, simplement, un produit tel que l'ammoniaque ou même l'azote nitrique provenant de l'action des microorganismes sur l'azote aminé.

Des travaux plus récents (Meunier, Borodine, Frank, Kinoshita, etc.) ont montré que l'asparagine est directement assimilable par les plantes. L'urée a donné des résultats contradictoires. Le problème ainsi posé appelait donc de nouvelles recherches.

La question de la nutrition azotée au moyen des amines et des amides a été tranchée par l'affirmative dans ces dernières années, grâce aux travaux de L. Lutz. Cet auteur a effectué ses expériences à l'abri de toute cause d'infection accidentelle en faisant usage de sable siliceux lavé et calciné, puis humecté d'une solution nutritive convenable contenant le sel d'amine destiné à fournir l'azote à la plante.

Lutz conclut de ses expériences que, placées dans des conditions d'asepsie rigoureuse, les plantes phanérogames (1) peuvent emprunter l'azote qui leur est nécessaire à des composés appartenant à la classe des *amines* employés sous forme de sels : l'azote de ces amines est assimilé sans avoir subi au préalable de transformation en azote nitrique ou ammoniacal. Pour que l'essai réussisse, il faut que les amines proviennent de la substitution à l'hydrogène de radicaux

______

(1) Courge, maïs, hélianthus.

dont la grandeur moléculaire ne soit pas trop élevée. Les méthylamines sont, à cet égard, d'excellentes sources d'azote : la benzylamine et la pyridine ne réussissent pas.

Les algues se comportent comme les plantes phanérogames.

Les amines phénoliques : aniline, naphtylamine, sont toxiques vis-à-vis des algues comme vis-à-vis des phanérogames.

Quant aux champignons, ils se comportent comme les algues, et le poids de plante obtenu après l'expérience est d'autant plus élevé que la grandeur moléculaire du radical substitué à l'hydrogène l'est moins.

En ce qui concerne les *amides*, Lutz a constaté que, vis-à-vis des champignons (*Aspergillus niger, A. repens, Penicillium glaucum*), ces composés sont assimilés directement, sans qu'il y ait formation d'ammoniaque, si l'on opère en l'absence absolue des microorganismes. Les amides sur lesquels l'auteur a expérimenté sont le formiamide, l'acétamide, le propionamide, le butyramide, l'asparagine, l'urée, le succinamide. Les amides aromatiques sont, au contraire, toxiques.

Lutz fait remarquer que cette assimilation de l'azote des amides, alors que ceux-ci n'ont subi aucune modification, est rarement réalisée dans la pratique, car ces composés sont très altérables sous l'action des microorganismes, et il ajoute que, « s'il était permis d'étendre aux Phanérogames les conclusions de cette étude, la propriété de l'assimilabilité directe des amides pourrait être appliquée aux phénomènes de migration des substances quaternaires dans le corps des plantes, migrations dans lesquelles l'asparagine paraît, jusqu'ici, jouer un rôle important ».

Czapek, de son côté, est arrivé à des conclusions analogues relativement à la nutrition des champignons au moyen des amides.

Les *nitriles* de la série grasse, tels que l'acétonitrile, le propionitrile, le butyronitrile, sont assimilés par les algues (*Pleurococcus miniatus, Raphidium polymorphum*); ceux de la série aromatique : naphtonitrile, benzonitrile, ne le sont pas. Vis-à-vis des champignons, les nitriles se conduisent comme des substances inassimilables (Lutz).

L'assimilation directe par les végétaux inférieurs de certains corps amidés suggère la remarque suivante. Effront a montré récemment que la levure de bière et l'*Amylobacter butylicus* contiennent une diastase particulière, l'*amidase*, qui décompose intégralement — en ammoniaque et acides gras volatils sans alcool — certains acides aminés tels que l'asparagine, la leucine, l'acide glutamique. Peut-être un grand nombre d'autres organismes inférieurs, ceux précisément qui peuvent vivre aux dépens de l'azote amidé, seraient-ils capables de sécréter de l'amidase. Ce serait alors l'ammoniaque résultant de cette décomposition, ou plutôt le sel ammoniacal formé, qui constitueraient le véritable agent de la nutrition azotée, et l'on rentrerait ainsi dans le cas général, examiné plus haut, de l'absorption de l'azote ammoniacal par les végétaux.

Nutrition azotée aux dépens de substances organiques complexes de nature indéterminée. — Nous avons vu antérieurement (p. 103) que certains végétaux verts vivaient, partiellement au moins, aux dépens de l'humus. Or ces végétaux absorbent l'azote de cet humus, lequel n'est ni à l'état ammoniacal, ni à l'état nitrique. De plus, tous les végétaux vivant dans les sols acides (terres de forêts, landes, terre de bruyère) n'empruntent également leur azote au substratum que sous une forme complexe, puisque ces sols acides ne nitrifient pas.

On n'a, à l'heure actuelle, aucune donnée positive sur la *nature* de cet azote. Tout ce que l'on peut avancer à cet égard, c'est que la matière azotée du sol se conduit *comme un mélange d'amides* vis-à-vis des acides ou des alcalis étendus, lesquels, en effet, transforment soit à froid, soit mieux à chaud, l'azote organique du sol en azote ammoniacal.

Tous les champignons humicoles s'emparent directement de la matière carbonée de l'humus et, par conséquent, prennent l'azote dont ils ont besoin aux complexes azotés que celui-ci renferme.

Il est évident, en ce qui concerne les végétaux supérieurs, que les mycorhizes (p. 104) jouent un rôle capital dans l'absorption de la matière humique. Cette association entre un champignon et une racine semble surtout fréquente dans les sols riches en humus et tend à s'affaiblir, ou même à disparaître, lorsque la teneur du sol en humus diminue. De nombreuses observations montrent que, puisque la symbiose tend à disparaître dans les sols riches en matières directement absorbables par les plantes, il est probable que la formation des mycorhizes est intimement liée avec la difficulté qu'éprouvent les végétaux à s'emparer des aliments du sol (Stahl).

Cette pénétration de l'azote organique dans la racine d'une plante garnie de mycorhizes s'effectuerait, d'après quelques auteurs, par l'intermédiaire des hyphes des champignons symbiotes. Ces hyphes seraient attaqués à l'intérieur de la plante hospitalière par un enzyme particulier et seraient digérés.

C. Ternetz a pu cultiver huit espèces de champignons appartenant aux mycorhizes de certaines Éricacées. Cinq d'entre eux possédaient la propriété de fixer l'azote gazeux. Ces champignons sont du genre *Phoma*. Lorsqu'on leur fournit du glucose, ils sont capables, suivant l'espèce, de fixer de 11 à 22 milligrammes d'azote gazeux par gramme de glucose détruit.

Peut-être pourrait-on également admettre que les ferments ammoniacaux, si répandus dans le sol, décomposent continuellement la matière azotée complexe de l'humus et que l'ammoniaque résultant de cette décomposition est absorbée directement par le végétal.

Nous venons d'étudier les différentes formes sous lesquelles l'azote minéral et organique pénétrait dans le végétal ; nous allons maintenant faire une histoire sommaire des principaux composés azotés que l'on rencontre dans la plante.

X

CORPS AZOTÉS D'ORIGINE VÉGÉTALE

Les corps azotés d'origine végétale sont principalement des *acides aminés*, des *albuminoïdes* et des *alcaloïdes*.

On trouve également dans certains végétaux des *glucosides azotés* que nous avons mentionnés antérieurement (p. 174).

Nous commencerons par l'étude des albuminoïdes.

1° ALBUMINOÏDES

Leur constitution. — Nous avons défini plus haut ce que l'on devait entendre par cette désignation de *matières albuminoïdes* ou *protéiques* (p. 176). Il n'entre pas dans notre cadre de parler ici des diverses matières albuminoïdes contenues dans les végétaux. Nous nous contenterons seulement de donner une idée de leur nature, de leur classification et de leur structure.

Les albuminoïdes végétaux ont à peu près la même composition et les mêmes propriétés que les albuminoïdes animaux, mais ils ne leur sont pas identiques.

Les *albumines végétales* sont solubles dans l'eau ; elles se coagulent par la chaleur ; les acides minéraux et organiques très étendus ne les précipitent pas. Le sel marin et le sulfate de magnésium en solutions saturées ne les précipitent pas davantage, mais la précipitation a lieu par le sulfate d'ammonium ajouté en excès. Le tannin et l'acétate basique de plomb les précipitent. La chaleur les coagule, et cette coagulation est complète en présence d'un acide, même en faible dose (acide acétique). Leur composition centésimale est un peu variable : carbone : 53,0 à 54,3 ; hydrogène : 6,8 à 7,2 ; azote : 15,6 à 17,6 ; oxygène : 21,2 à 23,5 ; soufre : 0,9 à 1,5.

Les *globulines* ou *édestines* sont un peu moins riches en carbone, mais plus riches en azote (18,2 en moyenne) ; elles ne se dissolvent pas dans l'eau seule, mais bien dans les solutions de chlorures alcalins et, parfois, dans celles des carbonates et phosphates alcalins. Les globulines existent dans la farine des céréales.

Les *fibrines végétales* sont surtout constituées par la substance connue sous le nom de *gluten*. Celui-ci, tel qu'on l'extrait de la farine des Céréales, est une matière insoluble dans l'eau, formant avec ce liquide une pâte liante. Il se gonfle sous l'action de l'eau très légèrement acidulée par l'acide chlorhydrique et se dissout peu à peu. Le gluten n'est pas une substance unique.

Les *caséines végétales* sont insolubles dans l'eau, solubles dans les liqueurs alcalines faibles, dans les carbonates et phosphates alcalins ; elles sont fréquemment mélangées aux *nucléines* riches en phosphore. Les caséines végétales se retirent des farines de plusieurs graines débarrassées d'abord des albumines et des globulines par un lavage à l'eau salée au dixième. On épuise ensuite la masse par de l'alcool à 75 p. 100, et on fait agir sur elle une solution alcaline très faible. On précipite ensuite les caséines par l'acide acétique très étendu.

Le *gluten-caséine* s'obtient en épuisant le gluten par l'alcool ; on dissout le résidu dans la potasse diluée. On traite ensuite par l'acide acétique faible, et on lave le précipité à l'eau, à l'alcool froid et à l'alcool chaud.

La *légumine* est une caséine contenue dans les farines de Légumineuses, partie à l'état soluble, partie à l'état insoluble.

Les *gliadines* sont des matières albuminoïdes contenues dans le gluten, solubles dans l'alcool.

Les *vitellines végétales* ou *conglutines* sont solubles dans les chlorures alcalins, dans les solutions alcalines faibles d'où l'acide acétique et l'acide carbonique les précipitent. On les rencontre dans quelques végétaux (graines de ricin, noix de Para, graines de courge, etc.). Les *grains d'aleurone* constituent la réserve azotée de beaucoup de graines ; ils se rapprochent des vitellines végétales. On les rencontre soit dans l'albumen, soit dans les cotylédons. Ils sont formés d'une substance fondamentale amorphe, d'une membrane limitante (parfois absente) et contiennent fréquemment des inclusions cristallines (*cristalloïdes protéiques*) et des *globoïdes*, combinaisons organiques renfermant de la chaux et de la magnésie.

On doit à Fleurent une méthode de séparation des divers albuminoïdes contenus dans les graines de Céréales et dans celles des Légumineuses.

Cette classification, toute provisoire et quelque peu artificielle des matières albuminoïdes, disparaîtra le jour où leur constitution sera complètement élucidée et surtout leur synthèse réalisée. On les classera alors d'après leurs produits véritables de destruction.

Les matières albuminoïdes sont des composés très complexes, à poids moléculaire élevé. Les méthodes qui ont servi à dévoiler, partiellement du moins, leur constitution sont des méthodes d'*hydratation* ou d'*hydrolyse*. La fixation de l'eau sur la molécule albuminoïde a fourni un grand nombre de produits cristallisés, plus simples, dont quelques-uns se rencontrent normalement dans les végétaux.

L'hydratation peut être effectuée par les alcalis, par les acides, par les ferments. Ceux-ci fournissent comme produits ultimes de décomposition des corps analogues à ceux que donne l'action des acides.

Le premier travail digne d'intérêt relatif aux produits de décomposition des albuminoïdes est dû à Schützenberger. Cet auteur chauffait dans un autoclave la matière à décomposer avec de l'eau et de la baryte.

De ses recherches, Schützenberger a conclu que les albuminoïdes sont des dérivés de l'*urée* et de l'*oxamide*. En effet, il se produit, dans l'opération précédente, de l'oxalate et du carbonate de baryum, ainsi que de l'ammoniaque. En faisant varier la concentration de l'alcali et en opérant avec une quantité modérée de baryte, on obtient des dérivés encore complexes, de l'ordre des acides aminés.

Des études plus récentes, effectuées principalement par E. Fischer et par Kossel, ont beaucoup éclairé la question de la constitution des albuminoïdes. C'est en opérant la décomposition de ces substances par les acides concentrés (acide chlorhydrique, acide sulfurique à

25 p. 100) que l'on a obtenu les résultats suivants, dont nous ne dirons que quelques mots.

Les albuminoïdes pourraient dériver de l'urée $CO\big\langle{{NH^2}\atop{NH^2}}$, laquelle est un produit constant de leur oxydation. Les albuminoïdes seraient donc des *uréides*, c'est-à-dire des corps obtenus en remplaçant 1 atome d'hydrogène du radical NH^2 par un radical acide. Cependant on regarde actuellement les albuminoïdes comme étant plutôt des *guanéides*.

La *guanidine* $HN = C\big\langle{{NH^2}\atop{NH^2}}$ forme, en effet, des *guanéides*, comme l'urée forme des uréides.

Parmi les produits les plus intéressants obtenus dans l'action des acides sur les albuminoïdes, signalons les suivants :

1° L'*arginine* ou *guanéide oxyaminovalérianique* $C^6H^{14}N^4O^2$. Cette substance se rencontre dans les cotylédons du lupin germé et étiolé. Un enzyme particulier, l'*arginase*, dédouble l'arginine en urée et *ornithine* (acide diaminovalérianique normal) ;

2° Des *acides aminés monobasiques* : *leucine* (acide aminocaproïque) $C^6H^{13}NO^2$; *glycocolle* (acide aminoacétique) $C^2H^5NO^2$; *alanine* (acide aminopropionique) $C^3H^7NO^2$; *butalanine* (acide amino-isovalérianique) $C^5H^{11}NO^2$; *proline* (acide pyrrolidine α. carbonique) $C^5H^9NO^2$;

3° Des *acides aminés bibasiques* : *acide aspartique* ou *aminosuccinique* $C^4H^7NO^4$; acide α- *aminoglutarique* $C^5H^9NO^4$;

4° Des *acides aminosulfurés* : *cystéine* (acide α. aminothiolactique) $C^3H^7NSO^2$; *cystine* (acide diaminodithiolactique) $C^6H^{12}N^2S^2O^4$;

5° Des *acides diaminés* : *lysine* (acide diamino-caproïque) $C^6H^{14}N^2O^2$; un acide aminé de constitution mal connue, l'*histidine*, $C^6H^9N^3O^2$;

6° Des *acides aminés monobasiques de la série aromatique* : *phénylalanine* (acide α-amino-β-phénylpropionique) $C^9H^{11}NO^2$; *tyrosine* (acide paroxy-β-phényl-α-aminopropionique) $C^9H^{11}NO^3$;

7° Des sels ammoniacaux, des corps non azotés et des matières d'apparence humique.

D'après Kossel, les bases à 6 atomes de carbone, désignées par lui sous le nom de *bases héxoniques* (*arginine, lysine, histidine*) devraient être regardées comme le *noyau fondamental* de la molécule des albuminoïdes. A ce noyau s'attacheraient des groupes variés : le nombre des albuminoïdes serait donc très grand.

Des essais synthétiques ont été faits dans ces derniers temps pour reconstruire la molécule albuminoïde ou, du moins, pour remonter l'échelle de décomposition des corps albuminoïdes.

C'est ainsi que Fischer a montré que l'on pouvait condenser 2 molécules d'acides aminés et obtenir un nouveau corps :

$$CO^2H - CH(NH^2) - CH^3 + CH^3(NH^2)CO^2H =$$
Alanine.   Glycocolle.

$$CH^3 - CH(NH^2) - CO - NH - CH^2 - CO^2H + H^2O.$$
Glycylalanine.

Ces nouveaux corps ont reçu le nom de *peptides*. La glycylalanine est un *dipeptide*. A l'aide d'une méthode générale indiquée par Fischer, on peut préparer des *polypeptides* d'une complication quelconque. Ceux-ci, chose capitale, présentent certaines analogies avec les matières protéiques, car plusieurs d'entre eux donnent la réaction dite du *biuret*, caractéristique des albumines et des peptones; d'autres, au contact de la trypsine, sont décomposés comme le sont les albumines.

Lécithines. — On donne ce nom à des substances cireuses, d'aspect gras, colloïdales, qui, au contact de l'eau, augmentent de volume. Elles contiennent du carbone, de l'hydrogène, de l'oxygène, de l'azote et du phosphore. Leur poids moléculaire est assez élevé.

Au contact des alcalis étendus ou de la lipase (Coriat), elles se dédoublent en *acide phosphoglycérique*, *acides gras saturés ou non saturés* (stéarique, palmitique, oléique) et *choline*.

Leur formule générale est la suivante :

$$C^3H^5 \Big\langle {(C^nH^{2n-1}O^2)^2. \atop O.PO(OH).O.C^2H^4.N(CH^3)^3OH.}$$

Les 2 molécules d'acides gras peuvent être identiques ou différentes.

La choline ou *hydrate de triméthyl-hydroéthylénammonium* est une base azotée.

Le dédoublement des lécithines peut s'écrire :

$$C^3H^5 \Big\langle {(C^nH^{2n-1}O^2)^2. \atop O.PO(OH).O.C^2H^4.N(CH^3)^3OH} + 3H^2O = 2C^nH^{2n}O^2$$
$$\text{Acide gras saturé.}$$

$$+PO \Big\langle {(OH)^2 \atop O-C^3H^5(OH)^2} + (CH^3)^3N \Big\langle {CH^2.CH^2.OH \atop OH}$$
$$\text{Acide phosphoglycérique.} \qquad\qquad \text{Choline.}$$

Les lécithines ne sont donc pas des substances albuminoïdes ; elles sont très répandues dans le règne animal et dans le règne végétal. On les extrait des végétaux en épuisant la matière pulvérisée par l'éther, puis par l'alcool absolu. On évapore lentement les solvants dans une capsule de platine, et on dose le phosphore dans le résidu. La lécithine distéarique contient 3,84 p. 100 de phosphore, la lécithine dipalmitique 4,12, la lécithine dioléique 3,86.

Certaines lécithines, au lieu de donner par leur décomposition de la choline, fournissent de la *bétaïne* $C^5H^{11}NO^2$.

Les lécithines constituent une partie importante du protoplasma. On les rencontre dans toutes les graines, mais en proportions très variables : lupin bleu 2,2 p. 100, vesce 1,2, fève 0,8, blé 0,65, pavot 0,25. Pendant la maturation des graines, la teneur en lécithines augmente. Cette substance ne paraît pas être une matière de réserve ; elle diminue cependant pendant la germination à l'obscurité, au moins de l'avis de beaucoup d'expérimentateurs ; elle augmente lorsque la germination se fait normalement à la lumière.

Indépendamment de leur présence dans les graines, on trouve des lécithines dans beaucoup d'organes souterrains : betterave, racines de guimauve, d'ipécacuanha, de belladone, etc. On trouve aussi des lécithines dans les bourgeons, dans les feuilles, dans tous les grains de pollen ; beaucoup de champignons en renferment.

Il semble exister une relation entre la richesse des graines en albuminoïdes et leur teneur en lécithines.

Le mode de formation des lécithines est inconnu ; leur rôle est obscur. Pour essayer de l'expliquer, on a avancé l'hypothèse suivante : la fonction chlorophyllienne donnant naissance à l'aldéhyde méthylique CH^2O, celui-ci se polymériserait et fournirait de l'*aldéhyde glycérique* $C^3H^6O^3$. La réduction de cet aldéhyde engendrant de la glycérine, il y aurait union de l'acide phosphorique des phosphates avec cette glycérine et formation d'acide phosphoglycérique.

D'après Overton, les lécithines auraient quelque importance dans les phénomènes osmotiques des parois cellulaires ; d'après Lœw, elles joueraient un rôle dans les phénomènes respiratoires.

Nous verrons plus loin que la chlorophylle a été regardée comme une lécithine particulière.

Les lécithines sont saponifiées par la lipase.

Nucléines. — Ces substances renferment cinq corps simples comme les lécithines ; quelques-unes contiennent, en outre, du soufre.

Les nucléines proviennent du dédoublement de corps plus complexes, les *nucléo-albumines*. Elles-mêmes sont dédoublables sous l'influence des alcalis ou des acides avec formation de produits voisins des albuminoïdes et d'*acides nucléiniques* dans lesquels le phosphore vient se concentrer. Enfin ces acides nucléiniques, à leur tour, soumis à l'action décomposante des acides étendus et chauds, se résolvent en *bases xanthiques* (xanthine, adénine, hypoxanthine, guanine) — c'est-à-dire en bases du groupe de la *purine*, fréquemment trouvées dans les graines en germination — et en acide phosphorique.

Les *nucléoprotéides* sont des albuminoïdes phosphorés que l'on rencontre toujours dans les noyaux des cellules animales et végétales. Ils sont dédoublables par les alcalis ou les acides étendus, ou par certains enzymes, en *nucléines* et *globulines*. Les nucléines contiennent environ 5 p. 100 de phosphore.

Plusieurs nucléines sont *ferrugineuses*. Le fer est engagé dans l'embryon de l'orge sous une forme nucléique. Petit a isolé cette nucléine, laquelle contient 1,1 p. 100 de phosphore et 0,195 de fer ; elle ne renferme pas de soufre.

Enzymes s'attaquant aux matières albuminoïdes, ou enzymes protéolytiques. — La *pepsine*, sécrétée par la muqueuse gastrique, s'attaque aux albuminoïdes et les change en *albumoses*, puis en *peptones*. On n'a pas encore découvert dans les végétaux d'enzyme analogue à la pepsine. La pepsine agit en milieu acide.

La *trypsine* du suc pancréatique agit en milieu légèrement alcalin et produit sur les albuminoïdes une décomposition beaucoup plus profonde, celle-ci pouvant aller jusqu'à la formation d'acides aminés cristallisables. Le fruit du *Cucumis utilissimus* renferme un enzyme qui se rapproche de la trypsine (Green). La trypsine végétale la mieux connue est la *papaïne*, substance contenue dans le latex du *Carica papaya* (Bixacées). Le latex des *Ficus carica* et *F. macrocarpa* renferme également une trypsine.

Il est probable qu'un enzyme du même genre est sécrété

par les feuilles de certaines plantes dites *carnivores* (*Drosera*, *Dionæa*).

Le suc retiré par expression des graines de lupin et de blé dédouble activement certains polypeptides.

G. Bertrand et Muttermilch ont décrit récemment une *protéase* (gluténase), laquelle hydrolyse, avec production de tyrosine, les matières protéiques du son et celles du gluten, ainsi que la caséine du lait de vache. Cette protéase agit pour le mieux en milieu acide. Nous avons vu antérieurement (p. 129) que, d'après ces deux auteurs, le son de froment renfermait une *tyrosinase* très résistante à la chaleur. Ceux-ci ont montré que le brunissement de l'extrait de son résultait de l'action successive de deux diastases : la première (gluténase) met en liberté une substance ayant les caractères essentiels de la tyrosine, la seconde (tyrosinase) fixe l'oxygène sur ce produit avec formation d'une substance brune.

Présure végétale. — La *présure* est une diastase qui, en milieu neutre, coagule la caséine du lait. On la rencontre dans le suc gastrique des Mammifères jeunes qui consomment du lait et dans l'estomac des adultes à la suite d'ingestion de lait.

Une diastase analogue avait été rencontrée à diversesreprises dans certains sucs végétaux. On savait que le suc de quelques semences en germination (ricin), que celui du *Galium verum* (caille-lait), du *Pinguicula vulgaris*, etc., coagulaient le lait. La présure avait été signalée également dans le suc de plantes variées (Green) et dans les produits de sécrétion de certaines Mucédinées.

Mais c'est Javillier qui a montré le premier que la présure était, en somme, extrêmement répandue dans le monde végétal. La plupart des feuilles des plantes phanérogames en contiennent ; quelques familles seulement sont inactives à cet égard. Dans une même famille, on trouve des plantes actives et d'autres inactives.

La présure animale et la présure végétale sont différentes.

En réalité, les enzymes protéolytiques sont encore imparfaitement connus.

2° AMIDES. — ACIDES AMINÉS

Nous avons parlé déjà de ces substances à propos de la destruction artificielle des albuminoïdes. Mais la plupart d'entre elles se rencontrent *normalement* dans la plante. Bornons-nous seulement à dire quelques mots de leurs représentants les plus intéressants.

Asparagine. — C'est l'amide de l'acide aminosuccinique

$$CO_2H — CH_2 — CH (NH_2) — CONH_2;$$

on ne la rencontre pas dans les produits artificiels de l'hydrolyse des albuminoïdes. Elle est très répandue dans le règne végétal, et nous verrons quelle est son importance dans les phénomènes de germination. Elle s'accumule de préférence chez les plantes étiolées à l'obscurité absolue; mais on la rencontre normalement en petites quantités dans beaucoup de tissus végétaux. Un litre de suc de vesce étiolée peut en renfermer jusqu'à 40 grammes (Dessaigne). L'asparagine est l'amide le plus répandu du règne végétal; elle cristallise en prismes rhombiques; elle est le plus souvent lévogyre. Parfois on rencontre une asparagine dextrogyre à côté de la précédente.

Acide aspartique ou aminosuccinique

$$CO_2H — CH_2 — CH (NH_2) CO_2H.$$

On a rencontré parfois cet acide dans les graines; peut-être provient-il de l'action de l'eau chaude sur l'asparagine lors des traitements que l'on fait subir à certaines graines pour en extraire ce dernier amide.

Leucine ou acide aminoscaproïque

$$(CH_3)_2 CH — CH_2 — CH (NH_2) — CO_2H.$$

Elle a été rencontrée dans les graines germées de plusieurs Légumineuses, ainsi que dans celles de la courge. Elle cristallise en lamelles incolores, peu solubles dans l'eau. La leucine est lévogyre.

Acide aminovalérianique $NH_2.C_4H_8.CO_2H.$ — La constitution de l'acide que l'on rencontre dans le lupin jaune et les semences de courge est encore inconnue.

Glutamine ou *acide aminoglutamique*

$$CO_2H — CH (NH_2) — CH_2 — CH_2 — CONH_2.$$

Cet acide aminé est le plus répandu de tous après l'asparagine, qu'il remplace même à peu près complètement chez beaucoup de plantes. Parfois l'asparagine et la glutamine existent en proportions presque égales; parfois encore, comme dans la graine germée d'*Helianthus*, on rencontre tantôt un excès de glutamine par rapport à l'asparagine, tantôt on observe l'inverse. Il semble que le mode de culture ait une certaine influence sur les proportion relatives de ces deux substances.

Bases héxoniques (arginine, lysine, histidine). — Ces produits constants de l'hydrolyse artificielle des albuminoïdes se rencontrent également à l'état naturel dans les végétaux (graines germées de lupin, de courge, de *Soja*, semences de Conifères, etc.).

Phénylalanine ou acide β-phényl-α-aminopropionique

$$C_6H_5. — CH_2.CH (NH_2)CO_2H.$$

Cet acide aminé a d'abord été rencontré dans le lupin jaune ; on l'a trouvé ensuite dans le lupin blanc, le *Soja hispida*. Il existe chez beaucoup de Légumineuses ainsi que dans les graines de courge germées.

Tyrosine ou *acide paroxy-β-phényl-α-aminopropionique ou para-oxyphénylalanine*

$$OH — C^6H^4 — CH^2 — CH(NH^2) — CO^2H.$$

Cet acide aminé est très répandu dans le règne végétal (graines germées de courge, de lupin, de vesce, tubercules de dahlia et de différentes plantes de la famille des Composées, baies de sureau, tubercules de pommes de terre, racine de betterave, bulbes de *Stachys tubifera*). Le jus de betteraves ou celui de pommes de terre prennent à l'air une coloration brune qui serait due, d'après Gonnermann, à l'oxydation de la tyrosine sous l'influence de la tyrosinase avec formation d'acide *homogentisique*, d'ammoniaque et de gaz carbonique.

$$C^9H^{11}NO^3 + O^2 = C^8H^8O^3 + NH^3 + CO^2.$$
$$\text{Tyrosine.} \qquad \text{Ac. homogentisique.}$$

3° ALCALOIDES VÉGÉTAUX

Signalons enfin, parmi les produits azotés que l'on rencontre dans les végétaux, des corps à fonction basique très nette, formant des sels cristallisés avec les acides : ce sont les *alcaloïdes*, caractérisés comme bases par Sertuerner en 1817.

Ces corps sont très répandus dans le règne végétal, mais inégalement distribués suivant les familles de plantes. Rares chez les Monocotylédones, ils sont surtout abondants chez les Dicotylédones. Il est des familles très riches en alcaloïdes : Papavéracées, Solanées, Renonculacées, Rubiacées, Ombellifères ; les alcaloïdes sont exceptionnels chez les Labiées et les Composées.

La même plante peut en contenir plusieurs (pavot, quinquina) ; mais le même alcaloïde se rencontre assez rarement dans plusieurs familles de plantes. Cependant la *berbérine* $C^{20}H^{17}NO^4$ a été trouvée chez les Casalpiniées (*Andira*), les Rutacées (*Xanthoxylon*), les Berbéridées (*Berberis*), les Ménispermées (*Cocculus*), les Anonacées, les Renonculacées, les Papavéracées ; la *caféine* $C^8H^{10}N^4O^2$ existe chez les Rubiacées (*café*), les Ternstrœmiacées (*thé*), les Sapindacées (*guarana*), les Iliacées (*maté*), les Sterculiacées (*kola*).

La *répartition* des alcaloïdes est très inégale. On les rencontre parfois dans toute la plante, principalement dans les fruits et les graines, souvent dans l'écorce. Les tissus en voie de développement actif sont ceux qui renferment de préférence ces bases. Les alcaloïdes sont dissous dans le suc cellulaire à l'intérieur de la cellule.

Le plus souvent, on ne les trouve pas à l'état de liberté, mais *à l'état de sels* : malates, tannates, quinates, lactates, méconates.

Quelques alcaloïdes sont ternaires : *nicotine* $C^{10}H^{14}N^2$, *conicine* $C^8H^{17}N$, *spartéine* $C^{15}H^{26}N^2$; les autres sont quaternaires : *quinine* $C^{20}H^{24}N^2O^2$, *cinchonine* $C^{19}H^{22}N^2O$, *atropine* $C^{17}H^{23}NO^3$, *cocaïne* $C^{17}H^{21}NO^3$, *morphine* $C^{17}H^{19}NO^3$, *strychnine* $C^{21}H^{22}N^2O^2$, etc. Quelques alcaloïdes ont été reproduits par synthèse totale.

Rôle des alcaloïdes. — On doit à Clautriau en particulier, ainsi qu'à Heckel et à Lotsy, des travaux importants sur le rôle des alcaloïdes dans les végétaux.

Il résulte de recherches faites sur la *caféine* que celle-ci ne constitue pas un aliment de réserve utilisable par la plante. Parmi les différentes espèces de *Coffæa*, les unes (*C. liberica*) ne contiennent l'alcaloïde que dans leurs parties jeunes, d'autres (*C. arabica*) en conservent une certaine quantité dans leurs feuilles adultes. La caféine est abondante dans la graine des caféiers, le péricarpe n'en contient pas ; c'est l'inverse qui arrive chez le thé : sa graine est dépourvue de caféine. Pendant la germination de la graine du *Coffæa arabica*, la proportion de caféine ne diminue pas ; lorsque cette graine germe à la lumière, on remarque que l'assimilation ne provoque aucune diminution de la caféine et que celle-ci tend même à augmenter. Mais, en tenant compte de la perte de poids subie par les plantules, on constate que la proportion de caféine reste la même.

Si on expose à l'obscurité des plants de café, la caféine ne disparaît pas. L'alcaloïde n'est donc pas une substance de réserve comme l'amidon, lequel, chez le végétal étiolé, disparaît peu à peu. La caféine ne semble pas provenir de la fonction chlorophyllienne. Lorsqu'elle s'emmagasine dans quelque point du végétal, il y a diminution concomitante de l'azote albuminoïde, ainsi que le montre le dosage.

Chez le thé, dont les graines ne renferment pas de caféine, on voit apparaître cet alcaloïde dans la plantule au fur et à mesure que progresse la germination, aussi bien à la lumière qu'à l'obscurité. La caféine ne disparaît dans la suite ni à la lumière, ni à l'obscurité ; la plante ne l'utilise pas pour son développement. La caféine ne peut suppléer à l'absence d'aliments azotés ; elle ne constitue pas une réserve azotée et ne représente pas un stade transitoire dans l'assimilation de l'azote, ni dans la transformation de celui-ci en matières albuminoïdes. Un excès d'aliments azotés mis dans le sol à la disposition de la plante n'augmente pas chez celle-ci la proportion de caféine.

La caféine existe principalement dans les parties de la plante dans lesquelles se manifeste une grande activité cellulaire, c'est-à-dire à l'extrémité des jeunes rameaux en voie de croissance : c'est là qu'elle se forme et non pas dans les feuilles, organes d'assimilation.

D'après cela, la caféine semble provenir de la *destruction des matières azotées complexes* : c'est un produit de *régression*, un déchet de l'activité de la cellule (Clautriau).

La même conclusion est applicable à d'autres alcaloïdes : morphine dans le genre *Papaver*, atropine dans le genre *Atropa*, cocaïne dans la *Coca*.

La localisation épidermique et l'accumulation des alcaloïdes dans les parties jeunes semblent destinées à protéger les feuilles et l'extrémité des rameaux contre la voracité des herbivores ou des limaces. Dans les graines, les différentes localisations que l'on observe tendent toutes vers le même but : la protection de l'embryon et de la jeune plantule (Clautriau).

A ces conclusions de Clautriau, on pourrait, il est vrai, opposer quelques faits observés par Lotsy sur les plantes des genres *Cinchona* et *Strychnos*, faits d'après lesquels, pendant la nuit, il y aurait diminution des alcaloïdes dans les feuilles.

Des expériences plus anciennes dues à Heckel (1890)

tendent à démontrer que la strychnine du *Strychnos nux vomica* et l'ésérine du *Physostigma venenosum* contenues dans les semences de ces plantes sont de *véritables réserves alimentaires* consommées dans la germination.

Étant donnée la constitution chimique très variée des divers alcaloïdes, il est possible que quelques-uns d'entre eux deviennent, par suite de transformations diastasiques, des substances utilisables à un moment donné, alors que d'autres ne seraient que des produits d'excrétion inutilisables par le végétal.

On doit à G. Bertrand une remarque curieuse relativement à l'absence de caféine dans certains *Coffæas*. Le café de la Grande Comore (*Coffæa Humblotiana*) ne renferme pas trace de caféine. Or le *Coffæa arabica*, transporté et cultivé dans des points très différents du globe, a toujours fourni de la caféine. Il en résulte qu'il faut attribuer à la composition chimique du café de la Grande Comore la valeur d'un véritable caractère spécifique. Ces deux espèces (*Coffæa arabica* et *C. Humblotiana*), presque identiques par leurs organes, se séparent très nettement par leurs fonctions physiologiques.

L'absence d'un alcaloïde déterminé chez certaines plantes qui en contiennent normalement a été souvent signalé. Ainsi la *grande ciguë*, qui renferme habituellement de la conicine, n'en renferme pas en Écosse.

Formation des alcaloïdes dans la plante. — Si on admet, ce qui semble d'ailleurs l'opinion la plus vraisemblable aujourd'hui, que les alcaloïdes ne sont pas des produits d'assimilation, mais bien des produits de déchet de l'organisme végétal, on doit chercher leur origine dans la destruction des matières protéiques.

Amé Pictet fait remarquer que la caféine (ou *triméthylxanthine*) et ses congénères, caractérisés par le double noyau de la *purine*, doivent être considérés comme dérivant des *nucléines* qui renferment ce même noyau. La strychnine et la brucine (alcaloïdes des Loganiacées) sont des dérivés de l'*indol* ; ils contiennent les restes du groupe *tryptophanique* des albumines.

Le *tryptophane* que l'on rencontre dans la digestion trypsique des albuminoïdes est, en effet, en relation étroite avec l'indol. Ce serait un *acide indolaminopropionique*. Les alcaloïdes qui dérivent d'un noyau pyrrolique (nicotine, cocaïne, atropine) proviennent également des albumines, car il y a formation constante d'*acide pyrrolidine-α-carbonique* dans l'hydrolyse de toutes les albumines.

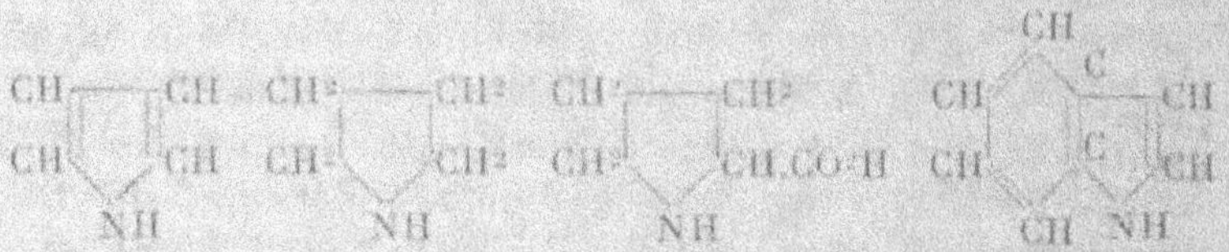

$$
\begin{array}{llll}
\text{CH—CH} & \text{CH}^2\text{—CH}^2 & \text{CH}^2\text{—CH}^2 & \text{CH} \quad \text{CH} \\
\text{CH} \quad \text{CH} & \text{CH}^2 \quad \text{CH}^2 & \text{CH}^2 \quad \text{CH.CO}^2\text{H} & \text{CH} \quad \text{CH} \\
\quad \text{NH} & \quad \text{NH} & \quad \text{NH} & \text{CH} \quad \text{NH}
\end{array}
$$

Pyrrol.   Pyrrolidine.   Ac. pyrrolidine-α-carbonique   Indol.
                                 ou proline.

Des travaux tout récents de A. Pictet et Court rendent plus vraisemblable encore cette façon de voir. Ces savants ont trouvé dans le tabac, le poivre, la carotte, le persil, la coca — indépendamment des alcaloïdes déjà connus — des substances basiques très volatiles, de constitution simple, telles que la *pyrrolidine* (hydropyrrol), renfermant toutes le noyau du pyrrol. Or les albuminoïdes végétaux, ainsi que la chlorophylle, contenant de façon certaine le même noyau, doivent être regardés comme l'origine première de ces substances basiques volatiles qui en constitueraient les termes de dégradation les plus simples. Aussi les auteurs précités réservent-ils le nom de *protoalcaloïdes* à ces bases volatiles ; les alcaloïdes proprement dits n'étant que des produits de condensation de celles-ci.

Beaucoup d'alcaloïdes renferment le *noyau pyridique* C^5H^5N (alcaloïdes de l'opium, du quinquina, du poivre, de la ciguë, etc.). Mais le noyau pyridique n'existe ni dans les albumines, ni dans la chlorophylle, ni dans les nucléines, ni dans les lécithines. Or l'expérience montre que les dérivés du pyrrol se transforment facilement en dérivés pyridiques par introduction dans leur noyau d'un cinquième atome de carbone. Les alcaloïdes pyridiques pourraient donc dériver des alcaloïdes pyrroliques, et tout revient à chercher quelle est, dans le végétal, la substance qui fournit l'atome de carbone supplémentaire. Cette hypothèse, ainsi que le fait observer A. Pictet, repose sur ce fait que, dans certains végétaux (coca, tabac), il y a existence simultanée de bases à noyau pyridique et de bases à noyau pyrrolique. De plus, l'étude de la constitution de plusieurs alcaloïdes (atropine, cocaïne, nicotine) montre l'union du noyau pyridique au noyau pyrrolique dans la même molécule.

On peut trouver l'origine du carbone supplémentaire qui doit s'attacher à la molécule pyrrolique en tenant compte des faits suivants, très bien développés par A. Pictet (1). Dans beaucoup de cas, les alcaloïdes d'une même plante, au point de vue seul de leur

(1) Conférence faite à la Société chimique de Paris (*Bull. Soc. Chim.*, 1906).

composition, peuvent être rangés *en séries homologues* : un ou plusieurs atomes d'hydrogène de l'alcaloïde le plus simple sont remplacés chez ses congénères par autant de groupes *méthyle* (CH^3). Ce radical méthyle est le seul qui ait été rencontré ; car jusqu'ici, on n'a jamais trouvé, dans une base végétale, le radical éthyle (C^2H^5) ou un radical homologue supérieur [*conieine* $C^8H^{17}N$ et *méthylconieine* $C^8H^{16}N(CH^3)$; *arécaïdine* (de la noix d'Arec) $C^7H^{11}NO^2$ et *arécaline* $C^8H^{13}NO^2$; *benzoylecgonine* $C^{16}H^{19}NO^4$ et *cocaïne* $C^{17}H^{21}NO^4$; *cupréine* $C^{19}H^{22}N^2O^2$ et *quinine* $C^{20}H^{24}N^2O^2$; *morphine* $C^{17}H^{19}NO^3$ et *codéine* $C^{18}H^{21}NO^3$, etc.].

Ce radical méthyle n'existant pas dans les produits de décomposition des matières protéiques, il faut admettre *qu'il s'est introduit après coup dans la molécule* des produits de déchet de l'organisme végétal et que les alcaloïdes ont été ainsi soumis à l'influence de cet agent méthylant : celui-ci ne serait autre que *l'aldéhyde formique*, premier produit de synthèse de l'assimilation chlorophyllienne.

L'aldéhyde formique se condense avec lui-même pour former les sucres et l'amidon, mais il peut également servir d'agent de méthylation, ainsi que la chose a été démontrée *in vitro*. Cet aldéhyde est donc vraisemblablement *l'agent méthylant* de la plante et l'on peut ainsi expliquer pourquoi le radical méthyle est le seul qui se rencontre non seulement chez les alcaloïdes, mais encore chez d'autres produits végétaux, à l'exclusion de tout autre radical homologue.

On peut, en poussant les déductions plus loin, penser que l'aldéhyde formique est également la substance fournissant aux dérivés pyrroliques l'atome de carbone qui leur est nécessaire pour se convertir en dérivés pyridiques.

Résumé. — L'azote pénètre dans le végétal pourvu de chlorophylle sous la forme d'azote *minéral*. Cet azote minéral est tantôt l'azote gazeux de l'atmosphère, tantôt l'azote ammoniacal et tantôt l'azote nitrique. Quelle que soit son origine, l'azote minéral se transforme toujours en azote protéique ou albuminoïde. Les produits de destruction de celui-ci sont des amides, des acides aminés, des alcaloïdes, probablement aussi de la chlorophylle.

Le mécanisme de la synthèse des albuminoïdes dans la plante est actuellement très mal connu, et l'on ne peut saisir sur place, que d'une manière fort imparfaite, les termes intermédiaires qui doivent, *a priori*, exister entre l'azote minéral et les hydrates de carbone d'une part, les albuminoïdes d'autre part. Ces termes intermédiaires sont probablement les nombreux amides et acides aminés que l'on rencontre fréquemment en faible quantité à côté des albuminoïdes dans les conditions normales de la végétation. La chose paraît vraisemblable, car, dans certaines circonstances particulières, telles que celles qui accompagnent les phénomènes de germination et d'étiolement, ces amides deviennent plus abondants, sinon plus variés et constituent de façon certaine les produits de régression de la matière protéique destinés ultérieurement à se condenser de nouveau sous forme d'albuminoïdes.

Quant aux alcaloïdes, si intéressants au point de vue thérapeutique, ils ne paraissent être que des produits de destruction des albuminoïdes, inassimilables par les plantes.

CHAPITRE VI

CHLOROPHYLLE ET PIGMENTS VÉGÉTAUX

Chlorophylle. — Dérivés de la chlorophylle. — Propriétés physiques de la chlorophylle ; spectre d'absorption. — Propriétés physiologiques de la chlorophylle. — Carotine. — Xantophylle.

A l'étude de l'assimilation et à celle de l'apparition des principes immédiats, se rattache étroitement la connaissance des propriétés de certains pigments végétaux et, en premier lieu, celle de la chlorophylle.

I

CHLOROPHYLLE

Les *leucites* ou *plastides* constituent un des éléments de la cellule végétale inclus dans le protoplasma de celle-ci. Ces leucites sont des corpuscules granuleux, vivants, destinés à élaborer certains principes essentiels à l'existence même du végétal. De ces leucites, les uns sont incolores, d'autres sont chargés de matières colorantes diverses. La chlorophylle est précisément une de ces matières colorantes, de composition complexe, imprégnant les leucites : ceux-ci prennent alors le nom de *chloroleucites* ou *chloroplastides*. On donne le nom de *chromoleucites* ou *chromoplastides* aux leucites chargées des matières colorantes variées que l'on rencontre dans les fleurs et les fruits.

Les chloroleucites sont composés d'un substratum protoplasmique incolore, lequel est imprégné du pigment vert ou *chlorophylle*. C'est grâce à la présence de ce pigment que la plante est capable d'assimiler le gaz carbonique de l'atmosphère.

Habituellement, la chlorophylle n'existe que dans les parties du végétal recevant la lumière solaire ; on la trouve chez certaines racines aériennes d'orchidées. La chlorophylle est le plus souvent *localisée* dans le protoplasma cellulaire ; plus rarement elle y est diffusée.

La chlorophylle *en place* est une matière vivante ; lorsqu'elle a subi une dessiccation prolongée ou l'action d'une température élevée, elle devient incapable de fonctionner. Le pigment vert est toujours mélangé de deux autres matières colorantes : l'une est jaune, c'est la *xanthophylle* ; l'autre est rouge, c'est l'*érythrophylle* ou *carotine*. Nous reviendrons plus loin sur ces deux dernières substances.

La chlorophylle proprement dite est un pigment très altérable ; sitôt qu'elle est sortie de la cellule, elle est incapable de jouer le rôle qu'elle possédait lorsqu'elle était en place.

Cette *chlorophylle chimique* jouit cependant de quelques propriétés qui lui sont communes avec la chlorophylle en place : l'étude spectroscopique montre, en effet, d'après la plupart des auteurs, que le spectre d'absorption de ces deux chlorophylles est à peu près le même. Existe-t-il plusieurs espèces de chlorophylles ? La chose a été soutenue bien des fois ; mais, étant donnée la complexité de cette matière colorante, il est difficile actuellement de se prononcer à cet égard d'une façon absolue. Nous en reparlerons ultérieurement.

Le nombre des travaux publiés sur la chlorophylle est considérable ; sa structure chimique a été l'objet de recherches très remarquables faites dans ces dernières années. Il semble que le noyau fondamental de cette substance soit le même que celui de la matière colorante du sang : l'*hémoglobine*.

Nous nous bornerons ici aux notions indispensables relatives : 1° à la préparation et aux propriétés chimiques de la chlorophylle ; 2° à ses propriétés physiques ; 3° à son rôle physiologique.

Préparation de la chlorophylle. — Une matière douée de propriétés réductrices aussi énergiques que le pigment chlorophyllien doit évidemment subir, au cours des différentes manipulations destinées à l'isoler, des changements profonds. Voici ce qui se passe quand on fait agir des solvants variés sur de la pulpe de feuilles bien vertes (épinard, cresson, etc.). La chlorophylle est insoluble dans l'eau ; elle est plus ou moins complètement soluble dans l'alcool, l'éther, le

pétrole, le sulfure de carbone, le chloroforme, la benzine. Si on évapore une semblable solution, il reste un résidu vert, d'apparence
cireuse, lequel renferme, outre les matières pigmentaires, des cires,
des résines, des acides et des sels organiques, des matières minérales.
La substance verte ainsi obtenue a été désignée sous le nom de *chlorophyllane* par Hoppe-Seyler pour la distinguer de la véritable chlorophylle en place.

Quand on veut extraire la matière verte des feuilles, en lui faisant
subir le moins d'altérations possibles, il faut opérer à l'abri de l'air
et de la lumière et procéder à l'épuisement des feuilles par un dissolvant approprié dans un court espace de temps.

C'est à Sennebier, à la fin du XVIII° siècle, que l'on doit les premiers
travaux relatifs à la matière verte des feuilles. Cet expérimentateur
remarqua qu'une solution alcoolique de cette substance se décolorait
au bout d'un certain temps au contact de la lumière ; il constata de
plus que les acides concentrés détruisaient le pigment et que les
alcalis semblaient être sans action sur lui.

Pelletier et Caventou, en 1819, essayèrent d'isoler la matière verte :
ils la regardèrent comme une substance particulière, riche en hydrogène, se rapprochant de plusieurs matières colorantes végétales, déco-
lorable par le chlore, soluble sans décomposition dans les alcalis. Ils
proposèrent de lui donner le nom de *chlorophylle*.

Dans un travail daté de 1864, Frémy a montré que, si on traite
une solution alcoolique de chlorophylle par l'acide chlorhydrique et
l'éther, on dédouble la matière verte en deux autres : l'une, jaune, la
phylloxanthine qui passe dans l'éther ; l'autre, bleu verdâtre, la *phyllocyanine*, qui reste dans la couche inférieure du liquide riche en acide
chlorhydrique. Ces deux substances ont été étudiées depuis le travail
de Frémy par Schunck et Marchlewski.

A. Gautier, Hoppe-Seyler et Rogalsky ont, presque à la même
époque (1878), indiqué un mode de préparation de ce qu'ils ont appelé
la *chlorophylle cristallisée*. Gautier s'adresse aux feuilles d'épinard ou
de cresson. La masse, une fois pilée, est additionnée de carbonate de
sodium jusqu'à neutralité, puis soumise à une forte pression. Le marc
obtenu est délayé dans de l'alcool faible (55 p. 100) puis exprimé de
nouveau. On reprend alors ce marc et on le traite par l'alcool à
83 p. 100. La chlorophylle entre en dissolution, accompagnée de
graisses, de cires et de divers pigments. La liqueur filtrée est mise
au contact du noir animal pendant quelques jours ; la matière verte
se fixe sur le noir. On dispose ensuite ce noir dans une allonge ; il
s'écoule un liquide coloré en jaune, contenant toutes les impuretés.
On verse alors sur le noir de l'alcool à 85° qui dissout une matière
jaune, puis de l'éther ou du pétrole léger, lesquels dissolvent la chlorophylle. Évaporée lentement à l'obscurité, la solution verte abandonne
la chlorophylle cristallisée sous forme d'aiguilles molles, d'un vert
intense, très altérables par la lumière. Les cendres de cette matière
ne renferment pas de fer ; elles contiennent des phosphates, de la
magnésie, de la chaux et de l'acide sulfurique.

Rogalski a trouvé pour la chlorophylle extraite du *Lolium perenne*
la composition suivante : carbone, 73,19-72,83 ; hydrogène, 10,50-10,25 ;
azote, 4,14 ; cendres, 1,67-1,63. Ces chiffres sont très voisins de ceux
qu'a donnés Hoppe-Seyler.

Ce dernier auteur, opérant à peu près comme Gautier, a obtenu des
cristaux d'apparence cornée, bruns à la lumière transmise, vert foncé
à la lumière réfléchie. Cette substance, Hoppe-Seyler la nomme
chlorophyllane. D'après lui, elle n'existerait pas toute formée dans les
plantes et serait le résultat d'une oxydation de la matière verte véritable due au procédé lui-même employé pour l'extraire.

L'examen des cendres de la chlorophyllane conduisit Hoppe-Seyler
à émettre une idée originale sur la nature de la chlorophylle.
Lorsqu'on dédouble la chlorophyllane par des alcalis, on obtient de
l'acide glycérophosphorique, un acide particulier, nommé par l'auteur
acide chlorophyllanique, ainsi qu'une base, soluble dans l'éther, identique à la *choline*. La chlorophyllane serait donc une *lécithine* (p. 233)
d'une nature spéciale, dans laquelle le ou les acides gras seraient remplacés par l'acide chlorophyllanique.

Cette idée de la nature *lécithinique* de la chlorophylle a été reprise par
Stoklasa. D'après cet auteur, l'origine de la chlorophylle dépendrait
de la présence du phosphore. En effet, après avoir cultivé pendant
deux mois des algues dans des solutions nutritives appropriées, les
unes pourvues, les autres dépourvues d'acide phosphorique, il a
remarqué que, malgré la présence du fer, les individus de la première
solution possédaient seuls une couleur vert foncé ; ceux de la
seconde restaient jaunâtres.

Une conception très différente de la nature de la chlorophylle a été
proposée tout récemment par Willstätter. Borodin a montré, il y a plus
de vingt ans, que, si l'on imprègne d'alcool des coupes microscopiques
de feuilles vertes et qu'on les abandonne à une évaporation très lente,
on obtient des cristaux verts, que cet auteur regarde non pas comme
de la chlorophylle pure, mais comme une combinaison de chlorophylle
avec une substance non encore isolée. Les feuilles les plus variées fournissent ce même résultat ; la présence d'acides en quantités notables
dans certaines feuilles entrave la cristallisation. D'après Monteverde,
ces cristaux seraient constitués en réalité par de la chlorophylle pure,
ainsi que le montre l'étude du spectre d'absorption. Willstätter et Benz
ont obtenu, par un traitement alcoolique de feuilles desséchées de
Galeopsis tetrahit, des cristaux en lamelles hexagonales, parfois des
rhomboèdres, mous, adhérant facilement au papier et au verre.
L'analyse indiquerait dans les cendres de ces cristaux la *présence
exclusive de magnésie* (5,64 p. 100). Leur formule répondrait à
$C^{38}H^{42}O^7N^3Mg$. Nous reviendrons tout à l'heure sur l'importance qu'il
faut attribuer au magnésium dans la constitution de la chlorophylle.

Étant donnée l'extrême altérabilité de la chlorophylle, même au
contact des acides les plus faibles tels que l'acide carbonique, il semble
que la préparation actuelle de cette substance soit impossible. Tschirch
pense qu'on ne doit regarder comme étant de la chlorophylle *pure* que

celle dont le spectre d'absorption (Voy. plus loin) sera identique, quant à la position des bandes, à leur largeur, à leur intensité, à celui des feuilles vivantes. Tschirch essaya donc de réduire par le zinc la chloro-phyllane de Hoppe-Seyler, laquelle n'est probablement qu'un produit d'oxydation de la chlorophylle véritable. La substance que l'on obtient ainsi ne cristallise pas ; sa solution alcoolique est vert-émeraude, et les bandes de son spectre d'absorption coïncident aussi exactement que possible avec celles des feuilles vivantes.

Mais, dans la suite, Schunck a remarqué que l'un des dérivés de la chlorophylle, la *phyllocyanine*, contracte facilement des combinaisons avec le zinc, qui, examinées au spectroscope, se conduisent comme la chlorophylle elle-même. Or la chlorophylle réputée pure de Tschirch contient du zinc dans ses cendres.

II

DÉRIVÉS DE LA CHLOROPHYLLE

Phylloxanthine. — Cette matière a été isolée par Schunck en saturant une solution alcoolique de chlorophylle par le gaz chlorhydrique. Le précipité vert formé, lavé à l'alcool, est traité par l'éther puis agité avec de l'acide chlorhydrique concentré. Il se forme ainsi deux couches : la couche supérieure éthérée, jaune verdâtre, contient la phylloxanthine. Celle-ci, après évaporation de l'éther, constitue une matière amorphe, soluble dans l'alcool bouillant, l'éther, le chloroforme. Elle s'unit facilement à l'acétate de cuivre, mais non à l'acétate de zinc, ce qui la distingue de la phyllocyanine.

Phyllocyanine. — La couche inférieure de la préparation précédente contient la phyllocyanine qui la colore en bleu foncé. On la sépare de sa solution chlorhydrique par addition de beaucoup d'eau. La phyllocyanine est une substance cristalline, bleu foncé, insoluble dans l'eau, soluble dans la benzine, l'éther, le chloroforme. Elle possède les propriétés d'une base faible et forme des combinaisons caractéristiques avec les sels des acides organiques à métaux lourds. La combinaison de l'acétate de cuivre avec la phyllocyanine est particulièrement remarquable.

Alkachlorophylle. — En traitant une solution alcoolique de chlorophylle par la soude, puis enlevant la matière colorante par un mélange d'alcool et d'éther contenant un acide capable de s'emparer de la soude, on obtient un corps amorphe, vert brillant, que l'on purifie en le redissolvant dans l'éther et le précipitant par la ligroïne (Hansen, Schunck et Marchlewski). Ce produit, désigné sous le nom d'*alkachlorophylle*, semble être toujours identique à lui-même. On lui assigne la formule suivante : $C^{32}H^{57}N^4O^7$. Une ébullition prolongée avec l'acide acétique change l'alkachlorophylle en *phyllotaonine*.

Phyllotaonine. — Si on traite une solution alcoolique de chlorophylle par la soude alcoolique à chaud et que l'on soumette à un courant de gaz chlorhydrique la masse insoluble rouge brun qui a pris naissance, on obtient l'éther éthylique d'une substance appelée par Schunck et Marchlewski : *phyllotaonine*. Saponifié par la soude, ce corps fournit une combinaison sodique, d'où l'acide acétique sépare la *phyllotaonine* $C^{46}H^{33}N^5O^3(OH)$. Cette substance est insoluble dans l'eau, facilement soluble dans l'alcool bouillant, l'éther, le chloroforme, la benzine. Elle fournit, comme la phyllocyanine, une combinaison avec l'acétate de cuivre.

Phylloporphyrine. — Cette substance prend naissance quand on fond la phyllocyanine avec de la soude caustique ; elle se forme également aux dépens d'autres dérivés de la chlorophylle : phylloxanthine, alkachlorophylle. On l'obtient en chauffant en tube scellé à 190° de la phyllotaonine avec de la potasse en solution dans l'alcool. Elle se présente en cristaux d'un violet rouge foncé $C^{32}H^{34}N^4O^2$, solubles dans l'alcool et l'éther. Ces solutions présentent une belle fluorescence rouge.

Comparaison entre la matière colorante du sang et celle des feuilles. — On donne le nom d'*hémoglobines* aux matières colorantes des globules sanguins des animaux vertébrés ; il existe un grand nombre d'hémoglobines dont la composition varie avec l'espèce animale considérée. Elles ont la propriété de s'unir avec différents gaz et, entre autres, avec l'oxygène, pour fournir les *oxyhémoglobines*. Celles-ci, traitées à l'ébullition par les alcalis ou les acides, se décomposent en fournissant des substances protéiques et une matière colorante ferrugineuse, l'*hématine* $C^{32}H^{32}N^4O^4Fe$. Chauffée avec de l'acide sulfurique étendu, l'hématine fournit une substance violacée, presque noire, dépourvue de fer, connue sous le nom d'*hématoporphyrine* :

$$C^{32}H^{32}N^4O^4Fe + 2H^2O - Fe = 2C^{16}H^{18}N^2O^3.$$
Hématine.   Hématoporphyrine.

L'hématoporphyrine est presque identique à la *bilirubine*, l'une des matières colorantes de la bile.

L'hématine et l'hématoporphyrine donnent par réduction de l'*hémopyrrol* (isobutylpyrrol $C^8H^{13}N$). Celui-ci, au contact de l'air et en solution alcaline, se transforme en une substance rouge, qui semble être identique à l'un des pigment de l'urine, l'*urobiline*.

La formule de la phylloporphyrine diffère peu de celle de l'hématoporphyrine. Or la réduction de ces deux substances fournit le même hémopyrrol que celui qui prend naissance par réduction de l'hématine (Schunck et Marchlewski).

Le noyau commun des matières colorantes du sang, de l'urine, de la chlorophylle serait donc le *pyrrol* C^4H^5N ou, du moins, l'un de ses dérivés. Beaucoup d'alcaloïdes, comme nous l'avons dit antérieurement, renferment également le noyau pyrrolique.

De plus, les spectres d'absorption de l'hématoporphyrine et de la phylloporphyrine sont presque identiques.

L'*hémine* (éther chlorhydrique de l'hématine) et la phyllotaonine, substance-mère de la phylloporphyrine, ont une grande propension à former des éthers.

En outre, Marchlewski a montré tout récemment (1907) que, lorsqu'on traite une solution de phylloporphyrine dans l'acide acétique saturé de sel marin par un sel de fer, la couleur du liquide passe du rouge-cerise au brun. Il se produit ainsi une substance nouvelle, la *phyllohémine*, dont la couleur est identique à celle de l'hémine dérivée du sang. Les spectres de ces deux substances sont également identiques.

Rôle de certaines matières minérales que renferme la chlorophylle. — La question de la constitution, ou même seulement de l'existence réelle des dérivés de la chlorophylle que nous venons de décrire brièvement, est un sujet toujours à l'étude, étant donnée la grande difficulté qu'on éprouve dans la purification des produits.

Nous ne ferons qu'indiquer ici une nouvelle manière d'envisager la constitution de la chlorophylle, laquelle résulte d'un long travail de Willstätter publié récemment (1906).

La chlorophylle est un éther ; les alcalis la saponifient facilement, et on peut ainsi en extraire un alcool $C^{20}H^{39}O$. Les produits principaux de l'action des alcalis sont des sels vert foncé, contenant des *combinaisons complexes du magné-*

sium, dans lesquelles ce métal jouit d'une stabilité remarquable vis-à-vis des alcalis. Ce complexe magnésien est détruit au contact des acides. Le phosphore ne ferait pas partie de la molécule de la chlorophylle; il n'y figurerait que comme impureté.

D'après Willstätter, ces composés organo-magnésiens auraient une importance capitale dans la molécule de la chlorophylle, et ils permettraient de se rendre compte de l'absorption du gaz carbonique dans la synthèse chlorophyllienne.

En effet, Grignard a montré que les composés organo-magnésiens du type $RMgBr$ ($R = CH^3$, C^6H^5, etc.), traités par le gaz carbonique, absorbaient ce gaz. La combinaison qui prend ainsi naissance, décomposée par l'eau, fournit un acide :

$$RMgBr + CO^2 = CO{<}^{OMgBr}_{R};$$

$$CO{<}^{OMgBr}_{R} + H^2O = RCOOH + MgBr.OH.$$

Les composés organo-magnésiens de la chlorophylle se comporteraient d'une façon analogue.

D'après cette manière de voir, le magnésium serait le métal dont l'action *catalytique* provoquerait la synthèse chlorophyllienne; ce serait le *métal synthétique* par excellence. Nous ne pouvons nous étendre davantage sur ces faits, qui sont actuellement l'objet d'une série d'études nouvelles.

Pluralité des chlorophylles. — Indiquée par Gautier (1877), la pluralité des chlorophylles a été de nouveau défendue par Étard. Cet auteur, après avoir extrait la chlorophylle de plusieurs végétaux, remarqua que la matière verte était presque toujours accompagnée par des substances à fonction alcoolique, parfois par des carbures. Ces derniers corps sont assez solidement teints dans leur masse entière par les pigments verts, et ils simulent des espèces chimiques. Étard émet l'opinion que les matières vertes des feuilles contiennent un noyau très stable, sur lequel s'exerce la fonction d'absorption optique; autour de ce noyau se fixeraient, selon les besoins de la nutrition, des groupements chimiques différents, origine de chlorophylles diverses par leur composition, leur poids moléculaire, leur solubilité.

Nous nous arrêterons ici en ce qui concerne l'étude chimique de la chlorophylle. On voit, par ce qui précède, combien est compliquée la structure de ce corps, et l'on est en droit de se demander si, chez une même plante et dans un même organe, la chlorophylle est toujours identique à elle-même à tous les moments de la végétation.

III

PROPRIÉTÉS PHYSIQUES DE LA CHLOROPHYLLE

Spectre d'absorption. — Lorsqu'on examine au spectroscope une dissolution de chlorophylle faite dans un solvant approprié, on constate que le spectre continu de la source lumineuse (bec de gaz par exemple) est coupé par plusieurs *bandes d'absorption* dont la position, la largeur, l'intensité varient dans des limites assez étendues suivant la concentration du liquide et la réaction acide ou alcaline du milieu. C'est à Brewster (1834) que l'on doit les premières observations à cet égard. Le nombre des bandes décrites varie suivant les auteurs : on en a d'abord décrit sept ; Chautard réduit ce nombre à six et fait remarquer qu'il n'existe même que quatre bandes bien visibles. En réalité, une solution récente de chlorophylle n'en fournit que trois.

Influence de la concentration de la liqueur. — Si, d'après Chautard, on examine au spectroscope une solution concentrée dans l'alcool, d'épaisseur convenable, on remarque qu'elle ne laisse d'abord passer que le rouge extrême. Si le spectroscope est repéré de façon que la raie D du sodium corresponde à 40° de l'échelle, la raie A à 10° et la raie H à 150°, on observe, avec la solution précédente, une extinction brusque vers 15 ou 16°. Une solution moins concentrée laisse voir le rouge entre 10 et 18°, puis vient une bande noire jusqu'à 50°. L'absorption lumineuse est si complète que la raie du sodium cesse d'être visible quand on introduit dans la flamme un fil de platine chargé de sel marin. A partir de 55°, le vert est très brillant et s'aperçoit jusqu'à 70° ; puis tout s'éteint.

Une dissolution encore plus étendue présente quatre bandes assez nettes : l'une de 18 à 25° entre les raies B et C du spectre solaire ; la seconde un peu à gauche de la raie D, la troisième à la naissance du jaune et du vert, une quatrième dans le vert. Au delà de 95°, l'absorption est complète.

Si on opère avec une solution très étendue, on constate que la première bande d'absorption se rétrécit (entre B et C), les autres diminuent de largeur et d'intensité. Elles disparaissent même totalement, alors que la première seule *reste très apparente et très noire* (fig. 8).

Or la réunion de toutes ces bandes n'est pas nécessaire pour caractériser la chlorophylle ; seule, la première suffit pour constituer, dans le cas de la chlorophylle pure et même altérée, un *caractère spécifique* d'une très grande sensibilité. Cette bande apparaît encore alors que toutes les autres se sont évanouies, et cela avec les plantes les plus diverses.

En résumé, les bandes d'absorption de la chlorophylle dissoute dans un solvant approprié se séparent en deux catégories bien nettes : d'abord la bande *spécifique* entre B et C, puis les bandes surnuméraires, visibles avec des solutions plus concentrées.

Voici, exprimée en longueurs d'onde, la valeur des bandes d'absorption de la chlorophylle en solution moyennement concentrée :

Bande I	De λ 670	à λ 635
— II	— 622	— 591
— III	— 587	— 565
— IV	— 543	— 530

avec les longueurs d'onde suivantes répondant aux principales couleurs : violet, 423 ; indigo, 449 ; bleu, 475 ; vert, 512 ; jaune, 551 ; rouge, 620 ; raie D, 589.

La solution de chlorophylle dans l'alcool possède une belle fluorescence rouge ; le spectre de la lumière fluorescente consiste en une seule bande située dans la partie la moins réfrangible du spectre. D'après Étard, une solution de chlorophylle du *Lolium perenne* à $\frac{1}{500\,000}$ ne fournit qu'une seule ombre étroite dans tout le spectre au point $\lambda = 681{,}5$. La bande principale de la chlorophylle ne serait pas simple : à une dilution de $\frac{1}{50\,000}$, dans l'intervalle précédemment d'un noir uniforme, apparaissent trois bandes. On ne peut fixer

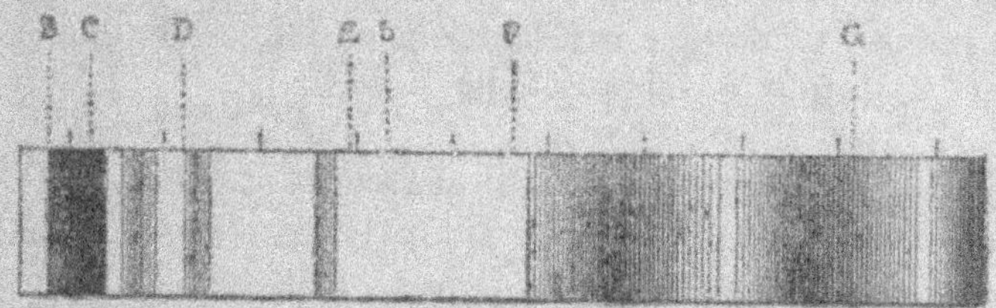

Fig. 8. — Spectre d'absorption de la chlorophylle en solution alcoolique. B, C, D..., raies du spectre scolaire.

le centre d'une bande un peu large que par des dilutions graduelles, et la diversité des chlorophylles se démontre par la longueur d'onde des axes de leurs bandes préexistantes ou provoquées par l'action des réactifs.

Modifications produites dans la chlorophylle par l'action lumineuse. — L'examen spectral démontre qu'une solution de chlorophylle subit à la longue des altérations profondes. Ces altérations sont rapides sous l'influence de la lumière. Si on expose au soleil une solution de chlorophylle, celle-ci ne laisse d'abord passer que le rouge extrême ; puis, l'action lumineuse continuant, les bandes d'absorption que nous avons décrites plus haut font leur apparition. A mesure que la solution change de couleur par suite de l'altération provoquée par la lumière solaire et prend une teinte de plus en plus claire, les bandes *surnuméraires* disparaissent. Les dissolutions de chlorophylle dans les huiles fixes (de belladone ou de jusquiame des pharmaciens) offrent, au contraire, un pouvoir de résistance très prononcé ; elles ne s'altèrent que d'une façon insensible après plusieurs mois d'exposition au soleil. Il est probable que la persistance de la matière verte de beaucoup de feuilles à l'arrière-saison est due précisément à la présence de matières grasses et résineuses renfermées à l'intérieur des tissus.

L'état de *division* favorise la destruction de la chlorophylle. Des feuilles contusées et mises en suspension dans l'eau perdent assez rapidement leur matière verte à l'air et à la lumière, alors que, séchées intactes à la lumière, elles conservent dans leur intérieur une quantité suffisante de matière verte capable de donner aux solutions alcooliques l'apparence d'une dissolution de chlorophylle fraîche.

Action des rayons de diverses couleurs. — Pour étudier les modifications que subit le spectre de la chlorophylle sous l'influence des diverses couleurs, on emploie deux tubes de verre concentriques : le tube intérieur contient la solution de chlorophylle, le tube extérieur est rempli d'une solution colorée (rouge, verte, bleue, etc.). On expose cet appareil au soleil pendant des temps égaux, et on examine ensuite le contenu du tube intérieur au spectroscope. On constate que les rayons jaunes produisent des modifications spectrales aussi rapides que la lumière blanche elle-même ; viennent ensuite les rayons rouges, puis les rayons bleus.

Si on remplit une éprouvette avec une solution alcoolique de chlorophylle et qu'on immerge dans ce liquide une autre éprouvette renfermant la même solution, la chlorophylle de cette dernière n'éprouve pas de modifications tant que dure la protection exercée par la solution extérieure, qui, cependant, se décolore peu à peu. Mais si on remplace l'éprouvette intérieure par un tube contenant des plantes étiolées, celles-ci verdissent : la chlorophylle du vase extérieur est incapable, même intacte, de retenir les radiations efficaces pour produire le verdissement. Sachs en conclut que les radiations qui détruisent la chlorophylle diffèrent de celles qui provoquent le verdissement.

Reinke se sert de sources lumineuses qui renferment des groupes de rayons exactement comparables et d'égale intensité. Il obtient ce résultat à l'aide d'un spectre normal et d'un système de sept lentilles laissant passer des faisceaux de lumière quantitativement égaux ; la lentille qui reçoit les rayons rouges étant beaucoup plus étroite que celle qui est destinée à recueillir les rayons violets. Avec ce dispositif, Reinke a trouvé que le pouvoir décolorant était manifestement en relation avec le spectre d'absorption de la chlorophylle : le rouge et l'orangé possèdent le maximum de pouvoir décolorant, mais le bleu et le violet sont également très actifs à cet égard. Cette altération rapide semble devoir être imputée à une oxydation (Jodin, Pringsheim). La lumière électrique exerce sur la chlorophylle une action destructrice très intense ; lorsque cette lumière est entourée d'un verre transparent qui arrête les rayons ultra-violets, les effets destructeurs n'ont plus lieu : c'est donc, d'après Dehérain, la partie la plus réfrangible du spectre qui exerce sur la chlorophylle l'action la plus vive.

Spectre des feuilles vivantes. — Si, au lieu d'opérer avec une solution de chlorophylle dans un solvant approprié, on fait passer la radiation solaire au travers d'une feuille vivante, on remarque que le spectre de la lumière transmise présente tous les caractères de celle qui a traversé une solution de chlorophylle moyennement concentrée, quant au nombre des bandes d'absorption. Toutefois, dans le spectre des feuilles vivantes, toutes les bandes sont reculées du côté de l'extrémité rouge du spectre. Les causes de ce *décalage* des bandes d'absorption pourraient être expliquées de la façon suivante : ou bien le spectre que fournit la feuille vivante serait celui de la chlorophylle solide, ou bien la chlorophylle serait, dans la feuille, en dissolution dans un solvant à grand pouvoir dispersif.

On peut, d'après Iwanowski, reproduire dans ce qu'il a d'essentiel le spectre des feuilles vivantes en diluant fortement avec de l'eau une solution alcoolique de chlorophylle et ajoutant à cette liqueur quelques gouttes d'un sel neutre quelconque. Il se produit un précipité finement granuleux, restant longtemps en suspension ; le spectre de cette solution est identique au spectre de la feuille vivante.

La chlorophylle existerait dans les chloroplastes à l'état de petits grains très fins et de la combinaison du spectre de réflexion de ceux-ci avec le spectre d'absorption proviendrait le déplacement des bandes.

IV

PROPRIÉTÉS PHYSIOLOGIQUES DE LA CHLOROPHYLLE

La chlorophylle est un *sensibilisateur* du protoplasma qu'elle imprègne. Lorsque l'association intime de ces deux substances n'existe plus ou lorsque le protoplasma est mort, la chlorophylle seule est incapable de décomposer le gaz carbonique.

On a voulu voir récemment dans le phénomène chlorophyllien l'intervention d'une diastase particulière pouvant opérer *in vitro* la décomposition du gaz carbonique. Les expériences faites à cet égard sont encore trop contradictoires pour qu'il soit possible de se prononcer d'une façon catégorique.

Formation de la chlorophylle. — Une plante qui germe à l'obscurité possède une teinte d'un jaune très pâle ; si on l'expose à un éclairage, même très mitigé, sa tige ne tarde pas à verdir. La chlorophylle ne semble pas être le premier produit de l'assimilation, comme on l'avait d'abord cru : en effet, il existe des plantes qui verdissent même à l'obscurité absolue ; tel est le cas de certaines Conifères. Elle peut se former à l'obscurité lorsque l'élongation du végétal est entravée. Kraus cite à cet égard les faits suivants. Si on retourne un gazon, on trouve de jeunes pousses qui, gênées dans leur élongation par la résistance du sol, se recourbent ; dans chacun des plis on constate la présence d'une légère teinte verte. On sème du maïs, du blé, de l'orge sur un tampon de coton placé dans une éprouvette opaque dont le fond contient un peu d'eau. A quelques centimètres au-dessus des graines, on fixe un bouchon ; les feuilles touchant bientôt cet obstacle se plient en zigzags. Au bout de quelque temps, on trouve une teinte manifestement verte, dans les angles des plis. Belzung a observé une faible production de chlorophylle dans l'albumen quand celui-ci germe isolément à l'obscurité : c'est alors essentiellement aux dépens des grains d'amidon transitoires que se constitue le pigment vert.

Radais cultive une algue verte (*Chlorella vulgaris*) sur tranches de pommes de terre, et il observe que la multiplication cellulaire se fait avec la même rapidité à la lumière qu'à l'obscurité. Dans les deux cas, le végétal verdit, la phase d'étiolement est plus longue dans le second cas ; mais le spectre du pigment est le même chez les deux échantillons.

Une autre algue, le *Nostoc punctiforme*, cultivée sur une solution de glucose à l'obscurité absolue, prend une teinte verte. Le spectre de sa chlorophylle est identique à celui de la chlorophylle normale.

Influence de la réfrangibilité des rayons sur la genèse de la chlorophylle. — Ce sont les radiations rouges qui jouent le rôle prépondérant dans la production de la chlorophylle (P. Bert et Regnard). Mais les radiations extrêmes du spectre produisent néanmoins l'apparition du pigment vert. Pour étudier l'influence des rayons ultra-violets en particulier, on fait passer un faisceau de rayons solaires au travers d'un prisme de quartz, lequel n'absorbe que très peu ces rayons. Des plantes étiolées, disposées sur le trajet de ces derniers, prennent une teinte verte ; mais l'intensité de leur coloration est toujours beaucoup moindre que dans la partie lumineuse. De même, les plantes étiolées, placées dans l'infra-rouge — obtenu en dirigeant un faisceau lumineux au travers d'un prisme de sel gemme — prennent une teinte verte (Guillemin).

Influence de la température. — Cette influence a été étudiée par beaucoup d'auteurs, au nombre desquels il faut citer Sachs, Wiesner et Heinrich. On soumet la plante étiolée à l'action d'une source constante de radiations, une flamme par exemple, en ayant soin d'amener cette dernière à l'optimum d'intensité. On observe ensuite le verdissement en maintenant la plante pendant chaque expérience à une température déterminée. On trouve ainsi que la formation de la chlorophylle commence à une certaine température et qu'elle cesse d'avoir lieu à partir d'une température plus ou moins élevée : entre ces deux limites existe la température la plus favorable au verdissement.

	Limite inférieure.	Limite supérieure.	
Orge....................	4°-5°	37°-38°	Wiesner.
Maïs....................	10°	40°	Id.

	Limite inférieure.	Limite supérieure.	
Radis	10°	45°	Wiesner.
Pois	4°-5°	40°	Id.
Blé	8°	35°	Heinrich.
Avoine	9°	35°	Id.
Sarrasin	9°	40°	Id.

Influence de la présence des matières minérales et organiques. — La production de la chlorophylle est liée à la présence de l'oxygène (Palladin) ; dans l'air raréfié, la formation de ce pigment est très diminuée (J. Friedel). Certaines substances, tant minérales qu'organiques, jouent un rôle prépondérant dans sa formation. Palladin a montré que des feuilles étiolées, détachées d'une plante, ne verdissent à la lumière que si elles contiennent des hydrates de carbone. Deux lots de feuilles étiolées sont maintenus pendant deux jours à l'obscurité sur l'eau distillée pour les priver de leurs hydrates de carbone. Un des lots est réexposé à la lumière sur l'eau distillée, l'autre sur des solutions contenant des matières sucrées. Les feuilles du premier lot ne verdissent pas ; celles du second lot verdissent au contact du saccharose, du glucose et du lévulose, lentement au contact du galactose.

Il est nécessaire, pour que le pigment vert apparaisse, que les feuilles ne soient pas immergées : la formation de la chlorophylle est donc corrélative d'un phénomène d'oxydation.

Artari a montré récemment que les conclusions formulées par Palladin, telles que nous venons de les énoncer, ne sont pas absolument vraies chez tous les végétaux, les algues en particulier : il serait nécessaire de mettre à la disposition de chaque espèce de plante des substances particulières pour provoquer le verdissement de celle-ci.

Quant à la présence des matières minérales indispensables à la formation de la chlorophylle, nous avons vu plus haut ce qu'il fallait penser du phosphore. D'après Lœw, cet élément est un des générateurs de la matière verte. Il semble que le fer soit dans le même cas, bien qu'aucun auteur n'ait signalé sa présence dans les cendres de la chlorophylle ou dans celles de ses dérivés.

V

CAROTINE

Il est probable qu'il existe plusieurs carotines ; nous ne parlerons ici que de la matière colorante rouge de la carotte, laquelle a été retrouvée dans toutes les feuilles vertes mélangée à une matière colorante jaune, la *xanthophylle*. La carotine semble être identique à la matière colorante rouge désignée par plusieurs auteurs sous le nom d'*érythrophylle*.

La carotine se rencontre dans les feuilles à côté de la chlorophylle. Arnaud, auquel on doit une étude très complète de ce pigment, l'extrait des feuilles d'épinard. On sèche celles-ci d'abord dans le vide, en les réduit en poudre et on les épuise par du pétrole léger à l'aide de macérations successives faites à froid. Dans ces conditions, les matières colorantes rouge et jaune (xanthophylle) entrent les premières en dissolution, et la chlorophylle demeure insoluble tant que ces macérations ne sont pas trop prolongées.

On distille le pétrole. Le résidu est un magma cireux, parsemé de petits cristaux brillants d'aspect métallique que l'on isole du reste par un traitement à l'éther, lequel enlève les matières cireuses. On dissout les cristaux dans la benzine, on les purifie par de nombreuses cristallisation dans ce solvant, et l'on obtient ainsi des cristaux brillants, rhombiques, à éclat métallique, dichroïques, solubles facilement dans le chloroforme et le sulfure de carbone.

La première solution est rouge orangé, la seconde rouge de sang. L'acide sulfurique concentré dissout ces cristaux en prenant une couleur bleu violet. Or cette dernière propriété appartient aussi à une matière colorante rouge, décrite autrefois par Husemann, la *carotine*, extraite de la carotte. Arnaud a établi la parfaite identité de ces deux substances : même solubilité dans les divers solvants, même forme cristalline, même point de fusion (168°). La formule d'abord attribuée à la caroline était $C^{18}H^{24}O$. Cette matière est très oxydable ; aussi les auteurs qui s'étaient occupés de cette substance et n'avaient pas pris garde à sa grande altérabilité, pensaient que l'oxygène entrait dans sa composition. Cependant l'analyse, effectuée sur un produit récemment préparé à l'abri de l'air, montre que la carotine est un corps exempt d'oxygène répondant à la formule $C^{26}H^{38}$; c'est donc un *carbure coloré* (Arnaud). La carotine accompagne la chlorophylle dans presque tous les végétaux et dans beaucoup de fruits.

Les feuilles des plantes vigoureuses et, par conséquent, souvent les feuilles les plus vertes, fournissent la plus forte proportion de matière colorante rouge. Ce fait semble paradoxal, car la matière rouge n'est pas directement visible ; elle se trouve masquée par la couleur verte de la feuille. Néanmoins la carotine est un produit constant et normal que l'on trouve dans toutes les feuilles.

Arnaud propose de doser le pigment par voie colorimétrique : étant donnée son altérabilité et la faiblesse de son poids, on ne peut songer à l'isoler en nature. Pour effectuer ce dosage, on se fonde sur les remarques suivantes : 1° les feuilles séchées dans le vide sec contiennent inaltérée la matière colorante rouge ; il n'en serait pas de même avec des feuilles séchées à l'étuve et en présence de l'air, même à basse température ; 2° le pétrole léger dissout seulement la carotine ; 3° celle-ci, dissoute ensuite dans le sulfure de carbone, communique à ce solvant une teinte rouge, sensible encore au millionième.

On procédera donc à la recherche et au dosage de la carotine de la façon suivante : on sèche dans le vide sec les feuilles que l'on soumet à l'examen ; puis on en traite un poids connu (20 grammes par exemple) par un volume connu de pétrole léger (1 litre). On laisse macérer pendant dix jours à froid. On prélève alors 100 centimètres cubes de liqueur filtrée ; on laisse évaporer le pétrole et on reprend le résidu par le sulfure de carbone, de façon à obtenir le volume de 100 centimètres cubes, qui est le dixième de celui du liquide de macération. Ce dernier dissolvant se colore d'autant plus qu'il y a plus de carotine. Les autres substances, cires, matières grasses, se dissolvent aussi, mais elles n'ont pas d'influence sur la coloration, tandis qu'elles rendraient le dosage par pesée impossible. On compare ensuite au colorimètre cette dissolution avec une dissolution titrée de carotine.

Arnaud a constaté, par ce procédé, que la carotine se rencontrait dans toutes les plantes, souvent en proportions non négligeables, puisque son poids peut atteindre le $\frac{1}{1000}$ du poids sec. Ce poids varie suivant les plantes et suivant l'âge de celles-ci. La proportion maxima de carotine se rencontre chez les végétaux (ortie, marronnier) au moment de leur floraison ; puis elle diminue assez régulièrement jusqu'à la chute des feuilles, sans cependant disparaître complètement.

Dans la feuille, notamment, la carotine demeure inaltérée. Étant donnée son extrême altérabilité, il est probable qu'elle subit des alternatives d'oxydation et de réduction et que sa proportion reste à peu près invariable pour un espace de temps limité.

De même que la chlorophylle, la carotine tend à disparaître à l'obscurité. D'après Kohl (1902), sa fonction la plus importante consisterait à assimiler le gaz carbonique à côté de la chlorophylle. Elle posséderait, en outre, la faculté d'absorber de la chaleur. D'après Went, la carotine préserverait les enzymes de la feuille de l'action destructrice des rayons solaires.

Une application intéressante des travaux d'Arnaud a été faite par G. Ville. Celui-ci a cherché à définir la relation qui existe entre l'intensité de la coloration des feuilles, c'est-à-dire entre leur teneur en chlorophylle et en carotine et la richesse du sol en éléments de fertilité. A cet effet, et suivant les indications d'Arnaud, les feuilles sont épuisées d'abord par le pétrole léger qui dissout la carotine, puis par l'alcool absolu qui dissout la chlorophylle. On prend comme type décoloration celle qui répond à des feuilles de plantes ayant reçu une certaine dose d'engrais complet, et on compare au colorimètre cette coloration type avec celle que fournissent les feuilles de plantes ayant reçu un engrais complet mais sans azote, ou sans phosphates, ou sans potasse, etc.

La conclusion à laquelle arrive G. Ville, c'est que la coloration change suivant les conditions où la plante a végété et que les dissolutions de carotine présentent des variations d'intensité correspondant à celles de la chlorophylle.

Citons seulement le dosage de la carotine (en milligrammes) exécuté sur 100 grammes de feuilles sèches de blé :

Engrais complet intensif...................	195
— sans azote.........................	74
— sans phosphates....................	97
— sans potasse.......................	104
— sans chaux.........................	114
Terre sans aucun engrais	66

Dans un engrais, c'est donc la suppression de l'azote qui porte l'atteinte la plus forte à la coloration des feuilles.

VI

XANTHOPHYLLE

Matière colorante jaune accompagnant toujours la chlorophylle. Cette matière est, d'après beaucoup d'auteurs, identique à la carotine. D'après Schunck, son spectre d'absorption possède deux bandes, l'une au voisinage de la raie F du spectre solaire, l'autre entre F et G. La matière colorante jaune des plantes étiolées à l'obscurité absolue, nommée parfois *étioline*, est probablement identique à la xanthophylle, donc à la carotine. Son spectre d'absorption est le même que celui de la xanthophylle. Cependant des recherches récentes ont montré que cette matière colorante représente un corps bien défini, de formule $C^{40}H^{56}O^2$.

CHAPITRE VII

GERMINATION

Nous avons appris à connaître dans les pages précédentes les phénomènes synthétiques grâce auxquels le gaz carbonique, l'eau, l'azote formaient le trame organique des tissus du végétal. Nous possédons une idée sommaire de la variété infinie des substances ternaires et quaternaires que renferme la plante et de la façon dont ces substances dérivent les unes des autres.

Une plante phanérogame provient toujours d'une graine : celle-ci contient sous ses téguments des substances nutritives, tant organiques que minérales, destinées à l'évolution du jeune végétal. Le moment est donc venu d'examiner de quelle manière ces substances nutritives, avec le concours de certains agents extérieurs, s'organisent en un végétal nouveau. En effet, la graine n'évolue pas, *ne germe pas spontanément*.

Définition. — On peut définir la germination : *l'ensemble des phénomènes en vertu desquels l'embryon sortant de son état de repos ou de vie latente se transforme en une plante capable de vivre désormais aux dépens du milieu ambiant.*

Pendant toute la durée de l'acte germinatif, le poids de la graine totale diminue d'une façon continue. En effet, une fraction plus ou moins importante des réserves renfermées dans ses téguments disparaît par *combustion*, c'est-à-dire par *respiration*, tandis qu'une autre fraction sert à l'organisation de la plantule. Aussi, dans la perte de poids brut de la graine, il faut faire la part : 1º du poids de l'embryon, lequel augmente continuellement ; 2º du poids des réserves qui se consomment jusqu'au moment où les nouvelles feuilles du végétal sont suffisamment développées pour subvenir, par l'exercice de la fonction chlorophyllienne, aux besoins de la nutrition du jeune végétal.

Ordre à suivre dans l'étude de la germination. — Nous étudierons la germination dans l'ordre suivant :

Structure de la graine ; composition de la graine ; influence des agents physiques extérieurs sur la germination ; métamorphoses successives éprouvées par les matériaux de réserve de la graine, matériaux dont elle se sert pour respirer, d'une part et pour édifier, d'autre part, les premiers tissus de l'être nouveau afin de le rendre apte à vivre désormais aux dépens du milieu extérieur.

L'étude de la germination comprend encore deux points très importants. Le premier a trait aux *modifications que subit l'atmosphère ambiante au contact de la graine qui germe :* c'est là un phénomène *respiratoire* dont nous nous occuperons plus tard en traitant de la respiration (p. 342). Le second se rapporte au rôle que jouent les matières minérales fixes pendant la germination ; nous en parlerons à propos de la composition minérale des végétaux.

Enfin nous terminerons cette étude de la germination par celle de *l'évolution des tubercules, des bulbes, des bourgeons* et par quelques notions sur l'*étiolement*.

I

DE LA GRAINE EN GÉNÉRAL

Structure de la graine. — Il est des graines, particulièrement nombreuses chez les Dicotylédones, sous le tégument desquelles on rencontre l'embryon simplement entouré par deux appendices volumineux, *cotylédons* ou *feuilles séminales*, occupant toute la masse de la graine. Les deux cotylédons sont appliqués l'un contre l'autre, soit par une face plane, soit par une face plus ou moins sinueuse. Ces graines sont dites *exalbuminées*. Les cotylédons renferment toutes les substances de réserve indispensables à l'évolution ultérieure de l'embryon auquel sont attachés ces cotylédons. D'autres graines, dites *albuminées* ou *endospermées*, possèdent des cotylédons plus ou moins minces, foliacés, peu riches en matières de réserve, adossés l'un contre l'autre et comprenant l'embryon dans leur milieu. L'*albumen*, c'est-à-dire la substance nutritive de réserve, remplit alors en général tout l'espace libre situé sous le tégument de la graine.

La plupart des Monocotylédones, Liliacées, Graminées, sont albuminées; parmi les Dicotylédones, il faut citer les Renonculacées, les Papavéracées, les Euphorbiacées. Chez quelques graines, peu nombreuses d'ailleurs, on trouve, à côté de l'embryon, un albumen oléagineux de faible développement renfermé dans un périsperme épais, amylacé.

Composition de la graine. — Le contenu de la graine est très varié : on y rencontre de l'eau, des matières hydrocarbonées, des matières grasses, des matières azotées, des matières minérales. Toutes les graines renferment ces cinq catégories de substances.

Mais ce qui fait la variété du contenu de la graine, c'est que les matières hydrocarbonées, grasses, azotées, ne sont pas toujours les mêmes identiquement et que leurs proportions diffèrent suivant la graine considérée.

Les matières de réserve que l'on rencontre dans les cotylédons sont ou bien *figurées* (grains d'aleurone (p. 231), grains d'amidon (p. 146), cellulose de réserve (p. 141), corps gras plus ou moins émulsionnés (p. 164)), ou bien *à l'état de dissolution* (quelques albuminoïdes et hémicelluloses, saccharose, acides organiques partiellement combinés aux bases minérales, tannin, sels minéraux : phosphates principalement).

Les matières de réserve que l'on trouve dans l'albumen sont de nature suivante.

L'albumen peut renfermer des grains d'aleurone et de la matière grasse (ricin, lin, pavot); il peut renfermer des grains d'aleurone et de l'amidon (Graminées); de la cellulose et des substances mucilagineuses d'une assez grande dureté (albumen *corné* du palmier, du caféier, de la vigne; albumen mucilagineux de quelques Légumineuses). Ces derniers albumens contiennent beaucoup d'hémicelluloses. Enfin, mais plus rarement, l'albumen est à la fois oléagineux et amylacé.

En ne considérant que l'*ensemble* des réserves contenues dans les graines, on peut classer celles-ci en trois groupes : les graines riches en azote (Légumineuses) et par conséquent en albuminoïdes; les graines riches en matières grasses (Papavéracées, Crucifères, certaines Euphorbiacées, etc.); les graines riches en hydrates de carbone (Graminées). Mais, dans tous les cas, répétons-le, une graine renferme toujours ces trois catégories d'éléments organiques. Les graines essentiellement amylacées (maïs, blé) contiennent une faible quantité de matière grasse; il en est de même de la plupart des graines de Légumineuses.

Voici un tableau très sommaire de la composition centésimale *moyenne* de quelques graines à l'état de repos :

GRAINES.	EAU.	Substances AZOTÉES	Corps GRAS	Substances HYDRO-CARBONÉES	CENDRES.
Blé.........	11 à 15	9 à 14	1,5 à 2,0	68 à 72	1,5 à 2,6
Seigle.........	14 à 17	9 à 13	1,3 à 2,0	66 à 74	1,8 à 3,0
Orge.........	14 à 15	8 à 14	1,4 à 2,8	62 à 69	2,1 à 3,3
Avoine.........	11 à 15	8 à 13	3,5 à 4,5	50 à 58	2,6 à 4,0
Maïs.........	9 à 14	9 à 11	4,0 à 5,0	66 à 73	1,5 à 2,5
Pois.........	13 à 14	21 à 24	1,5 à 2,8	45 à 54	2,1 à 3,5
Fève.........	12 à 15	22 à 27	1,5 à 2,0	45 à 52	2,6 à 3,8
Haricot.........	8 à 13	22 à 26	1,5 à 2,0	45 à 55	3,0 à 4,5
Lupin.........	10 à 14	35 à 40	4,0 à 6,0	25 à 28	2,8 à 4,0
Lin.........	9 à 10	21 à 25	34 à 38	20 à 25	4,0 à 5,0
Colza.........	6 à 8	17 à 20	36 à 45	14 à 22	3,9 à 4,8
Œillette.........	6 à 9	15 à 20	40 à 48	17 à 20	4,0 à 7,0
Noix.........	5 à 8	14 à 16	55 à 63	11 à 15	1,6 à 2,3
Ricin.........	5 à 6,5	15 à 20	46 à 55	5 à 16	2,9 à 4,0

II

INFLUENCE DES AGENTS PHYSIQUES EXTÉRIEURS SUR LA GERMINATION

Choix des graines. — Il est très important que toutes les graines confiées à un sol déterminé se développent de la même façon, afin que les plantes issues de ces graines arrivent ensemble à maturité.

Pour atteindre ce but, on fait des essais directs sur le pouvoir germinatif des graines, soit en se servant du *germoir de Nobbe*, soit, mieux encore, en faisant germer les graines en présence de l'eau dans une étuve à température constante. On compte, au bout d'un certain nombre de jours, le nombre des individus ayant germé.

On a souvent l'habitude d'immerger les graines que l'on veut semer dans des solutions salines destinées à les préserver de l'invasion des végétations cryptogamiques ou de la dent des rongeurs. Les substances à ajouter à l'eau dans laquelle on immerge au préalable les graines sont la chaux, peu efficace, mais, surtout, le sulfate de cuivre $\left(\frac{1}{100} \text{ à } \frac{1}{1\,000} \right)$. A de pareilles doses ce dernier agent n'altère pas les qualités germinatives.

Une pratique parfois préconisée pour favoriser la germination est celle qui consiste à mélanger les graines avec certaines matières minérales destinées à la nutrition de la jeune plante dès son apparition. Les substances alcalines à faible dose sont celles qui réussissent le mieux. Cette façon d'opérer porte le nom de *pralinage*.

Facteurs indispensables de la germination. — Trois conditions sont indispensables pour qu'il y ait germination : la présence d'une certaine dose d'*eau* ; la présence dans l'atmosphère où se trouve la graine d'une certaine quantité d'*oxygène* ; enfin il existe une *température* minima au-dessous de laquelle la graine ne germe pas, une température maxima au-dessus de laquelle elle ne germe pas davantage : la température joue donc un rôle important dans la germination.

Eau contenue dans les graines. — La façon dont se comporte la graine vis-à-vis de l'eau est particulièrement intéressante à étudier.

Abandonnée à elle-même, la graine qui s'est détachée du fruit mûr se dessèche peu à peu. Finalement elle renferme encore une petite quantité d'eau, variable suivant les graines, variable également avec l'état hygrométrique de l'air ambiant. Dans une atmosphère humide, la graine absorbe de l'eau, qu'elle restitue peu à peu au milieu extérieur lorsque l'atmosphère se dessèche : les graines sont donc *hygroscopiques*.

La teneur en eau des graines à l'*état de repos* varie entre 5 et 15 p. 100 de leur poids. Il est indispensable que les graines soient placées dans un lieu sec pour qu'elles ne pourrissent pas sous l'influence simultanée de l'humidité et de certaines végétations cryptogamiques répandues à leur surface.

Une graine ne germe jamais spontanément : sa teneur en eau est beaucoup trop faible normalement.

Conservation et abolition du pouvoir germinatif. — Il est très important de se faire une idée exacte de la *nature de cette eau normale* et du rôle qu'elle joue vis-à-vis de la conservation des propriétés germinatives des graines.

Beaucoup de graines peuvent germer sans avoir atteint leur volume définitif. D'après Mazé, si on prélève dans leur gousse ou sur leur épi des graines encore laiteuses de pois et de maïs et qu'on les introduise aseptiquement dans des tubes à essai munis de deux tampons de coton, l'un humecté servant de support à la graine, l'autre destiné à intercepter l'accès des germes de l'air, on remarque que le maïs fournit, à la température de 30°, une plantule normale au bout d'un temps plus ou moins long. Le pois ne donne naissance qu'à des plantules chétives ; souvent même il n'y a pas de germination. Si, au lieu de faire germer immédiatement les graines, on les dessèche au contact de l'air pendant un ou deux jours à 30° sur de l'acide sulfurique concentré, le maïs et le pois se développent normalement dans les conditions précitées. Certaines graines qui germent très mal au moment même de leur récolte peuvent germer rapidement si on les dessèche.

Il est probable que les graines mûres, qui ne peuvent germer immédiatement après leur récolte et doivent demeurer au repos pendant un certain temps pour acquérir la propriété de germer, n'éprouvent ce retard que par suite d'une insuffisance des enzymes, qui jouent un si grand rôle dans la digestion des réserves, ainsi que nous le verrons plus loin.

L'eau que renferme une graine récoltée depuis quelque temps constitue ce que l'on pourrait appeler de l'eau d'*interposition*. C'est ce qui résulte de l'observation suivante, due à Maquenne. Cet auteur a reconnu que, pour les espèces faciles à dessécher, comme c'est le cas des graines oléagineuses, la perte de poids, obtenue en exposant la graine à une température de 45° et dans un vide voisin de $\frac{1}{100}$ de millimètre, est sensiblement la même que celle que l'on obtiendrait en exposant la graine dans une étuve chauffée à 110°. On en conclut que l'eau, qui se dégage dans ces deux cas en même quantité, préexiste bien sous cette forme dans la graine et ne résulte pas de quelque action chimique intéressant ses principes essentiels.

Cette présence de l'eau *normale* dans une graine est probablement la cause de l'affaiblissement bien connu de ses propriétés germinatives avec le temps. En effet, l'eau étant nécessaire dans une forte proportion au fonctionnement de l'organisme végétal, on conçoit que les caractères extérieurs de la vie s'effacent chez la graine qui ne renferme, à l'état de repos, qu'une quantité d'eau toujours faible. Maquenne a beaucoup insisté sur ce point, c'est que, malgré leur faible teneur en eau, les graines, dont les fonctions vitales ne sont pas suspendues, mais seulement *atténuées*, continuent à dépenser lentement l'énergie qu'elles tiennent en réserve pour subvenir au travail de leur évolution ultérieure. Or cette perte d'énergie est due à une respiration lente provoquée par la présence de l'oxygène de l'air et par celle de l'eau d'interposition. Cette combustion, si faible soit-elle, est la cause certaine de l'abolition du pouvoir germinatif.

Il est donc probable que les graines conserveraient plus longtemps, sinon indéfiniment, leur faculté de germer, si, par l'action d'un vide aussi parfait que possible, elles étaient desséchées et soustraites à l'action de l'oxygène. Dans le vide, le respiration intracellulaire s'arrête, comme la respiration normale, ainsi que l'a montré Maquenne : la graine passe de l'état de *vie ralentie* à l'état de *vie suspendue*. Ainsi, après deux ans et demi dans le vide absolu, des graines de panais mises dans des conditions favorables ont pu germer dans la proportion de 50 p. 100, alors que des graines semblables, restées dans un flacon, n'ont pas fourni une seule germination au bout du même temps.

A. Mayer a pu maintenir pendant onze ans des graines de luzerne sur de la chaux vive, puis sur de l'acide sulfurique : au bout de ce temps, ces graines avaient gardé leur pouvoir germinatif. La sécheresse de l'atmosphère semble donc être une condition capitale du maintien des propriétés vitales de la graine.

Lorsqu'elle est ainsi privée d'eau, la graine est en état de *vie suspendue* ; elle ne respire plus, c'est-à-dire ne dégage plus de gaz carbonique. Dans ces conditions, elle résiste à l'action de certaines influences extérieures, qui, chez l'individu normal, anéantiraient totalement ses propriétés germinatives : elle peut subir l'action de températures très basses (air liquide), ou relativement élevées (eau bouillante pendant quelques minutes), sans perdre ses facultés germinatives, pourvu que ses téguments restent imperméables. On peut, de même, la tremper impunément dans certains liquides, tels que l'alcool absolu, l'éther, le chloroforme.

Cette dessiccation préalable de la graine qui ne l'empêche pas de conserver intactes ses propriétés d'organe vivant est comparable avec ce qui se passe chez certaines substances dérivées de l'organisme. Ainsi l'albumine du blanc d'œuf se coagule à 75° et, sous cet état, ne peut plus se redissoudre dans l'eau. Si on la dessèche à basse température ou dans le vide, elle conserve la propriété de se dissoudre dans l'eau, même lorsqu'elle a été portée à 100°. La plupart des diastases sont tuées par une température de 70 à 80°, lorsqu'elles sont humides. Mais, si on les dessèche à basse température dans le vide, elles peuvent supporter l'effet de ces mêmes températures de 70-80° sans perdre pour cela leurs propriétés actives.

Perméabilité des téguments. — Longévité des graines. — Lorsque des graines sèches sont maintenues, même pendant un temps assez long, dans des vases de verre clos contenant soit de l'air, soit des gaz impropres à la vie (azote, oxyde de carbone, gaz carbonique), elles ne modifient pas l'atmosphère qui les entoure. On a pensé que ces graines ne respiraient plus ; cependant elles peuvent conserver leurs propriétés germinatives.

Cette absence d'échanges gazeux est due, d'après P. Becquerel, à ce que le tégument desséché de beaucoup de graines est une barrière infranchissable aux gaz *secs* ; il est donc naturel d'admettre que l'atmosphère extérieure n'a plus aucun contact avec cette partie de la graine que protège ainsi le tégument. Mais l'embryon peut néanmoins respirer de façon imperceptible aux dépens de l'oxygène inclus dans les tissus de la graine. Lorsque la provision de ce dernier gaz est épuisée, la graine peut mourir, soit d'inanition, soit d'asphyxie, et l'on conçoit, conformément d'ailleurs à l'observation, que son pouvoir germinatif décline peu à peu jusqu'à l'abolition totale.

D'après Amar, une membrane colloïdale déterminée, *parfaitement desséchée*, se montre imperméable au gaz carbonique, quand celui-ci l'affecte par sa surface interne : l'agent de l'osmose gazeuse est donc l'eau d'imprégnation du tissu, c'est-à-dire la dissolution.

En fait, le tégument desséché des graines n'est pas imperméable aux gaz humides ; de plus, ce même tégument, imperméable aux gaz secs à la température ordinaire, devient perméable à 50°.

Donc, et ceci est très important pour élucider la question de leur longévité, si les graines à un moment donné se trouvent dans une atmosphère humide, leurs téguments deviennent perméables ; l'oxygène de l'air pénètre peu à peu, et une véritable respiration s'établit qui est capable, dans un espace de temps plus ou moins long, d'abolir la faculté germinative.

La *longévité* des graines est un phénomène qui a attiré bien souvent l'attention, non seulement des praticiens, mais aussi des physiologistes. Les opinions les plus contradictoires ont eu cours à ce sujet, et l'on a même prétendu, à la suite d'observations incomplètes, que certaines graines conservaient presque indéfiniment leur pouvoir germinatif.

Il semble n'en être rien et, d'après ce qui précède, nous pouvons prévoir que, dans les conditions habituelles où on les conserve, les graines ne gardent intactes leurs propriétés germinatives que pendant un temps relativement court.

Les facteurs principaux qui interviennent pour hâter la destruction d'une graine sont multiples : température, humidité extérieure, perméabilité des téguments, nature des réserves de la graine.

De Candolle (1846), ayant conservé, pendant quatorze ans, 368 espèces de graines à l'abri de la lumière et de l'humidité, constata que 17 seulement avaient été capables de germer au bout de ce temps.

P. Becquerel (1906), dans des expériences récentes que nous ne pouvons que résumer ici, a fait porter ses investigations sur 550 espèces venant du Muséum et dont l'âge était parfaitement connu. Ces graines comprenaient trente familles ; leur âge variait de vingt-cinq à cent trente-cinq ans. Lavées à l'eau stérilisée et en partie décortiquées lorsque le tégument paraissait trop épais, elles furent placées sur du coton hydrophile humecté et exposées à une température de 28°.

Dix-huit espèces de Légumineuses sur 90 germèrent (les plus âgées de ces graines avaient soixante et onze, quatre-vingt-quatre et quatre-vingt-sept ans), 3 espèces de *Nelumbo* (quarante-huit et cinquante-six ans) ; une seule Malvacée sur 15 (soixante-quatre ans) ; une seule Labiée (soixante-dix-sept ans). Aucune graine des familles suivantes ne germa : Graminées, Joncées, Liliacées, Urticacées, Polygonées, Crucifères.

On a prétendu que certaines graines pouvaient demeurer plusieurs années dans le sol sans germer et qu'à la suite du desséchement d'un étang, par exemple, ou, réciproquement, de la mise en eau d'un ancien étang desséché, des plantes, dont la présence n'avait pas été signalée depuis très longtemps, pouvaient subitement faire leur apparition.

P. Becquerel fait remarquer que l'apport des graines peut avoir lieu par le vent, les oiseaux, les eaux elles-mêmes et, en ce qui concerne la longévité de certaines espèces, celles-là seules qui sont protégées par un tégument épais et possèdent des réserves peu oxydables peuvent conserver leurs facultés germinatives pendant plus de quatre-vingts ans.

La prétendue germination de graines ayant séjourné plus de quatre mille ans dans les tombeaux égyptiens est donc une légende dénuée de fondement.

L'abolition du pouvoir germinatif des graines ayant quelques années d'existence est due également, en grande partie du moins, à l'*acidification* qu'ont subie les substances grasses qu'elles contiennent sous l'influence de l'oxygène de l'air (Ladureau).

En résumé, la perte de la puissance germinative est un *phénomène d'oxydation*.

Influence de l'état hygrométrique de l'air sur la conservation des graines. — Une des causes de la destruction de la faculté germinative des graines doit être cherchée dans la présence de l'eau interposée dans leurs tissus. Nous avons vu que des graines *absolument sèches* conserveraient probablement leurs facultés germinatives pendant un temps fort long. Il était donc à présumer que les variations de l'état hygrométrique de l'air entraîneraient des variations correspondantes dans le taux d'humidité des graines et que des graines ayant séjourné dans une atmosphère plus chargée qu'une autre d'humidité conserveraient moins longtemps leurs facultés germinatives. C'est ce qu'a vérifié Demoussy en exposant un certain nombre de graines dans des atmosphères de température constante (25°), dont on maintenait l'état hygrométrique constant à l'aide de solutions de potasse plus ou moins concentrées. Cet état hygrométrique, parfaitement connu, avait les valeurs suivantes : air saturé à 25° (tension, 23^{mm},6), saturations égales à 0,8, à 0,7, à 0,5, à 0,3, à 0,15 ; enfin, air absolument sec par suite de la présence de potasse caustique solide. Cette dessiccation partielle ou totale de l'air à l'aide de potasse possède l'avantage de soustraire les graines à l'action toxique du gaz carbonique qu'elles émettent. On a déterminé dans ces conditions le pouvoir germinatif des graines de mois en mois pendant une année. Voici les résultats obtenus. Dans l'air saturé d'humidité, la plupart des graines ne résistent guère au bout d'un mois ; à la fin du second mois, les graines de Crucifères résistent encore ; mais, au bout du troisième, toutes les graines sont mortes. Dans l'air à 0,8, les graines résistent assez bien le premier mois ; les Crucifères sont encore les plus résistantes ; mais, au bout de six mois, toutes les graines sont mortes. Les autres expériences parlent dans le même sens : plus l'humidité est considérable et plus vite est aboli le pouvoir germinatif. Dans l'air sec, la résistance de la plupart des graines est beaucoup plus considérable, bien que, chez certaines espèces, elle ait, malgré tout, baissé dans de fortes proportions (coquelicot, digitale, par exemple).

Nécessité de la présence de l'eau pour la germination. — La présence de l'eau en nature est indispensable à la germination. Si l'on sème des graines dans un sol trop sec, elles ne germent pas ou, du moins, elles germent très irrégulièrement.

Un excès d'eau est-il nuisible à la germination? Lorsque le sol est noyé, les graines pourrissent et ne germent pas. Mais, la plupart du temps, ce qui entrave la germination, comme dans ce dernier cas, ce n'est pas l'excès d'eau, c'est l'absence d'oxygène, autre facteur indispensable de la germination. Toutefois l'excès d'eau, alors même que celle-ci est aérée, n'est pas une bonne condition de la germination normale, car, ainsi que nous le verrons plus loin, les réserves de la graine se solubilisent peu à peu et peuvent passer partiellement à l'extérieur par suite de phénomènes d'exosmose : elles sont donc perdues pour le jeune végétal.

Néanmoins la graine peut germer, même au sein de l'eau pure, si celle-ci est aérée. C'est ce que montre l'expérience suivante indiquée par Dehérain.

Dans une série de tubes en U communiquant entre eux, on met des graines (lentilles, par exemple) et on fait passer au travers de cette série de tubes un courant d'eau très lent. Les graines du premier tube, le plus voisin de la prise d'eau, germent facilement ; celles du second un peu moins facilement ; celles des derniers tubes difficilement ou même pas du tout. Les graines du premier tube sont en avance sur les autres, parce qu'elles ont rencontré dans l'eau de l'oxygène dissous ; celles des autres tubes trouvent d'autant moins d'oxygène qu'elles sont placées plus loin de la prise d'eau. Si ce gaz est absent, la germination n'a plus lieu.

On peut également faire germer des graines dans de l'eau tiède constamment traversée par un courant d'air.

L'excès d'eau ne nuit donc pas à la germination, sous les réserves que nous avons faites plus haut.

Gonflement de la graine par l'eau. — Lorsqu'on immerge des graines dans l'eau, ou lorsque celles-ci sont simplement enfouies dans un sol suffisamment humide, elles augmentent de volume. Le poids d'eau ainsi absorbé varie avec chaque espèce de graine, et on appelle *pouvoir absorbant* de la graine pour l'eau la quantité de ce liquide que peuvent absorber 100 grammes de graines sèches. Les graines riches en amidon ont un pouvoir absorbant relativement faible ; celles qui sont riches en grains d'aleurone possèdent un pouvoir beaucoup plus élevé. Rapporté à 100 parties de graine sèche, le pouvoir absorbant est de 125 pour le lupin, de 118 pour la fève, de 108 pour le haricot, de 47 pour le blé, de 38 pour le maïs, de 8 pour la graine de *Canna*.

Cette *saturation* n'est pas indispensable à la germination ; une quantité d'eau beaucoup plus faible, pourvu qu'elle ne descende pas au-dessous d'une certaine limite, peut très bien suffire au développement germinatif. Ce minimum, pour la fève par exemple, est de 74 : soit 62 p. 100 de son pouvoir absorbant. L'eau pénètre d'autant plus rapidement dans la graine que la température de ce liquide est plus élevée ; mais la dose d'eau finalement absorbée reste la même qu'à basse température.

L'eau pénètre plus lentement dans la graine si la pression extérieure augmente.

Signification du gonflement. — Lorsque des graines sont entassées dans un vase de verre à parois minces plein d'eau et qu'elles ont absorbé une certaine quantité de ce liquide, il se produit sur les parois du vase une compression locale telle qu'elle peut amener la rupture de celui-ci.

La pression que l'eau exerce sur les parois cellulaires de la graine est considérable. Maquenne a mesuré la valeur de ces *pressions osmotiques* initiales. Celles-ci sont le point de départ de l'évolution de la jeune plante, et leur intensité est en rapport avec celle des phénomènes d'hydrolyse destinés à amener peu à peu les matériaux de la graine à l'état soluble sous l'action des enzymes. La pression osmotique a été déterminée en prenant le point de congélation des sucs extraits par pression des graines examinées et en faisant usage d'une formule qui relie le point de congélation à la pression osmotique. On trouve ainsi que cette pression, chez des graines de Légumineuses après dix jours de germination, atteint de 6 à 10 atmosphères.

Gréhant, par l'emploi d'une méthode différente, avait trouvé antérieurement 15 atmosphères pour les graines de lupin et 8 pour celles de lentille.

Le gonflement de la graine par l'eau répond donc à un phénomène chimique autant que physique.

Il est des graines qui, gonflées d'abord par l'eau, peuvent ensuite être desséchées sans qu'il en résulte aucun inconvénient pour leur germination ultérieure. Mais, lorsqu'une graine est gonflée, elle résiste beaucoup plus mal qu'une graine sèche à des températures extrêmes. A quelques degrés au-dessous de 0°, une graine turgescente est tuée ; il en est de

même si on la porte vers 70 ou 80°. Au contraire, une graine
sèche peut supporter la température de 100° pendant
quelques instants sans que ses facultés germinatives soient
abolies.

D'après Effront, les semences de *Ceratonia siliqua* sont
souvent très rebelles à la germination. Pour les faire germer,
il faut les faire bouillir au préalable pendant deux ou trois
heures avec de l'eau ou, mieux encore, pendant une heure
sous une pression de 2 atmosphères. Les semences, malgré ce
traitement, conservent encore leurs enzymes intacts.

**Influence de certaines substances dissoutes
sur la germination**. — Est-il nécessaire ou, au moins
avantageux, que les graines germent au sein d'un liquide
contenant en dissolution des substances minérales?
Les résultats obtenus à cet égard sont contradictoires.
Il ne s'agit pas ici, bien entendu, de discuter la
question de l'utilité de la matière minérale pour la
plante : celle-ci est hors de doute, et nous en parlerons ultérieurement ; il s'agit simplement de savoir si tel élément
salin *favorise* par sa présence les premières manifestations de
la vie.

Or, on sait que des traces de cuivre dans une eau distillée
peuvent entraver la germination ; de sorte que l'on doit se
demander si, dans les expériences où on a reconnu que
certaines graines germaient difficilement dans l'eau distillée
seule, il ne faudrait pas incriminer la présence de traces de
cuivre dans cette eau.

Dans une série d'expériences déjà anciennes, Boehm a
montré que les haricots germent mal dans l'eau distillée et
meurent au bout de peu de temps, tandis que, dans l'eau
ordinaire, la germination a lieu normalement. Cet auteur
en conclut que c'est la *chaux* que contient toujours l'eau ordinaire qui joue un rôle important dans ce cas. Cette base ne
peut être remplacée par aucune autre.

Toutefois Dehérain a montré que, si le blé, par exemple,
germe mal dans l'eau distillée, il suffit d'élever un peu la température de celle-ci (30 à 35°) pour que la germination se

fasse d'une façon satisfaisante : la présence de la chaux ne semble donc pas indispensable.

Cette prétendue nécessité des sels de chaux et leur influence particulièrement favorable sur le développement de la racine s'expliqueraient, suivant quelques-uns, de la façon suivante. Les sels de chaux sont rares ou même absents dans les cendres de beaucoup de graines : il semble que ce soit l'addition de sels différents de ceux qui existent normalement dans les graines qui influe davantage sur le développement de la plantule. L'addition de sels de potassium, tels que le phosphate, dans une eau où germent des graines, ne paraît pas favorable, car les cendres des graines sont toujours très riches en phosphates et en potasse. Cette conclusion est à réserver d'une façon absolue ; certains sels ayant peut-être été employés sous une concentration trop forte : nous allons y revenir un peu plus loin. On peut conclure seulement que, si la chaux n'est pas absolument indispensable à la graine qui germe, elle exerce néanmoins une action marquée sur le développement de la plantule.

D'après von Liebenberg, la présence de la chaux serait indispensable à la germination de certaines graines et non indispensable à d'autres : il existerait des graines de structure incomplète qui ne renfermeraient pas une quantité de chaux suffisante pour l'utilisation de leurs matériaux de réserve.

Cependant les cotylédons d'une plante, morte faute de chaux, renferment souvent encore des quantités notables de cette base : il s'agit donc ici d'une difficulté particulière d'assimilation de cet élément par la jeune plantule.

Aux données qui précèdent, ajoutons encore les compléments suivants. La plupart des graines sont tuées par les solutions acides, même très diluées. Beaucoup de solution salines sont favorables à la germination, à la condition de ne pas dépasser, en général, une concentration de 2 à 4 millièmes. La plupart des sels employés comme engrais : superphosphates, sels de potassium, nitrates, sels d'ammonium, très utiles quand la jeune plante a commencé son évolution, peuvent être nuisibles si leur concentration est, à un moment donné, trop forte. Ceci a lieu à l'époque de l'épandage de ces matières. Il peut arriver, en effet, si la pluie n'intervient pas ou si le mélange de l'engrais avec la terre est mal fait, que les graines confiées au sol tombent dans un milieu de concentration saline trop grande, capable de les tuer.

On a regardé l'influence heureuse de certaines solutions alcalines très diluées sur la germination comme une conséquence de la neutralisation des acides produits par la jeune plante.

Tous les antiseptiques tuent les graines, au moins par un contact prolongé. Cependant on peut stériliser des graines en faisant usage de chlorure mercurique à $\frac{1}{1000}$, à la condition de ne les laisser au sein de la liqueur que pendant quelques minutes et de les plonger ensuite dans de l'eau distillée stérilisée. Le tégument extérieur de la graine doit être intact.

D'après Coupin, un certain nombre de graines de plantes terrestres supporteraient l'action de solutions de sel marin à 1,5 p. 100. Ce chiffre pourrait s'élever de 3 à 4 p. 100 avec les plantes maritimes des genres *Atriplex* et *Beta*.

L'influence des sels de cuivre sur la germination mérite une mention spéciale. Nous avons vu plus haut que l'on emploie fréquemment le sulfate de cuivre pour préserver les graines de l'atteinte de certaines végétations cryptogamiques. Cependant Dehérain et Demoussy, ainsi que Devaux et Coupin, ont montré que les sels de cuivre sont extrêmement toxiques vis-à-vis des plantes supérieures et qu'ils peuvent entraver la germination à des doses infiniment petites, telles que celles que peut contenir de l'eau distillée ayant séjourné au contact de vases de cuivre.

Toutefois, si la graine traitée au sulfate de cuivre est enfouie dans un sol tant soit peu calcaire, le métal deviendra insoluble. De plus, alors même que le sol ne renfermerait pas trace de calcaire, il suffit, pour que la germination ait lieu, que la solution cuivrique imprégnant le grain soit éliminée de façon à ne pas se trouver au contact des racines ou d'un organe en évolution.

Au contact du seul tégument de la graine, si celui-ci est imperméable, le sel de cuivre demeure insoluble (Demoussy).

Boehm, pour montrer que la chaux était indispensable à la germination, plaçait des graines dans de l'eau distillée contenue dans un vase de *cuivre argenté*. La germination n'avait pas lieu, mais elle devenait possible dès qu'on ajoutait une trace de carbonate de calcium au liquide : d'où la conclusion du rôle utile que joue la chaux. Cependant le chlorure de calcium, même en solution extrêmement diluée, ne donne aucun résultat. Il est possible que le vase de cuivre argenté présentât quelque éraillure mettant ainsi le cuivre à découvert et que le carbonate de calcium n'intervînt que pour neutraliser les effets funestes de ce métal.

Influence de l'oxygène sur la germination. — Au même titre que l'eau, la présence de ce gaz est un facteur indispensable à la germination. Des graines gonflées dans l'eau, puis exposées dans des atmosphères variées, ne montrent leurs radicelles que si ces atmosphères contiennent de l'oxygène. Il faut, en outre, que le gaz oxygène soit en *contact direct* avec la graine. En effet, la plupart du temps, des graines immergées à une certaine profondeur dans de l'eau, même aérée, ne germent pas ou germent mal, alors même que ces graines auraient été stérilisées et ne seraient pas envahies de végétations cryptogamiques. Dans ce dernier cas, une graine présente des phénomènes particuliers sur lesquels nous reviendrons.

Si l'oxygène est amené à une pression plus forte que celle qu'il possède dans l'air normal, il y a, au début, accélération de la germination.

Mais, au delà d'une certaine pression, variable d'ailleurs avec la nature de la graine, l'oxygène se comporte comme un véritable poison, et la graine ne peut plus germer. Parfois, après avoir débuté normalement, la germination s'arrête brusquement.

La quantité de gaz carbonique dégagé dans un intervalle donné par un certain poids de graines peut servir de mesure à l'activité de la germination. Lorsque la pression de l'oxygène s'accroît, le dégagement du gaz carbonique augmente d'abord, mais dans des proportions différentes suivant les diverses espèces de graines ; si la pression de l'oxygène s'accroît davantage, le dégagement diminue, puis cesse : la graine est tuée.

L'azote et l'hydrogène ne paraissent avoir aucune action fâcheuse sur la germination. Il n'en est pas de même du gaz carbonique. De Saussure a montré qu'une petite quantité de ce gaz (1/12, par exemple) favorise au soleil la fonction chlorophyllienne, mais exerce une action nuisible et toxique sur la graine qui germe, soit au soleil, soit à l'obscurité.

Une graine qui germe normalement dégage du gaz carbonique. Si l'atmosphère dans laquelle se produit cette germination est confinée, la graine ne tarde pas à périr. Mangin a fait voir que l'accumulation du gaz carbonique et, par conséquent, l'appauvrissement en oxygène, provoquent, toutes choses égales d'ailleurs, une diminution de l'activité

respiratoire. Si on étudie le rapport existant entre l'oxygène
absorbé et l'acide carbonique émis, on constate que le séjour
de la graine dans une atmosphère viciée diminue dans une
proportion considérable, parfois de moitié, la quantité d'oxygène employé à des réactions autres que la formation du gaz
carbonique ; la nutrition des plantes est alors profondément
troublée.

**Gaz dégagés normalement pendant la germina-
tion**. — Le seul gaz qui s'échappe de la graine pendant une
germination normale est le gaz carbonique. Telle est l'opinion
de l'immense majorité des physiologistes. Schlœsing fils a
montré, en faisant usage de méthodes gazométriques très
exactes, que, dans une cloche sous laquelle germent du blé ou
du lupin, le dégagement d'azote était nul. Pour qu'une pareille
expérience soit valable, il faut introduire, au fur et à mesure
qu'il se change en gaz carbonique, de l'oxygène pur sous
la cloche à expérience, de façon à maintenir sous cette
cloche une atmosphère qui renferme la dose normale
d'oxygène.

Germination en l'absence de l'oxygène. — Des
expériences récentes dues à Takahashi semblent démontrer que les graines de riz peuvent germer sans le
concours de l'oxygène : la plumule s'allonge et peut acquérir
une longueur de 3 centimètres. La très faible quantité d'air
renfermée sous le tégument de la graine suffirait-elle alors
pour provoquer le début de la germination ?

Influence de la température sur la germination. —
L'influence du facteur *température* a été étudiée de plusieurs
façons différentes. On peut chercher à quelle température,
pour une espèce déterminée, apparaît le plus promptement
la radicule ; on peut également mesurer la quantité de gaz
carbonique produit dans un temps déterminé et à une température déterminée.

Il faudra, naturellement, maintenir les graines et les plantules qui en proviennent à l'abri de la lumière pour empêcher
l'apparition de la chlorophylle.

Chaque graine possède une température *optima* pour sa germination ; il existe également une température minima et une température maxima au-dessous et au-dessus desquelles toute germination est impossible. En général, à température constante, la respiration, c'est-à-dire le dégagement du gaz carbonique, augmente rapidement au début de la germination ; elle se maintient ensuite à peu près fixe pendant quelques jours, puis elle diminue graduellement dans la suite.

Si on compare la quantité d'acide carbonique émis pendant la germination dans l'air pur d'une part, dans l'oxygène pur d'autre part, on trouve des chiffres très voisins pour une même température : ce qui prouve que la dilution de l'oxygène n'exerce pas d'influence. Les variations de la température, au contraire, fournissent de grands écarts dans le dégagement du gaz carbonique. Voici, par exemple, ce que l'on trouve pour le haricot pendant une heure d'observation :

Températures d'observation.	CO_2 produit dans :	
	Air pur.	Oxygène pur.
	milligr.	milligr.
2°	10,5	10,5
6°	21,2	21,2
18°	32,3	31,6
20°	39,6	39,6 (Rischawi.)

Les températures minima, optima et maxima de germination pour quelques graines sont les suivantes :

	Minimum.	Optimum.	Maximum.
Moutarde............	0°,	27°,4	37°,2
Lin.................	1°,8	21°,0	28°,0
Cresson alénois.......	1°,8	21°,0	28°,0
Blé.................	5°,0	28°,7	42°,5
Orge................	5°,0	28°,7	37°,7
Maïs................	9°,5	33°,7	46°,2
Courge.............	13°,7	33°,7	46°,2

On doit attendre plusieurs jours, à la température minima de germination, pour voir apparaître la radicule ; il arrive souvent que, quelques degrés plus haut, la germination est singulièrement accélérée. Ainsi, si la moutarde met dix-sept jours à germer à 0°, elle germe en neuf jours à 3°, en quatre

jours à 5°,7. Réciproquement, au delà de la température
optima, il faut un nombre de jours d'autant plus grand que
la température est plus élevée.

P. Becquerel a noté que la résistance des graines aux très
basses températures (air liquide à — 192°, hydrogène liquide
à — 252°, pendant cent trente heures) dépend uniquement
de la quantité d'eau et de gaz que renferment leurs tissus.
Si le protoplasma atteint par la dessiccation son maximum
de concentration et, par conséquent, son minimum d'activité, il échappe complétement à l'action des basses températures, et la graine conserve, comme par le passé, son pouvoir germinatif : graines (à l'état de dessiccation naturelle) de
fève, pois, lupin, vesce, radis, blé, etc. ; graines décortiquées
de courge, maïs, sarrasin (germination plus rare). Si les
graines sont plus riches en eau, elles meurent (ricin, févier,
pin pignon). Nous avons déjà dit en passant quelques mots
relativement à cette résistance à propos de l'action de
l'eau sur les graines (p. 271).

III

MODIFICATIONS QUE SUBIT LE CONTENU
DE LA GRAINE PENDANT LA GERMINATION

Nous avons vu précédemment que le contenu de la graine
consistait en matières azotées, matières grasses, matières
hydrocarbonées, matières minérales. Toutes ces matières
subissent des métamorphoses profondes : elles commencent
d'abord par se solubiliser, puis, ultérieurement, se réinsolu-
bilisent de nouveau sous des formes différentes de la forme
initiale.

Perte de poids brut de la graine. — Tant que dure la
germination et tant que la plante ne prend aucun aliment au
milieu extérieur, cette plante vit exclusivement aux dépens de
ses réserves. Une partie de celles-ci est brûlée par l'action respiratoire et, comme conséquence, le poids de la matière sèche
de la graine *diminue* continuellement. C'est de cette perte de

poids que nous allons d'abord nous occuper. Son étude résumera ce que nous aurons à dire dans la suite.

Boussingault remarque que, pendant toute la durée de son existence, une plante est, en réalité, soumise à deux forces antagonistes : l'une qui tend à lui fournir, l'autre à lui soustraire de la matière et, suivant que l'une de ces deux forces l'emportera sur l'autre, le poids de la plante augmentera ou diminuera. Ces deux forces antagonistes sont la fonction d'assimilation, subordonnée à la quantité de lumière que reçoit le végétal, et la respiration, phénomène de combustion. Suivant l'intensité de la lumière et de la température, un végétal produira soit de l'oxygène, soit du gaz carbonique ou n'émettra ni l'un ni l'autre de ces gaz.

Mais, *dans une obscurité absolue*, la force éliminatrice persiste seule, et il est intéressant de suivre, jusqu'à une époque éloignée du début de sa germination, ce que devient ainsi le végétal issu de la graine chez lequel les feuilles ne fonctionnent jamais comme appareil réducteur.

La *durée de l'existence* de ce végétal privé de lumière doit dépendre du poids des matériaux de réserve renfermés sous les téguments de la graine : c'est ce que confirme l'expérience.

Dix *pois* ont été mis à germer dans une chambre obscure : on a mis fin à l'expérience au bout de quatre mois environ. L'analyse montre les rapports suivants entre la graine initiale et la plante finale :

	Poids total.	Carbone.	Hydrogène.	Oxygène.	Azote.
	gr.	gr.	gr.	gr.	gr.
Graines....	2,237	1,040	0,137	0,897	0,094
Plantes....	1,076	0,473	0,065	0,397	0,072
Différence .	— 1,161	— 0,567	— 0,072	— 0,500	— 0,022

(la perte en azote, qui ne s'est pas reproduite sur d'autres échantillons, est due à l'altération, difficile à éviter, de l'une des plantes).

Ce tableau est instructif. Il nous montre que la *perte centésimale de poids total* de la matière sèche s'élève à :

$$\frac{1,161}{2,237} \times 100 = 51,9 \text{ p. } 100 \text{ de la matière initiale.}$$

Cette perte est représentée par du *carbone* et de l'*eau*.

Le *froment*, cultivé pendant sept semaines à l'obscurité, a donné des résultats du même ordre : 100 parties de graines ont perdu 57 p. 100 de leur poids, et la perte est représentée également par du carbone et de l'eau.

Une culture de *haricot*, faite parallèlement *à la lumière et à l'obscurité*, a fourni les résultats suivants :

		Poids total.	Carbone.	Hydrogène.	Oxygène.	Azote.
		gr.	gr.	gr.	gr.	gr.
Obscurité.	Graines.	0,926	0,4069	0,0563	0,3762	0,0413
	Plantes.	0,566	0,2484	0,0331	0,1981	0,0408
	Différence...	—0,360	—0,1585	—0,0232	—0,1781	—0,0005
Lumière..	Graines.	0,922	0,4051	0,0560	0,3746	0,0410
	Plantes.	1,293	0,5990	0,0760	0,5321	0,0404
	Différence...	+ 0,371	+ 0,1939	+ 0,0200	+ 0,1575	—0,0006

Ainsi, sous les seules influences de l'air et de l'eau, dans un milieu privé d'engrais, pendant la végétation à la lumière, il y a eu assimilation de carbone et fixation d'hydrogène et d'oxygène dans le rapport qui constitue l'eau. Le phénomène est donc inverse de celui qui a lieu à l'obscurité.

Boussingault a examiné, de plus, ce que devenaient les *matières de réserve* de la graine pendant l'évolution de celle-ci à l'obscurité. Voici ce qu'a donné le *maïs* après un développement de vingt jours :

	Poids total.	Amidon et dextrine.	Glucose.	Matières grasses.	Cellulose.
	gr.	gr.	gr.	gr.	gr.
Graines....	8,636	6,386	0	0,463	0,516
Plantes....	4,529	0,777	0,953	0,150	1,316
Différence .	—4,107	—5,609	+ 0,953	—0,313	+ 0,800

On voit ici que l'amidon a presque entièrement disparu, ainsi que la majeure partie des substances grasses. La somme du glucose et de la cellulose n'est qu'une fraction seulement des matières ternaires consommées.

Il est utile de reproduire ici une remarque que nous avons

déjà faite plus haut : la plante qui s'est développée à l'obscurité pèse notablement moins que la graine initiale. Il est inadmissible, cependant, qu'un végétal en s'organisant perde de la matière. Or il faut faire attention que l'on a comparé le poids de la plante (plantule, cotylédons) au poids brut de la semence au lieu de comparer le *poids de la plantule seule au poids de l'embryon initial*. La perte de poids porte exclusivement sur les cotylédons ou sur les réserves de l'albumen : la plante, au contraire, augmente de poids sec pendant qu'elle s'organise.

Ces expériences préliminaires nous montrent donc bien la *nature* du phénomène germinatif : la plantule vit aux dépens de ses cotylédons ou de ses réserves, dont elle assimile une partie seulement des éléments ; ceux-ci subissent des transformations profondes qui tendent à les solubiliser.

D'ailleurs, dans une graine, il n'y a que l'embryon à proprement parler qui soit un être vivant. On peut, en effet, isoler cet embryon et le forcer à se développer aux dépens de substances artificielles que l'on mettra à sa portée, mais dont la composition devra être voisine de celles qu'il rencontre normalement dans ses cotylédons ou son albumen.

Abaissement progressif du poids moléculaire des matières de réserve pendant la germination. — Puisque le contenu initial des réserves de la graine est insoluble dans l'eau et qu'il se solubilise peu à peu à mesure qu'avance la germination, le poids moléculaire des substances primitives doit s'abaisser progressivement. Or le *point de congélation* des sucs végétaux est en rapport avec le poids moléculaire *moyen* des substances solubles renfermées dans ces sucs. Les variations de ce poids moléculaire (déterminées par l'étude cryoscopique) fourniront donc un renseignement sur les métamorphoses que subissent les principes immédiats de la graine. C'est ce que montrent à cet égard les déterminations de Maquenne. Le poids moléculaire moyen des substances solubles s'abaisse et se répartit ainsi pendant la germination :

		Poids moléculaire moyen.
Seigle	Germination de 8 jours....	445
	— 12 —	203
	— 30 —	167
Pois	— 8 —	306
	— 15 —	199
	— 40 —	112
Lupin blanc.	— 15 —	239
	— 22 —	226
	— 40 —	137

Il résulte de ce tableau que la transformation des matières de réserve de la graine ne consiste pas en une métamorphose brusque de l'amidon et de la graisse en sucres, des albuminoïdes en amides ; la solubilisation de ces substances est *progressive* ; elle donne d'abord des produits de poids moléculaire assez élevé pour aboutir finalement à des termes simples : glucose et asparagine. L'analyse confirme cette déduction : on ne peut déceler, la plupart du temps, la présence du glucose dans les graines pendant les premiers jours de la germination, et cependant celles-ci renferment déjà une notable quantité de matières solubles.

Nous allons maintenant examiner en détail les métamorphoses des matières grasses, des matières amylacées, des matières azotées.

IV

MODIFICATIONS DES MATIÈRES GRASSES

Les matières grasses, si abondamment répandues dans certaines graines, disparaissent rapidement pendant la germination. Une partie de ces matières subit une oxydation pure et simple avec dégagement de gaz carbonique ; une autre se transforme, par suite de l'absorption de l'oxygène, en substances hydrocarbonées. Ce fait capital a été signalé d'abord par Sachs.

La matière grasse ne fournit donc pas seulement des aliments à la combustion respiratoire du végétal, elle fournit aussi à celui-ci les nouveaux matériaux indispensables à son accroissement. Ces matériaux, d'abord *solubles* (glucose, sucre), se condensent ensuite avec formation d'hydrates de carbone insolubles, tels que la cellulose. Tel est le mode de transformation des substances grasses. Cette transformation a été suivie par Fleury sur un certain nombre de graines oléagineuses. En voici le résumé :

Ricin.	Matières grasses.	Sucres et analogues.	Cellulose.
	p. 100.	p. 100.	p. 100.
Graine initiale............	46,60	2,21	17,99
6 jours de germination....	45,90	»	»
16 — ...	33,15	9,95	»
21 — ...	17,90	18,27	»
31 — ...	10,28	26,90	29,90

On constate aisément l'absorption de l'oxygène pendant la germination en comparant l'*analyse centésimale* de la graine au début et à la fin de la période germinative :

	État initial.	État final.
	p. 100.	p. 100.
Carbone....................	57,41	40,52
Hydrogène..................	8,27	5,73
Oxygène...................	21,80	40,01

Citons encore, d'après le même auteur, les chiffres obtenus dans la germination du *colza* :

	Matières grasses.	Sucres.	Cellulose.
	p. 100.	p. 100.	p. 100.
Graine initiale......	46,00	7,23	8,25
1re période........	37,93	10,14	11,70
2e —	35,26	12,73	10,59
3e —	33,36	11,70	10,24
4e —	28,35	3,50	18,18

Composition centésimale.

	État initial.	État final.
	p. 100.	p. 100.
Carbone....................	59,80	48,55
Hydrogène..................	8,89	7,16
Oxygène...................	17,13	27,48

Fleury a trouvé des résultats analogues avec les graines d'*amandes douces* et d'*épurge*.

G. André. — *Chimie végétale.*   17

Cette fixation de l'oxygène sur la matière grasse est la caractéristique de la germination des graines oléagineuses : on comprend qu'il doive en être ainsi, puisque les hydrates de carbone, en lesquels se transforme la graisse, sont beaucoup plus riches en oxygène que celle-ci et, par contre, beaucoup plus pauvres en carbone. C'est ce qui ressort du tableau suivant, où nous mettons en regrad la composition centésimale d'une substance grasse très commune dans les graines, la *trioléine* et la composition centésimale de l'*amidon* :

	Trioléine $C^3H^5(C^{18}H^{33}O^2)^3$.	Amidon $C^6H^{10}O^5$.
Carbone......................	77,37	44,44
Hydrogène	11,76	6,17
Oxygène	10,87	49,39
	100,00	100,00

Pendant la germination des graines oléagineuses, il y a, en résumé, une perte de poids due à la combustion respiratoire (Voy. plus loin, p. 345) ; mais il y a, corrélativement, absorption d'oxygène pour les raisons que nous venons d'indiquer. De sorte que la perte de poids par respiration est compensée *partiellement* par une augmentation due à l'oxygène qui se fixe sur la matière grasse, et la perte totale atteint seulement, au moment de son maximum, 25 à 30 p. du 100 poids de la graine initiale.

De plus, il se forme une certaine quantité d'eau pendant la germination (Laskovski). Ce fait avait déjà été noté par de Saussure.

Il n'en est pas de même chez la graine amylacée (blé), pendant la germination de laquelle l'oxygène n'intervient que comme comburant. La combustion du carbone doit être accompagnée de la disparition des éléments de l'eau afin que les principes immédiats de la graine initiale (hydrates de carbone) conservent la composition des hydrates de carbone. En effet, ainsi que nous le verrons plus loin, l'amidon chez ces graines se transforme pendant la germination en glucose et sucres ayant une composition centésimale voisine de celle de l'amidon initial. Aussi les graines amylacées, qui ne fixent pas d'oxygène, perdent-elles, tout le temps que dure la germination, une forte proportion de leur poids primitif, qui atteint 50 à 55 p. 100 du poids initial.

Nature des hydrates de carbone qui prennent naissance dans la transformation des matières grasses. — Quels sont les hydrates de carbone qui apparaissent successivement pendant la destruction de la matière grasse et quelle est leur nature? Voici, d'après Leclerc du Sablon, comment les choses se passent pendant la germination de la graine de chanvre. Après avoir extrait l'huile par l'éther, on traite le résidu par de l'alcool à 85 p. 100, lequel dissout les sucres, mais laisse les dextrines et les diastases. Dans une moitié de la liqueur on dose le glucose ; dans l'autre, les hydrates de carbone après saccharification par l'acide chlorhydrique. On trouve alors les résultats suivants :

Longueur de la radicule.	Huile p. 100 de la matière sèche.	Glucose p. 100 de la matière sèche.	Hydrates de carbone transformables en glucose.
0^{cm},0	30	0,0	3,1
0,8	30	0,7	2,0
2,0	24	2,4	5,8
2,5	17	4,4	8,1
5,0	14	6,1	11,6

Les graines non germées ne renferment donc pas de glucose, mais des quantités notables d'une matière sucrée qui ne devient réductrice qu'après saccharification. Cette dernière matière est un *saccharose* qui joue auprès de la graine le rôle de matière de réserve. Au début de la germination, le saccharose est consommé par la plantule ; aussi sa proportion s'abaisse-t-elle, alors que le glucose, provenant d'abord de l'inversion du saccharose puis de la transformation de l'huile, apparaît en quantités de plus en plus fortes.

A mesure que la germination progresse, la proportion de sucre non réducteur, qui avait d'abord diminué, augmente et s'accroît en même temps que la proportion du sucre réducteur. L'avant-dernier terme de la transformation de la matière grasse serait donc un saccharose non réducteur, lequel se dédoublerait finalement et fournirait du glucose réducteur.

Il est important de traiter les graines dégraissées, non pas par l'eau d'abord, mais par l'alcool. En effet, l'eau dissout à la fois les sucres et les diastases contenus dans les graines, notamment l'invertine. Celle-ci, agissant sur les sucres non réducteurs, les transformerait en sucres réducteurs. Cette transformation, qui s'effectue normalement dans la cellule vivante, s'opérerait en dehors de l'organisme pendant les manipulations, et on trouverait ainsi qu'une graine non germée renferme du glucose : ce qui n'a pas lieu dans la réalité.

Saponification des matières grasses pendant la germination. — On sait avec quelle facilité certains corps gras neutres (éthers de la glycérine, glycérides) absorbent l'oxygène de l'air. Des tissus imprégnés de graisses peuvent, par suite de cette oxydation, entrer en combustion vive, étant donnée la chaleur dégagée lorsque l'oxygène se fixe sur les matières grasses.

Boussingault et Pelouze avaient remarqué, il y a longtemps, que, dans la putréfaction des graines oléagineuses, la matière grasse devenait peu à peu acide. On pouvait donc présumer que, pendant la germination, la graisse subirait une transformation de ce genre. Il y a donc lieu de chercher quel est le mécanisme de cette saponification germinative. Ce point a été bien examiné par Müntz.

Des graines de *radis*, de *colza*, de *pavot* étaient disposées sur du papier humide à l'obscurité ; une fois germées, ces graines étaient épuisées par l'eau bouillante, qui enlève les matières solubles issues de l'acte germinatif. La solution ainsi obtenue étant évaporée, on traite l'extrait restant par un mélange d'alcool et d'éther : or il est impossible de retrouver de la glycérine dans le dissolvant. La glycérine *libre* n'existe donc pas dans l'organisme de la jeune plante ; peut-être a-t-elle disparu par simple combustion respiratoire, ou bien est-elle employée à la formation d'hydrates de carbone. Les plantules, une fois traitées par l'eau, sont desséchées et épuisées par l'éther. La solution éthérée, évaporée et séchée à 110°, est pesée. On détermine la proportion des acides gras en saponifiant la matière grasse par la chaux et décomposant ensuite le savon calcaire par l'acide chlorhydrique. Les acides gras, bien lavés à l'eau, sont redissous dans l'éther, desséchés et pesés. Voici les résultats obtenus avec la graine du *radis* ayant germé à la lumière diffuse :

		Poids de la matière grasse.
		gr.
5 gr. de graines non germées ont fourni.........		1,750
—	après 2 jours de germination...	1,635
—	— 3 — ...	1,535
—	— 4 — ...	0,790

La matière grasse de la graine *non germée* était neutre au papier de tournesol ; celle des graines germées avait une réaction fortement acide. La matière grasse de chaque échantillon, traitée par six fois son poids d'alcool absolu (ce solvant ne s'empare que des acides gras *libres*), a donné les résultats suivants, qui montrent que la proportion des acides libres va en augmentant rapidement :

	Avant germination.	2 jours.	3 jours.	4 jours.
	gr.	gr.	gr.	gr.
Acides gras libres..........	0,178	0,893	1,215	0,751
P. 100 de la graisse initiale..	10,17	54,62	79,25	95,06

La graine de *pavot* germant à l'obscurité a fourni les chiffres suivants (sur 20 grammes de graine) :

	Graine non germée.	2 jours.	4 jours.
	gr.	gr.	gr.
Acides gras libres..........	0,975	3,640	3,77
P. 100 de la graisse initiale..	10,93	53,41	96,92

Enfin, la graine de *colza* a donné, en fait d'acides gras libres, pour cent de la graisse initiale : graine non germée = 11,07 ; après trois jours de germination = 69,56 ; après cinq jours = 98,05.

Il ressort très nettement de ce qui vient d'être exposé qu'au bout de cinq à six jours la matière grasse des jeunes plantes ne renferme plus qu'une quantité insignifiante du glycéride initial et que, par conséquent, celui-ci est à peu près complètement saponifié.

Résinification de la matière grasse. — Nous avons vu plus haut que la germination des graines oléagineuses était caractérisée par une absorption d'oxygène et par la transformation de la matière grasse en hydrates de carbone. Müntz a cherché à démontrer que les acides gras passaient par un état intermédiaire : en effet, la composition des *résines*, au point de vue de leur teneur en oxygène, est intermédiaire entre celle des acides gras et celle des hydrates de carbone. Peut-être l'*état de résine* est-il le premier stade de transformation que subissent les acides gras.

Pour élucider la chose, on épuise les graines germées ou non par l'eau bouillante. On les sèche ensuite, puis on les broie et on les traite par l'éther. La matière grasse obtenue est saponifiée par la potasse, et le savon est décomposé par l'acide chlorhydrique. L'acide gras est lavé à l'eau, redissous dans l'éther et séché. On évite autant que possible dans ces manipulations le contact de l'air, qui provoquerait l'oxydation directe de la matière grasse.

Müntz a constaté par l'analyse élémentaire qu'il y avait une absorption lente, mais progressive, d'oxygène par les acides gras pendant l'accroissement de l'embryon. Dans les limites dans lesquelles l'auteur a opéré, cette absorption n'a pas dépassé 3 à 4 p. 100.

Hanriot a montré que, sous l'influence de l'ozone, les graisses pouvaient fixer 23 p. 100 de leur poids en oxygène : il n'y a formation d'aucune substance réductrice dans ces conditions ; on ne constate la présence ni d'amidon, ni de cellulose, ni de sucre, ni d'acides formique ou oxalique. Il se produit des acides gras : l'acide acétique et peut-être l'acide butyrique se trouvent parmi ceux-ci.

Du rôle des acides gras dans la formation des sucres. — Les acides gras que l'on rencontre à l'état de glycérides dans les graisses contenues dans les différentes graines sont de nature variée ; les uns sont des acides *saturés*, les autres des acides *non saturés*, et l'on peut se demander si ces deux séries d'acides participent au même degré à la formation des hydrates de carbone pendant la germination.

Pour éclaircir cette question, Maquenne se sert de deux espèces de graines : l'*arachide*, riche en *acide arachidique* $C^{20}H^{40}O^2$ saturé ; le *ricin* contenant de l'*acide ricinoléique* $C^{18}H^{34}O^3$, acide-alcool non saturé. La germination de ces deux espèces de graines a lieu à l'obscurité,

Voici les transformations que l'on constate pendant la période germinative :

	Durée de la germination.	Huile.	Matières saccharifiables évaluées en saccharose.	Cellulose.
Arachide.	Début...	51,39	11,55	2,51
	6 jours..	49,81	8,35	3,46
	10 — ..	36,19	11,09	5,01
	12 — ..	29,00	12,52	5,22
	18 — ..	20,45	12,34	7,29
	28 — ..	12,16	9,46	9,48
Ricin....	Début...	51,40	3,46	16,74
	6 jours..	33,71	11,35	15,48
	10 — ..	5,74	24,14	11,98
	12 — ..	6,48	19,51	15,11
	18 — ..	3,08	8,35	17,68

Si on compare la perte en huile des graines au gain en hydrates de carbone des jeunes plantes (matières saccharifiables, cellulose et produits congénères), on trouve que l'accroissement de ces derniers principes s'élève à $\frac{5,57}{100}$ dans le cas de l'arachide et à $\frac{15,92}{100}$ dans le cas du ricin, au moment du maximum. En effet, la somme des matières saccharifiables et de la cellulose est égale, au début, à $11,55 + 2,51 = 14,06$ chez la graine d'arachide. A l'époque du maximum (dix-huitième jour de la germination), cette somme est égale à : $12,34 + 7,29 = 19,63$. La différence $19,63 - 14,06$ est égale à 5,57 p. 100. La perte en huile s'est élevée, pendant le même laps de temps, à 30,94 p. 100. Chez la graine de ricin, la somme des matières saccharifiables et de la cellulose est égale au début à $3,46 + 16,74 = 20,20$. A l'époque du maximum (dixième jour de la germination), cette somme est égale à $24,14 + 11,98 = 36,12$. La différence $36,12 - 20,20 = 15,92$ p. 100 ; la perte d'huile s'est élevée pendant le même laps de temps à 45,66 p. 100. Donc la destruction de 100 parties d'huile de l'arachide n'a fourni que 18 parties d'hydrates de carbone, tandis que la destruction de 100 parties d'huile de ricin a fourni 34 parties d'hydrates de carbone.

Il en résulte que, chez le ricin, la transformation est beaucoup plus rapide que chez l'arachide.

L'acide arachidique ne semble contribuer que faiblement à la formation des hydrates de carbone, alors que l'acide ricinoléique interviendrait d'une manière beaucoup plus efficace, en réservant toutefois, comme le fait remarquer Maquenne, la production possible d'hydrates de carbone aux dépens des matières azotées que renferme la graine.

La *constitution chimique* différente des deux acides arachidique et ricinoléique doit être évidemment prise en considération. Les acides gras *saturés* serviraient surtout *d'aliment respiratoire*. Au contraire, les acides gras non saturés de la série oléique, tels que l'acide ricinoléique, contenant *un groupement allylique* rendu libre par la combustion des deux extrémités de la chaîne, se transformeraient d'abord en glyrine, puis en polymères de celle-ci :

$$CO^2H - (CH^2)^7 - \boxed{CH = CH - CH^2} - CH(OH) - (CH^2)^5 - CH^3.$$

Cette intéressante conclusion relative aux rôles différents que joueraient les acides gras saturés et non saturés dans la genèse des hydrates de carbone ne doit cependant pas encore être généralisée d'une manière absolue.

Il est également un point important sur lequel il est bon de faire quelques réserves, c'est le point relatif à l'apparition progressive, et en quantités très fortes, des acides gras pendant la germination, apparition accompagnée de la destruction de la glycérine. Certaines graines, en effet, conservent pendant tout le temps de leur germination des proportions notables de *corps gras neutres non saponifiés* (graine d'*Helianthus*).

Preuve directe de l'oxydation des graisses dans la formation des matières sucrées. — Il semble très vraisemblable, d'après ce que nous avons dit plus haut, que la matière grasse se transforme par oxydation en hydrates de carbone en passant peut-être par un état de *résine* intermédiaire. Mazé en a donné la preuve suivante. Mais, afin de provoquer l'accumulation des substances issues des actions diastasiques, il supprime la plantule. *

Des graines d'arachide sont mises à germer sur de l'eau distillée.

A un moment donné, on détache les cotylédons que l'on place sur des perles de verre imbibées d'eau distillée. On fait circuler dans l'appareil un courant d'air tout le temps que dure l'expérience. Les manipulations sont faites aseptiquement ; le dispositif adopté permet de recueillir le gaz carbonique dégagé.

On trouve, au bout de dix-sept jours, le résultat suivant : les sucres et les matières saccharifiables ont augmenté de 5,6 p. 100 du poids initial ; mais, de plus, il y a *augmentation du poids de la matière soumise à l'expérience* (poids initial des cotylédons = 2^{gr},2613 ; poids final = 2^{gr},6153, soit une augmentation de 15,64 p. 100). Or ce ne sont pas les matières azotées de réserve qui pourraient fournir un tel accroissement de poids par oxydation, car on devrait observer la même chose chez les graines amylacées, ce qui n'a pas lieu. L'origine de cette augmentation doit être mise sur le compte des matières grasses, qui, ainsi que nous l'avons déjà fait remarquer, ne peuvent se transformer en hydrates de carbone que par oxydation. Voici d'ailleurs la composition comparée des matières solubles à l'éther : 1° dans les graines normales ; 2° dans les cotylédons de l'expérience précédente, après dix-sept jours d'expérience :

	1°	2°
Carbone......................	74,74	68,13
Hydrogène....................	12,28	10,38
Oxygène......................	12,98	21,49
	100,00	100,00

Causes de la transformation des corps gras. — Il est une substance dont le rôle est très mal connu dans la germination des graines oléagineuses : cette substance, c'est la *glycérine*. Elle doit vraisemblablement servir à la production de matières sucrées. Brown et Morris ont nourri des embryons d'orge avec de la glycérine, et ils ont constaté dans ceux-ci la formation de l'amidon comme lorsqu'on nourrit ces embryons avec des solutions de divers sucres.

Quant à la cause de la saponification des corps gras pendant la germination, nous renvoyons le lecteur à l'étude précédemment faite des *diastases saponifiantes* (p. 122).

V

MODIFICATIONS DES MATIÈRES AMYLACÉES

Étudions maintenant la germination d'une graine essentiellement amylacée, c'est-à-dire d'une graine dont les réserves

17.

se composent presque exclusivement d'hydrates de carbone (Céréales, par exemple).

Ici les choses sont beaucoup plus simples. Une partie de ces hydrates de carbone disparaît par combustion respiratoire ; une autre, subissant l'action de diastases variées, *se solubilise* d'abord en fournissant des matières sucrées non réductrices, puis réductrices, dont les poids moléculaires sont incomparablement plus petits que celui de l'amidon initial. Ensuite ces sucres solubles se condensent et engendrent de la cellulose *insoluble*. Telle est la suite des phénomènes que présente la germination des graines essentiellement amylacées.

Remarquons que, chez la graine oléagineuse, à partir du moment où la majeure partie de l'huile s'est transformée en sucres, les mêmes changements ultérieurs ont lieu : condensation de ces matières sucrées et formation de cellulose insoluble.

La germination des graines amylacées est caractérisée par la transformation de l'amidon en maltose, saccharose et glucose, sous l'influence de la *maltase* et de l'*amylase* (p. 119-120). Une réaction acide apparaît dans toute la masse qui facilite ces métamorphoses. L'amidon est corrodé, puis dissous. Le sucre de canne est transformé ultérieurement en glucose au contact de l'*invertine*. Une élévation de température favorise au plus haut point ces diverses réactions.

La présence du saccharose dans l'orge germée a été signalée pour la première fois par Kuhnemann (1875).

Il est facile de mettre en évidence la présence du glucose dans les graines amylacées dès que la radicule a atteint une longueur de quelques centimètres. Il suffit pour cela de broyer la graine germée (blé, lentille) avec un peu d'eau, de filtrer le liquide et de faire agir sur celui-ci la liqueur de Fehling à l'ébullition : on obtient immédiatement un précipité rouge d'oxyde cuivreux. Une graine non germée, traitée de la même façon, ne donne lieu à aucune réaction.

Tandis qu'une partie des hydrates de carbone ainsi solubilisés sert à la combustion respiratoire du jeune végétal, une autre partie s'insolubilise et se transforme en cellulose, comme le montre le tableau suivant :

	Poids sec.	Hydrates de carbone solubles et saccharifiables.		Cellulose.	
		Poids absolu.	P. 100 du poids de la graine.	Poids absolu.	P. 100 du poids de la graine.
	gr.	gr.		gr.	
non germées...	109,12	58,0	53,4	7,6	6,9
après 8 jours..	96,06	47,0	48,9	8,2	8,5
— 10 — ..	85,79	30,6	35,6	9,4	10,9
— 15 — ..	78,69	20,0	25,4	10,7	13,6
— 20 — ..	96,00	19,4	20,2	14,3	14,8
— 22 — ..	99,68	17,0	17,0	15,1	15,1
— 27 — ..	137,27	32,0	23,3	20,5	14,9

(100 graines de haricot d'Espagne.)

Ainsi, tandis que le poids des hydrates de carbone, tant solubles que saccharifiables, diminue au fur et à mesure des progrès de la germination, la cellulose augmente en valeur absolue dès le début de celle-ci.

Le saccharose se forme en quantités notables pendant la germination des Céréales. Petit a trouvé les proportions suivantes de cet élément dans l'opération de la *trempe* de l'orge :

Pour 1.000 graines.		Début. milligr.	1 jour. milligr.	2 jours. milligr.	3 jours. milligr.	4 jours. milligr.	5 jours. milligr.
	Sucre réducteur......	24	29	30	31	32	39
	Saccharose ..	214	230	260	307	384	406

Lindet a trouvé de même :

	2 jours.	3 jours.	4 jours.	6 jours.	7 jours.	9 jours.	10 jours.
Durée de la germination............							
Saccharose p. 100 de l'orge touraillée à 10 p. 100 d'eau....	0,99	1,85	2,20	2,31	2,74	2,84	3,09

Les liquides d'épuisement de l'eau d'orge renferment, à côté du saccharose, des sucres réducteurs dont la quantité augmente de façon régulière depuis le début jusqu'à la fin de la germination.

Cellulose de réserve. — La cellulose qui forme les parois très épaissies de l'albumen de certaines graines se dissout pendant la germination et sert à la construction de la jeune plante. A cette cellulose, Reiss a donné le nom de *cellulose de réserve*. L'enzyme qui intervient dans cette action dissolvante est la *cytase* (p. 120). La cellulose de réserve est une *hémicellulose* ; elle donne du *mannose* par hydrolyse (p. 154).

Bourquelot et Herissey ont montré que, pendant la germination de la graine de *caroubier* (*Ceratonia síliqua*), il se produit un ferment soluble (*séminase*), agissant sur l'albumen corné de cette graine, de même que la diastase agit sur les albumens amylacés, mais donnant naissance à du mannose et à du galactose. Il en est de même pour les graines de *luzerne* et de *fenugrec*.

Nature des substances consommées dans la germination. — Voici l'exposé sommaire d'une théorie nouvelle de la germination, due à Mazé, dans laquelle cet auteur fait intervenir les phénomènes d'anaérobiose.

Lorsque des fruits sucrés, des racines de betteraves, des plantes adultes sont privés d'air, il se produit dans leurs tissus de l'alcool (Lechartier et Bellamy, Pasteur, Müntz). De même, lorsque l'oxygène n'arrive plus jusqu'aux cotylédons, la graine est soumise à une asphyxie partielle (Voy. plus loin : *Respiration intramoléculaire*, p. 371).

Immergées complètement dans l'eau, les graines ne germent pas. Si on opère aseptiquement dans un flacon bouché avec de l'ouate, on trouve, au bout d'un certain nombre de jours, que le liquide renferme de l'*alcool* et des *sucres réducteurs*. La graine a donc solubilisé ses substances de réserve ; mais, étant donnée l'insuffisance de l'aération, elle n'a pu les faire servir à l'évolution de la jeune plante.

Cette solubilisation est très active, car des graines de pois immergées dans l'eau ont perdu : en six jours 10,6, en douze jours 17,3, en vingt-sept jours 27,2 p. 100 de leur poids initial. Tandis que, si ces graines sont tuées par une température de 100°, puis ensuite immergées, elles ne perdent que 11,6 p. 100 de leur poids initial en trois jours, 12,06 en dix jours, 12,5 en quinze jours, les phénomènes diastasiques étant alors complètement abolis. Or, la transformation de l'amidon du pois en glucose est un phénomène d'hydratation *indépendant* de la présence de l'oxygène de l'air. La formation de l'alcool à partir du glucose est un phénomène de dédoublement opéré par la zymase, mais indépendant également de la présence de l'oxygène : $C^6H^{12}O^6 = 2CO^2 + 2C^2H^6O$. On en conclut que l'immersion sous l'eau de graines *oléagineuses* doit fournir un tout autre résultat et que celles-ci doivent demeurer intactes ou, du moins, perdre une fraction beaucoup moindre de leur poids, car la matière grasse de ces graines exige l'intervention de l'oxygène pour devenir assimilable (Voy. plus haut p. 296). Ainsi, on a trouvé, avec les graines d'*arachide* (contenant 53, 66 p. 100 de matières grasses) :

Au bout de :	10 jours.	20 jours.	59 jours.	94 jours.
Perte p. 100 de matière sèche.	7,7	11,63	14,82	14,35

La matière grasse demeure à peu près inattaquée, car, au cinquanteneuvième jour, il en restait encore 51,98 p. 100. Ce sont les sucres solubles, l'amidon et la matière azotée qui sont presque exclusivement consommés, et il se forme seulement une faible quantité d'alcool.

La conclusion de ce qui précède est donc celle-ci : *l'oxygène simplement dissous* ne peut subvenir aux besoins des graines placées dans les conditions favorables à la germination. Cependant si, au lieu de prendre des graines volumineuses, on s'adresse à des graines de petites dimensions, telles que le *colza* (trois ou quatre graines dans un tube à essai contenant 5 centimètres cubes d'eau distillée stérilisée), on constate que deux d'entre elles ont, en général, un développement régulier, bien que leur germination s'effectue plus lentement que celle de graines semblables exposées à l'air. Le plus souvent, ces graines nagent entre deux eaux ; les feuilles cotylédonaires atteignent la surface libre du liquide ; le tissu des feuilles submergées est lacunaire et la plantule, grâce à cette adaptation à la vie aquatique, se constitue une atmosphère interne dans laquelle elle puise l'oxygène dont elle a besoin. Ce gaz peut circuler assez rapidement dans les tissus profonds pour empêcher leur asphyxie.

Mais lorsque, dans le volume de liquide précédent (5 centimètres cubes), on immerge un grand nombre de graines, on se place dans le cas de graines volumineuses : la vitesse de dissolution de l'oxygène est insuffisante pour alimenter ces graines.

Si nous revenons à la production de l'alcool chez les graines submergées, il est permis d'admettre que ce corps apparaît comme un produit *normal et nécessaire* de la digestion des matières hydrocarbonées dans les graines en voie d'évolution germinative. L'alcool se formerait dans les cellules vivantes aux dépens du glucose, et celles-ci fonctionneraient normalement comme des cellules de levure.

Cet alcool est-il utilisé directement par la plante? Mazé estime la chose peu probable. En effet, quand on étudie de près l'atténuation de la vitalité des germes dans les graines submergées, on trouve que cette atténuation est due non seulement à l'insuffisance de l'oxygène, mais aussi à la présence de produits toxiques. On peut, en réalité, déceler dans le liquide la présence de l'*aldéhyde éthylique* CH^3CHO. Mais cette substance, toxique, ne doit avoir dans les conditions normales de la germination qu'une *existence transitoire* et, à cause de sa puissance de combinaison remarquable, elle formerait l'*élément plastique du végétal.*

D'autre part, la transformation de l'huile en sucre dans les graines oléagineuses semble être un *phénomène diastasique*. Ces dernières graines absorbent beaucoup plus d'oxygène qu'elles ne perdent de gaz

carbonique pendant leur germination (Voy. plus loin, p. 345). Elles
sont capables de transformer un *groupement carbure* CH² *en un groupement alcoolique* CH.OH par fixation d'oxygène. La diastase oxydante qui intervient alors est capable d'agir *in vitro*. Car, si on fait
avec des graines de ricin et du sable une pâte liante et qu'on soumette
cette pâte à une température de 53° en couche mince, on trouve, au
bout de quelques heures, que, porté à 100°, le mélange contenant des
particules en suspension fournit un liquide dans lequel ces particules
tombent rapidement au fond du vase, tandis qu'un mélange témoin,
porté dès le début à 100°, donne une émulsion qui filtre difficilement.
Le dépôt est constitué par des résines, et *le liquide contient du sucre* :
1,27 p. 100 du poids des graines au bout de sept heures ; 2,65 au bout
de vingt-deux heures. Le témoin ne fournit pas de sucre. Si l'accès
de l'air est insuffisant, l'action diastasique est fortement atténuée.

Ceci tend à démontrer que les graines oléagineuses n'oxydent leur
matière grasse et ne la transforment en sucre qu'au contact d'une diastase agissant en présence d'un excès d'oxygène.

La conclusion finale de Mazé, relativement à l'accumulation des
produits de la fermentation (alcool) dans les tissus d'un végétal ou
dans le milieu ambiant dans le cas de semences immergées privées
d'oxygène libre, est celle-ci : les produits de fermentation s'accumulent, non pas parce qu'ils forment des résidus inutilisables par la
plante, mais parce que l'être vivant est placé dans des conditions
qui l'empêchent de tirer parti du travail qu'il accomplit.

Cette conclusion intéressante, mais peut-être trop hardie, suppose une
utilisation normale de l'alcool par les plantes supérieures ; or il est
inadmissible que l'oxydation de l'alcool fournisse des sucres ou autres
hydrates de carbone. S'il est vrai qu'un ascomycète, l'*Eurotiopsis
Gayoni*, fasse fermenter le sucre avec une énergie comparable à celle
de la levure et soit, en même temps, capable d'*assimiler* tous les produits de la fermentation, alcool, glycérine, acide succinique, il est
difficile d'admettre, encore une fois, que ce soit là un mode général
de nutrition, surtout dans le cas des végétaux supérieurs.

VI

MODIFICATIONS DES MATIÈRES AZOTÉES

Toutes les graines renferment des matières azotées. La
majeure partie de l'azote s'y rencontre *sous forme albuminoïde* et les différentes matières protéiques de la graine
ont une composition assez voisine les unes des autres. Nous
avons vu que le poids du carbone diminuait toujours pendant
la germination, car, à côté des phénomènes de transformation
de la matière grasse et de la matière amylacée, existent des

phénomènes de combustion respiratoire qui éliminent une proportion plus ou moins grande du carbone sous forme de gaz carbonique.

L'azote se comporte différemment : dans la graine germée, l'azote demeure en quantité constante ; il n'y a d'élimination d'azote *ni sous forme libre, ni sous forme combinée* pendant la germination normale. Pour bien s'en assurer, il faut toujours, dans une expérience de germination, rapporter le taux de l'azote à 100 graines par exemple ou à 100 plantules germées. Si on rapportait le dosage de l'azote à 100 parties de matière sèche, on trouverait, au fur et à mesure que progresse la germination, que l'azote augmente : ceci prouve simplement qu'une partie de la matière hydrocarbonée disparaît par combustion.

Nous avons vu, à propos de la transformation des matières grasses et des matières amylacées, qu'une portion de celles-ci devenait soluble et se changeait en sucres et que ces sucres à leur tour éprouvaient une série de condensations qui les amenaient finalement à l'état de cellulose, c'est-à-dire d'hydrate de carbone insoluble.

On observe des phénomènes analogues avec la matière protéique déposée dans la graine. La matière protéique passe de l'état colloïdal, non dialysable, à l'état cristalloïde et diffusible. Les substances qui prennent alors naissance appartiennent à la série des *amides* et des *acides aminés*. Parmi les produits les plus abondants de cette décomposition des albuminoïdes, on a isolé et caractérisé surtout les suivants, dont il a d'ailleurs été question antérieurement (p. 232, 237, 238) :

Asparagine [amide aspartique, acide aminosuccinamique $C^4H^8N^2O^3 = CO^2H.CH^2.CH(NH^2).CO(NH^2)$, le plus souvent lévogyre] ; *leucine* (acide aminocaproïque $C^6H^{13}NO^2$) ; *acide aspartique* (acide aminosuccinique $C^4H^7NO^4$) ; *acide glutamique* (acide aminoglutarique $C^5H^9NO^4$) ; *glutamine* ($C^5H^{10}N^2O^3$) ; *arginine* (acide guanidinaminovalérianique $C^6H^{14}N^4O^2$) ; *tyrosine* (acide paroxyphénylaminopropionique $C^9H^{11}NO^3$), *phénylalanine* (acide phénylaminopropionique $C^9H^{11}NO^2$) ; *ammoniaque* (NH^3).

Le premier stade de la décomposition de la matière azotée chez la graine en voie de germination peut être mis en évidence d'une façon très simple. Il suffit de faire germer des graines à l'obscurité, puis, au bout de quelques jours, de broyer avec un peu d'eau les tiges étiolées pour constater que le tiers, parfois même la moitié de la matière azotée initiale, sont devenus solubles dans l'eau. L'évaporation du liquide fournit un mélange de corps cristallisés, parmi lesquels domine le plus souvent l'asparagine.

Si l'on parvient à maintenir l'étiolement pendant un temps suffisant, on constate que ces composés aminés et amidés augmentent continuellement, jusqu'à une certaine limite cependant, car la totalité de l'azote albuminoïde de la graine ne se transforme jamais en azote soluble.

Mais, lorsque la graine germe *normalement* et dresse ses premières feuilles à la lumière, la transformation des albuminoïdes initiaux en amides est beaucoup plus limitée. En effet, à mesure qu'apparaissent les produits de décomposition aminés et amidés, ceux-ci se transforment de nouveau en albuminoïdes sous l'influence des hydrates de carbone issus de la fonction chlorophyllienne. Ces nouveaux albuminoïdes sont, sinon identiques, du moins très voisins de ceux que contenait la graine initiale.

Il en résulte que, dans les conditions normales, le passage de l'azote de l'état albuminoïde à l'état amidé est *provisoire et rapide* et qu'il est suivi de très près par la transformation inverse : le retour de l'amide à l'albuminoïde. Ce n'est qu'en l'absence de la lumière qu'il y a accumulation d'amides dans la plantule.

Quant au *soufre* et au *phosphore* qui font partie constituante de certaines molécules complexes que l'on rencontre dans les matières protéiques initiales de la graine, ils subissent une oxydation qui les amène à l'*état minéral* d'acides sulfurique et phosphorique. Lors de la régénération des albuminoïdes aux dépens des amides et des hydrates de carbone que produit la fonction chlorophyllienne, le soufre et le phosphore reviennent de nouveau à l'*état organique* dans les nouvelles molécules protéiques qui prennent naissance. Tel est, sommairement indiqué, le mécanisme général qui préside aux destinées de la matière azotée pendant la germination.

On peut comparer cette dislocation par oxydation de la molécule albuminoïde, laquelle aboutit aux acides aminés, à celle qui se produit dans l'organisme animal et aboutit à l'urée. La différence essentielle entre ces deux catégories de produits ultimes consiste en ce que l'urée est un produit d'*excrétion* pure et simple, incapable de régénérer une molécule albuminoïde dans l'organisme animal, tandis que l'asparagine, par exemple, dans les conditions habituelles, n'a qu'une existence éphémère et reproduit, par réduction, des matières protéiques. L'asparagine et les autres amides ne sont donc que des *produits temporaires d'excrétion.*

Conception théorique de la décomposition et de la régénération des albuminoïdes. — Si on compare la composition de l'asparagine, prise comme type le plus commun des amides rencontrés pendant la germination, à celle de la légumine, matière albuminoïde fréquente dans les graines (ces deux corps étant supposés renfermer la même quantité d'azote, puisque cet élément ne disparaît pas pendant la germination), on s'aperçoit que, pour passer de la légumine à l'asparagine, il faut qu'il y ait *intervention d'un phénomène d'oxydation* accompagné d'un départ de carbone et d'hydrogène. Inversement, si l'on veut repasser de l'asparagine à la légumine, on voit que le premier de ces corps doit perdre de l'oxygène et gagner du carbone :

	Légumine.	Asparagine.
C................	64,9	36,36
H................	8,8	6,07
N................	21,2	21,21
O................	30,6	36,36
		100,00

La transformation des albuminoïdes en amides, et inversement, a lieu pendant tout le cours de la végétation avec une énergie très grande dans certaines parties du végétal en voie de croissance (surtout dans les feuilles). La migration de la matière azotée d'un point à un autre de la

plante ne peut avoir lieu que si la matière albuminoïde se
solubilise. Ces produits solubles se rendent dans les organes
en voie de croissance, et ils y subissent une nouvelle insolubilisation. Il s'agit donc ici d'un phénomène très général et qui
s'étend bien au delà de la période germinative, car il ne cesse
qu'avec la maturation de la graine et la dessiccation de la
plante.

Nous examinerons successivement la formation des amides
puis leur régénération sous forme d'albuminoïdes.

Formation des amides pendant la germination. —
La solubilisation diastasique des albuminoïdes s'accomplit
très rapidement. Si on prend comme exemple la graine de
lupin, particulièrement riche en azote, on constate une destruction rapide de la matière protéique, avec apparition de
quantités croissantes d'asparagine (Schulze et Barbieri) :

	Albuminoïdes p. 100 de la matière sèche.	Asparagine p. 100 de la matière sèche
Graines non germées...............	54,00	»
Après 4 jours de germination....	44,44	3,30
— 7 —	31,88	11,20
— 12 —	16,00	22,30
— 25 —	11,56	25,00

A côté de l'asparagine, on rencontre de petites quantités
de glutamine, de leucine, de tyrosine. Chacun de ces corps
amidés est employé à la régénération de nouveaux albuminoïdes, mais à une époque déterminée : d'où la possibilité
de retrouver tel de ces composés à un moment donné de la
végétation, alors que tel autre aura déjà disparu, emporté
dans une synthèse nouvelle. Souvent même, les amides qui
s'accumulent dans le jeune végétal, parfois en quantité
notable, sont ceux qui sont utilisés le moins rapidement ou
le plus difficilement à la régénération des matières protéiques.
Ainsi c'est tantôt l'asparagine qui s'accumule et semble
être l'amide dont la transformation en albuminoïde est la
plus lente ; tantôt, comme chez la *courge*, l'asparagine est
rapidement utilisée, et c'est la glutamine qui s'accumule
(Schulze).

Il est bon de remarquer ici que les produits de décomposition des matières albuminoïdes que l'on rencontre pendant la germination sont très souvent les mêmes, au point de vue *qualitatif*, que ceux que l'on obtient dans la destruction artificielle de ces matières par des procédés purement chimiques, *sauf l'asparagine*.

Accumulation des amides, sa limite. — L'observation montre que la totalité des matières protéiques de la graine ne se convertit jamais complètement en asparagine ou amides congénères. En effet, même à l'obscurité, c'est-à-dire dans les conditions les plus favorables à l'accumulation des amides et les plus défavorables à l'assimilation, la plantule étiolée construit des tissus nouveaux à l'aide des matières hydrocarbonées que la respiration n'a pas détruites ; elle utilise donc une partie de l'azote amidé qu'elle renferme en abondance à ce moment pour régénérer une certaine quantité de matière protéique.

Toutefois cette production de l'asparagine peut aller très loin. C'est ainsi que Bréal, opérant dans une serre insuffisamment éclairée, a vu des tiges de lupin blanc accumuler à l'état d'asparagine jusqu'à 75 p. 100 de l'azote total contenu dans ces tiges.

L'élévation de la température, pendant la germination de la graine, exerce une influence remarquable sur la production de cet amide, car elle augmente l'énergie respiratoire du végétal.

Des graines appartenant à des familles très différentes, telles que les Légumineuses et les Graminées, germant dans des conditions presque identiques, élaborent des quantités d'amides très inégales par rapport à la quantité de matière albuminoïde initiale qu'elles contiennent. Schulze et Flechsig ont montré que, si on fait germer un certain nombre de graines appartenant à ces deux familles et si on examine le résultat lorsque les plantules ont atteint sensiblement la même longueur (6 à 7 centimètres), on trouve que le lupin a déjà transformé près de 40 p. 100 de son azote initial en azote amidé, la lentille 30, le haricot 20 seulement. Dans le cas des

Graminées, le seigle a transformé 27 p. 100, l'avoine 17, le blé 13. Il faut donc en conclure que les graines qui germent ne fournissent pas des quantités d'amides proportionnelles à leurs réserves primitives en matières azotées.

Régénération des matières albuminoïdes aux dépens des amides et des hydrates de carbone. — Une théorie assez vraisemblable de la production des matières albuminoïdes en partant des amides est la suivante. Elle est due à O. Müller.

Lorsqu'une plante étiolée, chez laquelle s'est produite une accumulation d'asparagine, est mise à la lumière au contact du gaz carbonique, on observe la disparition de l'amide. Or, si on maintient à l'obscurité des parties jeunes d'une plante qui restent en relation avec la plante mère et si on laisse l'assimilation se produire dans les organes plus âgés, on trouve de l'asparagine dans les parties qui demeurent à l'obscurité. La persistance de l'asparagine dans les portions de plante soustraites à la lumière ne dépend pas d'un manque d'hydrates de carbone, car ces portions reçoivent les hydrates de carbone que les parties insolées leur transmettent. Au contraire, sitôt qu'une plante ou qu'une portion de plante étiolée sont mises à la lumière, l'asparagine disparaît, sinon en totalité, du moins en majeure partie. On en conclut donc que c'est l'assimilation du carbone, *directement effectuée* par le végétal étiolé d'abord, qui procure à celui-ci les matières ternaires nécessaires à la transformation de l'asparagine en substances protéiques.

Une nouvelle preuve de cette transformation est la suivante. Si on prend des plantes normales chez lesquelles on a constaté l'absence d'asparagine et si on introduit des tiges jeunes ou vieilles de ces plantes dans un cylindre de verre clos contenant de la potasse et dans lequel circule un courant d'air dépouillé de gaz carbonique, ces tiges n'assimileront pas; on remarque alors que l'asparagine s'accumule dans leurs tissus. La lumière *seule* ne joue donc aucun rôle; sa présence ne suffit pas pour que l'asparagine disparaisse de nouveau. Sitôt que la plante peut assimiler normalement en présence de l'acide carbonique, l'asparagine disparaît. Donc l'exercice normal de la fonction chlorophyllienne est indispensable à la synthèse des albuminoïdes réalisée aux dépens des amides accumulés à l'obscurité et des hydrates de carbone de nouvelle formation ; et on comprend pourquoi la synthèse des albuminoïdes ne peut avoir lieu que dans les organes assimilateurs, *du moins dans la majorité des cas.*

Il est probable que les autres amides issus de la décomposition des albuminoïdes à l'obscurité disparaissent à la lumière par un mécanisme analogue à celui que nous venons d'exposer relativement à l'asparagine. Ajoutons aussi que tous les hydrates de carbone ne peuvent pas indistinctement servir à la régénération des albuminoïdes aux dépens des amides.

La théorie de Müller ne permet pas cependant d'expliquer la présence des albuminoïdes dans la racine, puisque celle-ci n'assimile pas directement de carbone. Aussi convient-il de répéter ce que nous avons dit quelques lignes plus haut : cette théorie est vraie dans la majorité des cas, mais elle ne peut évidemment s'appliquer à la racine.

Or il résulte d'un assez grand nombre d'expériences que des plantes, étiolées à l'obscurité et flottant sur des solutions sucrées, font disparaître l'asparagine qui s'était d'abord accumulée dans leurs tissus : le glucose semble être le corps ternaire le plus apte à favoriser cette transformation.

Enfin, certains auteurs admettent que l'azote des acides aminés qui prennent naissance dans la décomposition des albuminoïdes se sépare sous forme d'*ammoniaque* : celle-ci servirait ensuite à la reconstruction des matières protéiques par l'intermédiaire de l'asparagine.

(A propos de l'influence de la lumière sur la formation des albuminoïdes, se reporter à ce que nous avons dit antérieurement sur le mécanisme de la production de ces substances, p. 221).

Causes de la transformation des albuminoïdes en asparagine. — Nous avons montré un peu plus haut qu'une substance albuminoïde ne pouvait se transformer en asparagine qu'en vertu d'un phénomène d'oxydation.

Palladin a fait voir que, lorsque des plantes vertes sont placées dans un milieu dépourvu d'oxygène où elles ne demeurent pas plus d'une vingtaine d'heures, elles conservent intactes leurs substances protéiques.

Si on fait germer des graines à l'obscurité, on constate, en dosant le gaz carbonique dégagé, que le maximum de l'absorption de l'oxygène coïncide avec le maximum de décomposition des albuminoïdes. Les amides, en général, et l'asparagine en particulier, n'apparaissent donc qu'*à la suite d'une oxydation* qui porte sur les substances protéiques. Mais il est, de plus, certain que l'oxydation de l'albuminoïde est précédée d'une *hydrolyse* de celui-ci. Il est probable que l'asparagine elle-même provient de la décomposition d'autres amides plus compliqués et qu'elle représente le *dernier amide*, l'*amide le plus simple*, qui prend naissance à la suite de la dislocation de la molécule albuminoïde initiale. Ceci résume les théories actuelles relatives à la façon dont se comporte l'azote protéique pendant la germination.

Toutefois, on peut admettre avec E. Schulze que l'asparagine, si abondante dans les graines en voie de germination, n'est pas, sauf pour une faible partie, un produit immédiat de la destruction des albuminoïdes, mais seulement le *premier degré de leur régénération*. Les ferments protéolytiques que renferme la graine agiraient comme les ferments pancréatiques dans la digestion intestinale. Dans les deux cas, les produits de la décomposition des matières protéiques seraient les mêmes : acides aminés et bases hexoniques. D'après cette conception, l'asparagine ne doit donc être regardée que comme le premier produit de synthèse dans la voie de la reconstruction des substances albuminoïdes.

Rappelons enfin, en ce qui concerne le phénomène de la régénération des albuminoïdes en partant des amides, que, si la plante évolue normalement, ces amides disparaissent en grande partie au fur et à mesure de leur production, puisque la fonction assimilatrice leur cède les hydrates de carbone qu'elle a récemment produits. Ces hydrates de carbone à l'état naissant (peut être l'aldéhyde méthylique lui-même) se présentent ainsi sous une forme très favorable aux processus synthétiques de reconstitution des matières protéiques.

VII

DU SOUFRE ET DU PHOSPHORE PENDANT LA GERMINATION

Le soufre et le phosphore font partie intégrante de molécules organiques chez la graine à l'état de repos. Il n'existe pas de sulfates minéraux libres dans la graine ou, du moins, la proportion de ceux-ci est-elle très faible quand on la compare à celle du soufre total. Il en est probablement de même du phosphore, lequel existe en quantité incomparablement plus forte que le soufre.

Le soufre, chez la graine non germée, se trouve engagé dans la molécule albuminoïde dans le groupe de la *cystéine* et de la *cystine* (p. 232). Au fur et à mesure que les albuminoïdes se détruisent en donnant naissance aux amides divers signalés plus haut, le soufre s'oxyde à son tour. On doit donc rencontrer des *doses croissantes d'acide sulfurique* lorsque la germination progresse.

Cette oxydation du soufre organique peut être mise en évidence d'une manière particulièrement sensible en faisant germer des graines à l'obscurité. Dans ce cas, les amides qui prennent naissance ne régénèrent pas d'albuminoïdes ou, du moins, ainsi que nous l'avons dit plus haut, cette régénération est-elle très lente et très limitée.

Cette apparition de l'acide sulfurique est bien due à l'oxydation du soufre organique, car, dans les expériences de Schulze à cet égard, les plantes observées germaient dans de l'eau distillée. Si on dose la quantité de soufre contenue dans la matière albuminoïde initiale et que l'on calcule quelle est la fraction de cette matière qui a été décomposée au bout de quinze jours, on trouve que le soufre de celle-ci a passé presque quantitativement à l'état d'acide sulfurique.

Dans les conditions *normales* de la germination, cet acide sulfurique n'a qu'une existence transitoire; car, à mesure que les amides reproduisent des albuminoïdes, une partie du soufre oxydé subit une réduction et entre en combinaison dans la nouvelle molécule.

Le phosphore existe dans la graine à l'état de complexe organique. Lorsque celle-ci germe, on constate l'apparition progressive du phosphore sous la *forme minérale*. Les lécithines et les nucléines disparaissant peu à peu pendant la germination, on conçoit que le phosphore qui sort de leur molécule s'oxyde : le soufre et le phosphore se conduisent donc de même façon chez la graine germée.

Les travaux récents de Posternak montrent que la majeure partie du phosphore organique de la graine (70 à 90 p. 100) s'y rencontre sous une forme très spéciale, à laquelle l'auteur

donne le nom d'acide *anhydrooxyméthylène-diphosphorique*
ou *phytine* $C^2H^8P^2O^9$. Ce produit semble prendre naissance
dans la fonction chlorophyllienne elle-même et résulter de
la fixation de l'aldéhyde méthylique sur l'acide phosphorique, avec élimination d'eau :

$$2CH^2O + 2PO^4H^3 - H^2O = C^2H^8P^2O^9.$$

Il présente cette curieuse propriété d'être décomposé
sous l'influence des acides minéraux en *inosite* et acide phosphorique :

$$3C^2H^8P^2O^9 + 3H^2O = C^6H^{12}O^6 + 6PO^4H^3.$$

Cet acide joue le rôle de matière de réserve ; chez les graines
de Légumineuses, il est localisé dans les grains d'aleurone. On
le rencontre également dans tous les tubercules, bulbes,
rhizomes ; autrement dit dans tous les organes où s'emmagasinent des matières de réserve. Il est évident que sa
destruction pendant la germination engendre la majeure
partie de l'acide phosphorique minéral constaté.

Des recherches récentes ont montré que la dislocation
de la phytine était l'œuvre d'un enzyme spécial, la *phytase*.
Il est vraisemblable que cette dislocation est une véritable
saponification et que la phytine n'est autre chose qu'un éther
phosphorique de l'inosite.

VIII

ÉVOLUTION DE LA MATIÈRE MINÉRALE
PENDANT LA GERMINATION

Dès que la graine confiée au sol se met à germer, elle absorbe
non seulement de l'eau, mais aussi des matières minérales.
Cette absorption présente quelques particularités dignes
d'être notées dans les conditions *normales* de la germination
au sein de la terre arable. Nous savons qu'une graine qui
germe diminue d'abord de poids par suite de la combustion
d'une partie de ses réserves. Or, tant que la plante
(ensemble des cotylédons et de la plantule) possède un poids
moindre que celui de la graine initiale, l'azote ne varie pas ;

il est en même quantité que dans la graine. Sitôt que la plante dépasse le poids de sa graine, l'azote augmente, car la fonction assimilatrice naissante s'accompagne d'une formation d'albuminoïdes dont l'azote est pris au sol. Au même moment, l'acide phosphorique, dont le poids restait invariable comme celui de l'azote depuis le début de la germination, augmente parallélement à cet azote (formation de lécithine, de nucléo-albumines).

La potasse éprouve les variations suivantes. Tant que la graine diminue de poids, le taux de la potasse demeure sensiblement invariable. Mais, dès que la graine, après avoir atteint le maximum de sa perte de poids, commence à réaugmenter, la potasse venant du sol passe dans la plante : c'est le moment où la fonction chlorophyllienne s'exerce d'une façon active. Ceci confirme le rôle de la potasse dans la formation de l'amidon, sur lequel nous reviendrons ultérieurement. La plante prend donc au sol de la potasse un peu plus tôt qu'elle ne prend d'acide phosphorique. Dès le début de la germination, la silice et la chaux venant du sol montent dans la plante, mais sans rapports définis et, évidemment, d'une manière indépendante l'une de l'autre. Cette absorption de la silice et peut-être aussi celle de la chaux semblent être en relation avec la transformation des celluloses facilement saccharifiables (hémicelluloses) en cellulose insoluble.

Ainsi l'absorption des matières salines venant du sol ne porte pas, dès le début, sur tous les éléments à la fois. Ceux de ces éléments qui sont les plus utiles à l'existence ultérieure du végétal paraissent être aussi ceux que la graine en germination absorbe les derniers (G. André).

Du rôle des cotylédons pendant la germination. — L'embryon se développe d'abord aux dépens de ses cotylédons ; la plantule construit ses tissus en leur empruntant des matières organiques et minérales, et elle les épuise d'autant plus qu'elle trouve moins de substances nutritives à sa disposition dans le milieu extérieur.

Examinons donc comment se fait cette organisation. Nous prendrons comme exemple le cas de la graine du *haricot*

d'Espagne germant dans un bon sol arable et dont on sépare
les cotylédons de la plantule à chaque prise d'essai. Voici
le tableau d'une expérience :

	Poids sec.			Cendres.		
	Cotyléd.	Plantes.		Cotyléd.	Plantes.	
	gr.	gr.	gr.	gr.	gr.	gr.
29 juin 1901. Poids de 100 graines..	»	»	135,40	»	»	5,06
8 juillet.	86,36 +	26,55 =	112,91	4,188 +	3,432 =	7,620
10 —	55,24 +	49,32 =	104,56	3,027 +	6,455 =	9,482
12 —	34,35 +	78,55 =	112,90	2,122 +	11,845 =	13,967
14 —	29,80 +	86,07 =	115,87	2,410 +	13,512 =	15,922
16 —	29,16 +	125,38 =	154,54	2,014 +	20,888 =	22,902

(Accolade : « Poids de 100 unités. »)

La teneur en cendres des cotylédons va sans cesse en diminuant et, lorsque le poids de la plantule seule atteint presque
celui de la graine initiale, les cendres des cotylédons ne pèsent
plus que les $\frac{2}{5}$ de celles de la graine, bien que ceux-ci aient
absorbé régulièrement, depuis le début de la germination,
de la silice et de la chaux, ce qui est également le cas pour les
plantules. Voici les variations de l'acide phosphorique, de la
potasse et de l'azote total aux mêmes époques que ci-dessus :

	PO⁵H³.			K²O.			Azote.		
	Cotyl.	Plantes.		Cotyl.	Plantes.		Cotyl.	Plantes.	
	gr.	gr.	gr.	gr.	gr.	gr.	gr.	gr.	gr.
Graines.	»	»	1,706	»	»	2,477	»	»	4,61
1.	0,854 +	0,860 =	1,714	1,597 +	0,833 =	2,430	2,81 +	1,79 =	4,60
2.	0,497 +	1,203 =	1,700	0,999 +	1,691 =	2,690	1,82 +	3,08 =	4,90
3.	0,233 +	1,531 =	1,764	0,501 +	2,387 =	2,888	0,76 +	4,06 =	4,82
4.	0,187 +	1,704 =	1,891	0,399 +	3,520 =	3,919	0,62 +	4,82 =	5,44
5.	0,215 +	2,006 =	2,221	0,454 +	5,228 =	5,682	0,67 +	6,03 =	6,70

L'acide phosphorique et l'azote ne varient pas tant que
l'ensemble (cotylédons + plantules) diminue de poids sec.
La quantité de ces deux éléments que perdent les cotylédons
se retrouve dans la plantule. Celle-ci ne commence à emprunter de l'acide phosphorique au sol qu'au moment où elle lui
emprunte en même temps de l'azote. Si on prend chez les
cotylédons le rapport entre la teneur de l'azote et celle de
l'acide phosphorique, aux différentes périodes, on trouve que
le rapport ne varie guère et que ces deux éléments quittent

les cotylédons en mêmes proportions relatives pour passer dans la plantule.

La potasse des cotylédons passe peu à peu dans la plantule ; au moment où l'ensemble a atteint le minimum de poids, le tiers de cette base a déjà émigré. Lorsque la plantule seule a atteint environ le poids de la graine initiale, les cotylédons ne renferment plus que le quart de leur potasse primitive. La plantule reçoit donc au début sa potasse des cotylédons ; mais, dès que la fonction chlorophyllienne commence à s'exercer, ce que l'on reconnaît à l'arrêt de la perte de poids du système total, la plantule commence à s'emparer de la potasse que lui offre le sol.

On voit donc d'une manière très nette sur l'exemple précédent que, dans les conditions normales de la germination, les cotylédons sont, au début, l'unique source des matières nutritives de la jeune plante en ce qui concerne l'azote, l'acide phosphorique et la potasse.

Une expérience telle que celle que nous venons de rapporter et dans laquelle on suit le passage des matières salines dans la plantule d'une part et, d'autre part, l'accroissement de cette plantule en matière organique, permet de définir ce que l'on peut appeler la *fin de la germination* proprement dite. Il arrive, en effet, un moment où le gain de la plantule en matière organique est égal à la perte de cette matière par les cotylédons. Au delà de cette période, le gain de la plantule en matière organique surpasse de plus en plus la perte des cotylédons. Alors la fonction chlorophyllienne s'exerce largement, et ce moment peut être considéré approximativement comme étant la fin de la germination proprement dite. La plantule n'emprunte plus à ses cotylédons qu'une faible quantité de matière minérale et une quantité plus faible encore, sinon douteuse, de matière organique.

On sait que les cotylédons ne s'épuisent jamais complètement en matières minérales, soit que celles-ci deviennent inutiles au jeune végétal, plus apte à trouver désormais dans le sol les éléments fixes dont il a besoin, soit que ces matières minérales *résiduaires* se trouvent sous une forme impropre à l'assimilation (G. André).

Nutrition des plantules dépourvues de leurs cotylédons. — Ce qui prouve l'utilité des cotylédons vis-à-vis de la nutrition de la plantule, même à une époque assez éloignée du début de la germination, c'est le fait suivant. On prend des graines un peu volumineuses (haricot d'Espagne) et on les fait germer dans un bon sol, puis on les dépouille le plus tôt possible de leurs cotylédons (douze jours après le semis, au mois de juin). On compare ensuite l'évolution des plantes ainsi mutilées avec celle de sujets normaux végétant sur une parcelle de terre voisine.

Augmentation du poids sec de 100 plantules.

	24-26 juin 1903.	26-28 juin.	28-30 juin.	30 juin-2 juillet.	2-4 juillet.	4-7 juillet.
	gr.	gr.	gr.	gr.	gr.	gr.
Munies de leurs cotylédons...	9,71	21,20	18,19	20,53	41,37	18,67
Privées de leurs cotylédons...	0,06	7,67	8,18	8,70	10,74	16,19

Il résulte de ce tableau que, du 24 juin au 7 juillet, le poids total de 100 plantules sèches, munies de leurs cotylédons, s'est accru de 129^{gr},17 (dont 18^{gr},986 de matière minérale), tandis que, pendant le même laps de temps, le poids de 100 plantules sèches, privées de leurs cotylédons, ne s'est accru que de 51^{gr},54 (dont 8^{gr},599 de matière minérale). L'augmentation totale dans le second cas ne représente, pour la matière organique seule, que 38.9 p. 100 de l'augmentation totale dans le premier cas et, pour la matière minérale, 45,3 p. 100. Le travail d'assimilation se fait donc plus facilement chez les premiers sujets que chez les seconds.

IX

GERMINATION A L'OBSCURITÉ. — ÉTIOLEMENT

A propos de la perte de poids brut de la graine, nous avons rappelé, au commencement de ce chapitre (p. 284), les expériences de Boussingault sur la germination à l'obscurité.

Quelques remarques sont encore nécessaires à cet égard.

Une graine qui germe à l'obscurité vit exclusivement aux dépens de ses cotylédons : la plantule, grêle et jaunâtre, issue de cette graine, emprunte à ceux-ci la matière minérale et la matière organique dont elle a besoin pour construire ses tissus. Une proportion de matière organique, plus ou moins considérable suivant la nature des réserves, disparaît par combustion, de sorte que le poids de la plantule est toujours très inférieur à celui de la graine initiale.

Le caractère général des plantes étiolées à l'obscurité est de présenter un degré d'hydratation beaucoup plus grand que celui des plantes normales. De plus, la transpiration, qui dépend de la radiation solaire, étant supprimée, les matières salines en contact avec les racines montent dans la plante beaucoup plus difficilement. Parfois elles s'accumulent seulement dans l'axe hypocotylé.

Quand la germination a lieu dans le sol, mais encore à l'obscurité, on constate que certaines matières salines, telles que silice et chaux, sont absorbées par la plante, tandis que l'acide phosphorique ne l'est pas le plus souvent. L'azote ne varie pas et, lorsqu'on constate une diminution de cet élément, c'est parce que les graines ou les plantes ont subi un commencement de putréfaction.

L'élévation de la température exagère beaucoup l'ascension de certaines matières minérales dans la plante étiolée : c'est le cas de la silice. Il est remarquable de voir cette substance, presque insoluble dans l'eau, prendre si rapidement une forme diffusible. Elle monte dans la plante à l'exclusion de toute autre matière saline.

L'asparagine et les amides analogues s'accumulent, comme nous le savons déjà, dans la plante étiolée, mais en quantités très variables et qui dépendent de la proportion des hydrates de carbone contenus dans la graine. C'est ainsi que, si on étiole à l'obscurité, pendant des temps égaux, des graines de lupin, d'une part et de maïs, d'autre part, on constate que le lupin contient beaucoup plus d'asparagine que le maïs. Or les hydrates de carbone solubles dans l'eau ou saccharifiables par les acides étendus sont en proportions plus considérables chez le maïs que chez le lupin, et l'on conçoit que la régénération des albuminoïdes au moyen de l'asparagine et des hydrates de carbone soit plus facile chez le maïs que chez le lupin : d'où l'existence d'une faible quantité d'asparagine dans les plantules étiolées de maïs correspondant à une quantité beaucoup plus forte de cet amide dans les plantules de lupin. Il faut également tenir compte de la plus grande richesse en azote des graines de Légumineuses.

Influence des différentes régions du spectre sur la germination. — Cette question se rattache directement au problème de l'étiolement. Lorsqu'on expose des graines en germination à l'action de lumières colorées, on constate toujours un développement incomplet. L'assimilation est entravée et l'absorption des substances minérales par la plante n'est pas proportionnelle à la quantité de matière organique assimilée.

18.

D'après les travaux de R. Weber, l'absorption de l'acide phosphorique est notable dans le cas des lumières rouge et jaune, très faible dans le cas des lumières bleue et violette. Voici le tableau de la répartition des cendres ; on remarquera que l'expérience est incomplète au point de vue des conclusions à en tirer, car, dans le cas de la lumière blanche, la plante n'a pas dépassé le poids de sa graine : il s'agit, dans l'essai présent, dont la durée a été de quarante-quatre jours, d'une culture de pois faite dans du sable calciné enrichi d'une solution minérale complète.

Quantités de cendres dans 100 plantes sèches.

	Poids sec de 100 plantes.	Cendres totales.	Potasse.	Chaux.	Acide phosphorique.
	gr.	gr.	gr.	gr.	gr.
Graines initiales..	22,565	0,659	0,333	0,017	0,215
Lumière blanche.	21,506	2,746	1,044	0,689	0,359
— rouge...	12,573	1,683	0,710	0,306	0,289
— jaune...	14,992	2,007	0,797	0,454	0,342
— verte...	7,603	1,032	0,430	0,138	0,224
— bleue ...	10,850	1,556	0,663	0,328	0,235
— violette.	9,453	1,116	0,431	0,191	0,225
Obscurité.......	10,514	1,064	0,473	0,130	0,216

De semblables essais méritent de fixer l'attention, et il est à souhaiter que des expériences similaires soient entreprises de nouveau.

De travaux récents, dus à Lubimenko, on peut conclure que l'assimilation des matières organiques emmagasinées dans les graines ou les bulbes d'une plante est influencée par la lumière et que le maximum d'assimilation de ces substances correspond à une intensité lumineuse très faible, à peine suffisante à la production de la chlorophylle. A partir de cette intensité, l'augmentation ultérieure de la lumière diminue l'assimilation des réserves organiques.

Germination à l'obscurité en présence de certaines substances organiques. — On peut prolonger l'existence d'un végétal étiolé à la condition de lui fournir, sous une forme assimilable, du carbone organique. Mazé fait germer aseptiquement des graines de vesce à l'obscurité. Lorsque leurs tiges ont une longueur de 8 à 10 centimètres, on les place dans des solutions nutritives contenant par litre : une quantité variable de glucose, 1 gramme de phosphate de potassium, 1 gramme d'azotate de sodium, 2 grammes de carbonate de calcium, 0gr,2 de sulfate de magnésium, de sulfate ferreux, de chlorure de manganèse et des traces de chlorure de zinc. Voici les résultats obtenus :

	Durée de l'expérience.	Glucose ajouté p. 100.	Poids sec de la plante. gr.	Poids sec de la graine. gr.	Assimilation. gr.
1...............	50 jours.	1	0,2690	0,2028	+ 0,0662
2...............	39 —	2	0,2767	Id.	+ 0,0739
3...............	92 —	4	0,8382	Id.	+ 0,6354
4...............	92 —	6	0,7100	Id.	+ 0,5072
5. Témoin.........	53 —	0	0,1616	Id.	— 0,0412
6. — sans azote.	»	0	0,1334	Id.	— 0,0694

Cette expérience montre que la plante a pu, dans ces conditions, emprunter son carbone au glucose et tirer de cette absorption l'énergie nécessaire à l'élaboration des albuminoïdes aux dépens de l'azote nitrique, même à l'obscurité. Les plantes ainsi traitées possèdent des racines normales au lieu de présenter les racines longues et filiformes des plantes étiolées. Leurs tiges sont très longues et leurs feuilles minuscules. Les nitrates se rencontrent dans les tiges jusqu'au voisinage du dernier entre-nœud.

X

ÉVOLUTION DES BOURGEONS, DES TUBERCULES ET DES BULBES

Les bourgeons, les tubercules et les bulbes renferment des réserves hydrocarbonées et azotées fort importantes : leur mode de développement peut être rapproché de celui de la graine.

Bourgeons. — L'évolution des bourgeons présente plusieurs particularités communes avec l'évolution germinative de la graine. Les matières de réserve sont déposées, chez les plantes vivaces, dans le bois. Lorsque le printemps approche, ces matières passent dans le bourgeon, lequel peut être considéré comme un embryon susceptible de se nourrir à leurs dépens. Les matériaux de réserve consistent en amidon et substances azotées, analogues à celles que l'on trouve dans les cotylédons.

Réciproquement, lorsque le bourgeon s'est épanoui et porte des feuilles, la tige nouvelle s'allonge et emmagasine, par suite de l'exercice de la fonction chlorophyllienne, de nouvelles réserves hydrocarbonées et azotées, qui serviront à la nutrition du bourgeon de l'année suivante. La quantité de matières de réserve contenues ainsi dans le bois dépend de l'abondance de la floraison et du nombre de fruits produits. Si ceux-ci sont rares, l'approvisionnement du bois en hydrates de carbone, tels que l'amidon, peut être notable. Si les fruits sont nombreux, les dépôts de réserve seront moins bien approvisionnés.

On peut suivre facilement l'évolution des bourgeons en s'adressant à des organes volumineux de cette espèce, par exemple à ceux du marronnier d'Inde, que l'on coupe exactement à leur base et dont on suit progressivement le développement depuis la fin de l'hiver jusqu'à l'épanouissement total.

Développement du bourgeon de Marronnier d'Inde.

	Poids de 100 bourgeons séchés à 100°.	Eau dans 100 parties de matière.	Azote total dans 100 bourgeons.	PO^4H^3 dans 100 bourgeons.	Potasse dans 100 bourgeons.
	gr.		gr.	gr.	gr.
I. 26 février 1900; développement nul...........	84,39	44,37	1,17	0,59	0,88
II. 14 mars; extrémités vertes..	64,76	61,24	1,11	0,52	0,75
III. 29 mars; extrémités vertes..	65,74	66,64	1,27	0,60	0,83
IV. 9 avril; bourgeons entrouverts..........	64,04	72,21	1,74	0,83	1,06
V. 18 avril; épanouissement de quelques feuilles........	86,83	79,30	3,47	1,60	2,23
VI. 23 avril; grappes florales apparentes......	294,61	82,20	12,81	5,92	9,75
VII. 28 avril; fleurs en boutons...	448,18	81,62	18,50	8,29	14,61

Comme chez la graine, on voit d'abord le poids de matière sèche du bourgeon diminuer pendant les premiers temps de son évolution, par suite de l'intensité des phénomènes de combustion respiratoire; en même temps, l'absorption de l'eau par les bourgeons croît dans des proportions considérables.

Au moment où le bourgeon retrouve son poids initial (cinquième prise d'échantillon), l'azote total a triplé de poids et, concurremment, l'acide phosphorique a aussi presque triplé. Il y a donc parallélisme remarquable entre l'absorption de l'azote et celle de l'acide phosphorique, phénomène que nous avons rencontré déjà chez la graine.

Le taux de la potasse reste à peu près stationnaire jusqu'au moment où le bourgeon a retrouvé son poids initial; à cette époque, le poids de la potasse est deux fois et demie plus élevé qu'au début. Cette élévation subite coïncide avec l'apparition des premières feuilles, c'est-à-dire avec le moment où la fonction chlorophyllienne prend naissance.

Les hydrates de carbone solubles diminuent progressivement pendant les premiers temps de l'évolution du bourgeon ; il en est de même des hydrates de carbone saccharifiables par les acides étendus. Cette diminution, analogue à celle que l'on constate chez la graine qui germe, cesse au moment de l'apparition de la fonction chlorophyllienne. Quant à la cellulose, son poids augmente rapidement depuis le début de l'évolution du bourgeon.

Ainsi, il est permis de comparer la *germination* du bourgeon avec celle de la graine, tant au point de vue de la distribution de la matière minérale que de la transformation des matériaux organiques (G. André).

En faisant l'analyse du bois sous-jacent au bourgeon, d'une part avant le développement de celui-ci et, d'autre part, après son épanouissement, on peut constater, inversement, son appauvrissement en matières azotées, en matières saccharifiables et en cendres.

Tubercules et bulbes. — Nous allons retrouver des phénomènes analogues aux précédents dans l'évolution des tubercules et dans celle des bulbes.

Les conditions physiques d'évolution des tubercules et des bulbes sont les mêmes que celles des graines : présence de l'eau, de l'oxygène, d'un certain degré de température. Mais, comme les tubercules et les bulbes sont notablement plus riches en eau que les graines, beaucoup d'entre eux peuvent germer spontanément, surtout lorsque la température s'élève. En effet, à l'état de maturité, les pommes de terre, par exemple, renferment environ de 70 à 76 p. 100 de leur poids d'eau ; le topinambour, l'oignon, fournissent des chiffres moyens du même ordre. Tous ces tubercules ou bulbes contiennent des matériaux de réserve identiques à ceux que nous avons rencontrés dans les graines : amidon ou inuline, sucres solubles (Liliacées), matières azotées ; la solubilisation de ces substances donne lieu à des remarques analogues à celles que nous avons faites à propos de la germination des graines.

Examinons maintenant quelques particularités intéressantes de cette évolution :

1° *Cas de la pomme de terre.* — D'après Kellermann, lequel a suivi pendant quatorze semaines la germination des pommes de terre, on constate une diminution très rapide du poids de la matière sèche, surtout à partir de la huitième semaine : c'est l'amidon qui éprouve la perte la plus forte. Sa disparition, très rapide à partir de la cinquième semaine, s'accompagne de l'émigration de la matière azotée dans une forte proportion. La cellulose ne semble pas constituer une matière de réserve : son poids augmente même un peu du début à la fin de l'épuisement des tubercules. Il en est de même des matières grasses. Les deux tiers des matières fixes ont disparu ; l'émigration porte surtout sur l'acide phosphorique et la potasse.

2° *Cas des bulbes.* — L'évolution des bulbes a été bien étudiée par Leclerc du Sablon. Voici les faits principaux que cet auteur a mis en relief.

Dans les bulbes de lis, de tulipe, de jacinthe, les tubercules d'*Arum*, de ficaire, de colchique, l'amidon se transforme d'abord en dextrine ; puis, à une période plus avancée, on voit apparaître les matières sucrées. Le pouvoir réducteur de l'ensemble des sucres augmente à mesure que la digestion de l'amidon est plus avancée : c'est donc le sucre de canne qui apparaît le premier ; vient ensuite le glucose. Ce dernier existe en quantités d'autant plus considérables que l'évolution du bulbe ou du tubercule est plus avancée.

Chez l'oignon et l'asphodèle, dont les réserves hydrocarbonées ne renferment pas d'amidon, on peut mettre facilement en évidence la transformation du saccharose en glucose sous l'influence des diastases. Ainsi, dans un bulbe d'oignon en germination, on a trouvé 24 p. 100 de glucose et 6 p. 100 de saccharose. Si on écrase les écailles avec de l'eau pour amener les diastases directement au contact des réserves et favoriser ainsi leur action digestive, on constate que tout le saccharose disparaît avec augmentation corrélative du glucose.

Ces faits traduisent l'analogie qui existe entre la germination proprement dite et l'évolution des bulbes.

Vie ralentie des bulbes et des tubercules. — Deux périodes d'activité consécutives d'une plante vivace sont toujours séparées par une période de vie ralentie, très nette surtout chez les plantes qui accumulent des réserves dans leurs organes souterrains (jacinthe, tulipe, ficaire, asphodèle). Lorsque leurs fruits sont mûrs, ces plantes se flétrissent, et leurs bulbes ou tubercules ne présentent, pendant plusieurs mois, aucune modification extérieure. La plupart de ces plantes passent *à l'état de vie ralentie* au début de l'été et recommencent à végéter en automne. C'est l'inverse de ce qui se passe chez les arbres et arbustes dont la période de vie ralentie coïncide généralement avec l'hiver.

Les bulbes et tubercules, au début de leur vie ralentie, présentent ce caractère commun de renfermer à cette époque une quantité d'eau minima. Cette faible hydratation n'est pas en rapport avec la sécheresse du sol : la cause de ce phénomène doit être cherchée dans le pouvoir osmotique des substances que renferment les cellules.

Au début de la vie ralentie, les matières de réserve hydrocarbonées passent par un maximum (amidon, inuline, dextrine, saccharose). Il y a absence presque générale du glucose, sauf chez l'oignon et l'asphodèle.

Pendant la période de repos des bulbes, il se produit des modifications importantes. Ainsi, au 1er juin, début de la période de vie ralentie chez la jacinthe, on a trouvé dans 100 parties de matière sèche : amidon = 29, dextrine = 26, saccharose = 1. Jusqu'au mois d'octobre, pas de changements extérieurs appréciables et, cependant, on trouve alors : amidon, 26; dextrine, 21; saccharose, 3; glucose, 2. La digestion des réserves a donc commencé, et le bulbe peut germer spontanément. Examiné le 10 septembre, un bulbe d'oignon à l'état de repos contenait 10 p. 100 de glucose et 22 de saccharose ; le 4 décembre, des bulbes analogues conservés hors de terre renfermaient 17 p. 100 de glucose et 7 de saccharose. Au début de la vie ralentie, les diastases font à peu près complètement défaut ; elles prennent naissance dans la suite, provoquent la digestion des réserves et rendent possible la germination (Leclerc du Sablon).

Les phénomènes de vie ralentie et d'utilisation des réserves sont également très nets chez les Orchidées indigènes.

Germination du grain de pollen. — Comme la graine elle-même, le grain de pollen renferme des enzymes : une amylase et une invertase. Son développement se produit aux dépens de matériaux de réserve qu'il contient et que renferment également les tissus du style.

Résumé des phénomènes de la germination. — 1º Une graine à l'état de vie latente renferme une trop faible quantité d'eau pour germer. Si petite que soit néanmoins cette quantité d'eau, elle occasionne un affaiblissement du pouvoir germinatif, grâce au concours de l'oxygène ambiant ;

2º Pour faire germer une graine, il est indispensable de mettre à son contact une certaine dose d'eau, capable de la gonfler et de préparer ainsi le travail des diastases et l'hydrolyse des matières de réserve qu'elle contient sous ses téguments. Une graine ne germe que lorsqu'elle peut disposer d'une quantité d'oxygène suffisante et que la température du milieu où elle se trouve atteint un certain degré d'élévation ;

3° Les matières grasses de réserve s'oxydent au cours de la germination : une partie disparaît par combustion totale ; une autre se transforme en substances hydrocarbonées. Les hydrates de carbone insolubles de réserve se transforment d'abord en sucres non réducteurs, puis en sucres réducteurs ; ceux-ci sont ultérieurement les générateurs de la cellulose. Les matières azotées de réserve s'hydratent, s'oxydent et donnent naissance à des amides solubles, lesquels n'ont qu'une existence temporaire, dans les conditions normales de la germination. Ces amides, au contact des hydrates de carbone nouvellement formés par la fonction chlorophyllienne, se transforment en albuminoïdes ;

4° L'évolution des bourgeons, des tubercules, des bulbes, est de tous points comparable à la germination d'une graine. La dose d'eau contenue normalement dans ces organes étant beaucoup plus grande que celle que renferment les graines, leur développement peut être spontané lorsque la température s'élève et que le travail interne de solubilisation de leurs réserves, possible à cause de la présence de cette eau, est suffisamment avancé.

CHAPITRE VIII

RESPIRATION

Généralités sur le phénomène respiratoire. — La respiration consiste essentiellement en un échange gazeux accompagné d'une combustion. Le végétal absorbe de l'oxygène et rejette du gaz carbonique. Cette combinaison du carbone et de l'oxygène a lieu dans toute cellule ; elle fournit au végétal la chaleur et, par conséquent, l'énergie dont il a besoin pour l'accomplissement des travaux chimiques intimes dont il est le théâtre.

L'élimination du gaz carbonique peut provenir d'*une combustion pure et simple* : on constatera alors, si l'on détermine la quantité de l'oxygène qui entre et celle du gaz carbonique qui se dégage, que le quotient $\dfrac{CO^2}{O^2}$ est égal à l'unité (le gaz carbonique renfermant son volume d'oxygène).

Mais, lorsqu'on étudie les différentes phases de la respiration végétale, on remarque que le rapport précédent est assez rarement égal à 1. En effet, il arrive souvent que ce quotient est plus petit que l'unité : ce qui veut dire qu'à un volume déterminé de gaz oxygène entrant correspond un volume plus petit de gaz carbonique sortant. En d'autres termes, une certaine quantité d'oxygène *se fixe* dans le végétal et produit une oxydation qui ne se traduit pas par un dégagement corrélatif de gaz carbonique. Ce cas se rencontre notamment dans la formation des acides organiques aux dépens des hydrates de carbone. Inversement, le quotient $\dfrac{CO^2}{O^2}$ peut dépasser l'unité ; c'est ce qui se présente, par exemple, dans la combustion complète de certains acides organiques. Il est également possible d'observer une absorption d'oxygène sans dégagement corrélatif de gaz carbonique (formation des acides à basse température) et, inversement, dégagement de gaz carbonique sans absorption concomitante d'oxygène : phénomène observé au cours de certains dédoublements.

Vie aérobie et anaérobie. — La cellule végétale absorbe l'oxygène en l'empruntant directement à l'atmosphère ambiante ; elle est dite alors *aérobie*. Parfois, si l'oxygène libre lui fait défaut, elle est obligée de décomposer certaines substances oxygénées auxquelles elle soustrait de l'oxygène et elle dégage alors du gaz carbonique : cette vie de la cellule, indépendante de la présence de l'oxygène libre, est dite *vie anaérobie*. Enfin, telle cellule est parfois capable de vivre tantôt en présence, tantôt en l'absence de l'oxygène ; on dit qu'elle est aérobie ou anaérobie *facultative*.

Complexité du phénomène respiratoire. — On voit, d'après ce que nous venons de dire, combien le phénomène respiratoire est complexe. Le rapport entre le gaz oxygène absorbé et le gaz carbonique émis est essentiellement variable, non seulement avec la nature des produits sur lesquels porte l'oxydation, mais avec les conditions extérieures telles que la température et le stade du développement du végétal. De plus, le gaz carbonique étant notablement plus soluble dans l'eau que l'oxygène demeure partiellement dissous dans les liquides de la plante ; aussi l'analyse de l'atmosphère dans laquelle une plante a respiré ne suffit-elle pas pour avoir une idée exacte des échanges gazeux qui se sont produits pendant la respiration ; il faut extraire l'*atmosphère interne* du végétal. Ce n'est que lorsque l'on connaît la composition de cette atmosphère interne qu'il est possible d'estimer avec rigueur le *quotient respiratoire*, c'est-à-dire le rapport $\dfrac{CO^2}{O^2}$.

Cette précaution a été souvent négligée ; il en résulte que beaucoup d'expériences exécutées sur la respiration, dans lesquelles on avait en vue l'étude du quotient respiratoire, sont entachées d'erreurs plus ou moins graves. Nous y reviendrons plus loin.

Au début de l'étude de la respiration végétale, nous ne saurions trop insister sur la *valeur* qu'il faut attribuer au quotient respiratoire $\dfrac{CO^2}{O^2}$. Il ne s'agit ici que de la *résultante* de nombreux phénomènes : les uns, bien définis, lorsqu'ils portent sur des substances elles-mêmes bien définies ; les autres, mal définis encore, puisque les termes successifs, soit de l'édification de la matière, soit de sa destruction, sont imparfaitement connus. Le quotient $\dfrac{CO^2}{O^2}$ n'a donc qu'une *signification purement relative* ; son emploi est commode pour schématiser certaines réactions, mais rien de plus. Les interprétations de ce quotient doivent toujours être formulées avec beaucoup de réserve.

Nous diviserons cette étude de la respiration en sept parties :

1° *Constatation du phénomène dans les conditions habituelles* ; 2° *respiration à l'obscurité* ; 3° *respiration des plantes, organes, tissus dépourvus de chlorophylle* ; 4° *étude exacte du quotient respiratoire* ; 5° *théorie de la respiration* ; 6° *respiration intracellulaire ou intramoléculaire* (c'est-à-dire respiration dans une atmosphère dépourvue d'oxygène) ; 7° *présence et rôle des acides organiques dans les végétaux.*

I

CONSTATATION DU PHÉNOMÈNE RESPIRATOIRE DANS LES CONDITIONS HABITUELLES

On doit à Lavoisier les premières notions exactes relativement au phénomène respiratoire chez les animaux. Mais c'est de Saussure qui, le premier, a bien saisi l'importance de la présence de l'oxygène dans l'atmosphère qui entoure les végétaux ; il a montré que la fonction chlorophyllienne masque partiellement les effets de l'acte respiratoire et que les différentes espèces de feuilles exhalent des quantités différentes de gaz carbonique : les feuilles minces, telles que celles du chêne, du maronnier d'Inde, fournissent en respirant un volume de gaz carbonique inférieur au volume d'oxygène qu'elles ont absorbé ; les feuilles épaisses, telles que celles du *Cactus*, du *Serpervivum tectorum*, ne fournissent pas sensiblement de gaz carbonique après absorption d'oxygène. Le savant génevois a insisté sur la généralité du phénomène respiratoire chez les êtres vivants quand il a écrit : « Lorsqu'on examine en anatomiste les végétaux et les animaux, on s'égare dans leur comparaison ; mais, lorsqu'on ne considère que leurs grands traits physiologiques, tels que la nutrition, les sécrétions, la reproduction, l'influence du gaz oxygène ou de la respiration sur leur existence, sans avoir égard aux moyens par lesquels ces fonctions s'exécutent, on est forcé d'admettre entre ces êtres une frappante analogie. »

Il est parfois difficile de mettre en évidence le phénomène respiratoire, c'est-à-dire l'exhalation de gaz carbonique, chez les végétaux qui contiennent de la chlorophylle et qui sont exposés à la lumière. Toutefois, quand celle-ci n'est pas trop vive ou, mieux encore, quand le végétal n'est éclairé que par la lumière indirecte du jour, on peut constater facilement l'existence de ce phénomène. A cet effet, Garreau (1850) se sert d'une allonge renflée en son milieu et dont l'extrémité supérieure est obturée par un bouchon traversé par un rameau de plante verte. A l'endroit où la partie renflée de l'allonge se continue inférieurement avec un tube étroit, gradué, plongeant dans l'eau distillée, on met une petite capsule contenant de la potasse caustique. L'expérience de Garreau fut faite à l'ombre et par un temps sombre. L'oxygène inspiré, et exhalé en partie sous forme de gaz carbonique, est retenu par la potasse : un vide partiel se produit, et l'eau monte dans le tube gradué. Ainsi que le fait remarquer Garreau, la totalité du gaz carbonique qu'a produit le rameau n'est pas absorbée par la potasse, car la fonction d'assimilation s'exerce encore quelque peu. Mais il n'en est pas moins vrai que l'on peut mettre ainsi en évidence l'inspiration de l'oxygène pendant le jour « sans s'occuper des quantités absolues dont la limite change, du reste, par des variations peu notables de température et suivant la diminution plus ou moins grande de l'éclat de la lumière ordinaire du jour ».

On peut également démontrer l'existence de l'acte respiratoire en mettant à profit une expérience classique de Corenwinder. On dispose sous une cloche les végétaux ou portions de végétaux sur lesquels on désire faire porter l'expérience. La cloche est traversée par un courant d'air que détermine un aspirateur, air dépouillé de gaz carbonique par son passage au travers de tubes en U contenant de la pierre ponce imbibée de potasse et d'un tube à boules contenant de l'eau de baryte (celle-ci ne doit pas blanchir si les tubes en U qui la précèdent ont bien retenu le gaz carbonique aérien). Au sortir de la cloche, l'air traverse deux éprouvettes contenant de l'eau de baryte bien limpide. Si la plante a respiré, l'eau de baryte se trouble et il se dépose peu à peu au bas des deux dernières éprouvettes du carbonate de baryum blanc.

Lorsqu'on pratique cette expérience avec des plantes adultes bien éclairées, le résultat est souvent nul : l'eau de baryte ne se trouble pas ; mais, si l'on emploie des rameaux jeunes, l'eau de baryte se trouble toujours : ce qui prouve que le gaz carbonique émis par ces rameaux est en trop grande abondance pour être repris immédiatement par la fonction chlorophyllienne. Si on opère avec des graines en germination, ou simplement à l'ombre, le résultat est toujours positif. A l'obscurité, il est particulièrement net, surtout si la température est élevée.

Lorsqu'on répète cette expérience avec une plante en pot, il est indispensable d'isoler le sol dans lequel végète cette plante, car la terre émet toujours du gaz carbonique en quantité plus ou moins notable. On engagera la tige de la plante dans l'échancrure en forme d'U d'une plaque de fonte. Une autre plaque de fonte, munie d'une échancrure analogue, est superposée en sens inverse à la première. On mastique la cloche sur cette seconde plaque.

L'expérience qualitative de Corenwinder fournit des résultats intéressants. On peut, en effet, suivant la nature de la plante employée, suivant son degré de développement et suivant la quantité de lumière qu'elle reçoit, obtenir des doses variables de gaz carbonique ou même n'en pas obtenir du tout. La température, ainsi que nous le dirons plus loin, joue un rôle capital dans le phénomène respiratoire ; elle augmente beaucoup le dégagement du gaz carbonique. Inversement, si la température est basse, *même la nuit*, on peut n'observer qu'un départ insignifiant, voire même nul, de ce gaz.

Nous ne saurions trop insister sur ce fait que le dégagement du gaz carbonique *n'est que la résultante de phénomènes nombreux d'oxydation qu'il est presque impossible de séparer les uns des autres*. L'oxygène, en effet, se porte sur tels composés, qu'il brûle entièrement ; il oxyde incomplètement certains autres sans dégagement corrélatif de gaz carbonique (transformation des hydrates de carbone en acides organiques, oxydation des albuminoïdes avec production d'asparagine et amides congénères, oxydation des matières grasses). L'oxygène se fixe également sur l'hydrogène avec élimination d'eau. Enfin plusieurs principes immédiats subissent, au cours de la végétation, des phénomènes de dédoublement, *sans absorption d'oxygène*, mais accompagnés d'un dégagement de gaz carbonique. C'est ce que l'on observe dans la respiration intracellulaire, laquelle aboutit au dédoublement du glucose en alcool et acide carbonique.

Fonction chlorophyllienne et respiration. — Dans les conditions normales d'éclairage, la fonction chlorophyllienne ou d'assimilation l'emporte toujours sur la respiration, phénomène de combustion accompagné d'une perte de poids du végétal. D'après Boussingault, une feuille bien éclairée décompose toujours beaucoup plus de gaz carbonique qu'elle n'en dégage à l'obscurité. La différence est considérable. Dans trente et une expériences faites entre les mois de mai et d'octobre dans des atmosphères enrichies de gaz carbonique, expériences ayant duré huit heures, on trouve que la même surface de feuilles décompose en une heure, en moyenne, vingt fois plus de gaz carbonique qu'elle n'absorbe d'oxygène. Si on suppose que les mêmes feuilles fonctionnent uniformément pendant un temps donné, on arrive à la conséquence suivante : un mètre carré de surface verte, comprenant les deux côtés du limbe, décomposerait, en douze heures de jour, 6336 centimètres cubes de gaz carbonique et produirait en douze heures de nuit 396 centimètres cubes de ce même gaz, c'est-à-dire 6 p. 100 seulement de la quantité du gaz absorbée pendant le jour.

L'oxygène peut être complètement absorbé dans une atmosphère limitée; résistance à l'asphyxie. — Tandis qu'un animal qui respire dans une atmosphère limitée meurt bien avant que la totalité de l'oxygène ait été absorbée par lui, la plante résiste beaucoup mieux dans ces conditions.

C'est ce qu'il est aisé de constater avec des plantes aquatiques (*Elodoea*, *Potamogeton*) que l'on maintient à l'obscurité. On introduit quelques rameaux de ces plantes dans un ballon plein d'eau aérée et muni d'un tube à dégagement. Après un ou deux jours, on chauffe le ballon pour en dégager les gaz, que l'on recueille sur le mercure. L'analyse de ceux-ci montre l'absence d'oxygène et la seule présence d'un mélange d'azote et de gaz carbonique.

Un phénomène analogue se produit dans certains étangs à la surface desquels se développent en abondance des lentilles d'eau : les plantes submergées, plongées ainsi dans l'obscurité — car la lumière verte qu'elles reçoivent équivaut à l'obscurité — absorbent complètement l'oxygène dissous. Comme conséquence de ce fait, les poissons, ainsi privés d'oxygène, meurent et remontent à la surface.

Quant aux plantes qui vivent et se développent naturellement à l'ombre, ou dans des conditions d'éclairage insuffisant (certaines plantes conservées dans les appartements), elles respirent peu activement. L'assimilation, quoique faible à la lumière très mitigée qu'elles reçoivent, suffit non seulement pour leur restituer les pertes qu'elles ont subies par la respiration, mais produit un excédent de composés carbonés qui demeure à leur disposition.

Lorsque la plante a complètement absorbé l'oxygène d'une atmosphère confinée, elle ne meurt pas immédiatement ; elle résiste quelque temps encore. Alors se produisent les phénomènes de *respiration intracellulaire*, dont nous parlerons ultérieurement. La plante dégage du gaz carbonique provenant du dédoublement de certains principes hydrocarbonés ; il y a formation concomitante d'alcool, et l'on assiste à un véritable phénomène de *fermentation anaérobie*. Placée de nouveau dans les conditions normales, si toutefois la vie sans air n'a pas été trop longtemps prolongée, la plante reprend le cours de sa végétation.

II

RESPIRATION A L'OBSCURITÉ

Si l'on veut connaître les lois du phénomène respiratoire, il faut de toute nécessité observer le dégagement gazeux en dehors de la fonction chlorophyllienne, autrement dit à l'obscurité. Ici se présente une difficulté. Si on maintient trop longtemps une plante verte à l'abri des rayons solaires, on peut craindre l'apparition de phénomènes anormaux chez elle. Aussi faut-il maintenir la plante verte, ou la portion de plante sur laquelle porte l'expérience, pendant un espace de temps aussi court que possible (seulement quelques heures) dans le milieu obscur et s'assurer, l'expérience terminée, que cette plante n'a pas souffert. On peut reconnaître l'absence de tout état pathologique à la persistance de la coloration verte initiale sans apparition de taches brunes, sur les feuilles par exemple, et à ce fait que la plante ou la portion de plante, exposée de nouveau à la lumière, redégage, dans une atmosphère limitée renfermant une quantité connue de gaz carbonique, le même volume d'oxygène dans un temps déterminé et à une température déterminée que la même plante avant son exposition à l'obscurité.

19,

Pour exécuter de semblables essais en toute sécurité, il faut choisir d'avance la plante. Beaucoup de végétaux, en effet, se prêtent mal à ce genre de recherches : il est donc nécessaire de faire à cet égard une étude préliminaire analogue à celle que nous avons jugée indispensable lorsqu'il s'agissait de séparer la fonction chlorophyllienne de la respiration au moyen des anesthésiques (p. 61).

Influence de la température sur la respiration. — Le facteur *température* joue un rôle capital dans les phénomènes respiratoires, quelle que soit la nature de l'organe

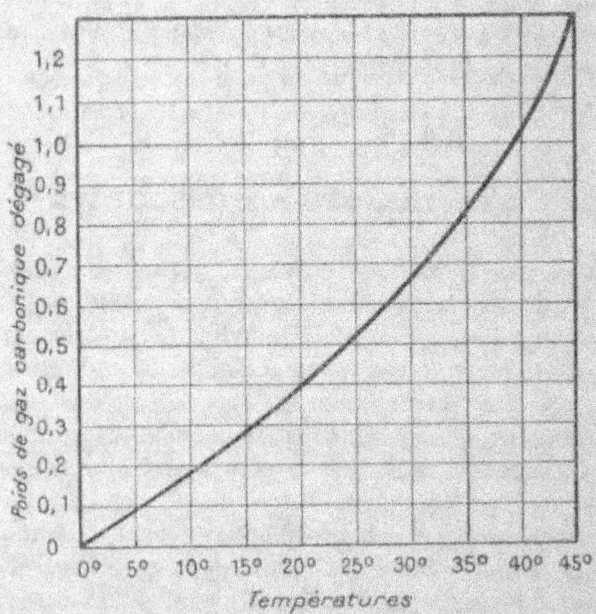

Fig. 9. — Courbe du dégagement du gaz carbonique en fonction de la température (feuilles de tabac).

considéré. A propos de l'assimilation du carbone, nous avons vu que l'influence de la température était réelle et que la courbe qui traduit ce phénomène graphiquement s'élevait rapidement à partir des basses températures (parfois au-dessous de 0°), atteignait un maximum vers 15 ou 20°, restait horizontale pendant une vingtaine de degrés et s'abaissait ensuite jusqu'à la mort du végétal (45 à 55°). La courbe respiratoire est fort différente de cette dernière, comme nous allons le voir.

Dehérain et Moissan, pour étudier l'influence de la température sur la respiration, emploient un dispositif permettant de maintenir les feuilles sur lesquelles on expérimente, soit dans la même atmosphère pendant toute la durée de l'essai, soit dans une atmosphère constamment renouvelée par un courant continu de gaz. On dose la quantité d'acide carbonique dégagé à l'aide des procédés usuels. Les expériences faites aux températures élevées doivent être de courte durée. Voici quelques résultats indiquant la quantité d'acide carbonique produit en dix heures par 100 grammes de feuilles :

	Températures.	CO2. gr.		Températures.	CO2. gr.
	7°	0,031		0°	0,031
	13°	0,139		8°	0,058
	14°	0,157	Aiguilles de	15°	0,095
	15°	0,164	*Pinus pinaster.*	30°	0,703
	18°	0,178		40°	1,333
Feuilles de tabac.	20°	0,263			
	21°	0,289			
	32°	0,514			
	40°	0,961			
	41°	1,132			
	42°	1,325			

La température joue donc un rôle capital dans le phénomène respiratoire. La quantité de gaz carbonique dégagé croît régulièrement avec la température. *Il n'y a pas d'optimum de température* pour la respiration : celle-ci ne cesse que lorsque l'organe considéré est mort.

La courbe de la respiration est donc totalement différente de celle de l'assimilation. Elle part des basses températures (parfois au-dessous de 0°); elle s'élève rapidement en affectant une forme concave du côté de l'axe des ordonnées, comme le montre la figure ci-jointe.

La loi suivant laquelle varie la quantité du gaz carbonique exhalé à des températures diverses est représentée par une formule parabolique, quel que soit le mode de respiration de la plante et à quelque famille qu'elle appartienne (de Fauconpret).

Un grand nombre de graines en germination dégagent, au-dessous de 0°, des quantités notables de gaz carbonique (Kreusler, Ziegenbein).

La dose de gaz carbonique dégagé varie beaucoup avec la nature de l'organe et, surtout, avec son degré de vitalité. Les feuilles jaunes, par exemple, respirent beaucoup moins activement que les feuilles saines. Tout organe affaibli est dans le même cas par rapport à l'organe en bon état.

Lorsque l'on compare les nombres obtenus en présence d'oxygène pur à ceux que fournit simplement l'air, on ne trouve pas de différences sensibles. La présence du gaz carbonique, même en faible quantité dans l'atmosphère ambiante, exerce une action nuisible sur le phénomène respiratoire : la respiration est beaucoup moins intense, toutes choses égales d'ailleurs, dans une atmosphère qui n'est pas renouvelée.

Action des alternances de température sur la respiration. — Palladin a observé le fait curieux que voici : l'intensité respiratoire varie d'une manière considérable à la *même température* si les plantes soumises aux expériences ont été antérieurement placées pendant plusieurs jours à des températures extrêmes, très différentes de la température à laquelle on fait les mesures. L'auteur prend des tiges étiolées de fève qu'il répartit en trois lots. Chaque lot est pesé et placé dans une solution à 10 p. 100 de saccharose. Le premier lot est exposé à une température moyenne (17-20°), le second à une basse température (7-12°), le troisième à une température élevée (36-37°). Au bout de trois à sept jours, ces trois lots sont soumis à la même température moyenne (18-22°), et on détermine simultanément l'intensité respiratoire observée dans les trois appareils. On obtient alors les résultats suivants :

Température antérieure des cultures.	CO_2 dégagé pour 100 gr. de matière (18-22°).	Excès p. 100 sur le lot à température moyenne.
	gr.	
Température moyenne (17-20°)...	0,0558	»
— basse (7-12°).......	0,0781	40
— élevée (36-37°).....	0,0854	53

On voit ici que les tiges, placées antérieurement à une basse température, ont respiré avec une intensité qui a augmenté de 40 p. 100. Si la température antérieure est élevée, l'excitation respiratoire est encore plus forte (53 p. 100). Cette influence de l'alternance des températures n'est pas susceptible d'être expliquée actuellement. Mais on peut rapprocher ces résultats de ceux obtenus par Bonnier, dans lesquels on voit les alternances de température augmenter l'assimilation chlorophyllienne chez les feuilles (p. 98).

Respiration des divers organes. — Voici, sur ce sujet, quelques aperçus généraux. Le dégagement du gaz carbonique dépend de la nature de l'organe et de son degré de développement. Moissan a montré que, chez le *marronnier*, la quantité de gaz carbonique exhalé est maxima au moment où les bourgeons s'épanouissent. D'après ce même auteur, la respiration des pétales est plus active que celle des feuilles.

L'influence de l'*espèce* joue un rôle considérable : c'est ce qui résulte du tableau suivant où la respiration a été observée à une température de 14° sur des feuilles d'espèces variées :

	CO_2 produit en 10 heures par 100 grammes de feuilles.
	gr.
Sinapis alba...............	0,240
Ficus elastica..............	0,011
Rumex acetosa..............	0,159
Pinus pinaster..............	0,095

Les feuilles persistantes dégagent, toutes choses égales d'ailleurs, moins de gaz carbonique que les feuilles caduques.

Plus la végétation d'un organe est active et plus grande est son intensité respiratoire. Plus l'organe considéré porte de stomates, et plus le dégagement gazeux est abondant.

D'une façon générale, ce sont les organes chargés de la fonction assimilatrice qui présentent l'intensité respiratoire la plus forte. L'intensité respiratoire du limbe, comparée à celle du pétiole, est beaucoup plus élevée. Les phyllodes et les cladodes, en l'absence de feuilles, suivent la même loi. Entre la tige et le pétiole, il y a, à cet égard, peu de différence ; parfois celle-ci est considérable. Les organes chargés essentiellement de la fonction assimilatrice ont le quotient respiratoire le moins élevé (Nicolas).

Variations du quotient respiratoire. — Nous donnerons plus loin les détails nécessaires sur ce point. Disons seulement, pour une première approximation, que, dans les expériences de courte durée, on trouve toujours, à basse température, plus d'oxygène consommé que de gaz carbonique émis. Ceci prouve que le gaz carbonique n'est pas le seul produit d'oxydation qui se forme dans les tissus par suite de l'absorption d'oxygène. Celui-ci peut brûler de l'hydrogène et donner, par conséquent, naissance à de l'eau ; de plus, il se fixe sur certains hydrates de carbone, qu'il transforme en acides, par exemple en acide oxalique :

$$C^6H^{12}O^6 + O^9 = 3C^2H^2O^4 + 3H^2O.$$

Toutes ces causes réunies aboutissent à un quotient respiratoire inférieur à l'unité. Il n'en est plus de même, en général, à température élevée : le quotient devient alors égal et même supérieur à l'unité.

Respiration des feuilles à l'obscurité. — Bonnier et Mangin ont montré que, chez les végétaux dépourvus de chlorophylle (champignons), la valeur du rapport $\dfrac{CO^2}{O^2}$ du volume du gaz carbonique émis à celui de l'oxygène absorbé est constante, quelle que soit la température (Voy. plus loin). Ces auteurs ont étendu leurs recherches aux feuilles vertes placées à l'obscurité dans une atmosphère confinée d'état hygrométrique constant, dans laquelle elles séjournent pendant un temps très court, de manière à éviter, d'une part, les phénomènes de fermentation proprement dite et, d'autre part, l'accumulation trop considérable du gaz carbonique. Ils ont trouvé que la loi énoncée par eux, relativement aux champignons, était encore vraie dans le cas d'organes pourvus de chlorophylle : le rapport $\dfrac{CO^2}{O^2}$ est invariable, quelle que soit la température. Si, par suite d'une élévation de celle-ci, le dégagement de gaz carbonique augmente, la quantité d'oxygène absorbé augmente d'une manière proportionnelle ; mais le rapport précédent ne change pas. (Nous examinerons ultérieurement les restrictions qu'il convient d'apporter à cette loi quand on tient compte de l'*atmosphère interne* de l'organe considéré.)

Le quotient respiratoire est également constant, quelle que soit la pression de l'oxygène et quelle que soit celle du gaz carbonique que renferme l'atmosphère limitée. Mais ce rapport varie avec l'âge et la nature des organes étudiés.

Variations de la respiration avec le développement. — D'après Bonnier et Mangin, les valeurs du rapport $\frac{CO_2}{O_2}$ pendant la respiration d'une espèce déterminée ne sont pas les mêmes pour les différents états du développement. Ces valeurs passent par un maximum (parfois égal à l'unité) qui subsiste pendant l'été et par un minimum observé pendant l'hiver. En voici un exemple relatif au *fusain du Japon* :

	$\frac{CO_2}{O_2}$
4 Avril 1884	1,00
20 Novembre	0,76
12 Décembre	0,80
18 Janvier 1885	0,86
27 Février	0,96
16 Avril	1,00

III

RESPIRATION DES PLANTES, ORGANES, TISSUS DÉPOURVUS DE CHLOROPHYLLE

A. **Respiration des racines**. — Comme tout organe vivant, la racine ne peut se passer de la présence de l'oxygène. Mais, si le sol dans lequel celle-ci se développe est trop compact ou trop humide, les gaz de l'atmosphère circulent mal, et l'oxygène peut faire défaut. De plus, tous les sols, surtout ceux qui sont riches en humus, sont le siège de fermentations innombrables, lesquelles dégagent du gaz carbonique. Plus la dose de ce dernier est grande, alors même qu'il y aurait encore de l'oxygène au contact de la racine, plus difficilement s'exerce le phénomène respiratoire chez celle-ci. Dans de pareilles conditions, il y a souvent *asphyxie* : ce qui se traduit par l'éclosion lente des bourgeons au printemps et le jaunissement, puis la chute prématurée des feuilles à l'automne. Il suffit de rappeler à cet égard les conditions mauvaises dans lesquelles se développent la plupart des arbres dans une ville, surtout lorsque ces arbres sont enracinés dans les sols de qualité médiocre de nos boulevards, où leurs organes souterrains sont, en outre, en contact fréquent avec des gaz délétères provenant des fuites des conduites du gaz de l'éclairage.

Lorsque les racines sont en présence d'une atmosphère suffisamment oxygénée, le quotient respiratoire $\dfrac{CO^2}{O^2}$ est toujours plus petit que l'unité.

La respiration des racines présente une particularité intéressante observée par Saïkiewicz. L'énergie de cette respiration n'est pas constante ; elle augmente le jour et diminue la nuit, indépendamment de la température. Si on transporte une plante de l'air libre dans une chambre où elle ne reçoit plus que de la lumière diffuse, la quantité de gaz carbonique dégagé par ses racines diminue peu à peu. L'inverse se produit lorsque la plante, enfermée dans une chambre, est portée à l'air libre. Il existe une sorte de *périodicité diurne* dans le maximum respiratoire. Cette périodicité semble être une conséquence naturelle de la production, également périodique, des hydrates de carbone dans les organes verts.

Les racines peuvent lutter contre l'asphyxie. — Dans le traitement des vignes contre le phylloxera, un procédé préconisé pour la destruction de cet insecte a été celui de la *submersion* : on maintient sous l'eau les terres plantées de vignes pendant trente à soixante jours consécutifs.

Or, si on immerge des pieds de vigne dans de l'eau contenue dans des flacons bien bouchés, la plante ne tarde pas à périr. Si cette eau est traversée par un courant d'air, la plante se développe normalement. Lorsqu'à cette eau on ajoute de petites quantités de nitrates, les vignes peuvent y séjourner assez longtemps sans dommage. La présence des nitrates est donc capable de s'opposer à l'asphyxie des racines privées d'air.

Dans les conditions habituelles des terres submergées, les nitrates sont réduits avec production d'*oxyde azoteux* N_2O (Dehérain et Maquenne). Si on fait passer un courant de ce dernier gaz dans de l'eau où plongent des racines de vigne, la plante ne meurt plus. Müntz a d'ailleurs montré que les racines de la vigne s'emparent directement des nitrates auxquels elles peuvent probablement emprunter de l'oxygène, et l'on conçoit comment, malgré les conditions défectueuses auxquelles les soumet la submersion, les vignes ne meurent pas dans un sol privé d'oxygène libre, mais renfermant des doses plus ou moins considérables de nitrates.

B. Respiration des champignons. — L'étude de la respiration des champignons a été faite par Bonnier et Mangin à l'aide de deux méthodes, dont les résultats se contrôlent réciproquement : la *méthode de l'atmosphère confinée*, dans laquelle le végétal respire au sein d'un espace limité, et la *méthode de l'atmosphère renouvelée*, dans laquelle les gaz exhalés sont continuellement entraînés par un courant d'air.

Le maintien des champignons dans une atmosphère confinée présente certains inconvénients. Si l'expérience se prolonge, la respiration normale disparaît : elle est remplacée par la respiration intramoléculaire. Le moment précis où a lieu le changement peut s'apprécier de la façon suivante. L'expérience montre que la différence de pression des atmosphères intérieure et extérieure (air ambiant) est d'abord *négative* : il y a, en premier lieu, absorption régulière de gaz. Cette absorption est suivie d'un accroissement continu de la pression intérieure lorsque l'expérience se prolonge.

Pendant la période de l'absorption régulière (première période), il reste toujours au contact des champignons une notable quantité d'oxygène ; le quotient $\dfrac{CO_2}{O_2}$ est *plus petit* que l'unité et constant pendant cette première phase. Durant la période de transition, il reste encore un peu d'oxygène, mais le gaz carbonique se dégage en quantité plus grande ; le quotient respiratoire n'est plus constant, la pression intérieure augmente de façon continue. A cette période de transition (deuxième période) succède une troisième période dans laquelle la pression augmente encore : l'oxygène est alors totalement absorbé. On assiste à des phénomènes de fermentation intracellulaire. Il faut donc rejeter toutes les expériences, qui seront assez prolongées pour empiéter sur la seconde et, surtout, sur la troisième période.

Pendant la respiration *normale* des champignons, on observe que, sauf chez les Mucorinées, le quotient $\dfrac{CO_2}{O_2}$ est toujours plus petit que l'unité ; il y a donc oxydation du tissu des champignons du fait de la respiration. Le quotient respiratoire est indépendant de la pression ; il est également indépendant de la température. Pendant l'acte respiratoire, il n'y a ni absorption, ni dégagement d'azote.

L'accroissement de la température augmente le dégagement du gaz carbonique; il y a à peu près proportionnalité entre ces deux facteurs. De même que chez les plantes vertes, il n'existe pas de température *optima* de respiration ; celle-ci cesse avec la mort du végétal.

L'intensité respiratoire augmente avec l'état hygrométrique de l'air.

Nous examinerons plus loin l'influence de la lumière sur la respiration des végétaux dépourvus de chlorophylle.

C. **Respiration des graines**. — Nous avons vu, à propos de la germination, quel était l'ensemble des conditions indispensables à la réalisation de ce phénomène. Sitôt que la graine est gonflée par l'eau au sein d'une atmosphère oxygénée, elle absorbe de l'oxygène et rejette du gaz carbonique ; elle perd, par conséquent, une certaine quantité de son poids initial.

La constatation grossière du phénomène respiratoire chez la graine peut être faite de la façon suivante. On mesure dans une éprouvette à gaz, remplie d'eau au préalable, un volume de 100 à 200 centimètres cubes d'air ; puis on introduit des graines qui flottent sur le liquide. On transporte le tout sur la cuve à mercure et, à l'aide d'une pipette courbe, on enlève la majeure partie de l'eau contenue dans l'éprouvette. On ne laisse qu'une faible couche de ce liquide destinée à assurer le gonflement des graines. Au bout de quelques heures, ou mieux, de quelques jours, on analyse l'atmosphère gazeuse de l'éprouvette. On peut ainsi estimer approximativement le rapport existant entre le gaz carbonique émis et l'oxygène absorbé, puisque l'on connaît le volume initial de l'air et, par conséquent, sa composition.

Il faut admettre que l'azote de cet air n'est pas absorbé par la graine et que celle-ci ne dégage pas non plus de gaz azote : ce qui est vrai lorsque la germination dans cette atmosphère confinée n'est pas trop prolongée. On peut également avancer que, si l'analyse faisait constater la présence de gaz combustibles (hydrogène, gaz des marais), la germination n'aurait pas eu lieu dans des conditions normales, celles-ci ne provoquant jamais l'apparition de semblables produits gazeux.

Mais il est facile de voir qu'une pareille expérience ne peut être que *qualitative*, car la graine gonflée, renfermant par conséquent beaucoup d'eau, dissout une quantité plus forte de gaz carbonique que d'oxygène. Donc le chiffre obtenu par l'analyse du gaz carbonique contenu dans l'éprouvette est incorrect ; il est trop faible.

Méthodes correctes permettant d'évaluer les gaz de la respiration. — Il est donc indispensable de connaître non seulement la composition de l'atmosphère extérieure dans laquelle la graine a respiré, mais aussi celle de la masse gazeuse contenue dans les liquides qui imbibent cette graine.

A cet effet, on fait d'abord gonfler les graines dans l'eau pendant quelques jours et, lorsqu'elles vont entrer en germination, on les introduit dans un petit tube de 2 centimètres de diamètre extérieur et de 10 à 15 centimètres de longueur, muni à une de ses extrémités d'un robinet. L'autre extrémité du tube sera fermée par une plaque de verre ou, mieux, par un bouchon de verre bien rodé. Ce tube doit être maintenu à température constante pendant toute la durée de l'expérience.

On commence d'abord par faire le vide dans le tube de façon à priver les liquides qui imbibent la graine de toute trace de gaz. On y laisse ensuite rentrer de l'air dépouillé de gaz carbonique. Le robinet étant ensuite fermé, on fait le vide dans toute la trompe à mercure qui sert à l'extraction des gaz sans recueillir ceux-ci ; puis on ouvre le robinet et on recueille alors les gaz qui proviennent seulement du tube. On mesure exactement ceux-ci en tenant compte de la température et de la pression et en prenant la précaution de pousser le vide aussi loin que possible. On fait ensuite rentrer de l'air dans l'appareil ; on ferme le robinet et on attend quelques heures ou quelques jours pour procéder à une extraction nouvelle des gaz du tube par le vide. On connaît donc très exactement le volume initial de la masse gazeuse dans laquelle les graines vont respirer, ainsi que sa composition et le volume final après expérience. Il est donc possible d'évaluer avec rigueur le rapport qui existe entre l'oxygène consommé et l'acide carbonique dégagé à une température donnée et pour une graine dont on connaît la composition chimique.

L'appareil précédent a été fréquemment employé par Dehérain et Maquenne dans leurs études sur la respiration des feuilles (fig. 10).

Étude du quotient respiratoire des graines pendant leur germination. — Nous venons de voir combien il était important, pour faire une expérience correcte, d'extraire la *totalité* des gaz provenant de l'acte respiratoire. Au lieu de faire usage de l'appareil précédent, auquel on peut reprocher l'exiguïté de ses dimensions et la nécessité de faire le vide, on a souvent procédé d'une autre façon : on absorbe le gaz carbonique au fur et à mesure de son dégagement. Or, comme la quantité de ce gaz dissoute dans l'eau qui imbibe les graines est fonction de la pression qu'il possède dans l'atmosphère ambiante, en annulant à chaque instant cette pression par une absorption continue, il est clair que la proportion du gaz qui reste dissoute sera sensiblement nulle.

C'est à l'aide de ce procédé que Mayer et Wolkoff ont d'abord opéré. Godlewski, utilisant le même principe, a employé l'appareil suivant, dont voici la description sommaire. Un ballon de verre de 400 centimètres cubes de capacité environ est fermé par un bouchon que traverse un tube deux fois courbé à angle droit et dont l'extrémité libre plonge dans une petite cuve à mercure. Au bouchon du ballon est attaché un petit vase contenant une solution de potasse. On introduit dans le ballon des graines et un peu d'eau. On bouche avec le

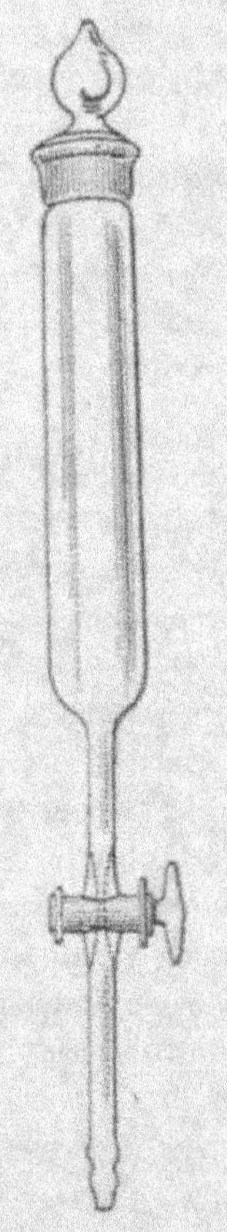

Fig. 10. — Tube servant à l'étude de la respiration des graines.

bouchon muni du tube manométrique, et on procède à l'expérience en maintenant l'appareil à une température déterminée.

Les graines respirent et exhalent du gaz carbonique aussitôt dissous par la solution de potasse. Un vide partiel se produit, et le mercure monte dans la branche verticale du tube manométrique. La diminution du volume gazeux de l'atmosphère du ballon peut être facilement calculée en mesurant avec un cathétomètre l'ascension du mercure. D'autre part, il suffit de doser le gaz carbonique dissous dans la potasse pour connaître quelle est la quantité de ce gaz dégagée dans l'acte respiratoire. On possède donc tous les éléments nécessaires à une évaluation très correcte du rapport qui existe, à une température déterminée, entre l'oxygène absorbé et l'acide carbonique exhalé, en supposant invariable le volume de l'azote, ce qui est sensiblement vrai.

Respiration des graines contenant des matières grasses. — L'appareil précédent a servi à Godlewski à mesurer très exactement le quotient respiratoire de graines à contenu varié (graines grasses, graines amylacées, graines mixtes). Commençons par l'étude des graines grasses.

De Saussure avait montré que celles-ci dégagent pendant leur germination un volume de gaz carbonique inférieur au volume de l'oxygène qu'elles absorbent. S'il s'agissait d'un hydrate de carbone, l'oxygène, pour produire une combustion complète, se porterait uniquement sur le carbone, puisque l'hydrogène et l'oxygène de l'hydrate de carbone sont dans la proportion des éléments de l'eau. Supposons le cas de la combustion de l'amidon :

$$(1) \qquad C^6H^{10}O^5 + 6O^2 = 6CO^2 + 5H^2O.$$

On voit, dans cet exemple, que le quotient de combustion $\dfrac{CO^2}{O^2}$ est égal à $\dfrac{12 \text{ volumes}}{12 \text{ volumes}}$, c'est-à-dire $= 1$.

Il n'en est plus de même dans le cas d'un corps gras. En effet, l'oxygène sert alors à brûler non seulement le carbone, mais l'excès d'hydrogène que contiennent tous les corps gras par rapport aux éléments de l'eau. Soit, par exemple, l'acide oléique, très commun dans une foule de graines grasses :

$$\text{(2)} \qquad C^{18}H^{34}O^2 + O^{51} = 18\,CO^2 + 17\,H^2O.$$
$$\text{Acide oléique.}$$

Il a donc fallu 36 atomes d'oxygène pour brûler les 18 atomes de carbone et, de plus, 15 atomes d'oxygène pour brûler l'excès d'hydrogène H^{30} sur les éléments de l'eau; soit, en tout, 51 atomes d'oxygène. La formule précédente (2), fournit donc pour le rapport $\dfrac{CO^2}{O^2}$:

$$\frac{CO^2}{O^2} = \frac{18 \text{ volumes}}{25,5 \text{ volumes}} = \frac{70}{100}.$$

Le quotient de combustion est donc ici *inférieur* à l'unité.

Admettons que le corps gras contenu dans la graine soit la *trioléine* ; nous aurons, dans le cas d'une combustion complète :

$$(C^3H^8O^3 + 3\,C^{18}H^{34}O^2 - 3\,H^2O = C^{57}H^{104}O^6).$$
$$\text{Glycérine.} \qquad \text{Acide oléique.} \qquad\qquad \text{Trioléine.}$$

$$\text{(3)} \quad C^{57}H^{104}O^6 + 80\,O^2 = 37\,CO^2 + 52\,H^2O \qquad \frac{CO^2}{O^2} = \frac{57}{80} = \frac{71}{100}.$$

Donc, pour 80 molécules d'oxygène absorbé, il se dégage seulement 57 molécules de gaz carbonique. Nous avons vu, à propos de la germination des graines grasses, que, si une partie de la graisse subissait une combustion totale, une autre partie éprouvait une oxydation qui l'amenait à la composition des hydrates de carbone. L'oxygène qui intervient joue, par conséquent, un double rôle : 1° il brûle *totalement* une partie de la graisse avec formation d'eau et de gaz carbonique, c'est-à-dire de *produits volatils* ; 2° il se porte sur une autre partie de la matière grasse qu'il change en hydrates de carbone sans dégagement gazeux.

Il en résulte que le quotient respiratoire $\dfrac{CO^2}{O^2}$ dépendra de trois facteurs :

1° De la quantité de graisse complètement oxydée avec production d'eau et de gaz carbonique ;

2° De la quantité de graisse qui sera transformée en hydrates de carbone ;

3° De la quantité des hydrates de carbone nouvellement formés qui participeront à la respiration.

Godlewski a montré que ce quotient varie essentiellement *avec les différentes périodes de la germination* d'une graine grasse.

Dans la première période, celle qui répond au gonflement de la graine et qui dure deux jours environ à la température de 15 à 20°, le rapport $\dfrac{CO_2}{O_2}$ est égal sensiblement à l'unité.

La respiration semble donc avoir lieu aux dépens, non pas d'une matière grasse, mais d'un corps devant posséder la composition des hydrates de carbone, ainsi que l'indique la formule (1) précédente. En fait, les graines oléagineuses les plus riches en matières grasses contiennent toujours, à côté de celles-ci, une certaine quantité de substances hydrocarbonées : ce sont ces substances qui servent les premières à la combustion respiratoire.

La *deuxième période* diffère essentiellement de la première ; elle est caractérisée et par la transformation d'une partie de la graisse en *amidon transitoire*, et par la combustion totale d'une autre partie de la graisse. Ces deux phénomènes superposés se traduisent par une absorption croissante d'oxygène : le quotient respiratoire, jusque-là égal à l'unité, diminue.

A partir du troisième ou du quatrième jour de la germination (radis, chanvre, lin, luzerne), il se dégage environ 60 volumes de gaz carbonique pour 100 volumes d'oxygène absorbé. Ce rapport $\dfrac{CO_2}{O_2} = \dfrac{60}{100}$ se maintient à peu près constant pendant les quatre ou six jours qui suivent, quel que soit le milieu ambiant, oxygène pur ou air.

On peut, étant donnée la constance de ce rapport, se faire une idée assez exacte des transformations chimiques qui s'accomplissent pendant cette deuxième phase de la germination. En effet, 60 volumes de gaz carbonique dégagés pendant la combustion de la trioléine n'exigent que 84,2 volumes d'oxygène d'après la formule (3), car $\dfrac{57}{80} = \dfrac{60}{84,2}$. Donc, sur 100 volumes d'oxygène absorbés pendant cette deuxième période, il reste $100 - 84,2 = 15,8$ volumes d'oxygène disponibles destinés à transformer une partie de la graisse en hydrates de carbone. Il est facile de calculer quelle est la quantité de graisse disparue par combustion totale, d'une part, et, d'autre part, la quantité de graisse transformée en amidon. On peut traduire ces transformations d'une façon satisfaisante au moyen de l'expression suivante :

$$(4) \quad C^{57}H^{104}O^6 + 56\,O^2 = 4\,C^6H^{10}O^5 + 33\,CO^2 + 32\,H^2O.$$

(Trioléine, poids moléculaire $= 884$.) (Amidon, poids moléculaire $= 4 \times 162 = 648$.)

Le quotient respiratoire a donc comme valeur :

$$\frac{CO^2}{O^2} = \frac{33 \text{ volumes}}{56 \text{ volumes}} = \frac{59}{100}.$$

$\frac{59}{100}$ est très voisin de $\frac{60}{100}$, chiffre fourni par l'expérience.

Or nous avons vu, à propos de la transformation des matières grasses pendant la germination, que Müntz avait montré (p. 292) qu'avant de se transformer en hydrates de carbone les corps gras se dédoublaient en acides gras libres et glycérine. On peut donc, en partant, non plus de la trioléine, mais de l'acide oléique, son produit de dédoublement, formuler les transformations de la façon suivante :

$$3\,C^{18}H^{34}O^2 + 52,5\,O^2 = 4\,C^6H^{10}O^5 + 30\,CO^2 + 31\,H^2O.$$

(Acide oléique.)   (Amidon.)

Le quotient respiratoire donne $\dfrac{CO^2}{O^2} = \dfrac{30 \text{ volumes}}{52,5 \text{ volumes}} = \dfrac{57,1}{100},$

chiffre voisin de $\dfrac{60}{100}$.

L'expression (4) nous permet de calculer quelle est la proportion d'hydrates de carbone qui résulte de l'oxydation des corps gras. Nous voyons que 884 grammes de trioléine fournissent 648 grammes d'amidon, ou bien : 100 parties de trioléine répondent à 73 parties d'amidon. Ceci nous montre nettement que, pendant la germination d'une graine grasse, la perte de matière sèche n'est pas très considérable, comparée à celle que subissent les graines amylacées.

Dans la troisième période de la germination, l'amidon nouvellement formé se transforme partiellement en cellulose. Mais la quantité de cellulose qui se forme est moindre que celle de l'amidon disparu : on en conclut qu'une partie de ce dernier a été détruite par combustion. Aussi, dès le commencement de cette période, le dégagement du gaz carbonique augmente et, vers le dixième jour, le rapport $\dfrac{CO_2}{O_2}$ redevient égal à l'unité. Il en résulte qu'à ce moment la combustion respiratoire ne s'exerce plus que sur des hydrates de carbone.

Il est évident que, si les graines sur lesquelles porte l'expérience renferment à la fois de l'huile et des matières amylacées (graines mixtes), les oscillations du quotient $\dfrac{CO_2}{O_2}$, encore sensibles, sont moins accentuées que dans le cas précédent, où il n'a été question que de graines essentiellement grasses.

Influence de la pression de l'oxygène sur la respiration des graines. — De nombreuses expériences tendent à démontrer que l'augmentation de la pression partielle de l'oxygène nuit au développement des plantes en général et que l'intensité respiratoire n'est pas beaucoup plus grande dans l'air que l'on enrichit en oxygène que dans l'air ordinaire.

Godlewski a trouvé que, dans quelques cas, la présence d'un excès d'oxygène exerce une influence accélératrice sur le phénomène respiratoire, surtout au début. Au contact de l'oxygène pur, certaines graines, comme celle du radis, dégagent plus de gaz carbonique que dans l'air normal : la différence est considérable. Mais le rapport $\dfrac{CO_2}{O_2}$ ne dépend pas de la pression de l'oxygène.

Lorsqu'il y a diminution de la pression partielle de l'oxygène, le rapport précédent ne varie pas davantage ; mais, si cette pression tombe au-dessous d'un certain minimum, la respiration normale est remplacée par la respiration intramoléculaire.

Respiration des graines oléagineuses avant leur maturation. — Si on suit la respiration des graines de *lin* depuis le moment où, séparées de leurs capsules encore vertes, elles sont molles au toucher et d'une couleur blanc verdâtre, jusqu'au moment où elles brunissent et passent à l'état de vie ralentie (graines mûres), on observe pendant toute la maturation un quotient respiratoire *supérieur à l'unité*. Tant qu'elles mûrissent, ces graines contiennent des hydrates de carbone, qui, peu à peu, se transforment en huile. Or, de même que la transformation de la matière grasse en hydrates de carbone est corrélative d'une absorption d'oxygène qui se traduit, ainsi que nous l'avons vu plus haut, par un quotient respiratoire inférieur à l'unité, de même le phénomène inverse qui se produit pendant la maturation de la graine oléagineuse exige un départ d'oxygène, lequel a lieu sous forme de gaz carbonique : le quotient respiratoire est alors *supérieur à l'unité*. C'est ce que l'on peut exprimer au moyen de la formule schématique suivante :

$$20\,C^6H^{10}O^5 + 40\,O^2 = C^{57}H^{104}O^6 + 63\,CO^2 + 48\,H^2O\;;$$

on a alors :

$$\frac{CO^2}{O^2} = \frac{63}{40} = 1,57.$$

L'intensité respiratoire pendant cette période de la maturation est très considérable (Gerber).

Les graines de *ricin* présentent des phénomènes analogues. A partir du moment où, molles et blanches à la section, elles ont acquis le maximum de leur poids jusqu'à celui où elles deviennent très dures avec diminution brusque de poids, ces graines présentent un quotient respiratoire très supérieur à l'unité. C'est à cet instant que les matières sucrées se transforment en huile (Gerber). Ce quotient est indépendant de la température, quelle que soit la graine oléagineuse considérée.

L'étude du quotient respiratoire apporte un utile complément à l'étude chimique des variations des principes immédiats de la graine pendant sa maturation. On peut suivre par l'analyse la disparition des hydrates de carbone et la genèse correspondante de la matière grasse ; nous venons de voir que la valeur du quotient respiratoire, supérieur à l'unité pendant cette période, traduit exactement la même transformation. Nous rappellerons ces données à propos de la maturation des graines.

Remarques sur l'oxydation des matières grasses pendant la germination. — Nous avons dit plus haut que Godlewski avait trouvé que le quotient respiratoire des graines oléagineuses pendant la seconde période de leur germination était inférieur à l'unité et sensiblement égal à $\dfrac{60}{100}$. Nous en avons déduit l'équation (4), qui représente la transformation de la trioléine en amidon. D'autres expérimentateurs ont souvent observé un quotient respiratoire encore plus faible, voisin, par exemple, de $\frac{30}{100}$ pour les graines de lin. La chose s'explique facilement par la vitesse inégale avec laquelle s'oxydent les différentes matières grasses contenues dans les graines. On pourrait même admettre qu'à certains moments il y a oxydation pure et simple de la matière grasse sans départ concomitant de gaz carbonique, comme dans l'expresison suivante :

$$(5) \qquad 2C^{57}H^{104}O^6 + 46O^2 = 19C^6H^{10}O^5 + 9H^2O.$$

Le quotient respiratoire serait alors égal à 0.

On comprend donc que la superposition de ces différents phénomènes : combustion totale de la graisse (équation 3), combustion partielle avec formation d'amidon (équation 4), oxydation de la graisse sans dégagement de gaz carbonique (équation 5) fournit, suivant les cas, des résultats variables, avec quotients respiratoires toujours plus petits que l'unité, mais de valeurs inégales.

Respiration des graines contenant des matières amylacées. — Dans ce cas, le phénomène respiratoire est beaucoup plus simple ; l'oxygène se porte exclusivement sur le carbone, puisque l'hydrogène et l'oxygène des hydrates de carbone qui constituent la matière amylacée de réserve de la graine existent dans les proportions de l'eau. Notre équation (1), mentionnée plus haut :

$$C^6H^{10}O^5 + 6O^2 = 6CO^2 + 5H^2O$$

nous montre que le *quotient respiratoire est alors égal à l'unité*. C'est, en effet, ce que l'on observe à peu près pendant tout le temps que dure la germination d'une graine amylacée (blé, pois). Il n'y a plus ici de phénomènes d'oxydation interne ou, du moins, ceux-ci sont-ils peu intenses : ils s'exercent sur une petite quantité de matière grasse que renferment toujours les graines, même celles qui sont les plus riches en amidon. En fait, le quotient respiratoire est légèrement inférieur à 1. La respiration consiste donc en une combustion pure et simple. Nous avons dit antérieurement que l'amidon se transformait pendant la germination en matières sucrées solubles, lesquelles se polymérisent ensuite pour donner naissance à de la cellulose : toutes ces réactions portent exclusivement sur des hydrates de carbone. D'après Godlewski, la respiration des graines amylacées est fortement accélérée lorsqu'on augmente la pression partielle de l'oxygène.

Respiration des graines amylacées avant leur maturation.— Gerber a examiné à cet égard les graines de *pois* prises dans une gousse verte et n'ayant atteint que la moitié de leur développement. Pendant toute la durée de la matu-

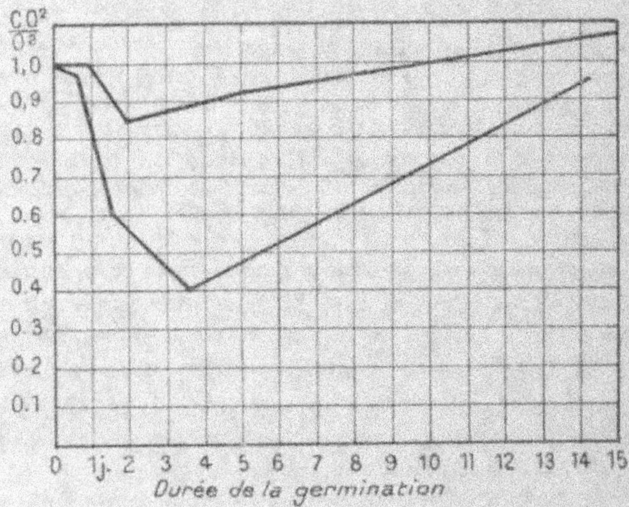

Fig. 11.— La courbe supérieure représente les variations du quotient respiratoire de la graine de blé ; la courbe inférieure, les variations de la graine de lin.

ration, le quotient respiratoire est un peu inférieur à l'unité, à l'inverse de ce qui se passe chez les graines oléagineuses. L'intensité respiratoire au début de la germination ne subit pas ce relèvement si considérable observé chez les graines grasses.

Le haricot, la fève se conduisent de même.

La figure 11 représente, pendant leur germination, les courbes respiratoires de deux sortes de graines, l'une essentiellement amylacée (blé), l'autre essentiellement grasse (lin).

Germination des plantules en présence de matières sucrées.— Si on cultive des embryons de *Pinus pinea* au sein d'une atmosphère oxygénée, parallèlement sur l'eau et sur des solutions sucrées, on constate que ces embryons augmentent de poids sec à l'obscurité sur le saccharose et le galactose, mais que ce poids diminue, sensiblement moins que sur l'eau cependant, sur le glucose, le lévulose, le maltose, le lactose, l'arabinose. Les quotients respiratoires sont très élevés sur le saccharose $\left(\dfrac{CO_2}{O_2} = 1,73,\ 2,06,\ 1,88 \right)$, moins élevés sur le glucose et le lévulose, moins encore sur les autres sucres. La quantité d'oxygène absorbé par les embryons placés sur le saccharose, le glucose, le lévulose est voisine de celle qu'ont absorbée les embryons placés sur l'eau seule. Il en résulte que l'existence de quotients respiratoires très élevés dans les cultures sur saccharose ou galactose est imputable à une fermentation semblable à celle que provoquent les levures. En effet, le liquide de culture, distillé à la fin de l'expérience, dégage de l'alcool ; celui-ci n'apparaît pas dans le cas des autres matières sucrées. On en conclut que, dans ces expériences, la fermentation alcoolique se produit *à l'air libre* ; dans de semblables circonstances la plante supérieure se comporte physiologiquement comme une levure placée dans des conditions aérobies (Lubimenko).

D. Respiration des fruits. — La respiration des fruits est intimement liée à leur maturation. Nous examinerons plus tard les phénomènes de maturation, et nous ne retiendrons ici que ce qui est relatif aux échanges gazeux des fruits avec l'atmosphère.

Les fruits non mûrs contiennent des quantités variables, mais le plus souvent importantes, de plusieurs acides organiques, parmi lesquels il faut citer surtout les acides malique, tartrique et citrique. Pendant leur maturation, l'acidité disparaît ou diminue beaucoup, tandis que les matières sucrées augmentent peu à peu.

En ce qui concerne les fruits chez lesquels dominent les acides (raisins, fruits des Aurantiacées), on trouve que, à partir d'une certaine température, le quotient respiratoire $\dfrac{CO_2}{O_2}$ dépasse l'unité. Au-dessous de cette température, il y a oxydation sans dégagement de gaz carbonique. La température à laquelle les fruits acides possèdent un quotient supérieur à l'unité varie suivant la nature de l'acide. Elle est plus basse pour les fruits contenant de l'acide malique que pour ceux qui renferment de l'acide tartrique ou de l'acide citrique (Gerber).

L'expérience montre que, très fréquemment, chez les fruits acides entiers, et surtout sectionnés, on trouve un quotient respiratoire supérieur à 2. Il ne peut donc pas être question d'une oxydation pure et simple, laquelle, conformément aux équations suivantes, ne fournirait que des quotients, supérieurs à l'unité sans doute, mais inférieurs à 2 :

$$C^4H^6O^5 + 3O^2 = 4CO^2 + 3H^2O \qquad \frac{CO^2}{O^2} = \frac{4 \text{ volumes}}{3 \text{ volumes}} = 1,33.$$
(Ac. malique.)

$$2C^4H^6O^6 + 5O^2 = 8CO^2 + 6H^2O \qquad \frac{CO^2}{O^2} = \frac{8 \text{ volumes}}{5 \text{ volumes}} = 1,60.$$
(Ac. tartrique.)

$$2C^6H^8O^7 + 9O^2 = 12CO^2 + 8H^2O \qquad \frac{CO^2}{O^2} = \frac{12 \text{ volumes}}{9 \text{ volumes}} = 1,33.$$
(Ac. citrique.)

Ces équations ne tiennent d'ailleurs pas compte de la formation des matières sucrées pendant la maturation.

Il faut donc admettre qu'après avoir absorbé une certaine quantité d'oxygène les acides se dédoublent en gaz carbonique et glucose ; ainsi, dans le cas de l'acide tartrique :

$$6C^4H^6O^6 + 3O^2 = 2C^6H^{12}O^6 + 12CO^2 + 6H^2O \qquad \frac{CO^2}{O^2} = \frac{12 \text{ vol.}}{3 \text{ vol.}} = 4.$$

Cette hypothèse est justifiée par ce fait que le quotient respiratoire est, à une certaine température, pour les fruits acides, supérieur à 2 et même à 3 ; de plus, leur acidité diminue alors que la quantité de sucre augmente. Chez les pommes, la diminution corrélative de l'amidon, pendant la maturation, ne peut expliquer cette augmentation de la matière sucrée.

Mais les acides sont accompagnés, dans le fruit, par un grand nombre de substances ; aussi Gerber s'est-il appliqué à montrer que ces acides *seuls*, donnés en nourriture à une quantité de protoplasma aussi petite que possible, fournissent des hydrates de carbone par absorption d'oxygène avec dégagement de gaz carbonique en quantité considérable. C'est effectivement ce qui a lieu lorsqu'on met les acides citrique, malique, tartrique en solution diluée au contact d'une Mucédinée, le *Sterigmatocystis nigra*. A partir d'une certaine température qui varie avec l'acide employé, la Mucédinée fournit des hydrates de carbone, et le quotient respiratoire observé est très supérieur à l'unité.

Inversement, nous verrons prochainement la transformation des hydrates de carbone en acides, lors de l'acidification des plantes grasses en particulier, être accompagnée d'un quotient respiratoire inférieur à l'unité.

Nous ne nous étendrons pas davantage ici sur ce sujet, dont nous reparlerons à propos de la maturation.

E. Respiration des fleurs. — La plus grande intensité respiratoire chez la fleur réside dans les étamines et le pistil. Si on considère les plantes monoïques et dioïques, on remarque que les fleurs mâles respirent plus activement que les fleurs femelles.

La fleur est un organe soumis à une oxydation énergique. Elle dégage, à poids égal, plus de gaz carbonique que la feuille. Le rapport $\dfrac{CO_2}{O_2}$ est, en outre, généralement plus faible que chez la feuille. A la lumière, les fleurs dégagent moins d'acide carbonique qu'à l'obscurité.

Durant le premier âge, la fleur possède une activité respiratoire très grande, qui diminue plus tard. Le quotient $\dfrac{CO_2}{O_2}$, voisin de l'unité chez les fleurs jeunes, s'abaisse jusqu'à 0,7, ou même 0,6 chez les fleurs plus âgées : ce qui montre que chez elles les oxydations sont très intenses.

A égalité de poids, les fleurs colorées ont, à la lumière, une intensité respiratoire sensiblement plus énergique que celle des fleurs blanches. On peut penser que l'absorption par les fleurs colorées des radiations lumineuses qui traversent simplement les fleurs incolores détermine dans l'organe soit un échauffement plus considérable, soit toute autre modification capable, comme l'élévation de la température, d'augmenter l'énergie de la respiration (Curtel).

F. Composition de l'atmosphère interne des tubercules et racines tuberculeuses. — Lorsqu'on considère les dimensions de certains tubercules (pommes de terre) ou de certaines racines (betterave, céleri), on doit se demander comment l'oxygène extérieur peut pénétrer jusqu'au sein de la masse. Peut-être n'y pénètre-t-il pas et les tissus profonds sont-ils soumis à une respiration intracellulaire (Voy. plus loin), dans laquelle il ne produit que du gaz carbonique sans absorption d'oxygène.

Devaux a montré que l'atmosphère interne des tubercules et racines tuberculeuses contenait toujours de l'oxygène en proportion notable : c'est là un résultat constant ; l'hypothèse d'une respiration intracellulaire normale au centre des tissus massifs doit être rejetée.

La masse cellulaire du tubercule de pomme de terre, par exemple, est toujours riche en méats pleins d'air, communiquant entre eux par des anastomoses nombreuses. L'enveloppe externe est mince et percée d'ouvertures de nature variable, qui relient les méats internes avec l'air extérieur. On peut considérer les tubercules et d'autres tissus massifs comme une masse très poreuse entourée d'une enveloppe mince et poreuse elle-même quoique à un moindre degré. Il est possible d'aspirer l'air au travers de la masse d'un tubercule au moyen d'une différence de pression de quelques centimètres d'eau seulement. C'est à l'état libre et par la voie des pores externes et des méats que l'oxygène arrive aux cellules les plus profondes.

Influence de la lumière sur la respiration. — Lorsqu'il s'agit de tissus dépourvus de chlorophylle, sur lesquels les expériences peuvent seules porter dans le cas présent, on peut dire que la lumière possède une influence *nettement retardatrice* du phénomène respiratoire.

Les expériences faites à cet égard par Bonnier et Mangin ont d'abord été exécutées sur les champignons. On a pris les mêmes individus en croisant les expériences, c'est-à-dire en exposant alternativement les mêmes sujets à l'obscurité et à la lumière diffuse, les autres conditions (temps, température, pression, état hygrométrique) demeurant les mêmes.

La méthode de l'air confiné, aussi bien que celle du renouvellement continu de l'atmosphère, montre que le dégagement du gaz carbonique est moins considérable à la lumière qu'à l'obscurité. De même, l'absorption de l'oxygène est moins grande, toutes conditions égales d'ailleurs, à la lumière qu'à l'obscurité.

L'influence de la *nature des radiations* a été étudiée par les auteurs précités à l'aide de deux procédés : 1º *Dans la méthode des écrans absorbants*, on place les champignons dans un récipient à doubles parois entre lesquelles on verse un liquide coloré formant manchon continu (solution jaune orangé de bichromate de potassium, solution bleue de sulfate de cuivre ammoniacal). A température égale, la région bleue du spectre est plus favorable à la respiration que la région jaune : les rayons lumineux les moins réfrangibles retardent le phénomène respiratoire par rapport aux plus réfrangibles. La lumière qui a traversé une solution alcoolique de chlorophylle agit sensiblement comme l'obscurité. — 2º *Dans la méthode du spectre*, on fait tomber sur une fente éclairant les champignons les deux moitiés du spectre solaire correspondant à la partie la moins réfrangible (solution de bichromate) et à la partie la plus réfrangible (solution de sulfate de cuivre ammoniacal). Les résultats obtenus confirment ceux qu'a fournis la première méthode.

Bonnier et Mangin ont également étudié l'influence de la lumière *sur l'intensité respiratoire des graines en germination*, et ils ont montré que cette intensité diminue avec l'éclairage. Les expériences ont été *croisées* ; on opérait toujours sur les mêmes individus successivement en intercalant une expérience à la lumière entre deux expériences à l'obscurité. Voici les résultats obtenus dans deux essais pratiqués avec le *cresson alénois* :

		Durée de l'expérience.	Température.	CO_2 dégagé.	O_2 absorbé.	$\dfrac{CO_2}{O_2}$.
2 jours de germination.	Obscurité.	$1^h 53^{min}$	17º	2,14	5,88	0,36
	Lumière..	Id.	Id.	2,01	5,73	0,35
	Obscurité.	Id.	Id.	2,23	6,24	0,35
4 jours de germination.	Obscurité.	1 h.	15º	2,65	6,35	0,41
	Lumière..	Id.	Id.	2,19	5,82	0,37
	Obscurité.	Id.	Id.	2,87	6,87	0,41

Cette influence de la lumière n'est pas très considérable; elle est néanmoins supérieure aux erreurs de l'expérience.

La lumière exerce également une influence retardatrice
sur la respiration des racines, des rhizomes, des fleurs, des
phanérogames dépourvus de chlorophylle (*Orobanches*, *Monotropa*) et des plantes étiolées pendant la période où leurs
tissus sont encore dépourvus de chlorophylle. Cette action
retardatrice a la même valeur pour le gaz carbonique émis
que pour l'oxygène absorbé (Bonnier et Mangin).

Action des anesthésiques sur la respiration. — Si
on fait agir les anesthésiques, tels que l'éther, pendant un
temps plus long que celui qu'ont employé Bonnier et Mangin
dans leurs expériences de séparation de la respiration d'avec
la fonction chlorophyllienne (p. 62), on trouve que l'intensité respiratoire du végétal augmente considérablement.

IV

ÉTUDE EXACTE DU QUOTIENT RESPIRATOIRE

Dans un paragraphe précédent, nous avons insisté sur la
nécessité qu'il y a, si l'on veut obtenir la *valeur réelle* du
quotient respiratoire, à extraire la *totalité des gaz* de l'organe
qui respire. En effet, les gaz oxygène et acide carbonique
possédant une solubilité très inégale dans les liquides normaux qui remplissent les tissus végétaux, on ne peut évaluer
avec certitude leurs proportions qu'en tenant compte non seulement des gaz libres, mais aussi de ceux qui restent dissous.
Tel est le but de l'emploi du petit tube à robinet décrit à
la page 343. Godlewski, ainsi que nous l'avons dit à propos
de la respiration des graines oléagineuses, a résolu le problème
par un autre artifice, qui consiste à absorber d'une manière
continue le gaz carbonique : la tension de ce gaz devient
donc nulle dans l'atmosphère qui entoure les graines et dans
les tissus de celles-ci.

C'est faute d'avoir employé cette méthode que beaucoup
d'auteurs ont souvent attribué au quotient $\dfrac{CO_2}{O_2}$ une valeur
trop petite ; celle-ci provenait d'expériences dans lesquelles

on n'avait estimé que la *composition seule de l'atmosphère ambiante*. On pourrait donc appeler le rapport $\frac{CO_2}{O_2}$, obtenu dans ces conditions, *rapport apparent*.

On doit à Dehérain et Maquenne des expériences très bien conduites dans lesquelles ces auteurs ont évalué le quotient respiratoire *réel* en extrayant la totalité des gaz contenus dans l'organe considéré.

La première méthode employée est celle *dite du vide*. Dans le petit tube à robinet précédemment décrit, on introduit 2 à 3 grammes de feuilles, et on relie ce tube à une trompe à mercure. On fait rapidement le vide dans tout l'appareil, puis on y laisse rentrer de l'air dépouillé de gaz carbonique. On ferme le robinet du petit tube contenant les feuilles, et on fait le vide dans tous les espaces nuisibles de la trompe à mercure. On ouvre ensuite le robinet et on continue le vide en recueillant les gaz. On mesure alors ceux-ci en tenant compte, bien entendu, de la température et de la pression atmosphérique du moment. On fait ensuite rentrer de l'air dépouillé d'acide carbonique ; on referme le robinet du petit tube, que l'on abandonne à lui-même à une température bien déterminée et à l'obscurité.

Après deux ou trois heures pour les températures élevées, cinq ou six pour les températures basses, on extrait par le vide la *totalité* des gaz du tube et on les analyse. On connaît donc ainsi d'une façon très exacte le volume initial du gaz introduit et le volume final, dont la composition a été modifiée par suite de l'exercice du phénomène respiratoire.

En procédant de cette façon, les auteurs précités ont toujours trouvé un quotient respiratoire plus élevé que celui que l'on calcule par la seule analyse des gaz ambiants, sans tenir compte de l'*atmosphère interne* des organes examinés.

Pour démontrer d'une façon irréfutable que cette atmosphère interne ou confinée joue un rôle très important dans l'estimation du quotient $\frac{CO_2}{O_2}$, Dehérain et Maquenne ont eu recours au procédé suivant, nommé par eux *méthode des deux prises*. Au moment de pratiquer l'analyse du contenu du tube dans lequel les feuilles ont respiré, on réunit ce tube à la trompe à mercure, on fait le vide dans tous les espaces nuisibles, puis on tourne le robinet du tube à expérience, et on le referme aussitôt. On recueille ainsi une petite quantité de gaz qui représente une partie seulement de *l'atmosphère extérieure* qui entoure les feuilles, et on analyse ce gaz. On fait ensuite un vide aussi parfait que possible et on extrait cette fois la *totalité* du gaz, que l'on analyse également. Le premier échantillon de gaz renferme donc une partie de l'atmosphère extérieure, alors que le second contient le reste de cette atmosphère, augmentée des gaz confinés ou dissous que l'action seule du vide peut extraire.

En calculant le rapport $\frac{CO_2}{O_2}$, on obtient les résultats suivants relatifs aux feuilles de *fusain* :

$$\text{Température de l'expérience} = 35°, \begin{cases} 1^{re} \text{ prise de gaz } \dfrac{CO_2}{O_2} = 1,06 \\[2ex] 2^e \qquad — \qquad \dfrac{CO_2}{O_2} = 1,42 \end{cases}$$

$$\text{Température de l'expérience} = 0° \begin{cases} 1^{re} \text{ prise de gaz } \dfrac{CO_2}{O_2} = 0,67 \\[2ex] 2^e \qquad — \qquad \dfrac{CO_2}{O_2} = 1,00 \end{cases}$$

De cette expérience, les auteurs concluent que, si les deux prises donnaient des résultats identiques, il faudrait en déduire que l'atmosphère intérieure des organes soumis à l'essai possède la même composition que l'atmosphère extérieure. Mais, puisque le rapport $\frac{CO_2}{O_2}$ est plus grand dans le cas de la seconde prise que dans le cas de la première, il est évident que ce rapport est modifié par la dissolution du gaz carbonique dans les liquides des feuilles.

Donc le quotient respiratoire peut être *plus grand que l'unité*, surtout à température élevée : l'excès de gaz carbonique provient de combustions internes ou de dédoublements, ainsi que nous le dirons prochainement.

Pour corroborer leurs conclusions, Dehérain et Maquenne ont employé une troisième méthode, dite *méthode de compen-*

sation, dont voici le principe. On prend des feuilles que l'on introduit dans un cylindre de verre de 370 centimètres cubes environ de capacité, terminé à une de ses extrémités par un tube capillaire que l'on peut fermer au moment de l'expérience et, à l'autre extrémité, par un bouchon de verre rodé muni d'un robinet qu'on relie à la trompe à mercure. Lorsque les feuilles ont respiré à température invariable, on prend, après un certain temps, un échantillon de gaz, et on répète cette opération à intervalles égaux, en ayant soin, chaque fois, de rétablir la pression initiale par l'introduction d'air pur.

Dans ces conditions, à température fixe, les feuilles *se saturent bientôt des gaz ambiants* ; l'erreur due à l'absorption du gaz carbonique s'atténue peu à peu, et on voit le rapport $\frac{CO_2}{O_2}$ croître régulièrement avec le nombre de prises d'échantillons jusqu'à un maximum fixe qui représente sa valeur réelle. Dans ces conditions, l'équilibre n'est plus troublé par la dissolution des gaz dans l'eau.

La méthode du vide et la méthode par compensation fournissent les mêmes résultats ; ce que l'on peut traduire en disant que l'*élévation de la température accroît la valeur du quotient respiratoire*. Cette valeur est fréquemment supérieure à l'unité.

Cet accroissement du quotient respiratoire permet d'expliquer un fait que nous avons signalé antérieurement à propos de la fonction chlorophyllienne (p. 77): l'analyse élémentaire d'un végétal indique toujours un excès d'hydrogène par rapport aux éléments de l'eau. Si le quotient $\frac{CO_2}{O_2}$ était toujours inférieur ou égal à l'unité, l'analyse indiquerait soit un excès d'oxygène par rapport aux éléments de l'eau, soit une proportion d'oxygène telle qu'elle formerait avec l'hydrogène les éléments de l'eau. Or il n'en est rien. Il se produit, à une température variable avec le végétal ou l'organe considérés, une combustion *interne* qui dégage du gaz carbonique dont l'oxygène est emprunté à l'organe lui-même et non à l'atmosphère ambiante. Cette combustion interne, répétons-le, a lieu surtout aux températures élevées ; les basses températures favorisant au contraire l'oxydation incomplète de certains principes hydrocarbonés avec formation d'acides végétaux, ainsi que nous l'établirons ultérieurement.

D'ailleurs, des mesures gazeuses *directes* exécutées sur des plantes entières durant toute leur végétation ont fourni à Schlœsing fils des résultats concordants avec ceux de Dehérain et Maquenne.

En résumé, il est donc indispensable de tenir compte des gaz inclus dans les organes examinés si l'on veut posséder les données nécessaires à l'appréciation exacte du quotient respiratoire *réel*.

Quelques remarques sont maintenant nécessaires pour justifier l'emploi de la méthode que nous venons de signaler. On peut penser que les feuilles sont altérées et qu'elles sont desséchées par l'effet du vide au point de ne pouvoir plus respirer normalement. Cette dessiccation est combattue, pendant le temps très court que dure l'action du vide, en mouillant l'intérieur du tube avec une ou deux gouttes d'eau, soit 1 décigramme à peine. Le protoplasma des feuilles n'est d'ailleurs pas altéré, car Dehérain et Maquenne ont toujours constaté que les feuilles soumises aux expériences de respiration décomposent à la lumière le gaz carbonique aussi bien que celles qui viennent d'être détachées de la tige.

L'objection suivante pourrait encore être faite : la respiration intracellulaire qui se manifeste dès que l'organe est privé d'oxygène libre peut augmenter la valeur du rapport $\dfrac{CO^2}{O^2}$. Or cette cause d'erreur doit être très faible, étant donné que les feuilles demeurent dans le vide pendant très peu de temps.

Le rapport $\dfrac{CO^2}{O^2}$ est, dans des limites très étendues, indépendant de la pression partielle de l'oxygène ou du gaz carbonique dans l'atmosphère ambiante. Remarquons enfin en terminant que, pour une même température, les valeurs du quotient respiratoire, pendant la respiration d'une espèce déterminée, ne sont pas les mêmes pour les différents états du développement.

V

THÉORIE DE LA RESPIRATION

La combustion respiratoire, source de chaleur, fournit l'énergie nécessaire au fonctionnement de l'organisme végétal, dont l'existence n'est assurée que grâce à l'activité de certaines réactions chimiques productrices d'énergie. La présence de l'oxygène *libre* dans l'atmosphère qui entoure la cellule n'est pas indispensable au fonctionnement de celle-ci, ainsi que nous le verrons à propos de la respiration intra-moléculaire : dans ce dernier cas, ce sont des dédoublements de corps oxygénés qui interviennent et procurent l'énergie que réclame la cellule pour l'entretien de la vie.

La respiration végétale est un phénomène physiologique d'une grande complexité. En mesurant simplement le rapport entre l'oxygène consommé et le gaz carbonique exhalé, on n'observe que la *résultante* de plusieurs réactions, qu'il est très difficile de séparer les unes des autres. Rappelons encore une fois que, s'il existe des phénomènes de *combustion totale* dans lesquels on voit la matière grasse ou la matière hydro-carbonée disparaître à l'état d'eau et d'acide carbonique, il y en a d'autres dans lesquels on ne constate que des *combustions partielles sans départ de gaz carbonique* : tel est le cas de la formation des acides aux dépens des hydrates de carbone. Parmi les phénomènes de dédoublement accompagnés d'une oxydation incomplète, il faut citer également la transformation des matières albuminoïdes en amides, dont nous avons parlé à propos de la germination.

Il semble donc qu'il n'y ait pas de corrélation nécessaire entre l'absorption de l'oxygène et le dégagement de gaz carbonique, et, lorsqu'on observe à tel moment de la végétation que le quotient $\frac{CO_2}{O_2}$ est égal à l'unité, on ne doit pas toujours en conclure qu'à ce moment précis la combustion respiratoire porte exclusivement sur les hydrates de carbone. Cette conclusion ne serait pas légitime en raison même de la variété infinie des phénomènes qui se passent dans la cellule végétale.

Quoi qu'il en soit, on doit comprendre dans l'étude de la respiration toutes les réactions qui dépendent d'un échange gazeux avec l'atmosphère ; cet échange gazeux a pour effet, le plus souvent, de mettre l'oxygène au contact du proto-plasma, et il s'accompagne ou non d'un dégagement de gaz carbonique ; parfois ce dernier gaz se dégage seul sans qu'il y ait absorption concomitante d'oxygène.

Subtances combustibles disparaissant pendant la respiration. — Lorsqu'il s'agit de la graine, il est évident que les éléments combustibles disparaissant pendant la respiration qui accompagne la germination sont, en première ligne, les hydrates de carbone et les graisses, ces substances de réserve entrant pour une proportion considérable dans le poids de la graine. Le dédoublement par oxydation des albuminoïdes, avec formation d'acides aminés, intervient également ; un calcul très simple montre que le *quotient de transformation*, c'est-à-dire le rapport du gaz carbonique dégagé à l'oxygène absorbé est, dans ce dernier cas, inférieur à l'unité et voisin de 0,7. Mais les albuminoïdes existent dans la plupart des graines, sauf dans celles des Légumineuses, en proportions beaucoup moins considérables que les hydrates de carbone chez les graines amylacées ou que les graisses chez les graines oléagineuses. En sorte que c'est la combustion des hydrates de carbone ou celle des corps gras *qui donne son signe* au phénomène respiratoire durant l'époque germinative.

Il est probable qu'il en est de même pendant toute la période de végétation active d'une plante. La respiration affecte surtout les hydrates de carbone. Si, en effet, on maintient à l'obscurité et à température constante un rameau d'une plante verte, on observe que l'intensité respiratoire de ce rameau, mesurée par le dégagement d'acide carbonique, va sans cesse en décroissant. Il est évident que la combustion respiratoire ne diminue que par suite de l'épuisement progressif des substances de réserve que la fonction chlorophyllienne avait accumulées, c'est-à-dire des hydrates de carbone (Borodin).

Si on expose à la lumière, dans une atmosphère enrichie de gaz carbonique, ces rameaux épuisés, ceux-ci emmagasinent de nouveaux hydrates de carbone : réexposés ensuite à l'obscurité, ils fournissent des quantités de gaz carbonique analogues à celles qu'ils avaient dégagées la première fois.

Une pareille expérience ne peut être prolongée très longtemps dans l'obscurité, car le protoplasma, dans ces conditions anormales, perd peu à peu sa vitalité et ne peut plus régénérer les albuminoïdes ; ceux-ci se détruisent en l'absence de la lumière.

Il faut conclure de ce qui précède que *la combustion respiratoire affecte à la fois les hydrates de carbone et les albuminoïdes*. Parmi ceux-là, c'est surtout l'amidon qui disparaît en plus forte proportion.

Un fait bien connu met encore en lumière le rôle prépondérant des hydrates de carbone. Si on conserve des tubercules de pommes de terre dans une pièce dont la température est à peine supérieure à 0°, ces tubercules, par suite des phénomènes diastasiques dont ils sont le siège, transforment en glucose une partie de l'amidon qu'ils renferment et prennent une saveur sucrée. Il semblerait qu'une élévation de température dût accélérer cette saccharification. Il n'en est rien : l'élévation de la température augmente l'intensité respiratoire, faible aux basses températures, et le glucose disparaît au fur et à mesure de sa production.

Bien que ces expériences démontrent de façon certaine la disparition par combustion des hydrates de carbone, il est extrêmement probable que cette combustion est accompagnée de la formation, soit passagère, soit définitive, de substances intermédiaires moins oxygénées que le gaz carbonique : les acides sont dans ce cas. Quant au rôle joué par les *oxydases*, il n'est pas douteux que ces ferments solubles interviennent dans tous les cas. Mais le mécanisme de leur action est encore obscur, et nous sortirions du cadre d'un ouvrage élémentaire en exposant ici, même sommairement, les nombreuses opinions émises à propos des réactions dont ils sont les agents directs. Nous nous en tiendrons aux quelques lignes que nous leur avons consacrées antérieurement (p. 125).

Phénomènes biologiques de dédoublement accompagnant la respiration. — On peut penser que la plante élabore constamment quelque principe facilement oxydable au contact de l'air. Si donc on maintient cette plante, ou un organe tel que la feuille, dans une atmosphère dépouillée d'oxygène ou dans le vide, le principe combustible devra alors s'accumuler dans ses tissus et, peut-être, manifester ultérieurement sa présence par un accroissement des phénomènes de la respiration normale. C'est, en réalité, ce qu'a observé Maquenne. Cette façon d'opérer exige évidemment que les feuilles employées résistent un certain temps à ce régime anormal. Beaucoup de feuilles sont dans ce cas : on ne tient compte que des expériences dans lesquelles les feuilles n'ont subi aucune altération. Voici comment on réalise de semblables essais.

Dans le petit tube à robinet déjà décrit (p. 343), on introduit un poids connu de feuilles. On fait le vide à la trompe à mercure, et on abandonne l'appareil à lui-même à une température déterminée et pendant un temps déterminé. Au bout de ce temps, on extrait à la trompe le gaz carbonique produit, et on laisse ensuite rentrer de l'air pur. Après une ou deux heures, on extrait cet air et on l'analyse. On compare les résultats ainsi obtenus avec ceux que fournissent des feuilles exactement semblables, exposées dans le petit tube, au contact de l'air pur seulement, pendant le même temps et à la même température.

L'examen des chiffres permet de voir immédiatement que la quantité du gaz carbonique émis par les feuilles qui ont séjourné dans le vide d'abord, puis dans l'air, *est toujours supérieure* à celle que fournissent les feuilles exposées simplement dans l'air :

	Poids des feuilles. gr.	Tempé- rature.	Durée de l'expérience.	CO^2 exhalé. c.c.	O absorbé. c.c.	$\dfrac{CO^2}{O^2}$
Fusain.	2,75	22°	7 heures dans le vide, puis 2 heures dans l'air.	2.12	2.13	0.99
	2,75	22°	2 heures dans l'air.	1.59	1.24	1.28
Lilas..	4,55	18°	4 heures dans le vide, puis 1 heure dans l'air.	2.02	1.95	1.04
	4,55	18°	1 heure dans l'air.	1.39	1.43	0.97

Les échanges gazeux qui se produisent entre les feuilles vivantes et l'air, à l'obscurité, se trouvent activés par un séjour préalable dans le vide. La respiration résulte donc bien d'une combustion lente de certains principes qu'élabore le végétal. Ces principes continuent à se former et s'accumulent en l'absence de l'oxygène.

Phénomènes chimiques de dédoublement accompagnant la respiration. — Les végétaux, les feuilles en particulier, renferment certains principes dédoublables avec formation de gaz carbonique, *indépendamment de toute action vitale*. On peut s'en assurer de la façon suivante :

Dans un petit ballon de verre, on introduit une trentaine de grammes de feuilles, immédiatement après leur récolte. On fait passer dans ce ballon un courant de gaz hydrogène pour en chasser la totalité de l'air, et on le plonge ensuite dans un bain d'huile chauffé à 110°, afin d'anéantir promptement la vitalité des feuilles. On continue le courant d'hydrogène à raison de 1 à 2 litres à l'heure, et l'on dose l'eau et le gaz carbonique produits. On a ainsi obtenu, au bout de quinze heures et demie, avec des feuilles de blé, un poids de gaz carbonique répondant à 0,8 p. 100 du poids de la matière sèche. Au delà de ce temps, il ne se dégageait plus rien. Des feuilles de *Sedum maximum* ont fourni, au bout de huit heures, un poids de gaz carbonique répondant à 0,42 p. 100 du poids de la matière sèche ; des feuilles de *coudrier* ont fourni, au bout de cinq heures, un poids de gaz carbonique répondant à 0,71 p. 100 du poids de la matière sèche.

Quelle que soit l'espèce considérée, les feuilles contiennent donc un principe dédoublable avec formation de gaz carbonique. Ce gaz n'était-il pas occlus dans les feuilles ? L'action préalable de l'hydrogène à froid a dû éliminer, en grande partie au moins, les gaz occlus préexistants. En tout cas, ces gaz occlus seraient compris dans la portion éliminée pendant les premières heures du chauffage. Or, dans le cas du blé, le gaz carbonique dégagé au bout d'une heure et demie s'élevait seulement à 1/5 du dégagement total. Ce serait là une limite maxima supérieure à la dose susceptible d'être attribuée au gaz occlus. Ce nombre doit être vraisemblablement inférieur à cette limite. En effet, la lenteur du dégagement du gaz recueilli dans cette expérience faite avec le blé (et de même pour les autres feuilles) offre tous les caractères d'une décomposition *chimique* véritable. Cette décomposition est principalement due à la réaction de l'eau sur les principes immédiats de la plante. Elle cesse, en effet, complètement quand la dessiccation est achevée, c'est-à-dire quand, à la température de 100°, on ne récolte plus trace d'eau.

On pourrait encore supposer qu'il y a, au début, une trace de fermentation alcoolique ; mais la durée du temps écoulé depuis le début de l'échauffement jusqu'à 94°, soit dix minutes, empêche d'attribuer à ce phénomène une influence appréciable sur la formation du gaz carbonique.

Il s'agit donc bien ici d'un *dédoublement* indépendant de toute oxydation.

Quelle peut être l'influence de l'oxygène dans les mêmes conditions ? Adoptons, pour le savoir, le même dispositif que plus haut, mais faisons passer dans les mêmes conditions un courant d'air. Les feuilles de blé, au bout de seize heures, ont fourni un poids de gaz carbonique répondant à 1,61 p. 100 du poids de la matière sèche, c'est-à-dire un poids double de celui qu'a donné l'hydrogène. Le dégagement gazeux s'est également effectué d'une manière progressive et a cessé avec la disparition des dernières traces d'eau. Les feuilles de *Sedum maximum* ont fourni un poids de gaz carbonique répondant à 0,78 p. 100 du poids de la matière sèche ; les feuilles de *coudrier*, un poids de gaz carbonique répondant à 1,08 p. 100 du poids de la matière sèche ; ces deux poids sont également plus forts que ceux qui ont été obtenus dans l'hydrogène.

On arrive donc à cette conclusion, c'est que le gaz carbonique dégagé résulte à la fois d'un dédoublement progressif, accompli en l'absence de l'air et d'une oxydation réalisée dans l'air, dont les effets s'ajoutent à ceux de la réaction précédente. Ces réactions sont déterminées ou, au moins, facilitées par la présence de l'eau (Berthelot et André).

VI

CHALEUR VÉGÉTALE

« L'influence des phénomènes thermiques intérieurs sur la température propre des plantes est d'ordinaire presque insensible ; de même chez les animaux à sang froid. Aussi les végétaux sont-ils susceptibles d'emprunter, comme ces derniers, une certaine dose d'énergie calorifique aux milieux ambiants. C'est seulement dans des conditions exceptionnelles, telles que la floraison et la germination, que les végétaux manifestent une certaine élévation de température, corrélative de ces actes physiologiques et produisent une chaleur appréciable, attribuable d'ordinaire à l'absorption de l'oxygène... La chaleur mise en jeu pendant le développement des végétaux ne résulte pas exclusivement, ou à peu près, des énergies chimiques intérieures, comme chez les animaux supérieurs. Au contraire, les formations de principes qui accompagnent le développement des végétaux sont, pour la plupart, endothermiques, c'est-à-dire qu'elles résultent de l'intervention des énergies extérieures : lumière, chaleur solaire et terrestre, électricité. Il résulte de ces rapprochements que les végétaux sont de véritables accumulateurs des énergies empruntées aux milieux ambiants et condensées dans leurs tissus sous forme chimique, tandis que ces mêmes énergies sont restituées aux milieux ambiants par les animaux supérieurs sous diverses formes chimiques, mécaniques et calorifiques. »

Ces lignes, dues à Berthelot, résument très bien les principes de la calorification végétale.

Tous les phénomènes d'oxydation et d'hydratation sont accompagnés d'un dégagement de chaleur ; la plupart des phénomènes de dédoublement sont également dans ce cas. Il n'est pas nécessaire, en effet, que l'oxygène intervienne directement pour donner lieu à un dégagement de chaleur : le

dédoublement du glucose en gaz carbonique et alcool dans la
fermentation alcoolique répond à une réaction exothermique :
$C^6H^{12}O^6$ dissous $= 2C^2H^6O$ dissous $+ 2CO^2$ dissous, dégage $+$
$44^{cal},2$.

La fixation de l'eau sur des corps condensés tels que l'amidon, l'inuline, la cellulose, avec production de glucose ou de
lévulose, donne également lieu à un dégagement de chaleur.

La chaleur dégagée par le végétal à tous moments de son
existence est employée
partiellement à élever
sa propre température.
On conçoit que cet
échauffement soit très
lent, étant donnée la
dose d'eau considérable
que renferment les
feuilles par exemple.
Une autre partie de
cette chaleur produite
rayonne dans l'atmo-
sphère ambiante. Enfin
une portion de l'énergie
dégagée est employée à
l'accomplissement des
travaux que nécessitent

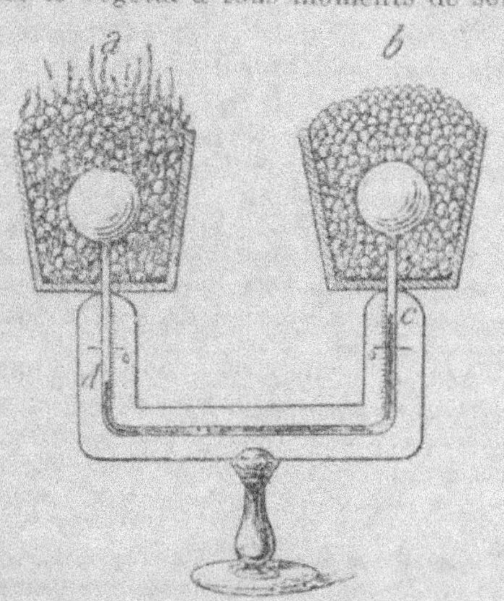

Fig. 12. — Thermomètre différentiel.

une foule de réactions qui concourent au développement du
végétal.

Le plus grand dégagement de chaleur répond toujours à la
période d'activité respiratoire la plus grande : c'est ce qu'il
est facile d'observer pendant la germination des graines. Il
suffit de plonger le réservoir d'un thermomètre au milieu
d'une masse de graines en germination renfermées sous une
cloche pour constater que la température indiquée par ce
thermomètre est très supérieure à la température ambiante.

Lorsque les fleurs s'épanouissent, leur respiration est très
intense : aussi dégagent-elles à ce moment une quantité de
chaleur très notable, facile à observer surtout chez les fleurs
mâles de certains végétaux unisexués.

L'observation du dégagement de chaleur peut être rendue particulièrement évidente en faisant usage d'un *thermomètre différentiel*. On entoure l'une des boules de celui-ci d'un vase contenant, par exemple, des graines humides en germination *a*: l'autre boule est entourée d'un vase semblable *b* contenant des graines portées au préalable à 100°. La boule entourée par le vase *a* s'échauffe; il y a refoulement du mercure de la branche *d* vers la branche *c*, et la différence de température est proportionnelle à la différence de hauteur du mercure dans ces deux branches (fig. 12).

Recherches calorimétriques de Bonnier. — Ces recherches ont conduit l'auteur à formuler les conclusions suivantes.

La quantité de chaleur dégagée pendant le même temps, par un même poids d'une plante à la même température initiale, varie avec le développement de la plante. Qu'il s'agisse de graines ou de tubercules et même de bourgeons, un maximum se produit dans la première partie de la période germinative, un autre maximum dans la fleur après l'anthèse.

Pendant la première partie de la période germinative, la quantité de chaleur mesurée est supérieure à celle que l'on obtient en calculant la chaleur de formation du gaz carbonique produit par la plante pendant l'expérience ; elle est même supérieure, en général, à la quantité de chaleur qui serait due à la formation d'acide carbonique par tout l'oxygène absorbé.

Pendant la floraison, toutes les fois que la quantité de chaleur a été mesurable, elle s'est montrée, au contraire, inférieure à la quantité de chaleur calculée pour le phénomène respiratoire.

Le maximum de chaleur dégagée pendant la période germinative correspond assez sensiblement au maximum d'oxydation, c'est-à-dire au minimum du quotient respiratoire; en tout cas, il coïncide plutôt avec le maximum calculé pour l'oxydation totale qu'avec celui calculé pour le dégagement du gaz carbonique.

La quantité de chaleur dégagée par une même plante, à un même état de son développement, augmente beaucoup avec la température initiale.

Si donc on étudie les tissus au moment de la consommation d'une réserve déterminée (début de la germination, par exemple), la chaleur dégagée par la transformation des substances de réserve (dédoublements et hydratations) vient *s'ajouter* à celle que produit le gaz carbonique en se formant et à celle que produit l'oxydation interne par suite de l'excès d'oxygène arbsorbé. Si on étudie les tissus au moment de la formation d'une réserve déterminée, comme cela a lieu à l'époque de l'émigration des matériaux vers les fleurs ou au début de la formation des fruits, on constate que la chaleur absorbée par la création des matières de réserve vient, au contraire, *se retrancher* de la chaleur que dégage la respiration.

VII

RESPIRATION INTRACELLULAIRE
OU INTRAMOLÉCULAIRE

Caractères généraux de la vie avec ou sans oxygène. — On sait que la levure de bière ainsi que nombre de végétaux inférieurs, lorsqu'ils se développent au contact de l'air sur des solutions sucrées ou de certaines substances ternaires, utilisent une partie du carbone pour la formation de leurs tissus et en font disparaître une autre par combustion respiratoire : les produits d'excrétion sont alors l'eau et le gaz carbonique. Si ces végétaux sont privés d'oxygène *libre*, ils ne peuvent plus vivre qu'aux dépens d'un petit nombre seulement de matières sucrées, qu'ils dédoublent alors en *alcool* et *gaz carbonique*. Dans le premier cas (aérobiose), la multiplication cellulaire est très active ; dans le second, la cellule agit comme *ferment* ; elle se développe très mal et donne naissance à des produits qui lui deviennent nuisibles lorsqu'ils ont acquis un certain degré de concentration.

Cette vie *anaérobie* de la cellule n'est pas particulière à la levure. On peut dire, de façon générale, que, lorsqu'une plante ou un organe végétal quelconque ont consommé tout l'oxygène libre mis à leur disposition, ils sont encore capables de *respirer*, c'est-à-dire de dégager du gaz carbonique au sein d'une atmosphère désoxygénée.

C'est à ce phénomène que l'on a donné le nom de *respiration intracellulaire* ou *intramoléculaire*. L'origine du gaz carbonique dégagé doit être alors cherchée dans le *dédoublement* de certains hydrates de carbone.

Ce dégagement persiste d'autant plus longtemps que ces derniers sont plus abondants.

Cette respiration particulière, cette *vie asphyxique*, débute alors même qu'il y a encore de l'oxygène dans l'atmosphère ambiante. Lorsque la proportion de ce gaz s'abaisse à 2 ou

3 p. 100, le quotient respiratoire, jusque-là invariable, augmente sensiblement. Le dégagement du gaz carbonique continue pendant quelque temps, puis il se ralentit et cesse complètement.

Cette résistance à l'asphyxie varie avec la *nature* des substances contenues dans le végétal ou l'organe considérés ; elle varie avec la température dont l'élévation en raccourcit la durée, mais en exalte l'intensité. Elle se termine enfin par la mort.

La cellule, mise à l'abri de l'air, joue le rôle de ferment alcoolique. — A l'époque où Pasteur exécutait ses mémorables recherches sur le *pouvoir ferment* de la levure de bière, Lechartier et Bellamy (1869) montraient que certains fruits (pommes, groseilles, cerises), enfermés dans un vase muni d'un tube à dégagement, absorbaient rapidement l'oxygène contenu dans l'atmosphère du vase et dégageaient des quantités énormes de gaz carbonique. Ce dégagement se poursuit pendant plusieurs mois : des pommes, soumises à l'expérience, perdent leur consistance habituelle, deviennent molles et, sauf la couleur, prennent l'aspect d'un fruit blet. Le sucre contenu dans ces fruits diminue, et *il se fait de l'alcool*. Les auteurs précités étendirent ensuite leurs recherches à d'autres fruits et même à des graines : ils remarquèrent que le dégagement gazeux, obtenu en l'absence d'oxygène et avec production concomitante d'alcool, était un fait général. L'alcool et le gaz carbonique se forment à molécules à peu près égales.

Conformément aux vues de Pasteur, il s'agit donc bien ici d'une *véritable fermentation alcoolique* dans laquelle le ferment n'est autre chose que la cellule du fruit ou de l'organe végétal employés. Toute cellule vivante, mise à l'abri de l'air, peut jouer le rôle de ferment alcoolique. Les substances antiseptiques (phénol) et les vapeurs toxiques (acide cyanhydrique, éther, chloroforme), abolissent le *pouvoir ferment* de ces cellules.

La respiration intramoléculaire est donc un phénomène très général. Des végétaux entiers, placés pendant un certain temps au sein d'un gaz inerte, tel que l'azote, renferment des doses d'alcool très notables, atteignant souvent $\frac{2}{1000}$ du poids de la plante (Müntz).

Cette présence de l'alcool dans la plante semble, pour quelques auteurs, être chose normale. Si, en effet, on distille rapidement avec de la vapeur d'eau une quantité un peu notable de feuilles, immédiatement après leur récolte, le liquide distillé renferme de petites quantités d'alcool (Berthelot, Devaux). Certaines cellules ont donc, malgré la présence de l'air, fonctionné en anaérobies.

D'ailleurs, plusieurs expériences tendent à faire admettre que l'alcool est un produit *normal* de la vie cellulaire, disparaissant lorsque la plante se développe au contact de l'air, mais pouvant exister en faibles quantités néanmoins, d'une façon transitoire, avant d'être utilisé.

Respiration intracellulaire des champignons. — Pendant la respiration des champignons à l'abri de l'oxygène, il ne se dégage pas, du moins en quantité appréciable, de principes carbonés combustibles : le seul gaz abondamment produit est l'acide carbonique. Certains champignons, riches en *mannite* ($C^6H^{14}O^6$, alcool hexavalent), tels que les *agarics*, exhalent, quand ils sont soustraits à l'action de l'oxygène, non seulement du gaz carbonique, mais aussi de l'hydrogène. Le dégagement de ce dernier gaz tient précisément à la présence de la mannite dans le tissu des agarics, car des espèces très voisines renfermant du *tréhalose* ($C^{12}H^{22}O^{11}$) au lieu de mannite, ne dégagent pas trace d'hydrogène dans les mêmes conditions. C'est à une fermentation alcoolique de la mannite que l'on doit attribuer le dégagement d'hydrogène qui se produit chez ces champignons soustraits au contact de l'oxygène. Dans leurs tissus, on rencontre de l'alcool (Müntz).

Ainsi que le fait remarquer Duclaux, la mannite fermente, bien que difficilement, au contact de la levure de bière ; mais sa fermentation produit également de l'hydrogène. Il y a donc identité de vie cellulaire chez le champignon et chez la levure.

Il serait peut-être utile d'apporter quelques réserves à cette opinion. Des recherches récentes de Kostytchev montrent que le dégagement d'hydrogène observé par Müntz dans la respiration intracellulaire de l'*Agaricus campestris* serait dû à la présence des bactéries. De plus, il ne se formerait pas trace d'alcool. On constaterait des phénomènes analogues chez quelques Mucédinées (*Aspergillus niger*, *Penicillium glaucum*). La respiration normale et la respiration intracellulaire de ces végétaux inférieurs nourris avec de la mannite ne fourniraient pas d'hydrogène.

Graines germant à l'abri de l'air. — Rappelons ici les expériences suivantes dont nous avons parlé à propos de la germination (p. 300).

Si l'on prend des graines de pois stérilisées et qu'on les immerge sous une couche d'eau stérilisée, la germination n'a pas lieu : les réserves de la graine, qui, normalement, servent à l'édification du jeune végétal, se solubilisent et le liquide contient de l'alcool. Cette transformation est d'autant plus complète que l'on prolonge davantage la durée de l'expérience dans des conditions où l'accès de l'oxygène est tout à fait insuffisant.

Des pois privés de leurs embryons et exposés sur une couche de sable humide fournissent également de l'alcool. Le poids de cette dernière substance augmente beaucoup si, après avoir laissé la tigelle s'allonger, on recouvre celle-ci d'une couche d'eau. Son développement s'arrête alors, et l'alcool apparaît en proportions très notables. On en conclut que l'alcool est un produit normal et nécessaire de la digestion des substances hydrocarbonées, capable de s'accumuler lorsque l'oxygène de l'air fait défaut ou arrive difficilement au contact de la graine, mais disparaissant au contraire, jusqu'à passer inaperçu, quand la graine se développe dans une atmosphère oxygénée (Mazé).

Expériences de Godlewski et Polzeniusz. — Pour étudier le dégagement du gaz carbonique dans les phénomènes de respiration intramoléculaire, ces auteurs emploient une fiole de verre, avec bouchon de verre muni de deux tubes. L'un est destiné à faire le vide et à prélever les échantillons de gaz; l'autre est relié à un manomètre. Après avoir mis un peu d'eau dans la fiole, on la stérilise, on y introduit des graines stérilisées, puis on fait le vide, et on abandonne l'appareil à une température fixe : on pourra suivre chaque jour le dégagement gazeux en lisant les indications du manomètre. Lorsqu'on voudra procéder à une analyse de gaz, on réunira l'appareil à une trompe à mercure. Dans un volume déterminé du liquide de la fiole on dosera l'alcool.

Si le mécanisme de la respiration intramoléculaire est identique à celui de la fermentation alcoolique, la perte des graines en matière sèche devra correspondre aux poids réunis de l'alcool et du gaz carbonique formés. Cependant cette perte en matière sèche doit subir une correction, car les deux produits volatils de la respiration intramoléculaire ont pour originé l'amidon des graines. Cet amidon ne peut se dédoubler en gaz carbonique et alcool que s'il a subi une hydrolyse préalable qui le transforme en glucose :

$$(1) \qquad C^6H^{10}O^5 + H^2O = C^6H^{12}O^6.$$

$$(2) \qquad C^6H^{12}O^6 = 2C^2H^6O + 2CO^2.$$

Il faut donc ajouter à la perte en matière sèche le poids de cette eau d'hydrolyse (équation 1), c'est-à-dire le dixième du poids moléculaire du glucose.

L'équation (2) se trouve le plus souvent réalisée pour les graines amylacées, telles que celles du pois. La perte en matière sèche représente à peu près la somme de l'alcool et du gaz carbonique qui ont pris naissance.

Si au liquide contenu dans la fiole on ajoute du glucose ou du saccharose, on constate que, non seulement les réserves hydrocarbonées des graines subissent la fermentation, mais qu'il en est de même des hydrates de carbone ajoutés. Les cellules de la graine se comportent donc comme de *véritables ferments alcooliques*. Pendant cette évolution, on remarque qu'il y a également formation d'invertine, car le saccharose qui n'a pas fermenté se retrouve à la fin sous forme de sucre interverti.

Donc, en l'absence d'oxygène, l'amylase, l'invertine, et peut-être la zymase, peuvent prendre naissance dans les cellules végétales.

Si dans le liquide qui baigne les graines on introduit du nitrate de potassium, l'activité respiratoire, qui est d'abord la même qu'avant l'introduction du nitrate, décroît, puis s'annule ; il se forme des nitrites avec dégagement d'azote gazeux. Une partie du nitrate semble servir ici d'aliment respiratoire ; mais les nitrites entravent, puis abolissent la respiration.

L'intensité de la respiration intramoléculaire croît proportionnellement avec la température ; mais la durée du phénomène diminue à mesure que la température s'élève.

Il est évident que l'intensité de la respiration intramoléculaire des différentes espèces de graines ne saurait être égale : elle est faible pour les graines oléagineuses, puisque, sans le concours de l'oxygène, un corps gras ne peut se transformer en alcool et gaz carbonique ; la respiration ne porte alors que sur les hydrates de carbone existant en petite quantité à côté des corps gras dans la graine.

Il semble que la mort du protoplasma, à l'abri de l'air, soit due à la formation de produits nuisibles à son fonctionnement. La respiration intramoléculaire serait donc une sorte de *moyen de défense* dont disposerait l'organisme végétal pour lutter contre l'empoisonnement qui survient par suite du manque d'oxygène.

L'influence favorable des matières fermentescibles agissant comme aliments respiratoires apparaît dans ce fait que certaines Mucédinées (*Aspergillus, Penicillium*) peuvent vivre à l'abri de l'oxygène en présence de sucre et d'hydrates de carbone hydrolysables ; mais ces végétaux meurent si on remplace les sucres par de l'acide tartrique, par exemple. Or cet acide est, en présence de l'oxygène, une bonne matière alimentaire pour eux. Donc, chez ces organismes inférieurs, le dégagement de gaz carbonique, en l'absence d'oxygène, n'est pas une propriété générale de la cellule; il dépend seulement de la *nature* des aliments dont celle-ci dispose.

D'après ce qui précède, on peut dire, avec Godlewski et Polzeniusz, que la respiration intramoléculaire des graines et peut-être de tous les organes végétaux dont le matériel respiratoire est formé par des hydrates de carbone hydrolysables, est identique à la fermentation alcoolique.

Influence de l'addition de certaines matières sucrées sur la respiration intramoléculaire. — Il existe des graines, telles que celles du lupin, qui sont très riches en matières albuminoïdes et très pauvres en hydrates de carbone. Leur respiration intramoléculaire dans le vide est faible : on exagère celle-ci par l'addition artificielle de certaines matières sucrées. Le glucose est la plus favorable de ces matières, le lévulose est beaucoup moins apte à provoquer un dégagement de gaz carbonique. Le saccharose n'est pas utilisé tel quel ; il subit une inversion préalable et, dans le liquide qui reste après l'expérience, on constate la présence de sucre interverti. En somme, les graines de lupin se conduisent comme les graines examinées précédemment, avec cette seule différence qu'il est nécessaire de mettre à leur disposition des substances hydrocar-

bonées qui, normalement, leur font presque complètement défaut.
On constate concurremment la présence de l'alcool (Godlewski).

Décomposition des substances albuminoïdes chez la graine privée d'oxygène. — Les substances albuminoïdes d'une graine stérilisée, déposée dans un milieu exempt d'oxygène, éprouvent une série de transformations notablement différentes de celles qui ont lieu en présence de ce gaz. L'asparagine, qui constitue le principal produit de la décomposition des matières protéiques dans ce dernier cas, est peu abondante lorsque la graine se trouve privée d'oxygène : ce sont les acides aminés qui dominent alors. On n'observe de dégagement d'azote ni à l'état libre, ni à l'état d'ammoniaque.

Or nous avons vu, à propos du rôle de l'asparagine (p. 310) que E. Schulze admet que cet amide doit être regardé, en majeure partie du moins, non pas comme un produit de décomposition des albuminoïdes, mais comme le premier terme de la régénération de ceux-ci dans les conditions habituelles de la végétation. Puisque, pendant la respiration intramoléculaire, on ne voit apparaître qu'une faible quantité d'asparagine, on peut penser que l'exercice de la *respiration normale* est indispensable pour que les acides aminés se transforment en asparagine. Celle-ci est donc un produit d'*oxydation* des acides aminés tels que l'alanine, la leucine, l'arginine, plus pauvres qu'elle en oxygène (Godlewski).

Comparaison entre l'intensité de la respiration normale et celle de la respiration intramoléculaire. — L'intensité de la seconde est généralement plus faible que celle de la première. Si, après un court espace de temps, on restitue à la plante l'oxygène qui lui faisait défaut, la respiration normale reprend avec son intensité primitive ; mais, si l'on attend trop longtemps et si le dégagement du gaz carbonique subit une trop forte diminution, la plante, placée de nouveau dans l'oxygène, ne peut plus respirer.

Le rapport $\frac{I}{N}$ entre la respiration intramoléculaire et la respiration normale n'est pas le même pour les diverses parties d'une même plante, sauf quelques exceptions. Dans les mêmes conditions de temps et de température, Pfeffer a trouvé que ce rapport était le suivant :

Lactarius piperatus	0,31	Courge	0,35
Spadice d'*Arum*	0,61	Blé	0,49
Moutarde	0,17	Fève	0,99

Nicolas a montré que l'intensité de la respiration intramoléculaire présentait, le plus souvent, des valeurs très voisines pour le limbe, la tige et le pétiole. Cette intensité est, pour le limbe, toujours sensiblement plus faible que celle de la respiration normale. Le limbe, comparé au pétiole et à la tige, est celui de ces organes pour lequel $\frac{I}{N}$ présente la valeur la moins élevée.

La respiration intramoléculaire n'est pas une respiration normale. — Nous avons vu, à propos de la germination des graines placées sous une couche d'eau (p. 300), que, dans ces conditions d'aération insuffisante, il se produisait du gaz carbonique et de l'alcool : la plante ne se développe pas et est incapable d'utiliser l'alcool à la construction de ses tissus. Nous avons d'ailleurs rappelé cette expérience quelques pages plus haut (p. 374). Suivant certains auteurs, l'alcool devrait être considéré comme un produit *normal* de la digestion des matières amylacées.

Il en résulte que, d'après cette conception, la respiration intramoléculaire serait un phénomène absolument général et que, si l'on constate chez un végétal ordinaire qui se développe à l'air libre la présence de faibles quantités d'alcool seulement, parfois même l'absence de ce liquide, c'est que celui-ci disparaît au fur et à mesure de sa formation par suite d'une oxydation continue. Autrement dit, l'alcool est l'aliment par excellence. C'est là une généralisation un peu prématurée du phénomène de nutrition observé chez un champignon ascomycète, l'*Eurotyopsis Gayoni*, lequel consomme du sucre, mais peut également consommer de l'alcool, de la glycérine, de l'acide lactique (Mazé).

Wortmann admet que tout le gaz carbonique que dégage une plante en respirant normalement provient de la respiration intramoléculaire. L'oxygène de l'air oxyderait l'alcool formé ; il se produirait d'abord de l'acide acétique :
$$C^2H^6O + O^2 = C^2H^4O^2 + H^2O,$$
puis des polymères de celui-ci.

Sans doute la réaction $3C^2H^6O + O^3 = C^6H^{12}O^3 + 3H^2O$ est fortement exothermique, mais cette transformation de l'alcool en un hydrate de carbone n'a pas encore été réalisée expérimentalement. Pfeffer fait remarquer qu'il est possible que la formation de l'alcool dans la respiration intramoléculaire des aérobies typiques, tels que tous les végétaux supérieurs, résulte d'une série de réactions qui n'ont pas lieu lorsque la plante reçoit tout l'oxygène dont elle a besoin ; on n'a d'ailleurs pas encore réussi à nourrir une plante supérieure avec de l'alcool.

La vie anaérobie n'est pas une vie normale : la cellule de levure ne se multiplie pas en l'absence d'oxygène, et l'alcool auquel elle donne naissance est une matière qui, à un moment donné, s'oppose à la continuation du phénomène de fermentation.

D'ailleurs la vie anaérobie semble être très rare chez les végétaux supérieurs, puisque, ainsi que nous l'avons dit plus haut (p. 355), l'atmosphère interne des tubercules et racines tuberculeuses — dont l'épaisseur même semblerait être un obstacle à la circulation régulière des gaz — contient toujours de l'oxygène en proportion notable.

Il serait plus naturel d'admettre avec Maquenne que, puisqu'il se produit de l'aldéhyde formique dans toutes les combustions, il s'en formerait également dans la respiration : $C^6H^{12}O^6 + O^4 = 2CO^2 + 4CH^2O + 2H^2O$. Cet aldéhyde formique reproduirait des matières sucrées par polymérisation.

En résumé, rien ne nous autorise, jusqu'à présent, à penser que la respiration intramoléculaire soit le mode normal de la respiration végétale et que l'un des produits constants de cette respiration, l'alcool, soit la substance nécessaire à l'élaboration des tissus végétaux.

VIII

PRÉSENCE ET RÔLE DES ACIDES ORGANIQUES DANS LES VÉGÉTAUX

On peut admettre en général que, lorsque le quotient respiratoire $\dfrac{CO^2}{O^2}$ est inférieur à l'unité, il y a oxydation des principes constitutifs des végétaux. Cette oxydation porte en grande partie sur les hydrates de carbone et change ceux-ci, temporairement ou définitivement, en acides organiques.

De Saussure a montré le premier que des rameaux ou des feuilles de *Cactus*, enfermés dans un récipient contenant de l'air pendant l'espace d'une nuit, absorbent une quantité considérable d'oxygène *sans qu'il y ait dégagement de gaz carbonique*. Toutes les feuilles des plantes grasses, c'est-à-dire de celles dont le parenchyme est épais, se conduisent de même. Ces feuilles présentent ce caractère commun d'être protégées contre la transpiration.

A cette absorption d'oxygène correspond la formation corrélative d'un acide organique : il y a donc *acidification*. Celle-ci se produit à l'obscurité et à basse température. Le phénomène contraire, la *désacidification*, a lieu dans des conditions inverses.

Une ancienne observation de Heyne montre que les feuilles du *Bryophyllum calycinum* (Crassulacées) possèdent le matin une réaction acide très nette, laquelle diminue dans le jour.

Il existe certainement une relation entre la présence des acides organiques et la formation des hydrates de carbone : la persistance d'une dose élevée d'hydrates de carbone solubles dans les tissus des plantes grasses jusqu'au terme final de leur existence peut s'expliquer en admettant que la plante transforme pendant le jour une partie des acides qu'elle contient en hydrates de carbone, la réaction inverse se produisant la nuit à basse température. Nous allons revenir bientôt sur ce point.

La périodicité de l'acidité est un phénomène général ; il ne diffère d'une plante à l'autre que par son intensité. Cette périodicité dépend nettement de l'éclairage (Kraus).

La formation des acides répond à un phénomène d'oxydation. — Tous ou presque tous les organes végétaux présentent, à des degrés variables, des phénomènes d'acidification ; il s'agit donc bien ici d'une *respiration incomplète*, aboutissant non plus à la formation d'acide carbonique, terme ultime de la combustion du carbone, mais à des corps moins oxygénés, dont la teneur en oxygène est intermédiaire entre celle du gaz carbonique et celle des hydrates de carbone.

Voici la teneur comparée en oxygène : 1º du glucose pris comme type d'hydrate de carbone ; 2º des principaux acides que l'on rencontre dans les végétaux ; 3º du gaz carbonique :

Glucose	$C^6H^{12}O^6$ contient oxygène p. 100		53,33
Acide succinique	$C^4H^6O^4$	—	54,23
— citrique	$C^6H^8O^7$	—	58,85
— malique	$C^4H^6O^5$	—	59,70
— tartrique	$C^4H^6O^6$	—	64,00
— oxalique	$C^2H^2O^4$	—	71,11
— carbonique	CO^2	—	72,72

On peut formuler d'une manière générale cette respiration incomplète en prenant pour type d'acide l'*acide oxalique* :

$$C^6H^{12}O^6 + O^9 = 3\,C^2H^2O^4 + 3\,H^2O.$$

Nous allons donner quelques détails sur la *présence*, la *formation*, la *destruction* et le *rôle* des acides organiques dans le végétal. C'est là un corollaire indispensable de l'étude de la respiration et qui présente un intérêt de premier ordre au point de vue physiologique. Il est vraisemblable que c'est une *oxydase* qui préside à la production des acides dans le végétal.

Présence des acides organiques dans la plante. — Nous ne parlerons ici que des acides que l'on rencontre le plus fréquemment dans les tissus végétaux.

Acide formique $H.CO^2H$. — On a trouvé cet acide dans les aiguilles et le bois du *Pinus abies*, dans le suc du *Serpervivum tectorum* (joubarbe), dans les fruits du *tamarin* (*Tamarindus indica*) et dans l'ortie (*Urtica urens*). Cet acide existe soit à l'état libre, soit à l'état de sels.

Acide propionique $CH^3.CH^2.CO^2H$. — On l'a rencontré dans les fruits du *Gingko biloba* et dans les fleurs de l'*Achillæa millefolium*.

Acide butyrique. — L'acide normal $CH^3.CH^2.CH^2.CO^2H$ a été trouvé dans les fruits du *Sapindus saponaria*, du *Tamarindus indica* ; l'acide isobutyrique $(CH^3)^2 CH.CO^2H$ a été trouvé dans le *Tanacetum vulgare* et l'*Arnica montana*.

Acide valérianique. — L'acide isovalérianique $(CH^3)^2.CH.CH^2.CO^2H$ se rencontre dans la racine de valériane, d'angélique, dans l'écorce de

Viburnum opulus, les fruits du *Gingko biloba*, les fleurs d'*Anthemis nobilis*, l'écorce de sureau noir, les feuilles d'armoise.

Acide succinique $CO^2H.CH^2.CH^2.CO^2H$. — A été rencontré dans les feuilles de laitue, d'absinthe, de pavot, de chélidoine, ainsi que dans le raisin avant sa maturité. Il doit être très répandu dans le règne végétal, car les deux acides suivants sont des produits d'oxydation directe de celui-ci.

Acide malique $CO^2H.CH(OH)CH^2.CO^2H$. — Cet acide est très répandu chez beaucoup de plantes ; les pommes et les fruits du sorbier en renferment de notables quantités. Beaucoup de végétaux de la famille des Solanées en contiennent (tabac, entre autres) ; la plupart des Crassulacées, des Mésembrianthémées, des Cactées, sont riches en malates ou en acide malique libre. Les Polygonées (genre *Rheum*) contiennent également des malates.

Acide tartrique $CO^2H.CH(OH).CH(OH).CO^2H$. — On rencontre cet acide à l'état de tartrate acide de potassium dans le raisin et dans le suc des jeunes tiges de la vigne, dans plusieurs plantes du genre *Rhus*, dans quelques végétaux de la famille des Composées (pissenlit, topinambour), dans quelques *Rumex*.

Acide citrique $CO^2H.CH^2.C(OH)CH^2.CO^2H$.

<h3 style="text-align:center">CO^2H.</h3>

C'est un des acides les plus répandus dans le règne végétal. Très abondant dans le suc des citrons et des oranges et dans celui des groseilles, on le rencontre encore dans les fruits de beaucoup de Rosacées (sorbier, fraise, rose, néflier), dans les feuilles ou les tiges de nombre de plantes de la famille des Solanées (tabac, alkékenge, piment, tomate, douce-amère), de celle des Éricacées et de celle des Rubiacées, etc. L'*acide aconitique*, qui représente un de ses produits de déshydratation, a été rencontré dans plusieurs plantes de la famille des Renonculacées.

Acide oxalique $CO^2H.CO^2H$. — C'est peut-être le plus commun de tous les acides organiques rencontrés chez les végétaux. Il est particulièrement abondant dans les plantes de la famille des Polygonées (*Rumex, Rheum*). On le trouve à l'état d'oxalate acide de potassium, d'oxalate de calcium, d'acide oxalique libre.

Il est impossible de citer tous les végétaux chez lesquels on l'a trouvé ; peut-être le rencontre-t-on chez presque tous, au moins à un moment donné de la végétation.

L'acide oxalique se forme de préférence dans la feuille. Certains végétaux tels que l'amarante queue de renard (*Amarantus caudatus*) ne renferment guère que de l'acide oxalique sous la forme insoluble d'oxalate de calcium. Cette dernière plante emmagasine des quantités énormes de nitrate de potasse. Chez l'oseille (*Rumex acetosa*), l'acide oxalique se rencontre à la fois sous la forme soluble et insoluble (oxalate de potassium, oxalate de calcium). Chez la glaciale (*Mesembrianthemum cristallinum*), les oxalates existent également sous les deux formes. A la fin de la végétation de cette plante, les oxalates dominent encore dans la feuille, mais ils se rencontrent presque exclusivement sous forme soluble, de même que dans les autres parties du végétal (Berthelot et André).

Relations que présentent entre eux les acides végétaux. — Étant donnée la présence de l'acide succinique dans beaucoup de végétaux et, en particulier, dans le suc du raisin avant sa maturité, il est possible d'admettre que l'acide malique en dérive par oxydation directe, ainsi que l'acide tartrique :

$$C^4H^6O^4 + O = C^4H^6O^5 \qquad\qquad C^4H^6O^5 + O = C^4H^6O^6$$

Ac. succinique.   Ac. malique   Ac. tartrique
                   ou monoxysucci-   ou dioxysuccinique.
                   nique.

L'origine de l'acide succinique pourrait être cherchée dans l'oxydation des corps gras. De plus, on le trouve constamment parmi les produits de la fermentation alcoolique et parmi ceux de la décomposition des albuminoïdes. Peut-être se forme-t-il dans le végétal à la suite d'une de ces réactions. Il existe des relations étroites entre cet acide et l'asparagine ou *acide aminosuccinamique* : $CO^2H.CH^2.CH(NH^2).CONH^2$.

Parmi les produits d'oxydation du glucose, on a signalé la présence des acides formique et tartrique. Le plus abondant de tous les acides végétaux, l'acide oxalique, reconnaît certainement une pareille origine. Toutes les matières sucrées et cellulosiques en fournissent quand on les traite par les oxydants les plus variés.

Quant à l'acide citrique, si abondant dans une foule de végétaux, on ne peut encore lui assigner aucune origine : l'oxydation des hydrates de carbone n'en fournit pas. Les Mucédinées du genre *Citromyces* en produisent directement.

États sous lesquels se rencontrent les acides. — Il n'est pas rare de voir coexister dans le même organe végétal plusieurs acides à la fois. La coexistence des acides malique et oxalique est la règle chez beaucoup de plantes grasses. Un même acide peut se rencontrer partiellement à l'état libre, partiellement à l'état de sel. Le potassium et le calcium sont les métaux que l'on trouve le plus souvent unis aux acides végétaux. Un même végétal ou un même organe peut renfermer à la fois le même acide sous une forme soluble (oxalate acide de potassium, par exemple) et sous une forme insoluble (oxalate de calcium). L'accumulation de ces sels est parfois considérable : l'oxalate de calcium forme jusqu'à 50 p. 100 du poids sec de certaines *Cactées* ; les feuilles de quelques *Crassulacées* peuvent contenir jusqu'à 30 p. 100 de malate de calcium, rapporté à la substance sèche.

L'oxalate de calcium, insoluble, est le sel le plus fréquemment observé dans les tissus végétaux à l'état cristallisé. On le trouve sous deux formes cristallines : celle du prisme clinorhombique et celle du prisme quadratique. Il est donc dimorphe. Parfois les cristaux sont très fins et d'apparence granuleuse. On les rencontre dans la cellule, soit à l'état isolé, soit sous l'aspect d'associations cristallines (sphérocristaux, raphides).

Si l'acide oxalique peut prendre naissance par suite de l'activité normale de la cellule, il apparaît également lorsque la membrane de celle-ci s'épaissit et se lignifie, ce qui indique un état de dégénérescence. Aussi, indépendamment de son *origine respiratoire*, qui n'est qu'un des termes de la combustion incomplète des hydrates de carbone, on peut penser que l'acide oxalique apparaît également à la suite d'une destruction des matières albuminoïdes. Schützenberger a, en effet, montré que l'hydratation de ces dernières, obtenue sous l'influence de la chaleur et de bases puissantes, fournissait les acides carbonique, acétique et oxalique. Celui-ci serait donc un produit de régression cellulaire.

Inversement, l'acide oxalique se produit vraisemblablement dans la synthèse des albuminoïdes à partir de l'asparagine. Celle-ci, pour se transformer en un albuminoïde, doit gagner du carbone et de l'hydrogène et perdre de l'oxygène (p. 305). Cet oxygène se porterait sur les hydrates de carbone et pourrait ainsi engendrer de l'acide oxalique. Chez une plante maintenue à l'obscurité, il ne se forme pas d'acide oxalique : en effet la régénération des albuminoïdes n'a pas lieu dans ces conditions (Kohl) (Voy. ce qui a été dit sur ce point à propos de la théorie de la formation des albuminoïdes, p. 221).

Un assez grand nombre de bactéries (*Bacillus corallinus*, *Bacterium aceti*, etc.), transforment le glucose en acide oxalique ; il en est de même de certaines Mucédinées. Parmi celles-ci, les *Citromyces* fournissent, au contact du glucose, de l'acide citrique. Les champignons appartenant aux genres *Polyporus*, *Tuber*, *Psalliota*, renferment de l'acide malique. Plusieurs bactéries forment de l'acide succinique.

Ainsi, en résumé, si les acides végétaux apparaissent chez les plantes supérieures comme des termes intermédiaires entre les hydrates de carbone et le gaz carbonique et constituent les produits d'une oxydation ou d'une respiration incomplètes, on observe le même phénomène chez les plantes inférieures jusqu'aux degrés les plus bas de l'échelle des êtres. Cette formation d'acides a lieu aussi bien en vie aérobie qu'en vie anaérobie. Dans ce dernier cas, ce n'est plus l'oxygène *libre* qui intervient ; les acides proviennent alors de transformations consécutives à des dédoublements.

Tranformations réciproques des acides organiques. — Deux plantes grasses, le *Mesembrianthemum cristallinum* (Mésembrianthémées) et le *Sedum azureum* (Crassulacées) ne contiennent, en proportions dosables, que deux acides : oxalique et malique. La base qui domine dans les cendres de la première est la potasse, dans la seconde c'est la chaux. Chez le premier de ces végétaux, la quantité d'acide oxalique total va en diminuant à mesure que la plante avance en âge, alors que la quantité d'acide malique va sans cesse en croissant. La somme des poids des acides oxalique et malique reste à peu près constante pendant toute la durée de la végétation et représente, en moyenne, 1/6 du poids total du végétal sec. L'acide oxalique se détruit peut-être par simple oxydation, et la formation de l'acide malique serait indépendante de sa disparition. On peut penser, en effet, que l'acide oxalique représente l'avant-dernier terme de l'oxydation des hydrates de carbone, le terme ultime étant évidemment l'acide carbonique. Ou bien, on peut supposer, mais sous toutes réserves, que l'acide malique prend naissance par *réduction* de l'acide oxalique des oxalates solubles :

$$2\,C^2H^2O^4 + H^8 = C^4H^6O^5 + 3\,H^2O.$$

sous l'influence de la fonction d'assimilation.

Le *Sedum azureum*, dont les cendres sont surtout riches en chaux, se comporte d'une façon toute différente au point de vue de l'acidification. La proportion de l'acide oxalique total y est toujours très faible ; les oxalates solubles disparaissent même vers la fin de la vie de la plante. L'acide malique existe en quantités notables, même dans la plante très jeune, et la proportion de cet acide demeure à peu près constante pendant toute la durée de la végétation.

La différence que présente l'acidification dans ces deux plantes peut être imputée à la nature et aux quantités différentes des bases qu'elles contiennent (G. André).

Remarque sur l'acidité des sucs végétaux et la teneur totale de ceux-ci en acides organiques. — Le suc de plusieurs plantes présente, au moins à certains moments de la végétation, une réaction nettement acide. Mais remarquons de suite qu'il n'existe pas de relation entre la dose totale des acides végétaux contenus dans une plante, à l'état libre ou combiné, et le *titre acidimétrique* des sucs extraits de ses différentes parties. En effet, le processus de la formation des acides est absolument indépendant de celui de leur neutralisation. Celle-ci a lieu aux dépens des alcalis, potasse et chaux, empruntés au sol. Tel suc de plante est à peu près neutre, bien qu'il renferme de notables proportions d'acides (sous forme saline). C'est donc la dose équivalente des acides végétaux, tant de ceux que l'on titre directement que de ceux qui sont combinés, dont la connaissance est importante. A cet effet, on dosera les bases contenues dans les cendres des plantes en retranchant du poids de ces dernières l'acide phosphorique et l'acide sulfurique. On tiendra compte également de la quantité des bases répondant à l'acide nitrique des nitrates. Pour une appréciation sommaire de la formation des acides végétaux, c'est-à-dire pour obtenir un chiffre représentant la somme de leurs équivalents, on obtiendra les résultats les plus approchés en prenant le titre alcalimétrique des cendres obtenues par l'incinération d'un poids connu de matière sèche. On aura ainsi un titre acide approché se rapportant à la somme des acides végétaux, et on lui ajoutera le titre acide du suc, lequel est toujours faible (Berthelot et André).

Après avoir établi la présence des acides dans les végétaux, étudions leur mode de formation.

Formation physiologique des acides. — La condition de cette formation réside dans la plus ou moins grande facilité de pénétration de l'oxygène au travers des tissus végétaux. Aussi, à cet égard, les plantes à feuilles coriaces, les *plantes grasses*, présentent-elles un degré d'acidification bien plus considérable que celui des plantes, dont les feuilles sont minces. La plupart des expériences faites sur l'apparition et la disparition des acides ont, pour cette raison, porté surtout sur les plantes grasses.

Il existe une périodicité très remarquable en ce qui concerne la formation et la destruction des acides. A l'obscurité, surtout si la température est basse, la plante accumule nettement des acides. On observe alors une absorption constante d'oxygène, tandis que le dégagement du gaz carbonique est faible et, souvent même, nul. Si on expose la plante ainsi *acidifiée* à la radiation solaire, les acides disparaissent peu à peu. La radiation joue un rôle, mais l'élévation de la température prend une part plus importante encore dans le phénomène de désacidification.

L'acidification à l'obscurité, pendant la nuit par conséquent dans les conditions normales, est vraisemblablement due à ce fait que, durant cette période, la plante renferme surtout des hydrates de carbone solubles provenant de la dissolution de l'amidon. Ces hydrates solubles seraient plus facilement oxydables que l'amidon lui-même.

La destruction à la lumière des acides accumulés pendant la nuit donne lieu à une particularité très curieuse. Si on expose des feuilles de plantes grasses, sortant de l'obscurité, dans une atmosphère dépourvue de gaz carbonique et qu'on fasse tomber les rayons solaires sur ces feuilles, on constate qu'il y a *augmentation* du volume gazeux due à un dégagement d'oxygène. Des feuilles de plantes grasses immergées à la lumière solaire dans de l'eau bouillie dégagent, de même, de l'oxygène pur ; tandis que des feuilles de plantes non grasses ne fournissent pas de dégagement gazeux (Mayer). On en conclut que, chez les plantes grasses, les parties vertes exposées au soleil peuvent décomposer non seulement le gaz carbonique de l'atmosphère ambiante, ainsi que le font tous les végétaux verts, mais qu'elles sont capables, en outre, *de réduire le gaz carbonique provenant de la destruction des acides végétaux et d'en dégager l'oxygène.* Ainsi la lumière provoque l'oxydation totale des acides ; ceux-ci fournissent du gaz carbonique, lequel est repris par la fonction chlorophyllienne avant qu'il ait eu le temps de se dégager. La conséquence de cette désacidification est donc un dégagement d'oxygène qui se produit dans un milieu exempt de gaz carbonique. Remarquons de suite que l'acidification des feuilles de plantes grasses ne semble pas être un phénomène purement chimique, mais que cette acidification est liée intimement à la vie cellulaire, à l'activité protoplasmique. En effet, si on anesthésie le protoplasma au moyen de vapeurs d'éther ou de chloroforme, on annule, chez les Crassulacées, la production nocturne de l'acide malique. En supprimant l'assimilation chlorophyllienne à la lumière par ce même procédé, on entrave fortement la désacidification. La fonction chlorophyllienne joue donc un rôle important dans ce dernier phénomène (Warburg, Astruc). Quant aux plantes étiolées, elles sont toujours très pauvres en acides.

Aubert a montré que, dans certains cas, les *Cactées* peuvent fournir à la lumière un dégagement simultané d'oxygène et de gaz carbonique. Ces végétaux possèdent, en effet, un parenchyme profond incolore et un tissu superficiel contenant de la chlorophylle. Nuit et jour, ces deux couches respirent et dégagent une assez forte proportion de gaz carbonique, que le tissu superficiel, seul capable d'assimiler à la lumière, peut ne pas décomposer entièrement. Il se dégage donc du gaz carbonique dont on ne constate plus la présence si on diminue l'activité respiratoire par un abaissement de température vers 10-15°, ou si on expose le végétal à une lumière intense.

La formation des acides est une cause de l'augmentation de la pression osmotique dans la plante. — La transformation, par oxydation incomplète, du glucose en acides élève la pression osmotique du suc cellulaire. On peut s'en rendre compte par le raisonnement suivant. Puisque 1 molécule de tous les corps dissous dans le même volume d'eau possède même pression osmotique et que toutes ces solutions sont, par conséquent, *isotoniques*, on conçoit que, des quatre acides végétaux les plus communs : oxalique, malique, tartrique, citrique, ce soit l'acide oxalique qui, par transformation de 1 molécule du glucose, élève le plus la pression osmotique. En effet, 1 molécule de glucose donne, par oxydation 3 molécules d'acide oxalique :

$$C^6H^{12}O^6 + O^9 = 3C^2H^2O^4 + 3H^2O.$$

Une molécule de glucose ne donne que 1,5 molécule des acides malique et tartrique :

$$2C^6H^{12}O^6 + O^6 = 3C^4H^6O^5 + 3H^2O.$$
$$2C^6H^{12}O^6 + O^9 = 3C^4H^6O^6 + 3H^2O.$$

Une molécule de glucose donne seulement 1 molécule d'acide citrique :

$$C^6H^{12}O^6 + O^3 = C^6H^8O^7 + 2H^2O.$$

L'augmentation de la pression osmotique varierait donc avec la nature de l'acide.

Cette explication de l'augmentation de pression est chose vraisemblable ; elle n'est pas absolument démontrée.

Production des acides par destruction de la molécule albuminoïde. — Une autre manière d'envisager les phénomènes d'acidification a été proposée par Mazé et Perrier. Ces auteurs ont pris pour exemple la production de l'acide citrique par certains champignons du genre *Penicillium*, fréquents dans les dissolutions d'acides organiques. Dans les cultures pures de ces *Citromyces*, l'acide citrique apparaît quand le voile a atteint à peu près son poids maximum. A ce moment, si on analyse le milieu de culture, on remarque qu'il n'existe presque plus d'azote assimilable dans le liquide. Le poids de la culture reste à peu près constant, avec une tendance à une légère augmentation, tout le temps que dure la formation de l'acide citrique. Celui-ci semble donc se former par un mécanisme de désassimilation que provoque la pénurie d'azote. On peut, en effet, constater que la richesse du milieu en azote assimilable possède une influence sur le moment où apparaît l'acide citrique : plus elle est grande, et plus l'acide tarde à se former. Les cellules jeunes du champignon empruntent pour leur construction l'azote des cellules âgées après l'avoir libéré de ses groupements carbonés, au nombre desquels doit se rencontrer l'acide citrique. Cette production d'acide n'est pas due à un phénomène d'oxydation incomplète, puisqu'il suffit de mettre une culture jeune à l'abri de l'air, au moment où elle a atteint le maximum de son développement (sans qu'il y ait encore production d'acide citrique) pour voir, au bout de quelques jours, cet acide apparaître en quantités croissantes.

Les acides, au moins dans ce cas particulier, seraient donc des corps qui se détacheraient de la molécule albuminoïde par un processus de désassimilation.

Substances produites par la transformation des acides à la lumière. — Nous avons vu que les acides, lorsqu'ils se détruisent sous l'influence de la radiation solaire, fournissent un dégagement d'oxygène. Que devient leur carbone et sous quelle forme le trouve-t-on? A. Mayer a montré que la transformation des acides à la lumière donnait lieu à la production de matières sucrées, au moins chez les Crassulacées. La réduction des acides végétaux dans les feuilles s'accompagnerait donc de la formation de substances identiques à celles que produit normalement la fonction chlorophyllienne aux dépens du gaz carbonique de l'atmosphère. De sorte que la réaction qui, à l'obscurité et à basse température, fournit par oxydation les acides végétaux serait *réversible* et donnerait à la lumière un dégagement d'oxygène suivi de l'apparition d'un hydrate de carbone. En prenant pour exemple l'acide malique, on aurait :

$$2\,C^6H^{12}O^6 + O^6 = 3\,C^4H^6O^5 + 3\,H^2O \quad \text{(acidification)}.$$

$$3\,C^4H^6O^5 + 3\,H^2O = 2\,C^6H^{12}O^6 + O^6 \quad \text{(désacidification)}.$$

Lorsque les acides se détruisent à l'obscurité, à température élevée, leur oxydation est totale et le quotient respiratoire est supérieur à l'unité :

$$C^4H^6O^5 + O^6 = 4\,CO^2 + 3\,H^2O \qquad \frac{CO^2}{O^2} = \frac{4}{3}.$$

De ce qui précède découle une conséquence très importante. Tous les végétaux renferment en plus ou moins grande quantité des acides organiques, et nous venons de voir qu'une température élevée favorisait la destruction de ceux-ci. Donc, si à une température basse ou moyenne, le quotient respiratoire $\frac{CO_2}{O_2}$ est plus petit ou au plus égal à l'unité, à une température plus élevée il deviendra supérieur à l'unité. C'est l'opinion qu'ont toujours défendue Dehérain et Moissan, ainsi que Dehérain et Maquenne. Cette opinion, conforme aux faits, est la seule acceptable ; elle doit nous faire rejeter la manière de voir d'après laquelle le quotient respiratoire ne varierait jamais avec la température.

Modifications du quotient respiratoire sous l'influence des acides. — Nous venons d'examiner quelques-unes de ces modifications. A basse température et à l'obscurité, ce quotient est très inférieur à l'unité. A haute température, c'est le contraire qui a lieu. On peut provoquer artificiellement des changements profonds dans la valeur de ce quotient en opérant de la façon suivante.

Mangin choisit des feuilles qui, normalement, ne renferment que des doses très faibles d'acides organiques et injecte dans le parenchyme de feuilles du même âge soit des solutions titrées d'acides étendus, soit de l'eau distillée. Les feuilles de Fusain, injectées d'acides organiques (malique, citrique, tartrique), dégagent à la lumière de l'oxygène comme les feuilles de plantes grasses. La quantité de gaz dégagé varie avec la nature de l'acide employé. L'acide malique fournit, toutes choses égales d'ailleurs, plus d'oxygène que l'acide citrique, celui-ci plus que l'acide tartrique. En employant l'acide malique, le dégagement gazeux, déjà sensible avec des liquides au centième, augmente graduellement et devient maximum pour une concentration de 3 à 4 p. 100. Il diminue ensuite lorsque la teneur en acide des solutions dépasse une certaine limite : les acides concentrés exercent une action nocive très nette sur le protoplasma.

On conçoit donc que, dans ces conditions, le quotient respiratoire normal, ainsi que le rapport entre l'oxygène dégagé et l'acide carbonique absorbé dans la fonction chlorophyllienne normale, soient fortement modifiés.

La présence des acides organiques change également la nature du phénomène respiratoire à l'obscurité. Si on compare les échanges gazeux de feuilles normales avec ceux de feuilles injectées d'acides, on trouve que les feuilles qui ont reçu de l'acide malique exhalent, à l'obscurité, un volume de gaz carbonique bien supérieur au volume d'oxygène qu'elles absorbent. Le rapport $\dfrac{CO^2}{O^2}$ est toujours plus grand que l'unité.

Au phénomène respiratoire vient donc s'ajouter un phénomène de dédoublement : une partie du gaz carbonique dégagé ne provenant plus d'une combustion directe.

Influence des radiations calorifiques et lumineuses sur la formation ou la destruction des acides. — D'après Warburg, les radiations lumineuses ne sont pas indispensables à la disparition des acides dans la feuille. L'obscurité prolongée, et surtout l'élévation de la température, produisent le même effet. Si l'on maintient vers 45° des feuilles de plantes grasses à l'obscurité, celles-ci ne deviennent pas ou presque pas acides : à cette température, la respiration est très active, et l'acidification n'a plus lieu. Les feuilles de *Bryophyllum calycinum* (Crassulacées) présentent leur maximum d'acidité vers 13° ; la courbe d'acidification descend rapidement du côté des températures plus basses, plus lentement de l'autre côté. De sorte que, d'une part à 0°, de l'autre à 38°, l'acidité est minima. Ce phénomène particulier de l'acidification, observé sur une plante tropicale, possède un maximum situé beaucoup plus bas que pour toute autre manifestation de la vie. On en conclut que, chez cette plante, la respiration doit être presque nulle à 0° et que les échanges gazeux avec l'atmosphère sont à peu près suspendus ; tandis qu'à 38° l'intensité des oxydations est telle que les acides eux-mêmes sont immédiatement brûlés. Cependant la température d'acidification maxima n'est pas la même chez toutes les plantes.

D'autre part, le séjour prolongé d'une plante grasse à la lumière continue, même d'une faible intensité, y détermine la disparition progressive des acides organiques (lumière électrique) (Aubert).

Toutes les plantes dont l'acidité diminue à la lumière présentent toujours cette particularité d'être également protégées contre la transpiration et de se faner difficilement.

Il existe d'ailleurs une relation remarquable entre la transpiration (phénomène physiologique dépendant de la présence de certaines radiations lumineuses) et l'existence des acides dans la feuille (de Vries, Aubert). La richesse en acide malique des feuilles de Crassulacées croît à partir du bourgeon terminal jusqu'en un certain point de la tige, dont les feuilles ont atteint le maximum de leur développement ; elle décroît chez les feuilles inférieures, qui commencent à s'altérer, mais ne devient jamais nulle. La quantité d'eau transpirée présente un minimum correspondant au maximum du poids de l'acide malique. Les acides organiques, par leur présence, s'opposent à la transpiration des organes qui les renferment et favorisent ainsi la turgescence de ceux-ci. La surface des feuilles est, à égalité de volume, moindre chez les Crassulacées, les Mésembrianthémées, les Cactées, que chez les plantes ordinaires : toutes conditions qui sont favorables à l'acquisition et au maintien de la turgescence. La faible émission de vapeur d'eau chez les plantes grasses insolées reconnaît, comme cause principale, l'absence de chlorophylle dans le parenchyme profond des feuilles ; la *chlorovaporisation*, c'est-à-dire l'évaporation de l'eau due à la présence de la chlorophylle (Voy. p. 484) ne s'effectue que dans les régions superficielles de la feuille (Aubert).

La partie la moins réfrangible du spectre agit plus énergiquement sur la désacidification que la partie la plus réfrangible. Toutefois, l'action de la lumière bleue est proportionnellement plus intense sur la désacidification que sur la décomposition du gaz carbonique (Warburg).

Influence de la composition de l'atmosphère sur la formation et la destruction des acides. — Une Crassulacée que l'on expose pendant la nuit dans le gaz hydrogène ne produit qu'une faible quantité d'acide malique, grâce à son atmosphère interne ; on conçoit que cette acidification soit minime, puisque celle-ci résulte d'un phénomène d'oxydation.

La désacidification est liée à la présence de l'oxygène. En effet, dans une atmosphère non oxygénée, on ne constate plus qu'une très légère destruction des acides sous l'influence de la chaleur. Inversement, on accélère la désacidification en favorisant le contact de l'oxygène avec les éléments de la feuille riches en acides : il suffit pour cela de découper les feuilles en morceaux (Warburg).

La désacidification à la lumière est d'autant plus faible que l'atmosphère qui entoure la feuille est moins riche en oxygène.

L'influence d'une atmosphère suroxygénée est intéressante à étudier. On constate alors à l'obscurité, chez les feuilles de Crassulacées, la formation d'une quantité d'acide malique plus forte que dans l'air ordinaire. Mais, à la lumière, l'acidité diminue moins dans l'atmosphère suroxygénée que dans l'air. On observe généralement dans ce cas une absorption d'oxygène et un dégagement de gaz carbonique (Astruc). Il semble que l'on doive conclure de cette expérience que l'oxydation plus énergique qui se produit dans ces conditions favorise la combustion totale et rapide des acides et que l'excès du gaz carbonique ainsi dégagé ne puisse pas, à beaucoup près, être décomposé par le jeu de la fonction chlorophyllienne.

Sur quelques particularités relatives à la production et au rôle de l'oxalate de calcium. — L'oxalate de calcium, insoluble dans l'eau, est, de tous les sels d'acides organiques, le plus répandu dans le monde végétal. On le rencontre non seulement chez une foule de Phanérogames, mais aussi chez les Thallophytes (algues, champignons), chez les lichens et les fougères. Il manque chez les mousses.

Wehmer a montré que le mode de nutrition influait beaucoup sur la production de l'acide oxalique. Si on donne à des champignons du sucre et des sels ammoniacaux, il ne se forme pas d'acide oxalique ; ce qui a lieu, au contraire, lorsque la source d'azote offerte à ces végétaux consiste en peptone.

On trouve une particularité semblable chez les plantes supérieures. D'après Benecke, l'azote fourni au maïs sous forme de nitrates favorise chez cette plante la formation de l'oxalate de calcium ; l'azote sous forme de sels ammoniacaux ne donne lieu qu'à un très faible dépôt d'oxalate, bien que la plante végète normalement. Il est difficile actuellement d'interpréter ce fait. Peut-être l'oxygène des nitrates se porte-t-il alors sur les hydrates de carbone, qu'il transforme en acide oxalique.

On doit considérer la plupart du temps l'oxalate de calcium comme un produit d'excrétion. D'après Amar, l'étude histologique des plantes qui renferment des cristaux de cette substance montre que celle-ci ne fait sa première apparition que dans les feuilles de sujets développés à la faveur de solutions nutritives contenant une certaine proportion minima (variable avec l'espèce étudiée) de nitrate de calcium. Les cristaux d'oxalate deviennent de plus en plus nombreux à mesure que la proportion de nitrate augmente.

Donc, la chaux (sous forme de nitrate) nécessaire au bon fonctionnement de la plante est entièrement assimilée jusqu'à une certaine dose qui varie avec l'espèce. Au-dessus de cette proportion, elle est éliminée sous forme d'oxalate insoluble comme étant inutile. La formation de l'oxalate de calcium aurait pour but l'élimination de la chaux superflue plutôt que l'élimination de l'acide oxalique.

L'oxalate de calcium ne doit cependant pas toujours être regardé comme un simple produit d'excrétion. Tschirch a, en effet, remarqué que les cristaux de cette substance, renfermés dans les grains d'aleurone du lupin, se dissolvent peu à peu pendant la germination.

Résumé de la fonction respiratoire. — 1° La respiration est un échange gazeux qui s'accompagne d'une combustion : la plante absorbe de l'oxygène et rejette du gaz carbonique ;

2° La respiration végétale est un phénomène très complexe. Tantôt le volume de l'oxygène absorbé fournit un égal volume de gaz carbonique, tantôt le volume du gaz carbonique exhalé est inférieur à celui de l'oxygène absorbé : on assiste à des phénomènes d'oxydation interne, tels que production d'acides organiques, fixation d'oxygène sur les albuminoïdes avec transformation de ceux-ci en amides. Tantôt le volume du gaz carbonique exhalé est supérieur à celui de l'oxygène absorbé : c'est ce que l'on observe généralement à une température élevée, favorable à certains dédoublements ;

3° Le dégagement du gaz carbonique n'est pas toujours corrélatif d'une absorption concomitante de l'oxygène. Dans une atmosphère dépourvue de ce dernier gaz, le végétal lutte contre l'asphyxie : il emprunte l'énergie qui lui est alors nécessaire en dédoublant certaines substances, dont une partie du carbone se dégage sous forme de gaz carbonique (respiration intramoléculaire) ;

4º De tous les facteurs extérieurs dont l'action retentit sur le végétal, la température est celui qui possède l'influence la plus marquée : la quantité de gaz carbonique dégagé croît régulièrement avec ce facteur ;

5º Lorsqu'on veut étudier avec précision les relations entre l'absorption de l'oxygène et l'émission du gaz carbonique, il est indispensable de tenir compte de la composition de l'*atmosphère interne* de l'organe considéré ;

6º La présence presque constante des acides végétaux (oxalique, malique, citrique) dans la plante est en relation étroite avec les phénomènes respiratoires : à basse température, il y a acidification ; les acides se détruisent, au contraire, de préférence à température élevée.

CHAPITRE IX

DE LA MATIÈRE MINÉRALE
ET DE LA COMPOSITION MINÉRALE
DES VÉGÉTAUX

Substances minérales que l'on rencontre dans les cendres. — Proportions des cendres contenues dans les divers organes d'une plante. — Composition des matières fixes obtenues par l'incinération. — Répartition des divers éléments des cendres dans les divers organes de la plante. — Cultures artificielles faites dans des milieux de composition connue. — Rôle physiologique des éléments minéraux. — Rôle particulier des ions dans l'activité des éléments minéraux.

Importance de la matière minérale ; généralités. — Nous avons dit, au début du chapitre premier, que, lorsqu'on détruisait par la chaleur la *partie combustible du végétal*, il restait toujours, quels que fussent l'organe ou la plante considérés, une quantité plus ou moins considérable de matière fixe. Celle-ci est-elle indispensable à la vie végétale ? Sa présence constante implique-t-elle la nécessité où se trouve la plante de s'en emparer ? On peut affirmer que la vie végétale serait impossible si certaines substances minérales fixes n'étaient pas mises à la disposition des végétaux.

Le milieu naturel dans lequel se développent ceux-ci, le sol, est d'une extrême complexité ; il renferme, à des degrés de finesse très différents, les débris des roches les plus variées, dans un état de décomposition plus ou moins avancée. D'autre part, la circulation de l'eau dans la plante est intense ; cette eau charrie avec elle toutes les substances dissoutes qu'elle rencontre dans le sol à des états variables de concentration. On en conclut qu'une même plante se développant dans deux sols de constitution chimique et géologique différente devra fournir à l'incinération des éléments dissemblables. C'est bien, en réalité, ce qui se produit, en partie du moins.

Mais, malgré ces différences qualitatives et quantitatives de composition minérale, il existe dans toutes les cendres végétales certains éléments, qui sont *toujours les mêmes*, quelle que soit la nature du sol examiné. La nécessité de ces éléments ne serait néanmoins pas encore évidente si les deux ordres de faits suivants ne venaient pas en donner la démonstration rigoureuse.

Lorsqu'on ne fournit à une graine qui germe que de l'air et de l'eau, la plante issue de cette graine, après avoir végété un certain temps, qui dépend de la nature et du poids des réserves que la plantule peut puiser dans les cotylédons ou l'albumen, est incapable de fleurir et de fructifier. Du moins ses fleurs et ses fruits se développent-ils alors *sous forme naine* ; quand un organe nouveau apparaît, il puise dans l'organe immédiatement placé au-dessous de lui les substances dont il a besoin, et celui-ci se flétrit. On observe des phénomènes analogues même si l'on met à la disposition de la plante un aliment azoté. Il manque donc quelque chose au végétal. En second lieu, fournissons à cette plante chétive et incomplète quelques-uns des éléments que renferment les *cendres* d'un végétal similaire, qui s'est développé normalement dans un sol convenable. Nous observerons que les substances fixes ainsi ajoutées modifient profondément les conditions d'existence de la plante incomplète. Celle-ci évolue comme le ferait un individu de même espèce placé dans les conditions habituelles d'une bonne culture ; elle fleurit et fructifie. Les graines qu'elle donne sont capables de germer et de reproduire un végétal identique.

Certains éléments salins, fixes, sont donc indispensables, au même titre que le carbone et l'azote.

La valeur relative des éléments fixes est mise en évidence au moyen de la *méthode des cultures en milieux artificiels*, en milieu liquide principalement. Il est facile de fournir à la graine qui germe dans l'eau seule chacun des éléments fixes dont on a constaté la présence dans les cendres d'individus semblables normaux. On pourra, à volonté, faire varier la *dose* de ces éléments, en supprimer l'addition totalement à tel moment que l'on voudra de la végétation et déterminer ainsi leur *valeur relative*.

La pesée comparative de la récolte obtenue dans ce dernier cas, d'une part, et de celle des plantes de même espèce ayant fourni dans un sol de bonne qualité des résultats satisfaisants, d'autre part, indiquera si l'on se rapproche, ou non, des conditions naturelles du développement.

Cette méthode *synthétique* a rendu les plus grands services ; elle a permis d'assigner à tel ou tel élément un rôle bien défini dans la nutrition ; elle est d'un emploi très sûr, puisqu'il est toujours facile de retrouver la substance mise à la disposition de la plante soit dans les tissus de celle-ci, soit dans le liquide de culture.

I

SUBSTANCES MINÉRALES QUE L'ON RENCONTRE DANS LES CENDRES

Les substances que l'on rencontre dans les cendres, au moins dans l'immense majorité des cas, sont les suivantes, au nombre de 10 : *acide phosphorique, acide sulfurique, acide chlorhydrique* (ces acides sont combinés aux bases), *silice, potasse, chaux, magnésie, oxyde de fer, soude, oxyde de manganèse.* La silice et la soude peuvent manquer parfois. Parmi ces substances, il en est qui n'existent qu'en faibles quantités : oxydes de fer et de manganèse.

Indépendamment des corps précédents, on trouve encore, mais à l'état de traces : fluor, iode, acide titanique, aluminium, rubidium, cœsium, zinc, cuivre, bore, etc., sous des états de combinaisons variables. La présence de ces derniers éléments ne semble pas être absolument constante ; on est donc amené à se demander si cette présence est simplement fortuite, ou bien si ces éléments jouent un rôle spécial, mais inconnu aujourd'hui, dans la nutrition. Il est impossible de répondre actuellement à cette question d'une façon précise. Peut-être, étant donnés les progrès de la chimie analytique, parviendra-t-on à les rencontrer chez toutes les plantes. Leur minime quantité n'implique pas forcément l'idée que ces substances soient inutiles : on sait, en effet, que le manganèse, dont la présence a été longtemps regardée comme accidentelle, joue un rôle capital dans la constitution des ferments oxydants (p. 130).

Il est d'ailleurs indispensable de remarquer que, bien souvent, il ne saurait y avoir *a priori* de relation entre l'utilité d'un élément et la proportion dans laquelle cet élément se rencontre dans un végétal. Mazé fait observer que, si certaines substances, regardées comme absolument nuisibles, sont mises à la disposition de la plante en quantités de plus en plus réduites, elles finissent par perdre toute toxicité et provoquent même une action nettement *stimulante* et *excitante*. D'où cette conclusion, que les divers éléments rares des plantes y jouent simplement peut-être le rôle de stimulants.

C'est ce qui ressort des recherches de Vœlker sur l'emploi des bromure et iodure de sodium. Ces sels, en quantité un peu notable, incorporés au sol au moment des semis ou au cours du développement, ralentissent fortement la végétation. Mais, à l'état de traces, telles qu'elles peuvent exister dans les graines trempées pendant dix minutes dans une solution à 1 p. 100 avant leur semis, les deux sels précédents agissent comme stimulants et favorisent la végétation. Ce fait a été vérifié chez l'orge.

Ce qui rend parfois difficile l'interprétation des résultats d'une analyse de cendres, c'est que certains éléments y sont d'autant plus abondants que le sol sur lequel végète la plante considérée en contient davantage : tel est le cas de la potasse, qui s'accumule souvent en quantités considérables sans profit pour le végétal; tel est aussi le cas de la soude, base commune chez les végétaux vivant au bord de la mer.

La plante fait dans ce sol certaines *sélections* ; mais, par contre, il est des substances qu'elle absorbe parce qu'elles sont appelées par simple évaporation : leur rôle est obscur, sinon nul.

On en conclut que l'analyse chimique ne fournit pas toujours des renseignements exacts sur les besoins réels du végétal.

Nous allons étudier les propriétés et le rôle de la matière minérale dans l'ordre suivant :

1° *Proportions de cendres contenues dans les divers organes d'une plante* ; 2° *composition des cendres* ; 3° *répartition des divers éléments des cendres dans les divers organes* ; 4° *cultures artificielles faites dans des milieux de composition connue.* L'ordre dans lequel seront étudiées ces diverses questions est celui qui a été adopté depuis longtemps par Dehérain.

1° PROPORTIONS DE CENDRES CONTENUES DANS LES DIVERS ORGANES D'UNE PLANTE

La quantité véritable de matière fixe qui *devrait* exister dans tel organe d'une plante n'est pas connue avec certitude. Lorsque nous incinérons un organe, le poids de cendres que nous obtenons répond, d'une part, aux substances fixes qui jouent un rôle physiologique déterminé et dont une certaine quantité minima est indispensable à la vie même de l'organe et, d'autre part, à un excès variable de ces mêmes substances fixes qui se sont déposées sans profit pour le développement de l'organe considéré. De sorte qu'il ne peut être question, dans l'examen du point spécial qui nous occupe, que d'une *moyenne* tirée d'un grand nombre d'analyses. Ce que nous venons de dire relativement à la variabilité du poids des cendres est particulièrement vrai pour un élément, le sodium, que l'on rencontre, chez un grand nombre de végétaux, en proportions très diverses. Or le sodium ne semble pas être, dans la majorité des cas, une substance indispensable à l'existence des végétaux supérieurs, à l'inverse de ce qui se passe chez les animaux. La composition du milieu naturel dans lequel la plante enfonce ses racines intervient donc en premier lieu pour modifier plus ou moins le poids des matières salines qu'absorbe la plante et, par conséquent, le poids de ses cendres.

Il faudrait exécuter un nombre considérable d'essais pour fixer d'une manière définitive quelle est la quantité minima de chaque corps simple métallique nécessaire au développement parfait d'une plante donnée. De pareilles expériences, non seulement exigeraient beaucoup de temps, mais ne permettraient de formuler en quelque sorte de conclusions mathématiques que si on pouvait réaliser des conditions de température et d'éclairement absolument uniformes. Elles ont été tentées cependant avec succès chez quelques organismes inférieurs.

L'examen attentif des relations pondérales entre la matière minérale et la matière organique d'un végétal a été également l'objet d'études spéciales, entreprises sur quelques plantes supérieures seulement. Nous en dirons quelques mots dans le dernier chapitre de cet ouvrage (1).

Cendres des graines. — La proportion centésimale des cendres par rapport à la matière sèche de la graine est assez variable chez la même plante suivant l'espèce considérée et le mode de culture.

Nous ne citerons ici que quelques exemples pris parmi les plantes les plus communes.

Cendres dans 100 parties de matière sèche.

Blé	1,9 à 2,4	*Brassica rapa*	3,95	*Larix decidua*	2,29
Avoine	2,07	*Brassica napus*	3,97	Chêne	1,73
Seigle	2,09	Lupin blanc	3,40	Aulne	2,08
Orge	1,99	Haricot blanc	3,22	Bouleau	3,78
Maïs	1,25	Haricot d'Es-		Hêtre	2,54
Riz	1,22	pagne	4,09	Châtaignier	2,38
Sarrasin	1,73	Pois	3,25	Amandier	4,90
Pavot	6,04	Topinambour	2,80	Marronnier	
Chanvre	5,20	Chicorée	6,21	d'Inde	2,36
Lin	3,69	*Pinus sylvestris*	5,95	Café	3,19
Sinapis alba	4,57	*Pinus excelsa*	5,80		
Sinapis nigra	4,98	*Pinus laricio*	2,76		

(1) On trouvera l'analyse des cendres d'un très grand nombre de végétaux en consultant les tables de WOLFF (*Aschen-Analysen*, Berlin, 1871 et 1880), ou bien l'ouvrage de J. KÖNIG : *Chemische Zusammensetzung der menschlichen Nahrung-und Genussmittel*, Berlin, 1903 et 1904.

Cendres des racines. — Celles-ci sont, en général, en moindre quantité que les cendres que fournissent les organes aériens. Ainsi les racines de *turneps* laissent, pour 100 parties de matière sèche, 8 parties de cendres, les feuilles 13 parties ; les racines de *tabac* 7 parties, les feuilles 23 parties ; les racines de *moutarde blanche* 10,2, les tiges 20,3, les feuilles 22,1.

Les cendres diminuent le plus souvent avec l'âge de la racine. Ainsi on a :

		Cendres p. 100 de matière sèche.	Accroissement du poids sec d'une racine. gr.
Blé	1ᵉʳ juin	22,34	0,156
	20 —	16,05	0,200
	11 juillet	14,89	0,276
	25 —	10,25	0,372
Moutarde blanche.	14 juin	15,87	0,0574
	23 —	6,99	0,1506
	25 juillet	5,82	0,1975
Marronnier d'Inde (semé en février).	30 mai	12,30	1,217
	4 juillet	6,69	3,260
	11 août	4,31	5,138

Une jeune racine de noyer de 5/10 de millimètre de diamètre a laissé 4,3 p. 100 de cendres ; une vieille racine de 1 décimètre de diamètre laisse seulement 1,6.

Cendres des organes souterrains. — Les bulbes, les tubercules, les rhizomes renferment, en général, une quantité de cendres voisine de celle que l'on observe chez les graines. On a trouvé dans 100 parties de matière sèche :

Bulbes d'oignon, 5,28 ; bulbes d'asphodèle, 3,90 ; bulbes d'*Orchis*, 2,04 ; rhizome d'*Iris germanica*, 3,64 ; rhizome de *Curcuma*, 7,07 ; rhizome de Gingembre, 4,8 ; tubercules de pommes de terre, 3,8 ; tubercules de topinambour, 5,8 ; panais cultivé, 4,80 ; carotte, 5,47 ; betterave à sucre 4,4 à 6,7.

Cendres des tiges. — La proportion centésimale des cendres diminue en général avec l'âge de la tige herbacée. En voici quelques exemples :

		Cendres p. 100 de matière sèche.	Accroissement du poids sec d'une tige. gr.
	1ᵉʳ juin............	15,52	0,664
Blé............	20 —	12,55	2,390
	11 juillet............	7,77	4,400
	25 —	8,97	5,700
	22 juin............	20,30	0,315
Moutarde blanche.	6 juillet............	11,03	0,934
	26 —	7,08	1,550

Entre le 30 mai et le 25 septembre, les cendres de tiges de marronnier d'Inde, semé la même année, variaient de 5,39 à 3,56 (pour 100 parties de matière sèche), tandis que le poids sec d'une tige passait de $1^{gr},16$ à $6^{gr},01$ dans le même intervalle de temps.

En réalité, le *poids absolu* des cendres de la tige augmente d'une manière continue. Si la proportion centésimale des cendres diminue, cela tient à ce que la matière organique augmente plus vite que la matière minérale. Lorsqu'on veut faire le compte exact de la quantité de cendres contenue dans un organe, il faut rapporter cette quantité à 1 000 parties, par exemple, de cendres de la plante totale. Voici ce qui ressort de l'examen des tiges de *colza* (I. Pierre) :

	Cendres rapportées			
	à 1 kilo de matière sèche.		à 1 kilo de cendres de la plante totale.	
	Tiges. gr.	Rameaux florifères. gr.	Tiges. gr.	Rameaux florifères gr.
22 mars 1859............	95,2	102,8	224	53
2 avril (floraison).......	92,7	98,6	271	71
6 mai (plante défleurie)..	71,8	86,7	295	137
6 juin (fructification)....	72,1	77,3	269	324
20 juin (maturation)......	67,2	75,2	302	569

On voit donc qu'il y a, en réalité, augmentation continuelle des cendres ; cette augmentation est peu accentuée chez les tiges proprement dites ; elle est considérable pour les rameaux florifères.

D'après Garreau, les cendres s'accumulent dans les tiges

herbacées jusqu'à l'époque de la floraison; elles décroissent dans ces organes jusqu'à la maturité des graines.

Cendres p. 100 de la matière sèche dans :

	Blé.	Maïs.	Haricot.
Tigelle très jeune.............	3,6	5,3	4,0
Tige de 30 jours.............	7,8	9,5	9,0
— 15 jours avant floraison..	8,5	12,7	12,6
— pendant la floraison......	6,2	9,4	10,75
— à la maturation..........	5,0	9,3	8,00

Cendres du bois et de l'écorce. — Le bois est peu riche en cendres; l'écorce l'est davantage. Les cendres du bois représentent le plus souvent 0,5 à 1 p. 100 du poids de la matière sèche, alors que celles de l'écorce sont vingt et trente fois plus considérables. Ceci est applicable à des arbres un peu âgés.

Voici la proportion, pour 100 de la matière sèche, des cendres d'un hêtre de quatre-vingt-quatorze ans dans les différentes couches concentriques annuelles :

Couches......	1-15	15-25	25-35	35-45	45-60	60-83	83-94
Cendres....	1,16	0,82	0,64	0,61	0,55	0,45	0,20

(Zimmermann.)

	Cendres	
	dans l'écorce.	dans le bois.
Prunus Mahaleb...............	6.81	1,38
Cerasus avium................	9,76	0,23
Sorbus aria.................	*	1,06
Pinus larix.................	*	0,32
Quercus robur...............	5,6	0,28

L'aubier renferme deux ou trois fois plus de cendres que le bois.

Sur des rameaux très jeunes, les différences sont beaucoup moins accusées. Ainsi, un rameau de marronnier d'Inde de l'année a fourni : cendres du bois, 2,58 ; cendres de l'écorce, 6,78.

Le poids des cendres du bois ne subit que de faibles oscillations aux différentes époques de l'année.

Cendres des feuilles. — On peut dire, d'une manière générale, que la proportion des cendres fournies par les feuilles est toujours supérieure à celle des autres organes.

Blé.	Tiges.	Feuilles.	Marronnier d'Inde de l'année.	Tiges.	Feuilles.	
1er juin	15,52	15,80	30 mai...	5,39	15,31	P. 100
20 —	12,55	16,05	5 juillet.	6,09	14,55	de la
11 juillet....	7,77	15,18	11 août...	3,72	12,83	matière
25 —	8,97	13,82	25 sept...	3,56	17,78	sèche.

La quantité de cendres augmente, assez souvent, avec l'âge de la feuille. Garreau a trouvé que les matières minérales fixes contenues dans chaque feuille d'une pousse de l'année, recueillie le 30 septembre, fournissent les chiffres suivants, rapportés à 100 grammes de matière sèche (en partant de la base du rameau) :

	1re feuille.	2e feuille.	3e feuille.	4e feuille.	5e feuille.	6e feuille.	7e feuille.	8e feuille.
Tilleul..	9,30	9,30	8,75	8,70	8,70	8,00	7,85	7,60
Orme....	16,00	15,30	16,10	13,20	12,60	11,70	11,00	9,50

Les feuilles des plantes herbacées donnent parfois le même résultat :

Lysimachia vulgaris.	1er verticille..	15,00	*Aristolochia clematitis.*	3 premières feuilles de l'axe.........	9,65
	5e — ..	11,49			
	9e — ..	9,06		3 dernières feuilles de l'axe.........	7,44

Parfois, au contraire, les cendres diminuent légèrement avec l'âge ; comme l'assimilation de la matière minérale est continue, cela prouve que la matière organique augmente plus rapidement que la matière minérale.

Il est des cas assez nombreux où le taux des cendres des feuilles varie très peu chez les plantes herbacées depuis le début de la végétation jusqu'à la fin. Ceci se présente chez les végétaux dont les feuilles subissent avec le temps un ralentissement de leur faculté assimilatrice.

Les feuilles des végétaux aquatiques submergés, lesquelles se trouvent à l'abri de toute évaporation, donnent des résidus salins d'autant plus abondants qu'elles sont plus âgées :

Ranunculus aquatilis.	Feuilles de la partie moyenne de l'axe.	28,0	*Hippuris vulgaris*	Feuilles de la partie moyenne.........	16,5
	Feuilles de la partie supérieure	12,5		Feuilles de la partie supérieure........	11,5

(Garreau.)

Les feuilles des plantes grasses ou charnues (*saxifrages, Sempervivum, Sedum*) contiennent généralement beaucoup de cendres et, cependant, elles transpirent peu. Les matières fixes s'y accumulent d'autant plus que l'organe est plus âgé.

D'ailleurs, la teneur en matière minérale varie beaucoup dans les feuilles d'une même plante suivant le mode de culture et les conditions climatériques. Parmi les feuilles les moins chargées de matière minérale, il faut citer les aiguilles de Conifères. Dans celles du *pin noir d'Autriche*, qui durent plusieurs années, la matière minérale augmente avec l'âge (Fliche et Grandeau) : aiguilles de l'année, 1.91 (p. 100 de la matière sèche) ; aiguilles d'un an, 2,30 ; aiguilles de deux ans, 2,86 ; aiguilles de trois ans, 3,82 ; aiguilles de quatre ans, 4,55.

On conçoit que l'on puisse constater dans la teneur en matière minérale des feuilles de grandes oscillations et qu'une règle générale de l'augmentation ou de la diminution des éléments fixes ne puisse être formulée. En effet, les feuilles sont des organes qui transpirent beaucoup ; de cette transpiration dépend l'ascension des substances salines. Or suivant que l'intensité de la radiation solaire sera plus ou moins considérable à tel ou tel moment de la végétation, les feuilles se chargeront d'une quantité de matière fixe variable.

Cendres de champignons comestibles et vénéneux. — Le poids de leurs cendres est extrêmement variable d'un genre à l'autre, d'une espèce à l'autre. Les chiffres extrêmes sont compris entre 4 et 15 p. 100 de la matière sèche.

2° COMPOSITION DES MATIÈRES FIXES OBTENUES PAR L'INCINÉRATION

L'action de la chaleur sur les tissus végétaux détruit non seulement les matières hydrocarbonées et azotées, mais modifie profondément la nature de la matière minérale. Celle-ci est en grande partie associée aux substances organiques dans des combinaisons que la vie seule de la cellule peut réaliser et qui, par conséquent, disparaissent lorsque l'élément organique lui-même disparaît. C'est ainsi que les sucs végétaux sont normalement, ou très légèrement acides, ou neutres, alors que les cendres, traitées par l'eau, sont fortement alcalines. Cette alcalinité est due à la présence du carbonate de potassium, toujours absent dans le végétal vivant, mais qui prend naissance par la destruction, sous l'influence de la chaleur, des oxalates, malates, citrates et tartrates alcalins que renferment telles ou telles cellules de l'organisme végétal.

La *composition* des cendres varie certainement avec la nature du sol sur lequel se développe le végétal ; mais on rencontre toujours dans les cendres certains éléments que l'on doit regarder comme indispensables à l'existence des êtres qui les renferment.

Nous distinguerons dans les cendres deux sortes d'éléments : les éléments *acides* et les éléments *basiques*.

Éléments acides. — *Acide carbonique.* — La majeure partie de cet acide provient, comme nous venons de le dire, de l'action même de la chaleur sur certains sels organiques (oxalates, etc.). Cependant l'acide carbonique existe normalement dans plusieurs organes, feuilles notamment, à l'état de carbonate de calcium, dont l'origine doit être cherchée dans la décomposition du bicarbonate de calcium.

Silice. — La présence de cet acide est constante dans les cendres de tous les organes végétaux : on le rencontre à l'état de traces dans les graines ; il est particulièrement abondant dans les tiges de Graminées et dans les feuilles âgées. Sa répartition est très inégale, car, dans un même organe pris chez différents végétaux (tiges notamment), sa proportion varie dans des limites très étendues.

Le rôle de la silice est très obscur, et nous verrons plus loin que, si une partie de cet élément semble contracter une sorte de combinaison avec certains principes immédiats du végétal (cellulose), une autre paraît se déposer, principalement dans les feuilles, par simple évaporation.

Acide phosphorique. — La répartition de cet acide, constant

dans tous les organes végétaux, est fort inégale : elle suit
cependant une loi générale, qui est la suivante : Tous les organes
jeunes en renferment assez abondamment ; à mesure que ces
organes vieillissent, l'acide phosphorique les abandonne et
va se concentrer dans les graines ou dans les organes souterrains de réserve. Chez les plantes ligneuses, on voit l'acide
phosphorique émigrer des feuilles au moment de leur chute
jusque dans le bois, où il constitue une réserve pour le développement des bourgeons l'année suivante. La *migration*
de l'azote est, d'une manière assez générale, intimement liée
à celle de l'acide phosphorique.

Acide sulfurique. — La présence constante de cet acide
dans les cendres est un exemple frappant des modifications
que produit l'incinération sur les tissus des végétaux. En
effet, dans la plante vivante, il n'existe le plus souvent de
sulfates minéraux qu'à l'état de traces. L'acide sulfurique
que l'on trouve après incinération provient de la destruction
avec oxydation des matières albuminoïdes, dans le noyau
desquelles se rencontre toujours un principe organique sulfuré.

Acide chlorhydrique. — On le rencontre dans les cendres
sous forme de chlorures (de potassium, de sodium). Il préexiste d'ailleurs dans le végétal vivant sous forme de chlorures
également. On n'a pas encore trouvé dans une plante de composés chlorés organiques.

Le chlorure de sodium, nuisible à la plupart des végétaux
terrestres quand il est en trop grande abondance, n'a pas
d'action toxique lorsqu'il n'existe dans le sol qu'en faibles
proportions. D'ailleurs, si la plupart des plantes marines et
de celles qui vivent dans les terrains plus ou moins salés
des bords de la mer peuvent en absorber, beaucoup de plantes
terrestres ne l'absorbent pas, et le chlore que l'on rencontre
normalement chez elles s'y trouve sous forme de chlorure de
potassium.

On doit à Cloëz des recherches qui tendent à montrer que
si tel végétal habitant d'ordinaire aux bords de la mer (chou-
marin) renferme de notables quantités de sel marin dans ses
cendres, le même végétal, planté loin de son lieu d'origine,
fournit des cendres pauvres en chlorure de sodium. Il est

cependant possible, ainsi que Péligot l'a fait remarquer, que la grande quantité de sel marin rencontré dans les cendres du végétal vivant près du bord de la mer provienne non des tissus eux-mêmes soumis à l'incinération, mais de la présence d'une sorte d'enduit salé, adhérant aux feuilles, auxquelles ce sel serait apporté par les vents de mer qui charrient avec eux d'une manière incessante de très faibles quantités de cette matière.

Cloëz a également montré qu'une plante, vivant habituellement à l'intérieur des terres et ne contenant dans ses cendres qu'une faible quantité de sel marin, peut en renfermer des quantités beaucoup plus fortes si sa culture est transportée au bord de la mer. La remarque de Péligot est encore valable dans ce cas. Cependant l'absorption plus considérable des chlorures dans le cas de plantes cultivées ou vivant habituellement aux bords de la mer est chose parfaitement admissible ; en effet, même à l'intérieur des terres, il existe certains végétaux plus aptes que d'autres à s'emparer du chlorure de sodium.

Éléments basiques. — *Potasse*. — Cette base, nommée souvent *alcali terrestre* par opposition à la soude que l'on a souvent regardée comme l'*alcali marin* par excellence, existe dans tous les végétaux sans exception, même dans ceux qui ne se développent qu'au sein des eaux de la mer. On la rencontre assez inégalement répartie dans tous les organes de la plante ; elle s'accumule en quantités considérables dans la graine.

Soude. — Les recherches de Péligot ont montré que cette base était beaucoup moins commune dans les cendres qu'on ne le pensait autrefois. Elle manquerait presque toujours dans le blé (grains et paille), l'avoine, la pomme de terre, les bois de charme et de chêne, les feuilles de tabac, de mûrier, de pivoine, de ricin, le haricot, le panais, etc. Les plantes appartenant aux familles des *Atriplicées* et des *Chénopodées* en renferment de notables quantités sous forme de chlorure ; toutefois le *Chenopodium quinoa* et l'épinard en sont dépourvus. On en trouve normalement chez la betterave et chez les plantes marines (*Fucus, Laminaria*).

Dehérain a signalé ce fait curieux que des pieds de pommes de terre, cultivés en pleine terre et arrosés pendant la période de leur croissance avec des solutions de divers sels de sodium, ne contiennent pas de soude dans leurs cendres : la même plante cultivée en pots en contient si on l'arrose avec des solutions faibles, mais réitérées, de sels de sodium. Le haricot se conduit en pleine terre comme le végétal précédent : il n'absorbe pas de soude. Mais, cultivé en pots et arrosé avec une solution de sel marin en quantité suffisante pour amener sa mort, il fournit des cendres très riches en chlorure de potassium, exemptes de chlorure de sodium. D'après Péligot, il y aurait double décomposition dans le sol entre le chlorure de sodium et les sels de potassium : ceux-ci seraient finalement absorbés à l'exclusion du sel marin. Il est bon cependant de remarquer que, si certaines plantes se développent dans un sol très pauvre en potasse, mais contenant de la soude ou ayant reçu des engrais contenant de la soude, ces plantes peuvent fournir des cendres renfermant ce dernier alcali. Celui-ci existe toujours en quantités plus faibles que la potasse, alors même que le poids des sels de sodium offerts à la plante serait très supérieur à celui de la potasse (Pagnoul).

On peut admettre que ce fait est général : un végétal se développant dans un milieu pauvre en potasse absorbe une certaine quantité de soude, dont il ne se serait pas emparé dans le cas de la présence d'une proportion plus élevée de potasse dans le sol.

Citons encore les deux remarques suivantes, relatives à la présence dans le sol de grandes quantités de sel marin ayant occasionné une ascension dans le végétal d'une forte dose de chlorure de potassium.

Berthault et Crochetelle ont observé qu'un blé, développé sur une terre salée d'Algérie, avait absorbé sans périr d'énormes proportions de chlorure de potassium (1,24 dans 1000 parties de la matière sèche de la plante totale). Les nœuds de la partie moyenne de la tige étaient couverts de cristallisations de ce chlorure (7,18 dans 1000 de matière sèche). Mais les auteurs ajoutent que c'est là une cause de ralentissement de l'activité végétale qui se traduit par une diminution de la quantité et de la qualité du produit.

Le vin provenant de vignes plantées dans des terrains salés (Algérie) peut renfermer des doses anormales de chlorure de potassium, qui feraient croire, à la suite d'une simple analyse du chlore total, à une addition frauduleuse de sel marin destiné à le conserver (Berthault et Crochetelle). Bonjean a trouvé dans des vins authentiques, provenant des régions salées de l'Oranie, des quantités de chlore souvent considérables, variant de $0^{gr},31$ à $4^{gr},50$ par litre. Le chlore était combiné à la fois au potassium et au sodium.

Fer. — L'oxyde de fer est constant dans toutes les cendres, mais on le rencontre toujours en faibles proportions. On peut dire que tous les sols renferment assez de fer pour subvenir aux besoins très restreints des végétaux en cet élément. On a souvent constaté que la *chlorose* des plantes disparaissait à la suite de l'application sur le sol d'un engrais ferrugineux ; cependant les cendres de la chlorophylle ne renferment pas de fer. Il existe dans les végétaux certaines *nucléines* (p. 235), qui sont ferrugineuses.

Manganèse. — Comme le fer, le manganèse se rencontre dans toutes les cendres. Il joue un rôle spécial dans la constitution des *oxydases*.

Magnésie. — A l'état de carbonate et de phosphate dans les cendres, cette base joue un rôle probablement indispensable. En effet, les cendres des graines renferment généralement beaucoup plus de magnésie que de chaux.

Chaux. — La présence de cette base est constante dans les cendres de tous les végétaux ; seules, quelques plantes inférieures peuvent se développer en l'absence de cette base. Le liquide de Raulin, si employé dans la culture des micro-organismes, n'en renferme pas. Bœhm attribue à cette substance un rôle important dans la germination : dans les solutions ou dans les milieux exempts de chaux, les graines vident mal leurs cotylédons.

Le rôle de la chaux est difficile à définir, car certains végétaux qui se développent sur des terrains siliceux pauvres en calcaire et même complètement dépourvus de ce corps,

fournissent souvent des cendres renfermant une proportion
notable de chaux. La plupart des plantes qualifiées de *sili-
cicoles* ne sont en réalité que *calcifuges*. Elles sont aptes néanmoins à se saisir des moindres traces de chaux, comme on peut
l'observer chez les végétaux qui vivent sur les sols granitiques,
pauvres en chaux.

Parmi les anomalies que présente la distribution de la
chaux dans les cendres, on peut citer le cas suivant observé
par Fliche et Grandeau. Ces auteurs ont analysé comparativement les cendres d'un rameau de *pin maritime* qui se
développe bien sur des terrains peu calcaires et celles d'un
rameau du même arbre mal venu sur un sol très calcaire. Ils
comparent ces cendres à celles d'un rameau de *pin Laricio*
végétant bien sur un sol calcaire. Voici le résultat obtenu :

		Pin maritime bien développé.	Pin maritime mal développé.	Pin Laricio.
Dans 100 parties	Chaux....	40,2	56,1	49,1
de cendres.	Potasse...	16,0	4,95	13,5

On remarquera que le pin bien développé sur un sol peu
calcaire prend une quantité de chaux considérable, laquelle
ne diffère pas beaucoup de celle qu'a prise le pin mal développé,
ainsi que le pin Laricio végétant bien sur un sol très calcaire.
D'après les auteurs précités, le mauvais état de la végétation
du pin maritime développé sur sol calcaire serait dû à la
faible absorption de potasse constatée chez cet échantillon.

D'autre part, lorsque l'analyse démontre que telle plante
renferme normalement peu de chaux, il ne s'ensuit pas pour
cela qu'elle puisse vivre sur des terrains très pauvres en cet
élément. Le blé, par exemple, contient peu de chaux ; sa culture sur un terrain granitique réclame une addition de chaux.

Malaguti et Durocher ont donné de l'influence chimique
des sols calcaires l'exemple suivant. Voici quelles sont les
proportions centésimales de chaux dans les cendres des mêmes
plantes venues sur un sol calcaire et sur un sol non calcaire :

	Sol calcaire.	Sol non calcaire.
Crucifères (moyenne)..........	35,8	20,1
Légumineuses.................	50,2	28,1
Dipsacées....................	38,5	20,6
Salicinées...................	68,8	51,4

Ces auteurs ajoutent que certaines plantes qui, dans telle contrée, semblent propres aux terrains calcaires se rencontrent, dans d'autres pays, sur des terrains différents. L'influence chimique du sol ne semble donc pas jouer un rôle absolu. Lorsque telles plantes changent de climat et se trouvent, par conséquent, placées dans des conditions physiques différentes, elles peuvent ne plus avoir pour leur développement les mêmes besoins en chaux.

Alumine. — Cette base est extrêmement commune dans les sols sous forme de silicates variés et, surtout, de silicate double d'aluminium et de potassium dans les sols argileux. Elle se rencontre dans les cendres d'un très grand nombre de plantes, mais ne semble pas jouer de rôle particulier. Elle peut, en effet, manquer dans les milieux artificiels de culture sans que la plante qui s'y développe éprouve aucun dommage. Les cendres de bois sont riches en alumine ; certaines *lycopodiacées* en contiennent de fortes quantités. La racine est généralement plus riche en alumine que les autres organes du végétal.

D'après quelques auteurs, l'alumine serait moins répandue dans les plantes qu'on ne l'indique généralement. Sa prétendue présence proviendrait, soit d'erreurs analytiques, soit de ce fait que les racines, par exemple, retiennent énergiquement à leur surface des quantités de terre variables : l'alumine trouvée à l'analyse appartiendrait donc à la terre elle-même et non à l'organe.

3° RÉPARTITION DES ÉLÉMENTS DES CENDRES DANS LES DIVERS ORGANES DE LA PLANTE.

Graines. — Voici la composition centésimale des cendres de quelques graines. Nous n'y faisons figurer ni la silice, toujours présente en quantité très variable mais petite, ni le chlore, ni l'oxyde de fer. Ces deux derniers éléments cependant sont constants, on les rencontre dans la proportion habituelle de 0,5 à 1 p. 100 de la matière sèche. Quant à la soude, certaines graines en contiennent, mais beaucoup d'analyses anciennes font figurer à tort cette base parmi les éléments normaux des cendres. On remarquera dans le tableau ci-joint que l'acide phosphorique et la potasse forment, assez souvent, de 60 à 80 p. 100 du poids des cendres et que la magnésie est ordinairement plus abondante que la chaux :

	K_2O.	CaO.	MgO.	P_2O_5.	SO_3.
Blé d'hiver............	28,5	3,5	11,5	49,7	1,2
— d'été............	32,7	3,2	13,0	47,2	0,3
Avoine...............	27,9	7,4	10,1	47,7	»
Seigle...............	32,1	3,8	10,1	49,4	1,4
Moutarde blanche....	25,7	15,7	9,5	38,4	8,2
— noire......	23,6	14,9	11,6	40,9	6,1
Haricot blanc.........	45,0	6,0	5,9	38,0	3,3
— d'Espagne...	51,3	2,6	8,4	30,6	»
Pois.................	49,4	4,7	7,9	35,9	1,1
Betterave...........	24,5	22,9	16,1	16,6	4,4
Sarrasin.............	26,3	2,8	14,1	46,7	2,0
Pavot...............	13,6	35,3	9,5	31,3	1,9
Chanvre.............	21,7	26,7	1,0	34,8	0,2
Lin.................	28,8	8,5	13,6	44,7	0,1
Châtaignier...........	56,6	3,8	7,4	18,1	3,8
Prunier.............	26,5	8,4	16,1	34,8	7,1

L'analyse séparée de l'*embryon* et des *cotylédons ou de l'endosperme* fournit souvent des différences considérables.

On trouvera dans les tables de Wolff et dans l'ouvrage de König des exemples très nombreux des variations de composition des graines les plus usuelles. Remarquons encore que, dans beaucoup de ces analyses, la détermination a porté également sur l'*enveloppe du fruit*, pauvre en phosphore (betterave, carotte).

Racines. — La racine est un organe de passage ; l'acide phosphorique et la potasse, qui abondent dans cet organe au début de la végétation, l'abandonnent peu à peu ; seule, la chaux y demeure en quantité souvent plus forte qu'au début.

Analyse de la racine de l'orge (Fittbogen).

	Dans 100 parties de cendres :		
	PO^5H^3.	K^2O.	CaO.
22 mai...............	9,82	11,48	32,53
2 juin...............	9,24	9,51	37,25
16 —	7,70	9,47	35,37
24 —	5,19	8,49	32,64
16 juillet...........	5,03	5,12	41,92

Pour montrer les variations de la matière saline dans la racine du colza, Is. Pierre suppose que la plante entière renferme 1 000 parties d'acide phosphorique, 1 000 de chaux, 1 000 d'alcalis. On trouve alors les chiffres suivants aux diverses périodes du développement de la plante :

Racines prélevées le :	Acide phosphorique.	Chaux.	Alcalis.
22 mars.............	199	105	185
2 avril.............	178	82	167
6 mai...............	124	62	111
6 juin..............	115	56	119
20 —	100	103	123

La richesse de la racine en éléments salins varie d'ailleurs beaucoup avec la nature et la quantité des engrais distribués à la plante. En général, chez les plantes annuelles, les matières fixes se comportent comme nous venons de le dire à propos du colza.

Beaucoup d'analyses de cendres de racines sont entachées d'une cause d'erreur assez grave due à la présence, en quantités très variables, de particules de terre très adhérentes. De sorte que la silice figure souvent dans ces analyses pour une proportion qu'elle ne possède certainement pas dans la réalité.

Les racines de plantes vivaces contiennent, au début de la vie du végétal, de fortes proportions d'acide phosphorique et de potasse, comme celles des plantes annuelles ; dès la fin de la période active de la végétation, le taux de ces substances dans 100 parties de cendres diminue beaucoup, tandis que celui de la chaux augmente. La silice augmente également dans des proportions très notables. Ainsi on trouve dans les racines d'un *Noyer* de l'année :

	Dans 100 parties de cendres :			Poids de 100 racines	100 racines contiennent :			
	SiO^2.	PO^4H^3.	K^2O.	CaO.	sèches.	SiO^2.	PO^4H^3.	K^2O.	CaO.
					gr.	gr.	gr.	gr.	gr.
31 juill.	5,13	17,67	34,71	15,39	335	0,60	2,07	4,05	1,80
15 sept.	»	»	34,95	»	1 326	»	»	14,85	4,64
6 nov.	13,89	6,10	23,76	17,75	1 993	9,36	3,98	15,94	11,95

Organes souterrains. — Les tubercules, les bulbes, les racines charnues contiennent toujours de fortes quantités de *potasse*. L'*acide phosphorique* y figure également pour un chiffre assez élevé. La *soude* existe en dose variable suivant que le terrain renferme ou non du sel marin ou que le sol a reçu des engrais sodiques. La *chaux* éprouve des variations considérables; néanmoins on peut dire qu'en règle générale son poids est plus élevé que celui de la magnésie, contrairement à ce qui arrive chez les graines. L'*oxyde de fer* fournit des chiffres voisins de ceux que donnent les graines, mais l'*acide sulfurique* est toujours plus abondant.

Voici les moyennes de quelques analyses de cendres de tubercules, bulbes et racines charnues.

	K^2O.	CaO.	MgO.	P^2O^5.	SO^3.	
Pomme de terre...	60,0	2,6	4,9	16,8	6,5	
Topinambour......	47,7	3,2	2,9	14,0	4,9	
Betterave à sucre..	53,4	6,0	7,8	12,1	4,2	Dans
Carotte...........	36,9	11,3	3,6	14,5	9,6	100 parties
Panais...........	54,5	11,4	5,7	19,5	5,1	de cendres.
Radis............	21,9	8,7	3,5	41,1	7,7	
Oignon...........	34,0	22,8	5,6	17,3	5,6	

Il existe des écarts considérables d'une analyse à l'autre pour le même tubercule ou la même racine charnue. Ainsi, l'analyse de la betterave donnée dans le tableau précédent représente la moyenne de 149 expériences, dont les écarts extrêmes ont été, d'après Wolff : cendres totales 2,5 à 6,6 (pour 100 parties de matière sèche), potasse 26,9 à 78,1, chaux 1,6 à 17,8, acide phosphorique 3,4 à 27,1 (dans 100 parties de cendres).

La pomme de terre offre des écarts du même ordre : potasse, 45,0 à 73 ; chaux, 0,4 à 7,2 ; acide phosphorique, 8,4 à 27,1. La soude, souvent absente, figure parfois dans la proportion de 17 p. 100 du poids des cendres. La carotte, le panais, montrent des divergences du même ordre. Ces divergences ne sont pas imputables à des erreurs analytiques, elles proviennent principalement de la nature du sol dans lequel les plantes ont végété, de la proportion et de la composition des engrais mis à leur disposition et des conditions de climat dans lesquelles elles se sont développées.

Tiges. — La composition des cendres d'une tige herbacée varie d'une plante à l'autre et, dans une même famille, d'une espèce à l'autre ; elle varie également avec l'état du développement. En règle assez générale, l'*acide phosphorique* et la *potasse* sont d'autant plus abondants que la tige est plus jeune : ces éléments, et principalement l'acide phosphorique, émigrent à une certaine époque dans les graines. Quant à la *chaux*, elle augmente sensiblement à mesure que la tige avance en âge. C'est ce qui ressort du tableau suivant, relatif à la composition des cendres de la tige de colza. Le calcul est fait en supposant que la plante totale renferme 1 000 parties de chaque élément salin : potasse, acide phosphorique, chaux (Is. Pierre).

	Ac. phosphorique.		Potasse.		Chaux.	
	Tiges.	Rameaux florifères portant les fruits.	Tiges.	Rameaux florifères portant les fruits.	Tiges.	Rameaux florifères portant les fruits.
22 mars.....	248	97	365	59	121	50
2 avril......	328	112	407	69	181	65
6 mai......	374	273	502	205	248	123
6 juin......	202	658	495	349	278	426
20 —	125	775	397	480	294	603

Voici maintenant la composition des cendres des tiges d'un noyer de l'année :

	Dans 100 parties de cendres.				100 tiges renferment.			
	SiO_4.	PO^4H^3.	CaO.	K^2O.	SiO_2.	PO^4H^3.	CaO.	K^2O.
					gr.	gr.	gr.	gr.
31 juillet..	1,40	11,61	25,35	35,68	0,08	0,69	1,49	2,11
15 sept....	5,37	8,48	28,95	16,92	0,58	0,94	3,23	1,89
6 nov....	3,56	3,62	41,40	11,44	0,59	0,59	7,05	1,92

On voit nettement sur cet exemple la diminution de l'acide phosphorique à mesure que l'organe devient plus âgé, suivie de l'accumulation de la chaux.

Bois. — La *potasse* est abondante dans les cendres de certains bois : *Abies pectinata*, 44 p. 100 ; noyer, 39 p. 100 ; chêne, 39 ; hêtre, 38. On constate rarement des chiffres inférieurs à 5 p. 100 dans les bois les plus pauvres. L'aubier est généralement plus riche en potasse que le bois plus âgé.

La teneur des bois en *soude* est toujours plus faible que celle des bois en potasse ; elle varie énormément, parfois elle est insignifiante.

La *chaux* est le plus souvent très abondante et peut former les 2/3 des cendres totales. Parmi les bois riches en chaux, il faut citer : le tilleul (75,9 p. 100 du poids des cendres), le sorbier (76,1), le peuplier (66), le frêne (62), l'orme (77). Les variations de la chaux sont assez considérables dans les cendres du bois d'un même arbre suivant les sols dans lesquels végète cet arbre. La chaux, dans les cendres du bois de hêtre, varie de 26 à 33 p. 100 du poids des cendres totales ; dans le bois du pin sylvestre, de 41 à 62 ; dans le bois de chêne, de 19 à 27 ; dans le bois de bouleau, de 19 à 45.

L'*acide phosphorique* représente le plus souvent de 3 à 4 p. 100 du poids des cendres du bois ; parfois la teneur est plus élevée et peut monter jusqu'à 20 p. 100. L'acide phosphorique augmente dans le bois à l'époque où l'activité de la végétation est le plus grande.

La teneur des cendres du bois en *silice* est extrêmement variable ; alors que certains bois ne renferment que 2 à 3 p. 100 de silice, il en est d'autres chez lesquels cet élément atteint les proportions de 30 à 40 p. 100.

Écorce. — L'écorce jeune est souvent très riche en *potasse* (61 p. 100 du poids des cendres chez le marronnier ; 29 à 34 p. 100 chez les diverses espèces de saules ; 45 p. 100 chez le noyer). Mais, dans les écorces plus âgées, la teneur en potasse est beaucoup moindre (3 à 8 p. 100). La quantité de potasse des cendres de l'écorce varie donc avec l'âge de l'arbre, mais de façon irrégulière : tantôt elle augmente et tantôt elle diminue.

La *chaux* est la base la plus abondante de l'écorce, elle constitue souvent les trois quarts des cendres des vieilles écorces. Lorsque l'écorce est plus jeune, la chaux est moins abondante, mais elle figure encore fréquemment dans la proportion de 40 p. 100 du poids des cendres. Cette base est donc d'autant plus abondante dans une écorce que celle-ci est plus âgée. La teneur en chaux varie également avec l'époque de la végétation.

L'*acide phosphorique* est d'autant plus abondant dans l'écorce que celle-ci est plus jeune ; les vieilles écorces n'en renferment plus que de 1 à 4 p. 100 du poids des cendres. La teneur de l'écorce en *silice* est très variable ; les vieilles écorces en renferment toujours une plus grande quantité que les jeunes.

Feuilles. — En règle générale, les feuilles des plantes herbacées et celles des arbres sont riches en *potasse* et en *acide phosphorique* dans leur jeune âge. A mesure qu'elles vieillissent, la majeure partie de ces deux éléments, et surtout le premier, émigre soit vers les graines, soit vers les parties souterraines. Plus la feuille avance en âge et plus elle s'enrichit en silice et en chaux. Voici la répartition des éléments des cendres dans les feuilles de cent plantes sèches de *Sinapis alba* :

22 juin.			6 juillet.			26 juillet.		
PO^4H^3.	CaO.	K^2O.	PO^4H^3.	CaO.	H^2O.	PO^4H^3.	CaO.	K^2O.
gr.	gr.	gr.	gr.	gr.	gr.	gr.	gr.	gr.
0,50	1,69	1,30	0,59	2,88	1,96	0,46	3,86	1,30

Cent parties de cendres de feuilles de *hêtre* renferment :

	SiO^2.	PO^4H^3.	CaO.	K^2O.
16 mai.........	1,19	24,21	9,83	29,95
18 juillet.....	13,37	5,18	26,46	10,72
14 octobre....	20,68	3,48	34,05	4,85
Fin novembre.	24,37	1,95	34,13	0,99
				(Zoeller.)

Citons encore les exemples suivants tirés des expériences de Fliche et Grandeau :

		SiO².	PO⁸H³.	CaO.	K²O.
Robinier.	2 mai.........	3,72	21,16	20,82	30,60
	3 juillet.......	1,67	8,69	48,64	19,20
	7 septembre..	2,05	5,31	72,97	6,62
	13 octobre.....	1,68	1,90	72,00	3,25
Merisier.	28 avril.......	1,41	15,80	30,57	32,78
	3 juillet.......	1,76	8,20	38,06	17,80
	7 septembre..	2,72	5,93	44,70	12,15
	2 octobre.....	2,30	3,80	44,05	11,82

Si, au lieu d'estimer la potasse en la rapportant à 100 parties
de cendres, on rapporte cette base à un nombre déterminé
de feuilles, on trouve encore une diminution lorsque ces
feuilles avancent en âge ; c'est ce que l'on voit dans le cas
suivant où Tücker et Tollens ont dosé la quantité de cet
alcali que l'on rencontre dans cinq cents feuilles de platane :

13 juin.	15 juillet.	22 août.	7 septembre.	8 octobre.	24 octobre.	5 novemb.
1,94	2,10	2,12	2,23	1,56	0,99	0,88

La teneur en *chaux* des feuilles est le plus souvent assez
considérable, comme nous venons de l'établir ; elle est cependant inférieure à 10 p. 100 du poids des cendres chez un certain nombre de végétaux : *thé*, plusieurs plantes du genre
*Carex, Luzula maxima, Scirpus lacustris, Hordeum murinum,
Briza media, Ajuga reptans, Saccharum officinarum*, etc.

La teneur en *magnésie* des feuilles est très variable ; elle
est parfois assez élevée et, chez quelques végétaux, supérieure
à celle de la chaux. Par contre, il est des feuilles qui ne renferment que très peu de magnésie. Le plus souvent, on constate
dans les cendres une proportion de magnésie variant de
3 à 8 p. 100. Comme la chaux, la magnésie s'accumule dans
les feuilles âgées, que l'on rapporte cette base soit à 100 parties
de cendres, soit à un nombre déterminé de feuilles.

La teneur en *oxyde de fer* des feuilles varie le plus souvent de
1 à 4 p. 100 du poids des cendres ; cette base s'accumule également chez les feuilles âgées. Certaines feuilles n'en renferment
que des traces, d'autres en sont relativement riches : bruyère,
chiendent, orme. L'*oxyde de manganèse* est constant dans
les cendres des feuilles, mais en proportions extrêmement
variables.

L'*acide phosphorique* abonde dans les jeunes feuilles, mais la quantité maxima de cette substance ne se rencontre pas toujours chez elles à la même époque de leur développement. En général, la teneur moyenne des cendres de feuilles au moment du maximum est de 8 à 15 p. 100 ; toutefois, on observe assez fréquemment des teneurs de 20 à 25 p. 100 (feuilles de hêtre, de thé, de lilas, de frêne, de bouleau, etc.). Entre plusieurs végétaux de même espèce, il existe parfois des écarts considérables ; les engrais phosphatés augmentent la dose des phosphates des feuilles ; mais ceci est loin d'être absolu.

L'*acide sulfurique* que l'on trouve dans les cendres des feuilles provient, comme nous l'avons dit, en majeure partie de la destruction par la chaleur du noyau sulfuré des substances albuminoïdes et de divers composés sulfurés. La teneur en acide sulfurique ne dépasse pas, le plus souvent, 3 à 6 p. 100 du poids des cendres. Elle atteint quelquefois 10, 15 et même 18 p. 100 chez les feuilles de quelques végétaux. Réciproquement, on observe parfois une teneur en acide sulfurique inférieure à 1 p. 100. La proportion d'acide sulfurique que l'on trouve dans les cendres augmente pendant toute l'existence des feuilles ; elle décroît, dans certains cas, un peu avant leur chute.

La *silice* varie dans les cendres des feuilles dans des proportions considérables, depuis des traces jusqu'à 80 p. 100.

La chaux et la silice semblent former une sorte de charpente minérale à la feuille et, sans qu'on puisse affirmer que le fait soit absolument général, on constate souvent une sorte de *suppléance* entre ces deux substances : à une teneur élevée des cendres d'une feuille en silice correspond une faible teneur en chaux, et réciproquement. Parfois ces deux matières existent en quantités à peu près égales. Certaines familles de plantes possèdent des feuilles qui emmagasinent surtout de la chaux (Légumineuses, Crucifères, Crassulacées), d'autres se chargent surtout de silice (Graminées, Cypéracées).

Plantes aquatiques. — La nature des principes minéraux que l'on rencontre dans leurs cendres ne diffère pas

essentiellement de celle des plantes qui se développent à
l'air. La quantité d'oxyde de fer est parfois plus considérable.
Un certain nombre de végétaux submergés s'incrustent
facilement de carbonate de calcium.

Telles sont les données générales relatives à la répartition
des matières fixes dans les différentes parties d'une plante.
Nous aurons d'ailleurs l'occasion, à propos des phénomènes
de migration et de maturation, de revenir sur le transport
des matières salines.

4° CULTURES ARTIFICIELLES FAITES DANS DES MILIEUX DE COMPOSITION CONNUE

Il résulte de l'exposé précédent que certaines matières
fixes sont *qualitativement* indispensables et que ces matières
jouent évidemment un rôle physiologique bien défini vis-à-
vis de l'économie de la plante. Mais on est frappé, même
d'après le court aperçu que nous avons donné, des variations
quantitatives énormes que l'on observe dans l'analyse des
cendres, non seulement d'une plante à l'autre, mais aussi
chez la même plante. Il était donc indispensable, en présence
de pareilles divergences, de fixer la valeur réelle de tel ou tel
élément et de savoir si quelques-uns de ceux que la plante,
qui se développe dans un milieu naturel tel que le sol, absorbe
en proportions souvent si variables, n'étaient pas d'une utilité contestable ou secondaire. Cette face de la question a
été envisagée de bonne heure par les physiologistes, qui ont
compris tout le parti que l'on pouvait tirer de l'étude systématique d'une nutrition minérale en quelque sorte *synthétique.*

Tel est le but que l'on se propose lorsqu'on cultive une
plante, soit dans un milieu liquide dans lequel on introduit,
à l'état de dissolution, les substances salines que l'on rencontre toujours dans les cendres du végétal, soit dans un
milieu solide, inerte par lui-même, que l'on humecte avec
de l'eau et auquel on incorpore les sels solides destinés à
l'édification du végétal.

L'avantage de ces méthodes synthétiques est évident. La suppression de tel élément minéral pourra n'entraîner que des désordres insignifiants ou même nuls dans l'évolution du végétal, et l'on sera forcé de conclure que cet élément est superflu; mais, si le développement de la plante devient impossible, ou seulement incomplet, en l'absence de tel autre élément, on devra admettre que celui-ci joue un rôle fondamental dans la série des phénomènes vitaux qui commencent avec la germination et se terminent avec la maturité des graines.

Les critiques que l'on peut faire aux méthodes de culture synthétiques sont les suivantes : lorsqu'une solution saline, toujours très étendue, est exposée à l'air, elle se couvre souvent, dans les vases de verre transparents, de végétations microscopiques vertes qui peuvent altérer les résultats. Cependant cette cause d'erreur est faible et n'influe pas sur le sens général et la valeur que l'on est en droit d'attribuer à l'expérience. Si le vase de verre est opaque, il arrive fréquemment que la dissolution qu'il renferme s'ensemence, par suite de son contact avec l'air, de microorganismes anaérobies qui réduisent quelques-uns des sels de la dissolution et causent la mort des plantes. Pour obvier à cet inconvénient, il est bon, dans ce dernier cas, de changer souvent la liqueur. Mieux vaudrait opérer dans un milieu aseptique en employant des graines stérilisées au préalable. Mais les difficultés pratiques qui surgissent alors sont presque insurmontables lorsque les plantes prennent un certain développement.

Les cultures en milieu solide se présentent sous un aspect plus normal, car une plante qui vit ordinairement dans le sol modifie la forme de ses racines lorsqu'on la cultive dans l'eau. Cependant il est difficile de compter sur un milieu solide absolument pur, ne contenant, par exemple, que de la silice.

Les milieux de silice réputés purs renferment presque toujours de petites quantités d'alcalis : potasse ou soude.

Quoi qu'il en soit, la méthode des cultures en milieu artificiel a fourni des renseignements très précieux et a été pratiquée par un nombre considérable d'expérimentateurs. Nous l'exposerons très sommairement dans ses grandes lignes. Cette méthode est la seule qu'il convienne de suivre dans l'étude des végétaux microscopiques, là où le milieu peut être facilement rendu aseptique. Elle a donné dans ce cas des résultats du plus haut intérêt.

Nous aurons ici surtout en vue l'étude des plantes supérieures. Un très bon exposé de la question a été fait par Grandeau dans son ouvrage intitulé : *Chimie et physiologie appliquées à l'agriculture et à la sylviculture*, Paris, 1879, page 102. C'est à cet ouvrage que nous emprunterons quelques-uns des détails qui suivent.

A. Cultures en milieux liquides. — Les premières expériences de végétation exécutées dans des milieux artificiels ont été faites en milieu solide. Mais on s'est aperçu bien vite que ceux-ci, même lorsqu'ils paraissent absolument inertes, abandonnent toujours aux plantes quelque peu de leur propre substance. Ainsi s'est imposée la nécessité de n'opérer que dans des milieux purement liquides, d'un maniement incomparablement plus facile et pouvant seuls fournir des conclusions rigoureuses sur l'absorption saline.

Une remarque générale est ici nécessaire. Les végétaux se développent dans des milieux de concentration très différente. Ce sont les végétaux inférieurs, et principalement les Mucédinées, qui, à cet égard, possèdent les facultés d'adaptation les plus remarquables. On voit, par exemple, le *Penicillium glaucum* envahir certaines solutions salines ou certains liquides organiques très concentrés, alors que, inversement, il peut se développer sur des dissolutions aqueuses ne renfermant que $0^{gr},1$ de sucre p. 100. Quant aux plantes supérieures, elles refusent de végéter dans des liqueurs concentrées, et les solutions les plus favorables à leur développement sont, généralement, celles qui renferment moins de 1 gramme de matières dissoutes dans 100 parties d'eau.

Examinons maintenant les expériences faites en milieu aqueux.

Wiegmann et Polstorff (1842) furent les premiers expérimentateurs qui, à la suite de l'apparition du livre de Liebig (1840), tentèrent des essais rationnels de culture en milieu artificiel. Avant cette date, de nombreux travaux sur ce même sujet n'avaient pas entraîné la conviction relativement à la nécessité de la matière minérale et au rôle indispensable de certains éléments. Les auteurs précités prirent pour sujet d'études la vesce, l'orge, l'avoine, le sarrasin, le tabac, le trèfle, dont ils suivirent la végétation dans deux milieux différents :

1° Le premier, composé de sable quartzeux pur, calciné, traité par l'eau régale et lavé, c'est-à-dire un milieu exempt de matière organique et de matières minérales solubles dans l'eau ;

2° Le second, composé de sable quartzeux (861 parties), mélangé de 139 parties de sels minéraux divers : phosphate de calcium, oxyde de fer, carbonate de magnésium, sulfate de potassium, sulfate de calcium, carbonate de calcium, avec addition d'humates de potassium, de sodium, d'ammonium.

Le résultat obtenu fut très net. Dans le sable seul, les plantes s'allongèrent ; quelques fleurs apparurent et, parfois, quelques fruits ; mais il y eut absence de graines. Dans le sable pourvu de matières salines, l'allongement des plantes fut double ; celles-ci fleurirent et fructifièrent, et les graines ainsi formées furent fécondes.

L'incinération des graines, d'une part, des plantes élevées dans les deux milieux ci-dessus désignés, d'autre part, montra que les plantes ayant végété dans le sable pur contenaient deux fois plus de cendres que les graines d'où elles sortaient et que celles qui s'étaient développées dans le sable muni des sels nécessaires renfermaient 4,5 et même 13 fois plus de cendres que la graine initiale. Mais, dans le sable traité par l'eau régale, existaient encore de petites quantités (2 p. 100) de potasse, de chaux, de magnésie ; ce sont ces bases que la plante avait absorbées. Or il était nécessaire de montrer, à cette époque, que cet excès de matière minérale ne s'était pas formé de toutes pièces dans la plante ; aussi les auteurs semèrent-ils les mêmes graines dans un vase de platine contenant simplement de l'eau. Dans ces conditions, les plantes qui végétèrent ne fournirent qu'une quantité de cendres égale à celle des graines primitives.

Donc certaines matières minérales sont indispensables au développement du végétal. L'emploi de matières organiques (humates) ne saurait détruire cette conclusion : le point essentiel est de constater que la plante a absorbé de la matière minérale et que celle-ci a permis d'obtenir un développement parfait du végétal avec production de graines pouvant elles-mêmes germer ultérieurement.

D'ailleurs, la suppression de toute matière organique n'entrave en rien le développement de la plante, pourvu qu'on offre à celle-ci soit des nitrates, soit des sels ammoniacaux.

Quelques années plus tard, Polstorff montra que l'orge peut se développer dans un milieu solide de brique pilée humecté d'eau et additionné de cendres d'orge. Les éléments des cendres d'une plante peuvent donc suffire au développement complet de la même plante.

L'étude systématique de la valeur comparée des éléments minéraux a été abordée pour la première fois par Knop (1860). Ce savant employait la solution suivante : eau, 1 litre ; nitrate de calcium, 1 gramme ; phosphate de potassium, nitrate de potassium, sulfate de magnésium, $0^{gr},25$ de chaque. A cette solution on ajoute un peu de phosphate ferrique et, parfois, $0^{gr},25$ de chlorure de potassium. Knop prépare trois solutions semblables, mais de concentrations diverses ; la première contient le mélange nutritif de sels dans la proportion de $0^{gr},50$, la deuxième dans la proportion de 1 gramme, la troisième dans la proportion de 2 grammes. La germination s'effectue dans la première solution ; au fur et à mesure du développement, on emploie la deuxième, puis la troisième liqueur.

Knop a formulé les conclusions suivantes. Le phosphate bipotassique convient très bien comme source de phosphore ; les nitrates de potassium et de calcium sont des sources excellentes d'azote, de potasse et de chaux. Le sulfate de magnésium fournit à la plante le soufre et la magénsie dont celle-ci a besoin ; le fer, sous la forme de phosphate, est assimilé. De plus, Knop remarqua que les liqueurs doivent être neutres ; un excès d'acidité ou d'alcalinité est fatal aux plantes ; il en est de même de la présence de substances réductrices (sulfate ferreux, hydrogène sulfuré).

On peut remplacer dans ces solutions l'acide nitrique par l'ammoniaque comme source d'azote ; le chlorure de potassium peut, comme source de potassium, remplacer le nitrate ; le chlorure de magnésium peut, comme source de magnésium, remplacer le sulfate (Nobbe et Siegert). La présence du chlore semble être particulièrement favorable à la fructification du sarrasin.

Parmi les conclusions importantes formulées par Nobbe et Siegert sur la nutrition des plantes en solutions minérales, il faut citer les suivantes : de même que chez les végétaux terrestres, à quantités égales de substance organique les racines contiennent moins de principes fixes que les tiges ; la transpiration des feuilles, c'est-à-dire la quantité d'eau qu'elles évaporent, correspond presque exactement à la production organique et au taux des cendres de la plante. Complétons ces données sur la nutrition azotée en solutions aqueuses en disant que Treboux a montré que les nitrites constituent une source favorable d'azote tant que le liquide de culture demeure neutre ou alcalin. Mais, lorsque ce liquide devient acide, les nitrites sont toxiques par suite de l'apparition de l'acide nitreux libre.

Remplacement des bases les unes par les autres. — Il existe des analogies chimiques assez grandes entre les métaux alcalins : potassium, sodium, lithium ; les métaux alcalino-terreux, baryum, strontium, calcium ; entre des métaux tels que le zinc et le magnésium. Les métaux d'une même classe peuvent-ils se remplacer totalement les uns les autres ou seulement d'une façon partielle ?

Le potassium ne peut jamais être remplacé totalement par aucune autre base ; il peut l'être *partiellement* par le sodium. Le lithium est un métal très vénéneux. Le calcium ne peut être remplacé ni par le strontium, ni par le baryum. Le strontium n'est pas vénéneux, au moins à faible dose ; le baryum est beaucoup plus vénéneux. Le magnésium ne peut pas remplacer totalement le calcium, sauf peut-être chez quelques organismes inférieurs. Mis seul au contact de certaines plantes, il les fait périr rapidement et, cependant, ainsi que nous l'avons vu antérieurement, le magnésium existe en quantités très notables dans la plupart des cendres. Quant au zinc, ce métal est très toxique lorsqu'il existe en doses appréciables ; des traces infinitésimales semblent au contraire être sans influence nuisible sur les plantes supérieures. Nous reparlerons prochainement de ce corps.

Les phosphates ne peuvent jamais être remplacés par les arséniates ; la chose a été avancée dans le cas de certains microorganismes, elle semble dénuée de fondements.

Le brome à l'état de bromure alcalin peut être absorbé en notable quantité par la plante sans que celle-ci paraisse en souffrir, au moins dans des solutions très étendues ; à la même concentration les iodures alcalins anéantissent la végétation. Cependant les végétaux marins absorbent dans l'eau de la mer une proportion d'iodures qui n'est pas négligeable ; ceux-ci sont retenus par la plante sous une forme spéciale, car des lavages prolongés à l'eau distillée, même bouillante, ne peuvent les enlever.

Le remplacement des bases de familles différentes les unes par les autres conduit parfois à des rapprochements curieux. Nous avons dit que la soude pouvait remplacer partiellement la potasse ; or la chaux peut être substituée partiellement à la potasse : c'est ce qui ressort d'une expérience de Pellet sur les cendres des feuilles de *tabac*.

| | Tabac du Brésil. | | Tabac |
	1.	2.	du Lot.
Chaux................................	15,0	20,8	28,1
Potasse..............................	47,1	38,1	19,5
Magnésie............................	8,4	7,95	8,1
Quantité d'acide sulfurique nécessaire à la saturation des bases..............................	92,25	90,95	90,0

Puisque la quantité d'acide sulfurique nécessaire à la saturation des bases est à peu près la même (la magnésie n'ayant subi que des variations peu notables), il faut admettre que la chaux et la potasse se sont remplacées partiellement.

Influence de l'acide d'un sel sur l'absorption et l'utilité d'une base. — Nous prendrons comme exemple les résultats obtenus avec la potasse fournie aux plantes sous différentes formes, d'après un travail déjà ancien de Nobbe, Schrœder et Erdmann (1870). Les végétaux mis en expérience ont été le sarrasin et le seigle. Disons de suite que, si la solution nutritive est exempte de potasse, la plante végète comme si elle était dans l'eau pure, malgré la présence des autres constituants indispensables des cendres. Il ne se produit pas d'amidon. Le chlorure et le nitrate de potassium donnent des résultats à peu près identiques : les végétaux se développent d'une façon très satisfaisante ; ils fleurissent et fructifient. Il n'en est plus de même si la potasse est fournie sous forme de sulfate ou de phosphate ; la plupart des sujets ne fleurissent pas. Il se fait une accumulation de l'amidon, lequel reste en place et ne sert pas au développement de la plante.

Cette expérience est intéressante ; mais on ne saurait en conclure que le sulfate ou le phosphate de potassium sont de mauvais agents de nutrition, car, dans le sol, interviennent des phénomènes de double décomposition à la suite desquels il y a certainement échange des acides et des bases. L'expérience des trois auteurs précités sur la valeur comparée des sels de potassium n'est valable qu'en solution aqueuse. Elle fixe, en tout cas, un point important de physiologie, à savoir le rôle capital de la potasse dans la formation de l'amidon.

Le nombre des essais en milieu aqueux exécutés depuis ces derniers travaux jusqu'à l'heure actuelle est considérable. Mais nous arrêterons ici leur description, car ils sont tous confirmatifs de l'absolue nécessité des éléments minéraux suivants : azote, phosphore, potassium, acide sulfurique, chaux, fer, magnésie, manganèse.

L'utilité de la silice, de la soude, du chlore est contestable, au moins chez beaucoup de plantes. Nous y reviendrons bientôt.

Milieux liquides de culture pour les microorganismes. — En règle générale, les microorganismes absorbent les mêmes éléments minéraux que les plantes supérieures. Mais, comme la plupart d'entre eux ne possèdent pas de chlorophylle, il est indispensable de leur fournir un aliment carboné convenable. Celui-ci est, le plus souvent, le sucre. Le liquide de Pasteur renferme :

Eau = 1000 grammes; sucre candi = 10 grammes; tartrate d'ammonium = 0^{gr},1; on y ajoute les cendres de 1 gramme de levure de bière.

Le liquide de Raulin, l'un des plus usités, est composé de la manière suivante :

Eau = 1500 grammes; sucre candi = 70 grammes; acide tartrique = 4 grammes; nitrate d'ammonium = 4 grammes; phosphate d'ammonium et carbonate de potassium, de chaque = 0^{gr},60; carbonate de magnésium = 0^{gr},40; sulfate d'ammonium = 0^{gr},25; sulfate de zinc, sulfate de fer, silicate de potassium, de chaque = 0^{gr},07.

Les matières organiques employées comme source de carbone sont le sucre candi (70 grammes dans 1500 grammes d'eau) et l'acide tartrique (4 grammes). Dans le liquide de Cohn et celui de Nœgeli, la matière organique ajoutée est le tartrate d'ammonium. On emploie parfois la glycérine. Enfin on fait fréquemment usage d'infusions végétales et de bouillons de viande, que l'on enrichit au besoin de substances minérales.

B. **Cultures en milieux solides.** — Cette méthode a été l'objet de travaux nombreux de la part de Boussingault et de Georges Ville principalement. Le premier de ces auteurs a montré que, si on additionne un sable stérile de cendres de plantes en lui adjoignant du nitrate de potassium, on obtient des récoltes dont le poids de matière sèche est quinze à vingt fois plus grand que celui des récoltes qui se développent dans le sable seul. Un *Helianthus* cultivé dans du sable ne renfermant que du salpêtre fournit une plante misérable ; si au salpêtre on ajoute un phosphate, le rendement est vingt fois plus fort. La suppression de l'acide phosphorique se traduit toujours par une récolte insignifiante. Pour que le résultat soit bien net, il importe de faire usage de vases en biscuit de porcelaine, car, dans des vases de terre poreuse ordinaire, il peut exister de faibles quantités d'acide phosphorique. Or certaines plantes, et le blé en particulier, ont la propriété d'absorber jusqu'aux dernières traces de cet acide. C'est à G. Ville que l'on doit les premiers essais concluants sur l'utilité et l'emploi *des sels chimiques* mélangés à un milieu inerte tel que le sable. Les expériences de cet auteur sont absolument d'accord avec les résultats fournis par les essais culturaux en milieux liquides que nous avons exposés plus haut. L'azote, dans un milieu solide, peut être offert à la plante sous forme de nitrate de potassium ou de sodium, sous forme également de sulfate ou de chlorure d'ammonium. Le phosphore ne peut être utilisé que sous la forme de phosphates ; les phosphites et les hypophosphites ne sauraient remplacer ceux-ci.

II

RÔLE PHYSIOLOGIQUE DES ÉLÉMENTS MINÉRAUX

Il est bien évident, d'après l'exposé qui précède, que le développement d'un végétal n'est assuré que si, à côté de l'eau, du gaz carbonique et de l'azote libre ou combiné, celui-ci peut disposer de certains éléments fixes que l'on retrouve dans ses cendres. Ces éléments fixes, nécessaires à l'évolution de la plante, sont engagés dans les tissus en combinaison plus ou moins intime avec la substance organique, et il est probable que, *a priori*, chacun d'eux doit jouer un rôle physiologique déterminé.

Malheureusement les données que nous possédons à cet égard sont encore assez imparfaites. Nous allons résumer ce qu'il est possible d'avancer sur ce sujet.

Phosphore. — Il existe une relation remarquable entre la présence du phosphore et celle des matières albuminoïdes. Sitôt que la fonction chlorophyllienne s'exerce d'une manière active, l'azote protéique prend naissance par suite de l'entrée en jeu de l'azote minéral. On voit alors le phosphore se déposer abondamment dans les cellules de nouvelle formation. Les lécithines, les nucléo-protéines sont riches en phosphore. En l'absence d'acide phosphorique, il peut y avoir production d'albuminoïdes, mais la division cellulaire et le développement sont impossibles (Lœw).

Nous savons, d'après les travaux de Hoppe-Seyler, que la chlorophylle peut être regardée comme une lécithine. D'après Lœw, le rôle des lécithines et, indirectement, du phosphore, serait de servir à la respiration. Les lécithines (p. 233) sont des éthers complexes de l'acide phosphorique, renfermant une base, la *choline*, et de la glycérine unie à des acides gras. La matière grasse une fois formée entrerait dans le noyau d'une lécithine et se trouverait ainsi à l'état soluble dans le protoplasma cellulaire : c'est sous cette forme soluble qu'elle pourrait subir facilement l'action de l'oxygène et disparaître ensuite par combustion. D'autres molécules d'acides gras prendraient alors la place de ceux qui viennent de disparaître ; en sorte que le même radical phospho-glycérique de la lécithine pourrait servir à la combustion continue des corps gras.

Soufre. — Son rôle physiologique est intimement lié à celui de l'azote, puisque certains éléments du complexe albuminoïde sont sulfurés.

Chlore. — Celui-ci ne forme pas de composés chlorés organiques dans les végétaux. Sa présence, dans les conditions naturelles, est presque universelle. Beaucoup de plantes ne fructifient pas en l'absence de cet élément, et souvent il est capable de jouer, même en très faible quantité, un rôle des plus utiles. Peut-être appartient-il à la classe des corps *stimulants*. Dans tous les cas, l'excès de chlore sous forme de chlorures est nuisible ; lorsqu'une solution renferme 1 p. 100 et, même moins, de chlorure de sodium, beaucoup de graines n'y germent pas ou cessent de se développer sitôt la germination achevée.

G. ANDRÉ. — *Chimie végétale*   25

Silicium. — Les Graminées ne donnent de bons rendements qu'en présence d'une forte dose de silice. Mais celle-ci ne paraît pas indispensable au développement complet d'un végétal. Une ancienne expérience de Jodin, faite sur le maïs, montre que l'on peut élever ce végétal dans des solutions exemptes de silice, cultiver ensuite les graines de cette première génération dans des milieux privés de silice, et cela pendant plusieurs générations.

La silice ne semble pas former dans la plante de composés silico-organiques. Son rôle probable est de concourir à la structure de la charpente de certains organes : tiges et, le plus souvent, feuilles. Ce serait là un rôle d'ordre physique plutôt que biologique. Il est néanmoins bon de remarquer avec quelle facilité une substance aussi peu soluble, et même aussi peu diffusible, pénètre dans toutes les parties de la grande majorité des végétaux.

D'après Hall et Morison, la silice, fournie à une Graminée sous forme de silicates solubles, aurait une influence réelle sur la formation du grain, analogue à celle de l'acide phosphorique.

Potassium. — La synthèse des hydrates de carbone, leur migration, ainsi que la synthèse des albuminoïdes se rattachent étroitement à la présence du potassium. Nous savons que ce métal alcalin ne peut jamais être totalement remplacé par un autre métal de la même famille. Les végétaux inférieurs réclament également du potassium. D'après Lœw, la proportion d'hydrates de carbone croît avec la proportion de potasse ; il existerait aussi une certaine proportionnalité entre le taux de la potasse et celui des albuminoïdes.

Le potassium et la potasse sont, en chimie, des agents de condensation énergique. Au point de vue physiologique, ces propriétés apparaissent dans ce fait que le potassium favorise les phénomènes d'assimilation ; or ceux-ci sont, avant tout, des phénomènes de condensation (Lœw).

Sodium. — Ce métal peut souvent remplacer le potassium dans quelques-uns de ses attributs, notamment en ce qui concerne la saturation des acides ; mais il ne peut le remplacer dans son rôle essentiel de producteur d'hydrates de carbone.

Nous savons que, si la teneur de certaines cendres en potassium varie dans d'énormes limites, il en est également de même pour le sodium. Peut-être le potassium n'est-il aussi abondant dans certains végétaux que parce que beaucoup de sols renferment plus de potassium que de sodium. Il serait possible que de très faibles quantités de potassium puissent suffire aux fonctions physiologiques de la plupart des organes des végétaux, à la condition qu'il y eût à la disposition de ceux-ci assez de sodium pour remplir vis-à-vis de la plante les rôles divers à l'accomplissement desquels le potassium n'est pas indispensable. A ce point de vue, le sodium serait un véritable succédané du potassium.

Stahl-Schröder a remarqué que, dans un sol abondamment pourvu de sels de potassium, l'avoine n'absorbe une forte dose de sodium que lorsque ce métal est combiné à des acides indispensables à l'existence de la plante : tel serait le cas du phosphate et de l'azotate de sodium. Ceci contredit une ancienne observation de Pagnoul d'après laquelle l'avoine n'absorberait pas de sels de sodium tant qu'elle pourrait disposer d'une quantité suffisante de sels de potassium.

Certaines algues d'eau douce (*Vaucheria*) sont particulièrement sensibles à l'action du sel marin : $\frac{1}{10}$ de milligramme de cette substance peut les anéantir en quelques minutes. Chose curieuse, la toxicité du sel marin est annulée par l'addition au liquide de petites quantités de chlorures de magnésium, de potassium, de calcium, de sulfate de magnésium. Ces dernières substances, absorbées seules, seraient nuisibles à la plante (Osterhout).

Calcium, magnésium. — On peut avancer que ces deux métaux sont indispensables à l'existence des végétaux supérieurs. Leur répartition très remarquable implique un rôle physiologique différent pour chacun d'eux. La magnésie est, le plus souvent, beaucoup plus abondante dans la graine que la chaux ; celle-ci, au contraire, domine dans la feuille. La magnésie est d'autant plus abondante dans le bois que l'on se rapproche davantage du cœur ; l'inverse a lieu pour la chaux.

Chez les végétaux inférieurs (algues et champignons inférieurs), la présence de la chaux ne semble pas indispensable au développement.

Le rapport entre la chaux et la magnésie existant dans un sol a une certaine influence vis-à-vis des plantes qui s'y développent, mais, au point de vue du rendement maximum, ce rapport varie d'une plante à l'autre.

La *forme* sous laquelle la plante rencontre ces deux métaux a une grande importance. A l'état de carbonate, le calcium et le magnésium favorisent également bien la nitrification. Beaucoup de végétaux ne prospèrent que dans des sols calcaires; la plupart des Légumineuses sont dans ce cas, et l'addition au sol d'une quantité suffisante de carbonate de calcium favorise au plus haut point leur développement. Par contre, un assez grand nombre de plantes végètent mal dans les sols calcaires et disparaissent même lorsque la dose de cet élément devient un peu considérable. La plupart des plantes qui croissent dans les terrains riches en matières humiques ou dans les tourbières meurent lorsqu'on chaule ces terrains. La chaux donnée sous forme de sulfate ou de nitrate à des végétaux qui se développent normalement sur les sols calcaires est impuissante à assurer leur accroissement régulier lorsque le calcaire lui-même fait défaut. Donc la forme sous laquelle le végétal rencontre la chaux n'est pas indifférente. Plusieurs auteurs ont admis que la magnésie seule, en l'absence de chaux, est toxique : c'est là une conception trop absolue. De faibles doses de magnésie possèdent même une action favorable sur le développement de la graine. L'action retardatrice ou mortelle ne s'observe qu'en présence d'un excès de magnésie.

Nous avons vu, à propos de la formation des acides dans les plantes, ce qu'il fallait penser de la présence et du rôle de l'oxalate de calcium (p. 394). On a prétendu bien souvent que la chaux servait surtout à neutraliser les acides devenus trop abondants et, conséquemment, nuisibles au protoplasme. La chose est probable. Cependant bien des plantes grasses contiennent fort peu de chaux dans leurs cendres et sont extrêmement riches en acide oxalique. Rappelons que Amar pense que la formation de l'oxalate de calcium a surtout pour but l'élimination de la chaux superflue, plutôt que celle de l'acide oxalique. Quant aux *incrustations calcaires* qui recouvrent comme d'une gaine certaines plantes aquatiques (*Chara*), on en a expliqué la présence par la dissociation dans les feuilles du bicarbonate calcique charrié par la plante jusque dans ces organes. Cette explication est difficile à admettre, car des plantes aquatiques vivant à côté des *Chara* ne présentent pas ce phénomène.

Le rôle physiologique le plus probable que l'on puisse attribuer à la chaux consiste dans la relation qui existe entre la présence de cette base et la migration de l'amidon. Si la chaux manque, l'amidon ne se déplace plus. Or ce déplacement est corrélatif d'une action diastasique destinée à solubiliser l'amidon : l'absence de la chaux mettrait donc la cellule dans l'impossibilité de sécréter la diastase utile.

Quant au rôle physiologique de la magnésie, il peut se déduire, d'après Lœw, des considérations suivantes. Beaucoup de sels de magnésium sont facilement décomposés par l'eau ; le carbonate, le chlorure, le phosphate bibasique, bouillis avec de l'eau, se dissocient plus ou moins complètement. Or, particulièrement dans le cas de l'acide phosphorique, celui-ci sera d'une assimilation d'autant plus aisée que la dissociation de ses sels sera plus facile. La formation des nucléines, riches en phosphore, réclame la présence d'un phosphate dont la dissociation soit facile : le phosphate bimagnésien semble être dans ce cas. En effet, on voit la magnésie s'accumuler dans les organes en voie d'accroissement rapide et dans les graines.

Fer. — Les végétaux supérieurs cultivés dans un milieu absolument exempt de fer ne verdissent pas ou très peu ; l'addition de traces de fer suffit pour amener le verdissement. Tous les sels de fer, en solution très diluée, sont capables de fournir ce métal à la plante. Les végétaux inférieurs ne peuvent se développer en l'absence de fer. Comme il existe des *nucléines ferrugineuses*, on doit admettre que le fer entre en qualité d'élément indispensable dans la structure du protoplasma et dans celle de son noyau. Son rôle serait analogue à celui de l'acide phosphorique, mais, avec cette différence, que de très faibles quantités seraient suffisantes. En effet, les meilleures récoltes de Céréales n'enlèvent au sol que quelques centaines de grammes de ce métal par hectare. Les engrais ferrugineux ont été parfois préconisés pour combattre la chlorose des plantes ; cependant les sels de fer deviennent toxiques au-dessus d'une certaine dose.

Manganèse. — On doit probablement mettre le manganèse au rang des corps indispensables à la vie végétale. Nous avons vu le rôle capital que joue cet élément dans la constitution des oxydases (p. 130). Une culture en milieu liquide à laquelle on ajoute des traces de sulfate de manganèse fournit des plantes dont le développement est beaucoup plus rapide qu'en l'absence de ce métal. Un excès de manganèse produit des effets toxiques analogues à ceux que produisent les sels de fer en excès. Les sels manganiques sont plus toxiques que les sels manganeux.

Étant donnée la place remarquable que le manganèse occupe dans la constitution des ferments oxydants, on a essayé l'emploi des sels de manganèse comme engrais. Sans doute, presque tous les sols renferment du manganèse ; mais la forme sous laquelle entre ce métal peut ne pas être toujours bien appropriée.

Parmi les essais faits dans cette direction, nous citerons ceux que G. Bertrand a exécutés sur l'avoine, à raison de 50 kilogrammes de sulfate de manganèse desséché à l'hectare. La comparaison faite entre deux parcelles de même nature, dont l'une avait reçu le sel, a donné, pour l'ensemble de la récolte en faveur du manganèse, un accroissement de 22,5 p. 100 (pour le grain 17,4, pour la paille 26,0). Aso avait montré antérieurement que l'augmentation d'une récolte de riz avait été de 42 p. 100 en faveur du sol ayant reçu du manganèse.

Les sels de manganèse possèdent également une influence très marquée vis-à-vis des différentes espèces de levures (Kayser et Marchand).

Zinc. — Parmi les éléments réputés rares des plantes, nous citerons le zinc. On sait depuis longtemps que, sur les terrains riches en minerais de zinc, on rencontre des végétaux dont les cendres contiennent des quantités notables de cet élément. Celui-ci a été regardé comme fortuit, car ces mêmes plantes, lorsqu'elles croissent sur des sols différents, ne contiennent pas de zinc.

Peut-être pourrait-on en conclure que le zinc ne joue aucun rôle dans l'économie végétale, s'il n'était démontré par des recherches récentes que ce métal est beaucoup moins rare dans le sol qu'on ne le croyait autrefois et qu'un grand nombre de cendres végétales renferment des traces de zinc. Celui-ci entrera sans doute plus tard dans la catégorie des corps dits *stimulants* ou dans celle des métaux *catalytiques*, comme le manganèse, auquel est dévolu la fonction spéciale que nous avons rappelée plus haut.

L'intérêt qui s'attache à la présence du zinc dans certains végétaux a été mis pour la première fois en évidence par Raulin dans son étude sur le développement de l'*Aspergillus niger*. Cet auteur a montré que de minimes quantités de zinc (0^{gr},07 SO^4Zn par litre d'une liqueur contenant tous les principes utiles) élevaient le poids de la récolte de la Mucédinée dans des proportions très notables. Les rapports des récoltes avec et sans sels de zinc oscillaient entre 2 : 1 et 4,6 : 1, quel que fût le sel de zinc employé. Le zinc et le fer possèdent chacun un rôle bien déterminé dans ce cas où il ne saurait être question de *suppléance* : car, si on remplace le sel de zinc par un poids égal de sel de fer, ou réciproquement, le poids de la récolte s'abaisse notablement.

Cette extraordinaire sensibilité de la Mucédinée pour le zinc apparaît mieux encore dans les exemples suivants. Javillier a déterminé la dose optima de zinc à introduire dans les milieux de culture pour obtenir le maximum de rendement : il arrive aux conclusions suivantes : entre 0^{gr},000025 et 0^{gr},010 de zinc dans le milieu de culture, c'est-à-dire à des dilutions comprises entre un dix-millionième et un vingt-cinq-millième, les récoltes atteignent leur poids maximum. En effet, en l'absence de zinc, le poids sec du mycélium étant de 1^{gr},91, ce poids s'élève à 4^{gr},45 pour 0^{gr},000025 de zinc et à 4^{gr},32 pour 0^{gr},010 de zinc. Donc ce métal, à la dose de

25 millièmes de milligramme a suffi pour déterminer une augmentation de poids du mycélium égale à $4^{gr},45 - 1^{gr},91 = 2^{gr},54$, soit 140 000 fois le poids du métal. Cette quantité de zinc est 146 fois plus faible que celle indiquée par Raulin. Une dose encore plus petite de zinc améliore très notablement la récolte, car un poids de 5 millièmes de milligramme du métal augmente celle-ci de $0^{gr},62$; elle permet donc la construction de plus de 100 000 fois son poids de moisissure.

Celle-ci, de plus, *fixe* le zinc. Elle fixe la *totalité* du métal de son milieu de culture lorsque la quantité de ce métal répond à une dilution de $\dfrac{1}{250\ 000}$ et au delà; elle fixe une *partie* du métal de son milieu de culture lorsque la dilution est inférieure à ce dernier chiffre. L'*Aspergillus* peut fixer sans dommage une quantité de zinc égale au plus à $\dfrac{1}{1\ 100}$ de son poids.

Il est donc bien démontré par cet exemple typique que certaines substances sont capables, même en doses presque impondérables, de manifester leur utilité par des rendements de récolte surprenants. Le cas du zinc n'est certainement pas isolé : l'iode, le bore, le titane, le cuivre, etc., rencontrés dans les cendres d'un assez grand nombre de végétaux, sont peut-être dans ce cas. Toutefois, il convient de ne pas trop généraliser de pareilles conclusions. Inversement, certaines substances possèdent une toxicité incroyable : l'*Aspergillus* ne peut être cultivé dans un vase d'argent, et cependant les liquides de culture ayant séjourné dans un pareil vase ne renferment pas trace d'argent, décelable par les procédés actuellement connus.

En résumé, la plante exige *pour sa construction normale* deux sortes de corps simples : les premiers, tels que le phosphore, l'azote, le potassium, le calcium, le magnésium, doivent être mis à sa disposition en quantités relativement assez grandes pour former la trame de ses tissus, et le rapport entre le poids de cette première catégorie de corps simples et le poids de matière végétale élaborée est assez élevé. -Les seconds, tels que le fer, le manganèse, le zinc et d'autres encore dont il reste à spécifier l'utilité, n'interviennent qu'en quantités minimes. Le rapport entre le poids de cette seconde catégorie de corps simples et le poids de la matière végétale élaborée est incomparablement plus faible que dans le premier cas. Autrement dit, si une partie de phosphore permet la construction de 100 parties de plante, une partie de zinc en permet la construction de 10 000 parties.

Les corps qui composent la première catégorie sont dits *plastiques*; ceux de la seconde doivent être qualifiés de catalytiques ou *diastasiques* : ils n'entrent pas en réaction eux-mêmes, ils n'agissent que par leur présence comme les diastases proprement dites. Les uns sont des agents d'oxydation, de véritables *porteurs* d'oxygène ; d'autres seront des agents de réduction ; d'autres des agents de condensation, toujours prêts à reprendre leur état initial sous une forme simple. Ce sont ces métaux diastasiques qui sont vraisemblablement la cause de toutes les transformations intimes que subissent les êtres vivants au cours de leur existence.

III

ROLE PARTICULIER DES IONS DANS L'ACTIVITÉ DES ÉLÉMENTS MINÉRAUX

Les électrolytes, qui comprennent les solutions des sels métalliques, sont plus ou moins dissociés en leurs *ions*, ainsi que nous l'avons vu dans notre premier chapitre (p. 16). Les liquides du sol contiennent en dissolution extrêmement étendue les substances salines que la plante absorbe. Celles-ci sont à coup sûr complètement ionisées sous cet état, et l'absorption porte, en réalité, sur les ions suivants : $(PO^4)^2 Ca^3 = 2PO^4$ (ion négatif) $+ 3Ca$ (ion positif) ; $SO^4 K^2 = SO^4$ (négatif) $+ K^2$ (positif) ; $KCl = Cl$ (négatif) $+ K$ (positif), etc. C'est en invoquant cette dissociation de la molécule que l'on peut se rendre compte de l'activité particulière que possèdent les sels dans l'organisme végétal. Plus un sel sera ionisé dans sa solution et plus ses éléments, c'est-à-dire ses ions, seront actifs. La chose a été vérifiée d'une façon remarquable dans l'étude des antiseptiques. Ainsi l'efficacité des divers sels de mercure est d'autant plus grande comme antiseptique que la dissociation en ions est plus complète et que la solution contient, par conséquent, plus d'*ions mercure*. Le degré de dissociation étant mesuré par la conductibilité électrique d'une solution, on a trouvé que le cyanure de mercure est moins dissocié que le bromure et, celui-ci, moins que le chlorure à concentration égale. Aussi le pouvoir antiseptique du chlorure est-il plus énergique que celui du bromure et celui du bromure que celui du cyanure.

On comprend très bien avec quelle facilité la cellule peut s'emparer de tel élément actif si celui-ci se trouve en quelque sorte à l'état de liberté dans la solution qui baigne cette cellule. C'est ainsi que nous avons vu la cellule séparer les éléments d'un nitrate, par exemple, puis réduire l'ion NO^3, avec l'azote duquel elle fabrique des albuminoïdes, tandis que l'ion potassium de ce nitrate se combine aux acides végétaux. Les solutions infiniment diluées de phosphate tricalcique renferment l'ion PO^4, dont la cellule s'empare pour former des lécithines et des nucléines, tandis que l'ion calcium passe à l'état d'oxalate ou de carbonate. L'ion est donc la *partie active de la molécule*, la seule qui entre en jeu dans les réactions biologiques.

Les substances organiques sont beaucoup moins ionisées. Cependant l'acide oxalique en solution diluée l'est à un haut degré, et l'on conçoit que cet acide ne soit pas seulement un produit d'excrétion se déposant sous forme d'oxalate de calcium, mais que ses ions constitutifs soient capables d'entrer dans un cycle de réactions nouvelles.

CHAPITRE X

DES FORMES SOUS LESQUELLES
ON RENCONTRE LES SUBSTANCES MINÉRALES
DANS LES PLANTES

Sélection minérale ; excrétions. — Causes de l'accumulation des matières minérales. — Équilibre osmotique dans les différentes parties de la plante.

Nous avons étudié, dans le précédent chapitre, la nature et la répartition, suivant les différents organes, des substances minérales qui se trouvent dans la plante. Cette étude, nous l'avons faite en prenant chaque organe en particulier, que nous avons soumis à l'action d'une température suffisante pour détruire toute trace de matière organique. Mais nous avons eu soin de faire remarquer que le *groupement* des substances salines obtenu après incinération était évidemment très différent du groupement que ces substances devaient posséder dans le végétal normal. Il convient donc maintenant de rechercher *sous quelles formes et à quels états de combinaison* se rencontrent dans la plante les principaux éléments fixes dont nous avons appris à connaître antérieurement l'importance.

I

FORMES SOUS LESQUELLES ON RENCONTRE
LES SUBSTANCES MINÉRALES DANS LA PLANTE

Phosphore. — Si le phosphore pénètre le plus souvent dans la plante sous forme de phosphate tricalcique dissous à la faveur du gaz carbonique, il ne reste pas longtemps à l'état minéral. Il entre dans la constitution des lécithines et des nucléines que l'on rencontre dans toutes les parties du végétal et, principalement, dans les parties jeunes en voie de formation, ainsi que dans la graine. Celle-ci renferme le phosphore sous la forme principale de *phytine* (p. 312), substance dont nous avons déjà parlé. Il ne semble exister de *phosphates minéraux* dans la graine qu'en faible quantité : 10 p. 100 du phosphore total suivant certains auteurs, et souvent beaucoup moins. La phytine ou acide *oxyméthylène diphosphorique* est combinée à la chaux, à la magnésie et à une partie de la potasse.

Dans les feuilles et la tige, on rencontre parfois du phosphate tricalcique et, suivant une opinion courante, du *malophosphate*, mais le phosphore s'y trouve surtout engagé dans des molécules complexes organiques. Il est cependant certain que, lorsque le phosphore se déplace et émigre, par exemple de la feuille vers la graine, il doit prendre une forme diffusible : c'est probablement sous l'état minéral qu'a lieu cette diffusion. Pendant la germination, la majeure partie du phosphore organique reprend cet état minéral pour émigrer vers les organes nouvellement développés.

Les tiges souterraines, rhizomes, bulbes, tubercules, renferment assez fréquemment du phosphate tricalcique; mais celui-ci est engagé principalement dans une combinaison avec la matière albuminoïde, comme nous allons le voir.

En effet, si on râpe des pommes de terre et que l'on soumette la pulpe obtenue à l'action d'une pression énergique, il s'écoule un suc jaunâtre, renfermant des grains d'amidon en suspension, ainsi que des matières azotées et minérales. Ce suc ne tarde pas à noircir à cause de la présence des oxydases. Si on le laisse reposer quelque temps et que l'on décante la partie claire, il est facile de montrer que ce liquide contient de grandes quantités de phosphore sous un état particulier. Vient-on à chauffer ce liquide, il ne tarde pas à se troubler et, à mesure que la température s'élève, de gros flocons d'une matière grisâtre envahissent la masse. Filtrons alors, nous constaterons que les flocons qui demeurent sur le filtre dégagent, quand on les calcine avec de la chaux sodée, des vapeurs ammoniacales. Ces flocons sont donc riches en azote. Si, d'autre part, nous les incinérons et si nous analysons les cendres restantes, nous y décèlerons facilement la présence de l'acide phosphorique, de la chaux et de la magnésie.

Cette expérience ne prouve pas que le phosphore se trouve dans le coagulum produit par la chaleur à l'état de phosphate calcique ou magnésien, c'est-à-dire sous forme exclusivement minérale. Il est probable que, si une partie du phosphore est à l'état minéral, une autre partie, peut-être la plus abondante, doit s'y rencontrer *sous une forme organique*. Mais, ce que cette expérience montre, c'est l'*association intime* qui existe entre la matière azotée et le phosphore, quelle que soit la forme qu'affecte ce dernier.

Lorsque l'azote émigre, le phosphore le suit presque toujours dans cette migration, et il existe le plus souvent un rapport étroit entre la teneur d'un organe en phosphore et sa teneur en azote. Nous en fournirons des exemples à propos de la maturation des graines.

Soufre. — Les plantes terrestres ne renferment que très peu de soufre sous la forme de sulfates. Ceux-ci (sulfate de calcium principalement), dès qu'ils ont pénétré dans le végétal, se réduisent et sont employés à la construction des substances albuminoïdes, lesquelles contiennent toujours un noyau sulfuré de *cystine* (p. 232). Réciproquement, nous savons que, pendant la germination, ce noyau sulfuré se décompose et que le soufre reparaît momentanément à l'état de sulfate minéral (p. 310). Beaucoup de graines de Crucifères renferment des glucosides sulfurés (p. 172). Une graine renfermera d'autant plus de soufre organique qu'elle sera plus riche en albuminoïdes ; cependant la chose est loin d'être absolue.

Dehérain a signalé dans les plantes marines l'affinité particulière qui se manifeste entre les sulfates et les tissus de ces plantes. Si on compare les analyses de l'eau de mer à celles des cendres d'un *Fucus*, on remarque que les deux tiers du résidu salin de l'eau de mer sont formés de sel marin : quant aux cendres de *Fucus*, elles n'en renferment guère qu'un quart de leur poids. Les sulfates, beaucoup moins abondants que les chlorures dans l'eau de mer, dominent dans les cendres des *Fucus*. Si on fait bouillir avec de l'eau des fragments de *Fucus* afin de dissoudre les sels solubles, on observe que l'eau dissout surtout des chlorures et très peu de sulfates. On peut en conclure que les chlorures et les sulfates n'existent pas dans la plante sous le même état de combinaison.

L'action de la chaleur, au moment de l'incinération, a détruit très probablement *quelque composé sulfuré*, qui se retrouve dans les cendres sous forme de sulfates.

Chlore. — Ce corps existe dans les plantes sous forme de chlorures. Nous avons vu précédemment ce qu'il fallait penser de son rôle physiologique. Les chlorures que contiennent les plantes marines semblent moins solidement unis au tissu du végétal que les sulfates, ainsi que nous l'avons dit plus haut. Toutefois, chez certaines algues, c'est le contraire qui a lieu.

Iode. — Les cendres des *Fucus* sont assez riches en iode. Le rôle de ce corps simple, inconnu chez les végétaux, devrait attirer néanmoins l'attention en raison de sa présence et de son utilité incontestable dans certains organes animaux (glande thyroïde), où il existe à l'état de composé iodo-organique. Peut-être se rencontre-t-il chez certaines plantes sous un état semblable.

En effet, si on fait bouillir avec de l'eau des fragments de *Fucus*, il n'est pas possible de mettre en évidence la présence de l'iode dans le liquide filtré. Mais, si on incinère le résidu insoluble, on peut constater facilement la présence de ce corps dans les cendres ainsi obtenues. Il semble donc que, du moins chez certaines plantes marines, il puisse exister des composés iodés de nature organique. D'après Scurti, l'iode jouerait chez les algues marines le rôle du chlore chez les Phanérogames : ce serait un excitateur de la reproduction.

Silicium. — La silice, si abondante dans certains organes, ne semble pas entrer dans une combinaison organique définie. D'après Dehérain, elle existerait sous deux états. Tantôt, en effet, elle résiste à l'action de solutions alcalines faibles et chaudes, tantôt elle se dissout facilement. Ce fait se vérifie chez plusieurs organes de la plante.

On traite la partie soumise à l'expérience par une solution faible (1 à 2 p. 100) de soude ou de potasse bouillante en renouvelant l'eau au fur et à mesure de l'évaporation. On lave ensuite avec de l'acide chlorhydrique dilué pour enlever l'alcali, puis avec de l'eau. On recherche ensuite dans la partie insoluble ainsi lavée s'il reste encore de la silice après incinération. Ces expériences sont essentiellement comparatives ; elles durent le même espace de temps. On trouve, par exemple, des résultats tels que ceux-ci :

	SiO^2 dans 100 parties de cendres de la plante normale.	SiO^2 dans 100 parties de cendres de la plante traitée.
Blé vert non fleuri....	40	87
Paille de blé..........	70	93
Bois de chêne..........	21	0

La paille du blé a donc abandonné à la solution alcaline, puis à l'acide chlorhydrique, presque toutes les matières minérales autres que la silice : celle-ci, au contraire, a résisté à ces réactifs et forme la presque totalité des cendres. Le bois de chêne, inversement, a perdu dans le traitement alcalin toute la silice qu'il contenait. Les feuilles diverses fournissent des résultats analogues ; tantôt elles abandonnent presque toute leur silice aux alcalis, tantôt une partie seulement de cette silice se dissout.

Les variations de la solubilité de la silice dans la tige du blé présentent les particularités suivantes. Au début de la végétation, les trois quarts de la silice sont insolubles dans une solution de potasse au dixième ; avant la floraison, cette silice est complètement soluble, puis sa solubilité diminue et devient très faible dans la tige complètement desséchée (Berthelot et André).

La silice que contiennent les végétaux disparaît totalement quand on la traite par l'acide fluorhydrique ; elle n'est donc combinée à aucune base.

Potassium. — Ce métal, souvent très abondant dans les plantes, et principalement dans les racines charnues et les tubercules, se rencontre à l'état de sels. Il est combiné soit à des acides minéraux, soit à des acides organiques.

On trouve dans les sucs de la plante une certaine quantité de phosphate de potassium et surtout d'azotate. Ce dernier provient directement du sol ; il se concentre de préférence dans les tiges (p. 214), où il forme souvent une sorte de réserve.

Lorsque le nitrate de potassium est décomposé et que l'acide nitrique a été employé à l'élaboration de la matière albuminoïde, le potassium, devenu libre, se combine aux acides organiques dont nous connaissons la genèse. Les principaux de ces acides auxquels s'unit le potassium sont les acides oxalique, tartrique, malique, citrique. Sous cette forme, le potassium est très diffusible et vient s'emmagasiner dans les organes souterrains charnus (carotte, betterave, etc.), ou dans les fruits. Lorsqu'on épuise par l'eau froide un tissu riche en sel de potassium, on n'arrive que très difficilement à en extraire la totalité de la potasse ; l'emploi prolongé de l'eau bouillante permet le plus souvent d'arriver complètement au but. On a parfois émis l'opinion qu'une partie de la potasse, plus ou moins notable suivant l'organe considéré, était insoluble dans l'eau. Nous croyons qu'il n'existe pas de sels insolubles de potassium, mais, peut-être, certains sels doubles très peu solubles, lesquels néanmoins ne résistent pas à l'action prolongée de l'eau chaude. D'ailleurs, le bitartrate de potassium, notamment, est un sel très peu soluble dans l'eau froide.

Calcium, magnésium. — Le calcium se rencontre soit sous forme minérale de carbonate de calcium cristallisé, soit sous forme d'oxalate insoluble, dont nous avons déjà parlé, soit sous forme de nitrate soluble. C'est le bicarbonate de calcium, légèrement soluble dans les liquides chargés de gaz carbonique, qui constitue la forme diffusible de la chaux. Lorsque le gaz carbonique se dégage, il se produit un dépôt de carbonate neutre ou une formation d'oxalate.

Le magnésium circule également dans la plante à l'état de bicarbonate soluble.

II

SÉLECTION MINÉRALE. — EXCRÉTIONS

Nous arrivons donc à cette conclusion : la plante prend au sol des matières fixes sous forme exclusivement minérale ; d'un autre côté, ces matières minérales contractent, pour la plupart, des combinaisons avec tels ou tels éléments organiques qu'elles rencontrent dans les divers tissus. Il y a par conséquent lieu de rechercher par quel mécanisme se produit cette accumulation. Mais, si toutes les plantes renferment *qualitativement* les mêmes substances fixes, il n'en est pas de même au point de vue quantitatif : il existe donc une sorte de *sélection* que fait chaque plante parmi les éléments du sol. Nous avons déjà appelé l'attention sur ce point.

Cette sélection a été d'abord mise sur le compte d'une différence dans la structure des racines chez les divers végétaux : tels d'entre eux absorbant de préférence telle substance, laquelle ne pourrait pénétrer chez d'autres. Cette différence n'existe pas en réalité.

Il est possible de faire absorber à un végétal, vivant dans une solution aqueuse artificielle, bien des matières qu'il n'absorberait pas dans les conditions naturelles, surtout lorsque le végétal est jeune. C'est le cas du haricot qui, cultivé dans des solutions de sel marin, alors qu'il n'a pas encore vidé ses cotylédons, absorbe ce sel, tandis que, cultivé dans les conditions habituelles, il n'en absorbe pas traces (Dehérain).

Cette sélection a été également expliquée à l'aide d'une hypothèse dans laquelle on ferait intervenir l'*excrétion* des racines : celles-ci absorberaient toutes les substances qui sont à leur contact et, à un moment donné, elles se débarrasseraient de certaines d'entre elles en les restituant au sol. Une pareille explication est absolument contraire aux faits. D'ailleurs, une ancienne expérience de Walter est très nette à cet égard. On prend un végétal dont on partage les racines en deux touffes, que l'on fait plonger dans deux vases différents. L'un de ces vases contient une solution saline (sel marin, sulfate de sodium, etc.); l'autre ne renferme que de l'eau distillée. Si la plante, après avoir absorbé une partie du sel en dissolution, rejette ensuite ce sel, il n'y a pas de raison pour que celui-ci ne revienne pas dans la touffe de racines immergées dans le vase à eau distillée, laquelle devra donc, à un certain moment, renfermer une portion des substances dissoutes contenues dans le premier vase. Or il n'en est rien ; l'eau distillée reste parfaitement pure. Il ne semble donc pas y avoir d'excrétions minérales. Mais cela ne signifie pas que les racines ne puissent sécréter certaines substances qui sortent à l'extérieur et jouent un rôle important dans la nutrition du végétal. Nous dirons ici quelques mots à ce sujet.

Excrétions des racines. — Toutes les racines excrètent une substance acide (dans laquelle domine l'acide citrique, suivant plusieurs auteurs). Si on fait germer des graines sur du papier bleu de tournesol, on remarque que, à l'endroit où les racines ont pris contact avec ce papier, il s'est formé des traînées rouges, indice de la sortie, hors de la racine, d'un liquide à réaction acide.

Ces excrétions acides ont lieu par les *poils absorbants*.

On connaît également les résultats de l'expérience de Sachs, qui consiste à faire germer une graine sur une plaque de marbre bien polie saupoudrée de sable humide. Au bout de quelques jours, si on enlève le sable, on trouve que les racines ont creusé un mince sillon sur la plaque. Il y a donc eu sécrétion d'une substance acide qui a dissous le calcaire.

Un végétal peut utiliser le phosphore du phosphate tricalcique. Or celui-ci est insoluble ou extrêmement peu soluble dans l'eau. Les sécrétions acides de la racine interviennent très vraisemblablement encore ici pour solubiliser le sel. Il en est de même de ces sécrétions vis-à-vis des composés potassiques du sol, la plupart du temps insolubles dans l'eau. Cette action de corrosion d'une matière alimentaire indispensable au végétal est donc bien réelle. Cela ne veut pas dire que toute substance minérale insoluble ne pénètre dans la plante que par ce seul mécanisme, car, dans le sol arable, il n'y a pas à proprement parler de matières minérales complètement insolubles. Au contact de l'eau, plus ou moins chargée de gaz carbonique, toutes les matières minérales se dissolvent et fournissent ainsi, bien que dans un très grand état de dilution, la plupart des solutions dont s'emparent directement les racines. D'ailleurs, la racine, en respirant, dégage continuellement du gaz carbonique, lequel vient s'ajouter dans le sol à celui qui provient de l'atmosphère et à celui que dégagent les nombreuses fermentations dont la couche de terre est le théâtre. Suivant plusieurs expérimentateurs, ce serait surtout le gaz carbonique excrété par les racines qui posséderait les propriétés corrosives que nous avons rappelées plus haut.

Il n'existe donc pas d'excrétions minérales au sens propre du mot ; les expériences dans lesquelles celles-ci ont été constatées parfois (présence de phosphate acide de potassium, de formiates), proviennent des sucs mêmes de la racine endommagée plus ou moins à la suite des manipulations auxquelles elle a été soumise. Disons en passant que la racine n'excrète pas davantage de substances organiques neutres, telles que le sucre (Boussingault). La sécrétion de certaines diastases, niée par Duclaux, a été mise en évidence par Mazé et Périer dans l'étude que ces savants ont faite de la nutrition d'une plante verte dans une solution de saccharose (p. 109).

Pertes de substance minérale pendant l'évolution d'une plante dans le sol. — Lorsqu'on examine cette question de l'excrétion minérale, non plus par des procédés de laboratoire, mais en observant ce qui se passe dans la pratique agricole, on arrive à des constatations dignes d'intérêt. Si on estime le poids total des cendres que contient une récolte sur une surface donnée, on remarque assez souvent que ce poids, après avoir présenté un maximum vers l'époque du début de la maturation, diminue d'une manière sensible jusqu'à la dessiccation de la plante. Des observations de ce genre ont été souvent faites ; en voici une qui est due à Is. Pierre ; elle est relative au colza. La quantité totale des cendres à l'hectare, étant de 941^{kg},2 le 6 mai, s'est abaissée à 664 kilogrammes le 20 juin. D'après Dehérain, il ne s'agirait pas ici d'une perte minérale par excrétion, mais simplement d'une chute d'organes desséchés et d'un lavage des *organes morts* par l'eau de pluie ayant entraîné les parties solubles de ces organes.

Voici maintenant une autre observation très curieuse de Warington, qui éclaire la question d'un jour nouveau et soulève plusieurs problèmes intéressants. Il est généralement admis que les plantes de la grande culture prennent leur azote dans le sol sous forme de nitrates, à l'exception des Légumineuses. Lorsque les nitrates sont décomposés dans les tissus et que leur azote passe à l'état d'albuminoïdes, les bases qui leur étaient combinées s'unissent aux acides organiques du végétal. Si tout l'azote d'une récolte provient des nitrates et si les bases de ces nitrates n'éprouvent aucune perte, on doit retrouver dans les cendres de la plante une proportion de bases salifiables équivalente à celle de l'azote. Le meilleur moyen de faire le calcul de répartition des bases contenues dans les cendres consiste à retrancher des bases totales ce qui correspond aux acides minéraux trouvés dans les cendres (chlore, PO^4H^3) et à attribuer la différence à l'acide azotique. La moyenne d'un grand nombre d'analyses a fourni les chiffres suivants, qui représentent, au moment de la récolte, *la quantité de base salifiable pour 100 de bases correspondant à l'azote* (si tout l'azote était combiné à l'état de sel, on aurait le chiffre 100) :

Blé.	Orge.	Avoine.	Foin de prairie.	Foin de trèfle.	Navets.	Betteraves.
20	25	34	70	80	70	92

C'est donc seulement pour la récolte de betteraves que les cendres renferment une proportion de bases correspondant à l'azote supposé à l'état de nitrate. Dans tous les autres cas, la base est en quantité bien inférieure à ce qu'exige la théorie de la nutrition à l'aide des nitrates.

La conclusion à tirer de ces expériences est donc la suivante : ou bien la plupart des plantes ne prennent au sol qu'une fraction seulement de leur azote sous la forme nitrique, ou bien les bases, après avoir pénétré avec l'azote nitrique dans la plante, abandonnent celle-ci avant la récolte.

Le même calcul a été fait pour l'avoine à différents moments de sa végétation, afin qu'il n'y ait pas d'erreurs relatives à la chute des feuilles pendant la dessiccation de la plante. On trouve alors les résultats suivants :

10 juin. 30 centim. de hauteur.	30 juin. 60 centim. de hauteur.	10 juillet. 82 centim. floraison achevée.	21 juillet. Début de la maturation.	31 juillet. Maturation achevée.
41	44	43	31	27

La proportion de bases est donc sensiblement constante dans les trois premières analyses, c'est-à-dire tant que la plante est verte; cette proportion représente les $\frac{40}{100}$ de ce qui correspondrait à l'azote; mais, dès que la maturation commence, elle diminue et tombe finalement à $\frac{27}{100}$.

Warington se demande si, en présence de ces faits, on ne doit pas conclure à l'excrétion par les racines de la partie soluble des sels que contient le végétal. En effet, en admettant même que tout l'azote ne pénètre pas dans la plante à l'état d'azote nitrique, cette chute dans la proportion des bases salifiables au moment de la maturation pourrait s'expliquer ainsi : lorsque la Céréale mûrit, elle se dessèche graduellement et, par conséquent, ses sucs se concentrent. Donc il peut y avoir, à cette époque, diffusion des liquides de la plante vers le sol en vertu des lois de l'osmose. Cependant une autre cause de déficit des bases solubles est beaucoup plus probable et plus en conformité avec les faits observés : cette cause doit être cherchée, comme dans les expériences de Dehérain, dans l'action de l'eau de pluie sur les organes secs de la plante.

Celle-ci, imperméable à l'état vert, cesse de l'être lorsque ses feuilles sont flétries. Ce qui semble démontrer cette hypothèse, c'est que les plantes qu'on laisse mûrir sur place avant leur récolte présentent, entre les bases salifiables et les bases qui correspondraient à la totalité de l'azote, un rapport beaucoup plus faible que celui que présentent les plantes récoltées vertes.

Ainsi, en résumé, les faits signalés par Warington comportent plusieurs remarques fort importantes : l'azote peut entrer dans la plante sous une autre forme que celle d'azote nitrique ; l'excrétion des racines serait chose possible, mais cette excrétion n'a pas encore été constatée, comme nous l'avons dit plus haut ; les tissus d'une plante, et celui des feuilles en particulier, deviennent perméables à l'eau de pluie lorsque ces tissus sont secs. Voilà la véritable cause de la perte des bases en quantités si notables.

Abordons maintenant l'étude des causes de l'accumulation des matières minérales dans le végétal.

III

CAUSES DE L'ACCUMULATION DES MATIÈRES MINÉRALES

Les causes de l'accumulation des matières minérales dans le végétal peuvent être expliquées d'une façon assez satisfaisante à l'aide des phénomènes de diffusion (p. 17). Il y a longtemps déjà que Dehérain a attiré l'attention sur ce point.

Prenons un vase poreux de pile et remplissons-le d'eau distillée ; puis immergeons ce vase dans un autre vase contenant une solution saline, de chlorure de sodium par exemple. Après quelques jours, nous constaterons qu'une certaine quantité de sel a pénétré dans le vase poreux et, si nous attendons un temps suffisant, variable avec la nature du sel employé, nous trouverons que volumes égaux de liquide pris à l'extérieur du vase poreux et à l'intérieur de celui-ci contiendront la même quantité de sel ; l'équilibre est établi.

Si nous mettons maintenant dans le vase extérieur un nouveau sel, du sulfate de potassium par exemple, celui-ci à son tour pénétrera dans le vase poreux jusqu'à établissement d'un équilibre, comme dans le cas précédent. Donc la présence d'un premier sel (chlorure de sodium) dans le vase poreux n'empêche pas l'arrivée dans ce vase d'un second sel (sulfate de potassium).

Faisons maintenant l'essai suivant. Introduisons dans le vase extérieur de notre appareil un mélange de deux sels : chlorure de sodium et sulfate de cuivre, le vase poreux étant rempli d'eau distillée ; attendons quelques jours afin que l'équilibre soit établi, puis mettons dans le vase poreux de l'eau de baryte. Le sulfate de cuivre contenu dans le vase poreux va subir un changement profond : la baryte s'unira à l'acide sulfurique pour former du sulfate de baryum insoluble, qui se précipitera, et l'oxyde de cuivre, uni d'abord à l'acide sulfurique, se précipitera également, puisqu'il est insoluble dans l'eau. Quant au chlorure de sodium qui a pénétré dans le vase poreux en même temps que le sulfate de cuivre, il ne sera pas modifié par l'addition de la baryte, et sa concentration primitive, telle qu'elle existait au moment où l'équilibre s'est établi, restera absolument la même.

Par suite du changement survenu dans l'état du sulfate de cuivre à la suite de sa précipitation par la baryte dans le vase poreux, l'équilibre est rompu : une nouvelle quantité de sulfate de cuivre du vase extérieur va pénétrer dans le vase poreux jusqu'à rétablissement d'un nouvel équilibre.

Si le sulfate de cuivre qui vient ainsi de pénétrer se trouve en présence de baryte, il se précipitera comme la première fois, et il y aura encore pénétration d'une dose nouvelle de sulfate jusqu'à ce que la cause de la précipitation, c'est-à-dire la baryte, ait cessé d'agir et soit, par conséquent, complètement neutralisée.

Nous pouvons donc tirer de cette expérience une conclusion très importante pour ce qui va suivre, c'est que : *la formation d'une combinaison insoluble est une cause d'accumulation de substance.* Nous aurions pu, dans l'expérience précédente, faire entrer dans le vase poreux la totalité du sulfate de cuivre contenu dans le vase extérieur, à la condition de mettre dans le vase poreux une quantité suffisante de baryte, cause de l'accumulation et de l'insolubilisation du sulfate de cuivre.

Il en résulte que, chaque fois qu'un équilibre est atteint, si pour une raison quelconque cet équilibre est troublé, un nouveau courant de substance s'établit.

Il est facile de transporter ces considérations théoriques dans le domaine de la physiologie des plantes et d'expliquer l'accumulation des éléments minéraux indispensables à leur existence. On remarquera de suite qu'une conséquence importante se dégage de ce que nous venons de dire. Les solutions salines qui pénètrent dans la plante par la racine sont extrêmement diluées. Or nous savons que l'on rencontre dans les tissus végétaux des quantités notables, et parfois même considérables, d'acide phosphorique et surtout de potasse. Si nous assimilons, grossièrement sans doute, la paroi cellulaire à la paroi du vase de pile et si nous admettons qu'au travers de cette paroi les solutions venues du sol pénètrent dans la cellule comme elles pénètrent dans le vase poreux, nous comprendrons comment se produit l'introduction des substances salines dans la plante. D'autre part, si nous admettons que, dans telle catégorie de cellules, existe une cause d'insolubilisation ou de transformation de la substance saline qui vient de s'y introduire, nous concevrons qu'une matière minérale, même à l'état de dilution très grande, puisse *s'accumuler* dans tel ou tel organe, alors que telle autre, non modifiée dans sa nature quand elle a pénétré dans la cellule, ne s'y rencontre qu'en quantité très faible et dans un état de dilution aussi grande que dans les liquides du sol d'où elle provient.

Accumulation des phosphates et des sels de potassium. — A l'aide des considérations qui précèdent, nous pouvons nous rendre compte de l'accumulation des phosphates dans le végétal. Nous savons que, si une partie du phosphore entre en combinaison avec certains éléments quaternaires pour former des lécithines et des nucléines, une autre partie se combine à la matière azotée sous forme spéciale de phosphates unis aux albuminoïdes, ainsi qu'il arrive dans le suc de la pomme de terre (p. 444). Donc, au moment de la formation du tubercule, pendant tout le temps que dure son accroissement et l'emmagasinement des albuminoïdes, il y aura appel des phosphates jusqu'à ce que la combinaison soit achevée et la saturation produite.

Un mécanisme analogue préside à l'accumulation des sels de potassium dans la plante. Ceux-ci pénètrent normalement dans le végétal dans un état de grande dilution, mais ils rencontrent toujours sur leur passage des acides organiques (oxalique, citrique, etc.), qui les neutralisent. L'équilibre étant rompu, une nouvelle quantité de sels de potassium monte dans le végétal jusqu'à ce que la totalité des acides ait contracté combinaison avec la potasse.

Une remarque doit être faite ici relativement aux dépôts de nitrate de potassium, souvent si abondants dans certaines parties de la plante (tiges). L'azote de ce nitrate, lorsqu'il est utilisé à la production des albuminoïdes, abandonne le potassium auquel il était combiné. Il est donc nécessaire que ce métal trouve une cause de neutralisation immédiate et qu'il entre par conséquent en combinaison avec un acide. Une corrélation doit nécessairement exister entre la formation des composés azotés et la production des acides.

Accumulation des matières salines dans la graine. — La transformation du sucre en amidon dans la graine est une cause d'accumulation et d'insolubilisation des phosphates. Vaudin a constaté que les sucres, en présence des malates alcalins, peuvent maintenir en dissolution le phosphate tricalcique (et, probablement, le phosphate magnésien). Les sucres, élaborés par les organes foliacés, en se dirigeant vers la graine, entraînent avec eux les phosphates insolubles. Lorsque le sucre se transforme en amidon au fur et à mesure des progrès de la maturation de la graine, les phosphates insolubles se déposent. A ce moment, les malates sont détruits presque totalement, et l'acide malique est remplacé, très partiellement, par l'acide succinique.

Il est probable que le phosphore des phosphates ainsi insolubilisés se transforme alors en *phytine*. Cette substance est un acide capable de neutraliser les bases unies aux phosphates, ainsi que la potasse unie aux malates.

L'accumulation des phosphates et des sels de potassium dans la graine résulte donc d'un changement d'état qui provient de la métamorphose des sucres solubles en amidon insoluble.

Remarquons en passant que le phosphate tricalcique est maintenu en dissolution dans le lait des Mammifères grâce à la présence du lactose et des citrates alcalins.

Accumulation de la silice. — L'accumulation de cette substance reconnaît probablement deux origines. Nous avons vu, quelques pages plus haut, avec quelle solidité était fixée la silice dans certains organes, puisque l'action des alcalis étendus et bouillants laissait tout ou partie de cette substance dans les tissus sans la dissoudre. Il est possible que la silice contracte, dans ce cas, des combinaisons insolubles avec la cellulose, de même que les phosphates entrent en combinaison avec la matière azotée dans le tubercule de pomme de terre. En admettant cette explication, on conçoit pourquoi une substance aussi peu soluble que la silice puisse s'accumuler en proportions très notables dans tel tissu, tant que la combinaison précitée n'est pas satisfaite.

Une autre cause de l'accumulation de la silice doit être cherchée dans la façon dont se comportent ses dissolutions. La silice arrive du sol dissoute dans des liquides chargés de gaz carbonique. Cette dissolution se répand uniformément dans toutes les parties du végétal ; mais la silice cesserait de monter si elle n'éprouvait pas quelque cause d'insolubilisation qui en changeât la nature. Or il est d'observation courante que plus un organe fonctionne longtemps comme appareil d'évaporation, plus il se charge de silice : tel est le cas des feuilles. En pénétrant dans celles-ci, les solutions de silice dans les liquides chargés de gaz carbonique éprouvent une dissociation, l'acide carbonique se dégage, et la silice n'étant plus maintenue en dissolution se dépose.

Accumulation de la chaux. — Comme celle de la silice, l'accumulation de la chaux provient de deux causes. Les liquides du sol apportent à la plante une solution de bicarbonate calcique et de nitrate de calcium. Une partie de la chaux s'unit aux acides végétaux (acide oxalique principalement), d'où une première cause d'accumulation. Une autre partie se dépose sous forme de carbonate neutre à la suite de la dissociation du bicarbonate dans les organes de la plante où se produit une transpiration active, les feuilles en premier lieu. L'écorce des arbres, surtout les écorces anciennes, contiennent beaucoup de carbonate de calcium.

Accumulation de certains sels solubles. — Nous avons vu (p. 445) que les tissus de certaines plantes marines (*Fucus*) renfermaient, après leur incinération, plus de sulfates que de chlorures, bien que ceux-ci dominent toujours dans le résidu salin que laisse l'eau de mer. Si certains sulfates existent comme tels dans ces algues, la majeure partie du soufre qu'on y rencontre doit être mise sur le compte de la facilité avec laquelle leurs tissus réduisent les sulfates avec production de quelque matière complexe sulfurée dont le soufre reparaît à l'état de sulfate sous l'action de l'incinération, ainsi qu'il a été dit plus haut. Telle serait la cause de l'accumulation des sulfates.

Le cas du nitrate de potassium est particulièrement intéressant. D'après les lois de l'osmose, lorsqu'un sel a pénétré dans le végétal en proportion telle que la solution intérieure soit au même titre que la solution extérieure, ce sel ne doit plus pénétrer. Néanmoins le mouvement de l'eau seule n'est pas entravé ; car, si la plante perd à chaque instant par transpiration une certaine quantité de ce liquide, celui-ci est remplacé immédiatement par un nouvel apport venu du sol : de telle façon que l'équilibre osmotique persiste toujours.

Cependant Demoussy a observé que les plantes peuvent emprunter à une solution de nitrate de potassium plus de sel que d'eau ; ses expériences ont porté sur de jeunes pieds de maïs, de sarrasin, de colza. La concentration de la solution initiale éprouve donc une diminution, et les liquides contenus dans les végétaux sont plus concentrés que les liquides extérieurs. On en conclut que le nitrate de potassium s'accumule dans la plante comme le ferait une substance qui s'y insolubiliserait. Il est probable qu'il s'agit ici d'un phénomène analogue à celui que présente l'accumulation des substances sulfurées examinées plus haut. Cette combinaison d'un ordre particulier n'a lieu que *chez le végétal vivant* ; des lavages prolongés à l'eau froide sont impuissants à extraire des tissus les nitrates que ceux-ci ont absorbés. Mais si, au lieu d'eau froide, on emploie de l'eau chaude qui tue le protoplasma, ou si on anesthésie la plante par le chloroforme, les nitrates antérieurement accumulés quittent le végétal.

A mesure que la plante se développe, ses exigences en eau

deviennent de plus en plus considérables ; elle prend alors à la solution plus d'eau que de sel.

Si le liquide dans lequel baignent les racines de la jeune plante renferme à la fois du nitrate de potassium et du chlorure de sodium, le nombre des molécules d'azote prélevé est supérieur à celui des molécules de chlore, alors même que le poids du chlorure de sodium serait plus élevé que celui du nitrate de potassium : ceci tient évidemment à la non-utilisation du sel marin par la plante.

Lorsque les nitrates sont utilisés à la production de la matière albuminoïde, on conçoit qu'à leur disparition en tant que nitrates doive correspondre une nouvelle absorption de ceux qui se trouvent dans la solution ou qui existent normalement dans les liquides du sol.

IV

GÉNÉRALITÉS SUR L'ÉQUILIBRE OSMOTIQUE DANS LES DIFFÉRENTES PARTIES DE LA PLANTE

Nous venons d'examiner comment les matières salines s'accumulaient dans le végétal. La considération de l'équilibre osmotique intervient pour régler cette absorption des sels dissous dans l'eau du sol ou dans les solutions artificielles.

En général, d'après Stange, les plantes venues dans les conditions normales (sol), ou dans des solutions artificielles normales, ont une turgescence qui est équivalente à 0,25 de molécule de nitrate de potassium : c'est là ce que l'on peut appeler la *turgescence normale*. Si on ajoute peu à peu du nitrate de potassium à la liqueur ci-dessus, on remarque que le pouvoir osmotique de la cellule croît, jusqu'à une certaine limite, avec la concentration. Il en résulte que les plantes phanérogames, comme les végétaux inférieurs, sont capables de s'adapter à des concentrations plus élevées que celles qui détermineraient la turgescence normale : la pression osmotique s'élève donc dans les cellules. Mais, si le milieu extérieur devient osmotiquement trop puissant, la cellule se plasmolyse, la turgescence diminue, la plante se fane et meurt. Inversement, les plantes que l'on cultive dans l'eau distillée possèdent une turgescence *déprimée*, qui tombe à 0,15 de molécule de nitrate de potassium.

Les causes de la faible pression osmotique chez les plantes cultivées à l'obscurité, ou dont l'assimilation a été suspendue, doivent être cherchées dans la diminution de l'absorption des matières inorganiques, dans la suppression de l'assimilation et, probablement aussi, dans la dilution du suc cellulaire résultant de l'agrandissement du volume de la cellule étiolée.

Nous verrons au chapitre XII comment on peut déterminer d'une manière indirecte la pression osmotique dans le suc cellulaire. Mais, dans le cas présent, il est possible d'évaluer cette pression de la façon suivante :

D'après Pfeffer, une solution de nitrate de potassium à 0,1 molécule correspond à une pression de $3^{atm},4$. Donc la cellule, à l'état de *turgescence normale* définie plus haut, supporte une pression intérieure de $8^{atm},5$; celle-ci tombe à 5,1 dans l'eau distillée. Lorsque la pression atteint son maximum, elle monte à $13^{atm},6$. Ces chiffres ne s'appliquent qu'aux cellules qui confinent directement à la solution saline, c'est-à-dire à celles de la racine.

La turgescence est variable avec l'état du développement de la plante. Quant à la concentration des substances salines dont s'accommodent les végétaux, elle varie avec la nature de ces substances : rappelons encore une fois que certaines Mucédinées peuvent se développer dans des solutions chargées de sels qui détermineraient la mort immédiate de la plupart des autres végétaux.

Lorsqu'une substance saline fait partie du contenu cellulaire, voici ce qui se passe. Le sel éprouve-t-il un changement quelconque dans sa nature (sels de potassium minéraux changés en sels organiques), devient-il insoluble (silice, phosphates dont le phosphore se combine aux albuminoïdes), contracte-t-il une sorte de combinaison spéciale avec les tissus (nitrates) ? Alors l'équilibre osmotique est rompu et la plante doit réabsorber des substances salines nouvelles jusqu'au rétablissement d'un nouvel équilibre, provisoirement stable.

Cet équilibre, d'ailleurs, peut être assuré soit par le même sel, soit par tel autre ayant même coefficient isotonique que le premier. Le passage des substances de cellule à cellule, au moment de la migration, est également réglé par les lois de l'équilibre osmotique.

En résumé, on peut conclure, avec van Rysselberghe, que la cellule tend à s'assurer un excès de pression osmotique sur le milieu qui la baigne. Cet excès peut être obtenu soit par absorption de matières prises dans le milieu extérieur, soit par formation à l'intérieur de la cellule de substances hypertoniques. Il semble même que l'activité cellulaire doit être d'autant plus grande que l'excès osmotique de la cellule sur le liquide extérieur est maximum.

Afin de montrer le rôle remarquable que joue la concentration saline dans le développement du végétal, rappelons l'expérience suivante, due à Nobbe et Siegert (1863). Le mélange salin artificiel utilisé par ces auteurs était pris dans les proportions indiquées par l'expression : $\frac{1}{2}\,MgSO^4 + 2Ca(NO^3)^2 + 4KCl$; on l'additionnait d'une quantité constante de phosphate de fer et de phosphate de potassium. Sept solutions furent mises en usage : 1° eau distillée seule ; 2° $0^{gr},5$ du mélange précédent dans 1 litre d'eau ; 3° 1 gramme dans 1 litre ; 4° 2 grammes dans 1 litre ; 5° 3 grammes dans 1 litre ; 6° 5 grammes dans 1 litre ; 7° 10 grammes dans 1 litre. Les plantes cultivées furent l'orge et le sarrasin.

Le poids maximum de substance sèche a été obtenu, pour l'orge, avec les solutions à 1, 2 et 3 grammes au litre ; le rendement maximum en grains a été obtenu avec les solutions à 2 et 3 grammes au litre ; le maximum du nombre des tiges a été obtenu avec les solutions à 3, 4 et 5 grammes au litre ; le plus grand nombre d'épis, avec les solutions à $0^{gr},5$, 1 et 2 grammes au litre ; le maximum d'épis non mûrs, avec les solutions à 2 et 3 grammes au litre. Les grains les plus lourds ont été fournis par les solutions à $0^{gr},5$, 1 et

2 grammes au litre. Les solutions à 3 et 5 grammes ont donné le maximum de grains. En somme, les solutions dont la concentration est comprise entre $0^{gr},5$ et 1 gramme au litre sont les mieux appropriées pour la culture de l'orge (Nobbe). Quant au sarrasin, cette plante a donné le maximum de substance sèche au contact de la solution à 5 grammes au litre.

Les explications que nous venons de fournir, déduites de l'observation des phénomènes osmotiques, permettent de comprendre d'une façon satisfaisante les particularités présentées par l'absorption de la plupart des substances salines.

CHAPITRE XI

DU ROLE DE L'EAU DANS LE VÉGÉTAL

Variations de la teneur en eau pendant le développement. — Mécanisme de l'ascension et du mouvement de l'eau dans la plante. — Transpiration. — Comparaison entre l'absorption et la transpiration. — Influence de la chaleur et de la lumière sur la transpiration. — Sudation.

Nous avons, dès le début de nos études, appelé l'attention sur la présence, dans le végétal, de très grandes quantités d'eau. C'est l'eau qui détermine la turgescence des cellules, c'est elle qui est le dissolvant par excellence de la plupart des sels minéraux que l'on rencontre dans le sol et qui pénètrent ensuite dans la plante.

L'eau est en mouvement continuel dans les vaisseaux ; la transpiration, phénomène que nous étudierons bientôt, fait perdre à la plante d'énormes quantités de ce liquide ; mais, dans les conditions normales, le sol fournit de nouveau à la plante l'eau qu'elle perd ainsi. Si le mouvement de l'eau s'arrête, la vie végétale est suspendue ; les échanges osmotiques n'ont plus lieu. L'importance de la présence et de la circulation de l'eau est donc de premier ordre.

Avant d'étudier le mouvement de l'eau dans la plante, nous allons nous occuper d'abord très sommairement des variations d'hydratation que subissent les différents organes au cours de leur évolution.

I

DU ROLE DE L'EAU DANS LE VÉGÉTAL

Variations de [la teneur en eau pendant le développement. — 1° *Pendant l'évolution de la graine.* — Nous savons

que les graines à l'état de repos sont très pauvres en eau
(p. 267). Sitôt qu'elle est placée dans un sol humide, la graine
se gonfle et donne bientôt naissance au jeune végétal. Celui-ci,
de poids d'abord très faible, se nourrit dès le début aux
dépens de ses cotylédons, puis, lorsque ses feuilles sont bien
développées, aux dépens du gaz carbonique de l'atmosphère.
Voici la teneur en eau du *haricot d'Espagne*, séparé de ses
cotylédons, depuis le début de la germination jusqu'au
moment où son poids est égal à celui de la graine d'où il sort :

		gr.	Eau dans 100 parties de matière fraîche.
Poids de 100 graines sèches, semées le 12 juin.		141,46	11,63
— 100 plantes sèches, le 24 juin		18,67	89,60
— — le 26 —		28,38	91,10
— — le 20 —		49,58	90,30
— — le 30 —		67,77	89,50
— — le 2 juillet		88,38	90,30
— — le 4 —		129,67	88,80
— — le 7 —		147,84	88,80

La teneur en eau est donc élevée pendant les premiers
temps de la croissance : elle est à peu près fixe à cette époque
et représente environ les neuf dixièmes du poids total du
végétal.

Nous rappellerons ici que, lorsqu'une graine commence
son évolution germinative, elle absorbe une quantité d'eau
voisine de son poids.

2° *Pendant l'évolution du végétal.* — Voici maintenant la
teneur en eau d'une plante annuelle (*Amarantus nanus*),
à différents moments de son développement (eau dans 100 parties de matière fraîche) :

	Feuilles.	Tiges.	Racines.	Inflorescences.
29 mai............	82,8	88,2	82,1	»
30 juin (floraison).	79,8	88,4	78,9	78,1
7 septembre.....	60,0	74,6	65,4	65,9

Ainsi, chez une plante annuelle, et le fait est d'ailleurs général, il y a *déshydratation progressive* de toutes les parties,
lorsque la plante avance en âge. Ce sont les feuilles qui
perdent le plus d'eau ; la proportion de ce liquide dans la

tige reste au contraire assez élevée jusqu'à la dessiccation finale. La différence entre le degré d'hydratation de la racine et celui des feuilles est parfois assez faible, parfois, au contraire, très notable.

Voici encore deux exemples pris chez des plantes annuelles ; les chiffres indiquent la quantité d'eau contenue dans 100 parties de matière fraîche :

		Feuilles.	Tiges.	Racines.	Inflorescences.
Blé...........	1ᵉʳ juin....	84,07	88,14	82,16	»
	20 — ...	72,34	83,00	80,66	»
	11 juillet..	64,84	72,20	65,85	68,00
	25 — ..	46,70	68,70	73,00	64,00
Sinapis alba,	22 juin....	86,00	91,75	85,62	»
	6 juillet..	85,28	84,74	76,50	83,77
	26 — ..	78,00	72,00	61,00	72,19

Exemples pris chez les plantes arborescentes :

		Feuilles.	Tiges.	Racines.
Marronnier de l'année.	30 mai......	76,54	78,68	83,31
	4 juillet	71,44	69,49	66,12
	11 août......	68,82	54,69	64,23
	25 septembre.	57,85	53,82	59,82

		Feuilles.	Tiges.	Racines.
Noyer (1ʳᵉ année).	31 juillet.....	73,19	69,54	75,21
	15 septembre..	68,43	58,53	68,30
	6 novembre..	64,87	52,00	59,54
Noyer (2ᵉ année).	10 juillet.....	71,17	63,84 (1) / 77,29 (2)	72,39
	7 octobre....	67,00	54,29	59,17

Absorption des liquides du sol par la racine. — Une fois que la radicule a pénétré dans le sol, des racines latérales prennent naissance. Leur contact intime avec les éléments de la terre s'établit au moyen des *poils radicaux* qui hérissent la surface de presque toutes les racines terrestres jeunes. Ces poils radicaux pénètrent dans les plus petites anfractuosités, et les grains les plus fins de la terre arable y demeurent fortement accolés. On peut s'en convaincre facilement en

(1) Tiges de l'année précédente.
(2) Tiges de l'année.

enlevant du sol une très jeune plante. Autour de sa racine se trouve une véritable *gaine de terre* qui lui reste adhérente, malgré les secousses répétées que l'on peut faire subir à la plante et ne peut être éliminée qu'en trempant la racine dans l'eau. Les poils radicaux apparaissent alors comme autant de petites saillies perpendiculaires, ou à peu près, à l'axe de la racine. C'est par ces poils que se fait l'absorption des liquides du sol : l'extrémité elle-même de la racine, recouverte de la *coiffe,* n'absorbe pas de liquide ; elle n'adhère pas au sol et sert seulement d'organe de pénétration.

Les racines n'absorbent que lorsqu'elles sont couvertes de poils radicaux, c'est-à-dire pendant un temps limité ; d'autres racines de nouvelle formation les remplacent alors pour assurer la nutrition de la plante, et ces dernières se développent en général à des profondeurs de plus en plus grandes. Parfois le système radiculaire s'épanouit à une faible profondeur, directement en dessous de la surface du sol, où il figure une sorte de cône dont la base est tournée vers le haut.

Les poils radicaux peuvent manquer totalement ou partiellement lorsque la plante se développe dans une solution nutritive, même normale.

D'après Sachs, l'absorption de l'eau par les poils radicaux est favorisée ou entravée suivant que la température du sol s'élève ou s'abaisse. Les racines de plantes cultivées dans l'eau absorbent une quantité de liquide d'autant plus grande que celui-ci est plus chaud. Aussi, lorsque la température du sol est suffisamment basse, la quantité d'eau absorbée par la plante peut être à ce point réduite qu'elle ne répond plus à ses besoins. Le dépérissement que l'on constate chez certains végétaux en hiver est dû à une pareille cause : ces végétaux ne peuvent emprunter au sol assez d'eau pour compenser la déperdition qu'ils éprouvent du fait de la transpiration.

Nous allons maintenant nous occuper de la pénétration des liquides du sol dans la plante et des mouvements de ce liquide.

Nous étudierons ce sujet dans l'ordre suivant : après avoir

montré de façon sommaire quel est le mouvement général de la masse liquide, nous chercherons quel est le mécanisme qui actionne ce mouvement. Nous montrerons ensuite que la cause principale génératrice de celui-ci réside dans une exhalation de vapeur d'eau. Cette exhalation ou *transpiration* est un phénomène à la fois physiologique et physique.

Circulation des liquides dans le végétal. — Cette circulation s'effectue de la façon suivante. Les liquides du sol pénètrent par osmose au travers des poils absorbants ; ils cheminent dans le parenchyme de la racine qui sépare ces poils des faisceaux ligneux et montent ensuite dans les vaisseaux du bois exclusivement : tel est le mouvement de la sève dite *brute* ou *ascendante*. Lorsque le bois se remplit avec l'âge de substances gommeuses ou résineuses, il devient imperméable, et la sève monte alors dans des vaisseaux plus jeunes.

Les *ponctuations* qui existent sur les vaisseaux représentent des amincissements au travers desquels les liquides de la sève ascendante peuvent sortir par diffusion dans les tissus environnants. C'est également par ces ponctuations qu'un mouvement inverse se produit : les liquides baignant les tissus situés autour des vaisseaux repassent dans ceux-ci et modifient la composition des sucs qu'ils contiennent.

Cette sève brute subit *son élaboration dans les feuilles* ; elle s'y concentre d'abord, par suite du départ de l'eau sous l'influence de la *transpiration*. Le phénomène chlorophyllien vient alors modifier profondément la nature des substances minérales qui ont pénétré dans la feuille ; nous savons que l'azote nitrique se change en azote albuminoïde, que le soufre des sulfates entre en combinaison pour former une partie du noyau de ces albuminoïdes et que le phosphore des phosphates éprouve également des métamorphoses capables de l'engager dans certaine molécules organiques. De telle sorte que la sève brute, complètement modifiée dans sa composition initiale, va servir désormais à la nutrition de tout le végétal. Cette sève prend alors le nom de *sève élaborée.* Celle-ci *monte* lorsqu'elle doit se rendre au sommet de la tige, ou *descend* si elle alimente des organes situés au-dessous des feuilles, et se rend ainsi jusque dans la racine. La sève élaborée circule dans les tubes criblés du liber.

Absorption de l'eau par la racine. — Cette absorption est extrêmement énergique. Si on coupe au ras du sol une tige, surtout au printemps, il s'en écoule une quantité de liquide qui peut être considérable. Une vessie, nouée sur cette tige coupée, ne tarde pas à se remplir d'eau ; elle peut même éclater. Enfin, si on coiffe la tige d'un tube de verre solidement ajusté, le liquide peut s'élever dans ce tube à une grande hauteur. Cette expérience, déjà ancienne, est due à Hales (1725). La pression dans la racine est donc notable ; elle est supérieure à celle de l'atmosphère. Les phénomènes d'absorption dominent, surtout à cette époque de l'année où des tissus jeunes prennent naissance dans la racine et où la transpiration n'existe pas encore, puisqu'il y a absence de feuilles.

La puissance de cette absorption est considérable ; on peut s'en rendre compte de la façon suivante, indiquée par Jamin. On prend un bloc d'une matière poreuse bien desséchée (calcaire, plâtre). On creuse dans la masse un trou cylindrique dans lequel on scelle au mastic un tube manométrique fermé à sa partie supérieure, rempli d'air et contenant à sa base un index de mercure. Le bloc est ensuite plongé dans l'eau : celle-ci pénètre dans les pores, chasse l'air du tube et fait monter l'index mercuriel. La pression ainsi produite peut, au bout de quelques jours, atteindre 3 ou 4 atmosphères.

II

MÉCANISME DE L'ASCENSION ET DU MOUVEMENT DE L'EAU DANS LA PLANTE

Si on coupe une branche garnie de feuilles chez lesquelles la transpiration est active et si on plonge la section de cette branche dans un liquide coloré, celui-ci monte dans les vaisseaux du bois : ce dont on peut s'assurer en faisant, au bout de quelques heures, des coupes minces à différentes hauteurs

Lorsque l'expérience est pratiquée avec de jeunes plantes en période germinative, le liquide coloré apparaît jusque dans les nervures des feuilles.

On peut également fixer, à l'aide d'un bon bouchon qu'il traverse, un rameau feuillé sur une des branches d'un tube en U (fig. 13). Ce tube contient du mercure jusqu'à moitié de sa hauteur dans ses deux branches. On met de l'eau au-dessus du mercure dans la branche dans laquelle se trouve le rameau, de façon que la section de celui-ci plonge bien dans le liquide. On voit alors le mercure descendre dans la branche libre du tube en U et monter dans l'autre au fur et à mesure que l'eau, aspirée par le rameau et rejetée par ses feuilles, disparaît. L'ascension du mercure peut être de 10 à 30 centimètres, parfois même elle peut être plus considérable. Il existe donc une *aspiration* très nette de l'eau, comme si on produisait le vide dans le sommet du rameau.

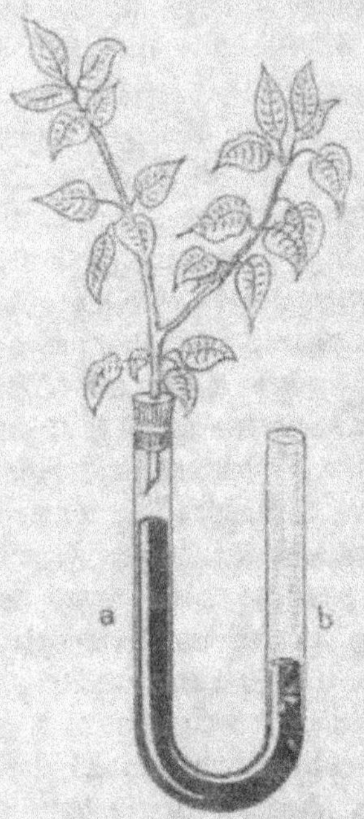

Fig. 13. — Mécanisme de l'ascension et du mouvement de l'eau dans la plante.

Une expérience due à Vesque montre, sous une autre forme, l'énergie de cette aspiration. On coupe sous une couche d'eau un coulant de *Hartwegia* (Orchidées) en section très allongée et assez mince pour que l'on puisse voir facilement les vaisseaux au microscope. La section est plongée dans une goutte d'eau disposée sur une lamelle, et dans cette goutte on introduit un peu d'un liquide dans lequel on a mis en suspension un précipité blanc très fin, tel que celui de l'oxalate de calcium. Si les feuilles du coulant sont exposées au soleil, on voit bientôt les grains très fins de l'oxalate pénétrer rapidement dans les vaisseaux. Parfois ces grains s'amassent dans un vaisseau en quantité telle que celui-ci se bouche, et l'on voit apparaître, au delà de la partie bouchée, des bulles d'air qui se dégagent de l'eau par suite de la diminution de la pression. Si on supprime les feuilles au moment où l'absorption est le plus active, le mouvement de l'eau cesse. On en conclut que, dans les vaisseaux la pression est inférieure à la pression atmosphérique. Mais, pendant la nuit, lorsque la transpiration cesse et que la température s'abaisse, les bulles gazeuses peuvent se redissoudre dans le liquide contenu dans les vaisseaux.

Arrêtons-nous un instant sur le phénomène que présentent les vaisseaux au moment où, par suite d'une active transpiration, ils contiennent une série de bulles d'air séparées par des index liquides. Jamin a autrefois signalé la curieuse expérience suivante. Si on prend un tube capillaire, de 1 mètre environ de longueur, à l'une des extrémités duquel on fait le vide, et si on approche de l'autre extrémité le doigt garni d'un linge mouillé, qu'on l'appuie et qu'on le soulève alternativement un grand nombre de fois à des intervalles très rapprochés, on verra des index liquides, séparés par des bulles d'air, parcourir le tube avec une vitesse, très grande d'abord, mais qui diminuera peu à peu et finira par devenir nulle. Le tube présentera l'apparence d'un chapelet formé de grains d'air et d'eau. Cette expérience est connue sous le nom de *chapelets de Jamin*. Or, si on exerce une pression, même assez forte, à une des extrémités du tube capillaire, les premiers index s'avanceront vivement, les suivants se déplaceront d'une moindre quantité, et les derniers resteront immobiles. Avec un chapelet dont les grains étaient assez fins et assez nombreux, on a pu conserver une pression de 3 atmosphères pendant quinze jours, sans qu'il y eût déplacement du liquide. Donc cette alternance de bulles d'air et d'eau dans un tube capillaire est un obstacle insurmontable au mouvement du liquide.

Un pareil phénomène doit avoir lieu dans le cas où la transpiration est très forte : l'eau éprouvant ainsi une très grande difficulté à circuler dans les vaisseaux, la plante se fane. Toutefois le mouvement de l'eau n'est pas complètement arrêté ; les vaisseaux d'une plante n'ont pas l'imperméabilité du tube de verre capillaire. L'eau peut cheminer dans l'intérieur de la paroi ou entre la paroi et les bulles d'air. De plus, si la transpiration est active, la bulle d'eau la plus voisine de la surface de l'organe qui transpire disparaît par évaporation ; la colonne totale se soulève, une nouvelle bulle d'eau apparaît, puis disparaît comme la première.

Comment s'établit alors la continuité de l'eau, puisque chaque index d'eau est séparé par un index d'air? Remarquons que, malgré la présence de l'index d'air, la paroi du vaisseau est *mouillée* d'eau ; l'ascension a lieu le long des angles dièdres de cette paroi principalement, là où existe une sorte de *fil d'eau*.

On conçoit donc que les phénomènes capillaires puissent expliquer, dans certains cas du moins, la montée de l'eau dans une plante ; cependant les expérimentateurs ne sont guère d'accord sur le point suivant : les forces capillaires suffisent-elles seules à approvisionner en eau la couronne d'un arbre, quelle qu'en soit la hauteur? D'après une opinion assez généralement admise, l'ascension capillaire ne saurait atteindre au delà d'une cinquantaine de mètres.

L'ascension capillaire fournissant une explication insuffisante de la montée des liquides dans le végétal, nous allons faire entrer en jeu un phénomène beaucoup plus général, qui nous donnera la solution cherchée. La cause de cette ascension doit être mise sur le compte de l'*influence de la pression osmotique*. Nous avons montré déjà la continuité de cette action. Si deux cellules, dont les sucs sont de concentrations différentes, se trouvent en contact, le passage de l'eau du suc le moins concentré vers le suc le plus concentré établit l'égalité de pression dans ces deux cellules. On conçoit donc que toutes les cellules en général doivent emprunter, directement ou non, aux vaisseaux de la tige une certaine quantité du liquide que celle-ci charrie pour concourir à l'établissement d'un état d'équilibre. Cet état d'équilibre peut ne pas exister à tel moment de la végétation et, s'il existe, il doit être à chaque instant rompu par suite des phénomènes de transpiration et de migration de matières.

D'après cela, pour que les liquides qui remplissent les cellules du végétal se trouvent en équilibre, *il est nécessaire que la pression osmotique soit partout la même.*

Supposons, pour un moment, que cet équilibre soit atteint et qu'il y ait *isotonie* du suc cellulaire dans tous les organes. Supposons également qu'il ne se produise ni changement de température, ni évaporation. L'équilibre précédemment atteint va persister indéfiniment en vertu des lois de l'osmose, et tout mouvement des liquides cessera à l'intérieur du végétal.

Mais ceci n'a jamais lieu ainsi. La transpiration plus ou moins énergique des feuilles occasionne, par suite du départ de l'eau, une concentration plus grande des sucs contenus dans ces organes. A cet instant, l'équilibre osmotique est rompu et de l'eau, provenant des cellules voisines, pénétrera dans les cellules qui viennent de perdre ce liquide. Ce mouvement s'établit de proche en proche par l'intermédiaire des vaisseaux jusque dans la racine, directement en contact avec l'eau du sol.

De plus, par suite du jeu de la fonction chlorophyllienne, les cellules de la feuille emmagasinent d'abord des sucres solubles : d'où une seconde cause d'augmentation de la concentration des sucs de la feuille.

En réalité, l'équilibre osmotique est sans cesse rompu par suite de l'extrême variété des phénomènes qui se succèdent dans une cellule : création de matières nouvelles, dépôts de substances, dédoublements par hydratation, polymérisations par départ d'eau, etc. Mais cet équilibre se reproduit instantanément grâce à l'appel d'eau qui vient du sol. Si celui-ci contient une quantité suffisante d'eau, la turgescence cellulaire est assurée, et la plante fonctionne normalement. Si le sol est trop sec, la turgescence cesse parce que le suc des feuilles se concentre par suite de la transpiration et qu'il ne peut recevoir assez de liquide pour le rétablissement de l'équilibre osmotique : la plante se fane, la fonction d'assimilation cesse momentanément, ainsi que la migration des principes immédiats emmagasinés dans la feuille.

Cette *théorie osmotique* n'est pas exempte de reproches, malgré sa simplicité. Elle avait été combattue par Boehm. Celui-ci admettait que le mouvement de l'eau provoqué par la transpiration est une fonction de l'élasticité des parois cellulaires et de la pression atmosphérique. Si les parois cellulaires sont trop rigides, leur élasticité est remplacée par celle de l'air enfermé dans les cellules. La sève ascendante filtre de cellules en cellules sous l'influence de petites différences de pression ; dans les cellules supérieures, la pression est moindre que dans les cellules inférieures. On peut contrarier le libre jeu de cette pression de la façon suivante. Vesque a montré que, si on échauffe rapidement l'atmosphère qui entoure les feuilles d'une plante, l'absorption de l'eau par les racines diminue ; si, au contraire, on abaisse subitement la température de l'atmosphère, l'absorption augmente. Ceci est une conséquence nécessaire des changements de la pression de l'air renfermé dans les vaisseaux.

Autre cause de dépression dans les vaisseaux. — Nous avons vu plus haut que, si l'on sectionne une tige sous l'eau, le liquide se précipite dans cette tige, et l'on observe dans les vaisseaux une alternance de bulles d'air et de bulles liquides : la pression y est donc inférieure à la pression atmosphérique. On admet ainsi implicitement que les parois des vaisseaux sont à peu près imperméables aux gaz.

D'après Devaux, ces parois sont en réalité perméables, l'air y pénètre lentement. La dépression due à la transpiration ne peut donc se maintenir, et les gaz contenus dans les vaisseaux proviennent de cette pénétration continuelle. L'auteur précité a montré qu'une dépression s'établissait dans les vaisseaux, *même en l'absence de toute transpiration sensible* : c'est ce qu'il est facile d'observer au mois de mars sur des fragments de tiges dépourvues de feuilles. De plus, l'analyse de l'air contenu dans les vaisseaux permet d'avancer que la dépression est due *uniquement au manque d'oxygène*. Le gaz carbonique possède une pression sensible, supérieure à celle qu'il a dans l'air ordinaire ; l'azote possède une pression égale ou un peu supérieure à sa pression dans l'air. L'oxygène manquant a été pris par la respiration. Or, celle-ci aurait dû produire un volume égal de gaz carbonique : si ce dernier gaz n'atteint pas une pression plus forte, c'est parce qu'il sort plus facilement que l'oxygène ne rentre. En effet, les échanges gazeux à travers les parois sont *osmotiques*, et le gaz carbonique passe plus facilement que l'oxygène. La dépression observée est donc, indirectement, due à la respiration. Les cellules vivantes intravasculaires transforment sans cesse l'oxygène peu diffusible en gaz carbonique très diffusible.

Une preuve directe de la vraisemblance de cette explication peut être fournie en faisant varier l'intensité de la respiration au moyen de la température : dans ce cas, la dépression intravasculaire varie dans le même sens que l'intensité respiratoire. Cette dépression est faible quand la respiration est faible, notable quand la respiration est forte. C'est ce que l'on voit dans le tableau suivant, relatif à une expérience faite sur un sarment de vigne sans feuilles :

		5 à 10°	17° à 18°	35°
Pressions partielles, en cen-	CO²	1,30	2,65	8,37
tièmes d'atmosphère, de l'at-	O...	14,50	8,63	0,20
mosphère interne des vaisseaux.	N...	79,50	80,72	80,65
Pression totale.........		95,30	92,00	89,22

On en conclut que la dépression de l'air contenu dans les vaisseaux reconnaît une autre cause que le vide produit par la transpiration : la *dépression d'origine respiratoire* agit sans cesse et toujours dans le même sens, ce que ne peut faire la transpiration.

Ajoutons encore qu'un gaz traverse d'autant plus facilement une membrane cellulaire que celle-ci est plus imbibée d'eau.

III

TRANSPIRATION

On donne le nom de *transpiration* à l'exhalation de la vapeur d'eau par la plante. Toutes les parties de la plante qui baignent dans l'atmosphère transpirent ; cette transpiration est indispensable à la vie de la plante. C'est d'elle que dépend le mouvement ascensionnel de la sève et, par conséquent, la distribution des substances que le végétal puise dans le sol. Cette évaporation de l'eau tend à abaisser la température de l'organe qui respire et à le protéger contre un échauffement local trop intense.

D'après les calculs de Brown, si l'on supposait que la transpiration s'arrêtât, la température d'une feuille au soleil s'élèverait à raison de plus de 12° par minute.

La transpiration, ainsi que nous allons le voir, est sous la dépendance de plusieurs facteurs : lumière, température, état hygrométrique de l'air ; elle a lieu, même dans une atmosphère saturée de vapeur d'eau ; mais elle est alors souvent remplacée par un phénomène particulier, celui de la *sudation*, dans lequel on voit l'eau apparaître à l'état liquide sur certains points du végétal.

La transpiration est donc un phénomène d'une importance très grande, puisqu'il assure la turgescence cellulaire d'une part et qu'il alimente la plante en principes minéraux d'autre part. Les mouvements de migration des substances élaborées dans les feuilles cesseraient si la transpiration s'arrêtait.

De quelle nature est le phénomène transpiratoire? C'est un phénomène physiologique qui dépend de la vie cellulaire, mais que l'on peut également considérer, par certains côtés, comme un simple phénomène physique d'évaporation.

Constatation de la transpiration. — Cette constatation peut être faite d'une façon très simple, indiquée, il y a déjà longtemps, par Guettard. On enferme une feuille longue de Graminée, attenant encore à la plante, dans un tube à essai en ayant soin de maintenir la feuille dans le tube au moyen d'un bouchon de liège fendu en deux. Si on expose le tout au soleil, on voit bientôt ruisseler de l'eau sur les parois du tube. On peut même, pour avoir une idée de l'intensité du phénomène, couper, au bout d'une heure par exemple, la feuille au ras du bouchon, la peser, puis peser le tube plein d'eau et ce même tube après l'avoir essuyé. La différence donnera le poids de l'eau correspondant à un poids déterminé de feuille. Voici quelques résultats obtenus par Dehérain en appliquant cette méthode :

		Température de l'air.	Poids d'eau recueillie pour 100 parties de feuilles en une heure au soleil.
22 avril....	Colza.........	25°	1,3
30 —	—	36°	12,0
8 juin	Blé.........	28°	88,2
2 —	Seigle	36°	100,0

La quantité d'eau transpirée est donc très variable d'une plante à l'autre, toutes choses égales d'ailleurs. Elle atteint un chiffre très élevé pour les feuilles de Graminées.

On peut encore opérer de la façon suivante pour constater la transpiration et même la mesurer. On met une plante dans un pot à fleurs, que l'on vernit à l'extérieur. On couvre la terre de ce pot d'une lame métallique s'adaptant aussi bien que possible sur le sol et laissant passer seulement la tige de la plante et un petit tube destiné à arroser la terre. Ainsi disposé, le pot est placé sur le plateau de la balance, et on en prend la tare. On procède ensuite à l'expérience en exposant la plante soit au soleil, soit à l'ombre, soit dans l'obscurité. On peut alors suivre les variations de poids en la remettant, au bout d'un temps déterminé, sur le plateau de la balance ; on estimera ensuite la surface totale du système foliacé, et on rapportera la quantité d'eau perdue à l'unité de surface : 1 décimètre carré par exemple.

Comparaison entre l'absorption et la transpiration. — Il arrive souvent en été qu'une plante, dont les feuilles sont bien dressées sur la tige le matin, s'incline plus ou moins vers le sol à la fin de la journée ; les feuilles deviennent flasques et perdent leur rigidité. Dans ce cas, l'apport de l'eau venant du sol ne compense plus la perte occasionnée par la transpiration. Il est donc utile de pouvoir comparer l'absorption et la transpiration.

Vesque a imaginé à cet effet l'appareil suivant (fig. 14). Un tube en U dont les deux branches sont de calibre différent, la branche large A ayant un diamètre de 1 centimètre et la branche B un diamètre de 1 millimètre, supporte un rameau garni de feuilles bien fixé à l'aide d'un bouchon à l'extrémité de A. On a, au préalable, rempli d'eau les deux branches

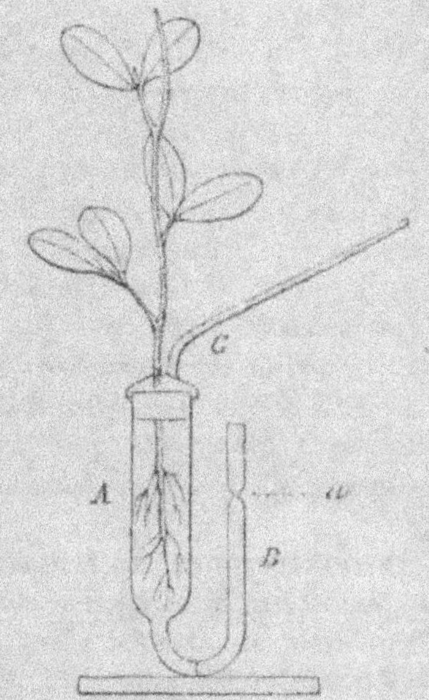

Fig. 14. — Appareil de Vesque pour comparer l'absorption à la transpiration.

du tube ; on évacue par le petit tube C les bulles d'air situées au-dessous du bouchon, et on fait en sorte que l'eau arrive dans la branche B jusqu'à un trait a marqué sur cette branche. L'appareil est fixé sur une planchette de bois ; il ne mesure que 7 à 8 centimètres de hauteur. On en prend le poids, puis on l'expose soit au soleil, soit à l'ombre, pendant un temps déterminé. Le rameau garni de feuilles transpire et emprunte de l'eau au système. On voit alors le niveau du liquide s'abaisser au-dessous du trait a. On reporte l'appareil sur la balance, et on connaît alors, par la différence entre le poids primitif et le poids actuel, la quantité d'eau perdue. On réintroduit alors de l'eau dans la branche B jusqu'au trait a, et on pèse de nouveau l'appareil. À l'aide de ces pesées, on peut comparer l'absorption et la transpiration pour une plante donnée, de poids connu, soumise à des conditions données de température, d'état hygrométrique et d'éclairage.

Soit, en effet, P le poids primitif de l'appareil, P' son poids après expérience, P" son poids après addition d'eau jusqu'au trait a. Si on a P = P", on en conclut que, dans les circonstances où l'on s'est placé, la transpiration est égale à l'absorption, donc P — P' représente la quantité d'eau absorbée et transpirée. Si P > P", c'est-à-dire si, à la fin de l'expérience, le tube B étant de nouveau rempli d'eau, il y a cependant diminution de poids du système, c'est que la transpiration aura surpassé l'absorption : l'évaporation P — P' est plus grande que l'absorption P" — P'. Si P < P", l'absorption sera plus forte que la transpiration : le rameau aura emmagasiné une certaine quantité d'eau.

Variations de la transpiration. — L'élévation de la température, la sécheresse de l'atmosphère, l'action du vent favorisent la transpiration ; inversement, si l'atmosphère est calme et humide, si la température est basse, la transpiration sera fortement atténuée. Toutes choses égales d'ailleurs, la lumière possède une influence considérable sur l'intensité de la transpiration ; celle-ci peut être décuple ou même centuple pour la même plante transportée de l'obscurité à la lumière. J. Boussingault a trouvé que les feuilles de topinambour perdaient par heure et par mètre carré de surface les quantités suivantes d'eau : au soleil 65 grammes, à l'ombre 8 grammes, à l'obscurité 3 grammes. Un décimètre

carré de feuilles de vigne a perdu : au soleil 0ᵍʳ,3554, à l'ombre
0ᵍʳ,1119 à l'obscurité, 0ᵍʳ,0052. Ces trois derniers nombres
sont entre eux dans les rapports suivants : 100 : 31 : 1,4.
Nous reviendrons plus loin sur ce point spécial. L'intensité
de la transpiration varie également avec la proportion d'eau
contenue dans la feuille ; cette proportion n'est pas la même
aux différentes heures du jour.

L'*âge de la feuille* a une grande importance : les feuilles
jeunes transpirent généralement, à surface égale, beaucoup
plus que les feuilles âgées. Voici à cet égard quelques chiffres
dus à Haberlandt.

		Évaporation par jour pour 100 cent. q.	Évaporation par jour pour toute la plante.
		gr.	gr.
Blé	1ʳᵉ période......	5,1	5,7
	2ᵉ —	2,8	12,0
	3ᵉ —	2,6	18,4
Seigle	1ʳᵉ période.....	3,7	4,3
	2ᵉ —	2,6	10,8
	3ᵉ —	2,1	13,0

Dehérain a obtenu les résultats suivants en opérant d'une
façon plus rationnelle. Il introduit dans des tubes munis de
bouchons fendus des feuilles prises à différentes hauteurs sur
la tige d'une même plante et exposées également à la lumière
solaire :

		Poids d'eau p. 100 de feuilles
Seigle 21°.	Feuilles du haut............	99
	— du milieu............	98
	— du bas............	76
Seigle 36°.	Feuilles du haut............	97
	— du milieu............	78
	— du bas............	71

Il résulte d'expériences dues à Vesque et à von Höhnel
que, si les feuilles les plus jeunes transpirent le plus activement, cette activité diminue d'abord avec l'âge ; mais
elle augmente ensuite et présente un second maximum
lorsque la feuille est complètement développée. Ce second
maximum est moins élevé que le premier. L'intensité trans-

piratoire s'abaisse ultérieurement jusqu'à la fin de la végétation. Ces particularités tiennent à ce que, chez la feuille jeune, la cuticule est très mince et très perméable; elle s'épaissit ensuite, et sa perméabilité diminue jusqu'à devenir presque nulle. En raison même de cette diminution graduelle de la perméabilité, le premier minimum persisterait si les stomates, dont le rôle est assez effacé chez la feuille jeune, ne se développaient peu à peu. La transpiration stomatique augmente sans cesse à partir de ce moment; elle atteint son maximum chez la feuille complètement développée.

Ainsi, il existe un maximum dû à la transpiration cuticulaire chez la feuille très jeune, puis un premier minimum correspondant à l'époque où la cuticule, épaissie, transpire peu et où les stomates, encore peu développés, transpirent faiblement. Bientôt ceux-ci jouent seuls un rôle actif dans la transpiration, d'où un second maximum, moins accentué que le premier. Finalement, la transpiration décroît avec les progrès de l'âge.

La cuticule ne joue donc un rôle actif dans la transpiration que lorsqu'elle est très mince; les stomates sont les voies habituelles de la sortie de l'eau. C'est par l'*ostiole* des stomates que s'effectue ce départ, et ceux-ci s'ouvrent par suite de l'accroissement de la turgescence. Lorsque la turgescence diminue pendant la nuit, parce que le mouvement de l'eau se ralentit dans la plante, les stomates se referment plus ou moins complètement par rapprochement des parois de l'ostiole.

Les stomates constituent donc la voie principale de passage pour les gaz et la vapeur d'eau. Dans les mêmes conditions de température et d'état hygrométrique, la transpiration est généralement plus forte par l'envers d'une feuille que par l'endroit, en raison même de la présence habituelle d'un nombre de stomates plus considérable sur l'envers de la feuille. On peut mettre en évidence cette différence d'intensité transpiratoire de la façon suivante. Dans une solution à 5 p. 100 de chlorure de cobalt, on plonge une feuille de papier à filtre qu'on laisse ensuite sécher. On met un morceau de ce papier bleu sur chacune des faces d'une feuille, on insère l'ensemble entre deux plaques de verre, et on l'expose à la lumière. La face de la feuille qui possède des stomates rougit rapidement le fragment de papier qui est en contact avec elle; l'autre fragment de papier ne devient rouge qu'après un temps plus ou moins long. On sait que le chlorure de cobalt anhydre est bleu et que son virage à la teinte rose indique une absorption d'eau.

Certaines plantes sont protégées contre la transpiration par suite d'un épaississement notable de la cuticule, laquelle, faisant une sorte de saillie au niveau des stomates, diminue l'ouverture de l'ostiole. Les *réservoirs d'eau* qui existent dans une partie du parenchyme des feuilles de beaucoup de végétaux des pays chauds sont chargés de fournir à ceux-ci l'eau qui vient à leur manquer durant une sécheresse prolongée.

Lorsque les sucs végétaux renferment de fortes proportions de substances dissoutes, la transpiration est ralentie : cela tient à ce que, pour une température donnée, la tension de la vapeur d'eau émise par une solution est moindre que celle de l'eau pure.

La transpiration des plantes grasses est retardée par suite de la présence des acides organiques chez les Crassulacées et les Mésembrianthémées ; des acides et des gommes chez les Cactées (Aubert). Nous avons appelé déjà l'attention sur ce point à propos de la présence des acides dans les végétaux (p. 393).

Enfin la transpiration est plus considérable dans l'air privé de gaz carbonique que dans l'air ordinaire, toutes conditions égales d'ailleurs.

IV

INFLUENCE SPÉCIALE DE LA CHALEUR ET DE LA LUMIÈRE SUR LA TRANSPIRATION

Il est indispensable de revenir avec quelques détails sur l'importance de ces deux facteurs, des résultats contradictoires et d'une interprétation difficile ayant souvent été publiés à ce sujet.

Nous avons dit plus haut que l'action de la lumière avait une influence considérable sur la transpiration. Entre la transpiration d'une plante à l'obscurité et celle de la même plante à la lumière, la différence peut être de 1 à 100. Cet écart doit être imputé à la présence de la chlorophylle.

En effet, si on prend une plante étiolée à l'obscurité absolue et qu'on l'expose ensuite à la lumière, sa transpiration s'exagère à peine : elle devient double ou triple seulement. Il en serait de même d'une plante ne renfermant jamais de chlorophylle. L'influence lumineuse vis-à-vis de la transpiration est donc réelle chez toutes les plantes, mais elle s'exerce avec une énergie incomparablement plus grande chez celles qui possèdent de la chlorophylle. Dehérain met cette exagération du phénomène transpiratoire sur le compte de la *qualité lumineuse* des rayons solaires, indépendamment de l'échauffement qui se produit lorsque la radiation lumineuse, absorbée par la chlorophylle, se transforme en chaleur.

Voici quelques expériences dues à l'auteur précité. Si on opère sur des feuilles enfermées dans des tubes de verre, mais attenant encore à la plante, c'est-à-dire dans une atmosphère forcément *saturée de vapeur d'eau*, on trouve les chiffres suivants au bout de temps égaux :

		Température.	Poids d'eau p. 100 de feuilles.
Blé...	Soleil	28°	88,2
	Lumière diffuse	22°	17,7
	Obscurité	22°	1,1
Orge...	Soleil	19°	74,0
	Lumière diffuse	16°	18,0
	Obscurité	16°	2,0

Pour opérer à une même température, on peut entourer le tube dans lequel se trouve la feuille d'un manchon où circule un courant d'eau : on obtient des nombres du même ordre de grandeur que les précédents. En mettant de l'eau à 0° dans le manchon et l'exposant au soleil, on trouve encore une transpiration des plus énergiques.

Les feuilles ont, en effet, pour la chaleur obscure, un pouvoir absorbant très notable, analogue à celui du noir de fumée. D'après Maquenne, les feuilles absorbent une proportion considérable de la chaleur émise par la lampe Bourbouze (fil de platine porté à l'incandescence). Cette absorption est due à la présence dans leur parenchyme de matières telles que la chlorophylle et l'eau et aux diffusions qui s'opèrent intérieurement sur la surface de chacune des cellules constituant la feuille. La partie la plus réfrangible du spectre n'exerce qu'une faible action sur la transpiration ; il n'en est pas de même de la partie la moins réfrangible : celle-ci détermine une forte transpiration. Si, d'après Dehérain, on interpose dans ce dernier cas une auge pleine d'eau qui intercepte la majeure partie des radiations chaudes, l'eau étant très athermane, on affaiblit la transpiration; tandis que, si on substitue à l'eau un liquide diathermane, laissant passer les rayons obscurs, la transpiration devient très active.

On fera usage, comme liquide diathermane, d'une solution d'iode dans le chloroforme. Cette liqueur, d'un violet très foncé, est absolument opaque et ne se laisse pas traverser par les rayons lumineux.

Dehérain admet donc bien l'existence d'une influence calorifique, d'après l'exposé des faits précédents; mais, ainsi que nous allons le voir bientôt, l'influence lumineuse dont il regarde l'action comme prépondérante n'intervient que comme cause seconde.

Chaque radiation possède une influence propre que Dehérain met en évidence en introduisant, dans le manchon qui entoure la feuille, des solutions diversement colorées, mais de transparence à peu près égale. Voici les résultats que l'on obtient au bout de temps égaux :

Couleur de la dissolution.	Poids d'eau p. 100 de feuilles.
Jaune orangé (solution de perchlorure de fer)...	60,6
Rouge (carmin)...............................	51,0
Bleu (sulfate de cuivre ammoniacal)............	40,0
Vert (chlorure cuivrique).....................	33,0

Il semble résulter de cette expérience que les rayons orangés sont les plus efficaces pour déterminer la transpiration : ce sont également les plus actifs vis-à-vis de la décomposition du gaz carbonique. Les radiations qui déterminent la transpiration sont donc celles qu'absorbe de préférence la chlorophylle. Elles exercent sur la feuille une double action, puisqu'elles décomposent le gaz carbonique en même temps qu'elles évaporent de l'eau; elles exécutent, par conséquent, soit un travail chimique, soit un travail calorifique.

Cette relation entre les rayons jaune orangés, la décomposition de l'acide carbonique et la transpiration a conduit Van Tieghem à formuler la proposition suivante. Les parties vertes des plantes sont le siège d'une transpiration *surnuméraire* qui viendrait s'ajouter à la transpiration normale dont jouissent à la fois et les plantes à chlorophylle et celles qui n'en possèdent pas. La chlorophylle aurait deux fonctions distinctes, ainsi qu'il résulte des recherches de Dehérain : la portion de chaleur provenant de l'absorption de certaines radiations, non utilisée dans la décomposition du gaz carbonique, serait employée à une transpiration spéciale que Van Tieghem propose d'appeler *chlorovaporisation*.

On a cru démontrer l'existence de la relation que nous venons de signaler entre les phénomènes chlorophyllien et transpiratoire de la façon suivante. En exagérant l'un d'eux, l'autre doit s'affaiblir, et réciproquement. Si on expose successivement à la lumière solaire une feuille plongée d'abord dans l'air ordinaire puis dans une atmosphère enrichie artificiellement de gaz carbonique (10 p. 100), la transpiration doit être moindre dans le second cas, puisque la majeure partie des radiations sera surtout employée à la décomposition de l'acide carbonique dont l'atmosphère a été enrichie ; il n'en restera qu'une fraction assez faible disponible pour la transpiration. C'est, en effet, ce que l'expérience permet de constater. Inversement, si on suspend l'assimilation au moyen d'un anesthésique (p. 61), les radiations seront employées d'une manière exclusive à favoriser la transpiration : ce qui est conforme aux faits qui ont été observés.

Mais ces deux dernières expériences sont sujettes à critique, et leur interprétation doit être modifiée dans le sens suivant. En effet, il a été reconnu que, d'une part, un excès de gaz carbonique au contact d'une feuille entravait la transpiration ; d'autre part, l'action des anesthésiques supprimant l'assimilation, il en résulte que l'organe sur lequel on opère est un organe momentanément mort, qui ne transpire plus d'eau, au sens physiologique du mot, mais dont la surface laisse simplement *évaporer* ce liquide. Or, la perte d'eau par évaporation, *phénomène purement physique*, est toujours supérieure, à surface égale, à la perte d'eau par transpiration. C'est qu'en effet le protoplasma vivant retient avec une grande énergie la majeure partie de l'eau qu'il renferme, ce que ne fait pas le protoplasma mort. Une feuille perd beaucoup moins d'eau qu'une surface égale de ce même liquide exposé dans un vase ouvert ou que le surface d'un papier mouillé, en supposant que les conditions extérieures soient identiques. Cependant, lorsque la feuille est séparée de la plante, sa transpiration devient beaucoup plus énergique que celle d'une feuille de surface égale attenant encore à cette plante.

Une autre cause de la faiblesse de la transpiration chez une plante plongée dans une atmosphère riche en gaz carbonique doit être cherchée dans la nature même du phénomène chlorophyllien. L'assimilation chlorophyllienne est un phénomène endothermique; l'abaissement de la température de la feuille sera d'autant plus grand que l'assimilation sera plus énergique, et la vaporisation de l'eau sera d'autant moindre que la température de la feuille sera moins élevée.

Il ne faudrait pas toutefois exagérer l'influence qu'exerce la présence d'un excès de gaz carbonique sur le ralentissement de la transpiration. La valeur de l'effet produit est probablement assez faible, puisque la fonction assimilatrice ne consomme, en réalité, qu'une fraction minime de l'énergie lumineuse (p. 101). Il en résulte que la majeure partie de cette énergie est toujours disponible vis-à-vis du phénomène transpiratoire.

En réalité, les choses se passent un peu différemment, et la transpiration n'est pas uniquement sous l'influence de la radiation lumineuse.

Si nous nous reportons aux expériences de Dehérain signalées plus haut sur l'influence des lumières colorées artificielles, nous voyons qu'il n'y a pas, en somme, une très grande différence, au point de vue transpiratoire, entre les lumières jaune orangé, rouge et bleue. La lumière qui arrive au contact de la chlorophylle s'y transforme en chaleur et les tissus s'échauffent. Or, d'après Wiesner, ce sont les rayons *qui correspondent aux bandes d'absorption de la chlorophylle et non les rayons les plus lumineux* qui activent la transpiration. Les rayons calorifiques obscurs agissent, bien qu'avec une moindre intensité que les rayons lumineux proprement dits, sur la transpiration. Les rayons chimiques ou ultra-violets ont une influence sensiblement nulle. La lumière n'agirait donc pour provoquer la transpiration que *parce qu'elle se transformerait en chaleur*. Telle est la formule adoptée par Wiesner, dont les expériences étaient exécutées, à l'inverse de celles de Dehérain, *dans une atmosphère non saturée de vapeur d'eau* et, par conséquent, dans des conditions plus voisines de l'évolution normale des végétaux.

La transpiration est donc provoquée *par un ensemble de radiations colorées*. La fonction chlorophyllienne est principalement sous la dépendance de cette portion du spectre située entre les raies B et C ; la transpiration s'exerce dans presque toute l'étendue des radiations visibles, depuis l'orangé jusqu'au commencement du violet.

Telle est la façon dont on doit envisager la nature du phénomène transpiratoire et des causes qui le provoquent.

Lorsque la plante est placée dans un espace saturé de vapeur d'eau, comme dans les expériences de Dehérain, on devrait constater l'arrêt de la transpiration ; mais cela supposerait qu'il y eût équilibre de température entre la plante, l'atmosphère dans laquelle elle végète et les parois du vase qui circonscrivent cette atmosphère. De semblables conditions se trouvent à peu près réalisées à l'obscurité et à basse température, circonstances où le dégagement de chaleur dû à la respiration peut être pratiquement considéré comme nul. Mais, si la plante est exposée directement aux rayons solaires, la chlorophylle, dont le pouvoir absorbant est considérable, s'échauffe, et la transpiration commence ; elle se continue d'une façon presque indéfinie si la température des parois de la cloche sous laquelle elle est enfermée est plus basse que celle de la plante : il y a donc *distillation* de l'eau de la feuille plus chaude vers la paroi plus froide.

De plus, l'échauffement de la feuille exalte le phénomène respiratoire, phénomène exothermique : autre cause qui maintient une différence positive de température entre la plante et la paroi. Telle est la signification des expériences de Dehérain.

En résumé, si on analyse superficiellement le phénomène de la transpiration, il semble que les radiations du spectre solaire, en tant qu'elles émettent de la lumière, jouent un rôle prépondérant. Cependant une plante étiolée ou dépourvue totalement de chlorophylle ne transpire à la lumière qu'une quantité d'eau à peine supérieure à celle qu'elle laisse échapper à l'obscurité. En présence de l'énergie incomparablement plus grande avec laquelle une plante verte, observée successivement à l'obscurité et à la lumière, déverse dans ce dernier cas de la vapeur d'eau dans l'atmosphère, on conçoit que beaucoup d'expérimentateurs aient été tentés de rapporter à la chlorophylle l'intensité des effets observés et d'admettre une relation entre la fonction transpiratoire et la fonction assimilatrice. Si la première éprouve, pour une cause quelconque, un affaiblissement, la seconde augmente et réciproquement. Autrement dit, une source unique d'énergie serait capable, suivant les circonstances, d'exalter l'un des deux phénomènes au détriment de l'autre.

Nous avons vu plus haut que telle ne devait pas être l'interprétation rigoureuse des faits observés.

En réalité, l'expression de *chlorovaporisation* ne peut être conservée que dans le sens où elle attribuera à la chlorophylle le rôle d'*absorbant* des rayons lumineux avec transformation de la lumière en chaleur.

Une expérience bien simple vient à l'appui de cette manière de voir. On prend deux mèches de coton dont la base trempe dans l'eau, et on recouvre ces deux mèches à leur partie supérieure d'un demi-cylindre de laiton, enduit de noir de fumée dans le premier cas, simplement poli dans le second. On fait pénétrer les deux mèches ainsi coiffées dans deux tubes à essais, et on expose les deux systèmes au soleil. La face interne du tube qui contient la mèche au cylindre noirci se couvrira rapidement d'une buée intense ; l'autre sera très en retard sur le premier. Cette expérience ne met en jeu qu'un corps absorbant des radiations calorifiques, le noir de fumée. Or c'est exactement ce qui se passe dans le cas de la chlorophylle.

Quantité d'eau transpirée dans les conditions normales de la végétation. — Il résulte de nombreuses expériences que la quantité d'eau transpirée nécessaire à l'élaboration de 1 gramme de matière sèche oscille, en moyenne, autour de 250 à 300 grammes. Voici quelques chiffres, dus à Haberlandt et à Hellriegel, qui se rapportent à la quantité d'eau transpirée nécessaire à la production de 1 kilogramme de matière sèche :

	Eau transpirée.		Eau transpirée.
Blé...............	234 kilos.	Fèves...........	283 kilos.
Seigle............	166 —	Pois............	273 —
Orge.............	247 —	Trèfle..........	310 —
Seigle............	455 —	Sarrasin........	363 —

La quantité d'eau transpirée par les arbres toujours verts est moins considérable que celle que transpirent les arbres à feuilles caduques.

Influence de la richesse alimentaire du sol sur la transpiration.— Pour élaborer 1 gramme de matière sèche, la plante emploie d'autant moins d'eau que sa croissance est plus énergique et plus rapide. Inversement, chaque fois que l'assimilation est entravée ou que la durée de la végétation se prolonge d'une manière démesurée, la transpiration augmente.

Les trois principaux facteurs qui peuvent agir sur l'assimilation sont : les aliments minéraux, la lumière, la chaleur.

Hellriegel introduit dans un certain nombre de vases 4 kilogrammes de sable quartzeux qu'il arrose d'une solution nutritive complète dans laquelle varie seule la quantité d'azote donné sous forme de nitrate de calcium. L'humidité du sable est maintenue constante. Voici les résultats obtenus avec l'orge au bout de quatre-vingt-deux jours de végétation :

	Nitrate de calcium dans chaque vase.	Matière sèche produite.	Quantité d'eau totale transpirée.	Quantité d'eau transpirée pour 1 gr. de matière sèche produite.
	gr.	gr.	gr.	gr.
I	1,640	25,504	7 451	292
II	1,312	23,026	6 957	302
III	0,984	18,288	6 317	345
IV	0,656	13,936	4 839	347
V	0,328	8,479	3 386	399
VI	0,000	1,103	956	867

Ce tableau montre avec quelle rapidité la quantité d'eau transpirée par gramme de matière sèche produite s'accroît lorsque la quantité de nitrate de calcium donné à la plante diminue. D'autres plantes fournissent des résultats semblables.

Le défaut de lumière, toutes choses égales d'ailleurs, augmente la transpiration : plus l'éclairage est insuffisant et plus la quantité d'eau transpirée est considérable pour produire 1 gramme de matière sèche.

La quantité d'eau transpirée par gramme de matière sèche produite est d'autant plus grande que la température est plus basse.

V

SUDATION

Lorsque l'atmosphère est saturée de vapeur d'eau et que la radiation solaire n'intervient plus, les feuilles laissent perler des gouttes d'eau qui s'échappent soit par l'ostiole des stomates aquifères, soit par des déchirures normales ou accidentelles de la feuille ou de la tige. La sudation s'observe après le coucher du soleil, sur les feuilles de Graminées notamment. Elle est due à la cessation de la transpiration ou, du moins, à son atténuation : la racine continuant à absorber les liquides du sol, il se produit alors un excès de pression tel que le liquide sort en nature de la feuille.

Les *sécrétions nectarifères* doivent être rapportées à un phénomène de sudation ; il en est de même des dépôts de *miellée* qu'émettent les feuilles de tilleul, d'érable, de chêne, etc. Ces sécrétions et ces dépôts contiennent des matières sucrées, parfois des essences ; leur réaction est fréquemment acide.

CHAPITRE XII

DÉVELOPPEMENT GÉNÉRAL DES VÉGÉTAUX
PHÉNOMÈNES D'ACCROISSEMENT

Marche générale de la végétation dans une plante annuelle. — Phénomènes d'accroissement et d'évolution chez les plantes vivaces. — Migration des principes immédiats chez les plantes annuelles et vivaces : hydrates de carbone, matières azotées, matières minérales. — Migration en général et son mécanisme. — Maturation des graines et des organes de réserve ; maturation des fruits ; formation des matières grasses. — Développement de quelques plantes herbacées : blé, seigle, betterave, pomme de terre.

Aperçu général sur le développement des végétaux. — Nous avons examiné, dans les chapitres précédents, les phénomènes synthétiques qui engendrent la matière carbonée et la matière azotée, ainsi que les lois qui régissent l'accumulation de la matière minérale dans telle ou telle partie de la plante. Nous devons maintenant envisager un problème plus général. Lorsque les conditions extérieures de température, d'humidité, de richesse du sol en éléments de fertilité sont réalisées, le végétal évolue : il construit ses tissus, fleurit, fructifie ; des substances de réserve s'accumulent dans les graines et les organes souterrains.

Ce sont ces différentes phases de l'évolution dont nous allons prendre connaissance. Elles sont caractérisées essentiellement par un *transport* des aliments depuis le lieu de leur formation jusqu'à l'organe définitif où ils se déposent. Ce problème général de l'évolution nous permettra de rassembler les données que nous avons acquises antérieurement et de les compléter sur quelques points. En réalité, les phénomènes d'assimilation chlorophyllienne, de formation des substances azotées, de dépôt des matières minérales marchent de pair lorsque la circulation de l'eau dans le végétal s'effectue de façon normale : il existe une relation étroite qui lie les unes aux autres ces diverses manifestations de l'activité végétale. C'est de l'harmonie dans le jeu de cet ensemble de réactions que résulte le développement régulier de la plante.

Au point de vue physiologique, on peut dire que la feuille et la tige ne sont que des organes transitoires destinés, le premier à fabriquer, le second à conduire les matières alimentaires vers la graine et le fruit ou vers la racine et les organes souterrains. Lorsque cet emmagasinement est achevé, la vie de la plante est terminée ; elle se dessèche et meurt.

Dans le cas des plantes vivaces, cet emmagasinement se fait dans le tronc et les branches, véritables réservoirs destinés à fournir l'année suivante les éléments nécessaires à l'évolution des bourgeons.

Le sujet dont nous venons d'esquisser les grandes lignes sera traité dans l'ordre suivant :

I. *Marche générale de la végétation dans une plante annuelle.* — II. *Phénomènes d'accroissement et d'évolution chez les plantes vivaces.* — III. *Migration des principes immédiats ; migration des hydrates de carbone, des matières azotées, des matières minérales chez les plantes annuelles et vivaces.* — IV. *Migration en général et son mécanisme.* — V. *Maturation des graines et des organes de réserve ; maturation des fruits.* — VI. *Développement de quelques plantes herbacées.*

I

MARCHE GÉNÉRALE DE LA VÉGÉTATION
DANS UNE PLANTE ANNUELLE

2. Accroissement. — Lorsqu'on veut se faire une idée exacte des phénomènes d'accroissement chez une plante annuelle, il est nécessaire de l'examiner à différentes époques de sa végétation et de doser, à chacune de ces époques, la quantité de matière sèche et par conséquent d'eau qu'elle contient, ainsi que les cendres totales, les éléments de ces cendres, les principes immédiats variés (hydrates de carbone, albuminoïdes, graisses) qui entrent dans sa composition. On peut se contenter, si l'on veut avoir simplement une idée approchée de la quantité des matières azotées qu'elle contient, de faire un dosage de l'azote total, dont le chiffre, multiplié par 6,25, fournit à peu près la teneur de l'organe ou du végétal considérés en substances protéiques (celles-ci renferment, en effet, en moyenne 16 p. 100 d'azote). La différence entre le poids total de la matière sèche, moins les cendres et celui des substances protéiques, indique la somme de l'ensemble des composés organiques non azotés.

Voici deux exemples à cet égard : l'un est relatif au blé, l'autre à la moutarde blanche. Dans les deux tableaux ci-dessous figurent seulement les poids de la matière sèche des différentes parties de la plante prélevées à des époques déterminées, ainsi que leur teneur en eau.

Blé de mars (semé le 19 mars 1898).

1 graine sèche pèse 0gr,0447 (eau dans 100 p. de matière fraîche = 14,30).

		I. Poids de un pied séché à 110°. gr.	II. Rapports centésimaux.	III. Eau dans 100 parties de la matière fraîche.
13 mai..............		0,438	*	88,7
1er juin......	Racines..	0,156	9,1	82,2
	Tiges....	0,664	38,8	88,2
	Feuilles..	0,888	52,1	84,1
		1,708	100,0	
20 juin, avant formation des épis.	Racines..	0,202	5,2	80,7
	Tiges....	2,392	61,9	83,0
	Feuilles..	1,266	32,9	72,4
		3,860	100,0	
11 juillet, fin de la floraison.	Racines..	0,276	4,1	65,9
	Tiges....	4,400	66,3	72,2
	Feuilles..	1,268	19,1	64,9
	Épis.....	0,686	10,5	68,1
		6,630	100,0	
25 juillet, grains encore laiteux.	Racines..	0,372	3,8	73,0
	Tiges....	5,698	58,3	68,8
	Feuilles..	1,794	18,3	46,7
	Épis.....	1,896	19,6	64,0
		9,760	100,0	

Les variations totales du poids sec de la plante ont été successivement les suivantes, en supposant le grain sec = 1 : plante le 13 mai = 10, le 1er juin = 38, le 20 juin = 86, le 11 juillet = 148, le 25 juillet = 218.

Sinapis alba (semé le 13 mai 1898).

1 graine sèche pèse 0gr,0043 (eau dans 100 p. de matière fraîche = 6,95).

		I. Poids de un pied séché à 110°. gr.	II. Rapports centésimaux.	III. Eau dans 100 parties. de matière fraîche.
11 juin....................		0,0990	»	91,1
22 juin, début de la floraison,	Racines.....	0,081	10,9	85,7
	Tiges........	0,306	41,1	91,8
	Feuilles.....	0,357	48,0	86,0
		0,744	1,000	
6 juillet, floraison complète.	Racines.....	0,315	14,7	76,5
	Tiges........	0,934	43,5	84,8
	Feuilles.....	0,500	23,3	85,3
	Axes floraux.	0,395	18,5	83,8
		2,144	100,0	
26 juillet, fructification.	Racines.....	0,400	7,5	61,0
	Tiges........	1,555	29,4	72,0
	Feuilles.....	0,477	9,0	78,0
	Axes floraux.	2,857	54,1	72,2
		5,289	100,0	

Les variations totales du poids sec de la plante ont été successivement les suivantes, en supposant la graine sèche = 1 : plante le 11 juin = 23, le 22 juin = 173, le 6 juillet = 498, le 26 juillet = 1230.

Comparons d'abord les accroissements successifs de la substance sèche de la plante (matière organique et matière minérale). Toutes les parties du végétal augmentent en poids *absolu* depuis le début de la végétation, ainsi que le montrent les deux tableaux précédents; mais cette augmentation varie essentiellement avec l'organe considéré. Dans les deux exemples choisis, on remarque que ce sont les tiges qui subissent le plus fort accroissement. Chez le *Sinapis alba*, dont la floraison est abondante, les axes qui supportent les fruits possèdent, au moment de la fructification, un poids qui représente plus de la moitié de celui de tout le reste du végétal. Le poids de la matière sèche des feuilles, qui, généralement, va en croissant jusqu'à la fin de l'existence du végétal peut, après la fructification, éprouver une diminution plus ou moins notable par suite du départ en masse des principes immédiats élaborés dans ces organes vers les ovules au moment de leur fécondation. Nous reviendrons bientôt sur ce point important.

Si nous examinons maintenant le poids *relatif* de chaque organe, en supposant que la plante totale pèse 100 (colonne II), voici ce que nous constatons. Le poids de la racine est considérable quand la plante est jeune ; il figure, dans le cas du blé, pour le dixième environ du poids de la plante totale (1ᵉʳ juin). Mais ce poids ne tarde pas à décroître rapidement ; il ne représente, au moment de la maturation, que $\frac{1}{25}$ seulement du poids total de la plante. Chez le *Sinapis*, le poids de la racine est beaucoup plus élevé ; le poids maximum est atteint au moment de la floraison ; il représente alors $\frac{1}{7}$ du poids total de la plante. Ce poids décroît beaucoup dans la suite.

Cette élévation du poids des racines dans le jeune âge est générale. Celles-ci, en effet, à cette époque de l'existence du végétal, se chargent en abondance de sels minéraux venus du sol, lesquels se répartiront ensuite dans les autres organes.

Le poids relatif de la tige reste élevé tant que la plante est en pleine évolution et jusqu'à la période de maturation (plus de 60 p. 100 du poids du végétal total chez le blé ; plus de 40 p. 100 chez le *Sinapis*). Pendant la période de maturation, ce poids relatif diminue.

C'est le poids relatif des feuilles qui accuse les variations les plus considérables. Le poids sec de ces organes va sans cesse en croissant jusqu'à l'époque de la floraison, ou, plus exactement, il possède en général sa valeur maxima avant cette époque. En effet, la fonction chlorophyllienne est alors très active ; la feuille élabore des hydrates de carbone, des albuminoïdes et des principes dans lesquels la matière minérale entre pour une très large part. A cette époque, les fleurs n'apparaissent pas encore. Cette seconde période de la vie de la plante a été caractérisée par Dehérain et Bréal par l'expression de *prédominance de la feuille*, la première période étant caractérisée par celle de *prédominance de la racine*. Dans cette seconde période, la plante procède à un emmagasinement de toutes les substances que la vie cellulaire est capable d'élaborer.

Dès que les fleurs s'épanouissent, un mouvement de migration intense emporte la majeure partie des matériaux que la feuille a momentanément accumulés : aussi son poids relatif diminue-t-il depuis le moment de la floraison jusqu'à celui de la maturation. C'est ce qu'il est facile de constater dans les deux exemples ci-dessus.

Avec la floraison et la fécondation des ovules commence donc une troisième période d'activité du végétal, période de *distribution* des matières que la synthèse photochimique a réalisées ; par conséquent, période de *transport*.

L'assimilation chlorophyllienne, la production des albuminoïdes et l'absorption des matières minérales passent au second plan ; elles subissent d'ailleurs un ralentissement de plus en plus marqué.

Si maintenant nous examinons la *quantité d'eau* contenue dans chaque organe, depuis le début de la végétation jusqu'à l'époque de la maturation, nous constatons que chaque organe se déshydrate peu à peu. Cette déshydratation est très marquée chez les racines du *Sinapis* ; elle l'est moins chez celles du blé. Les feuilles de blé, au contraire, se dessèchent rapidement sitôt la floraison terminée. Nous verrons plus loin que cette déshydratation est une des causes du mouvement de migration vers les ovules des principes contenus dans la feuille.

β. **Variations de l'azote total et des cendres.** —

Voici le tableau de ces variations examinées sur les mêmes plantes et aux mêmes époques que précédemment.

		Azote total		Cendres totales	
		Dans 1 pied sec. gr.	p. 100 de la matière sèche.	Dans 1 pied sec. gr.	p. 100 de la matière sèche.
Blé (sur la plante totale).	13 mai...	0,0203	4,65	0,0796	18,19
	1er juin..	0,0467	2,73	0,2640	15,45
	20 — ..	0,0594	1,54	0,5161	13,47
	11 juillet.	0,0848	1,27	0,6164	9,29
	25 — .	0,1453	1,48	0,9405	9,63
Sinapis (sur la plante totale).	11 juin...	0,0040	4,12	0,0334	33,74
	22 — ...	0,0269	3,61	0,1350	18,40
	6 juillet.	0,0424	1,97	0,2513	11,72
	26 — .	0,0642	1,21	0,5016	9,48

Le poids *absolu* de l'azote total augmente dans la plante entière de façon continue jusqu'à la fin de son existence ; il en est de même du poids des cendres totales. On remarquera, au contraire, que la proportion centésimale de ces deux éléments va sans cesse en décroissant. En effet, le poids des substances hydrocarbonées augmente dans des proportions beaucoup plus considérables que celui des substances azotées et minérales. Le taux de l'azote total et celui des cendres sont très élevés dans le jeune âge, au moment de l'activité la plus grande de la fonction chlorophyllienne.

A propos de la migration des substances salines, nous examinerons la répartition des divers éléments des cendres.

Particularités que présentent les variations du poids de certains organes pendant le développement de la plante. — Dehérain et Bréal ont fourni des exemples intéressants relatifs à certaines particularités que l'on observe chez les différentes plantes annuelles pendant leur développement.

L'accumulation des substances hydrocarbonées, azotées et minérales dans les deux premières périodes de la vie de la plante n'a d'autre but que celui de fournir aux ovules fécondés, c'est-à-dire aux graines futures, les matériaux de réserve indispensables à la formation de celles-ci. Aussi, dès que la fécondation est terminée, commence un mouvement de migration qui transporte les matériaux organiques et minéraux de toutes les parties de la plante, des feuilles en particulier, vers les ovules. Dans l'ensemble de ces matériaux, les hydrates de carbone sont toujours en quantité suffisante chez les diverses parties de la plante pour que l'organe qui s'en dépouille n'éprouve pas d'affaiblissement bien marqué par suite de la perte qu'il subit ainsi. Mais la matière azotée, constituant indispensable du protoplasma, ne forme pas de réserves comme l'amidon ou les sucres. A partir du moment où commence le transport de cette matière qui se dirige vers les ovules, les organes qui la cèdent éprouvent une perte sensible : on conçoit qu'ils puissent alors diminuer de poids ou subir un ralentissement, sinon un arrêt, dans leur croissance, puisqu'un certain nombre de cellules, dépouillées d'une quantité plus ou moins considérable de leur azote constitutif, sont frappées de déchéance vitale.

Or une observation vulgaire montre que, lorsqu'une plante annuelle porte des fleurs nombreuses et que celles-ci sont fécondées toutes à la fois dans un court espace de temps, les feuilles tombent assez rapidement et les tiges se dessèchent ; la plante ne tarde pas à mourir. On comprend la raison de ce fait : un appel énergique des matières nutritives, de la matière azotée notamment, vers les ovules produit chez cette plante un dommage qu'elle ne peut pas toujours réparer. Mais on conçoit aussi qu'il y ait des degrés variables dans la manière dont la plante supporte cette migration ; cette rapidité dans le transport des matériaux vers les ovules doit être, *a priori*, subordonnée au nombre des graines à pourvoir en substances de réserve et à l'époque à laquelle elles se forment. Alors même qu'elles seraient nombreuses, si les fleurs ne se développent pas toutes à la fois, le dommage momentané que la plante éprouve est compensé par un travail nouveau des cellules intactes et l'affaiblissement du végétal est peu marqué.

Mais si les fleurs s'épanouissent toutes à la fois, si le nombre des feuilles est restreint et si ces feuilles ont de faibles dimensions par rapport à la masse totale de la plante et, par conséquent, disposent de réserves azotées peu considérables, l'affaiblissement du végétal sera tel qu'il ne pourra récupérer les pertes qu'il subit par suite de ce mouvement rapide de transport de la matière alimentaire jusque dans les graines.

Déhérain et Bréal ont été ainsi amenés à distinguer trois cas dans le développement des plantes herbacées :

1° La plante se couvre de fleurs nombreuses, s'épanouissant simultanément. Le poids de la matière sèche de la tige atteint à ce moment son maximum. Mais la migration très active des matériaux de réserve commence alors et, peu après, le poids sec de la tige diminue, d'abord rapidement, puis plus lentement jusqu'à la mort de la plante. Cette déchéance rapide, dont nous venons de définir les causes, est attribuable à la faible dimension et au petit nombre des feuilles. La perte de poids de la tige porte sur les cendres et la matière azotée ; la respiration provoque également une perte de substance hydrocarbonée. Un semblable phénomène a été observé, entre autres exemples chez le *Colinsia bicolor* (Scrofulariacées) et chez le *Sinapis nigra* (Crucifères).

2° Lorsque la floraison est moins rapide et, par conséquent, lorsque le nombre des ovules à alimenter est moins considérable, l'affaiblissement qu'éprouve la plante sera seulement momentané : le poids sec de la tige ne diminuera que d'une faible quantité correspondant à ce premier mouvement de migration. La plante répare ses pertes, et le poids de la tige recommence à augmenter. Puis, à mesure que d'autres fleurs s'épanouissent et que leurs ovules sont fécondés, la plante éprouve un nouvel affaiblissement qui se traduit par une diminution graduelle du poids sec de sa tige jusqu'à la dessiccation finale de la plante. Tel est le cas observé chez le *Delphinium Ajacis* (Renonculacées) ;

3° Enfin, si la floraison est peu abondante et que le nombre et la dimension des feuilles soient suffisants, on conçoit que le mouvement de migration ne se traduise que par un affaiblissement peu accentué de la vitalité de la plante ; le poids sec de la tige ne diminuera plus, il sera maximum à la fin de la floraison, mais son augmentation, au lieu d'être uniforme pendant toute la durée de la maturation, éprouvera des temps d'arrêt ou de ralentissement qui correspondront aux époques de migration active. Dans ce dernier cas, la plante répare continuellement les pertes qu'elle subit du fait de la migration. Beaucoup de plantes annuelles appartiennent à cette catégorie : blé, moutarde blanche, pavot, etc.

II

PHÉNOMÈNES D'ACCROISSEMENT ET D'ÉVOLUTION CHEZ LES PLANTES VIVACES

Si on passe de l'observation des plantes annuelles à celle des plantes vivaces, on trouve des faits du même ordre : l'accumulation des substances de réserve se porte sur les organes persistants, tiges, tronc, racines. Ces substances sont employées, souvent dès le premier printemps, au développement précoce des bourgeons floraux.

D'une manière générale, on peut dire que la somme des hydrates de carbone (solubles et insolubles) contenus dans les tiges et les racines des arbres à feuilles caduques (châtaignier, coignassier, poirier, pêcher, etc.), passe par un minimum au mois de mai à l'époque de la plus grande activité de la végétation ; puis elle augmente de mai à octobre ou novembre, où elle atteint un maximum. A partir de ce moment, elle diminue peu à peu jusqu'en mai (Leclerc du Sablon).

On doit se demander si l'arbre ou l'arbuste qui portent parfois des fleurs très nombreuses présentent des signes d'affaiblissement analogues à ceux que nous avons décrits chez les plantes annuelles. Le plus généralement, la masse des fruits est trop faible par rapport à celle du végétal pour que celui-ci ne soit pas en état de fournir les réserves nécessaires à la formation de ces fruits. Cependant on observe assez souvent, chez certains arbres fruitiers porteurs d'un nombre considérable de fruits (prunier, poirier), un jaunissement et une chute précoce des feuilles qui correspondent à la perte rapide qu'ont subie ces organes en matières salines et azotées. Le même fait est observable dans les régions du midi sur quelques cépages de vigne.

Ceci posé, il y a lieu d'examiner maintenant quelles sont les formes transitoires qu'affectent les différentes substances nutritives pendant cette période de voyage ou de migration et quelles sont les lois auxquelles obéissent les phénomènes de transport.

<h2 style="text-align:center">III</h2>

MIGRATION DES PRINCIPES IMMÉDIATS

Migration des hydrates de carbone, des matières azotées, des matières minérales chez les plantes annuelles et vivaces. — La migration, c'est-à-dire le transport des matières élaborées dans les organes verts d'un point à l'autre du végétal, porte sur trois catégories de substances : *matières hydrocarbonées, matières azotées, matières minérales*. Le chemin que parcourent ces substances est parfois très long, si l'on songe que les matières minérales prises au sol doivent pénétrer jusqu'à la partie supérieure d'un arbre et, inversement, que les matières carbonées, élaborées par la feuille, doivent se rendre dans la racine.

Une remarque générale est ici nécessaire. Pour qu'un phénomène de migration ait lieu, il faut que la substance qui en est l'objet soit diffusible, qu'elle puisse cheminer sous forme soluble depuis son point de départ, la feuille par exemple, jusqu'à son point d'arrivée (graine ou racine). Le plus souvent, cette substance existe dans la feuille sous une forme peu ou pas soluble (amidon, albuminoïdes) ; *a priori*, elle devra donc changer de nature, simplifier sa molécule, modifier son état chimique par conséquent, afin de pouvoir circuler jusqu'à tel point du végétal où elle se déposera définitivement. Le mouvement de transport une fois arrêté, la substance en question prendra de nouveau une forme insoluble le plus souvent ; elle se condensera. Mais le dépôt ainsi constitué pourra différer, quant à sa nature, de la substance initiale que les organes verts auront élaborée et accumulée de façon provisoire. C'est ainsi que l'amidon produit par les feuilles des Composées s'emmagasine dans les organes souterrains de beaucoup de végétaux appartenant à cette famille sous la forme d'inuline.

La forme *intermédiaire* soluble qu'une substance en voie de migration est obligée de prendre est, la plupart du temps, mal connue. Si l'amidon voyage à l'état de saccharose, de glucose, de lévulose, termes dont il est facile de montrer la présence, les albuminoïdes, au contraire, ne fournissent pas, dans la majeure partie des cas, de substances transitoires faciles à définir. Cela tient à ce que ces dernières ont presque toujours une existence éphémère ; passant de cellules en cellules, elles se reconstituent au fur et à mesure sous la forme condensée qu'elles affectaient à l'origine. Nous reviendrons plus loin sur ce sujet.

On peut également concevoir que la membrane cellulaire, dont l'hémiperméabilité est toute relative, laisse passer les matières quaternaires sous un état de condensation assez avancée, mais intermédiaire entre l'albuminoïde primitif, très peu diffusible, et les nombreux amides de structure simple qui résultent d'une hydrolyse totale de sa molécule : ces matières seraient de l'ordre des albumoses ou des peptones, premiers produits d'une simplification d'origine diastasique des molécules albuminoïdes les plus complexes.

Cette perméabilité de la cellule vis-à-vis de substances à poids moléculaire élevé est démontrée par ce fait que certaines matières grasses liquides peuvent traverser la membrane cellulaire et se fixer à l'intérieur de la cellule (R. Schmidt).

A. Migration des matières hydrocarbonées. — Nous

savons que c'est dans la feuille que prennent naissance les hydrates de carbone, dont l'amidon représente le terme le plus condensé. Alors que l'amidon s'accumule en quantités souvent considérables dans les organes souterrains, ce corps ne s'emmagasine dans la feuille que jusqu'à une certaine limite, et la quantité que l'on y rencontre à un moment donné n'est que la différence entre celui que produit la fonction chlorophyllienne et celui qui disparaît, plus ou moins rapidement, pour aller se déposer dans d'autres organes. En d'autres termes, l'amidon qui, à telle époque, se rencontre dans le grain de chlorophylle ne représente qu'une partie, parfois assez faible, de celui qui y a pris naissance.

La migration des hydrates de carbone se produit de préférence à l'obscurité, par conséquent la nuit. Dès que la plante est exposée, même pendant un court espace de temps, à l'obscurité, l'amidon émigre, et cette migration persiste tant que l'éclairage est insuffisant. Lorsque les jours sont courts et la lumière peu intense, cet amidon peut être emporté à mesure qu'il prend naissance (Sachs).

On peut estimer approximativement la quantité d'amidon qui existe dans une feuille à un moment donné à l'aide d'un procédé très simple préconisé par Sachs. On fait bouillir la feuille fraîche avec de l'eau pendant quelques minutes, puis on la transporte dans l'alcool chaud. Lorsqu'elle est décolorée, on l'immerge dans un peu d'eau additionnée de teinture d'iode, et on l'abandonne dans ce liquide jusqu'à ce qu'il ne se produise plus de changement de coloration. On la place enfin dans une assiette blanche pleine d'eau. Lorsqu'elle aura subi ce traitement, une feuille privée d'amidon aura une coloration jaune pâle ; elle présentera une coloration noire d'autant plus marquée, voire même une sorte d'éclat métallique, lorsque la quantité d'amidon sera quelque peu considérable.

Si l'on veut apprécier les variations de l'amidon chez une feuille dans des circonstances déterminées, on enlèvera l'une des moitiés de la feuille en ménageant la nervure médiane, et on soumettra immédiatement la partie enlevée à l'épreuve de l'iode. L'autre moitié reste attachée à la plante pendant la durée de l'expérience. On la traite ensuite de la même façon, et on compare sa coloration à celle de la première moitié antérieurement enlevée.

L'amidon, avons-nous dit plus haut, disparaît à l'obscurité. Aussi faut-il s'attendre à trouver les feuilles plus pauvres en amidon le matin que le soir. Dans la plupart des cas, l'amidon disparaît en totalité pendant la nuit et surtout pendant les premières heures. Mais, par des nuits fraîches, certaines feuilles conservent, partiellement au moins, leur amidon. Si on suit à l'aide de l'épreuve à l'iode le développement de l'amidon dans une feuille, on remarque, surtout lorsque la température est suffisamment élevée, l'apparition progressive de cette substance, laquelle communique à l'iode le maximum de coloration vers le soir. Pour que cette apparition et cette disparition rapides de l'amidon puissent être facilement observées, il faut que la plante présente un développement normal ; si elle végète dans des conditions défectueuses, quelle que soit la nature de celles-ci (insuffisance d'éclairage, pauvreté des éléments nutritifs, exiguïté du vase qui la contient), elle se trouve par cela même dans un état particulier d'inertie qui se traduit par un arrêt ou un retard de l'assimilation ou, simplement, par un arrêt de la migration de l'amidon.

Cette disparition de l'amidon, rapide à l'obscurité, peut également s'observer à la lumière solaire lorsqu'on maintient la plante dans une atmosphère dépourvue de gaz carbonique (H. Mohl). La rapidité de la dissolution de l'amidon dépend également de la température. Plus celle-ci est élevée et plus cette dissolution est rapide. Un pareil phénomène a lieu chez les plantes qui croissent à l'air libre, lorsque la température est très élevée : Sachs a remarqué que, par certaines journées chaudes d'été, les feuilles élaborent mais font disparaître tellement vite leur amidon que la réaction à l'iode peut être négative, alors qu'elle indique la présence d'une grande quantité de cette substance lorsque la température est moins élevée.

Voici, relativement à la disparition de l'amidon à l'obscurité, quelques chiffres fournis par les expériences de Sapoznikow.

L'une des moitiés de deux feuilles d'un *Helianthus* a été enlevée et analysée de suite ; l'autre, attenant encore à la plante, a été maintenue à l'obscurité. Les moitiés enlevées contenaient $3^{gr},822$ d'hydrates de carbone (rapportés à une surface de 1 mètre carré). Après une exposition de dix-sept heures à l'obscurité, les moitiés adhérant encore à la plante ne contenaient plus d'hydrates de carbone. La perte par heure a donc été de 0^{gr},224.

On a pratiqué le même essai avec cette différence que les moitiés de feuilles destinées à l'expérience, au lieu d'être maintenues en relation avec la plante, ont été coupées, placées dans l'eau et conservées ensuite à l'obscurité. La teneur en hydrates de carbone, avant l'expérience, se montait à 2^{gr},791 (par mètre carré); après dix-sept heures d'obscurité, on en trouvait encore chez les moitiés de feuilles immergées dans l'eau 2^{gr},074. La perte par heure s'est donc élevée seulement à 0^{gr},042. La diminution des hydrates de carbone a donc été cinq fois plus faible dans les feuilles coupées que dans celles qui demeuraient encore en relation avec le végétal. Dans ce dernier cas, l'amidon solubilisé et les hydrates de carbone solubles préexistants n'ont pu s'écouler. La perte de substance est uniquement une *perte respiratoire*.

Des faits analogues ont été observés par Schimper. Sur un pied d'*Impatiens parviflora*, on coupe trois feuilles dans leur longueur suivant la nervure médiane. Les parties détachées sont mises à l'obscurité, ainsi que la plante elle-même. On examine de suite les feuilles opposées à celles qui ont été coupées, et l'on y constate la présence de grandes quantités d'amidon et de glucose. Le lendemain, on compare les moitiés des feuilles encore attachées à la plante aux moitiés qui ont été coupées la veille : dans les unes et les autres, l'amidon a fortement diminué, mais la proportion de glucose trouvé est beaucoup plus considérable dans les fragments détachés que dans ceux qui adhèrent encore à la plante.

Cette expérience prouve que l'amidon, une fois formé, se dissout dans la feuille et s'échappe de celle-ci sous une forme soluble ; dans le fragment de feuille détaché, la solubilisation s'est produite, mais le départ du corps soluble n'a pu avoir lieu : le glucose s'y est donc accumulé. Or nous savons que le glucose est, d'autre part, capable de se retransformer de nouveau en amidon lorsque la concentration de sa solution est suffisante (p. 82). On en conclut que la quantité de glucose qui a pris naissance, par suite de la solubilisation de l'amidon dans la feuille elle-même, possède alors une concentration telle que la réaction inverse n'a pas pu se produire : autrement dit, il s'agit ici d'un *phénomène d'équilibre*. De semblables transformations sont déterminées et limitées par les proportions dans lesquelles se trouvent les matières en présence. Si le sucre réducteur qui prend naissance par suite de la dissolution de l'amidon est capable de s'écouler, une nouvelle quantité d'amidon se dissout, et celui-ci peut disparaître totalement ; mais la persistance de ce sucre réducteur qui, faute d'émigration possible, demeure en présence d'une certaine quantité d'amidon non encore dissoute, empêche une nouvelle dissolution de s'accomplir. La quantité d'hydrates de carbone solubles au delà de laquelle l'amidon cesse de se dissoudre varie d'une plante à l'autre.

En résumé, l'accumulation du sucre exerce une action retardatrice sur la transformation de l'amidon par les enzymes.

Il est des plantes dont les feuilles ne renferment jamais d'amidon (beaucoup de monocotylédones). On a supposé que l'abondance des ferments diastasiques était telle dans ces feuilles que l'amidon était liquéfié au fur et à mesure de son apparition. Il n'en est rien ; il n'existe pas de relation entre les quantités relatives d'amidon et de glucose et l'abondance des ferments diastasiques.

En principe, la formation du glucose doit précéder celle de l'amidon, mais il est possible que ce dernier ne prenne naissance que lorsque la concentration du glucose atteint une certaine limite, variable avec la plante considérée. En sorte qu'il existerait des plantes chez lesquelles il ne se formerait jamais d'amidon dans les conditions normales, tandis que, chez d'autres, cette formation aurait lieu en présence de solutions de glucose relativement peu concentrées.

La cause elle-même de la dissolution de l'amidon dans les feuilles et de sa transformation en glucose doit être rapportée à la présence de l'*amylase* (p. 119). Cet enzyme est extrêmement répandu : on le rencontre même chez des feuilles qui ne renferment jamais d'amidon (Brown et Morris). Sous son influence, l'amidon passe par les termes intermédiaires de dextrine et de maltose. Celui-ci, isomère du sucre de canne, fournit par hydratation 2 molécules de glucose.

Les feuilles renferment également de la *sucrase* (p. 118).

La sécrétion de l'amylase est très active pendant la nuit ; on comprend donc que ce soit durant cette période que la transformation et la migration des hydrates de carbone issus de la fonction chlorophyllienne présentent une activité particulière.

A propos des phénomènes de migration les plus intéressants que présentent les matières hydrocarbonées, nous citerons les deux exemples suivants :

Migration des réserves hydrocarbonées chez les arbres à feuilles persistantes. — Leclerc du Sablon a dosé, aux différentes époques de l'année, les réserves hydrocarbonées renfermées dans la racine et la tige du chêne vert, du pin d'Autriche et du fusain du Japon.

Le tableau ci-joint indique les réserves hydrocarbonées totales, dans 100 parties de matière sèche du Chêne vert (sucres et matières amylacées transformables en glucose par hydrolyse).

	21 janv.	15 mars.	5 mai.	24 juin	16 août.	4 oct.	25 nov.	15 janv.
Racines..	31,4	33,4	39,9	29,8	15,5	22,6	23,0	29,9
Tiges....	21,6	22,4	23,3	19,2	18,1	18,4	18,9	18,7

Ces variations des hydrates de carbone sont beaucoup plus considérables pour la racine que pour la tige. Chez ces deux organes, le maximum se trouve au commencement de mai et le minimum en août. Au contraire, chez les arbres à feuilles caduques, le maximum se trouve en octobre et le minimum en mai. La différence qui existe entre les deux sortes d'arbres peut être interprétée de la façon suivante. Au mois d'octobre, une certaine quantité de matières de réserve s'est accumulée dans la tige et la racine de ces deux arbres. Le châtaignier, arbre à feuilles caduques, en renferme davantage ; car, en été, l'assimilation carbonée est plus énergique dans les feuilles caduques que dans les feuilles persistantes. A la fin d'octobre, les feuilles du châtaignier tombent, et l'assimilation cesse : c'est à ce moment que l'arbre renferme le maximum de substances de réserve. Au contraire, chez le Chêne vert, l'assimilation continue pendant l'automne et l'hiver, et les réserves de cet arbre doivent, par cela même, augmenter. A cette époque de l'année, la dépense est d'ailleurs réduite à son minimum, puisqu'il ne se forme pas de nouvelles pousses et que la respiration est peu intense en raison de l'abaissement de la température. On comprend donc que l'arbre puisse renfermer le maximum de ses réserves au début du printemps, à l'époque de l'épanouissement des nouveaux bourgeons. Lorsque ceux-ci se sont épanouis, les réserves profitent à la formation de nouvelles pousses, et l'on conçoit que le poids de ces réserves diminue considérablement, aussi bien chez l'arbre à feuilles persistantes que chez l'arbre à feuilles caduques. Mais, chez celui-ci, l'assimilation est plus intense ; elle répare bientôt les pertes dues à la croissance et, dès la fin de mai, les réserves commencent à augmenter.

L'arbre à feuilles persistantes assimile sans doute pendant toute l'année ; toutefois, au printemps et en été, l'assimilation est moins intense que chez l'arbre à feuilles caduques. Le minimum du poids de ses réserves se rencontrera donc à une époque plus avancée de l'année, au mois d'août.

Il en résulte que le maximum des réserves qui, chez la plante à feuilles caduques, a lieu en automne au moment de la chute de celles-ci se trouve atteint, chez la plante à feuilles persistantes, au commencement du printemps, à l'époque où s'épanouissent les bourgeons. Le minimum qui a lieu au mois de mai chez les arbres à feuilles caduques se trouve reporté en juillet ou en août chez les arbres à feuilles persistantes. Nous venons de voir que ces différences s'expliquent aisément, en ayant égard aux intensités respectives d'assimilation. Le pin d'Autriche fournit des résultats absolument comparables à ceux que présente le chêne vert. Chez le fusain du Japon, dont la végétation est plus précoce, le maximum se rencontre en mars, le minimum en août.

Expériences de décortication annulaire. — On observe des phénomènes intéressants de migration lorsque, chez un arbre, on supprime, par une incision annulaire, l'écorce et les vaisseaux conducteurs.

Parmi les très nombreuses expériences faites à ce sujet, nous signalerons les faits suivants décrits par Leclerc du Sablon.

Des poiriers, des coignassiers, des fusains du Japon, âgés de trois à quatre ans, sont soumis à l'opération suivante. Un premier lot de ces arbres est décortiqué dans le voisinage du collet, le 9 février, avant le départ de la végétation : un second, le 8 mai, lorsque les premières pousses sont formées. Un troisième lot sert de témoin. Tous les deux mois environ, un lot des arbres ainsi traités est soumis à l'analyse. Voici comment se répartit la *somme* des réserves hydrocarbonées, rapportée à 100 parties de matière sèche, chez le poirier :

Date des mois où la prise d'échantillon a eu lieu.	Racines.			Tiges.			Feuilles.		
	Arbre non décortiqué.	Arbre décortiqué le		Arbre non décortiqué.	Arbre décortiqué le		Arbre non décortiqué.	Arbre décortiqué le	
		9 févr.	8 mai.		9 févr.	8 mai.		9 févr.	8 mai.
18 février ..	30,3	»	»	23,0	»	»	»	»	»
13 avril....	22,4	25,6	»	21,3	18,3	»	»	»	»
16 juin....	27,9	27,9	17,5	23,7	29,5	29,0	18,8	24,6	26,0
4 août....	29,2	26,5	18,3	24,7	33,2	27,0	18,3	25,3	25,0
24 sept....	33,8	19,3	21,4	25,7	29,1	29,5	16,7	27,7	28,6
1er déc.....	29,3	17,4	17,5	25,4	25,9	25,8	»	»	»

Cette expérience nous montre que les racines des arbres décortiqués en février possèdent, le 13 avril, un poids de réserves hydrocarbonées plus fort que celui des arbres témoins. La migration normale qui se produit, de la racine vers la tige à l'époque du début de la végétation, a donc été arrêtée par le fait de la décortication. L'inverse a lieu après le mois d'août par suite de l'assimilation chlorophyllienne.

Les racines des arbres décortiqués renferment moins de réserves que celles des arbres témoins ; le contraire a lieu pour les tiges. On comprend facilement qu'il doive en être ainsi : les racines des arbres décortiqués s'épuisent peu à peu parce qu'elles ne reçoivent rien, ou presque rien, des tiges. D'autre part, les réserves qui proviennent de l'assimilation des feuilles ne pouvant se répandre jusque dans la racine, s'accumulent dans les tiges, et celles-ci contiennent alors une quantité d'hydrates de carbone supérieure à celle des arbres témoins.

Dans les arbres qui ont été décortiqués le 8 mai, on observe des faits un peu différents. Leur racine est, dès le mois suivant, plus pauvre en matières de réserve que celle des arbres témoins, puisque la décortication a été pratiquée après la migration des réserves de la racine vers la tige, mais avant que la tige n'ait amené dans la racine les hydrates de carbone élaborés par les feuilles. A une époque plus avancée, les deux sortes d'arbres décortiqués fournissent des résultats du même ordre.

Quant aux feuilles, elles contiennent toujours plus de réserves chez les arbres décortiqués que chez les témoins ; car les produits de leur assimilation ne pouvant émigrer vers la racine s'accumulent dans leurs propres tissus et dans les tiges.

A la fin de l'hiver et au début du printemps, les réserves hydrocarbonées se dirigent donc de la racine vers la tige ; de mai à octobre, elles suivent le chemin inverse.

Ces expériences permettent d'expliquer l'augmentation considérable de récolte que l'on obtient en décortiquant certaines branches d'arbres fruitiers.

B. Migration des matières azotées. — Nous savons que la matière albuminoïde prend naissance dans la feuille aux dépens de l'azote minéral. De là, elle émigre dans la tige, qui la conduit aux ovules d'une part, aux organes souterrains d'autre part. Si la majeure partie de l'azote se rencontre sous la forme albuminoïde dans la feuille, on y trouve également une certaine quantité d'azote à l'état moins complexe d'azote amidé.

Dans les organes définitifs où il se dépose, l'azote entre pour les $\frac{9}{10}$ sous la forme protéique dans les graines ; mais, dans les organes souterrains, bulbes, tubercules, oignons, on rencontre l'azote sous forme amidée dans une proportion beaucoup plus notable : l'azote de ces amides pouvant représenter de 40 à 60 p. 100 de l'azote total.

Quelles sont les différentes phases de la migration de l'azote? On peut admettre que, de même que l'amidon prend la forme de glucose pour cheminer de la feuille vers tel organe où il se dépose de façon définitive, de même, l'azote protéique, attaqué par les enzymes protéolytiques (p. 235), subira une série de simplifications qui l'amèneront à l'état d'amides : ceux-ci se condenseront de nouveau à leur point d'arrivée et régénéreront une substance protéique.

Les formes connues et bien définies de cette simplification sont les *acides aminés* : leucine, tyrosine, glutamine, asparagine principalement. Ce dernier corps se rencontre fréquemment dans les tiges et, d'après Borodin, des branches d'arbres, mises à l'obscurité, peuvent accumuler cet amide par un mécanisme analogue à ce qui se passe chez les plantes étiolées.

Beaucoup d'expérimentateurs ont noté dans les feuilles, les tiges, les écorces, les jeunes pousses, la présence de ces produits de simplification de la substance protéique ; d'autres substances plus rares ou moins abondantes, telles que allantoïne, xanthine, hypoxanthine, guanine, etc., ont été également signalées.

Il est donc très probable que les albuminoïdes, en voie continuelle de formation et de régression, prennent une forme plus simple et plus diffusible au moment de leur migration. Mais, tandis qu'il est facile de suivre dans leur évolution et de doser les hydrates de carbone solubles — tout au moins en les rapportant à un type unique, le glucose — il est beaucoup moins aisé de faire la même étude lorsqu'il s'agit d'estimer la *nature exacte* et surtout la *quantité* des produits engendrés par la simplification des albuminoïdes. Il n'existe actuellement aucune détermination quantitative portant sur les métamorphoses successives de la matière azotée dans la feuille aux différentes périodes de son évolution. On ne possède à cet égard que des données assez imparfaites, sauf dans quelques cas particuliers. Cette ignorance où nous sommes, en ce qui concerne la migration des matières azotées, tient, d'une part, au nombre considérable des produits de la dislocation de la molécule protéique, produits qui varient avec l'espèce végétale considérée et, d'autre part, au manque de recherches précises sur les ferments protéolytiques eux-mêmes, cause évidente de ces métamorphoses. Ajoutons que les procédés de séparation des acides aminés entre eux sont d'une exécution délicate.

En résumé, l'azote est, chez la plante, une substance aussi mobile que le sont les hydrates de carbone ; mais les nombreuses formes de cet azote sont difficiles à définir. Une fraction, souvent considérable, de l'azote total de la plante annuelle circule dans ses tissus sous forme soluble. On peut estimer approximativement la quantité de cet azote *soluble* — composé, comme nous l'avons dit, d'un mélange de substances amidées — en faisant bouillir la matière pendant une dizaine de minutes avec de l'eau contenant 2 p. 100 d'acide acétique ; on enlève ainsi, par filtration, la presque totalité des substances amidées. On trouve alors que, pendant la période active de la végétation, tous les organes de la plante renferment une quantité plus ou moins notable d'azote soluble. Par exemple chez la moutarde blanche, au début de sa floraison, les $\frac{2}{5}$ de l'azote total dans la tige, le $\frac{1}{3}$ dans la racine, le $\frac{1}{4}$ dans la feuille existent sous la forme d'azote amidé soluble. A l'époque de la floraison complète, la quantité absolue de cet azote soluble diminue et ne représente plus que le $\frac{1}{4}$ de l'azote total de la plante entière, alors qu'il représentait le $\frac{1}{3}$ environ de cet azote total au début de la floraison. L'azote soluble se dirige vers les inflorescences, lesquelles peuvent en renfermer à ce moment une quantité variant de 40 à 50 p. 100 de leur azote total.

Essayons maintenant de nous rendre compte du *mouvement général* de l'azote au cours de la végétation.

Répartition de l'azote chez la plante annuelle. — Voici un exemple de la répartition de l'azote dans le blé, d'après Is. Pierre (1864) :

	3 juin.	22 juin.	6 juillet.	25 juillet.
	kil.	kil.	kil.	kil.
Azote total des feuilles sur 1 hectare..............	44,90	42,68	28,90	16,29
Azote des nœuds et entre-nœuds des tiges.........	14,27	25,58	19,62	8,62
Azote des épis............	»	17,10	33,30	51,30
		85,36	81,82	76,21
Azote dosé dans la récolte entière.	89,95	84,59	78,58

Ainsi, l'azote a passé des feuilles dans les tiges et des tiges dans les épis ; les feuilles sont donc bien le lieu de l'élaboration des matières azotées, et celles-ci s'y accumulent, en quelque sorte, d'une façon transitoire. Au fur et à mesure des progrès de la maturation, les épis s'enrichissent peu à peu des matières protéiques que leur cèdent les feuilles. Dans cet exemple, la somme de l'azote perdu par les feuilles et les tiges, entre le 22 juin et le 25 juillet, s'élève à 43^{kil},35, alors que les épis, dans le même espace de temps, n'ont gagné que 34^{kil},10 d'azote ; cette diminution est probablement due à une chute d'organes desséchés (feuilles).

Un mouvement semblable de migration est bien visible dans le cas du *Sinapis alba* dont nous avons donné plus haut (p. 493 et 496) les poids de matière sèche et d'azote total à différentes époques :

	Azote total.					
	22 juin.		6 juillet.		25 juillet.	
	Dans un pied de matière sec.	p. 100 de matière sèche.	Dans un pied de matière sec.	p. 100 de matière sèche.	Dans un pied de matière sec.	p. 100 de matière sèche.
	gr.		gr.		gr.	
Racines......	0,0013	1,61	0,0018	0,58	0,0014	0,36
Tiges........	0,0087	2,87	0,0186	0,93	0,0127	0,82
Feuilles.....	0,0169	4,75	0,0189	3,78	0,0130	2,73
Axes floraux et graines.	»	»	0,0131	3,32	0,0371	1,30

Mêmes remarques que plus haut relativement à la migration de l'azote. Mais ici la perte de l'azote des feuilles et des tiges s'élève à 0^{gr},0118, tandis que le gain des axes floraux et des graines s'élève à 0^{gr},0240. L'excès de cet azote doit être imputé à une absorption tardive de cette substance.

On remarquera que la quantité d'azote contenue dans les axes floraux et dans les graines, rapportée à 100 parties de matière sèche, est beaucoup plus élevée le 6 juillet (3,32) que le 26 (1,30). L'accroissement des matières azotées est toujours plus rapide au début de la formation de la graine qu'à une période plus avancée de la maturation ; c'est là un fait général. Nous en trouverons ultérieurement d'autres exemples.

Voici un nouvel exemple de migration de l'azote chez le colza. Le tableau ci-dessous indique la quantité d'azote (en kilogrammes) contenu dans une récolte sur la surface de 1 hectare (Is. Pierre) :

	Racines.	Tiges.	Feuilles vertes et feuilles mortes.	Rameaux porteurs des fleurs et des siliques.
	kil.	kil.	kil.	kil.
22 mars 1859..	10,28	18,42	47,30	11,84
2 avril — ..	10,86	21,75	44,35	16,26
6 mai — ..	9,73	35,83	36,23	29,63
6 juin — ..	7,53	22,69	8,46	85,52
20 juin — ..	5,96	13,41	»	99,77

C. Migration des matières minérales. — z. Chez la plante annuelle. — Nous avons déjà traité en partie ce sujet lorsque nous avons parlé de la *répartition des divers éléments des cendres dans les divers organes des plantes* (p. 414). Il est indispensable d'y revenir pendant quelques instants à cause des relations remarquables que présente la migration simultanée de certaines matières salines et celle des substances carbonées et azotées du végétal ; lorsque ces dernières, par exemple, se déplacent, l'acide phosphorique les accompagne dans leur déplacement. Nous avons également noté les rapprochements que l'on peut faire entre la formation de l'amidon et la présence de certaines bases telles que la potasse ; aussi la potasse émigre-t-elle en grande partie hors de la feuille lorsque la fonction chlorophyllienne se ralentit et que les hydrates de carbone susceptibles d'abandonner cette feuille viennent se déposer dans d'autres organes.

Sous quelle forme se produit la migration des matières minérales ? Quand le phosphore est engagé dans certaines

combinaisons complexes chez la feuille jeune, ces combinaisons, à l'époque de la migration, éprouvent évidemment
des phénomènes de régression analogues à ceux que présentent les albuminoïdes, et l'on peut admettre que le phosphore reprend l'état minéral pour cheminer ensuite vers le
lieu où il se déposera de façon définitive. Arrivé à sa destination, il entrera de nouveau dans la constitution d'une
molécule complexe. Ceci paraît d'autant plus vraisemblable
que les albuminoïdes, comme nous l'avons déjà dit plus
haut, n'émigrent que sous la forme d'amides, ceux-ci recon-
struisant à leur point d'arrivée une nouvelle molécule protéique.
Le soufre doit se conduire d'une manière analogue au phosphore.

Quant à la potasse, elle se déplace surtout sous la forme
de sels d'acides organiques ; son insolubilité dans les organes
où elle s'accumule (racines charnues) est toute relative,
puisqu'un traitement prolongé à l'eau bouillante peut l'enlever en totalité, peut-être par suite d'une dissociation de certains sels doubles peu solubles.

La migration des éléments salins a lieu pendant tout le
temps que dure la végétation, mais elle est particulièrement
active à partir de l'époque de la fécondation. La plante prend
au sol les matières minérales dont elle a besoin tant que la
floraison n'est pas achevée. Au delà, l'absorption est peu
marquée en général ; celle de l'acide phosphorique, en particulier, s'accuse jusque vers le moment de la floraison ; elle
s'arrête à cet instant.

Aussi peut-on, dans le cas où l'on fait végéter une plante
dans une solution saline nutritive, supprimer celle-ci dès
que la plante fleurit et ne mettre ensuite à la disposition des
racines que de l'eau pure. Toutefois il est des végétaux
qui absorbent les matières minérales jusque vers le moment
de leur dessiccation finale. Il faut tenir compte ici des
influences météorologiques ; dans une année humide, la végétation se prolonge et telle plante qui, dans d'autres conditions, n'emprunterait plus rien au sol à partir de la fin de sa
floraison, pourra continuer à lui soustraire des substances
fixes jusqu'au terme de la végétation.

Voici un exemple de migration de l'acide phosphorique :

Acide phosphorique, en kilogrammes, dans une récolte de colza sur 1 hectare (Is. Pierre).

	Racines.	Tiges.	Feuilles vertes et feuilles mortes.	Rameaux porteurs des fleurs et des siliques.
	kil.	kil.	kil.	kil.
22 mars 1859..	7,67	9,59	17,56	3,77
2 avril — ..	8,00	14,64	17,23	5,09
6 mai — ..	10,35	31,14	18,59	23,23
6 juin — ..	8,30	14,50	1,79	47,34
20 juin — ..	8,32	10,45	»	64,66

Ce tableau, dressé d'après les expériences dans lesquelles on a déterminé concurremment la proportion de l'azote total (Voy. plus haut, p. 514), nous montre la diminution rapide de l'acide phosphorique dans les tiges et, surtout, dans les feuilles, ainsi que l'accroissement correspondant du phosphore dans les rameaux porteurs des fleurs et des siliques.

Voici un autre exemple de migration de l'acide phosphorique et de la potasse observé sur le *Sinapis alba*. Nous avons donné antérieurement la marche de la migration de l'azote chez cette plante (p. 510) :

		Dans un pied sec.				Dans 100 p. de mat. sèche.			
		Racines.	Tiges.	Feuilles.	Inflorescences.	Racines.	Tiges.	Feuilles.	Inflorescences.
		gr.	gr.	gr.	gr.				
Acide phosphorique.	21 juin..	0,0011	0,0050	0,0050	»	1,36	1,65	1,42	»
	6 juill.	0,0029	0,0083	0,0059	0,0083	0,92	0,89	1,19	2,12
	26 juill.	0,0018	0,0085	0,0046	0,0380	0,47	0,55	0,97	1,33
Potasse.	21 juin..	0,0034	0,0125	0,0130	»	4,24	4,09	3,65	»
	6 juill.	0,0086	0,0394	0,0196	0,0118	2,74	4,22	3,93	3,00
	26 juill..	0,0060	0,0324	0,0130	0,0408	1,51	2,09	2,74	1,43

La partie gauche du tableau qui a trait à la *quantité absolue* d'acide phosphorique et de potasse contenue dans un pied sec met en relief la diminution progressive de ces deux substances dans les feuilles et leur accroissement correspondant dans les inflorescences ; la partie droite (composition centésimale) nous montre que, lorsque le développement du système floral est peu avancé, les deux matières fixes précitées existent en plus grande abondance dans les divers organes qu'à une époque voisine de la maturité, parce qu'entre ces deux époques il se fait une production de matière carbonée dont le poids dépasse celui des matières fixes absorbées.

En résumé, la migration des substances hydrocarbonées, azotées et minérales a lieu, avec une intensité variable, à tous les moments de l'existence du végétal ; elle affecte une rapidité particulière lorsque les organes floraux apparaissent et, surtout, dès que s'achève la fécondation.

Il existe donc une harmonie remarquable entre l'évolution de la matière organique et celle de la matière minérale ; à l'absorption de certains éléments salins correspondent soit la synthèse, soit la transformation de certains principes organiques. Ces relations entre ces deux sortes d'éléments ne doivent pas être purement qualitatives ; il est probable qu'à un poids déterminé de telle substance minérale absorbée doit correspondre la formation d'un poids déterminé de matière organique. De semblables relations sont encore imparfaitement connues ; elles ont été étudiées cependant chez certains végétaux présentant un intérêt économique spécial, ainsi que nous allons le voir dans un instant.

β. Chez la plante vivace. Accumulation des matières minérales dans le rameau de l'année. — Depuis le moment où ils ont achevé leur élongation jusqu'à la chute des feuilles qui les accompagnent, les rameaux de l'année, issus d'un bourgeon, emmagasinent des substances minérales et organiques et jouent le rôle de réservoir de matières nutritives destiné à alimenter le bourgeon terminal qui s'épanouira l'année suivante. On voit alors, vers la fin de l'été, l'acide phosphorique, la potasse, l'azote, émigrer en proportions notables des feuilles vers les rameaux.

Si on compare la composition des cendres des graines à celle des rameaux dépouillés de leurs feuilles, on trouve que les premières sont toujours beaucoup plus riches en acide phosphorique et en potasse que les secondes. Ces deux éléments représentent fréquemment 75 p. 100 du poids des cendres dans les graines, alors qu'ils ne figurent que pour un chiffre égal au plus à la moitié du précédent dans les cendres de rameaux. Par contre, la chaux est incomparablement plus abondante chez ces derniers.

Équilibre entre la composition minérale et la composition organique du végétal. — Il s'agit maintenant de savoir si le végétal emploie à la production d'un poids déterminé de matière organique une quantité fixe, ou à peu près, d'éléments inorganiques. Or, si le poids des cendres varie, vis-à-vis de la même quantité de matière organique, d'une plante de telle espèce à une autre d'espèce différente, l'observation montre également que, chez une même plante, de semblables variations sont également fréquentes.

On impute souvent ces différences à la nature du sol; mais, ainsi que Pellet l'a fait remarquer, ces anomalies disparaissent lorsqu'on rapporte le poids total des cendres *à une quantité déterminée d'un produit spécial*, surtout celui pour lequel la plante est cultivée : sucre, dans le cas de la betterave ; amidon, dans le cas du blé.

Un végétal complet doit avoir une composition constante au point de vue de la quantité totale des substances minérales rapportées à 100 grammes d'un principe déterminé.

Pellet a montré, en effet, que, quelle que soit la betterave, 100 kilogrammes de sucre exigent, dans le végétal complet, un poids sensiblement constant de matière minérale variant de 17 à 19 kilogrammes (y compris le poids du gaz carbonique contenu dans les cendres). Les racines doivent être prises à maturité, c'est-à-dire au mois d'octobre, car la quantité de cendres relatives à la formation de 100 kilogrammes de sucre est en raison inverse de la maturité de la racine. Si on examine à cet égard la betterave au mois d'août, on trouve un chiffre plus élevé de cendres (22 à 25 kilogrammes). Cette racine n'accumulera tout le sucre qu'elle est capable, en quelque sorte, de contenir qu'après avoir fabriqué toutes les cellules aptes à contenir ce sucre. La maturité arrivera lorsque le développement des tissus aura cessé. Quant aux feuilles, elles continueront encore pendant quelques jours leur fonction productrice de sucre. Ce n'est que pendant la durée de la multiplication cellulaire que se fait l'emmagasinement des substances minérales et azotées.

Il faudra donc que la plante trouve dans le sol, ou que l'on mette artificiellement à sa disposition une quantité suffisante de matières minérales destinées à la production d'un poids donné de sucre.

Cependant, à l'encontre de ce qui vient d'être dit, si les racines se développent dans un sol saturé de divers sels, l'absorption de ceux-ci pourra être plus ou moins considérable : on se trouve alors en présence de matières minérales *accidentelles*, dont on observe l'accumulation lorsque le sol renferme un excès de soude ou, surtout, de potasse. Le poids des cendres peut alors varier quand il y a *remplacement des alcalis* entre eux ; mais la quantité totale d'acide sulfurique nécessaire pour les saturer reste sensiblement la même ; il y a *remplacement atomique.*

Cette substitution des alcalis les uns aux autres a lieu, chez certains végétaux, dans une large mesure ; chez d'autres, au contraire, elle est très limitée. L'influence du terrain paraît être sensiblement nulle au point de vue de la composition des cendres ; cette influence se borne à des phénomènes de substitution de la soude à la potasse ou aux alcalis terreux.

Si on examine, d'après cette façon de voir, la quantité d'acide phosphorique qu'exige la production de 100 kilogrammes de sucre, on trouve des chiffres compris entre 1 000 et 1 200 grammes. D'après Pagnoul, quelle que soit la quantité d'acide phosphorique dont puisse disposer une betterave, ses racines et ses feuilles en renferment toujours la même proportion. Le blé se comporte d'une manière analogue. Mais, en ce qui concerne l'azote, les chiffres sont plus variables et dépendent de la dose d'azote que renferme le sol. 100 kilogrammes de sucre exigent pour se former un poids d'azote variant de 2,5 à 7 kilogrammes.

En résumé, il semble que le poids des éléments minéraux, indispensables à la formation d'une matière organique déterminée, oscille, le plus souvent, entre de faibles limites.

De semblables observations auraient besoin d'être généralisées. Elles ne sauraient être acceptées telles qu'elles, car, d'après les expériences de Lechartier sur le topinambour, les feuilles d'un même végétal présentent, dans leur composition au point de vue des matières minérales, des différences considérables suivant les années, la nature du terrain et les engrais distribués à la plante. Il n'existerait pas de corrélation entre la teneur en principes minéraux des divers organes d'une plante et le rendement plus ou moins élevé de la récolte dont elle fait partie.

IV

MIGRATION EN GÉNÉRAL ET SON MÉCANISME

Nous allons examiner dans ce paragraphe quel est le mécanisme même de la migration et de quelle façon les réserves s'accumulent dans telle partie de la plante.

Le rôle de l'osmose est prépondérant dans les phénomènes de transport et d'accumulation des substances de toute nature que contient un végétal. Nous avons, à plusieurs reprises, insisté déjà sur ce fait. Les phénomènes qui se rattachent à la pression osmotique nous fourniront la solution de ce problème. Maquenne a montré tout le parti que l'on pouvait tirer des applications de l'osmose; aussi devons-nous résumer maintenant les principales données que cet auteur a fournies relativement à l'emmagasinement du sucre dans la betterave, seul végétal chez lequel cette étude ait été faite à fond.

Il n'est évidemment question ici que d'un cas particulier, puisqu'il s'agit de l'accumulation d'une substance *soluble* et que, la plupart du temps, les réserves, dont sont gorgées certains organes, sont insolubles (amidon) ou très peu solubles (inuline). Mais l'exemple choisi n'en est que plus frappant et, d'ailleurs, il s'adresse à une plante qui possède une importance industrielle énorme et sur laquelle se sont concentrés les travaux les plus nombreux et les plus variés. Au reste, il sera facile de généraliser les raisonnements qui suivent.

Reprenons l'équation générale des gaz applicable, comme nous l'avons vu dans notre premier chapitre (p. 27), aux solutions elles-mêmes.

$$(1) \qquad PV = RT.$$

Dans cette formule, faisons $P = 1033$ grammes, pression produite par une colonne de mercure de 1 centimètre carré de section et de 76 centimètres de hauteur ; $V = 22^{lit},3$, volume occupé par 1 molécule-gramme de tous les gaz ; $T = 273$, température absolue correspondant au zéro centigrade : nous en tirons la constante R des gaz :

$$R = \frac{1033 \times 22,3}{273} = 84.$$

Cette constante R est à la fois celle des gaz et celle des corps dissous, comme nous l'avons dit antérieurement.

Si dans la formule (1) nous prenons P comme inconnue et que nous supposions que T soit égal à 273, c'est-à-dire le zéro centigrade, nous pourrons écrire :

$$P = \frac{RT}{V} = \frac{\dfrac{1033 \times 22,3 \times 273}{273}}{V} = \frac{1033 \times 22,3}{V}.$$

Or si nous avons dans un volume de 1 litre une dissolution de p grammes d'une substance quelconque de poids moléculaire M, le volume moléculaire de cette solution sera égal à $\dfrac{M}{p}$. Si, de plus, nous exprimons les atmosphères en *unités*, et non plus en grammes, 1033 devient égal à une atmosphère. On a donc :

$$P = \frac{p}{M} 22,3.$$

Telle est l'expression qui donne à $0°$ la pression osmotique d'une substance quand on connaît le poids de cette substance dissous dans 1 litre de liquide et son poids moléculaire M.

Lorsque le suc intérieur d'une plante possède une composition bien définie, le calcul de la pression exercée par ce suc sur les parois cellulaires peut être exécuté facilement. Si on suppose, par exemple, que dans la cellule d'une betterave la solution de sucre ait une concentration de 20 p. 100, la pression exercée par ce sucre sera égale à

$$P = \frac{22,3 \times 200}{342} = 13 \text{ atmosphères } (342 = \text{poids moléc. du saccharose}).$$

Considérons maintenant une betterave en voie de croissance ; par suite du jeu régulier de l'assimilation chlorophyllienne, elle emmagasine du saccharose dans sa racine pendant toute la période active de sa végétation, et ce sucre y persiste. Il doit donc exister à tout moment un *équilibre osmotique* entre la partie aérienne de la plante productrice d'hydrates de carbone et la partie souterraine qui les emmagasine.

Prenons deux cellules inertes, contiguës ou non, mais pouvant échanger leur contenu par voie d'osmose ou de diffusion, et supposons que l'une renferme du sucre interverti (mélange équimoléculaire de glucose et de lévulose) et l'autre du saccharose. Par suite de l'existence d'un double courant osmotique de la première vers la seconde et réciproquement, il y aura, au bout d'un certain temps, identité de composition des liquides dans les deux cellules ; chacune d'elles renfermera même quantité de saccharose et de sucre interverti.

Supposons maintenant que ces deux cellules soient vivantes, l'une faisant partie des feuilles, l'autre de la racine d'une même betterave. L'analyse montre que, dans ce cas, la cellule aérienne *ne contient que des sucres réducteurs*, la cellule souterraine *que du saccharose*. Donc, en passant de la feuille dans la racine, les sucres réducteurs se changent en saccharose non réducteur et inversement. A la diffusion s'ajoute, par conséquent, une *transformation* qui aboutit au saccharose quand elle s'effectue de haut en bas, au sucre interverti quand elle s'effectue de bas en haut.

Quelle est la *cause* de cette transformation ? Elle est inconnue actuellement ; il faut seulement la constater.

Bornons-nous simplement à chercher comment se font les échanges entre ces deux cellules, à contenu très différent, car les phénomènes de diffusion ne sauraient être suspendus. La cellule qui contient la dissolution la plus étendue doit céder de l'eau à celle qui contient la dissolution la plus concentrée, de façon que, sous le même volume, ces deux cellules renferment le même nombre de molécules en dissolution. Remarquons que le poids moléculaire du saccharose $C^{12}H^{22}O^{11}$ $= 342$ est sensiblement le double de celui du glucose ou du lévulose $C^6H^{12}O^6 = 180$. Le mouvement de l'eau ne s'arrêtera qu'au moment où la proportion centésimale du saccharose contenu dans la cellule souterraine sera à peu près le double de celle des glucoses de la cellule aérienne.

En somme, la pression osmotique dans les feuilles tend à s'accroître d'une façon constante par suite de la formation des sucres réducteurs résultant du jeu de l'assimilation chlorophyllienne. Ces sucres se dirigent vers la racine, où ils se condensent en une molécule de saccharose. Ce corps, avons-nous dit, possède un poids moléculaire sensiblement double de celui du glucose (ou du lévulose) ; afin que l'équilibre osmotique s'établisse entre les parties souterraine et aérienne du végétal, il faudrait — en n'envisageant que la seule présence des matières sucrées — qu'il y eut dans la racine deux fois plus de saccharose qu'il n'existe de sucre réducteur dans les feuilles.

On en conclut que, si l'équilibre que nous venons de définir est régi par l'osmose, on devra toujours trouver pour les pressions osmotiques comparées des feuilles et des racines de la même plante des valeurs très voisines. Mais nous devons supposer pour cela que les substances nombreuses, minérales et organiques, qui accompagnent les matières sucrées dans la plante — et dont l'influence osmotique est réelle, mais non déterminable — ne changent pas le sens du phénomène.

L'expérience montre, en effet, qu'il y a bien égalité de pression ; mais cette expérience *n'est pas directe* et, pour résoudre le problème nous aurons recours à la relation qui existe entre le point de congélation d'une dissolution et la pression osmotique que celle-ci développe.

Raoult a donné la formule suivante :

$$a = 18,5 \frac{\pi}{M},$$

dans laquelle π est le poids de matière dissoute dans 100 grammes d'eau, a l'abaissement du point de congélation de cette solution, M le poids moléculaire de la substance dissoute. Or nous avons trouvé plus haut que la pression osmotique P avait pour expression :

$$P = \frac{p}{M} 223 \quad (p = \text{poids de matière dans 100 cent. cub. de dissolution}).$$

Divisons membre à membre ces deux formules :

$$\frac{P}{a} = \frac{\dfrac{p}{M} 223}{\dfrac{\pi}{M} 18,5} = \frac{223 p}{18,5 \pi},$$

d'où

$$P = \frac{a p}{\pi} 12,0.5$$

Il est donc possible de calculer la pression osmotique indépendamment des poids moléculaires par la seule connaissance du point de congélation de la solution et de sa concentration en volume et en poids. p et π s'obtiennent en pesant les résidus secs des sucs extraits par pression des feuilles et des racines, sucs que l'on filtrera ensuite.

Exemples de détermination de pressions osmotiques. — Les déterminations effectuées par ce procédé montrent que *les pressions osmotiques sont sensiblement égales dans toutes les parties d'une même plante.* En voici un exemple

Jus de racine.
- Point de congélation......   —1°,27
- Résidu sec p. 100 en poids..   12
- Résidu sec p. 100 d'eau.... $\frac{12 \times 100}{88} = 13,64$

Pression osmotique correspondante : $1,27 \times \dfrac{12}{13,64} \times 12,05 = 13^{atm},5$.

Jus de feuilles.
- Point de congélation......   —1°,12
- Résidu sec p. 100 en poids.   5,25
- Résidu sec p. 100 d'eau.... $\frac{5,25 \times 100}{94,75} = 5,54$

Pression osmotique correspondante : $1,12 \times \dfrac{5,25}{5,54} \times 12,05 = 12^{atm},8$.

Maquenne fait remarquer que les pressions relatives aux racines sont un peu supérieures à celles qui correspondent aux feuilles. Il semble qu'il y ait contradiction avec ce fait que la migration s'accomplit des feuilles vers les racines. Mais il faut observer que les pressions déduites de la loi de Raoult sont celles qui se produiraient aux températures de congélation indiquées, toujours très voisines les unes des autres. Or les feuilles de betterave sont, pendant le jour, à une température constamment plus élevée que celle de sa racine ; si on voulait établir entre ces nombres une comparaison plus précise, il faudrait leur faire subir une correction ayant pour base la différence de température des deux organes. Cette correction ne peut être faite exactement, mais le calcul montre qu'il suffit, dans les cas les moins favorables, d'une différence de 15° seulement pour établir l'équilibre parfait. Ce nombre doit certainement être bien souvent dépassé, auquel cas la pression osmotique dans les feuilles peut devenir supérieure à celle des racines.

Une autre conséquence importante découle de ces expériences. Le sucre existe dans la betterave *à l'état libre* et non en combinaison avec quelque autre principe peu stable. En effet, la température de congélation du suc est toujours très inférieure à celle qui correspond à sa richesse saccharine ; elle indiquerait même théoriquement, en moyenne, une concentration double. Cette différence montre que, loin d'être engagé en combinaison, ce qui, en abaissant le nombre des molécules présentes, diminuerait nécessairement la valeur de a, le sucre est accompagné dans la racine de betterave d'autres substances solubles plus actives que lui, c'est-à-dire de poids moléculaire moindre.

Maquenne a formulé la loi suivante, que l'on peut appeler le *principe des pressions osmotiques* :

Tout corps soluble peut s'accumuler en un point de l'organisme vivant quand sa formation en ce point donne lieu à un abaissement de la pression osmotique.

C'est en vertu de cette loi que les matières accumulées dans l'organisme végétal sont toujours fortement condensées. La théorie de Dehérain, relative au transport et à l'assimilation des matières minérales, n'en est qu'un cas particulier (p. 454).

Extension de l'étude des phénomènes osmotiques à l'explication des dépôts de matières dans la plante.

— Lorsque la betterave, pendant la seconde année de sa végétation, fournit une tige, puis des fleurs et des fruits, le saccharose diminue dans sa racine ; il remonte et se change, dans la partie aérienne, en sucre interverti par un mécanisme inverse de celui que nous venons de décrire. Ce sucre interverti se condense pour donner de la cellulose. La pression osmotique décroît donc dans la partie aérienne, à mesure que s'effectue cette condensation, et l'équilibre ne se rétablit que par suite d'une nouvelle ascension de saccharose venant de la racine.

Il arrive fréquemment qu'au lieu d'un emmagasinement de sucre dans la racine il se produit dans la partie souterraine d'une plante des phénomènes de condensation plus avancés que ceux qui changent, chez la betterave, le sucre interverti en saccharose. La pomme de terre condense les glucoses en amidon ; le topinambour et beaucoup de tubercules appartenant à la famille des Composés les condensent en inuline, etc. La loi de Maquenne intervient encore ici pour régler le sens de cette condensation. Parfois, comme chez un grand nombre de Liliacées, le glucose émigre, simplement et sans changer de nature, de la feuille vers la racine. Remarquons, relativement à l'inuline, que, malgré la très faible solubilité dans l'eau froide de cet hydrate de carbone, celui-ci est en *dissolution* dans la cellule du tubercule ; il se précipite par la dessiccation, le plus souvent en masses amorphes, mais parfois en masses cristallines arrondies ou en sphéro-cristaux.

Les sucs végétaux renferment un nombre considérable de matières solubles de nature très variée, comme nous l'avons dit plus haut. Pfeffer fait observer que, si la pression osmotique est produite par plus de moitié par le saccharose dans la racine de betterave, par le glucose dans l'oignon et les pétales de rose, cette pression est produite par plus de moitié par le chlorure de potassium dans le *Gunnera scabra*, pour 41 p. 100 par le nitrate de potassium dans la moelle du sommet de la tige du topinambour, dans le pétiole des *Rheum* ; dans l'*Oxalis*, cette pression provient surtout de l'acide oxalique. Chez beaucoup de *Crassulacées*, elle est imputable aux malates alcalins.

Influence de la dessiccation des feuilles sur l'ascension des matières nutritives dans les organes. — Dehérain a montré, il y a longtemps, que l'on pouvait expliquer le mouvement des substances nutritives pendant la dessiccation des feuilles au moyen des considérations suivantes d'ordre osmotique.

Si on examine vers le mois de juin les feuilles de certaines Graminées, on remarque que les feuilles inférieures jaunissent et se dessèchent peu à peu. L'eau y circule donc difficilement, et les substances dissoutes que renferment ces feuilles se concentrent. L'équilibre osmotique qui doit régner dans tout le végétal ne peut se rétablir qu'en supposant que les matières de réserve contenues dans la feuille émigrent du côté de la tige. Or ce mouvement porte non seulement sur les hydrates de carbone solubles, mais aussi sur les hydrates insolubles, sur lesquels agissent les diastases hydrolysantes.

La dessiccation des organes inférieurs est donc la cause du transport des principes immédiats de la feuille dans la tige, puis dans l'ovule. Arrivés dans ce dernier organe, les hydrates de carbone solubles changent peu à peu de nature; ils subissent une forte condensation, et on voit apparaître le plus souvent des doses croissantes d'amidon. Ce mouvement ascensionnel des hydrates de carbone solubles se continuera tant que durera cette cause d'insolubilisation. Il ne s'arrêtera, dans les conditions normales, que lorsque la quantité d'eau contenue dans la plante sera à ce point réduite que tout mouvement protoplasmique cessera forcément.

La cause de l'insolubilisation des hydrates solubles pourrait être cherchée dans une *action diastasique réversible* analogue à celle que nous avons citée au chapitre IV (p. 117).

Supposons que, par suite de pluies abondantes, la dessiccation des feuilles inférieures tarde à se produire; les cellules de ces feuilles fonctionneront plus longtemps, le végétal prendra de plus grandes dimensions, le mouvement de migration sera retardé. Si, au contraire, la saison est sèche, la dessiccation se montre prématurément, les feuilles cessent de fonctionner; elles n'élaborent qu'une quantité de matière végétale insuffisante, et les dimensions du végétal sont réduites.

Ce que nous venons de dire sur le mouvement des matières hydrocarbonées s'applique également aux substances azotées. Il en est de même des matières minérales, des phosphates en particulier. Toutefois l'ascension des matières azotées et celle des phosphates sont plus rapides que celle des hydrates de carbone, car la graine est, en général, d'autant plus riche en azote et en matières minérales que cette graine est plus jeune. A mesure qu'elle mûrit, elle emmagasine d'autant plus d'hydrates de carbone que le terme final de la maturation s'approche davantage. Nous allons revenir sur ces faits à propos de l'évolution des graines.

Les substances alimentaires tendent donc à s'accumuler dans les ovules sitôt leur fécondation terminée. Si ces ovules viennent à être enlevés, soit volontairement, soit par suite du pillage des oiseaux, tout mouvement de migration s'arrête, et les feuilles restent vertes plus longtemps.

Cependant le mouvement de migration reprend bientôt, mais *en sens inverse, de haut en bas*, et l'on voit apparaître de nouvelles tiges qui partent du collet de la plante. Dans les conditions normales, le haut de la tige est plus riche en eau, matières azotées, matières hydrocarbonées, que le bas; le contraire se produit lors de l'ablation voulue ou accidentelle des ovules. C'est le bas de la tige qui contient alors en plus grande abondance les substances précitées provenant de la partie supérieure. Voici un exemple de cette migration inverse sur une tige d'avoine, pour 100 parties de matière sèche :

	Haut de la tige.	Bas de la tige.
Eau	50,50	64,60
Substances azotées	3,25	6,25
Matières sucrées	2,93	6,37

(Dehérain et Nantier.)

Tel est le sens général du mouvement des principes immédiats élaborés par la feuille et telle est l'explication rationnelle que l'on peut donner du transport de ces principes.

V

MATURATION DES GRAINES ET DES ORGANES DE RÉSERVE. — MATURATION DES FRUITS

Ce sujet étant d'une importance capitale au point de vue physiologique et économique, nous lui consacrerons une étude spéciale.

a. **Maturation des graines ; phénomènes généraux ; eau et matières minérales.** — La proportion centésimale de l'eau, très élevée chez la jeune graine, va sans cesse en diminuant à mesure qu'elle mûrit ; il en est de même pour la gousse qui la renferme ou l'axe sur lequel elle est implantée. Mais la déshydratation de la graine est beaucoup plus rapide que celle de la gousse ou de l'axe. Pendant tout le temps que dure la maturation, le poids de la matière sèche de la gousse (haricot, lupin) diminue progressivement ; cependant l'augmentation du poids de la matière sèche des graines dépasse de beaucoup la perte de poids de la gousse ; les graines ne bénéficient donc que d'une quantité assez faible des substances nutritives qui abandonnent la gousse. Aux approches de la maturité, au contraire, la perte de la matière sèche des gousses devient considérable (perte respiratoire), alors que l'augmentation correspondante de la graine est faible.

Si la quantité *absolue* des matières minérales contenues dans les graines augmente jusqu'à leur maturation complète, la proportion centésimale de ces mêmes matières diminue le plus souvent depuis le début de la maturation jusqu'à la fin ; nous répéterons ce que nous avons dit plus haut à cet égard, à savoir : que la matière organique de la graine augmente plus vite que la matière minérale. Le même fait se retrouve d'ailleurs chez le végétal entier.

Cette ascension, plus rapide au début, de la matière minérale semblerait indiquer que celle-ci doit jouer quelque rôle dans les transformations d'origine diastasique que subissent ultérieurement les hydrates de carbone en passant de la forme soluble à la forme insoluble. En particulier, le poids absolu de l'acide phosphorique augmente chez les gousses jusqu'à une certaine limite au delà de laquelle ce principe diminue. Mais l'émigration de cet acide, si elle a lieu vers la graine, ne fournit à celle-ci qu'un faible apport. Chez la graine, au contraire, l'acide phosphorique augmente de façon continue.

Les maxima de l'acide phosphorique contenu dans les gousses du lupin et du haricot coïncident à peu près exactement avec les maxima de l'azote ; chez les graines, le parallélisme est à peu près absolu entre l'absorption de l'azote et celle de l'acide phosphorique ; aux variations brusques dans l'augmentation de l'acide correspondent des variations brusques de même sens dans l'augmentation de l'azote. Voici le tableau de ces variations pour 100 graines sèches (en grammes) :

1903.

		4 juill.	11 juill.	17 juill.	23 juill.	30 juill.	14 août.	21 août.
Lupin...	Gousses. PO^4H^3,	0,523	0,829	0,842	0,802	0,839	0,674	0,519
	Azote .	1,603	2,446	2,671	3,409	3,065	2,577	1,895
	Graines. PO^4H^3,	0,123	0,280	0,559	0,997	1,382	1,881	2,038
	Azote .	0,345	0,742	1,487	2,920	3,952	5,861	6,048

		19 août.	27 août.	4 sept.	11 sept.	21 sept.	2 oct.	16 oct.
Haricots.	Gousses. PO^4H^3,	0,489	0,723	0,850	0,839	0,651	0,416	0,269
	Azote .	1,267	1,636	1,612	2,197	1,443	1,194	0,848
	Graines. PO^4H^3,	0,232	0,694	1,244	1,842	3,000	4,332	4,891
	Azote .	0,400	1,194	2,615	3,684	6,000	9,351	10,356

(G. André.

Des phénomènes analogues à ceux que nous venons d'indiquer pour les graines se passent pendant la maturation des organes souterrains. Les tubercules, bulbes, oignons, racines charnues se déshydratent peu à peu, mais la dose d'eau qu'ils renferment à maturité est toujours supérieure à celle des graines. La différence est énorme pour les racines charnues.

La proportion centésimale des cendres va sans cesse en

décroissant chez ces organes à mesure que la maturité approche.
Citons seulement l'exemple suivant relatif à la betterave :

	24 juill.	9 août.	31 août.	11 sept.	30 sept.	16 oct.
Cendres dans 100 parties de matière sèche.....	7,31	6,81	6,66	5,02	4,33	3,83

(Wolff.)

b. **Hydrates de carbone**. — Ceux-ci apparaissent d'abord
sous une forme soluble (sucres réducteurs et non réducteurs) ;
leur insolubilisation se poursuit jusqu'à la maturation complète de la graine.

En voici un exemple tiré des recherches de Portele sur le
maïs (dans 100 parties de matière sèche) :

	Amidon.	Glucose.	Saccharose.
Immédiatement après la floraison...............	27,9	13,6	12,2
Grain farineux...........	48,8	6,1	8,6
Grain jaunissant.........	54,2	2,7	5,8
—	54,8	1,4	2,4
Maturité complète......	64,2	»	0,03

Le grain de seigle renferme pendant sa maturation une
substance non réductrice qui n'a d'action sur la liqueur
cupro-potassique qu'après traitement par un acide étendu.
À cette substance, Müntz a donné le nom de *synanthrose*.
Ce n'est pas là un principe défini, mais un mélange complexe
de saccharose et de différentes lévulosanes (anhydrides du
lévulose). Ce mélange de principes immédiats diminue de
poids à mesure qu'avance la maturation ; il est remplacé
peu à peu par l'amidon.

Chez le blé, on observe des faits analogues. Mais, à côté
du synanthrose, on rencontre aussi ses produits d'hydrolyse :
lévulose et glucose.

Si nous passons maintenant à l'examen des *organes souterrains de réserve*, nous constatons que ceux-ci contiennent
d'abord des proportions élevées de matières sucrées solubles
qui se condensent peu à peu et fournissent de l'amidon. Parfois cet amidon semble émigrer directement de la partie
aérienne de la plante sans qu'on puisse observer la formation

préalable d'une quantité notable d'hydrates de carbone solubles.

Une basse température produit la transformation inverse de l'amidon en sucre de canne et glucose chez beaucoup de tubercules et de rhizomes. Müller-Thurgau attribue cette accumulation de matière sucrée à l'arrêt de la respiration ; il suffit d'élever la température pour voir disparaître le sucre.

c. **Matières azotées**. — Pendant le développement de la graine, l'azote des amides solubles est d'autant plus abondant que celle-ci est plus jeune. A l'époque de la maturité, l'azote sous cette dernière forme représente seulement 10 à 15 p. 100 au plus de l'azote total. Les amides solubles se transforment donc peu à peu en substances protéiques, et cette transformation est en rapport avec la déshydratation lente de la graine. Il s'agit donc ici d'un phénomène inverse de celui que nous avons observé du côté des matières albuminoïdes pendant la germination.

Chez les organes souterrains de réserve, l'azote sous la forme protéique est d'autant plus abondant que l'organe souterrain approche davantage de la maturité ; cependant l'azote amidé entre, en général, pour une proportion plus élevée chez le tubercule mûr que chez la graine.

d. **Matières grasses**. — Toutes les graines renferment des matières grasses. Si parfois on n'en trouve que de faibles quantités, ainsi qu'il arrive chez les graines amylacées, parfois ces matières grasses existent en proportions telles qu'elles constituent la presque totalité des réserves de la graine.

La formation de la graisse procède de l'amidon et des hydrates de carbone en général. Ceux-ci, abondants chez la graine non mûre, disparaissent peu à peu à mesure que la matière grasse apparaît.

Les corps gras se rencontrent soit dans les cotylédons, comme chez le colza, le noyer, l'amandier, soit dans l'albumen, comme chez le ricin ou le pavot.

Certains fruits possèdent un péricarpe oléagineux (olive),

dans lequel l'huile semble prendre naissance aux dépens de la mannite, très abondante dans le fruit jeune.

Quel est le mécanisme de la formation des corps gras? D'après quelques auteurs, l'huile serait élaborée dans toutes les parties vertes de la plante et viendrait former un dépôt de réserve dans la graine (Mesnard). Il est plus probable que la matière grasse se forme *sur place*, c'est-à-dire dans l'organe lui-même qui l'emmagasine. C'est ce point de vue que nous allons développer.

Rechenberg a montré le premier que les deux substances qui composent un corps gras (acide gras à poids moléculaire élevé, glycérine) ne prenaient pas naissance en même temps. Les acides gras apparaissent les premiers, et leur poids est d'autant plus fort que la graine est plus jeune. Ces acides s'éthérifient dans la suite ; de sorte que, à la maturité, on ne trouve plus qu'une graisse neutre mélangée cependant encore d'une quantité d'acides gras libres, variable avec la graine considérée, mais assez faible. Leclerc du Sablon est arrivé à la même conclusion relativement à la genèse des corps gras.

Nous savons que, pendant la germination, un phénomène inverse se produit : la saponification des corps gras neutres commence de bonne heure, mais avec une vitesse qui varie suivant la nature de la graisse.

Si beaucoup de graines sont riches en graisses, il n'en est plus de même des organes souterrains; ceux-ci n'en contiennent généralement qu'une faible quantité (1 à 3 p. 100), à l'exception cependant du rhizome de *Cyperus esculentus* (28 parties de graisse, en moyenne, dans 100 parties de matière sèche). La façon dont prennent naissance les corps gras dans les organes souterrains n'a été l'objet jusqu'ici d'aucun travail spécial.

On doit à Müntz une étude suivie de la maturation de certaines graines oléagineuses, de celle du colza en particulier. Voici le résultat des transformaiions observées par cet auteur sur cette dernière graine (les poids étant exprimés en milligrammes) :

	Poids de 100 graines sèches.		Glucose.	Saccharose.	Amidon.	Graisse.	Matières azotées.
1er juin 1882.	121	Graines vertes.	10,1	13,0	25,2	17,2	25,4
7 — .	155	Id.	11,6	12,0	28,7	32,6	33,5
16 — .	191	Id.	9,6	9,8	25,6	60,1	75,8
27 — .	379	Id.	11,8	8,1	26,1	168,5	89,4
2 juill. .	494	Noircissement.	12,4	22,9	13,1	215,6	93,9
7 — .	549	Maturité complète.	»	25,2	8,3	227,9	105,3
13 — .	498	Maturité dépassée.	»	25,7	6,7	207,8	105,5

On a, dans 100 parties de matière sèche :

			Glucose.	Saccharose.	Amidon.	Graisse.	Matières azotées.
1er juin 1882.	»	»	8,3	10,7	19,9	15,2	20,4
7 — .	»	»	7,4	7,7	18,5	21,0	21,6
16 — .	»	»	5,0	5,1	13,4	31,5	39,6
27 — .	»	»	3,1	2,1	6,8	44,4	23,6
2 juill. 1882 .	»	»	2,5	4,6	2,6	43,6	19,0
7 — .	»	»	traces.	4,5	1,7	41,5	19,1
13 — .	»	»	0,0	4,9	1,3	41,7	23,0

C'est entre la troisième et la quatrième prise d'échantillon, correspondant à l'augmentation brusque de poids, que se place la production la plus active de l'huile.

Les tableaux précédents montrent la disparition graduelle de l'amidon et du glucose, la persistance d'une petite quantité de saccharose jusqu'à la fin et, surtout, une augmentation très rapide de la graisse. La formation de celle-ci procède par sauts brusques ; elle se ralentit aux approches de la maturité. Ces sauts brusques semblent coïncider avec l'assimilation d'une forte proportion de matière azotée. Le poids de l'amidon et celui des matières sucrées restent assez élevés et presque constants pendant tout le temps que dure la formation de la graisse dans la première période, comme si ces substances ne concouraient pas à cette formation ou, plutôt, comme si elles se renouvelaient incessamment. On observe dans la suite une brusque diminution de l'amidon. Il faut également noter la diminution de la matière grasse à partir d'un certain moment qui coïncide avec celui de la maturité vraie. A la dessiccation du grain et à celle de la silique correspond l'arrêt de l'accumulation de la matière grasse dans le grain.

Voici comment, aux mêmes époques, se comportent les siliques dans lesquelles sont enfermées les graines (substances contenues dans 100 parties de matière sèche) :

	Glucose.	Saccharose.	Graisse.
I	19,2	5,7	3,3
II	18,2	5,3	2,9
III	11,8	2,7	2,4
IV	6,12	1,4	3,5
V	traces.	2,9	3,3
VI	traces.	0,8	4,3
VII	»	»	»

Le glucose disparaît rapidement et en totalité ; le saccharose diminue aussi, mais il ne disparaît jamais complètement. On peut en conclure que ce sont les matières sucrées contenues dans la silique qui ont fourni au grain la matière carbonée nécessaire à l'élaboration de la graisse. Cela paraît d'autant plus probable que la réserve de matières sucrées que contient la silique est considérable relativement aux besoins de la graine. En effet, à l'époque même où la graisse se forme en abondance, le poids de la silique dépasse de beaucoup le poids des graines qu'elle renferme.

Müntz en conclut que la matière sucrée contenue dans la silique est la principale source à laquelle la graine emprunte les éléments carbonés nécessaires à la production de la graisse. Celle-ci doit se former *sur place* dans la graine, car la proportion de graisse contenue dans la silique est, en somme, peu considérable.

La formation de la graisse dans les *amandes douces* est vraisemblablement la conséquence d'une métamorphose des sucres réducteurs et non réducteurs, ainsi qu'il résulte des observations suivantes dues à Vallée.

Si, dans le péricarpe et l'amande, on dose le saccharose, les sucres réducteurs et la matière grasse, depuis la formation du fruit jusqu'à sa dessiccation, on trouve que le péricarpe contient des proportions relativement constantes de sucre réducteur et de saccharose pendant la maturation. Dans l'amande, au contraire, les sucres réducteurs diminuent progressivement au fur et à mesure qu'apparaissent soit le saccharose, soit la matière grasse. Le saccharose va en augmentant jusqu'à l'apparition de l'huile ; puis il diminue peu à peu et remontera finalement quand la formation de l'huile sera moins active. Le péricarpe ne contient que des traces d'huile.

Dans le tableau ci-joint, on a donné le poids des substances dosées dans 100 parties du fruit, tel qu'il est au moment où il a été cueilli :

	Poids moyen du fruit.	Péricarpe.			Amande.		
		Saccharose.	Sucres réducteurs.	Graisse.	Saccharose.	Sucres réducteurs.	Graisse.
	gr.	gr.	gr.	gr.	gr.	gr.	gr.
Fin mars.	0,60	0,48	5,11	»	0,00	5,57	»
3 avril..	1,50	0,70	2,71	»	0,33	2,72	»
13 — ..	4,44	0,59	3,01	»	0,43	2,92	»
23 — ..	7,50	0,67	3,88	»	»	3,25	»
1er mai.	9,90	0,81	3,91	»	1,14	2,80	»
24 — .	12,10	0,84	5,67	»	1,09	2,97	»
12 juin..	11,50*	0,61	4,90	»	1,65	0,92	traces.
21 — .	»	»	»	traces.	0,93	0,33	traces.
5 juillet.	10,10	0,57	4,61	0,42	0,52	0,19	6,97
20 — .	9,20	0,77	3,95	0,30	0,54	0,28	14,35
1er oct..	1,65	»	»	»	3,36	0,08	54,19

Remarquons que les quantités des différents sucres vont en diminuant, aussi bien quand on les rapporte à la matière sèche qu'à la matière humide, comme dans le tableau précédent. Il semble donc qu'il y ait dans le péricarpe formation ou afflux constant de sucres réducteurs et de saccharose. Ces hydrates de carbone s'accumulent ensuite dans la graine, où ils concourent à la formation de l'huile. Ces conclusions sont absolument les mêmes que celles qu'à formulées Müntz à propos du colza.

Leclerc du Sablon a dosé dans les noix et les amandes en maturation non seulement les sucres proprement dits, mais aussi les amyloses (amidon et dextrines). L'amidon existe en proportions beaucoup plus grandes dans les jeunes graines que dans les graines mûres, mais la diminution que cet hydrate de carbone semble éprouver tient à l'augmentation rapide du poids de la graine. Si on rapporte le poids de l'amidon à celui d'une graine déterminée, on trouve que cette substance augmente de façon continue jusqu'à la maturité ; elle se comporte donc comme une véritable matière de réserve.

On voit, par ce qui précède, que la matière grasse subit un accroissement très rapide dans les dernières semaines de la végétation. C'est ce qui résulte également d'une manière très nette des expériences de L. Pierre sur le colza.

	Matière grasse dans 1 kilogramme de matière sèche de la plante coupée au collet.	Poids total des matières grasses contenues dans la récolte de 1 hectare.
	gr.	kil.
22 mars 1859....	31,0	97,00
6 avril.........	29,4	103,00
6 mai..........	26,1	153,58
6 juin..........	73,1	527,05
20 —	152,7	1231,26

En résumé, la matière grasse ne se forme par que métamorphose des hydrates de carbone ; la plante, à cet égard, se conduit comme l'animal.

Gerber, en étudiant la valeur du *quotient respiratoire* à différents moments du développement d'une graine oléagineuse, a montré que ce quotient est inférieur à l'unité dans le jeune âge, tant que la consistance de la graine est molle (ricin). A ce moment, les proportions de glucose et de saccharose sont considérables ; l'huile n'existe encore qu'en très faibles quantités. Le quotient respiratoire devient plus grand que l'unité lorsque le tégument de la graine se colore et acquiert un certain degré de dureté. Les matières sucrées diminuent alors rapidement, et la graisse se forme en quantités de plus en plus fortes.

On peut traduire par une formule, telle que la suivante, le changement d'un hydrate de carbone en acide gras supérieur :

$$6\,C^6H^{12}O^6 + O^{24} = C^{18}H^{34}O^2 + 18\,CO^2 + 19\,H^2O \qquad \frac{CO^2}{O^2} = 1,71,$$

Ac. oléique.

ou par l'expression suivante :

$$20\,C^6H^{12}O^6 + 40\,O^2 = C^{37}H^{101}O^6 + 63\,CO^2 + 48\,H^2O \qquad \frac{CO^2}{O^2} = 1,57.$$

Trioléine.

Il s'agit donc ici d'une *oxydation incomplète*, comme dans le cas de la formation des acides végétaux.

Mais la différence est néanmoins profonde entre ces deux phénomènes. Car, lorsqu'il y a formation d'acides aux dépens des hydrates de carbone, il y a *enrichissement* de la plante en oxygène ; lorsqu'il y a formation de graisse, il y a *appauvrissement* de la plante en oxygène, puisqu'il se dégage, concurremment, sous forme de gaz carbonique, une grande quantité de l'oxygène que contenait l'hydrate de carbone.

On peut également supposer qu'une partie du glucose se dédouble, *simplement et sans absorption d'oxygène*, en acide gras, gaz carbonique et eau :

$$17\,C^6H^{12}O^6 = 4\,C^{18}H^{34}O^2 + 30\,CO^2 + 34\,H^2O.$$

Toutes ces réactions sont exothermiques.

Le quotient respiratoire redevient plus petit que l'unité lorsqu'on continue l'expérience pendant quelques jours sur les graines de ricin séparées du fruit. A ce moment, les sucres ont presque complètement disparu.

Des phénomènes analogues à ceux qui viennent d'être décrits se passent pendant la maturation de certains fruits riches en matière grasse. De Luca a fait voir que les olives vertes renferment avant leur maturité de fortes proportions de mannite $C^6H^{14}O^6$. Cet alcool hexavalent disparaît peu à peu pour faire place à la matière grasse. De même que chez la graine du ricin, le quotient respiratoire est inférieur à l'unité tant que le fruit est gorgé de mannite et ne renferme que des traces d'huile. Mais ce quotient dépasse l'unité lorsque, dans les olives encore vertes, la mannite disparaît et que l'huile se montre en quantités croissantes.

Comme chez la graine du ricin, le quotient redevient plus petit que l'unité si on continue l'expérience pendant quelques jours sur des fruits détachés de l'arbre. A ce moment, la mannite a complètement disparu.

Maturation des fruits charnus. — La plupart des fruits charnus possèdent dans leur jeune âge une saveur plus ou moins astringente ; à mesure que le fruit mûrit, il prend une saveur de plus en plus sucrée. Aux dépens de quelles substances se forme le sucre? C'est ce que nous allons examiner sommairement.

On a regardé longtemps l'oxydation par l'oxygène libre de l'atmosphère comme étant la cause principale de la maturation des fruits (Bérard, de Saussure). Frémy démontrait cette nécessité de l'oxydation en enduisant les fruits d'une couche de vernis : ainsi séparé de l'air ambiant, le fruit ne mûrit pas.

Certains auteurs ont pensé que les substances basiques (chaux, potasse) venues du sol neutralisaient peu à peu les acides et que le sucre des fruits provenait d'une transformation du tannin ou de la saccharification de l'amidon par les acides eux-mêmes, au cas où cet hydrate de carbone est présent dans les fruits.

Cette dernière conception est exacte; c'est, en effet, ce qui se passe chez les pommes notamment. En voici un exemple, dû à Lindet, dans lequel on constate la disparition progressive de l'amidon et sa transformation simultanée en matières sucrées.

Poids d'amidon, de saccharose, de sucre interverti dans une pomme moyenne (en grammes).

	Amidon.	Saccharose.	Sucre interverti.
24 juillet	1,0	0,2	1,4
8 août	1,6	0,4	2,3
23 —	2,2	0,6	3,8
7 septembre	2,9	1,2	4,2
21 —	2,3	1,5	5,0
4 octobre	2,2	2,2	5,6
18 —	1,6	2,8	6,5
3 novembre	0,6	2,2	7,2

Quant à l'idée émise relativement à la neutralisation des acides par des bases venues du sol, elle est erronée; car, dans le raisin mûr et dans le raisin vert, il y a même quantité de bases.

La seule opinion que l'on puisse accepter et dont la démonstration ait été donnée d'une manière satisfaisante est que le sucre des fruits provient de l'oxydation incomplète des acides. Cette manière de voir, défendue d'abord par Pollaci, puis par Beyer et Pfeiffer, a fait l'objet d'un grand nombre de travaux. En particulier, les fruits dans lesquels dominent les acides se prêtent à des interprétations très nettes dans ce sens.

Les fruits dits *acides* renferment sans doute d'une façon prépondérante tel acide (citrique pour les fruits d'Aurantiacées, tartrique pour le raisin, malique pour les fruits de Rosacées), au moins quand le fruit est à maturité ; cependant on rencontre, au cours du développement de ces fruits, une assez grande variété des acides les plus divers (succinique, glycolique, glyoxylique, formique, etc.). Aussi s'est-on demandé s'il n'existait pas un acide *primordial* prenant directement naissance par réduction du gaz carbonique dans la fonction chlorophyllienne. D'après quelques savants, cet acide serait l'acide oxalique, duquel tous les autres dériveraient par réduction (Brünner et Brandenburg). Cette hypothèse remettrait en discussion une ancienne théorie de Liebig d'après laquelle tous les acides émaneraient directement de la fonction assimilatrice.

Nous ne pouvons entrer ici dans plus de détails, et nous nous bornerons à l'énoncé des faits qui caractérisent le mieux la maturation de quelques fruits, en nous servant principalement des travaux importants que Gerber a publiés à cet égard (1897). Ces travaux reposent, avant tout, sur l'étude du quotient respiratoire des fruits pendant la période de maturation : nous en avons déjà entretenu le lecteur à propos de la respiration des fruits (p. 353).

Les échanges gazeux des fruits avec l'atmosphère sont évidemment assez compliqués. Comme tout organe vivant, le fruit respire ; mais sa respiration doit dépendre de la nature et de la proportion des substances qu'il renferme. Elle variera donc avec les différentes phases du développement, puisque des métamorphoses plus ou moins profondes changent d'une manière lente, mais incessante, la composition chimique de sa propre substance. De plus, la respiration *intracellulaire* intervient à un moment donné ; le fruit produit de l'alcool, ainsi que le prouve l'expérience ; à ce moment apparaît ce que Gerber nomme le *quotient de fermentation*.

Le *quotient d'acides* s'observe chaque fois que les fruits à acides (citrique, tartrique, malique) sont soumis à une température supérieure à un certain degré, variable avec la nature de l'acide (30° pour les fruits à acides citrique et tartrique ; 15° pour ceux à acide malique). L'élévation du quotient respiratoire que l'on observe alors est certainement imputable à la présence de ces acides, car on obtient les mêmes quotients supérieurs à l'unité en cultivant certaines moisissures sur des solutions qui ne renferment, en fait de matière organique, que les acides sus-mentionnés.

Le *quotient de fermentation* s'observe lorsque l'oxygène n'arrive plus aux cellules en quantité suffisante. Cette difficulté d'accès de l'oxygène est attribuable à la formation de *pectine* (p. 158) : celle-ci, par suite de son gonflement, produit l'occlusion des méats intercellulaires et diminue l'apport du gaz. La transformation du pectose en pectine n'a lieu qu'après la disparition complète du tannin, et c'est à cet instant qu'on observe l'apparition du quotient de fermentation.

Ce dernier quotient diffère principalement du quotient d'acides : 1° par l'époque à laquelle il apparaît. Chez les fruits cueillis avant leur maturité, il ne se manifeste qu'à la fin de la maturation, alors que le quotient d'acides apparaît dès le début ; 2° par la température basse à laquelle on peut l'observer (même à 0°), alors que le quotient d'acides ne se montre qu'à une température bien plus élevée. De plus, la quantité de gaz oxygène absorbé par le fruit présentant le quotient de fermentation est beaucoup moins considérable qu'avant l'apparition de ce quotient ; cette quantité est, au contraire, bien plus forte lorsqu'on observe le quotient d'acides. Enfin le quotient de fermentation est l'indice d'une production d'alcool et, souvent, d'acides volatils, alors que rien de semblable n'a lieu chez les fruits à l'époque où ceux-ci présentent le quotient d'acides.

Maturation des fruits chez lesquels dominent les acides. — Rappelons que le quotient respiratoire de ces fruits est, à partir d'une certaine température, supérieur à l'unité, pendant que leur acidité diminue. Si cette température *critique* n'est pas atteinte, le quotient est inférieur à l'unité, et l'acidité persiste.

La teneur en sucre des fruits acides augmente pendant la maturation lorsque le fruit a été séparé de l'arbre. Dans le cas des fruits contenant des acides et de l'amidon (pommes), la diminution de l'amidon, corrélative de l'apparition des sucres, ne peut expliquer à elle seule l'augmentation de la matière sucrée. En réalité, la quantité de sucre qui se forme répond à peu près à la somme de l'amidon et des acides disparus.

L'interprétation que nous venons d'adopter est particulièrement vraisemblable en ce qui concerne la maturation du raisin. Neubauer a montré, il y a plus de trente ans, que la diminution de l'acidité coïncidait exactement avec l'augmentation du sucre. Depuis cette époque, un nombre considérable de travaux parus sur cette question, ceux de A. Girard et Lindet notamment, n'ont fait que confirmer cette manière de voir.

Voici quelques chiffres tirés des expériences de différents auteurs, relatifs aux quantités de matières sucrées formées pendant la maturation des fruits acides (dans 100 parties du fruit supposé desséché) :

Pyrus salicifolia (Johanson).

	15 juill.	30 juill.	14 août.	18 août.	14 sept.	28 sept.	12 oct.
Acide malique..	0,06	0,34	0,85	0,78	1,11	0,67	0,79
Matières sucrées.	1,32	1,58	2,13	3,67	9,06	9,28	11,31

Prunus avinus (Keim).

	15 mai.	21 mai.	28 mai.	10 juin.	19 juin.
Acidité totale...	0,213	0,310	0,412	0,424	0,462
Matières sucrées.	2,93	3,13	4,42	9,12	10,26

Vaccinium myrtillus (Omeis).

	9 juin.	23 juin.	7 juillet.	12 juillet.
Acidité totale	0,65	1,62	1,58	1,07
Matières sucrées...	0,02	0,42	1,90	5,06

Maturation des fruits à tannin. — Gerber a pris comme exemple les *Kakis* (*Diospyros kaki*, Ébénacées). Quelle que soit la température, le tannin disparaît toujours avant que le quotient respiratoire soit supérieur à l'unité. Lorsque le tannin a disparu, l'accès de l'oxygène atmosphérique devient insuffisant, la respiration intracellulaire se manifeste et le quotient dépasse l'unité. Ce *quotient de fermentation* apparaît donc tardivement ; on l'observe même à de basses températures, et il est corrélatif de la production de l'alcool.

Le tannin disparaît par oxydation complète sans donner naissance à des hydrates de carbone.

Maturation des fruits à amidon et des fruits mixtes (bananes, pommes, sorbes, nèfles, etc.). — Ces fruits étant séparés de l'arbre longtemps avant leur maturation et placés à température élevée, présentent trois périodes dans leur respiration. Dans la première, les acides sont oxydés ainsi qu'une partie du tannin ; le quotient respiratoire est supérieur à l'unité, puis il diminue peu à peu et devient inférieur à l'unité quand l'oxydation des acides est complète. Dans la seconde période, le reste du tannin est brûlé, la pectine apparaît, puis la fermentation intracellulaire accompagnée de la production d'alcool et d'acides volatils, origine du parfum de ces fruits. Le quotient $\dfrac{CO_2}{O_2}$, d'abord inférieur à l'unité, s'élève donc peu à peu et surpasse l'unité (quotient de fermentation). C'est la période pendant laquelle le fruit jaunit et prend un aspect mat.

Enfin, dans la troisième période, le fruit devient blet, ses cellules meurent, le quotient respiratoire s'abaisse, et l'intensité de la respiration devient très faible.

Ces mêmes fruits, exposés à une basse température, ne présentent que les deux dernières périodes ; l'acide malique y persiste et leur communique une saveur aigrelette.

Chez les poires, les prunes, les pêches qui présentent une deuxième période (période de fermentation) très longue, la troisième période fait défaut ; le quotient respiratoire demeure supérieur à l'unité tant qu'il existe de la matière sucrée (Gerber).

On peut tirer des faits qui précèdent certaines conséquences intéressantes. Les acides et le tannin disparaissent aux températures élevées ; il est donc possible de hâter la maturation des fruits contenant ces deux matières, ou leur mélange, en les exposant à une température élevée. On retardera la maturation des fruits riches en acides en les maintenant au voisinage de 0°, lorsque leur respiration ne présentera pas de période de fermentation.

Quant aux fruits qui contiennent du tannin et dont la maturation se termine par l'apparition d'un quotient de fermentation, il ne peuvent être conservés longtemps ni aux basses ni aux hautes températures, car le tannin disparaît de la même façon dans les deux cas.

Les fruits à acide malique (pommes, sorbes, nèfles), transformant à température relativement basse leur acide en sucre, pourront mûrir sous les climats froids ; les fruits à acides tartrique et citrique, exigeant une température beaucoup plus élevée pour transformer ces acides, ne peuvent mûrir que sous les climats chauds ou, s'ils sont détachés des arbres, dans des fruitiers dont on élèvera suffisamment la température.

En résumé, nous voyons que la maturation des fruits acides, chez lesquels il y a transformation d'un acide en matière sucrée, ne diffère pas, quant à son mécanisme, de la réaction générale, qui, chez la plante grasse, change en hydrates de carbone les acides qui se sont accumulés à basse température et à l'obscurité (p. 390).

VI

DÉVELOPPEMENT DE QUELQUES PLANTES HERBACÉES

Nous terminerons cette étude de l'accroissement et de la maturation par l'examen succinct du développement de quelques plantes particulièrement intéressantes au point de vue économique et industriel. Nous nous bornerons ici à n'exposer que certains points non encore signalés antérieurement.

Blé. — Un des faits les plus intéressants de la maturation du blé nous est fourni par l'accumulation rapide de l'amidon dans le grain pendant les dernières semaines de la vie de la plante. Is. Pierre a montré que, dans l'espace de vingt jours, la quantité d'amidon pouvait ainsi tripler.

La tige du blé ne renferme pas d'amidon ; le seul hydrate de carbone qu'elle contient en abondance est la *gomme de paille* ou *xylane* (p. 135), corps insoluble dans l'eau, d'une hydrolyse difficile. Cette substance ne doit vraisemblablement pas être l'origine première de l'amidon du grain ; elle augmente, en effet, de poids presque jusqu'au terme de la végétation ; si elle diminue, ce n'est que de façon insensible (Hébert). Les sucres réducteurs n'existent à aucun moment en quantité notable ni dans la tige, ni dans le grain. Il faut donc chercher l'origine de l'amidon dans quelque production particulièrement active des feuilles pendant les derniers jours de l'évolution de la plante, alors que toute la matière azotée est élaborée depuis longtemps.

Dehérain et Dupont font remarquer qu'à l'époque où l'amidon commence à s'emmagasiner de façon très notable les feuilles inférieures de la plante sont déjà desséchées, celles du haut le sont partiellement ; seules, les folioles, ainsi que le haut des tiges, possèdent une teinte nettement verte. Or l'expérience montre que ces folioles sont incapables de décomposer le gaz carbonique ; mais le haut des tiges, c'est-à-dire une longueur de 8 à 9 centimètres jusqu'à l'épi, décompose encore énergiquement ce gaz. Afin de constater les résultats immédiats de cette décomposition, les auteurs précités coupent les épis d'un certain nombre de pieds de blé le 19 juillet à huit heures du matin et, le lendemain, récoltent les tiges ainsi mutilées en même temps qu'ils prélèvent un nombre de tiges égales, encore munies de leurs épis. On sépare ces derniers, et on ne soumet à l'analyse que les tiges seules. Toutes ces tiges sectionnées, intactes et mutilées, sont desséchées, pulvérisées et analysées. Voici les résultats obtenus, rapportés à 100 parties de matière sèche :

	Tiges à épis enlevés.	Tiges intactes.
Sucres réducteurs.......	1,33	1,40
Amidon, dextrines, sucres non réducteurs calculés en glucose	4,61	0,23
Matières azotées.........	9,18	9,10

La matière azotée contenue dans le haut des tiges y a persisté et ne s'est pas solubilisée. Elle n'a pas pénétré dans l'épi, puisqu'on en trouve des quantités égales dans les tiges intactes et dans celles qui ont été mutilées. Quant aux hydrates de carbone insolubles, ils sont beaucoup plus abondants dans les tiges sans épis que dans les autres. La différence de poids de ces hydrates dans les deux sortes de tiges : 4,61 — 0,23 = 4,38 montre que ceux-ci ont dû pénétrer dans les épis et s'y insolubiliser sous la forme d'amidon.

On doit donc conclure avec Dehérain et Dupont que, chez le blé, c'est cette portion du végétal qui se charge tardivement de fournir au grain les hydrates de carbone solubles que celui-ci condensera sous forme d'amidon.

Mais si les tiges, et surtout leur partie supérieure, éprouvent une dessiccation prématurée, la récolte ne contiendra qu'une quantité insuffisante d'amidon.

Seigle. — Le grain de seigle, et probablement aussi celui des autres Graminées, présente quelques particularités intéressantes au voisinage de sa maturité et au moment où celle-ci est atteinte, puis dépassée. Les faits suivants ont été observés par Müntz.

Si on suit le poids de la substance sèche du grain à mesure qu'avance la maturation, on remarque, à une époque voisine du point que l'on regarde comme étant celui de la maturité, un arrêt d'accroissement suivi bientôt d'une diminution de poids. Cette diminution est imputable à l'intensité de la respiration. Vers l'époque de sa maturité, le grain contient environ la moitié de son poids d'eau; il respire énergiquement et perd de poids. Mais cette perte est d'abord largement compensée par l'afflux des substances alimentaires provenant du reste de la plante et qui se rendent dans le grain. Vient ensuite un état d'équilibre où le gain de substance est égal à la perte respiratoire; le grain possède alors son poids maximum; il faut le récolter, sinon son poids diminuera. Récolté et séché dès que la limite de la maturation est atteinte, le grain ne diminue plus guère de poids, car il est ainsi privé de la forte proportion d'eau qu'il renfermait et qui était la cause de sa respiration active.

Afin de connaître jusqu'à quelle époque le grain reçoit un poids de substances alimentaires supérieur à la perte qu'il éprouve par respiration, Müntz détermine, au voisinage de la maturité, la proportion d'eau contenue dans le *rachis* sur lequel sont implantés les grains et qui est la voie de passage de ces substances, qui vont s'accumuler chez eux. Or on trouve que le rachis se dessèche plus rapidement que le grain, et, lorsque la dose de l'eau qu'il renferme est inférieure à 15 p. 100, le grain ne reçoit plus les sucs nutritifs en quantité suffisante pour compenser la perte respiratoire. Aussi le poids de sa substance sèche diminuera-t-il, ainsi que son eau de végétation.

D'où l'on conclut que l'époque où le rachis, par suite des progrès de sa dessiccation, ne renferme plus que 15 p. 100 d'eau environ, doit être le moment propice pour la récolte. Les différentes phases du phénomène que nous venons d'analyser se trouvent établies dans le tableau suivant :

	100 grains secs pèsent.	Eau contenue dans 100 parties de grains frais.		Proportion centésimale de l'eau dans le rachis.
	gr.			
28 juin 1881.	2,85	53,4	"	"
29 —	2,96	52,0	"	"
1er juillet....	3,30	50,5	Grains à peu près mûrs.	28,5
2 — ...	8,36	45,7	Grains mûrs.	30,2
4 — ...	3,29	43,3	Id.	15,4
6 — ...	3,12	34,4	Maturité complète.	14,5
11 — ...	2,92	15,7	Maturité dépassée.	7,7
13 — ...	2,87	12,6	Id.	6,7

Betterave. — Les matières sucrées prennent naissance dans les feuilles ; le poids de celles-ci est considérable chez la plante jeune et dépasse d'abord de beaucoup le poids de la racine. À mesure que progresse la végétation, le rapport entre le poids des feuilles et celui de la racine s'abaisse peu à peu et, vers le mois d'août, le poids de la racine commence à surpasser celui des feuilles. A la fin de la végétation, le poids de la racine est très supérieur à celui des feuilles. C'est ce qui résulte des observations de Pagnoul (1879) : le poids de la racine étant supposé égal à 100, les poids successifs des feuilles présentent les valeurs suivantes :

11 juin.	22 juin.	1er juillet.	12 juillet.	21 juillet.	31 juillet.	10 août.
800	581	355	211	151	134	93

20 août.	30 août.	9 sept.	19 sept.	29 sept.	9 oct.	19 oct.	29 oct.
65	43	35	19	12	18	9	12

Pendant la première partie du développement du végétal, le système foliacé fabrique de grandes quantités de matières sucrées, lesquelles émigrent dans la racine. Le mécanisme de l'accumulation du sucre ayant été examiné plus haut (p. 517), il ne s'agit ici que de rechercher sous quelle forme apparaît primitivement la matière sucrée.

On trouve dans la feuille un mélange de sucre interverti et de saccharose ; ce dernier provient-il de l'amidon que produit la fonction chlorophyllienne, ou bien est-il formé de toutes pièces ? Il semble que, dans tous les cas, le saccharose se change en sucre interverti avant d'émigrer dans la racine.

Arrivé dans cet organe, ce sucre interverti abandonne une molécule d'eau et se condense sous la forme de saccharose.

Cependant, dans la feuille, les deux hexoses (glucose et lévulose) qui constituent le sucre interverti, ne semblent jamais exister sous des poids égaux. La teneur du sucre interverti en lévulose est d'autant plus faible que le tissu est plus jeune. En effet, lorsque dans la feuille ou l'une de ses parties il y a formation active des tissus, on remarque que le glucose l'emporte sur le lévulose, comme si ce dernier était spécialement utilisé à la construction de la charpente du végétal. Lorsque cette construction des tissus se ralentit et que la respiration devient énergique, on voit, au contraire, le poids du lévulose dépasser celui du glucose. Ce dernier sucre semble donc être spécialement brûlé dans la respiration (Lindet).

On doit à A. Girard une étude très étendue sur la façon dont le sucre prend naissance et s'emmagasine ensuite dans la racine. De dosages effectués huit fois dans une saison à quatre heures du soir et à trois heures du matin, cet auteur conclut que les quantités de sucre réducteur contenues dans les limbes sont, à une date donnée, sensiblement les mêmes au déclin du jour ou à la fin de la nuit. On ne les voit augmenter au fur et à mesure que lorsque le développement de la plante avance. Au contraire, les quantités de saccharose que renferment les limbes, indépendantes de l'âge du végétal, sont sous la dépendance directe de la quantité de lumière que reçoit la plante. Lorsque la journée a été lumineuse, ces quantités sont considérables à la fin du jour et peuvent s'élever parfois à 1 p. 100 ; elles sont moindres dans le cas d'un éclairage médiocre. La majeure partie de ce saccharose, formé pendant le jour, disparaît la nuit ; plus de la moitié passe dans la racine. L'accroissement de la richesse saccharine de celle-ci est intimement lié aux conditions météorologiques.

Le poids de la racine s'accroît de façon régulière, mais cette racine se charge soit d'eau, soit de sucre suivant les circonstances. Entre les mois de juin et d'octobre, la proportion d'eau dans la souche s'abaisse de 88,8 à 82,4 p. 100, et la proportion de sucre s'élève de 4,5 à 12,2. La somme de l'eau et du sucre est donc représentée par un nombre à peu près constant, voisin de 94 p. 100 du poids de la racine. Celle-ci emmagasine du sucre jusqu'à la limite de la végétation.

Dans les conditions normales, le sucre persiste dans la souche ; les feuilles nouvelles qui se forment n'empruntent à la racine qu'une proportion insignifiante de sucre.

Il n'en est plus de même si on enlève, à certaines époques, une partie des feuilles de la plante ; la quantité de sucre formée est alors d'autant moins abondante que l'effeuillage a été plus considérable. C'est ce que l'on voit dans l'exemple suivant :

	Poids de la racine. gr.	Eau p. 100.	Sucre p. 100.	Somme de l'eau et du sucre.
Betteraves effeuillées 3 fois.	465	89,94	4,4	94,34
— 2 fois.	640	88,46	5,2	93,66
— 1 fois.	1485	85,53	8,0	93,53

(Debérain.)

La migration *inverse* du sucre emmagasiné dans la souche est facile à constater dans l'expérience ci-jointe due à Corenwinder et Contamine. Si on enlève toutes les feuilles d'une rangée de betteraves plantées dans un champ, on trouve que ces betteraves, comparées à des plantes normales, ont perdu, en quarante-cinq jours, 45 p. 100 de la quantité initiale du sucre qu'elles renfermaient. Des feuilles nouvelles apparaissent alors ; elles empruntent à la racine les hydrates de carbone nécessaires à leur formation. Si, d'autre part, on déplante une betterave en réservant la motte de terre sur laquelle elle est fixée et qu'on dispose cette motte à l'ombre sous un éclairage insuffisant, on constate que les feuilles ne s'accroissent plus. D'autres feuilles se développent au centre du collet ; mais celles qui sont plus âgées jaunissent et tombent. Au bout de plusieurs semaines, une semblable betterave n'a pas augmenté de poids ; elle a consommé tout le sucre que contenait sa racine ; les pousses nouvelles ayant absorbé et élaboré ce sucre pour subvenir aux besoins de leur développement.

Le saccharose, en passant de la racine aux organes aériens, reprend la forme de sucre réducteur.

Pomme de terre. — L'amidon que renferment les tubercules a son origine dans les matières hydrocarbonées qu'engendre la fonction d'assimilation. Le végétal constitue d'abord son appareil foliacé, et ce n'est que vers le mois de juillet que les produits élaborés dans celui-ci commencent à s'emmagasiner dans les tubercules naissants. A partir du mois d'août, le poids des organes souterrains dépasse celui des organes aériens, et la différence s'accentue de plus en plus. En septembre, le poids des tubercules est à peu près stationnaire jusqu'à la fin de la végétation.

L'origine de l'amidon du tubercule est encore ici le saccharose des feuilles, dont la proportion est d'autant plus élevée que la lumière reçue par la plante est plus vive (A. Girard). On constate également dans les feuilles la présence de l'amidon.

Comme dans le cas de la betterave, l'eau et la fécule varient en sens inverse ; mais leur somme est à peu près constante. Le saccharose existe en quantités notables dans les tubercules en voie de maturation ; il diminue peu à peu, mais ne disparaît jamais complètement dans le tubercule mûr. Les sucres réducteurs sont absents chez ce dernier. Les substances azotées et l'amidon croissent, au contraire, très régulièrement pendant toute la durée de la végétation, et cet accroissement régulier n'est troublé que par les variations météorologiques.

L'accumulation de l'amidon se ralentit quand les feuilles jaunissent ; il cesse avec leur dessiccation.

La cause de l'accumulation de l'amidon doit être cherchée dans son insolubilité. Cet hydrate de carbone se dépose dans le tubercule par un mécanisme analogue à celui qui préside à l'accumulation des phosphates et de l'amidon dans les graines, et on conçoit que cette formation d'amidon, qui tend à maintenir l'équilibre de pression osmotique des substances dissoutes dans toutes les parties de la plante, ne s'arrête qu'au moment où la feuille, productrice d'hydrates de carbone, cesse de fonctionner.

Inversement, lorsque le tubercule germera, l'amidon prendra la forme de sucres solubles.

Migration des principes immédiats chez les tubercules en germination. — On observe un mouvement de migration très remarquable chez le tubercule de pomme de terre en voie de germination. Ce phénomène a été étudié par Prunet.

Les bourgeons voisins du sommet du tubercule s'accroissent davantage, se développent plus tôt et plus rapidement que les bourgeons voisins de la base. Si on compare les tubercules non germés aux tubercules en voie de germination, en dosant dans les deux moitiés de chaque tubercule (antérieure et postérieure) la matière sèche, les sucres, l'amidon, les dextrines, l'azote sous ses différentes formes, les acides combinés, les cendres, on trouve que, dans les tubercules non germés, les moitiés antérieures sont plus riches en ces différentes substances que les moitiés postérieures. Les tubercules en voie de germination fournissent des différences analogues, mais encore plus accusées. Dans les trois variétés de pommes de terre étudiées par Prunet, il n'existait, avant la germination, ni sucres solubles, ni diastases. Dans les tubercules en train de germer, les sucres et les diastases apparaissent dans les moitiés antérieures, alors que ces matières sont encore absentes dans les moitiés postérieures. De même, la proportion de l'azote des amides par rapport à l'azote total s'accroît plus rapidement vers le sommet du tubercule que vers sa base. Le développement plus rapide des bourgeons antérieurs s'explique facilement par la prédominance, dans leur voisinage, de matières nutritives de réserve.

Remarquons que ces différences dans la répartition des principes immédiats et des substances minérales dans les deux moitiés du tubercule *ne sont pas originelles* : un tubercule jeune, n'ayant pas encore terminé sa croissance, ne les présente pas. Cette migration de la base au sommet n'a lieu que chez le tubercule ayant atteint sa taille définitive.

Si l'on supprime maintenant d'une façon systématique les bourgeons antérieurs dès qu'ils apparaissent, on voit s'établir graduellement dans le tubercule une répartition des substances nutritives *inverse de la répartition normale*. Ces substances ne trouvant plus d'emploi dans les moitiés antérieures émigrent vers les bourgeons postérieurs qui se développent plus rapidement que les bourgeons postérieurs des tubercules, dont les bourgeons antérieurs n'ont pas été enlevés.

Résumé. — Tous les faits que nous avons signalés dans ce chapitre mettent en évidence la nature des phénomènes de migration qui aboutissent à la maturation des fruits, des graines, des organes souterrains de réserve.

La feuille élabore les substances hydrocarbonées par le jeu de la seule action chlorophyllienne ; elle élabore en même temps la matière azotée grâce à la rencontre de l'azote minéral venu du sol avec les substances ternaires de nouvelle formation. Dès que les fleurs apparaissent, ou dès que certains organes souterrains prennent naissance, un mouvement de transport se dessine qui, partant des feuilles, conduit au travers des vaisseaux de la tige les principes immédiats que ces feuilles ont fabriqués et emmagasinés provisoirement. Pendant tout le temps que dure ce *voyage* des principes immédiats, ceux-ci prennent une forme soluble, diffusible, en rapport avec le travail qu'ils sont obligés de fournir. Arrivés à destination, ils changent de nature physique et chimique ; ils se polymérisent toujours, souvent même ils s'insolubilisent (amidon, albuminoïdes) ; parfois leurs fonctions chimiques se modifient profondément (production de la graisse aux dépens des hydrates de carbone).

La matière minérale accompagne toujours la matière organique sous les différentes formes où celle-ci évolue. Il existe d'étroites relations entre le dépôt des albuminoïdes et l'accumulation de certains composés phosphorés, entre le dépôt des hydrates de carbone et celui de la potasse ; comme si cette matière minérale, sous des états évidemment complexes, jouait un rôle essentiel dans le transport de la matière organique d'une part et, d'autre part, dans sa polymérisation ou son insolubilisation au lieu d'arrivée.

INDEX ALPHABÉTIQUE

Minérales (Substances), 399.
Mixotrophes (Végétaux), 104.
Mucilages, 457.
Mycorhizes, 104.
Myrosine, 172.

N

Nectarifères (Sécrétions), 489.
Nitragine, 294.
Nitriles, 227.
Nodosités radicales, 188.
Nucléines, 234.
Nucléinique (Acide), 235.
Nucléo-albumines, 235.
Nucléo-protéides, 235.

O

Organique du sol (Matière), 102.
Ornithine, 232.
Osmose, 17.
Osmotique (Pression), 17, 172.
Ostiole, 480.
Oxalate de calcium, 394.
Oxalique (Acide), 382.
Oxycellulose, 153.
Oxydases, 125.
Oxygène (Influence sur la germination), 280.

P

Papaïne, 235.
Parasites (Végétaux), 103.
Pectase, 121.
Pectine, 121, 158.
Pectique (Acide), 158.
Pectiques (Principes), 157.
Pectose, 157.
Pentosanes, 133, 134.
Pentoses, 134.
Pepsine, 235.
Peptides, 233.
Peptones, 235.
Perséite, 137.
Phaséolunatine, 173.
Phlorizine, 174.
Phosphoglycérique (Acide), 239.
Phosphore, 433, 443.
Phosphorique (Acide), 408.
Phyllocyanine, 247, 249.
Phyllohémine, 251.
Phylloporphyrine, 250.

Phyllotaonine, 250.
Phylloxanthine, 247, 249.
Phytase, 312.
Phytine, 312.
Phytostérine, 175.
Pinite, 138.
Plasmolyse, 22.
Poils radicaux, 466.
Pollen (Germination du grain de), 324.
Potasse, 410.
Potassium, 434, 447.
Présure végétale, 236.
Propionique (Acide), 381.
Protéiques (Matières), 176, 230.
Proto-alcaloïdes, 242.
Protoplasma, 9.
Pseudo-solutions, 13.
Pyrrol, 251.

Q

Quaternaires (Matières), 4.
Québrachite, 138.
Quotient d'acides, 535.
Quotient de fermentation, 535.

R

Radiations colorées (Influence sur l'assimilation), 93.
Raffinose, 144.
Raoult (Loi de), 29.
Remplacement des bases, 428, 516.
Répartition des cendres dans les organes, 414.
Résinification des matières grasses, 294.
Respiration, 326.
Respiration intracellulaire ou intramoléculaire, 371.
Respiratoire (Quotient), 78, 358.
Restitution, 42.
Rétrogradation, 148.
Rhamnose, 174.
Rhizobium leguminosarum, 191.
Rôle physiologique des éléments minéraux, 432.

S

Saccharose, 141.
Salep, 158.
Salicine, 174.
Saponifiantes (Diastases), 122.
Saponification, pendant la germination, 292.

TABLE ANALYTIQUE DES MATIÈRES

CHAPITRE IV

FORMATION DES PRINCIPES IMMÉDIATS TERNAIRES........ 111

CHAPITRE V

ASSIMILATION ET ÉLABORATION DE L'AZOTE PAR LES VÉGÉTAUX.. 175

CHAPITRE VI

CHLOROPHYLLE ET PIGMENTS VÉGÉTAUX................ 245

CHAPITRE VII

CHAPITRE VIII

CHAPITRE IX

DE LA MATIÈRE MINÉRALE ET DE LA COMPOSITION MINÉRALE DES VÉGÉTAUX 397

CHAPITRE X

DES FORMES SOUS LESQUELLES ON RENCONTRE LES SUBSTANCES MINÉRALES DANS LES PLANTES................. 443

CHAPITRE XI

DU ROLE DE L'EAU DANS LE VÉGÉTAL............... 464

CHAPITRE XII

DÉVELOPPEMENT GÉNÉRAL DES VÉGÉTAUX ; PHÉNOMÈNES D'ACCROISSEMENT. 490

4737-68. — Corbeil. Imprimerie Éd. Crété.

LA VIE AGRICOLE ET RURALE

LA VIE AGRICOLE.

La création d'un nouveau journal d'Agriculture pourrait sembler inopportune : la Presse agricole compte des organes déjà nombreux qui s'appliquent à répandre dans le public les méthodes les plus rationnelles de culture et d'élevage. Jamais, cependant, le besoin ne s'est fait autant sentir, pour l'agriculteur, d'être renseigné sur l'admirable mouvement de rénovation qui caractérise notre époque; chaque jour, l'alliance féconde de la science et de la pratique fait réaliser à l'Agriculture un progrès nouveau ; chaque jour, une connaissance acquise, un problème élucidé viennent donner au cultivateur les moyens de réduire la part, si considérable, de ses aléas professionnels. Absorbé par des préoccupations multiples, le praticien n'a malheureusement pas le loisir de parcourir les revues diverses d'où il pourrait extraire le bénéfice des progrès réalisés. Et il nous a paru qu'il y avait place pour un journal agricole, dont le but serait précisément de mettre l'agriculteur en rapport intime avec l'évolution actuelle des esprits, un journal documenté, averti de tout ce qui touche aux multiples manifestations de l'activité agricole, un journal dont la collaboration choisie autant que variée bannirait toute uniformité et assurerait l'attrait, un journal d'actualité, traduisant fidèlement la vie ardente, réfléchie et laborieuse de notre Agriculture.

La *Vie Agricole*, — nous ne saurions adopter pour notre journal un titre traduisant mieux notre but, — mettra tout en œuvre pour intéresser les lecteurs. Elle réalisera un équilibre heureux, entre le texte, chroniques et articles, et l'illustration, se tenant à distance des deux extrêmes, dont l'un consiste à donner à l'illustration une importance excessive, qui nuit au développement des questions traitées, et dont l'autre laisse des articles érudits sans le secours du dessin ou de la photographie, empêchant ainsi le texte de prendre toute sa valeur et une plus facile compréhension.

Le monde agricole accueillera avec plaisir un journal donnant une impression réelle de force et d'activité, suivant pas à pas la marche de notre Agriculture vers le progrès, et sans cesse préoccupé d'être pour ses lecteurs « l'utile et l'agréable ». Au surplus, ces lecteurs nous les connaissons bien : ce sont ces agriculteurs avisés, soucieux de toute amélioration, ces éleveurs possédant en juste partage la pratique et la théorie, qui, groupés autour de l'*Encyclopédie Agricole* des ingénieurs agronomes, en ont assuré le succès et ont permis la diffusion par la France et par le monde, à raison de plus de 300 000 volumes, de cette œuvre considérable, véritable bilan de l'agriculture scientifique française au début du XXe siècle. Dans la *Vie Agricole*, ils retrouveront, sous une forme plus actuelle et plus vivante encore, les qualités qui impriment à cette belle collection son cachet particulier; ils y retrouveront cette pléiade de collaborateurs distingués, praticiens ou professeurs, qui les tiendront, chaque semaine, au courant de tous les progrès, de toutes les découvertes, de toutes les tentatives susceptibles de les intéresser.

Chaque numéro comprend un ou plusieurs *Articles originaux*; plusieurs articles d'*Agriculture pratique*; des articles d'*Actualités agricoles*, résumant les travaux publiés, en France et à l'Étranger; des *comptes rendus de Sociétés*; enfin, un *Bulletin* renseignant le lecteur sur les faits saillants de la semaine les jugeant en toute indépendance.

La première semaine du mois paraîtra un *Numéro spécial*, plus important que les autres, et consacré à une branche déterminée de l'Agriculture. Chaque numéro mensuel comprendra une série d'articles sur les points les plus importants de cette branche, ainsi qu'une Revue annuelle établissant le bilan des acquisitions nouvelles. Cette innovation permettra à l'Agriculture et à tous ceux qui s'intéressent aux choses de la terre, de se tenir au courant des progrès réalisés (chose si difficile aujourd'hui), et de jeter un regard d'ensemble sur le Mouvement agricole de l'année, successivement pour tous les domaines de la science.

On trouvera également dans la *Vie Agricole* une série de documents agricoles et para-agricoles capables d'intéresser tous ceux qui visitent la campagne. Des articles y tiendront le lecteur au courant de la *Vie sociale* (mutualités, syndicats, jurisprudence, etc.); de la *Vie sportive*, de la *Vie scientifique*, littéraire et artistique dans ses rapports avec l'Agriculture; enfin de la *Vie familiale*. Nous chercherons, par la richesse de l'illustration, à rendre ces parties aussi vivantes que possible.

Pour remplir ce vaste cadre et donner à la *Vie Agricole* la tenue et la valeur scientifique nécessaires, un Comité de direction composé des plus éminents représentants de la science agronomique a bien voulu assumer la charge de définir et de régler le programme des études et des recherches poursuivies. Ce Comité, composé de professeurs de l'Institut agronomique, des Écoles nationales et des Écoles pratiques d'agriculture, de professeurs départementaux et spéciaux, de praticiens distingués, organisera méthodiquement les diverses rubriques du journal suivant les compétences et les affinités particulières.

Enfin les éditeurs de la *Vie Agricole*, MM. Baillière, apporteront à l'administration et à la publication du journal leurs précieuses qualités, qui ont déjà assuré le succès de l'*Encyclopédie Agricole*.

Ainsi rédigée, illustrée, assurée par un parfait service d'informations de suivre méthodiquement l'évolution scientifique de la culture française, la *Vie Agricole* se présente aux lecteurs avec les conditions les plus assurées d'intérêt, de vitalité et d'utilité générale.

ENGRAIS

Par C.-V. GAROLA
Professeur départemental d'Agriculture à Chartres.

4ᵉ édition revue et augmentée
1912, 1 vol. in-18, de 500 pages, avec 35 figures

Broché...................... **5 fr.** | Cartonné.................... **6 fr.**

Couronné (Médaille d'or) par la Société nationale d'agriculture.

Les engrais se placent au premier rang des agents que l'agriculteur met en œuvre pour augmenter les rendements et abaisser les prix de revient. Il est donc nécessaire que tout praticien soit éclairé sur leur nature, leur valeur agricole, leur mode d'emploi judicieux et économique. Il faut aussi qu'il soit à même de se les procurer sur le marché aux meilleures conditions de prix et de qualité.

Après avoir jeté un coup d'œil sur *la physiologie de la nutrition des plantes*, et dégagé les principes fondamentaux de l'emploi des engrais, M. GAROLA étudie les moyens de corriger les défauts physiques et chimiques des terres arables, à l'aide des *amendements calcaires*. Puis il passe en revue le *fumier de ferme*, en mettant en relief son rôle fondamental comparativement à celui des *engrais de commerce*, les *engrais organiques divers*, les *engrais de commerce azotés*, les *engrais phosphatés* et les *engrais potassiques*, M. Garola donne de nombreuses preuves expérimentales de l'efficacité des divers engrais dans les sols et pour les cultures auxquelles ils conviennent.

Il aborde alors la *réglementation du commerce des engrais*. Il insiste sur l'utilité des *syndicats agricoles* pour l'achat des engrais en commun.

Enfin il aborde la partie technique de la question : *l'emploi des engrais pour les différentes cultures* (céréales, plantes sarclées, légumineuses, prairies, etc.), dans les diverses natures de sols et suivant la rotation, en s'appuyant sur ses recherches personnelles relatives aux besoins des plantes en éléments nutritifs, à la marche de l'absorption de ces principes alimentaires pendant la durée de la végétation et à l'énergie du travail radiculaire aux diverses phases de la vie des plantes. En partant de ces données physiologiques fondamentales, il a fait comprendre aux cultivateurs quelle doit être la nature des fumures à employer et leurs doses économiques, dans les cas si divers que présente la pratique agricole.

« Écrit avec la précision et la clarté qui distinguent les publications de M. GAROLA, ce livre porte la marque de l'homme d'action qui parle non seulement de ce qu'il a lu, mais surtout de ce qu'il a vu et de ce qu'il a fait. Il sera utilement étudié par tous ceux qui à un titre quelconque s'intéressent à la production agricole. »

-SCHRIBAUX, professeur à l'Institut national agronomique.

Librairie J.-B. BAILLIÈRE et FILS, 19, rue Hautefeuille, Paris

PRÉCIS D'AGRICULTURE

*A l'usage des écoles d'agriculture
des instituteurs, des écoles normales, des lycées, des collèges
et des agriculteurs praticiens*

Par Charles SELTENSPERGER

Ingénieur agronome
Professeur d'agriculture de l'arrondissement de Bayeux

*Couronné (Médaille d'or) par la Société nationale d'agriculture
Honoré d'une souscription du Ministère de l'Instruction publique*

1911, 1 volume in-18 de 520 pages, avec 250 figures

Broché .... **5 fr.** | Cartonné .... **6 fr.**

« L'auteur s'est rendu compte que son livre est destiné à donner des connaissances agricoles à des hommes qui ne peuvent s'assimiler toutes les questions de science pure qui sont à l'ordre du jour de l'agriculture, et il a soigneusement écarté de son texte tout ce qui était de nature à nuire à sa clarté.

« Après un exposé sommaire de l'agriculture générale, il traite successivement des cultures spéciales, de la sylviculture, de la viticulture, de la vinification, de l'arboriculture et de l'horticulture. Puis, arrivant à la zootechnie, M. SELTENSPERGER passe en revue les divers procédés d'élevage. Il consacre ensuite à la basse-cour et à l'apiculture un intéressant chapitre. Enfin, il traite de l'économie agricole, de la législation rurale, et entre dans de judicieuses considérations sur le rôle du crédit agricole, des associations et sur l'importance d'une bonne comptabilité agricole.

« Nous ne possédions que des ouvrages élémentaires, excellents pour les élèves, sur toutes ces questions ; le livre de M. Seltensperger comble une lacune et donne, au maître, le moyen de se mettre au courant des progrès de la science agronomique.

« Je serais heureux de voir ce livre apprécié comme il le mérite par les instituteurs, qui ont pour mission de développer chez leurs élèves le goût de l'ordre et l'amour du progrès dans toutes les branches du travail national et dans la plus importante de toutes : le travail agricole.

« Ils retiendront ainsi à la campagne non seulement les enfants des cultivateurs, mais encore ceux des ouvriers ruraux et, par ce moyen, faciliteront leur retour à la terre dont a parlé avec tant d'éloquence M. Méline. Ils empêcheront surtout les fils de nos braves paysans d'aller chercher à la ville la misère et les déceptions ».

VIGER,
ancien ministre de l'Agriculture.

ENVOI FRANCO CONTRE UN MANDAT POSTAL

COMMENT EXPLOITER

UN

DOMAINE AGRICOLE

Par M. VUIGNER

Ingénieur agronome.

1912, 1 volume in-18 de 600 pages

Broché...................... **5 fr.** | Cartonné...................... **6 fr.**

Les questions agricoles, si nombreuses et si complexes, ont déjà été toutes traitées de main de maître dans l'*Encyclopédie Agricole*.

Mais les connaissances diverses qu'a besoin de posséder l'agriculteur praticien, celui qui, directement ou avec le concours de collaborateurs, veut gérer un domaine agricole et le faire prospérer, ces connaissances doivent être reliées en un faisceau où, chacune prenant sa place, leur ensemble arrive à former un tout bien équilibré, condition du succès de l'entreprise. Ce sont les rouages délicats dont la mise en mouvement constitue la gestion de l'exploitation rurale qui sont décrits et assemblés dans ce volume. Il y est tour à tour fait appel à la pratique et à la théorie, qui réagissent l'une sur l'autre et se complètent. Le futur agriculteur est obligé d'acquérir d'abord l'instruction qui lui donne la science de son métier ; puis il recherche le domaine sur lequel il exercera son activité, il en prend possession, et s'inquiète de mettre en œuvre les différents agents de la production agricole : l'atmosphère, le sol travaillé par l'admirable outil qu'est la plante.

La plante, pour jouer son rôle, demande des soins qui requièrent l'emploi des engrais, du matériel et des moteurs agricoles ; elle n'a pas toujours les mêmes exigences, et il faut mettre à profit cette diversité dans ses besoins pour grouper les végétaux cultivés et les faire se succéder dans des assolements bien compris. Parfois la récolte obtenue entre directement dans le commerce, d'autres fois, elle ne fournit qu'une matière première modifiée par le cultivateur lui-même ; d'autres fois encore, elle constitue un aliment pour le bétail qui peut utiliser sa nourriture pour donner du travail, de la viande ou du lait. Quels bénéfices pouvons-nous tirer de chacun de ces produits ? à quelles dépenses entraîne leur obtention ?

Mais le sol pour être cultivé, le végétal pour s'y développer, l'animal pour y croître et s'y multiplier réclament l'intervention de l'homme. Comment nous servir du travailleur agricole ? quels sont ses besoins et ses exigences légitimes ? à combien s'élève la rémunération à laquelle il a droit en échange de son travail ?

LE COMMERCE
DES
PRODUITS AGRICOLES
DENRÉES DES HALLES ET MARCHÉS
EMBALLAGES ET EXPÉDITIONS — DÉBOUCHÉS
Par E. POHER
Ingénieur agronome
Inspecteur à la Compagnie du Chemin de fer d'Orléans

1912, 1 volume in-18 de 500 pages, avec figures

Broché................ **5 fr.** | Cartonné................ **6 fr.**

Le commerce des denrées agricoles a pris, dans ces dernières années, un remarquable développement dû non seulement aux efforts de l'agriculteur pour étendre et améliorer ses productions, mais aussi à l'extension considérable de la consommation favorisée par la rapidité des transports.

Ce commerce nouvellement né paraît susceptible de s'accroître encore, par suite des débouchés considérables qui s'offrent à son activité.

Mais les concurrences se font de plus en plus actives sur le marché international par suite du développement presque général des productions, mais aussi de l'entrée en lice de pays éloignés, à culture extensive, peu coûteuse, favorisée par les récentes applications du froid à la conservation et au transport des produits agricoles alimentaires périssables.

La France avec ses fruits exquis, ses beurres renommés, ses fromages excellents, ses volailles réputées peut cependant lutter avantageusement en développant sa production par des procédés de culture ou de fabrication plus *industriels*, en transformant les méthodes surannées de vente. Industrialiser la production, commercialiser les ventes, tels sont les moyens avec lesquels l'agriculture française pourra lutter efficacement avec ses concurrents, sur les marchés étrangers.

Mais, pour réussir sur les marchés étrangers, nos agriculteurs et expéditeurs de produits agricoles devront s'adapter aux nécessités modernes, et à l'instar de leurs concurrents étrangers, transformer leurs procédés commerciaux de vente, comme pour certains produits, tel le beurre, ils ont su d'ailleurs modifier leurs procédés de production.

A l'action individuelle souvent impuissante, il y a lieu, dans bien des cas, de substituer l'action collective.

L'éducation commerciale de nos producteurs a été à peu près négligée jusqu'ici, car on ne s'est pas rendu un compte suffisamment exact de son importance.

Dans le but de contribuer à la diffusion des connaissances commerciales indispensables aux agriculteurs M. POHER a pensé qu'il pouvait être utile de résumer à leur intention les diverses notions concernant l'organisation actuelle du commerce agricole, les débouchés, les questions relatives à l'emballage, aux transports et aux améliorations qui paraissent susceptibles d'être apportées dans le commerce des produits agricoles dans notre pays. Il a réuni dans une première partie les diverses notions d'ordre général sur l'organisation de la vente et le fonctionnement des coopératives, sur l'emballage des produits et leur expédition sur les marchés, sur leur conservation ; dans une seconde partie il a étudié en détail le commerce de chacune des principales denrées agricoles.